Werkstoffkunde und Werksto für Dummies

T0253084

Schummelseite

Werkstoffkunde und Werkstoffprüfung für Dummies

Schummelseite

ZUSTANDSDIAGRAMME

✔ Völlige Löslichkeit im flüssigen und festen Zustand bei ähnlichem Atomdurchmesser, gleichem Kristallgitter und ähnlichen chemischen Eigenschaften führt zu Linsendiagramm

✔ Völlige Löslichkeit im flüssigen, teilweise Löslichkeit im festen Zustand bei Unterschieden in Atomdurchmesser, Kristallgitter und chemischem Verhalten führt zu Eutektikum

✔ Hebelgesetz gibt Mengenverhältnisse von Phasen in Zweiphasengebiet an

EISEN-KOHLENSTOFF-ZUSTANDSDIAGRAMM

✔ Ferrit kann nur wenig Kohlenstoff lösen, Austenit viel

✔ Zementit: Verbindung Fe_3C, 6,7 % C, silbrig, hart, spröde

✔ Im stabilen Legierungssystem Eisen–Kohlenstoff tritt der nicht gelöste Kohlenstoff als Grafit auf, im metastabilen als Zementit

✔ Zustandsdiagramm Eisen–Kohlenstoff besteht aus Linsendiagramm, Peritektikum, Eutektikum und Eutektoid

✔ Typische Gefüge nach langsamer Abkühlung: Ferrit bei 0 % C, Perlit (Ferrit und Zementit) bei 0,8 % C

ZUGVERSUCH

✔ Kurzer Proportionalstab: $L_0 = 5 \cdot d_0$ bei Rundprobe; auch Flachprobe sinnvoll

✔ Streckgrenze R_{eH}: größte elastisch ertragbare Spannung

✔ Dehngrenze $R_{p0,2}$: Spannung, die 0,2 % bleibende Dehnung verursacht

✔ Zugfestigkeit R_m: größte Spannung im Zugversuch

✔ Gleichmaßdehnung A_g: größtmögliche plastische Dehnung ohne lokale Einschnürung

✔ Bruchdehnung A_5: plastische Dehnung beim Bruch am kurzen Proportionalstab

✔ Brucheinschnürung Z: prozentuale Verminderung der Querschnittsfläche an der Bruchstelle gegenüber der ursprünglichen Querschnittsfläche

Werkstoffkunde und Werkstoffprüfung für Dummies

Schummelseite

HÄRTEPRÜFUNG

✔ Nach Brinell mit Hartmetallkugel, Durchmesser des Eindrucks gemessen, HBW = F/A

✔ Nach Vickers mit vierseitiger Diamantpyramide, Diagonalen des Eindrucks gemessen, HV = F/A

✔ Nach Rockwell mit Diamantkegel oder Hartmetallkugel, Eindringtiefe gemessen, HRC = (0,2−e) 500, e in mm

KERBSCHLAGBIEGEVERSUCH

✔ Zäher Werkstoff sicher wegen Warnung vor Bruch, nimmt viel Energie auf, keine scharfkantigen Einzelbruchstücke

✔ Einflüsse auf Zähigkeit: Werkstoff, Temperatur, Spannungszustand, Beanspruchungsgeschwindigkeit; Kerbschlagbiegeversuch prüft Zähigkeit unter schlimmstmöglichen Umständen

✔ Werkstoffe mit krz-Struktur haben Zäh-spröd-Übergang, solche mit kfz-Struktur nicht

SCHWINGFESTIGKEITSPRÜFUNG

✔ Schwingbeanspruchung (Vorsicht beim Begriff) tut dem Werkstoff meist mehr »weh« als ruhende/statische Last

✔ Oberspannung, Unterspannung, Mittelspannung, Spannungsausschlag und Lastspiel sind wichtige Größen

✔ Wöhlerkurve: Spannungsausschlag vorgegeben und nach oben aufgetragen, Bruchlastspielzahl nach rechts

✔ Übliche Baustähle mit krz-Gitter haben »echte« Dauerfestigkeit, Aluminium mit kfz-Struktur hat keine

METALLOGRAFIE

✔ Makroskopische Verfahren über große Bereiche, Ätzen macht Schweißnähte oder gehärtete Zonen sichtbar

✔ Mikroskopische Verfahren: besonders gute Präparation nötig, Ätzen (Korngrenzen, Kornflächen) macht den Gefügeaufbau sichtbar, Lichtmikroskop begrenzt durch Wellenlänge des Lichts

✔ Elektronenmikroskopie erlaubt höhere Vergrößerungen und chemische Analyse

Werkstoffkunde und Werkstoffprüfung für Dummies

Schummelseite

✔ Farbeindringprüfung nutzt Kapillareffekt; für alle Werkstoffe, aber nur für Fehler, die an Oberfläche grenzen

✔ Magnetpulverprüfung nutzt Streufelder an Fehlern in Oberflächennähe bei magnetisierten Proben, sichtbar gemacht mit Magnetpulveraufschlämmung; Werkstoff muss ferromagnetisch sein, Magnetisierungsrichtung wichtig

✔ Wirbelstromprüfung nutzt elektromagnetische Induktion und Wirbelströme; Stromrichtung/Fehlerlage wichtig

✔ Ultraschallprüfung nutzt Ultraschallwellen, piezoelektrisch erzeugt und registriert; Durchschallungs- und Impuls-Echo-Methode, Einschallrichtung/Fehlerlage wichtig

✔ Röntgen- und Gammastrahlenprüfung nutzen die Absorption elektromagnetischer Strahlen durch Werkstoff; Einstrahlrichtung/Fehlerlage wichtig

STAHLHERSTELLUNG

✔ Erz (enthält Eisen), Koks (Reduktionsmittel) und Zuschläge (für Schlacke) sind die wichtigsten Ausgangsstoffe beim Hochofen; Roheisen entsteht

✔ Unerwünschte Elemente im Roheisen werden mit Sauerstoff oxidiert und entfernt; das Sauerstoffaufblasverfahren nutzt vorwiegend flüssiges Roheisen, das Elektrostahlverfahren vorwiegend Schrott/Eisenschwamm

✔ Nachbehandlungen verbessern Stahlqualität, wichtig ist das Beruhigen (Entfernen von Sauerstoff und Stickstoff), wirkt gegen das Altern

BEZEICHNUNG DER EISENWERKSTOFFE

✔ Kurznamen enthalten einen Hinweis auf Verwendung und Eigenschaften oder chemische Zusammensetzung, Namen verschieden aufgebaut

✔ Werkstoffnummern immer gleich, kurz, knackig, aber man sieht ihnen nicht viel an

Werkstoffkunde und Werkstoffprüfung für Dummies

Schummelseite

WÄRMEBEHANDLUNG DER STÄHLE

- ✔ Glühbehandlungen: Normalglühen setzt den Stahl in seinen »normalen«, feinkörnigen, guten Zustand zurück; Weichglühen erniedrigt Härte durch kugelige Karbide, Spannungsarmglühen reduziert die Eigenspannungen
- ✔ Härten durch Austenitisieren und ausreichend schnelles Abkühlen; unlegierte Stähle müssen schnell abgeschreckt werden, bei legierten reicht langsamere Abkühlung
- ✔ Vergüten ist Härten mit nachfolgendem Anlassen (Wiedererwärmen); führt zu optimaler Kombination aus Festigkeit und Zähigkeit
- ✔ Randschichthärten nutzt günstige Verschleißeigenschaften und gute Festigkeit der Randschicht in Verbindung mit zähem Kern

STAHLGRUPPEN

- ✔ Unlegierte Baustähle: einfach, weitgehend problemlos, kostengünstig, meist nicht so superfest
- ✔ Feinkornbaustähle sind durch feines Korn fester und/oder zäher als normale Baustähle, überwiegend gut schweißgeeignet
- ✔ Vergütungsstähle sind gehärtet und angelassen, hochfest bei guter Zähigkeit
- ✔ Warmfeste Stähle haben verbesserte Festigkeit bei hohen Temperaturen
- ✔ Hitzebeständige Stähle: gute Oxidationsbeständigkeit durch Cr, Al, Si
- ✔ Kaltzähe Stähle haben verbesserte Zähigkeit, insbesondere Kerbschlagarbeit, bei tiefen Temperaturen
- ✔ Rostbeständige Stähle enthalten mindestens 12 % Cr und noch andere Elemente; ferritische Stähle haben krz-Gitter, preisgünstig, nicht so gute Zähigkeit; martensitische Stähle sind gehärtet; austenitische Stähle haben kfz-Gitter durch hohen Ni-Gehalt, sehr zäh; austenitisch-ferritische Sorten weisen krz- und kfz-Kristalle nebeneinander auf; bei allen Stählen spezifische Korrosionsarten beachten
- ✔ Werkzeugstähle unterscheiden sich in Warmfestigkeit und Anlassbeständigkeit; werden eingeteilt in Kalt-, Warm- und Schnellarbeitsstähle

Werkstoffkunde und Werkstoffprüfung für Dummies

Schummelseite

✔ Stahlguss ist in Formen gegossener Stahl, der nicht mehr umgeformt wird; un-, niedrig- und hochlegiert möglich

✔ Gusseisen enthält mehr als 2 % C; Hartguss hart und spröde, meist Schalenhartguss; Gusseisen (Grauguss) mit Lamellengrafit relativ spröde; Gusseisen (Grauguss) mit Kugel- grafit relativ zäh; Temperguss ist geglühter Hartguss, auch relativ zäh

NICHTEISENMETALLE

✔ Aluminium hat interessante physikalische Eigenschaften, in reiner Form niedrigfest und sehr zäh; Festigkeitssteigerung wichtig, Ausscheidungshärtung wichtigste Maßnahme, besteht aus Lösungsglühen, Abschrecken und Auslagern; Knet- und Gusslegierungen

✔ Kupfer ist sehr guter Strom- und Wärmeleiter, kann Wasserstoffkrankheit aufweisen, korrosionsfeste Legierungen

GLÄSER UND KERAMIKEN

✔ Alle amorphen Werkstoffe sind Gläser; metallische, anorganische und Kunststoffgläser unterschieden

✔ Hochleistungskeramiken durch Sintern hergestellt, in Oxid- und Nichtoxidkeramiken unterschieden; hart, kaum plastisch verformungsfähig, hoher E-Modul, teils niedrige Dichte, warmfest, hitzebeständig, überwiegend korrosions- und verschleißbeständig

✔ Hartmetalle sind Verbund aus Hartstoff und Bindemetall mit interessantem Kompromiss zwischen Keramik und Metall

KUNSTSTOFFE

✔ Kunststoff = Polymer, Herstellung durch Polymerisation; Additions- und Kondensations- polymerisation unterschieden

✔ Amorphe Thermoplaste haben nur durch NVB zusammengehaltene Kettenmoleküle, Glas-, weichelastischer und plastischer Zustand treten auf

✔ Teilkristalline Thermoplaste ähnlich, enthalten Bereiche mit kristallinen, regelmäßig an- geordneten Molekülketten, Glas-, zähelastischer und plastischer Zustand treten auf

✔ Elastomere sind weitmaschig vernetzte Kunststoffe, durch NVB und HVB zusammen- gehalten, Gummisorten mit Glas- und weichelastischem Zustand

✔ Duroplaste sind engmaschig vernetzte Kunststoffe, fast nur durch HVB zusammengehal- ten, immer Glaszustand

Werkstoffkunde und Werkstoffprüfung für Dummies

Rainer Schwab

Werkstoffkunde und Werkstoffprüfung

für
dümmies®

3. erweiterte Auflage

Fachkorrektur von
Dr. Marianne Hammer-Altmann

WILEY

WILEY-VCH Verlag GmbH & Co. KGaA

Werkstoffkunde und Werkstoffprüfung für Dummies

Bibliografische Information der Deutschen Nationalbibliothek

Die Deutsche Nationalbibliothek verzeichnet diese Publikation in der Deutschen Nationalbibliografie; detaillierte bibliografische Daten sind im Internet über http://dnb.d-nb.de abrufbar.

3. erweiterte Auflage 2019

© 2019 WILEY-VCH Verlag GmbH & Co. KGaA, Weinheim

Printed in Germany
Gedruckt auf säurefreiem Papier

Coverfoto: © Laurentiu Iordache – stock.adobe.com
Korrektur: Frauk Wilkens
Satz: Reemers Publishing Services GmbH, Krefeld
Druck und Bindung: CPI books GmbH, Leck

Print ISBN: 978-3-527-71538-1
ePub ISBN: 978-3-527-81799-3

10 9 8 7 6 5 4 3 2 1

Über den Autor

Prof. Dr.-Ing. Rainer Schwab studierte in den 1970er-Jahren Metallkunde (heute heißt es Materialwissenschaften) an den Universitäten Stuttgart und Birmingham/UK. Die anschließende neunjährige Tätigkeit an der Materialprüfungsanstalt Stuttgart führte ihn vom wissenschaftlichen Mitarbeiter über Promotion und verschiedene Forschungs- und Entwicklungsprojekte hin zum Neuaufbau der Abteilung Schweißtechnik.

Seit mehr als drei Jahrzehnten lehrt er an der Hochschule Karlsruhe – Technik und Wirtschaft, vormals Fachhochschule Karlsruhe. Anfangs war der Schwerpunkt der Lehre Festigkeitslehre und Fertigungstechnik, später Werkstoffkunde, Werkstoffprüfung und Hochleistungswerkstoffe. Für sein hohes Engagement und seine Erfolge in der Lehre erhielt er mehrere Preise, unter anderem den Lehrpreis des Landes Baden-Württemberg.

Der Autor stellt sein gesamtes Buchhonorar der Stiftung »Verbund der Stifter an der Hochschule Karlsruhe« zur Verfügung. Hiermit kommt sein Honorar vollständig der Lehre und Forschung zugute.

Danksagung

Ein herzliches, ganz liebes Dankeschön geht an meine Frau Ursel. Sie hat mich während der sehr intensiven Zeit des Schreibens zusätzlich zu ihrer eigenen Berufstätigkeit unermüdlich unterstützt, ermutigt und von vielen Arbeiten freigehalten. Auch meiner ganzen weiteren Familie gebührt mein Dank, sie hat mich oft aufgemuntert und beim Korrekturlesen mitgeholfen.

Betonen möchte ich auch die äußerst angenehme Zusammenarbeit mit dem Wiley-VCH-Verlag, insbesondere mit Herrn Marcel Ferner.

Auf einen Blick

Inhaltsverzeichnis

Kapitel 4
Legierungsbildung und Zustandsdiagramme: Berühmt, berüchtigt, gefürchtet

Kapitel 15
Stahlgruppen, die unendliche Vielfalt. **321**

Kapitel 19
Nicht mehr wegzudenken: Die Kunststoffe

TEIL V
DER TOP-TEN-TEIL

Kapitel 20
Zehn Tipps für ein erfolgreiches Studium

Glossar

Stichwortverzeichnis

Einleitung

Wunderschöner Sonntagnachmittag im Januar. Wir sitzen rund um unseren großen Esszimmertisch und feiern den Geburtstag meiner Frau. Geschnatter, Gerede, Lachen, Superstimmung. Da fragt mich einer meiner Schwäger aus heiterem Himmel:

»Du, Rainer, was machst du denn beruflich so ganz genau, also was lehrst du denn da an der Hochschule?«

Auf meine Antwort, dass dies die Werkstoffkunde sei, fällt ihm erst die Kinnlade runter, die Augen werden groß und dann platzt es aus ihm raus:

»Was, Werkstoffkunde? Das war das schlimmste, langweiligste und blödeste Fach, das ich in meinem ganzen Leben gehabt habe.«

Sehen Sie, liebe Leserin, lieber Leser, dagegen möchte ich etwas unternehmen. Ich war selbst einmal Student und weiß, wie trocken, langweilig und hart einige Fächer sein können. So manche Lehrbücher und auch viele Vorlesungen waren für mich damals nur schwer verständlich. »Wie man leicht sieht, ...« war eine der Formulierungen meiner Professoren und auch mancher Buchautoren. Die ließen mich anfangs absolut dumm erscheinen, denn »leicht gesehen« hatte ich das gar nicht. Später im Studium, als ich ein bisschen erfahrener war, habe ich erkannt, dass manchmal zwei Doktorarbeiten als Hintergrundwissen nötig waren, um das »Wie man leicht sieht, ...« zu verstehen.

Dass da ein gerüttelt Maß Schuld auch an mir lag, muss ich jetzt einfach zugeben. Beispielsweise wenn ich doch einmal nicht ganz ausgeschlafen war wegen ... na ja. Sicher aber ist, dass viele deutschsprachige Bücher zum Thema Werkstoffkunde und Werkstoffprüfung trocken-wissenschaftlich verfasst sind (das hat auch seine Vorzüge) und sich im Grunde an eine schon einschlägig vorgebildete Leserschaft richten.

Über dieses Buch

Mein Ehrgeiz ist es nun, Ihnen das Thema Werkstoffkunde und auch die dazugehörende Werkstoffprüfung nahezubringen. Halbwegs verständlich, in lockerem Stil, mit menschlichen Regungen und da und dort auch etwas humorvoll soll es sein. Ob mir das gelingt, müssen Sie selbst feststellen. Ich bemühe mich jedenfalls nach Kräften und gebe mein Bestes. In den zurückliegenden vier Jahrzehnten habe ich viele Übungen und Vorlesungen gehalten, durfte viele Erfahrungen sammeln, habe studentische Kritik ernst genommen und versuche nun, einen Teil davon in diesem Buch weiterzugeben.

Nicht alles, was Sie hier lesen, ist ganz richtig. Das liegt zum einen daran, dass ich schwierige Sachverhalte vereinfache, was schon mal auf Kosten der wissenschaftlichen Genauigkeit geht. Ich mache das trotzdem, denn sonst sind manche Themen einfach zu schwer verständlich. Zum anderen liegt es an mir selbst, ich bin auch nur ein Mensch und mache Fehler.

Manche dieser Fehler sind mir trotz besseren Wissens unabsichtlich hineingerutscht, andere wiederum liegen schlicht daran, dass ich es nicht besser weiß.

Wenn Ihnen nun dieses Buch gefällt, freue ich mich über eine aufmunternde Rückmeldung, die nach all der Mühe auch guttut. Und wenn Ihnen etwas oder auch das ganze Buch nicht zusagt oder Ihnen Fehler auffallen: Ich habe immer ein offenes Ohr und bin für Kritik dankbar.

Konventionen in diesem Buch

Es gibt nicht viele Regeln in diesem Buch, die Sie kennen müssen, um loszulegen. Fast schon selbsterklärende Symbole weisen auf bedeutende Punkte hin. Wichtige Begriffe sind *kursiv* gedruckt, insbesondere wenn ich sie erstmals verwende, Betonungen finden Sie in **fetter** Schrift.

Was Sie nicht lesen müssen

Im Buch finden Sie ab und zu grau unterlegte Kästen. Die enthalten Anekdoten oder Zusatzinformationen, die Sie nicht unbedingt lesen müssen, um das Buch zu verstehen. Augenzwinkernd sind die teils gemeint, manchmal geht es um interessante Alltagserscheinungen, eher selten auch um einen weiterführenden Aspekt oder ein Thema aus einem anderen Kapitel.

Törichte Annahmen über den Leser

Das Buch richtet sich in erster Linie an Studierende der Fachrichtungen Maschinenbau, Fahrzeugtechnik, Verfahrenstechnik, Chemieingenieurwesen, Wirtschaftsingenieurwesen, Bauwesen oder Mechatronik, bei denen die Werkstoffkunde einen Teil des Studiums darstellt. Aber auch für Studierende der Werkstoffwissenschaften könnte es eine Hinführung sein. Natürlich denke ich auch an all die Leute, die voll im Berufsleben stehen und plötzlich mit Werkstoffen zu tun haben. Alle Aspekte der Werkstoffkunde sind nicht enthalten, das geht schon vom Umfang her nicht, aber viele wichtige, grundlegende und praxisnahe.

Was Sie also an Vorwissen mitbringen sollten, ist die normale Schulausbildung, die den Zugang zu Universitäten, Fachhochschulen und Dualen Hochschulen ermöglicht. Die wesentlichen Grundlagen der Physik (Kraft, Energie, Temperatur, Atomaufbau), Chemie (Elemente, Verbindungen) und Mathematik sind hilfreich, den Rest erkläre ich Ihnen dann an der jeweiligen Stelle.

Wie dieses Buch aufgebaut ist

Dieses Buch ist in fünf Teile unterschiedlichen Umfangs gegliedert. Die Teile I bis IV, das sind die Hauptteile, sollten vorrangig in dieser Reihenfolge gelesen werden, da sie doch aufeinander aufbauen. Ansonsten aber bemühe ich mich darum, alle Teile und auch die Unterkapitel so gut es geht eigenständig zu gestalten, sodass Sie ruhig auch mal gezielt in ein bestimmtes Kapitel springen können.

Teil I: Ausgewählte Grundlagen als Basis

Ein wirkliches Verständnis der Werkstoffe erhalten Sie erst, wenn Sie sich mit einigen ausgewählten Grundlagen befassen. Das ist ein wichtiger Teil, und kein leichter! Es sind genau diese Grundlagen, die zum (teilweise) schlechten Ansehen der Werkstoffkunde unter den Studierenden geführt haben. Nur Mut, Sie werden sehen, dass manches richtig logisch ist, hochinteressant, menschliche Züge hat und sogar philosophischen Charakter.

Teil II: Die wichtigsten Methoden der Werkstoffprüfung

Vom Zugversuch bis zur zerstörungsfreien Prüfung zeige ich Ihnen die sechs wichtigsten Arten der Werkstoffprüfung. Die sind bedeutend, sie werden Ihnen später in der Praxis begegnen, und auch für die folgenden Kapitel sind sie unerlässlich.

Teil III: Eisen und Stahl, noch lange kein Alteisen

Die Eisenwerkstoffe sind allgegenwärtig in unserem Leben und noch lange nicht ausgereizt. Sie werden die Herstellung von Stahl und die normgerechte Bezeichnung kennen und verstehen lernen. Die Wärmebehandlung der Stähle wird kein Buch mit sieben Siegeln mehr für Sie sein und Sie werden die wichtigsten Stähle und Gusseisenwerkstoffe unterscheiden und in der Praxis einsetzen können.

Teil IV: Was es außer den Eisenwerkstoffen noch Hochinteressantes gibt

Nichteisenmetalle, Gläser, Keramiken und ein Ausblick auf die Kunststoffe: Die Welt der Werkstoffe ist groß. Da kann ich Ihnen natürlich nur die Grundzüge zeigen. Aber Sie sind dann in der Lage, sich auch in andere Fachbücher einzulesen und sie zu verstehen.

Teil V: Der Top-Ten-Teil

Hier gibt es zehn wirklich gut gemeinte Ratschläge, die sich in meiner langjährigen Praxis als Dozent herauskristallisiert haben. Diese Ratschläge helfen Ihnen, jede Lehrveranstaltung nicht nur besser, sondern sogar mit mehr Freude zu absolvieren und zu bestehen.

Symbole, die in diesem Buch verwendet werden

In diesem Buch finden Sie drei Symbole, die Ihnen das Lesen erleichtern. Und das bedeuten sie:

Merken lohnt sich. Besonders wichtige Grundsätze sind hier hervorgehoben und wo nötig auch als Erinnerung verwendet.

Ein Tipp für Sie. An dieser Stelle erhalten Sie Informationen, die das Leben erleichtern.

Warnung. Passen Sie auf, hier kann gehörig etwas schiefgehen, wenn Sie nicht vorsichtig sind.

Filme, die es zu diesem Buch gibt

Passend zu diesem Buch finden Sie eine Reihe von Filmen im Internet unter `https://www.youtube.com/user/RainerSchwab` (deutschsprachig) und `https://www.youtube.com/user/MaterialsScience2000` (englischsprachig). Falls Sie unter diesen Adressen doch nicht fündig werden, schauen Sie sich ein wenig um, Sie kommen dann an anderer Stelle an die Videos.

Ein Buch, das es zu diesem Buch gibt

Ja, ein Buch zum Buch. Nicht absolut nötig, aber durchaus empfehlenswert. Es geht um das *Übungsbuch Werkstoffkunde und Werkstoffprüfung für Dummies*, im Folgenden einfach nur »Übungsbuch« genannt. Passgenau und liebevoll auf das vorliegende Buch abgestimmt, können Sie nach Herzenslust üben. Oftmals erhalten Sie erst durch das Üben ein wirkliches Verständnis und schauen hinter die Kulissen. Trauen Sie sich.

Wie es weitergeht

Gleich beginnt das erste Kapitel. In vielen Büchern steht da drin, wie wichtig die Werkstoffe für unsere Welt sind (richtig) und dass man sie in metallische und nichtmetallische, in keramische, polymere und halbleitende Werkstoffe gliedern kann (ebenfalls richtig). Da Sie das hiermit erfahren haben und diese Information momentan auch reicht, geht's jetzt richtig los.

Teil I
Ausgewählte Grundlagen als Basis

IN DIESEM TEIL ...

Teil I dieses Buches widmet sich einigen Grundlagen. Wie das schon klingt: Grundlagen. So wie »Da müssen Sie halt durch«. Aber keine Angst: Es sind sorgfältig ausgewählte Grundlagen, mit denen Sie die Vorgänge im Inneren der Werkstoffe verstehen und auch mit den Werkstoffen »fühlen« können. Sie werden erkennen, dass viele Vorgänge ganz logisch sind, man kann sie oft sogar menschlich-fühlend aus Alltagserfahrungen nachvollziehen. Und einiges hat sogar tiefen philosophischen Charakter.

Kapitel 1

Von Atomen, Bindungen und Kristallen: Werkstoffe sind wunderschön

Viele Menschen, die ein Stück eines Werkstoffs in Händen halten, können sich gar nicht vorstellen, was es da im Inneren gibt. Meistens meint man, das sei so was Graues, irgendwie Langweiliges, was dann manchmal sogar noch rostet. Aber dass da charaktervolle Atome drin sind, dass die Atome miteinander Bindungen eingehen können, sich die Atome zu wunderschönen Kristallen anordnen, die Kristalle wie wir Menschen Fehler (von bemerkenswerter Ästhetik) aufweisen, dass Werkstoffe sogar verschiedene, sich ändernde Kristallarten haben können und manche Kristalle sogar im Alltag sichtbar sind, ist meist unbekannt.

Aber gemach, schauen Sie sich erst einmal die Atome im Inneren eines Werkstoffs an und erkennen Sie, warum Werkstoffe, wie alle festen Stoffe, Kräfte ertragen und sich elastisch verhalten.

Bindungen zwischen den Atomen, fast wie bei den Menschen

Stellen Sie sich einen Stab aus einem metallischen Werkstoff vor, sagen wir aus Eisen. Er soll etwa 1 cm Durchmesser haben und 20 cm lang sein. Ziehen Sie nun maßvoll an diesem Stab, dann sehen Sie, dass er diese Zugkraft aushalten kann. Was man nun nicht so leicht sieht: Er dehnt sich unter der Wirkung der Zugkraft ein klein wenig. Das ist so ähnlich, als würden Sie ein Gummiband nehmen und es mit den Händen auseinanderziehen.

Wenn Sie den Stab dann entlasten, federt er wieder in die ursprüngliche Länge zurück, genau wie das Gummiband. Der Unterschied zum Gummiband ist nur, dass die Dehnung unter der Wirkung der Kraft sehr klein und ohne Messgeräte meist nicht feststellbar ist.

Drücken Sie anschließend den Stab maßvoll zusammen, so wird er etwas zusammengestaucht. Auch das kann man mit dem bloßen Auge kaum sehen und muss es mit feinen Instrumenten messen. Nehmen Sie die Druckkraft wieder weg, so federt der Stab wieder in die ursprüngliche Länge zurück.

Dieses Verhalten nennt man *elastisch*.

So weit, so gut. Jetzt wissen wir natürlich alle, dass der Stab aus Atomen aufgebaut ist. Und wenn Sie an so einem Stab maßvoll ziehen und drücken können, ohne dass er auseinanderbricht oder auf andere Art versagt, dann müssen die Atome im Stab irgendwie in der Lage sein, diese Zug- und Druckkräfte aufzunehmen. Wie geht denn das?

Atome im Werkstoff

Um der Geschichte auf die Spur zu kommen, müssen wir die Atome im Werkstoff etwas näher unter die Lupe nehmen. Was sind denn überhaupt Atome? Da gibt es den relativ schweren, positiv geladenen Atomkern, um den die leichten, negativ geladenen Elektronen kreisen, so ähnlich wie Satelliten um die Erde. Halt, sagen da die Physiker und Chemiker. So einfach ist das nicht: Erstens bewegen sich die Elektronen nicht immer auf einer Kreisbahn, zweitens gibt es die Quanteneffekte und drittens dies und viertens das. Und je mehr man versucht, die Atome zu verstehen, und je mehr Fragen man beantwortet hat, desto mehr neue Fragen tauchen auf und desto unklarer wird das mit den Atomen.

Und was machen wir jetzt, die wir versuchen, die Atome im Werkstoff zu begreifen? Wir nehmen hier einfach an, dass die Atome wie ein gut zusammengeballter runder Wattebausch aufgebaut sind. Klar stimmt das nicht, ist sogar grottenfalsch, aber manche Effekte lassen sich damit anschaulich erklären.

Die Bindungskräfte

Jetzt stellen Sie sich bitte vor, Sie wären ein klitzekleiner Gnom, hätten zwei Super-Nanopinzetten, mit denen Sie sich zwei Eisenatome aus dem gedachten Eisenstab herauspicken können, und hätten die Ehre, auf der internationalen Raumstation unter Schwerelosigkeit und bei Vakuum ein Experiment durchzuführen. Und das geht so:

✔ Sie packen das eine Atom mit der einen Pinzette in Ihrer linken Hand (ganz vorsichtig natürlich, Sie wollen die Atome nicht beeinflussen oder gar beschädigen) und das andere Atom mit der zweiten Pinzette in Ihrer rechten Hand.

✔ Dann nähern Sie diese beiden Atome langsam einander an und fühlen, welche Kräfte die beiden Atome aufeinander ausüben.

Mit welchen Kräften ist denn da zu rechnen?

Zunächst einmal werden Sie vermuten, dass da eine abstoßende Kraft wirken muss. Das wäre doch zu erwarten, wenn man die Atome als runde, zusammengeballte Wattebäusche annimmt. Haben die Wattebäusche einen sehr großen Abstand voneinander, so berühren sie sich nicht und es wirkt natürlich auch keine Kraft. Schon bei mittlerem Abstand kann es aber sein, dass sich zwei abstehende Fäserchen berühren und eine kleine abstoßende Kraft zur Folge haben. Bei weiterer Annäherung berühren sich immer mehr abstehende Fasern, die Kraft steigt überproportional an. Und ganz stark wird die abstoßende Kraft ansteigen, wenn sich die Wattebäusche schließlich »massiv« berühren.

So kann man das mit den Wattebäuschen erklären.

 Etwas wissenschaftlicher formuliert stoßen sich Atome deswegen ab, weil sich die jeweils negativ geladenen Elektronenhüllen nahe kommen und sich gleichnamige Ladungen abstoßen.

Klar, dass man jetzt ein passendes Diagramm braucht, um das darzustellen. In Abbildung 1.1 sind die zwischen zwei Atomen wirkenden Kräfte F in Abhängigkeit vom Atomabstand x aufgetragen. Anziehende Kräfte sind positiv dargestellt, abstoßende negativ. Der Atomabstand x ist der Abstand zwischen den Mittelpunkten der zwei Atome, wie oben rechts im Bild eingezeichnet. Wenn Sie das Diagramm jetzt von rechts nach links lesen, erkennen Sie den beschriebenen Verlauf der abstoßenden Kraft.

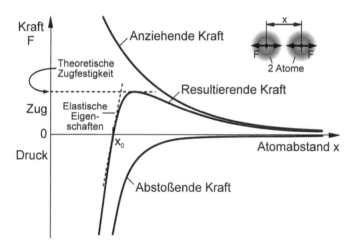

Abbildung 1.1: Bindungskräfte zwischen Atomen

Was wäre aber mit unserer Welt los, wenn Atome nur abstoßende Kräfte aufeinander ausüben könnten? Denken Sie an dieser Stelle bitte kurz nach, bevor Sie weiterlesen.

Ja, ein absolutes Horrorszenario wäre das. Es gäbe dann keine festen Stoffe, natürlich auch keine Werkstoffe, nicht mal Flüssigkeiten und uns selbst gäbe es nicht, keine Erde und wer weiß, wie das Weltall aussähe. Es gäbe nur Gase, da nichts die Atome zusammenhielte.

 Also müssen zwischen Atomen auch erhebliche anziehende Kräfte wirken. Deren Natur kennt man inzwischen ganz gut, insbesondere die Chemiker wissen da bestens Bescheid.

Es können je nach Atomsorte im Wesentlichen

✔ elektrostatische Anziehungskräfte zwischen Ionen auftreten,

✔ es kann zu Elektronenpaaren kommen, wenn sich zwei Elektronen gern haben (soll ja auch bei den Menschen so sein),

✔ zwischen freien Elektronen und Metallatomen kann es zur Anziehung kommen und

✔ bei manchen Kunststoffmolekülen gibt es durch Ladungsverschiebungen Anziehungskräfte.

Alles klar? Nein? Wundert mich nicht, das war nur eine kurze Aufzählung, um einen Eindruck zu bekommen. Sie brauchen das für die Werkstoffkunde auch nicht gar so genau zu wissen. Eines ist aber wichtig: Der Verlauf der anziehenden Kraft zwischen zwei Atomen verläuft deutlich »flacher« als der Verlauf der abstoßenden Kraft (siehe Abbildung 1.1).

Die abstoßende und die anziehende Kraft wirken gleichzeitig. Bei großen Atomabständen überwiegt die anziehende Kraft, bei kleinen die abstoßende Kraft, wie Sie auch am Verlauf der resultierenden Kraft sehen. Die *resultierende Kraft* ist einfach die Summe aus abstoßender und anziehender Kraft.

Das Besondere

Was fällt Ihnen am Verlauf der resultierenden Kraft in Abbildung 1.1 auf? Drei Erscheinungen sind bemerkenswert:

✔ Es gibt einen Abstand x_0 zwischen zwei Atomen, bei dem sich die abstoßende und die anziehende Kraft genau die Waage halten. Das ist der Abstand zweier Atome, die Sie sich selbst überlassen. Und gleichzeitig auch der Abstand zweier Atome in einem Festkörper, auf den keine äußere Kraft wirkt. Zieht man an dem Stab, so dehnt sich der Stab elastisch, die Atome nehmen einen Abstand größer als x_0 ein. Nimmt man die äußere Kraft vom Stab weg, so federt der Stab wieder in den Ursprungszustand zurück, der Atomabstand ist wieder x_0. Analog sind die Überlegungen bei einer Druckkraft auf den Stab. Dieses Verhalten von Atomen nennt man *Bindung*.

✔ In Abbildung 1.1 ist zusätzlich noch gestrichelt die Steigung der resultierenden Kraft an der Stelle x_0 eingezeichnet. Welche Bedeutung könnte diese Steigung in der Praxis haben? Sie kennzeichnet die *elastischen Eigenschaften* von Werkstoffen. Bei elastisch nachgiebigen Werkstoffen, wie Gummi, ist die Steigung flach, bei elastisch starren Werkstoffen, wie Stahl, ist sie steil.

✔ Ja, und dann haben wir noch das Maximum der resultierenden Kraft. Das ist die größtmögliche resultierende Zugkraft, die zwei Atome aufeinander ausüben können. Mehr geht nicht, mit gar nichts auf der Welt. Und wenn man das umrechnet auf übliche Querschnitte, so kommt man auf die *theoretische Zugfestigkeit*, ein fantastisch hoher Wert. Kein massiver irdischer Werkstoff schafft diese Festigkeiten tatsächlich, weil in allen Werkstoffen immer bestimmte Fehler enthalten sind. Nur bei ganz hauchdünnen Haarkristallen, den sogenannten Whiskern, kommt man an diese Festigkeiten heran. Aber die Natur bietet uns dieses Potenzial, es ist also noch »viel drin« bei den Werkstoffen!

Und das sind die Auswirkungen in der Praxis

Je nachdem, welche Sorte von Atomen in den Werkstoffen vorkommt, können die Bindungen recht unterschiedlich sein. Bei »starken« Bindungen ist die Steigung der resultierenden Kraft bei x_0 groß und die maximale Bindungskraft ist sehr hoch. Solche Werkstoffe sind in elastischer Hinsicht sehr starr, sie weisen meist hohe Zugfestigkeiten auf, ihr Schmelzpunkt liegt hoch und ihr Wärmeausdehnungskoeffizient (Wärmeausdehnung pro Grad Celsius) ist gering. Meist ist das erwünscht, beispielsweise beim Leichtbau, wenn man hohe Festigkeit und Steifigkeit braucht.

Und bei Werkstoffen mit »schwachen« Bindungen ist alles umgekehrt, sie sind in elastischer Hinsicht sehr nachgiebig, haben meist keine so hohen Festigkeiten und einen niedrigeren Schmelzpunkt. Auch das kann erwünscht sein, beispielsweise bei Gummidichtungen.

Mehr zum Thema Elastizität, Bindung und Wärmeausdehnung finden Sie in Kapitel 2; wie Sie Zugfestigkeiten messen, erkläre ich in Kapitel 6.

Alles eine Frage der Ordnung: Die wichtigsten Atomanordnungen

Nehmen Sie ruhig einmal Gegenstände aus verschiedenen Werkstoffen des Alltags in die Hand. Vielleicht ein Trinkglas, einen Hammer, eine Schere, einen Löffel, eine Zahnbürste oder was Ihnen sonst noch einfällt. Jetzt stellen Sie sich vor, Sie hätten ein Super-Elektronenmikroskop und könnten Ihre Gegenstände nach Herzenslust vergrößern und vergrößern und vergrößern. Wenn Sie dann so etwa bei hundertmillionenfacher Vergrößerung angelangt wären, könnten Sie die Atome prima sehen. Ein Eisenatom in der Schere hätte dann einen Durchmesser von etwa 2,5 cm.

Sie könnten dann nicht nur die Atome an sich sehen, sondern auch, wie sie sich im Werkstoff anordnen. Welche grundsätzlichen Möglichkeiten gibt es denn da? Atome in Werkstoffen können entweder völlig *regellos* angeordnet sein oder schön *regelmäßig*.

Regellose Anordnung der Atome – es lebe das Chaos

Alle Werkstoffe, in denen die Atome völlig regellos vorliegen, also total durcheinander, ohne jede Ordnung, wie Kartoffeln in einem Sack, werden in der Wissenschaft grundsätzlich *Gläser* genannt. Man spricht häufig auch von *amorphen* Werkstoffen; amorph bedeutet »ohne Form, ohne Struktur«. »Glas« bedeutet also nicht, dass man da immer hindurchsehen kann, sondern »Werkstoff mit regelloser Atomanordnung«. Die Wissenschaft unterscheidet:

✔ **anorganische Gläser** (Fensterglas, optische Gläser)

✔ **metallische Gläser** (die sind eine Besonderheit unter den Metallen, übrigens genauso glänzend und undurchsichtig wie die »normalen« kristallinen Metalle)

✔ **amorphe Kunststoffe** (bei denen sind die Moleküle regellos verteilt)

Die regellose Anordnung der Atome (beziehungsweise Moleküle) erzielt man überwiegend, indem man die Werkstoffe erst aufschmilzt (dann hat man ja das Chaos) und dann so schnell abkühlt, dass das Chaos »eingefroren« wird. Weitere Informationen zu den Gläsern erhalten Sie in Kapitel 18.

Regelmäßige Anordnung der Atome – es lebe die Ordnung

Bei den meisten Werkstoffen ordnen sich die Atome regelmäßig an, wie normalerweise bei den Metallen und Legierungen. Man spricht dann von *Kristallen, Kristallstrukturen und Kristallgittern.* So etwas finden Sie auch bei den Menschen. Beispielsweise wenn der Musikverein zum 100-jährigen Bestehen in Reih und Glied wohlgeordnet in die große Festhalle einmarschiert. Das ist dann ein Kristall aus Menschen. Die große Menschenmenge, die ungeordnet nachfolgt, wäre übrigens eher eine Flüssigkeit oder ein Glas.

Und die Atome haben Charakter:

✔ Manche sind »schleckig«, sie wollen Bindungen mit ihren Nachbaratomen nur in ganz bestimmten räumlichen Richtungen eingehen. Dadurch bleibt ziemlich viel Platz zwischen den Atomen leer und die Kristallgitter sind eher *locker gepackt*, wie beim Diamant.

✔ Anderen Atome wiederum ist es nicht ganz so wichtig, in welche räumlichen Richtungen die Bindungen geknüpft werden. Sie wollen vor allem viele Nachbaratome um sich herum haben. Das führt dann zu recht *dicht gepackten* Kristallgittern, wie sie bei den Metallen vorkommen.

Sehen Sie, so wie es Unterschiede zwischen uns Menschen gibt, so gibt es auch Unterschiede zwischen den Atomen. Und damit auch jede Menge einfacher, aber auch komplizierter Kristallgitter. Im Folgenden möchte ich Ihnen die drei wichtigsten Kristallgitter der metallischen Werkstoffe vorstellen.

Schauen Sie sich diese drei Kristallgitter in Ruhe an. Links in den Abbildungen ist jeweils das sogenannte »Drahtmodell« zu sehen, rechts das »Kugelmodell«. Beide Modelle haben so ihre Vor- und Nachteile. Beim Drahtmodell sieht man die Lage der Atome recht gut, aber man kann nicht so leicht erkennen, wo sich die Atome berühren. Beim Kugelmodell ist es gerade umgekehrt.

Was ist nun das Besondere an den drei Kristallgittern?

Das kubisch-flächenzentrierte Gitter

Beim kubisch-flächenzentrierten (kfz) Gitter sitzt jeweils ein Atom an den Ecken eines Würfels, deswegen heißt es ja auch kubisch (von »cubus«, lateinisch für Würfel). Zusätzlich gibt es noch jeweils ein Atom mitten in den Seitenflächen, deswegen nennt man es flächenzentriert.

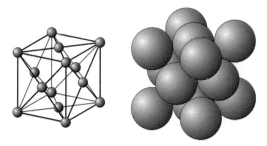

Abbildung 1.2: Das kubisch-flächenzentrierte Kristallgitter

Anhand des Kugelmodells in Abbildung 1.2 erkennen Sie, dass sich die Atome entlang der Flächendiagonalen berühren. Was man aber nicht so leicht sieht: Das kfz-Gitter ist die dichtestmögliche Packung von Kugeln im Raum. Mit nichts auf der Welt, weder praktisch noch theoretisch, können Sie gleich große Kugeln dichter packen als es das kfz-Gitter tut. Beispiele für Metalle mit kfz-Gitter sind Aluminium, Kupfer und Nickel, und nicht völlig daneben ist es, wenn Sie sich das merken.

Das kubisch-raumzentrierte Gitter

Beim kubisch-raumzentrierten (krz) Gitter sitzt je ein Atom an den Ecken eines Würfels und ein weiteres Atom im Raumzentrum, daher der Name.

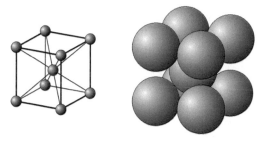

Abbildung 1.3: Das kubisch-raumzentrierte Kristallgitter

Die Atome berühren sich entlang der Raumdiagonalen; zwischen den Eckatomen bleibt ein bisschen Platz übrig (siehe Abbildung 1.3). Daraus ist zu vermuten, dass das krz-Gitter nicht ganz so dicht gepackt ist wie das kfz-Gitter, was auch wirklich so ist. Beispiele für Metalle mit krz-Gitter sind Chrom und Molybdän, auch hier lohnt sich merken.

Das hexagonal dichtest gepackte Gitter

Beim hexagonal dichtest gepackten (hdp) Gitter bilden die Atome der untersten Ebene ein regelmäßiges Sechseck (also ein Hexagon, griechisch für Sechseck) mit einem Atom in der Mitte (siehe Abbildung 1.4).

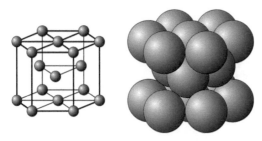

Abbildung 1.4: Das hexagonal dichtest gepackte Kristallgitter

Das ist so, als hätten Sie sieben Tischtennisbälle auf Ihrem Schreibtisch schön dicht aneinandergelegt und an den Berührstellen miteinander verklebt. Legen Sie drei weitere Tischtennisbälle in die Vertiefungen der unteren Ebene, erhalten Sie die mittlere Schicht. So, und zum Schluss kommt die dritte, oberste Schicht drauf, wiederum in die Vertiefungen der mittleren Schicht hineingelegt, und zwar mit derselben Anordnung wie bei der untersten Schicht. Fertig ist das hdp-Gitter.

Was man vermuten kann, ist die ebenfalls sehr dichte Packung der Atome. Und tatsächlich hat auch das hdp-Gitter die dichtestmögliche Packung von Kugeln im Raum, genau so dicht wie beim kfz-Gitter. Beispiele für Metalle mit hdp-Gitter sind Zink und Magnesium.

Bedeutung in der Praxis

Normalerweise sieht man den Metallen ihren kristallinen Aufbau gar nicht an. Erst nach entsprechender Vorbereitung werden die Kristalle unter dem Mikroskop sichtbar. Mehr darüber erfahren Sie in Kapitel 10.

Nur in Ausnahmefällen, wenn Metallkristalle weitgehend frei wachsen, kann man den kristallinen Aufbau auch direkt und ohne Präparation vermuten. Abbildung 1.5 zeigt den Blick auf eine Schweißnaht an einem Rohrstück aus einem rostfreien Stahl. Mit dem Auge allein sehen Sie nicht viel (siehe links oben eingeblendetes Bild). Mit dem Rasterelektronenmikroskop aber kommt die volle Pracht heraus. Wunderschöne Kriställchen mit vielen Seitenarmen, den sogenannten Dendriten, sind an der Oberfläche sichtbar.

Eigentlich könnten Sie argumentieren: Was interessiert mich das, wie die Atome im Metall angeordnet sind? Sie glauben aber gar nicht, wie sehr sich die Atomanordnung bemerkbar macht. Im Grunde wirkt sie sich auf alle Eigenschaften aus, zwei besondere möchte ich hervorheben:

✔ Die kubisch-flächenzentriert aufgebauten Werkstoffe sind auch bei tiefen Temperaturen noch sehr zäh, lassen sich also gut plastisch verformen. Demgegenüber werden die kubisch-raumzentriert und hexagonal dichtest gepackt aufgebauten Werkstoffe bei tiefen Temperaturen spröde. Weitere Informationen dazu gibt's in Kapitel 8.

✔ Die Fähigkeit, Legierungen zu bilden, unterscheidet sich beim kfz- und krz-Gitter sehr. Näheres dazu finden Sie beim Beispiel Eisen in den Kapiteln 5 und 15.

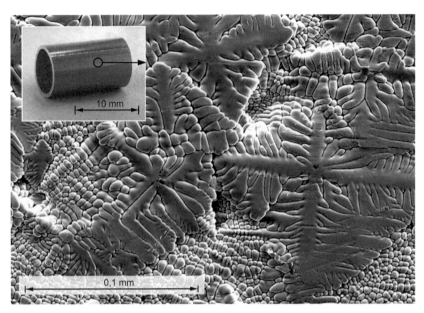

Abbildung 1.5: Blick auf die Oberfläche einer Schweißnaht aus einem rostfreien Stahl, aufgenommen mit dem Rasterelektronenmikroskop

Also: Die Kristallgitter haben's in sich! Wenn Sie möchten, packen Sie die Aufgaben dazu im Übungsbuch an. Das sind richtige »Klassiker« in der Werkstoffkunde, sie helfen Ihnen, die Kristallgitter wirklich zu verstehen.

Polymorphie bei Kristallen, die unglaublichen Vorgänge im Inneren

Normalerweise hat jedes Metall eine bestimmte Kristallart, und zwar im gesamten Temperaturbereich vom absoluten Nullpunkt bis zum Schmelzpunkt. So ist Aluminium im gesamten Temperaturbereich kubisch-flächenzentriert und Chrom kubisch-raumzentriert aufgebaut.

Manche Metalle aber weisen in Abhängigkeit von der Temperatur (und auch vom Druck) verrückterweise mehrere Kristallarten auf. Dieses Phänomen nennt man *Polymorphie*, was man ungefähr mit »Vielstruktur« übersetzen kann.

Das bekannteste und wichtigste Beispiel hierfür ist das Element Eisen, und an diesem Beispiel möchte ich Ihnen die Polymorphie erklären (siehe Abbildung 1.6).

Stellen Sie sich ein kleines Stückchen reinen Eisens vor, ein Blumendraht kommt der Sache schon sehr nahe. Kühlt man dieses Stückchen reinen Eisens bis in die Nähe des absoluten Nullpunkts, also −273 °C ab und untersucht es auf seine Kristallstruktur (kann man mit Röntgenstrahlen machen), so stellt man fest, dass es kubisch-raumzentriert aufgebaut ist. Erwärmt man das Eisen nun langsam nach und nach und untersucht es laufend, so findet man heraus, dass es die kubisch-raumzentrierte Struktur zunächst beibehält.

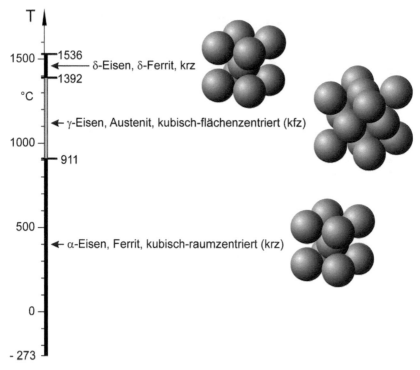

T

1500 — ⌈1536
            ← δ-Eisen, δ-Ferrit, krz
          ⌊1392
°C

       ← γ-Eisen, Austenit, kubisch-flächenzentriert (kfz)

1000 —

       ⌈ 911

500 —

       ← α-Eisen, Ferrit, kubisch-raumzentriert (krz)

0 —

- 273 —

Abbildung 1.6: Polymorphie bei Eisen

Bei 911 °C aber wandelt sich das Eisen abrupt in die kubisch-flächenzentrierte Struktur um, die dann bei höheren Temperaturen vorliegt. Wer nun meint, die kfz-Struktur sei dann bis zum Schmelzpunkt vorhanden, der irrt. Zu allem Überfluss wandelt sich das Eisen bei 1392 °C wieder in die krz-Struktur um, die dann bis zum Schmelzpunkt von 1536 °C bleibt. Fast kommt man zu der Ansicht, das Eisen wisse nicht, was es will. Bei abnehmenden Temperaturen verläuft übrigens alles wieder in umgekehrter Reihenfolge.

Die bei Eisen auftretenden Kristallgitter benennt man mit griechischen Buchstaben und zusätzlich auch mit Namen:

✔ Das kubisch-raumzentriert aufgebaute Eisen bei tiefen Temperaturen heißt *α-Eisen* oder auch *Ferrit*, benannt nach dem lateinischen Namen für Eisen, Ferrum.

✔ Das kubisch-flächenzentriert aufgebaute Eisen heißt *γ-Eisen* oder *Austenit*, benannt zu Ehren von Sir William Chandler Roberts-Austen, einem britischen Metallurgen.

✔ Das kubisch-raumzentriert aufgebaute Eisen bei hohen Temperaturen heißt *δ-Eisen* oder *δ-Ferrit*. Es ist genau gleich wie das α-Eisen.

Und so ganz beiläufig: Die Artikel sind männlich, es heißt **der** Ferrit und **der** Austenit. Verzeihen Sie mir, wenn ich das anmerke, es ist oftmals nicht bekannt.

Wo das β-Eisen geblieben ist

Logischerweise käme nach α doch β und dann erst γ im griechischen Alphabet. Und wo ist dann das β-Eisen geblieben? Früher hat man geglaubt, das »unmagnetische«, genauer paramagnetische Eisen oberhalb von 769 °C hätte eine eigene Kristallstruktur, und hat es β-Eisen genannt. Später erst hat man festgestellt, dass die Kristallstruktur des β- und des α-Eisens gleich sind, nämlich kubisch-raumzentriert. Tja, und nachdem die Begriffe γ-Eisen und δ-Eisen schon so richtig eingebrannt waren bei den Wissenschaftlern, hat man sie belassen und das β-Eisen einfach »vergessen«. Unter den Teppich gekehrt.

Nun eine absolut berechtigte Frage, vielleicht ging Ihnen das auch schon durch den Kopf: Warum tut das Eisen denn das? Es könnte doch einfach nur in der krz- oder kfz-Struktur vorliegen. Besser hätte ich die Frage nicht gestellt, denn ich weiß keine richtig überzeugende Antwort darauf. Die Wissenschaft sagt, die Natur strebe immer den energetisch günstigsten Zustand an. Und zwischen 911 und 1392 °C sei halt das kfz-Gitter das energetisch günstigere und deswegen gibt es das. Aber warum das gerade hier energetisch günstiger ist ...

Und warum erzähle ich so viel von dieser Polymorphie des Eisens und den polymorphen Umwandlungen? Die sind enorm wichtig, sie sind die Grundlage für die meisten Wärmebehandlungen der Stähle, beispielsweise für das Härten. Mehr dazu finden Sie in Kapitel 14, und das Übungsbuch hat auch noch etwas Feines auf Lager.

So, und jetzt die letzte Frage hierzu: Gibt es die Polymorphie auch bei anderen Stoffen und unter anderen Bedingungen? Ja, die Polymorphie tritt auch bei Titan, Zinn, manchen anderen Metallen und anderen Elementen auf, auch bei besonderen Legierungen und chemischen Verbindungen, bei speziellen Keramiken sowie Gesteinsarten. Und sie ist zusätzlich noch abhängig vom Druck.

Schön sind sie, die Kristalle im Inneren vieler Werkstoffe. Aber wie fast immer im Leben: Nichts ist perfekt, und auch die Kristalle im Werkstoff nicht.

Kristallbaufehler: Nichts ist perfekt

Dass Kristalle in vielen Werkstoffen vorkommen, haben die Wissenschaftler schon lange vermutet. So richtig beweisen konnte man das aber erst vor rund hundert Jahren. Damals hatte Wilhelm Conrad Röntgen die Röntgenstrahlung entdeckt und zuerst in der Medizin angewandt. Etwas später kamen dann die Materialwissenschaftler, die haben mit Röntgenstrahlen auf Werkstoffe geschossen und beobachtet, was dabei passiert. So konnte man erstmals den kristallinen Aufbau von Metallen direkt nachweisen.

Dann aber fuhr den Wissenschaftlern ein Schreck durch die Glieder. Wie konnte es denn sein, dass ein Stück Eisen kristallin aufgebaut ist und sich dennoch plastisch verformen lässt, zum Beispiel durch Walzen? Alle Stoffe, denen man den kristallinen Zustand ansehen kann, beispielsweise Kochsalzkristalle, Bergkristalle, Saphire, sind ja spröde. Und was passiert denn im Eisen beim Walzen? Gehen da die Kristalle kaputt?

Nach heftiger Diskussion kam ein schlauer Mensch auf die Idee, ein Stück Eisen richtig kräftig zu walzen und es wieder mit Röntgenstrahlen zu untersuchen. Und siehe da: Es waren nach dem Walzen immer noch Kristalle drin. Puh. Was jetzt?

Wenn ich einen schönen Hut aufhätte, würde ich ihn jetzt ziehen und mich vor denjenigen Wissenschaftlern symbolisch verneigen, die damals rein theoretisch vorhergesagt haben, dass es in den Metallkristallen bestimmte Fehler geben muss. Mit diesen Fehlern sind Metallkristalle tatsächlich in der Lage, sich plastisch zu verformen, und hinterher sind immer noch Kristalle vorhanden. Erst viel später, etwa Mitte des 20. Jahrhunderts, konnte man diese Fehler durch Elektronenmikroskope direkt sichtbar machen.

Heute kennt man die sogenannten *Kristallbaufehler*, auch *Gitterfehler* genannt, recht genau und teilt sie in null-, ein- und zweidimensionale Fehler ein (siehe Abbildung 1.7). Dreidimensionale Kristallbaufehler (Volumenfehler) zu definieren ist eher unüblich, man benennt sie dann mit den konkreten Namen, wie zum Beispiel Poren.

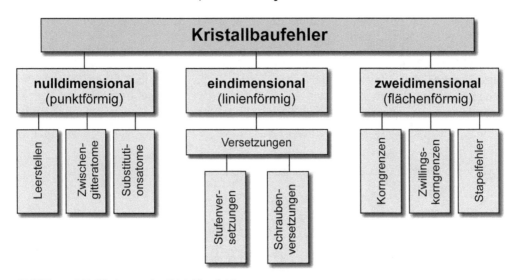

Abbildung 1.7: Gliederung der Kristallbaufehler

Nulldimensionale (punktförmige) Kristallbaufehler

Als nulldimensional bezeichnet man Kristallbaufehler, die aus einem besonderen oder einem fehlenden Atom bestehen. Wenn man ein Atom nun als »Punkt« auffasst, wird auch die Bezeichnung »punktförmig« verständlich. Drei Arten gibt es (siehe Abbildung 1.8).

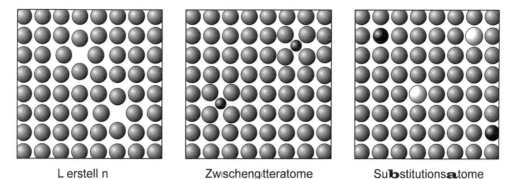

| L erstell n | Zwischengitteratome | Substitutionsatome |

Abbildung 1.8: Nulldimensionale Kristallbaufehler

Leerstellen oder wo nichts ist

Leerstellen sind »leere«, also unbesetzte Gitterplätze in Kristallen. Da fehlt einfach ein Atom, wo eigentlich eines sein sollte.

Wie kommen denn die Leerstellen in die Kristalle? Das Besondere und zunächst Rätselhafte ist, dass sie allein durch die Temperatur und die daraus resultierende Wärmebewegung der Atome entstehen. Bei hohen Temperaturen gibt es viele Leerstellen, bei tiefen Temperaturen wenige. Dagegen tun können Sie (fast) nichts, es ist immer so, die Natur macht das von ganz allein. Warum aber?

 Ein Kristall mit einer bestimmten Zahl (genauer: Dichte) von Leerstellen hat einen günstigeren, also niedrigeren energetischen Zustand als ein Kristall ohne Leerstellen. Oder ganz menschlich ausgedrückt: Mit ein paar Leerstellen fühlt sich ein Kristall wohler. Bei hoher Temperatur braucht er mehr Leerstellen, um sich wohlzufühlen, bei niedriger Temperatur reichen ihm weniger.

Spezialisten können die Zahl der Leerstellen in einem bestimmten Kristall ausrechnen und manchmal sogar messen. Viele sind es nicht: Dicht unterhalb des Schmelzpunkts hat ein Metall etwa jeden 10000. Gitterplatz nicht besetzt, bei Raumtemperatur kommt manchmal auf 10^{12} Gitterplätze nur eine Leerstelle!

Ja, und was macht es denn aus, wenn da eben, was weiß ich, jeder zig-tausendste oder millionste Gitterplatz nicht besetzt ist? Zugegeben, bei tiefen Temperaturen (im Verhältnis zum jeweiligen Schmelzpunkt) spürt man die Leerstellen kaum.

 Bei höheren Temperaturen aber ermöglichen die Leerstellen das Wandern, genauer *Diffundieren* der Atome im Kristallgitter. Und das ist bei vielen Wärmebehandlungen sowie Verarbeitungsverfahren nötig und macht sich dort massiv bemerkbar.

Ohne Leerstellen wäre die Welt ärmer. Mehr dazu erfahren Sie in Kapitel 3.

Zwischengitteratome oder wo zusätzlich etwas ist

Zwischengitteratome oder *Einlagerungsatome*, das drückt der Name schon aus, sind Atome, die sich auf Zwischengitterplätzen, also »Lücken« im Kristallgitter eingenistet haben. Wie Sie in Abbildung 1.8 sehen, kommt als Zwischengitteratom im Normalfall nur ein kleines anderes Atom infrage, da es in den Kristallgittern meist sehr beengt zugeht.

Selbst ein kleines Atom passt meist nicht vollständig in so einen Zwischengitterplatz rein und drückt die Nachbaratome etwas unsanft nach außen. Daraus folgt ganz logisch: Zwischengitteratome fühlen sich umso wohler im Kristall, je größer die Lücken zwischen den Atomen sind und je kleiner sie selbst sind.

 Wichtig und für die Praxis nutzbar sind die Zwischengitteratome bei *Legierungen*. Zwischengitteratome werden absichtlich zugegeben, um einem Werkstoff besondere Eigenschaften zu geben, insbesondere seine Festigkeit zu erhöhen. Ein Beispiel ist Kohlenstoff in Eisen.

Mehr hierzu gibt's in den Kapiteln 5 und 15.

Substitutionsatome oder wo etwas ersetzt ist

Wie kann man sonst noch andere Atome in ein Kristallgitter hineinschmuggeln? Einfach dadurch, dass man ein »normales« Atom (ein »Wirtsgitteratom«, ist das nicht ein schöner Name) durch ein »Fremdatom« ersetzt. Da dann ein Wirtsgitteratom durch ein anderes ersetzt oder »substituiert« wird, nennt man so ein Atom *Substitutionsatom*. Abbildung 1.8 zeigt Ihnen rechts vier Substitutionsatome in einem Kristall.

Fast schon selbstverständlich: Substitutionsatome fühlen sich im Kristall umso wohler, je ähnlicher sie den Wirtsgitteratomen sind, vor allem was den Durchmesser anlangt. Wenn Wirts- und Substitutionsatom nicht nur

✔ sehr ähnlichen Atomdurchmesser haben, sondern auch noch

✔ chemisch sehr verwandt sind und zusätzlich

✔ das gleiche Kristallgitter aufweisen,

können sie in beliebigen Mengenverhältnissen zueinander im Kristallgitter eingebaut werden.

 Auch die Substitutionsatome sind wichtig, wenn es um die *Legierungen* geht. Auch mit ihnen kann die Festigkeit eines Werkstoffs gesteigert werden. Beispiele sind Kupfer-Nickel- und Kupfer-Zink-Legierungen. Mehr hierzu lesen Sie in Kapitel 4.

So, das waren die punktförmigen Gitterfehler. Jetzt geht es an die linienförmigen.

Eindimensionale (linienförmige) Kristallbaufehler

Unter den eindimensionalen, also linien- oder fadenförmigen Kristallbaufehlern gibt es nur eine Art, das sind die *Versetzungen*. Die Versetzungen lassen sich in zwei miteinander verwandte Grundtypen gliedern, die Stufen- und die Schraubenversetzungen (siehe Abbildung 1.9).

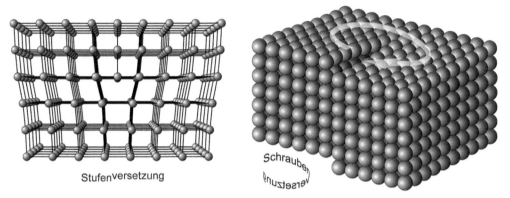

Stufenversetzung   Schraubenversetzung

Abbildung 1.9: Stufenversetzung (links) und Schraubenversetzung (rechts)

Stufenversetzungen, gerade und doch stufig

Abbildung 1.9 zeigt links eine *Stufenversetzung* in einem einfachen kubischen Kristall, dargestellt als Drahtmodell. Sehen Sie sich das Bild bitte in Ruhe an.

Wie könnten Sie einen solchen Kristallbaufehler rein gedanklich (also nicht praktisch) aus einem perfekten Kristall herstellen? Bitte erst nachdenken, bevor Sie weiterlesen.

✔ Entweder dadurch, dass Sie die Bindungen im perfekten Kristall von oben her bis zur Mitte auftrennen, eine **zusätzliche halbe Ebene von Atomen einfügen** und die Bindungen neu knüpfen.

✔ Oder durch das Gegenteil, indem Sie eine **untere Halbebene von Atomen entfernen** und die Bindungen ebenfalls wieder neu knüpfen. Das Ergebnis ist absolut gleich!

Wenn Versetzungen linienförmige Fehler sind, ja wo ist denn dann die Linie? Schauen Sie bitte genau in die Mitte der Stufenversetzung in Abbildung 1.9. Durch diesen zentralen Punkt (den Kern) der Stufenversetzung hindurch, senkrecht zur Zeichenebene, verläuft die sogenannte Versetzungslinie.

Schraubenversetzungen, gerade und doch spiralig

Die *Schraubenversetzung* ist schon ein bisschen schwerer zu verstehen. Abbildung 1.9 (rechts) zeigt sie in einem einfachen kubischen Kristall als Kugelmodell. Schauen Sie sich auch dieses Bild erst in Ruhe an.

Stellen Sie sich vor, Sie wären ein winzig kleiner Gnom in einem Raumschiff kleiner als ein Atom und würden kreisförmig im Uhrzeigersinn über die obere Ebene von Atomen reisen, wie mit dem hellen Pfeil in Abbildung 1.9 angedeutet. Nach einer Runde wären Sie eine Ebene tiefer angelangt, nach einer weiteren Runde noch eine Ebene tiefer, und nach sieben Runden (zählen Sie mal nach) kämen Sie unten aus dem Kristall wieder heraus. Ihre Flugbahn wäre eine Schraubenlinie gewesen, und daher kommt auch der Name Schraubenversetzung. Erinnert Sie das nicht irgendwie an eine Parkhausauffahrt?

Was man nun anhand der Bilder nicht so leicht erkennt, und das müssen Sie mir jetzt einfach mal glauben, ist die sehr enge Verwandtschaft von Stufen- und Schraubenversetzung. Es gibt sogar jeden beliebigen Zwischenzustand zwischen den beiden Grundtypen, das sind dann die gemischten Versetzungen.

Und wie kommen die Versetzungen in die Kristalle rein?

Wie es zu Versetzungen kommt und was sie bewirken

Versetzungen entstehen ursprünglich beim Wachsen von Kristallen aus der Schmelze, also beim Gießen eines Werkstoffs. Da unterlaufen der Natur Fehler, so wie auch uns Menschen.

Und welche praktische Bedeutung die Versetzungen haben, sehen Sie anhand von Abbildung 1.10. Versetzungen ermöglichen die plastische Verformung von Metallkristallen, ohne dass die Kristalle zerstört werden, eine superwichtige Geschichte.

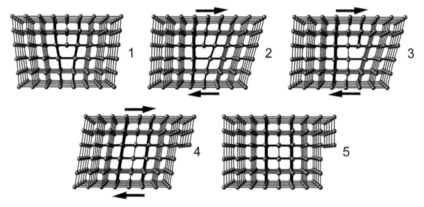

Abbildung 1.10: Mechanismus der plastischen Verformung durch Versetzungsbewegung

Durch Schubbeanspruchung eines Kristalls (Zustand 2) werden Bindungen direkt am Kern der Versetzung gelöst und zur eingeschobenen Halbebene hin neu geknüpft (Zustand 3). Die Halbebene ist dann scheinbar um einen Atomabstand weitergerückt. Dieses Spiel wiederholt sich, bis die Versetzung die Kristalloberfläche erreicht und eine Stufe an der Oberfläche hinterlässt. Daher auch der Name Stufenversetzung.

Obwohl dies Abbildung 1.10 nicht anzusehen ist: Versetzungen können Sie in riesiger Menge erzeugen, indem Sie irgendein Stück eines metallischen Werkstoffs plastisch verformen. Also Blumendraht oder einen Nagel nehmen, richtig kräftig biegen, und schon haben Sie Milliarden und Abermilliarden von neuen Versetzungen erzeugt. Nur sehen können Sie die mit dem bloßen Auge nicht, dazu braucht man geeignete Elektronenmikroskope.

Was bei Werkstoffen wichtig ist:

 Versetzungen (egal ob Stufen-, Schrauben- oder gemischte Versetzungen) ermöglichen es einem Kristall, sich plastisch zu verformen. Wenn das leicht geht, liegt ein weicher, wenig fester Werkstoff vor. Und wenn das schwer geht, hat man einen harten, festen Werkstoff.

Ahnen Sie es? Wenn Sie Versetzungen das Leben schwer machen, können Sie die Festigkeit eines Werkstoffs steigern. Mehr dazu erfahren Sie in Kapitel 17.

So viel zu den linienförmigen Kristallbaufehlern. Jetzt sind die flächenförmigen dran.

Zweidimensionale (flächenförmige) Kristallbaufehler

Unter den zweidimensionalen, also flächenförmigen Kristallbaufehlern gibt es drei verschiedene Arten, die bei den Werkstoffen des Alltags häufig vorkommen: die Korngrenzen, die Zwillingskorngrenzen und die Stapelfehler (siehe Abbildung 1.11).

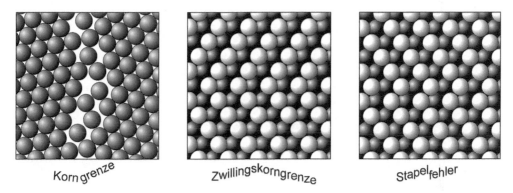

Abbildung 1.11: Zweidimensionale Kristallbaufehler

Korngrenzen, wie Grenzen auf der Landkarte

Korngrenzen, das drückt der Name aus, sind Grenzen oder Übergänge von einem »Korn« zu einem benachbarten Korn. »Korn« ist hierbei ein Fachausdruck für einen Kristall innerhalb eines Werkstoffs. Bei den meisten Werkstoffen des Alltags liegen im Inneren nämlich viele kleine Kristalle oder Körner vor, die an Korngrenzen aneinanderstoßen.

Korngrenzen haben meist eine »Dicke« von etwa ein bis zwei Atomdurchmessern und stellen einen dünnen Bereich dar, in dem die Atome nicht mehr regelmäßig angeordnet sind. Korngrenzen entstehen in der Regel beim Wachsen einzelner Körner, beispielsweise aus der Schmelze beim Gießen oder im festen Zustand (bei der Rekristallisation, mehr dazu in Kapitel 3).

Obwohl Korngrenzen ja Kristallbaufehler sind, wirken sie sich bei niedrigen bis mittleren Temperaturen (im Vergleich zum Schmelzpunkt) **positiv auf die mechanischen Eigenschaften** von Metallen aus. Wenn ein Stahl beispielsweise besonders viele der Korngrenzen enthält, also viele kleine Körner aufweist, dann hat er sowohl eine hohe Festigkeit als auch eine hohe Zähigkeit. Eine fantastische Geschichte, die man in der Praxis gerne nutzt.

Erst bei hohen Temperaturen Richtung Schmelzpunkt stellen Korngrenzen Schwachpunkte dar, weil dann ein Korn am anderen abgleiten oder abrutschen kann, so wie wir Menschen auf Glatteis, und das führt zu geringer Festigkeit.

Zwillingskorngrenzen, die symmetrischen

Stellen Sie sich nun vor, Sie könnten zwei Kristalle, oder jetzt besser ausgedrückt zwei Körner, räumlich so drehen und kippen, dass sie eine exakt ebene Korngrenze zwischen sich bilden, und zwar so, dass das eine Korn das genaue Spiegelbild des anderen Korns darstellt und keinerlei »Durcheinander« an der Korngrenze wäre. Dann hätten Sie eine *Zwillingskorngrenze* gebildet, wie in der Mitte in Abbildung 1.11 zu sehen.

Können Sie die Lage der Spiegelebene erkennen? Sie läuft horizontal durch die Bildmitte. Sie werden sich sicher fragen, was das denn für ein komischer Kristall in der Mitte in Abbildung 1.11 ist. Kaum zu glauben, aber das ist ein kubisch-flächenzentrierter Kristall, der in einer etwas wild gedrehten und gekippten Ebene aufgeschnitten ist.

Zwillingskorngrenze heißt sie übrigens, weil ein Korn dem anderen so ähnlich ist wie ein Zwilling dem anderen. Was natürlich wissenschaftlich nicht haltbar ist, aber so ist das manchmal mit den Namen.

Stapelfehler, die korrigierten Fehltritte

Und wenn ich schon bei solchen Kristallen bin, zeige ich Ihnen gleich einen *Stapelfehler* rechts in Abbildung 1.11.

Warum dieser Kristallbaufehler Stapelfehler heißt? Stapeln Sie einmal in Gedanken die Atome wie rechts in Abbildung 1.11, beginnend mit einer unteren Lage. Die zweite, dritte, vierte und fünfte Lage von Atomen stapeln Sie jeweils etwas nach links versetzt. Und bei der sechsten Lage passiert Ihnen ein Fehler, die ist nämlich nach rechts versetzt. Sie bemerken Ihren Fehler, wischen sich den Schweiß von der Stirn und machen wieder wie ursprünglich weiter. Fertig ist der Stapelfehler.

Und wie kommen die Zwillingskorngrenzen und die Stapelfehler in die Werkstoffe? Sie entstehen überwiegend beim Wachsen der Kristalle, ähnlich wie die Korngrenzen. Und wie wirken sie sich aus? In mechanischer Hinsicht wie die Korngrenzen, also meist positiv.

Einkristall und Vielkristall im Alltag

Nahezu alle metallischen Werkstoffe unseres Alltags werden ganz am Anfang ihrer Entstehungsgeschichte in eine Form gegossen. Beim Erstarren gibt es zunächst viele kleine Keime, von denen aus Kristalle wachsen. Die Kristalle wachsen weiter, bis sie schließlich aneinanderstoßen und Korngrenzen zwischen sich bilden. Im gegossenen und auch im anschließend weiterverarbeiteten Werkstoff liegen dann viele Kristalle, also Körner vor. Man spricht von einem *vielkristallinen oder polykristallinen Werkstoff*.

Die Größe der Körner, die *Korngröße*, kann von wenigen Nanometern bis zu einigen Millimetern reichen. Bei den typischen metallischen Werkstoffen des Alltags und der Technik sind die Körner etwa 0,01 bis 0,1 mm groß und lassen sich erst nach geeigneter Präparation mit dem Licht- oder Elektronenmikroskop beobachten.

Vergleichsweise groß sind die Körner im aufgeschnittenen Gussblock in Abbildung 1.12, die lassen sich nach trickreicher Präparation schon mit dem Auge erkennen. Wie die Präparation genau abläuft, sehen Sie in unserem Video zur Metallografie (makroskopische Verfahren). Jedes der angeschnittenen Körner schimmert bei seitlichem Lichteinfall in einer anderen Tönung.

Abbildung 1.12: Schnitt durch einen Gussblock aus einer Aluminiumlegierung, gesägt, geschliffen, poliert und angeätzt

Ebenfalls groß sind die Körner bei vielkristallin aufgebauten Solarzellen. Wenn Sie in nächster Zeit die Gelegenheit haben, eine vielkristalline Solarzelle aus der Nähe anzusehen, dann suchen Sie einmal gezielt nach Körnern, Korngrenzen und Zwillingskorngrenzen. Das oben auf der Solarzelle aufgebrachte Gitter aus Silberstreifen müssen Sie sich wegdenken, das dient zur Abnahme der Ladungen auf der Oberseite. Die Körner reflektieren das Licht je nach Lichteinfall verschieden, zwischen den Körnern sind die Korngrenzen. Die Zwillingskorngrenzen erkennen Sie daran, dass sie wie mit dem Lineal gezogen sind und oft mehrfach parallel zueinander auftreten.

Und sind Ihnen schon die schimmernden Flächen an feuerverzinkten Teilen im Freien aufgefallen, beispielsweise an Laternenpfählen? Auch das sind Körner, sehr flache und sehr große. Der Regen trägt die Zinkschicht leicht ab, sodass die Zinkkristalle aufgeraut werden und je nach Lichteinfall verschieden schimmern. Die Kristalle im darunterliegenden Stahl sind aber sehr viel kleiner, nur etwa 0,1 mm groß.

Innerhalb der Körner befinden sich eine Vielzahl weiterer Gitterfehler, wie Leerstellen und Versetzungen. Bei extrem hoher Vergrößerung könnte ein Stück eines reinen Metalls etwa wie in Abbildung 1.13 dargestellt aussehen.

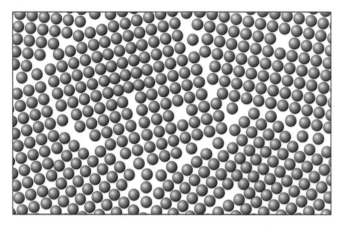

Abbildung 1.13: Atomanordnung in einem reinen Metall

Welche Kristallbaufehler erkennen Sie? Sehen Sie bitte genau hin. Ein kleiner Hinweis sei erlaubt: Schraubenversetzungen und Stapelfehler konnte ich nicht unterbringen, und Fremdatome sind natürlich auch nicht drin, es ist ja ein reines Metall.

Im Normalfall sind viele kleine Körner im Werkstoff absolut erwünscht, sie sorgen für gute Festigkeit und Zähigkeit. Für einige Anwendungen, zum Beispiel bei Halbleitern oder bei Turbinenschaufeln für höchste Einsatztemperaturen, werden jedoch Werkstücke benötigt, die aus einem einzigen Kristall, einem Einkristall, bestehen:

✔ Bei den *einkristallinen Turbinenschaufeln* möchte man das Korngrenzengleiten, also das Abrutschen der Korngrenzen gegeneinander ausschalten, das bei sehr hohen Temperaturen auftritt.

✔ Bei den *Halbleitern* sind alle linien- und flächenförmigen Kristallbaufehler unerwünscht, da sie zu Fehlfunktionen führen können.

Für die Herstellung von Einkristallen gibt es übrigens mehrere Möglichkeiten. Meistens kühlt man eine Schmelze sehr langsam und erschütterungsfrei ab, dann kann ein einziger Kristall in aller Ruhe wachsen. Das ist wie bei uns Menschen: Wollen wir etwas Besonderes und ziemlich Perfektes machen, brauchen wir Zeit und Sorgfalt dazu.

Das war's zum Thema Atome, Bindungen und Kristalle. Sie werden sehen, dass Sie viel davon gebrauchen können, wenn es an die nächsten Kapitel geht.

IN DIESEM KAPITEL

Wie sich Werkstoffe mit der Temperatur
ausdehnen

Nach welchen Grundsätzen Werkstoffe den
elektrischen Strom und die Wärme leiten

Was es mit der elastischen und plastischen
Verformung auf sich hat

Kapitel 2

Einige Eigenschaften von Werkstoffen, die Sie kennen sollten

Eigenschaften von Werkstoffen gibt es viele: Farbe, Dichte, Härte, Festigkeit, Elastizität, Zähigkeit, Schweißeignung, Magnetismus, Strom- und Wärmeleitfähigkeit sind nur wenige Beispiele. Manche dieser Eigenschaften sind eher gut bekannt oder auch leicht nachzulesen, wie die Farbe und die Dichte, also gehe ich hier nicht weiter darauf ein. Andere wiederum sind so wichtig in der Anwendung, dass ich ihnen jeweils ein extra Kapitel widme, wie der Härte, der Festigkeit und der Zähigkeit. Manche sind ein bisschen speziell für dieses Buch, wie Schweißeignung und Magnetismus, die werden bei Bedarf angesprochen.

Und was bleibt übrig? Es sind ausgewählte Eigenschaften, die in der Praxis bedeutend sind, die Sie weitgehend logisch verstehen und (beinahe) überall gebrauchen können. Besonders leicht wird es Ihnen fallen, wenn Sie schon Kapitel 1 gelesen haben, aber absolut nötig ist es nicht.

Los geht's. Fünf Eigenschaften habe ich für Sie ausgewählt.

Wärmeausdehnung, eine Frage der Temperatur

Haben Sie sich schon einmal gefragt, warum Ihr gerade abgestelltes Auto so seltsam knistert? Das liegt an der Wärmeausdehnung und -schrumpfung der heiß gefahrenen und sich wieder zusammenziehenden Teile.

Werkstoffe dehnen sich also mit zunehmender Temperatur aus und ziehen sich mit abnehmender Temperatur wieder zusammen. Worauf beruht das? Die Werkstoffe bestehen ja aus Atomen, die über Bindungskräfte aneinander gebunden sind. Diese Bindungen sind nicht starr, sondern man kann sie sich eher wie ein elastisches Band oder eine Spiralfeder vorstellen.

Wenn Sie einen Werkstoff erwärmen, so führen Sie Wärmeenergie zu. Diese Wärmeenergie bewirkt im Werkstoff, dass die Atome stärker um ihre Ruhelage schwingen und zappeln als zuvor. Hohe Temperatur heißt also stark schwingende Atome und niedrige Temperatur schwächer schwingende Atome. Wenn die Atome stärker schwingen, dann »stoßen« sie vermehrt aneinander und nehmen durchschnittlich etwas mehr Abstand zueinander ein, das Werkstück wird größer, das ist die *Wärmeausdehnung.*

Ausnahmen von dieser Grundregel gibt es nur wenige. Beispielsweise können Umwandlungen des Kristallgitters (Polymorphie, mehr dazu in Kapitel 1) dazu führen, dass sich Werkstoffe in einem begrenzten Temperaturbereich bei Erwärmung zusammenziehen und bei Abkühlung ausdehnen.

Schmieden Sie die Wärmeausdehnungsgleichung

Mein Ehrgeiz ist es jetzt, Ihnen zu zeigen, wie Sie mit ein paar logischen Überlegungen die Wärmeausdehnung eines Körpers anschaulich herleiten, also »schmieden« können. Stellen Sie sich einen Stab mit einer Länge L aus irgendeinem Werkstoff vor. Wovon wird denn die Wärmeausdehnung dieses Stabs ganz allgemein abhängen? Mit Wärmeausdehnung meine ich die Verlängerung des Stabs, die man ganz allgemein mit ΔL bezeichnet. Δ (groß Delta) ist dabei ein Formelzeichen, das für »Änderung« steht.

Die Wärmeausdehnung, also die **Verlängerung ΔL**, müsste doch

✔ von der **Temperaturänderung ΔT** abhängen,

✔ von der **Länge L** des Stabs und

✔ natürlich von der **Art des Werkstoffs**.

Welche Wärmeausdehnung erwarten Sie bei **Temperaturänderung** null (also $\Delta T = 0$)? Gar keine, die Temperatur hat sich ja nicht geändert. Wenn Sie die Temperatur nun um 1 °C erhöhen ($\Delta T = 1$ °C), dehnt sich der Stab um einen bestimmten Betrag aus. Um welchen Betrag wird sich derselbe Stab ausdehnen, wenn Sie die Temperatur um 2 °C erhöhen? Müsste doch das Doppelte sein. Und bei 10 °C um das Zehnfache. Also sollte die Wärmeausdehnungsgleichung lauten:

$$\Delta L = \Delta T \cdot \text{Irgendetwas oder } \Delta L \sim \Delta T$$

»Irgendetwas« ist eine zunächst noch nicht bekannte Größe. Anders ausgedrückt: Die Wärmeausdehnung ist proportional zur Temperaturänderung, was man mit dem Proportionalitätszeichen ~ (ein anderes Zeichen dafür ist α) ausdrückt.

Wie wird die **Länge L** des Stabs in der Gleichung auftauchen? Wenn sich die Länge des Stabs verdoppelt, müsste die Wärmeausdehnung doch auch doppelt so groß sein, da man sich ja den doppelt so langen Stab als zwei aneinandergesetzte Stäbe vorstellen kann, deren Wärmeausdehnung sich addiert. Bei dreifacher Länge die dreifache Ausdehnung, und bei beliebiger Länge L:

$$\Delta L = \Delta T \cdot L \cdot \text{Irgendetwasanderes} \quad \text{oder} \quad \Delta L \sim \Delta T \cdot L$$

Die Wärmeausdehnung ist also zusätzlich noch proportional zur Länge.

So, jetzt fehlt nur noch der Einfluss des **Werkstoffs**, und der wird mit dem sogenannten *linearen Wärmeausdehnungskoeffizienten* erfasst, dem ich das Formelzeichen α gebe:

$$\Delta L = \Delta T \cdot L \cdot \alpha$$

Fertig ist die Wärmeausdehnungsgleichung.

Drei Tipps dazu:

✔ Die Temperaturänderung wird meist nicht in °C, sondern in K (Kelvin) angegeben. Bei der absoluten Temperatur lässt man das Gradzeichen weg, und bei Temperaturänderungen entspricht ein Grad Celsius genau einem Kelvin.

✔ Der lineare Wärmeausdehnungskoeffizient (welch ein komplizierter Begriff, es gibt leider nichts Einfacheres) heißt linear, weil man die Längenausdehnung (im Gegensatz zur Volumenausdehnung) meint.

✔ Manchmal wird statt α auch ein anderes Formelzeichen verwendet. Die Bedeutung ist aber auch dann dieselbe.

Der lineare Wärmeausdehnungskoeffizient

Der lineare Wärmeausdehnungskoeffizient α gibt an, wie sehr sich ein bestimmter Werkstoff bei Temperaturänderung ausdehnt oder auch zusammenzieht. Je nach Werkstoff kann α sehr unterschiedliche Werte aufweisen. In Tabelle 2.1 ist α für sechs reine Metalle, drei Legierungen, zwei Gläser, eine Keramik und einen Kunststoff aufgeführt. Der Werkstoff X5CrNi18-10 ist ein rostbeständiger Stahl, FeNi36 eine Legierung aus 36 % Nickel und 64 % Eisen. Weitere Informationen zu Werkstoffbezeichnungen finden Sie in den Kapiteln 13 und 17.

Werkstoff	α bei 20 °C in $10^{-6}\,K^{-1}$
Eisen	12
Aluminium	23
Magnesium	25
Kupfer	16
Blei	29
Wolfram	3,5
Unlegierter Stahl	12
X5CrNi18-10	16
FeNi36	1

Werkstoff	α bei 20 °C in $10^{-6}\ K^{-1}$
Fensterglas	8
Quarzglas	0,5
Al_2O_3-Keramik	8
Polyethylen	ca. 200

Tabelle 2.1: Lineare Wärmeausdehnungskoeffizienten

Sagen Ihnen die Werte in dieser Tabelle etwas? Nicht so recht? Rechnen Sie doch einfach ein **Beispiel** durch, das Sie sich gut vorstellen können:

Um welchen Betrag dehnt sich ein 1 m langer Stab

a) aus unlegiertem Stahl,

b) aus Aluminium und

c) aus Quarzglas aus,

wenn er von Raumtemperatur aus um 100 K erwärmt wird?

Erwärmung um 100 K von Raumtemperatur aus bedeutet ganz konkret Erwärmung von 20 °C auf 120 °C. So, jetzt einfach die Wärmeausdehnungsgleichung nehmen und die gegebenen Werte einsetzen:

a) $\Delta L_{Stahl} = \Delta T \cdot L \cdot \alpha_{Stahl} = 100\ K \cdot 1000\ mm \cdot 12 \cdot 10^{-6}\ K^{-1} = 1,2\ mm$

b) $\Delta L_{Alu} = \Delta T \cdot L \cdot \alpha_{Alu} = 100\ K \cdot 1000\ mm \cdot 23 \cdot 10^{-6}\ K^{-1} = 2,3\ mm$

c) $\Delta L_Q = \Delta T \cdot L \cdot \alpha_Q = 100\ K \cdot 1000\ mm \cdot 0,5 \cdot 10^{-6}\ K^{-1} = 0,05\ mm$

K^{-1} steht dabei für 1/K oder »pro Kelvin«. Der α-Wert von $12 \cdot 10^{-6}\ K^{-1}$ bedeutet also anschaulich, dass sich ein 1 m langer Stab aus unlegiertem (normalem) Stahl um 1,2 mm verlängert, wenn Sie ihn von 20 auf 120 °C erwärmen.

Hätten Sie das erwartet? Es ist schon viel bei Stahl, und noch mehr bei Aluminium. Bei Quarzglas ist es ganz besonders wenig, und daraus erklärt sich auch, dass Sie Quarzglas ohne Bruch von hohen Temperaturen im kalten Wasserbad abschrecken können. Wenn Sie möchten, rechnen Sie ruhig noch ein wenig mit der Wärmeausdehnungsgleichung, das ist wirklich interessant. Nehmen Sie ein paar Beispiele aus dem Alltag, wie Schienen oder Brücken, und machen Sie sinnvolle Annahmen. Natürlich gibt es auch ein paar interessante Aufgaben dazu im Übungsbuch.

Die Logik dahinter

Schauen Sie sich Tabelle 2.1 nun etwas näher an. Was fällt Ihnen im oberen Teil auf? Dort sind sechs reine Metalle verzeichnet. Können Sie da irgendwelche logischen Gesetzmäßigkeiten erkennen? Ganz einfach ist es nicht, aber wenn Sie die Schmelzpunkte der reinen Metalle betrachten, dann sehen Sie,

✔ dass die hochschmelzenden Metalle, wie Wolfram, einen niedrigen Wärmeausdehnungs-koeffizienten haben und

✔ die niedrigschmelzenden, wie Blei, einen hohen.

Wenn Sie möchten, dann schlagen Sie die jeweiligen Schmelzpunkte der Metalle nach und überprüfen das Prinzip.

Was steckt dahinter?

 Misst man die Wärmeausdehnung eines Metalls vom absoluten Nullpunkt bis zum Schmelzpunkt, so stellt man fest, dass sich die meisten Metalle um etwa 2 bis 3 % ausdehnen. Bei einem hochschmelzenden Metall sind die 2 bis 3 % auf eine große Temperaturspanne verteilt und deswegen ergibt sich pro Kelvin (oder pro °C) Temperaturänderung nur eine kleine Wärmeausdehnung. Bei den niedrig-schmelzenden ist es gerade umgekehrt.

Und was bewirkt nun, dass es hoch- und niedrigschmelzende Metalle gibt? Das liegt an der Stärke der Bindungen zwischen den Atomen. Starke Bindungen haben einen hohen Schmelz-punkt zur Folge, weil es starker Wärmeschwingungen der Atome bedarf, um die starken Bin-dungen zu überwinden und das Metall aufzuschmelzen. Und stark gebundene Atome lassen sich durch Wärmeschwingungen nicht so leicht voreinander weg bewegen …

Wenn Sie jetzt noch einmal die komplette Tabelle 2.1 ansehen, so fallen zwei Werkstoffe nach unten hin aus dem Rahmen: **FeNi36** und **Quarzglas**. Beide haben **extrem niedrige Wärme-ausdehnungskoeffizienten**, verändern ihre Länge also kaum bei Temperaturänderung. FeNi36 weist die geringe Wärmeausdehnung übrigens nur in einem begrenzten Temperatur-bereich zwischen 0 und etwa 100 °C auf, darüber ist es wieder ganz »normal«. Zu erklären, warum das so ist, würde hier zu weit führen. Hochinteressante Werkstoffe sind es allemal, wenn es darum geht, Maßänderungen bei unterschiedlichsten Anwendungen zu vermeiden, beispielsweise beim Erzeugen von Laserstrahlen.

Die Bedeutung in der Praxis

Die Wärmeausdehnung hat sowohl im Alltag als auch in der industriellen Praxis eine ganz enorme Bedeutung: üble Sachen wie Maßänderungen, Verzug, Rissbildung, lockere oder zu stark gespannte Schrauben, aber auch Nützliches wie Thermobimetalle und Temperaturreg-ler; die Liste ist endlos.

Ein ganz interessantes Beispiel sehen Sie in Abbildung 2.1. Sie zeigt einen sogenannten Schie-besitz. Moderne Pkw-Ottomotoren weisen zwischen Zylinderkopf und Katalysator häufig eine doppelwandige Abgasleitung (»Krümmer«) mit Luftspalt auf, damit sich der Katalysator beim Kaltstart möglichst schnell erwärmt und seiner Reinigungsaufgabe nachkommt.

Da sich das innere Rohr viel stärker erwärmt und damit auch ausdehnt als das äußere Rohr, darf es nicht an beiden Enden mit dem äußeren Rohr verschweißt werden, sonst gibt es auf Dauer Risse. Die Lösung ist ein Schiebesitz an einem Ende (hier am rechten), an dem sich das innere Rohr frei ausdehnen kann. Übrigens finden Sie solche »Schiebesitze« auch an Brücken, damit die sich bei Temperaturänderungen frei dehnen können. Achten Sie einmal (vorsichtig) darauf, wenn Sie mit dem Auto über eine große Autobahnbrücke fahren.

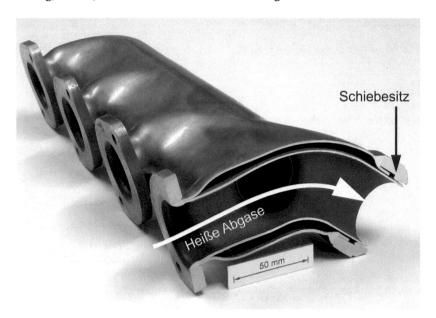

Abbildung 2.1: Konstruktion eines Schiebesitzes bei doppelwandigen Abgasrohren zur Verringerung von Wärmespannungen; vorderer Bereich aufgesägt

Was ich noch erwähnen möchte: Wie öfter noch, vereinfache ich auch hier die Wirklichkeit. Wenn Sie in Beruf oder Studium tiefer in dieses Thema einsteigen, werden Sie berücksichtigen, dass α temperaturabhängig ist und mit zunehmender Temperatur meist etwas ansteigt. Bei genauerer Betrachtung müssen noch mittlerer und differenzieller linearer Wärmeausdehnungskoeffizient unterschieden werden. Klingt kompliziert, ist aber kein Hexenwerk, und Sie schaffen das, wenn es so weit ist.

Elektrische Leitfähigkeit, eine Frage des Durchkommens

Sie haben das Licht eingeschaltet, um dieses Buch zu lesen, hören nebenher Radio, der Geschirrspüler läuft in der Küche? Dann vertrauen Sie auf den Strom aus der Steckdose und nutzen die gute elektrische Leitfähigkeit der Metalle. Wie kommt es denn, dass Metalle den Strom so gut leiten?

Lassen Sie vor Ihrem Auge in Gedanken einfach mal ein einzelnes Kupferatom schweben, stark vergrößert, sodass es etwa die Größe eines Tischtennisballs hat. Ein solches einzelnes Atom ist ganz »normal« und völlig »intakt« und nach außen hin elektrisch neutral, weil sich positive und negative Ladungen genau die Waage halten.

Ordnen sich aber viele Atome zu einem Kristall an, wie es in einem Kupferdraht der Fall ist, dann passiert etwas Besonderes: Jedes Atom gibt ein oder mehrere Elektronen ab, die sich dann frei im Kristall bewegen können. Diese *freien Elektronen* nennt man auch Elektronengas, da sie sich ähnlich verhalten wie die Atome oder Moleküle eines Gases.

Natürlich hat dann jedes Atom ein oder mehrere Elektronen verloren und wird selbst zum positiv geladenen Ion. So ein Metallkristall besteht also nicht aus intakten, vollständigen Atomen, sondern aus positiv geladenen Metallionen mit frei beweglichen negativ geladenen Elektronen zwischendrin, wie es Abbildung 2.2 zeigt.

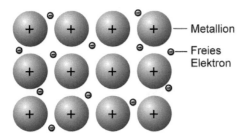

Abbildung 2.2: Freie Elektronen in Metallen

Legen Sie an so einen Kristall eine äußere elektrische Spannung an, dann wirkt innen ein elektrisches Feld, das auf jedes Elektron eine bestimmte Kraft ausübt. Das wäre so, als würden Sie durch den Kristall einen Wind wehen lassen, der auf die freien Elektronen trifft. Durch die Kraftwirkung bewegen sich die Elektronen durch den Kristall und den ganzen Werkstoff, das ist die elektrische Leitung.

Schmieden Sie das ohmsche Gesetz

Stellen Sie sich nun einen schlanken Zylinder oder ein Drahtstück mit einer bestimmten Länge L aus einem metallischen Werkstoff vor, zum Beispiel Kupfer. In Abbildung 2.3 habe ich den Zylinder bewusst etwas dicker gezeichnet, damit ich die Querschnittsfläche A gut um 90° gedreht einzeichnen kann. Nehmen wir an, Sie hätten einen perfekt leitenden Werkstoff und bringen ihn an den Stirnflächen des Zylinders an, grau dargestellt, sowie einen perfekt leitenden Draht, den Sie an den Stirnflächen anschließen und nach unten zu zwei Anschlussklemmen verlegen.

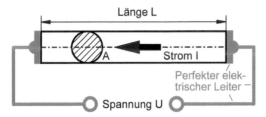

Abbildung 2.3: Stromfluss durch einen elektrischen Leiter

Legen Sie jetzt eine konstante Spannung U an die Anschlussklemmen an, dann wird sie ohne jeden Verlust bis an die Stirnseiten des Zylinders übertragen und verursacht einen elektrischen Strom I durch den Zylinder hindurch. Der dicke schwarze Pfeil soll den fließenden Strom symbolisieren, wobei in unserem Fall die Richtung ohne Bedeutung ist.

Wovon sollte denn, ganz logisch überlegt, die Höhe des Stroms, also die Stromstärke I abhängen? Die **Stromstärke I** müsste doch

✔ von der **Spannung U** abhängen,

✔ von der **Querschnittsfläche A**,

✔ von der **Länge L** und

✔ der **Art des Werkstoffs**.

Fangen Sie mit der **Spannung U** an. Welche Stromstärke erwarten Sie bei der Spannung 0? Klar, gar keine, also Strom auch 0, denn ohne Spannung wirken keine Kräfte auf die Elektronen. Prima. Legen Sie nun in Gedanken 1 V (Volt) Spannung an die Klemmen, dann wird (ebenso gedanklich) ein bestimmter Strom I durch den Zylinder fließen. Auch schön. Wie groß wird die Stromstärke werden, wenn Sie die Spannung auf 2 V verdoppeln? Bei 2 V ist das elektrische Feld doppelt so stark, die Kraft auf die Elektronen doppelt so hoch und deswegen die Stromstärke I ebenfalls doppelt so hoch. Bei zehnfacher Spannung ist sie zehnmal so hoch und ganz allgemein:

$$I = U \cdot \text{Irgendetwas} \quad \text{oder} \quad I \sim U$$

Der Strom I ist also proportional zur Spannung U.

Ähnlich können Sie sich das mit der **Querschnittsfläche A** überlegen: Doppelte Querschnittsfläche müsste doch bei gleicher Spannung zum doppelten Strom führen. Das ist so, als würden Sie zwei Zylinder mit der gleichen Querschnittsfläche parallel an die Spannung U anschließen. Die dreifache Querschnittsfläche führt zum dreifachen Strom und ganz allgemein:

$$I = U \cdot A \cdot \text{Irgendetwasanderes} \quad \text{oder} \quad I \sim U \cdot A$$

Die Stromstärke I ist hiermit proportional zu U und zu A.

Wie sieht's denn mit der **Länge L** aus? Je länger der Zylinder, desto schwerer haben es die Elektronen, die gesamte Länge L zu durchströmen. Wissenschaftlicher ausgedrückt: Die doppelte Länge führt bei gleicher Spannung nur zum halb so großen elektrischen Feld, die Kraft auf die Elektronen ist nur noch halb so groß und die Stromstärke ebenfalls nur halb so groß. Die dreifache Länge führt zu einem Drittel der Stromstärke und ganz allgemein erhalten Sie:

$$I = U \cdot \frac{A}{L} \cdot \text{Nochwasanderes} \quad \text{oder} \quad I \sim U \cdot \frac{A}{L}$$

Die Stromstärke ist also umgekehrt proportional zur Länge.

So, und jetzt fehlt nur noch der **Werkstoff**. Es gibt ja gut leitende, weniger gut leitende und praktisch gar nicht leitende Werkstoffe, das sind die Isolatoren. Das wird mit der *elektrischen Leitfähigkeit* erfasst, der man häufig das Formelzeichen κ (klein Kappa) gibt:

$$I = U \cdot \frac{A}{L} \cdot \kappa$$

Fertig ist die Gleichung. Vielleicht kennen Sie sie nicht in dieser Form, sondern mit dem spezifischen elektrischen Widerstand formuliert. Letztlich steckt das bekannte ohmsche Gesetz dahinter.

Die elektrische Leitfähigkeit der metallischen Werkstoffe

So weit, so gut. Aber was hat das denn mit den Werkstoffen zu tun, wir wollen hier ja nicht zu tief in die Elektrotechnik einsteigen. Knöpfen Sie sich jetzt die elektrische Leitfähigkeit κ etwas näher vor. In Abbildung 2.4 habe ich Ihnen κ für drei reine Metalle, eine Kupferlegierung und drei Stähle in Abhängigkeit von der Temperatur aufgetragen.

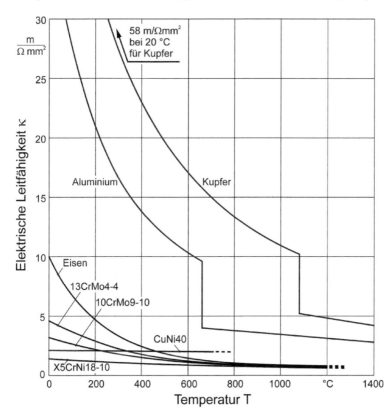

Abbildung 2.4: Elektrische Leitfähigkeit einiger metallischer Werkstoffe in Abhängigkeit von der Temperatur, nach Richter und Tslaf

Schauen Sie sich zuerst in Ruhe die Achsenbeschriftungen an. Wenn Sie bislang noch wenig mit der elektrischen Leitfähigkeit zu tun gehabt haben, kommt Ihnen die hier gewählte Einheit für κ wahrscheinlich etwas seltsam vor. Sie wird aber oft von Praktikern verwendet, die geben die Länge L gerne in m (Meter) an und die Querschnittsflächen gern in mm^2. Wenn Sie ein kleines **Beispiel** rechnen, sehen Sie es sofort:

Sie betreiben einen elektromagnetischen Hubmagnet mit Gleichstrom. Innen hat er eine Wicklung aus Kupferdraht mit dem Drahtdurchmesser d = 0,7 mm und der Länge L = 850 m. Welcher Strom fließt durch den Kupferdraht (κ = 58 m/Ωmm^2), wenn Sie eine Spannung von 120 V an die Drahtenden legen?

Sie schreiben unsere Gleichung unverändert hin, setzen die Querschnittsfläche und am Schluss alle gegebenen Werte mit Einheiten ein:

$$I = U \cdot \frac{A}{L} \cdot \kappa = U \cdot \frac{\pi \cdot d^2}{4 \cdot L} \cdot \kappa = 120\,V \cdot \frac{\pi \cdot (0,7\,mm)^2}{4 \cdot 850\,m} \cdot 58\,\frac{m}{\Omega mm^2} = 3,15\,A$$

1 Ω ist dabei 1 Ohm oder 1 V/A (Volt/Ampere), die Einheiten m und mm^2 passen prima und kürzen sich schön heraus. Der Stromfluss beträgt 3,15 A (Ampere). Falls Sie hier noch etwas unsicher sind, rechnen Sie ein paar Aufgaben aus dem Übungsbuch, dann geht das in Fleisch und Blut über.

Gar zu genau brauchen Sie die Zahlenwerte und Einheiten in Abbildung 2.4 momentan aber nicht ansehen, mir kommt es eher auf den Verlauf (also das Auf und Ab) der Kurven an. Zur Deutung der Kurven überlegen Sie: Kommen die freien Elektronen leicht durch den Werkstoff hindurch, ist κ groß, und kommen sie nur schwer durch, ist κ klein. Schauen Sie sich hierzu noch einmal Abbildung 2.2 an.

Leicht kommen die freien Elektronen durch den Werkstoff, wenn sie möglichst wenig behindert werden. Wenig behindert werden sie, wenn die Atome möglichst ruhig bleiben und sich zu einem schönen, wenig gestörten Kristallgitter angeordnet haben.

Je mehr die Atome aber bei hoher Temperatur zappeln und schwingen, desto eher stoßen die Elektronen mit den Atomen zusammen. Und je mehr Unregelmäßigkeiten im Kristallgitter sind, desto schwerer haben es die Elektronen. Unregelmäßigkeiten sind Kristallbaufehler aller Art, insbesondere Zwischengitteratome und Substitutionsatome. Mehr zum Thema Kristallbaufehler gab's schon in Kapitel 1.

Sie können sich die Atome im Werkstoff auch als eine große Menge von Leuten auf dem Jahrmarkt vorstellen und Sie sind ein freies Elektron, das möglichst schnell durch die Menge hindurch zum Wurststand möchte. Wie kommen Sie leicht hindurch? Am besten geht es, wenn sich alle Menschen schön regelmäßig in Reih und Glied anordnen, so wie die Atome im Kristall in Abbildung 2.2, und auch noch stillhalten. Wenn sich die Leute aber laufend hin und her bewegen und vielleicht noch »Störungen« haben, wie große und kleine Leute und zudem noch Menschen zwischen den »regulären« Plätzen, dann wird es immer schwerer. Ganz schwer haben Sie es, wenn die Menschen in der Menge gar nicht mehr regelmäßig angeordnet sind, sondern wild durcheinander.

Die Logik dahinter

Jetzt wird der Verlauf der Kurve von Kupfer verständlich. Zunehmende Temperatur bedeutet stärker schwingende Atome, vermehrte Behinderung der freien Elektronen und damit abnehmende elektrische Leitfähigkeit. Der plötzliche Sprung nach unten bei knapp 1100 °C kommt vom Schmelzpunkt des Kupfers. In der Schmelze sind die Atome völlig regellos angeordnet, da haben es die Elektronen besonders schwer, durchzukommen.

Bei Aluminium und Eisen können Sie ähnliche Überlegungen machen. Warum nun die Kurve des Aluminiums generell tiefer und die des Eisens noch tiefer liegt, beruht auf den Atomsorten an sich, was ich an dieser Stelle einfach mal so stehen lasse.

Was Sie sich jetzt auch gut erklären können, ist die wesentlich schlechtere Leitfähigkeit von Legierungen gegenüber den reinen Metallen. Die Legierung CuNi40 mit 40 % Nickel und 60 % Kupfer weist ein kubisch-flächenzentriertes Kristallgitter auf, das gemischt aus Kupfer- und Nickelatomen aufgebaut ist. CuNi40 weist also viele Substitutionsatome auf, die machen das Kristallgitter »unruhig« und behindern die Elektronen. Die Werkstoffe 13CrMo4-4, 10CrMo9-10 und X5CrNi18-10 sind Stähle, die in der aufgeführten Reihenfolge zunehmende Legierungsgehalte haben und damit eine höhere Dichte an Substitutionsatomen. Die Substitutionsatome behindern die Elektronen und senken die elektrische Leitfähigkeit.

Blick in die Praxis

Jetzt könnte, sollte, ja müsste ich eigentlich noch dies und jenes erklären, aber das wird hier zu viel. Für die Praxis wichtig:

 Ein Metall mit hoher elektrischer Leitfähigkeit ist immer ein reines Metall, da Fremdatome den Elektronenfluss stören würden.

Und so verwundert es Sie sicher nicht, dass Elektroleitungen meist aus reinem Kupfer gefertigt werden, und nicht aus einer Legierung. Vom Klingeldrähtchen über Computerkabel bis hin zu Starkstromleitungen: Reines Kupfer leitet den Strom prima. In Sonderfällen greift man auch gerne zu Reinaluminium. Hochspannungsfreileitungen beispielsweise sind daraus gefertigt, übrigens noch kombiniert mit einem hochfesten Tragseil aus rostbeständigem Stahl.

Und wollen Sie bewusst nicht ganz so gut elektrisch leitende Werkstoffe, dann greifen Sie zu Legierungen.

Wärmeleitfähigkeit, auch eine Frage des Durchkommens

Haben Sie kürzlich gebügelt, sich etwas Leckeres in der Bratpfanne gebrutzelt oder angenehm warm geduscht? Dann haben Sie sowohl die gute als auch die schlechte Wärmeleitfähigkeit von Werkstoffen ausgenutzt. Der Boden des Bügeleisens soll die Wärme der eingegossenen Heizwendel möglichst gleichmäßig verteilen, also eine hohe Wärmeleitfähigkeit haben, damit die Bügelware gleichmäßig gebügelt wird. Der Griff einer Bratpfanne soll umgekehrt eine möglichst niedrige Wärmeleitfähigkeit haben, damit Sie sich nicht die Finger verbrennen. Wie funktioniert eigentlich die Wärmeleitung in Werkstoffen?

Mechanismus der Wärmeleitung

Stellen Sie sich vor, Sie nehmen einen 10 cm langen Stab aus Aluminium und halten ihn mit einem Ende in die Flamme eines Gasherds. Schon nach kurzer Zeit werden Sie merken, dass die Wärme entlang des Stabs weitergeleitet wird und Sie sich die Finger verbrennen, wenn Sie zu lange warten. Was passiert im Inneren des Stabs?

Das freie Ende des Stabs erwärmt sich, und das bedeutet ganz konkret, dass die Atome an der erwärmten Stelle stärker schwingen als am kalten Ende. Die stärker schwingenden Atome leiten ihre Schwingungen an die schwächer schwingenden Atome im kälteren Teil weiter, das ist die *Wärmeleitung*.

Vielleicht haben Sie jetzt überlegt:

✔ Das ist doch ganz einfach. Die stärker schwingenden Atome stoßen über ihre Bindungen an die schwächer schwingenden Atome an. Die wiederum stoßen die nächsten Atome an und so wird die Wärme entlang des Stabs weitergeleitet. Richtig, diesen Mechanismus gibt es in jedem Werkstoff. Man kann sogar ausrechnen (das ist aber ziemlich aufwendig), wie hoch die Wärmeleitfähigkeit nach diesem Mechanismus sein sollte. Das Dumme an dieser Geschichte ist nur, dass die meisten Metalle die Wärme wesentlich besser leiten, als es die Rechnung ergibt. Was jetzt? Berechnung falsch? Theorie falsch?

Die Lösung:

✔ Metalle können Wärme zusätzlich noch über die freien Elektronen weiterleiten, und das geht so: Ein stark schwingendes Atom stößt ein zufällig daherkommendes freies Elektron derart stark an, dass dieses mit Riesengeschwindigkeit »wie ein geölter Blitz« durch das Kristallgitter schießt. Wenn das freie Elektron Glück hat, kommt es im Kristallgitter in einer Gasse zwischen den Atomen nicht nur einen Atomabstand, sondern drei, fünf oder gar zehn Atomabstände weit, stößt erst dann wieder mit einem Atom zusammen und versetzt dieses in stärkere Schwingungen. Der Wärmetransport geht hiermit viel effektiver und schneller als über die Stöße von Atom zu Atom.

Haben Sie schon einmal ein »Briefchen« in einer Schulstunde durch die Reihen geschickt? Dann hat das schon viel mit Wärmeleitung zu tun gehabt. Muss der Brief nämlich mühselig von Schüler zu Schüler (also von Atom zu Atom) nach hinten weitergeleitet werden, geht es langsam. Falten Sie aber den Brief zu einem Papierflieger (freies Elektron) und lassen den nach hinten segeln, wenn der Lehrer gerade an die Tafel schreibt, geht es viel schneller.

Klar ist: Je weiter der Papierflieger fliegt, desto schneller wandert die Nachricht. Je weiter das angestoßene freie Elektron im Kristallgitter kommt, desto schneller wird die Wärme geleitet. Und das Elektron kommt umso weiter, je ruhiger die Atome sind (je niedriger die Temperatur ist) und je perfekter das Kristallgitter ist (Fremdatome, wie Zwischengitteratome und Substitutionsatome stören hier). Erinnert Sie das nicht an die elektrische Leitfähigkeit? Es sind dieselben Prinzipien!

Schmieden Sie die Wärmeleitungsgleichung

Wie können Sie die Wärmeleitfähigkeit messen und dann rechnerisch erfassen? Nehmen Sie hierzu einen kleinen Zylinder aus Ihrem Traumwerkstoff, sagen wir mit 50 mm Länge und mit 10 mm Durchmesser. Auf die beiden Stirnflächen drücken Sie je eine dicke perfekt wärmeleitende Platte ohne jeden Spalt fest drauf, wie Sie es in Abbildung 2.5 sehen. Rund um den Umfang des Stabs bringen Sie eine wärmedämmende Matte an, sodass der Stab keine Wärme radial nach außen abgeben kann.

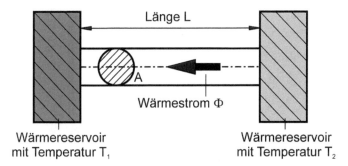

Abbildung 2.5: Wärmeleitung durch einen Stab

Die perfekt wärmeleitenden Platten nennt man auch »Wärmereservoire«, weil sie Wärme beliebig aufnehmen und abgeben können, ohne dass sich ihre Temperatur ändert. In der Praxis erreicht man das durch elektronisch geregeltes Heizen oder Kühlen der Platten. Das feste Anpressen stellt sicher, dass die Stirnseiten des Stabmaterials genau die Temperatur der Wärmereservoire annehmen.

Was passiert nun im Stab, wenn Sie das linke Wärmereservoir auf eine Temperatur T_1, sagen wir 30 °C, und das andere auf eine Temperatur T_2, sagen wir 40 °C, bringen und dann die Temperaturen genau so halten? Nach kurzer Zeit wird die linke Stirnseite des Stabs 30 °C erreichen und die rechte 40 °C, während der Stab in der Mitte noch 20 °C hat. Später aber, vielleicht nach einer Stunde, wird sich der ganze Stab erwärmt haben, und zwar so, dass er links 30, in der Mitte 35 und rechts 40 °C aufweist. Im Stab entsteht ein lineares Temperaturgefälle, das sich im Laufe der Zeit nicht mehr ändert.

Infolge dieses Temperaturgefälles wird laufend Wärme von der wärmeren Stirnseite des Stabs zur kälteren geleitet. Fachleute sprechen von einem *Wärmestrom* Φ, der durch den Stab fließt. Bitte nicht beim Formelzeichen Φ (groß Phi) erschrecken, man braucht einfach ein Zeichen, das noch nicht vergeben ist.

Wovon müsste denn, wieder ganz logisch überlegt, der Wärmestrom abhängen? Der **Wärmestrom Φ** müsste doch

✔ von der **Temperaturdifferenz $T_2 - T_1$** abhängen,

✔ von der **Querschnittsfläche A**,

✔ von der **Länge L** und

✔ der **Art des Werkstoffs.**

Fangen Sie mit der **Temperaturdifferenz** an. Welchen Wärmestrom erwarten Sie, wenn $T_2 = T_1$ ist? Gar keinen, da die Temperaturen rechts und links gleich sind und kein Temperaturgefälle herrscht. Als Nächstes führen Sie einen Versuch mit 1 °C oder 1 K Temperaturunterschied durch und messen einen bestimmten Wärmestrom. Welchen Wärmestrom Φ erwarten Sie bei 2 °C Temperaturunterschied im Vergleich zu 1 °C? Das müsste doch der doppelte Wert sein, bei 3 °C der dreifache Wert und ganz allgemein:

$$\Phi = (T_2 - T_1) \cdot \text{Irgendetwas} \quad \text{oder} \quad \Phi \sim (T_2 - T_1)$$

Der Wärmestrom Φ ist also proportional zur Temperaturdifferenz $(T_2 - T_1)$.

Analog können Sie sich das mit der **Querschnittsfläche A** überlegen: Doppelte Querschnittsfläche müsste doch bei gleicher Temperaturdifferenz zum doppelten Wärmestrom führen. Das ist so, als würden Sie zwei Stäbe mit der gleichen Querschnittsfläche zwischen die beiden Wärmereservoire klemmen. Die dreifache Querschnittsfläche führt zum dreifachen Wärmestrom und ganz allgemein:

$$\Phi = (T_2 - T_1) \cdot A \cdot \text{Irgendetwasanderes} \quad \text{oder} \quad \Phi \sim (T_2 - T_1) \cdot A$$

Der Wärmestrom ist hiermit proportional zur Temperaturdifferenz und zu A.

Und wie sieht es mit der **Länge L** aus? Je länger der Stab, desto schwerer hat es die Wärme, die gesamte Länge L zu durchströmen. Wissenschaftlicher ausgedrückt: Die doppelte Länge führt bei gleicher Temperaturdifferenz nur zum halb so großen Temperaturgefälle, und der Wärmestrom ist nur noch halb so groß. Die dreifache Länge führt zu einem Drittel des Wärmestroms und ganz allgemein erhalten Sie:

$$\Phi = (T_2 - T_1) \cdot \frac{A}{L} \cdot \text{Nochwasanderes} \quad \text{oder} \quad \Phi \sim (T_2 - T_1) \cdot \frac{A}{L}$$

Der Wärmestrom ist also umgekehrt proportional zur Länge.

So, und jetzt fehlt nur noch der **Werkstoff**. Es gibt ja gut wärmeleitende und weniger gut wärmeleitende Werkstoffe. Das wird mit der *Wärmeleitfähigkeit* erfasst, der man häufig das Formelzeichen λ (klein Lambda) gibt:

$$\Phi = (T_2 - T_1) \cdot \frac{A}{L} \cdot \lambda$$

Fertig ist die Wärmeleitungsgleichung. Fiel Ihnen die Ähnlichkeit der Herleitung dieser Gleichung im Vergleich zur elektrischen Leitung auf? Und nicht nur die Herleitung ist ähnlich, die Gleichungen selbst sind im Prinzip identisch!

Die Wärmeleitfähigkeit der metallischen Werkstoffe

Vermutlich ist für Sie die Wärmeleitfähigkeit λ noch ein unbekanntes Wesen. In Abbildung 2.6 habe ich Ihnen λ für die gleichen Werkstoffe wie in Abbildung 2.4 aufgetragen.

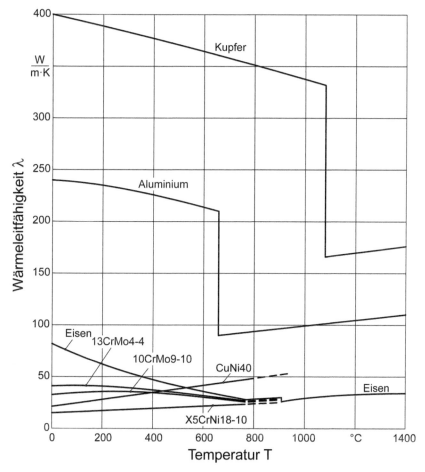

Abbildung 2.6: Wärmeleitfähigkeit einiger metallischer Werkstoffe in Abhängigkeit von der Temperatur, nach Richter und Tslaf

Schauen Sie sich zuerst wieder in Ruhe die Achsenbeschriftungen an. Die Einheit der Wärmeleitfähigkeit ist für Sie wahrscheinlich neu, nämlich Watt pro Meter und Kelvin, und ein **Rechenbeispiel** hilft Ihnen.

Ein Rundstab aus Kupfer soll die Verlustwärme eines elektronischen Bauteils entlang seiner Achse ableiten. Die Länge des Stabs beträgt 140 mm, der Durchmesser 15 mm, die Wärmeleitfähigkeit von Kupfer im betreffenden Temperaturbereich 390 W/mK, die Temperaturdifferenz 50 K. Wie groß ist der Wärmestrom durch den Stab hindurch? Radiale Wärmeverluste (am Umfang des Rundstabs) seien nicht betrachtet.

Sie müssen nur die Wärmeleitungsgleichung nehmen und die gegebenen Werte einsetzen:

$$\Phi = (T_2 - T_1) \cdot \frac{A}{L} \cdot \lambda = (T_2 - T_1) \cdot \frac{\pi \cdot d^2}{4 \cdot L} \cdot \lambda = 50\,\text{K} \cdot \frac{\pi \cdot (15\,\text{mm})^2}{4 \cdot 140\,\text{mm}} \cdot 390 \frac{\text{W}}{\text{mK}}$$

$$= 24{,}6\,\text{W}$$

Als Einheit für den Wärmestrom ergibt sich Watt (W). Der Wärmestrom hat also den Charakter einer Leistung, und das ist auch verständlich, denn Wärmestrom bedeutet ja fließende Wärme (also Energie) pro Zeiteinheit, und das ist eine Leistung. Wenn Sie möchten, rechnen Sie ein paar Aufgaben aus dem Übungsbuch, dann werden Sie schnell warm mit dem Thema.

Die Logik dahinter

Zurück zu Abbildung 2.6. Betrachten Sie den Verlauf der Kurven genauer, wobei es mir wieder eher auf den Verlauf der Kurven sowie die unterschiedliche Höhe ankommt und nicht so sehr auf die absoluten Werte. Können Sie den Verlauf der Kurven erklären?

Machen Sie dabei folgende Überlegung:

 Wärme wird bei Metallen ganz wesentlich durch die freien Elektronen transportiert. Je weiter die freien Elektronen im Kristallgitter kommen, bis sie wieder an ein Atom stoßen, desto effektiver der Wärmetransport, desto höher die Wärmeleitfähigkeit.

Zuerst die reinen Metalle Kupfer, Aluminium und Eisen. Deren Wärmeleitfähigkeit nimmt im festen Zustand mit zunehmender Temperatur ab. Logischer Gedankengang:

✔ Zunehmende Temperatur bedeutet zunehmende Wärmebewegung der Atome.

✔ Zunehmende Wärmebewegung bedeutet kürzere Wegstrecke, bis die freien Elektronen ihre Energie wieder an ein Atom weitergeben, und das heißt geringere Wärmeleitfähigkeit – ziemlich vereinfacht.

Schön sind die Schmelzpunkte von Kupfer und Aluminium zu erkennen: Die Wärmeleitfähigkeit sinkt beim Schmelzpunkt drastisch, weil die Atome in der Schmelze regellos angeordnet sind und die freien Elektronen nicht mehr weit kommen. Der Knickpunkt beim Eisen bei knapp 800 °C hängt übrigens mit dem magnetischen Verhalten zusammen und der Sprung bei gut 900 °C mit der Polymorphie (mehr dazu in Kapitel 1).

Die Legierungen haben durchweg viel niedrigere Wärmeleitfähigkeiten als die reinen Metalle, aus denen sie aufgebaut sind. Grund: Legierungen haben Fremdatome im Kristallgitter, oft in Form von Zwischengitteratomen und Substitutionsatomen. Diese bewirken, dass die freien Elektronen ihre Energie schon nach kurzer Flugstrecke an eines der Fremdatome abgeben und nicht mehr weit im Kristallgitter kommen, daher geringere Wärmeleitfähigkeit.

Fiel Ihnen der sehr enge Zusammenhang zwischen der Wärmeleitfähigkeit und der elektrischen Leitfähigkeit der Metalle auf? Klar doch, beide hängen von der Beweglichkeit der freien Elektronen ab. Ein Metall mit hoher elektrischer Leitfähigkeit hat also grundsätzlich auch eine hohe Wärmeleitfähigkeit.

Ja, und warum steigt die Wärmeleitfähigkeit manchmal mit zunehmender Temperatur? Das liegt dann am »normalen« Mechanismus der Wärmeleitung, dem Weiterleiten der Wärmebewegung über die Bindungen. Der ist natürlich bei allen Werkstoffen vorhanden, auch bei den Nichtmetallen, und kann je nach deren innerem Aufbau ganz schön flott sein, wie beim Diamanten, oder ganz schön träge wie bei den Kunststoffen.

Blick in die Praxis

Vielleicht haben auch Sie schon einmal über die ideale Bratpfanne philosophiert:

✔ Also mir schwebt beim **Pfannenboden** möglichst gute Wärmeleitung vor, das Bratgut hätte ich gerne gleichmäßig und schnell erhitzt. Gut für den Pfannenboden wäre also reines Kupfer oder reines Aluminium, und das verwendet man bei guten Pfannen auch tatsächlich. Aus Korrosionsgründen ist der Boden aber noch mit einer dünnen Schicht aus rostfreiem Stahl beschichtet.

✔ Das Gegenteil wünsche ich mir für **Pfannenrand und Griffe**: Die sollen die Wärme möglichst wenig leiten, meine Hände sind ja nicht so hitzefest. Der Rand und die Griffe sind oft aus hochlegierten Stählen (beispielsweise X5CrNi18-10) mit vielen Fremdatomen aufgebaut, wodurch die Wärme nur schlecht geleitet wird.

Wiederum müsste ich noch dies und das erklären, aber jetzt reicht's. Genug Strom und Wärme geleitet. Die mechanischen Eigenschaften warten, und die sind sehr wichtig.

Elastische Verformung, eine Frage des Federns

Auch einige mechanische Eigenschaften von Werkstoffen können Sie sich mit Ihrer Kenntnis von Atomen und Bindungen weitgehend logisch erklären. Hier möchte ich Sie aber nur so weit in diesen Bereich entführen, wie er für das Verständnis der Werkstoffe sinnvoll ist.

Nehmen Sie ein Gummiband aus Ihrem Haushalt zur Hand, ziehen Sie es auseinander und lassen Sie es wieder zurückfedern. Was fällt Ihnen auf? Das Gummiband verlängert sich unter der Wirkung Ihrer Kraft, wird dünner dabei und federt nach der Entlastung wieder in die ursprüngliche Länge zurück. Dieses Verhalten nennt man *elastisch*. Ähnlich wie das Gummiband verhalten sich sämtliche Werkstoffe unserer Welt elastisch (sogar Gestein!), auch wenn in vielen Fällen die elastische Verformung nur so gering ist, dass man sie mit dem Auge kaum oder gar nicht sieht.

Nicht verkehrt ist es, dieser Sache näher auf den Grund zu gehen.

Das hookesche Gesetz, uralt und doch modern

Abbildung 2.7 zeigt Ihnen einen Rundstab aus einem metallischen Werkstoff mit der Ausgangslänge L_0. Ziehen Sie an dem Stab maßvoll mit der Kraft F, so verlängert er sich ein wenig elastisch um den Betrag ΔL und sein Durchmesser nimmt etwas ab. Diese elastischen Maßänderungen sind bei den metallischen Werkstoffen so gering, dass wir Menschen sie mit dem bloßen Auge normalerweise nicht erkennen können und genaue Messinstrumente brauchen, um sie zu messen. Damit ich Ihnen das aber zeigen kann, ist die elastische Verformung in Abbildung 2.7 stark übertrieben dargestellt.

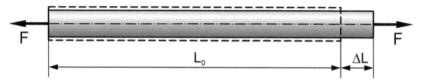

Abbildung 2.7: Elastische Verformung eines Zugstabs

Im Werkstoff drin hat es ja die Atome, und bei den Metallen ordnen sie sich in Kristallform an. Durch Ihre Zugbeanspruchung werden die Atome nun in axialer Richtung etwas voneinander entfernt, die Bindungen werden gedehnt, das ist die Längsdehnung. In die entstandenen Lücken können die Atome in radialer Richtung etwas nachrutschen, wodurch die sogenannte Querdehnung entsteht (siehe Abbildung 2.8).

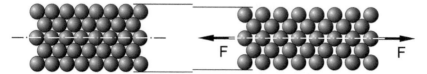

Abbildung 2.8: Atomanordnung bei der elastischen Verformung eines Zugstabs

Wie sehr verformt sich nun ein Werkstoff unter der Wirkung einer Kraft elastisch?

Lassen Sie eine bestimmte Kraft F auf einen Stab wie in Abbildung 2.7 wirken, so ist es nicht egal, wie groß oder klein die Querschnittsfläche A des Stabs ist. Ein Stab mit kleiner Querschnittsfläche A wird bei gleicher Kraft innerlich viel höher beansprucht als ein Stab mit großer Querschnittsfläche. Als sinnvolles Maß für eine innere mechanische Beanspruchung eines Stabs unter der Wirkung einer Zugkraft nimmt man deshalb **die Kraft F bezogen auf die Querschnittsfläche A**. Dieses Maß nennt man (mechanische) *Spannung* und gibt ihr das Formelzeichen σ (klein Sigma):

$$\sigma - \frac{F}{A}$$

Eine typische Einheit für die Spannung ist N/mm^2, also Kraft in Newton, umgerechnet auf $1\,mm^2$ Querschnittsfläche.

Anhand von vielen Experimenten weiß man, dass diese Spannung im Stab **proportional zur Dehnung** des Stabs ist. Unter Dehnung versteht man die Verlängerung ΔL dividiert durch die Ausgangslänge L_0 und gibt ihr das Formelzeichen ε (klein Epsilon):

$$\varepsilon = \frac{\Delta L}{L_0}$$

Mit Dehnung meint man also nicht die absolute Verlängerung des Stabs, sondern die Verlängerung bezogen auf die Ausgangslänge. Das ist auch sinnvoll, da beispielsweise eine Verlängerung von 1 mm bei einer Stablänge von 100 mm den Stab viel mehr beansprucht (er wird um 1 % gedehnt) als dieselbe Verlängerung bei einer Stablänge von 1000 mm (da wird er nur um 0,1 % gedehnt). Die Dehnung können Sie entweder ohne Einheit oder in Prozent angeben.

Den Proportionalitätsfaktor zwischen Spannung und Dehnung nennt man *Elastizitätsmodul* mit dem Formelzeichen E. Fertig ist die Gleichung:

$$\sigma = \frac{F}{A} = \varepsilon \cdot E = \frac{\Delta L}{L_0} \cdot E$$

Der Frage, wie sehr sich ein Werkstoff unter der Wirkung einer Kraft elastisch verformt, ging schon Robert Hooke, ein englischer Physiker, Mathematiker und Erfinder im 17. Jahrhundert, nach. Und ihm zu Ehren nennt man diesen Zusammenhang *hookesches Gesetz*. Das ist die wichtigste Gleichung, wenn es um die mechanische Beanspruchung von Werkstoffen geht.

Nehmen wir an, auch Sie erkennen die fundamentale Bedeutung, erleiden daraufhin einen schweren wissenschaftlichen Anfall und wollen den Elastizitätsmodul von Stahl messen.

Nach reiflicher Überlegung befestigen Sie am vorstehenden Dachfirst Ihres Hauses einen Stahldraht mit 2 mm Durchmesser und 6 m Länge. Ans untere Ende des Drahts hängen Sie einen Sack Zement mit 50 kg Masse und messen sorgfältig, dass sich Ihr Draht unter der Wirkung der Zugkraft des Sacks Zement um 4,5 mm elastisch verlängert. Wie groß ist E?

Zuerst schreiben Sie das hookesche Gesetz in unveränderter Form hin:

$$\sigma = \frac{F}{A} = \varepsilon \cdot E = \frac{\Delta L}{L_0} \cdot E$$

Welche Teile (Terme) der Gleichung erscheinen Ihnen brauchbar für die Aufgabe? Sinnvoll sind der zweite und der vierte Term, und damit erhalten Sie:

$$\frac{F}{A} = \frac{\Delta L}{L_0} \cdot E$$

Ausrechnen wollen Sie den Elastizitätsmodul, also Gleichung umgestellt nach E:

$$E = \frac{F \cdot L_0}{A \cdot \Delta L}$$

Das sieht schon ganz gut aus, es fehlt nur noch die Gewichtskraft F, die der Sack Zement auf den Draht ausübt. Die berechnen Sie aus der Erdbeschleunigung g (9,81 m/s^2) mal Masse m:

$$E = \frac{m \cdot g \cdot L_0}{A \cdot \Delta L}$$

Setzen Sie noch die Kreisfläche ein, dann ergibt sich:

$$E = \frac{4 \cdot m \cdot g \cdot L_0}{\pi \cdot d^2 \cdot \Delta L} = \frac{4 \cdot 50 \text{ kg} \cdot 9,81 \frac{m}{s^2} \cdot 6000 \text{ mm}}{\pi \cdot (2 \text{ mm})^2 \cdot 4,5 \text{ mm}} = 208000 \text{ N/mm}^2$$

Dabei nutzen Sie aus, dass $1 \frac{kg \cdot m}{s^2} = 1$ N ist. Tja, der Elastizitätsmodul Ihres Stahldrahts beträgt also 208000 N/mm^2 oder 208 kN/mm^2. Was verbirgt sich da genau dahinter?

Der Elastizitätsmodul

Drei heiße Tipps vorweg:

✔ Trainieren Sie das Wort »Elastizitätsmodul« ein paarmal, selbst für mich ist das immer noch ein Zungenbrecher

✔ Weil das Wort so kompliziert ist, darf man auch »*E-Modul*« dazu sagen

✔ Es heißt »der Elastizitätsmodul«, nicht »das Elastizitätsmodul«, sonst sind Sie sofort als Laie ertappt.

Es lohnt sich, wenn Sie sich die konkreten Werte des E-Moduls verschiedener Werkstoffe näher ansehen (siehe Tabelle 2.2). Im oberen Teil der Tabelle sind einige reine Metalle aufgeführt. Danach kommen drei Legierungen: unlegierter »normaler« Stahl, der rostfreie Stahl X5CrNi18-10 und die gängige Gusseisensorte GJL-200. Al$_2$O$_3$, das Aluminiumoxid, ist eine Hochleistungskeramik.

Werkstoff	E-Modul in N/mm^2
Eisen	210 000
Aluminium	70 000
Magnesium	45 000
Kupfer	127 000
Blei	17 000
Wolfram	400 000
unlegierter Stahl	210 000
X5CrNi18-10	196 000
GJL-200	ca. 100 000
Al_2O_3-Keramik	390 000
Diamant	1 000 000
Polyethylen	ca. 500
Polystyrol	3 300

Tabelle 2.2: E-Modul einiger Werkstoffe

Können Sie sich unter dem E-Modul ganz konkret was vorstellen? Nicht so recht? Dann geht es Ihnen wie mir. Aber wir packen das gemeinsam mit einem anschaulichen **Beispiel**:

Nehmen Sie in Gedanken einen Draht aus Aluminium (E = 70000 N/mm^2) mit einer quadratischen Querschnittsfläche von 1 mm · 1 mm = 1 mm^2 und einer Länge von 1 Meter. Welche (mechanische) Spannung baut sich im Draht auf, wenn Sie ihn um 1 mm verlängern?

Das hookesche Gesetz ist perfekt für diese Aufgabe, und am besten, Sie schreiben es erst einmal unverändert hin:

$$\sigma = \frac{F}{A} = \varepsilon \cdot E = \frac{\Delta L}{L_0} \cdot E$$

Der erste und der letzte Term der Gleichung sind passend, stehen schon in der richtigen Reihenfolge und Sie können gleich konkrete Werte einsetzen:

$$\sigma = \frac{\Delta L}{L_0} \cdot E = \frac{1 \text{ mm}}{1000 \text{ mm}} \cdot 70000 \text{ N/mm}^2 = 70 \text{ N/mm}^2$$

Wenn Sie Ihren 1 m langen Draht also um 1 mm auseinanderziehen, so dehnen Sie ihn um 0,001 oder um 0,1 %. Die Spannung, die dann im Stab wirkt, ist 0,001 · E oder ein Tausendstel des E-Moduls. Im Falle von Aluminium sind es 70 N/mm^2. Und welche Kraft wirkt dann im Draht? Da der Draht ja 1 mm^2 Querschnittsfläche hat, sind es 70 N. Und was genau sind denn 70 N? Das ist doch in etwa die Gewichtskraft der Masse 7 kg, wenn Sie etwas runden.

Jetzt drehen Sie die Sache mal um. Nehmen Sie den besagten Aludraht mit 1 mm^2 Querschnittsfläche und 1 m Länge, befestigen Sie ihn oben an Ihrer Zimmerdecke und hängen Sie eine Lampe mit 7 kg Masse dran. Das ergibt eine Spannung von etwa 70 N/mm^2 im Draht, das ist ein Tausendstel des E-Moduls von Aluminium. Und unter der Wirkung dieser 70 N/mm^2 dehnt sich der Draht um 0,1 % elastisch, das entspricht 1 mm Verlängerung bei 1 m Länge.

Je höher also der E-Modul ist,

✔ desto höhere Spannungen bauen sich in einem Werkstoff auf, wenn Sie ihn um einen bestimmten Betrag dehnen, und

✔ desto weniger dehnt er sich, wenn Sie ihn mit einer bestimmten Spannung belasten.

Das sehen Sie auch schön in Abbildung 2.9; sie zeigt das elastische Verhalten von einigen Werkstoffen bei Zugbeanspruchung. Da ist die Spannung σ nach oben und die Dehnung ε nach rechts aufgetragen, es handelt sich um ein Spannungs-Dehnungs-Diagramm.

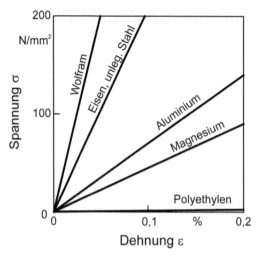

Abbildung 2.9: Das elastische Verhalten einiger Werkstoffe im Zugversuch

Werkstoffe mit hohem E-Modul, wie Wolfram, haben eine große Steigung im Spannungs-Dehnungs-Diagramm und solche mit geringem E-Modul eine kleine. Wenn Sie sich das hookesche Gesetz noch mal anschauen, sehen Sie, dass der E-Modul auch mathematisch nichts anderes ist als die Steigung im Spannungs-Dehnungs-Diagramm.

Und woher kommt es nun, dass der eine Werkstoff einen geringen, der andere einen hohen E-Modul hat? Sie ahnen es sicher: Schuld sind wieder die Bindungen zwischen den Atomen. Starke, also starre Bindungen führen zu hohem E-Modul und schwache, »weiche« Bindungen zu niedrigem E-Modul.

Praktische Bedeutung

Vielleicht haben Sie sich schon gefragt: Was macht es denn aus, ob ein Werkstoff nun ein bisschen mehr oder weniger unter den Kräften elastisch nachgibt? Ich sehe das doch eh kaum! Tatsächlich ist die Bedeutung riesengroß: Federn werden damit ausgelegt, die Steifigkeit von Fahrrad-, Fahrzeug- und Maschinenrahmen hängt davon ab, elastische Schwingungen werden dadurch bestimmt, Resonanzvorgänge beeinflusst, sogar der Klang der Musikinstrumente hängt von den elastischen Eigenschaften ab. Die Liste lässt sich fast endlos erweitern. Ein paar einfache Aufgaben dazu finden Sie im Übungsbuch.

Ganz wichtig dabei: All das gilt nur bei **elastischer** Beanspruchung! Und was passiert, wenn Sie über die elastische Beanspruchung hinausgehen? Dann wird's plastisch.

Plastische Verformung, eine Frage bleibender Formänderung

Haben Sie schon einmal einen Blumendraht in die Wunschform gebracht, einen Nagel gerade geklopft, einen missbrauchten Löffel gerade gebogen, eine Büroklammer gerichtet? Dann haben Sie alle diese Werkstoffe über ihre Elastizitätsgrenze hinaus beansprucht und *bleibend* verformt. Statt von »bleibender« spricht man auch von »plastischer Verformung« oder vom »Fließen« eines Werkstoffs.

Wie kriegen das die metallischen Werkstoffe überhaupt hin, die sind doch kristallin aufgebaut? Interessanterweise sind auch plastisch stark verformte Werkstoffe noch kristallin, also geht der Kristallaufbau durch plastische Verformung nicht verloren.

Zuerst wurde das theoretisch vorhergesagt und erst später experimentell bestätigt: Die übliche *plastische Verformung* von Metallkristallen läuft über die Bewegung von sogenannten Versetzungen ab, wie es schon in Kapitel 1 erläutert wurde.

Im Zuge der plastischen Verformung im Vielkristall bewegen sich die Versetzungen in mehreren räumlich zueinander geneigten Ebenen (den sogenannten Gleitebenen). Die Versetzungen stauen sich an Korngrenzen auf, behindern sich gegenseitig, reagieren miteinander, schneiden sich und machen noch andere wilde Sachen. Hierdurch sind für die weitere Verformung immer höhere Spannungen nötig, der Werkstoff verfestigt sich.

Treiben Sie es mit der plastischen Verformung zu weit, so können sich Versetzungen an Korngrenzen oder anderen Hindernissen so stark aufstauen, dass örtlich sehr hohe Spannungen auftreten und die Trennfestigkeit des Werkstoffs überschritten wird, er bricht dann.

Wie gut Sie einen Werkstoff plastisch verformen können, hängt sehr von der Art des Kristallgitters ab:

✔ Am besten sind in dieser Hinsicht die kfz (kubisch-flächenzentriert) aufgebauten Werkstoffe,

✔ Werkstoffe mit krz-Gitter (kubisch-raumzentriert) sind im Allgemeinen nicht so gut und

✔ solche mit hdP-Gitter (hexagonal dichteste Packung) am schlechtesten verformbar.

Und wenn Sie wieder mal einen missbrauchten Löffel gerade biegen, denken Sie daran, dass Sie in diesem Moment Milliarden und Abermilliarden von Versetzungen in Bewegung bringen. Wehe, da behauptet jemand, Sie könnten nichts bewegen!

Falls Sie noch fit genug sind und wissen wollen, was in den Werkstoffen bei höheren Temperaturen abläuft, dann blättern Sie weiter. Ein heißes Kapitel wartet da, jedenfalls, was die Werkstoffe anlangt.

Kapitel 3
Manche mögen's heiß: Thermisch aktivierte Vorgänge

Viele Leute sagen, wenn sie so ein Stück Stahlprofil oder ein Aluminiumblech sehen, das sei ja nur totes Material, da tut sich nichts, uninteressant. Aber von wegen »totes Material«. Zugegeben, bei tiefen Temperaturen (im Vergleich zum Schmelzpunkt) sind Werkstoffe im Inneren etwas träge. Das ist wie bei manchen Tieren im Winterschlaf. Aber bei höheren Temperaturen, da wuselt und krabbelt es im Inneren der Werkstoffe, Atome bewegen sich, wandern ziemliche Strecken, wunderschöne Kristalle bilden sich neu oder ändern ihre Form, da ist ein Ameisenhaufen im Sommer nichts dagegen.

In diesem Kapitel erfahren Sie, welche Vorgänge bei höheren Temperaturen in den Werkstoffen ablaufen und wie sie sich in der Praxis auswirken.

Werkstoffe, die wechselwarmen Tiere

Bei allen Werkstoffen unserer Welt ist es so, dass einige Vorgänge in ihnen erst bei höherer Temperatur aktiv werden, also überhaupt spürbar ablaufen. Woher kommt das eigentlich?

So »denkt« die Natur

Grundsätzlich laufen Vorgänge in der Natur (und unsere Werkstoffe sind auch Teil der Natur) nur dann ab, wenn ein Energiegewinn lockt. Vor dem Vorgang muss also ein Zustand erhöhter Energie vorliegen und danach ein Zustand niedrigerer Energie. Wenn Sie einen Dachziegel vor sich halten und loslassen, so fliegt er niemals von allein aufs Dach hoch, sondern immer nach unten auf den Boden. Und dass da Energie frei wird, merken Sie entweder daran, dass der Dachziegel beim Aufprall am Boden zerbricht oder daran, dass Ihr Fuß anschließend sehr wehtut.

Mit dem spitzen Bleistift

Wenn ich hier von »Energie« rede, so ist das eine meiner zahlreichen Vereinfachungen. Schaut man ganz genau nach, dann findet man heraus, dass sich viele Naturphänomene mit dem Begriff der Energie allein nicht erklären lassen. Man braucht noch eine zusätzliche Größe, die von den Wissenschaftlern »Entropie« genannt wird. Und wenn Sie diese mysteriöse Entropie mit berücksichtigen und alles richtig machen, dann wird die ganze Geschichte »rund«, die Natur lässt sich korrekt beschreiben. Dieser Zweig der Wissenschaft heißt *Thermodynamik* und ist berühmt-berüchtigt. Also, liebe Leserin, lieber Leser mit dem spitzen Bleistift, erwähnt habe ich es. Und meine Tochter meint, ich müsse das tun, die ist nämlich Physikerin.

Nun können einige Vorgänge in Werkstoffen nicht spontan ablaufen, selbst wenn ein Energiegewinn lockt. Vielmehr muss erst mal ein Zustand erhöhter Energie erklommen werden, um anschließend den Zustand niedrigerer Energie zu erreichen. Das ist auch beim Dachziegel der Fall, wenn er im Dach eingebaut ist. Eigentlich würde er schon gern runterfallen wollen, nur können kann er nicht, er ist ja mit seiner Haltenase in die Lattung eingehängt. Also müssen Sie zuerst ein wenig Energie aufbringen, um den Dachziegel aus der Lattung zu heben, und dann kann er endlich runterfallen.

Das ist bei Werkstoffen ganz ähnlich, und ich möchte Ihnen das Grundprinzip gerne mit der Wanderung (Diffusion) eines Kohlenstoffatoms im Kristallgitter von Eisen erläutern (siehe Abbildung 3.1).

Links in Abbildung 3.1 sehen Sie einen vereinfachten Eisenkristall mit zwei Kohlenstoffatomen. Das ist gar nicht mal so theoretisch, denn so ähnlich sieht's in einem Stück Stahl aus. Die Kohlenstoffatome (C-Atome) sind viel kleiner als die Eisenatome (Fe-Atome) und sitzen als sogenannte Zwischengitteratome in den Lücken des Eisenkristallgitters. Obwohl die Kohlenstoffatome klein sind, passen sie nicht ganz in die Gitterlücken rein und drücken die benachbarten Eisenatome etwas unsanft nach außen.

Besonders eng geht es zu, wenn die zwei Kohlenstoffatome zufällig in benachbarten Gitterlücken sitzen, wie im oberen Teil von Abbildung 3.1 zu sehen. Das ist ein energetisch höherer Zustand mit hohen inneren Spannungen, in dem sich der Kristall insgesamt nicht so recht wohlfühlt. Viel lieber wäre ihm, die Kohlenstoffatome hätten etwas mehr Abstand voneinander.

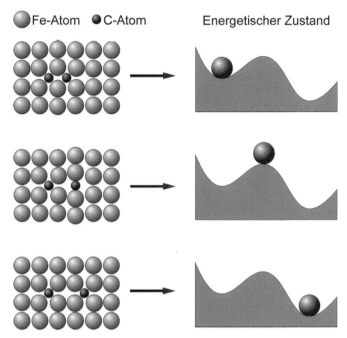

Fe-Atom C-Atom   Energetischer Zustand

Abbildung 3.1: Energetischer Zustand bei der Diffusion eines Kohlenstoffatoms im Eisenkristallgitter

Die Sache mit der Aktivierungsenergie und der Temperatur

Klar, sagen Sie vermutlich, da müsste doch nur eines der Kohlenstoffatome in die nächste Gitterlücke springen. Das ist aber nicht ganz so einfach, denn es muss sich hierzu zwischen zwei Eisenatomen durchquetschen und die ganz stark zur Seite drücken, damit es – plopp – in die angenehmere Lage kommt. Dazu braucht es erst einmal Energie, es muss Arbeit geleistet werden. Wie das in energetischer Hinsicht aussieht, sehen Sie rechts daneben als mechanische Analogie mit einer Kugel in einem Gelände.

 Diejenige Energie, die das Kohlenstoffatom zunächst einmal aufbringen muss, damit der Kristall anschließend einen Zustand niedrigerer Energie erreicht, nennt man *Aktivierungsenergie*. Oft gibt man ihr das Formelzeichen Q.

Woher könnte nun diese Energie kommen? Sie ahnen schon, die könnte doch aus der Wärmeenergie stammen. Wenn Sie den Kristall in Abbildung 3.1 nur heiß genug machen, schwingen die Atome sehr stark, und lange dauert es nicht, bis ein Kohlenstoffatom zufällig den richtigen Schwung in die richtige Richtung hat, in die Nachbarlücke springt und der gesamte Kristall sagt: Wie angenehm!

 Vorgänge dieser Art nennt man *thermisch aktiviert*, da die nötige Aktivierungsenergie aus der Wärmebewegung kommt und die Vorgänge erst bei ausreichend hoher Temperatur spürbar ablaufen können.

Im Grunde haben Sie jetzt schon alle wesentlichen Einflüsse kennengelernt, auf die es hier ankommt, nämlich die Temperatur und die Aktivierungsenergie. Unter welchen Bedingungen wird denn ein thermisch aktivierter Vorgang besonders schnell ablaufen? Die »gefühlte« und auch richtige Argumentation ist:

✔ Je höher die Temperatur, desto stärker die Wärmebewegung, desto höher die Wärmeenergie, desto öfter kann die Aktivierungsenergie pro Zeiteinheit aufgebracht werden, und desto schneller der Vorgang.

✔ Je höher die Aktivierungsenergie, desto schwerer tut sich der Werkstoff dabei, die Aktivierungsschwelle zu überspringen, und desto langsamer läuft der Vorgang ab.

Ein bisschen Physik und Mathe

Absolute Spezialisten auf diesem Gebiet können sogar ausrechnen, welche Geschwindigkeit solche thermisch aktivierten Vorgänge haben. Unter der Geschwindigkeit v eines thermisch aktivierten Vorgangs versteht man die Zahl der ablaufenden Vorgänge pro Zeiteinheit. Das Ergebnis der Berechnung ist berühmt und wird zu Ehren des schwedischen Naturwissenschaftlers Svante Arrhenius *Arrheniusgleichung* genannt:

$$v = \text{Konst} \cdot e^{-\frac{Q}{RT}}$$

In der Arrheniusgleichung ist

✔ Konst eine **Konstante**, die von der Art des Vorgangs abhängt,

✔ e die **eulersche Zahl** (2,718...),

✔ Q die **Aktivierungsenergie** für den betreffenden Vorgang,

✔ R die **allgemeine Gaskonstante** und

✔ T die **absolute Temperatur** in Kelvin.

Der »gefühlte« und der genaue mathematische Zusammenhang passen gut zusammen: Die e-Funktion bedeutet nämlich, dass abnehmende Aktivierungsenergie und zunehmende Temperatur den Vorgang nicht linear schneller machen, sondern exponentiell. Und das heißt, dass thermisch aktivierte Vorgänge bei tiefer Temperatur zwar prinzipiell auch ablaufen können, aber so furchtbar träge sind, dass wir sie als eingefroren empfinden. Mit zunehmender Temperatur geht die Geschwindigkeit exponentiell nach oben, steigt also immer schneller und wird schließlich in der Praxis spürbar. Thermisch aktiviert eben.

Freud und Leid

Thermisch aktivierte Vorgänge gibt es in allen Werkstoffen unserer Welt. Manchmal freuen wir uns darüber und nutzen sie sinnvoll, manchmal aber ärgern wir uns furchtbar über sie und schon so manchen Ingenieur haben sie zur Weißglut gebracht.

Im Folgenden finden Sie die wichtigsten thermisch aktivierten Vorgänge mitsamt allem Freud und Leid, das sie uns bringen. Los geht's mit der Diffusion.

Diffusion: Und sie bewegen sich doch

Ein wenig haben Sie die Diffusion im vorangegangenen Abschnitt ja schon kennengelernt. Was genau versteht denn die Wissenschaft darunter?

 Unter Diffusion versteht man die *thermisch aktivierte Wanderung von Atomen, Ionen oder anderen Teilchen*. Thermisch aktiviert heißt hier ganz einfach: durch die Wärmebewegung der Atome und Moleküle hervorgerufen.

In Flüssigkeiten und Gasen ist der Mechanismus der Diffusion anschaulich klar. Da regiert das Chaos, alle Atome oder Moleküle sind wild durcheinander und ein Wandern ist einfach durch Schubsen, Stoßen, Drängeln und Fliegen möglich. Wie auf dem Jahrmarktsplatz, wenn alle Leute total durcheinander herumwuseln, Sie durstig sind und zum Bierstand wollen. Wobei ich fest überzeugt bin, dass Sie das höflicher und eleganter machen als die Atome und auch das mit dem Fliegen sein lassen. Da kommt mein Beispiel eben an seine Grenzen.

Wie aber ist es überhaupt möglich, dass sich Atome in Werkstoffen bewegen können? Werkstoffe sind ja im festen Zustand, und die allermeisten metallischen Werkstoffe sind kristallin, genauer vielkristallin aufgebaut.

Mechanismen der Diffusion – gewusst wie

Innerhalb eines Werkstoffkristalls sind die Atome meistens so richtig dicht zusammengepackt. Jedes Atom hat viele Nachbarn, die alle auf »Tuchfühlung« sind, fast wie die Ölsardinen in der Dose. Wie soll denn da ein Atom vorankommen, also diffundieren?

Kleine Atome innerhalb eines Kristallgitters aus großen Atomen diffundieren nach dem *Zwischengittermechanismus* (siehe linke Seite in Abbildung 3.2). Der Mechanismus ist so benannt, weil die kleinen Atome zwischen den großen Atomen auf einem sogenannten Zwischengitterplatz sitzen und auch Zwischengitteratome genannt werden.

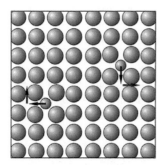 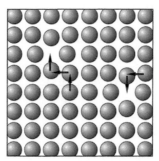

Abbildung 3.2: Diffusionsmechanismen: Zwischengittermechanismus (links) und Leerstellenmechanismus (rechts)

Die kleinen Atome zwängen sich zwischen den großen durch und »flutschen« in die nächste Lücke, wie durch die Pfeile gezeigt. Das geht umso leichter und die Aktivierungsenergie ist umso geringer,

✔ je kleiner die Zwischengitteratome sind und

✔ je mehr Platz zwischen den großen Atomen vorliegt.

Ein schönes und praxisnahes Beispiel ist die Diffusion von Kohlenstoffatomen im Eisengitter. Dass dieser Mechanismus recht flott funktioniert, können Sie sich sicher vorstellen.

Viel schwerer haben es da schon die normalen Atome oder auch Substitutionsatome, im Kristallgitter voranzukommen. Die sind auf die Leerstellen angewiesen, anders ist das kaum zu schaffen. Abbildung 3.2 rechts zeigt Ihnen, dass ein normales oder auch ein Substitutionsatom in eine benachbarte Leerstelle springen muss, um einen Atomabstand weiterzukommen. Dann springt das nächste, dann das übernächste Atom in die Leerstelle, wie mit den Pfeilen angedeutet. Weil ein Kristall hierzu Leerstellen benötigt, nennt man diese Art des Diffundierens auch *Leerstellenmechanismus*.

Angenommen, Sie wollten auf diese Art quer über den Jahrmarktsplatz zum Bierstand diffundieren. Alle Leute stehen dicht gedrängt in Reih und Glied, wie ein Kristall eben, und es hat nur ganz wenige Leerstellen. Da müssen Sie erst den einen, dann den anderen und noch einen Nachbarn um sich herum dazu bringen, in eine der wenigen Leerstellen zu rücken, damit Sie endlich eine Leerstelle neben sich haben und einen »Atomabstand« weit kommen. Nein, aus dem Bier wird wohl nichts mehr. Auch in den Werkstoffen ist dieser Mechanismus mühselig, und entsprechend langsam diffundieren die Atome.

 Die beiden oben besprochenen Mechanismen laufen räumlich im ganzen Volumen eines Kristalls ab, deswegen nennt man diese Art des Diffundierens auch *Volumendiffusion*. Wesentlich flotter geht die Diffusion entlang von Korngrenzen oder Oberflächen, das ist die *Korngrenzen-* und *Oberflächendiffusion*. Allerdings stehen dann nur sehr geringe Querschnittsflächen zum Diffundieren bereit.

Dass die Diffusion ein thermisch aktivierter Vorgang ist und exponentiell, also ganz rasant mit steigender Temperatur zunimmt, ist jetzt schon verständlich.

Die praktische Bedeutung

Womöglich werden Sie denken: Lass die Atome halt diffundieren, was soll's. Aber die Auswirkungen sind phänomenal.

 Man kann die Diffusion bewusst ausnutzen, indem man beispielsweise Kohlenstoffatome von außen etwa 1 mm tief in ein Stahlbauteil hineindiffundieren lässt und das Bauteil dann von hohen Temperaturen aus schnell abkühlt. Ganz gezielt entsteht dadurch eine harte Randschicht mit sanftem Übergang in das weichere Innere, perfekter geht es kaum. Alle Getriebezahnräder in Pkws sind so hergestellt, und wie das genau funktioniert, erfahren Sie in Kapitel 14. Wenn Sie demnächst in Ihrem flotten Auto einen Gang höher schalten: Diffusion ermöglicht es.

Die Diffusion kann aber auch gehörig Ärger machen. Das lesen Sie im übernächsten Abschnitt, wenn es ums Kriechen geht. Jetzt aber etwas, das selbst Experten immer wieder fasziniert.

Erholung und Rekristallisation: Der Werkstoff lebt

Durften Sie schon einmal dem Kunstschmied bei seiner Arbeit zusehen? Falls nicht, holen Sie es bei Gelegenheit nach, es lohnt sich. Sie werden dann beobachten, wie er seine Schmuckstücke zuerst eine Zeit lang liebevoll bei Raumtemperatur hämmert und schmiedet. Dann erhitzt er sie in einem Ofen oder mit einer Brennflamme und nach dem Erkalten wird weitergeschmiedet.

Wenn Sie ihn fragen, warum er sein Schmuckstück zwischendurch erhitzen muss, wird er Ihnen antworten, dass der Werkstoff nach einigem Schmieden bei Raumtemperatur recht hart geworden sei und reißen könnte. Durch das Erwärmen würde er wieder weich und verformungsfähig. Was passiert da eigentlich im Inneren eines Werkstoffs?

Vorgänge im Inneren

Stellen Sie sich ein größeres Stück Eisen vor, nicht besonders behandelt, nicht plastisch verformt, ganz normal also. Nehmen Sie gedanklich aus diesem großen Stück eine kleine Probe und präparieren Sie sie geeignet. Geeignet bedeutet, dass Sie die Probe durchsägen, die Sägefläche grob schleifen, mittel schleifen, fein schleifen, dann grob polieren, mittel polieren, fein polieren und letztendlich auch noch einer ätzenden Flüssigkeit aussetzen. Wie das genau geht, finden Sie in Kapitel 10 und unserem Video zur Metallografie (mikroskopische Verfahren).

Der Ausgangszustand

Wenn Sie alles richtig gemacht haben, und das braucht gehörig Übung, dann haben Sie einen perfekten Schnitt durch Ihr Probestückchen gelegt. Schauen Sie sich die Schnittfläche des Probestückchens nun mit dem Lichtmikroskop an, so werden Sie Körner (kleine Kristalle) und Korngrenzen sehen, so wie es sich für einen normalen vielkristallinen metallischen Werkstoff gehört.

Im oberen Teil von Abbildung 3.3 ist die Schnittfläche des Probestückchens aus Eisen als erster Blick durch das Mikroskop zu sehen. Damit Sie einen Eindruck von der Vergrößerung erhalten, ist ein Maßstab eingefügt.

Stark plastisch verformt

Nehmen Sie als Nächstes ein weiteres Probestückchen, walzen Sie es bei Raumtemperatur so etwa auf die halbe Höhe herunter und präparieren Sie es wie vorher. Sie sehen dann im Mikroskop gequetschte und gelängte Körner, wie es der zweite Blick durchs Mikroskop in Abbildung 3.3 zeigt. Die Härte steigt durch das Walzen oder ganz allgemein durch die plastische Verformung erheblich an, von etwa 100 HV 10 auf 200 HV 10.

Die Härteprüfung

Die Härte von Werkstoffen prüfen Sie, indem Sie einen sehr harten Prüfkörper mit genau definierter Kraft auf das Prüfstück drücken. Sie können dann entweder die erzeugte Eindringoberfläche oder die Eindringtiefe messen. Ein Härtewert von 100 HV 10 bedeutet:

✔ Der Härtewert an sich ist 100.

✔ HV heißt Härteprüfung nach Vickers, da nimmt man eine vierseitige Diamantpyramide als Eindringkörper.

✔ Die 10 am Ende bedeutet Prüfkraft von 10 kp (Kilopond), also etwa 98,1 N.

Mehr zur Härteprüfung finden Sie in Kapitel 7 und unseren Videos zur Härteprüfung.

Wieso wird eigentlich ein metallischer Werkstoff härter, wenn man ihn plastisch verformt, zum Beispiel durch Walzen? Bei der plastischen Verformung müssen die Körner im Werkstoff ja ihre Form ändern. Und das können sie fast nur dadurch, dass sich im Korn Versetzungen bewegen. Die bewegen sich nicht nur, sondern vermehren sich auch noch irrsinnig und kommen sich dadurch selbst in die Quere. Die weitere plastische Verformung wird immer schwieriger, die Härte steigt.

Bei 500 °C geglüht

Was würden Sie im Mikroskop sehen, wenn Sie Ihre gewalzte Eisenprobe eine Stunde lang auf eine Temperatur von 500 °C bringen (glühen) und wieder langsam abkühlen? Nichts Neues, die Körner haben ihre Form nicht geändert, siehe dritter Blick durchs Mikroskop. Aber die Härte ist etwas zurückgegangen auf nur noch 180 HV 10.

Pfiffige Wissenschaftler haben mit ausgefeilter Elektronenmikroskopie herausgefunden, dass sich innen in den Körnern die Versetzungen etwas umgelagert haben und auch einige Versetzungen verschwunden sind, wodurch die Härte etwas sinkt. Diese Erscheinung nennt man *Erholung*. Sie dürfen den Begriff ruhig wörtlich nehmen, auch wir Menschen sprechen von Erholung, wenn wir uns nach einer besonderen Beanspruchung dem »normalen« Zustand wieder nähern.

Bei 650 °C geglüht

Wirklich interessant wird es, wenn Sie Ihre gewalzte Probe nicht nur bei 500, sondern bei 650 °C glühen. Dann wachsen nämlich im Werkstoff ganz neue, frische Körner aus den plastisch verformten. Die neuen Körner starten an Keimpunkten, das sind meistens die

Korngrenzen im plastisch verformten Zustand. Die neuen Körner wachsen, bis sie sich schließlich berühren und völlig neue Korngrenzen bilden – siehe vierter Blick durchs Mikroskop in Abbildung 3.3.

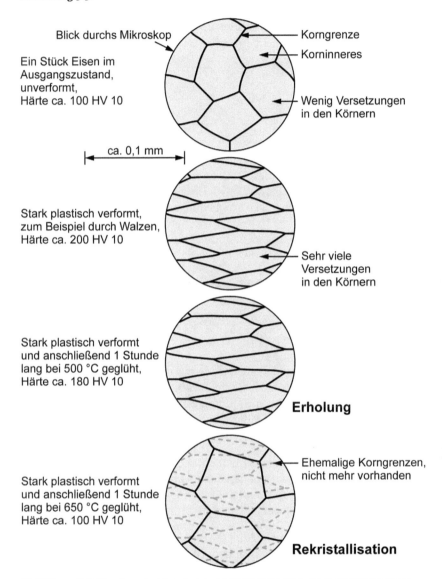

Abbildung 3.3: Vorgänge bei Erholung und Rekristallisation am Beispiel von Eisen

 Diese Erscheinung nennt man *Rekristallisation.* »Re« steht dabei für »erneut«, es handelt sich also um eine erneute Kristallisation. Erneut deshalb, weil schon vorher eine Kristallisation stattgefunden haben muss, zum Beispiel beim Erstarren aus der Schmelze.

Das Unglaubliche an der Geschichte ist, dass sich alles im festen Zustand durch Diffusion von Atomen abspielt und man von außen mit dem Auge nichts mitbekommt. Nach der Rekristallisation liegen neue Körner mit ähnlichen Eigenschaften vor wie zu Beginn, also vor der plastischen Verformung. Die Härte hat auch wieder ungefähr ihren früheren Wert erreicht, der Werkstoff ist wieder weich und frisch, wie neugeboren, und der Kunstschmied kann weiterschmieden. Natürlich eher nicht mit Eisen, sondern meist mit seinen Edelmetallen, da läuft das aber genauso.

Etwas Wissenschaft muss sein

Wissenschaftler fassen das gerne so zusammen:

Unter *Erholung* versteht man den leichten Härteabbau durch Glühen nach vorangegangener plastischer Verformung. Versetzungen lagern sich um oder verschwinden, Eigenspannungen werden teilweise abgebaut. Das mikroskopische Gefüge (die Form und Anordnung der Körner) und die mechanischen Eigenschaften ändern sich aber kaum.

Rekristallisation ist eine völlige Gefügeneubildung (erneute Kristallisation im festen Zustand) durch Glühen nach vorangegangener plastischer Verformung. Härte, Gefüge und mechanische Eigenschaften entsprechen nach der Rekristallisation etwa dem unverformten Zustand.

Warum es die Werkstoffe tun

Erholung und Rekristallisation laufen von ganz allein im Werkstoff ab. Und wie immer, wenn etwas in Werkstoffen von ganz allein, also ohne äußeren Zwang, abläuft, muss bei dem Vorgang ein Energiegewinn locken, das ist ehernes Naturgesetz. Vorher, also im plastisch verformten Zustand, muss so ein Werkstück eine höhere Energie haben als nachher. Wie kann das sein?

Um ein metallisches Werkstück plastisch zu verformen, müssen Sie Energie aufwenden. Das kennen Sie, wenn Sie einen dicken Draht auseinanderbekommen wollen und ihn so lange hin und her biegen, bis er schließlich bricht. Ganz schön anstrengend kann das sein. Und Sie werden auch bemerken, dass sich der Draht beim Biegen erwärmt.

Die Werkstoffwissenschaftler haben die Geschichte genau untersucht und herausgefunden, dass von der Energie, die Sie zum Verformen aufwenden, etwa 90 % gleich in Wärme umgesetzt wird, das ist so eine Art innerer Reibung. Die restlichen 10 % bleiben aber im Werkstoff gespeichert, und zwar in einer ganz dramatisch erhöhten Dichte an Versetzungen.

Die gespeicherte Energie

Wie viel Energie ist in einem »Liter« plastisch verformten Eisens denn so ungefähr gespeichert? Da die Energie ja in Form von Versetzungen gespeichert ist, muss man wissen, wie viel Zentimeter Versetzungslänge im betrachteten Werkstück sind und welche Energie jeder Zentimeter Versetzung hat:

✔ Nach starker plastischer Verformung enthält 1 cm^3 Eisen etwa 10^{12} cm Versetzungslänge, das hat man mit Elektronenmikroskopie herausgefunden. Das ist unglaublich viel, nämlich 10 Millionen Kilometer!

✔ Jeder Zentimeter Versetzungslänge hat eine Energie von etwa $3 \cdot 10^{-11}$ J, das kann man recht gut theoretisch ausrechnen.

In einem Liter stark plastisch verformten Eisens ist dann folgende Energie gespeichert:

$$E = 10^{12} \text{ cm} \cdot 1000 \cdot 3 \cdot 10^{-11} \frac{J}{cm} = 30000 \text{ J}$$

Den Faktor 1000 brauchen Sie, da im »Liter« Eisen ja 1000 cm^3 enthalten sind. Die 30000 J oder 30 kJ sind die treibende Kraft für den Werkstoff, die Rekristallisation ablaufen zu lassen. Es klingt nach viel, ist aber technisch nicht nutzbar.

Weil nun Versetzungen Gitterfehler mit hohen inneren Spannungen sind, können Sie sich die gespeicherte Energie so vorstellen, als hätten Sie eine große Spiralfeder kräftig zusammengedrückt und im zusammengedrückten Zustand in eine kleine Holzkiste zwischen die Wände geklemmt. In der Holzkiste ist dann genau diejenige Energie gespeichert, die Sie beim Zusammendrücken der Feder aufwenden mussten.

Eigentlich würde sich die Spiralfeder gerne wieder auf ihre ursprüngliche Länge ausdehnen wollen, aber sie kann ja nicht, da sie in die Kiste geklemmt ist. Wenn Sie aber ein bisschen Energie aufwenden und die Feder ein wenig zusammendrücken – das ist die nötige Aktivierungsenergie –, dann können Sie die Feder leicht aus der Kiste nehmen und sie kann sich entspannen, Energie wird frei.

So ist das auch beim plastisch verformten Werkstoff. Auch der würde gerne in einen energetisch tieferen Zustand gehen. Dazu braucht es aber Diffusion, damit die neuen Körner wachsen können. Und die läuft erst bei erhöhten Temperaturen ausreichend schnell ab, erst dort ist genügend Wärmeenergie vorhanden, um die Aktivierungsenergie aufzubringen.

Notwendige Bedingungen

Wie ist das bei Ihnen persönlich, wenn es darum geht, ob Sie etwas aus eigenem Willen heraus und ohne äußeren Zwang tun oder nicht? Zwei Bedingungen müssen doch gleichzeitig erfüllt sein:

✔ Erstens muss etwas da sein, das Sie **lockt**. Als Sportler lockt Sie vielleicht die Herausforderung, als Geschäftsperson der Gewinn, als Student der Studienabschluss.

✔ Zweitens müssen Sie das, was Sie lockt, auch **tun können**. Sie brauchen als Sportler ausreichende Gesundheit, als Geschäftsperson genügend Kapital, als Student eine geeignete Hochschule. Und noch viel mehr, keine Frage.

So ist das auch bei Erholung und Rekristallisation. Erstens brauchen beide etwas, das sie lockt, das ist der mögliche Energiegewinn. Und zweitens müssen beide Vorgänge auch ablaufen können, das sind ausreichende Temperatur und Zeit. Deshalb finden Erholung und Rekristallisation nur dann statt, wenn

✔ ein **Mindestverformungsgrad** von in etwa 5 % vorliegt, sonst ist nicht genügend Energiegewinn möglich,

✔ die **Temperatur ausreichend hoch** ist, sonst kann die notwendige Diffusion nicht ablaufen, und

✔ **genügend Zeit** zur Verfügung steht, denn die Diffusion der Atome braucht ihre Zeit.

Ein Mindestverformungsgrad von 5 % bedeutet ganz konkret, dass ein Werkstück mit 20 mm Dicke mindestens um 5 % von 20 mm, das ist 1 mm, heruntergewalzt werden muss und nach dem Walzen 19 mm Dicke besitzt. Liegt der Verformungsgrad darunter, ist zu wenig Energie gespeichert, es lockt zu wenig Energiegewinn und der Werkstoff sagt sich wie eine Geschäftsperson: Das lohnt sich nicht – keine Rekristallisation.

Auch für Temperatur und Zeit gibt es eine grobe Daumenregel. Rekristallisation innerhalb von etwa einer Stunde kann nur ablaufen, wenn die Temperatur, man nennt sie dann *Rekristallisationstemperatur* T_R, mindestens

✔ bei **reinen Metallen** $T_R = 0{,}4 \cdot T_S$ und

✔ bei **Legierungen** $T_R = 0{,}5 \cdot T_S$ beträgt.

T_S ist dabei die absolute Schmelztemperatur des Werkstoffs in Kelvin. Ein **Beispiel**:

Wie hoch liegen nach dieser Daumenregel die Rekristallisationstemperaturen für Stahl und reines Blei?

Bei Stahl nutzen Sie die zweite Gleichung, da er eine Legierung ist. Mit einer Schmelztemperatur von circa 1500 °C erhalten Sie:

$$T_R = 0{,}5 \cdot T_S = 0{,}5 \cdot (1500 + 273) \ \text{K} = 886{,}5 \ \text{K} = (886{,}5 - 273) \ ^\circ\text{C} = 613{,}5 \ ^\circ\text{C}$$
$$\approx 600 \ ^\circ\text{C}$$

Für reines Blei mit einer Schmelztemperatur von 327 °C ergibt sich:

$$T_R = 0{,}4 \cdot T_S = 0{,}4 \cdot (327 + 273)\ K = 240\ K = -33\ °C \approx -30\ °C$$

Die Rekristallisationstemperatur von Blei liegt mit etwa −30 °C unterhalb von Raumtemperatur! Für das niedrigschmelzende Blei ist also Raumtemperatur schon recht hoch, die Diffusion ziemlich flott und Rekristallisation findet nach der plastischen Verformung schon bei Raumtemperatur statt. Wenn Sie also ein Stückchen Blei in die Hand nehmen, es kräftig biegen, dann wachsen neue Kristalle im Inneren, vermutlich noch während Sie es in der Hand halten.

 Bei Temperaturen deutlich unterhalb der Rekristallisationstemperatur ist die Diffusion sehr träge und Rekristallisation läuft nicht mehr ab. Oberhalb der Rekristallisationstemperatur wird die Diffusion aber exponentiell schneller und entsprechend flott ist die Rekristallisation.

Dicht unterhalb der Schmelztemperatur braucht die Rekristallisation nur noch Sekundenbruchteile!

Entscheidend ist, was hinten rauskommt ...

... soll ein berühmter deutschen Staatsmann einmal gesagt haben. Recht hat er, jedenfalls ist das so bei der Rekristallisation. Und was bei der Rekristallisation rauskommt, ist ein neues, unverformtes Gefüge. Aber was ist da Besonderes dran? Interessant ist, dass die Größe der rekristallisierten Körner, das ist die Korngröße, sehr unterschiedlich ausfallen kann.

Je nachdem, unter welchen Bedingungen die Rekristallisation abläuft, kann die Korngröße recht klein sein (nur etwa 10 µm), mittel (das wären etwa 50 µm) oder auch riesengroß (bis in den Zentimeterbereich hinein). Und je nachdem, wie groß die Werkstoffkörner sind, hat der Werkstoff unterschiedliche Eigenschaften. Genau wie grob oder fein gemahlenes Mehl dem Gebäck verschiedenen Charakter verleiht und grober oder feiner Bierschaum anders schmeckt.

✔ **Geringe Korngröße** (feines Korn) tut den mechanischen Eigenschaften gut, jedenfalls solange die Temperatur nicht gar zu hoch ist. Die Festigkeit und die Zähigkeit steigen gleichzeitig, eine einzigartige Wirkung, die es nur selten gibt. Aus dieser Idee heraus hat man die Feinkornbaustähle entwickelt, über die Sie Näheres in Kapitel 15 erfahren. Und was man genau unter Festigkeit und Zähigkeit versteht, gibt's in Kapitel 6 zu lesen.

✔ **Hohe Korngröße** (grobes Korn) kann bei bestimmten Stählen zu guten weichmagnetischen Eigenschaften führen. Gute weichmagnetische Eigenschaften bedeutet, dass man solche Werkstoffe leicht in die eine gewünschte Richtung und anschließend leicht und verlustarm in eine andere Richtung magnetisieren kann. Hervorragende »Elektrobleche« für Transformatoren und Elektromotoren fertigt man aus solchen grobkörnigen Stählen. Die mechanischen Eigenschaften sind dann zwar nicht gerade spitzenmäßig, aber damit kann man leben.

Es lohnt sich also, etwas darüber nachzudenken, wie Sie mithilfe der Rekristallisation gezielt zu großen oder kleinen Körnern kommen. Welche Einflüsse auf die Korngröße gibt es denn überhaupt? Wichtig und in der Praxis nutzbar sind die **Zeit**, der **Verformungsgrad** und die **Temperatur**, und das möchte ich Ihnen im Folgenden erklären.

So wirkt sich die Zeit auf die Korngröße aus

Je länger Sie einen plastisch verformten Werkstoff glühen, desto mehr Zeit haben die neuen Körner zum Wachsen und desto größer werden sie. Natürlich können die Körner zunächst nur so weit wachsen, bis sie sich berühren und zwischen sich Korngrenzen bilden.

Wenn Sie den Werkstoff dann aber weiter glühen, so tritt ein interessanter Effekt auf: Die großen Körner werden immer größer, sie wachsen auf Kosten der kleinen, die sogar verschwinden können. Fast wie bei Firmen in der Marktwirtschaft. Bei Firmen stecken Kostenstruktur und Marktmacht dahinter, bei den Werkstoffen ist es das Streben nach niedriger Energie. Da jede Korngrenze eine gewisse Energie hat (das kann man sogar beweisen und messen), strebt ein vielkristalliner Werkstoff danach, die Korngrenzen möglichst loszuwerden, also lieber wenige große Körner als viele kleine zu haben – sofern er denn kann.

So wirkt sich der Verformungsgrad auf die Korngröße aus

Je stärker Sie einen Werkstoff plastisch verformen, desto mehr werden die Körner gequetscht oder gezogen, desto mehr Versetzungen entstehen in den Körnern und desto mehr Keimpunkte für neue Körner sind vorhanden. Wenn viele Keimpunkte zur Verfügung stehen, können viele neue Körner im selben Volumen wachsen, und die berühren sich schon nach kurzem Wachsen und sind sehr klein.

So wirkt sich die Temperatur auf die Korngröße aus

Die neuen Körner wachsen bei der Rekristallisation nicht schlagartig los, vielmehr brauchen sie ein wenig Zeit, bis sie »startklar« sind. Jeder Keim, aus dem dann ein neues Korn wächst, hat nun seine eigene, individuelle Zeitspanne, bis er loslegt. Bei vielen vorhandenen Keimen starten also manche früher, andere etwas später, wie auch bei Firmen, wenn sich ein neuer Markt auftut.

Bei relativ tiefer Temperatur (aber höher als die Rekristallisationstemperatur) wachsen die neuen Körner langsam. Selbst wenn die Keime nicht genau zum selben Zeitpunkt loslegen, kommen fast alle Keime zum Zuge und es entstehen viele neue kleine Körner. Bei sehr hoher Temperatur wachsen die Körner aber rasend schnell aus den Keimen, und wenn dann mal eines loslegt, dann überrollt es regelrecht viele andere Keime, aus denen ein Korn hätte werden können. Grobes Korn ist die Folge.

Gezielt grob oder fein

Wie würden Sie vorgehen, um ganz gezielt besonders kleine Körner mithilfe der Rekristallisation zu erreichen? Kombinieren Sie einfach alle Einflüsse sinnvoll miteinander:

 Besonders kleine Körner erhalten Sie, wenn Sie den Werkstoff stark plastisch verformen und dann bei relativ niedrigen Temperaturen glühen. Natürlich muss die Temperatur über der Rekristallisationstemperatur liegen, sonst klappt das erst gar nicht mit der Rekristallisation. Und gar zu lange glühen sollten Sie den Werkstoff auch nicht, nur so lange, bis nichts mehr von den alten Körnern da ist.

Und so kommen Sie ganz gezielt zu besonders groben Körnern:

 Besonders große Körner erhalten Sie, wenn Sie den Werkstoff wenig plastisch verformen und dann bei hohen Temperaturen glühen. Gar zu wenig darf die plastische Verformung aber nicht sein, sonst klappt es ja nicht mit der Rekristallisation. Und lange glühen dürfen Sie nach Herzenslust …

Praktische Bedeutung

Die *Erholung* hat keine so große Bedeutung in der Praxis, deswegen habe ich sie auch nur kurz behandelt. Sie kann einen Beitrag leisten zum Abbau von Eigenspannungen in Werkstücken. Näheres dazu erfahren Sie in Kapitel 14.

Die *Rekristallisation* wird aber umfangreich genutzt:

✔ Bei **Zwischenglühungen** nach umfangreicher plastischer Verformung (Umformung ist das Fachwort dafür). Der Werkstoff wird wieder frisch und verformungsfähig und ist bereit für die weitere Verarbeitung.

✔ Beim **Warmumformen**, das ist plastisches Verformen in der Wärme, genauer oberhalb der Rekristallisationstemperatur. Das nutzen alle Stahlwarmwalzwerke und alle klassischen Schmiedewerke. Beliebige Formänderungen sind realisierbar, da nach jedem Umformschritt, also jedem Walz- und Schmiedeschritt, sofort wieder neue und frische Körner wachsen.

✔ Um die **Korngröße gezielt zu beeinflussen**. Feines Korn für gute mechanische Eigenschaften, grobes Korn für gute weichmagnetische Eigenschaften bei Stählen.

Ja, und jetzt geht es an ein Thema, das die Ingenieure schon auch mal zur Weißglut bringt, aber sehen wir es positiv, da und dort auch Nützliches bietet.

Kriechen und Spannungsrelaxation: Nichts ist für die Ewigkeit

Sind Sie bereit für ein Experiment? Das brauchen Sie dazu:

✔ ein normales dünnes ringförmiges Gummiband (Bürogummi), etwa 10 bis 20 cm Durchmesser

✔ einen Haken in der Wand, der etwas vorsteht; Garderobenhaken sind ideal, ansonsten lassen Sie sich was einfallen, aber bitte nicht wegen mir die Wand anbohren oder irgendetwas Gefährliches machen

✔ ein Gewicht von ungefähr 300 bis 500 g Masse mit Haken dran; flache Kleiderbügel mit einem leichten, kurzen Kleidungsstück drauf sind prima geeignet

Um es gleich zu sagen: Für irgendwelche Fehlschläge und Folgen dieses Experiments, wie demolierte Kleiderbügel, staubige Kleidung oder Ehekrisen, fühle ich mich nicht verantwortlich.

Wenn Sie mutig sind, hängen Sie nun das Gummiband in den Garderobenhaken ein und anschließend den Kleiderbügel mit dem leichten Kleidungsstück in das Gummiband. Testen Sie erst mal **ganz kurz**, ob das Kleidungsstück frei und ohne Reibung vor der Wand hängt, das Gummiband die Last aushält und sich elastisch so etwa auf die dreifache Länge dehnt.

Falls das der Fall ist, starten Sie das Experiment. Sie belasten das Gummiband durch die Gewichtskraft Ihres Kleiderbügels und beobachten die Position des Kleiderbügels etwa eine Minute lang. Sie werden sehen, dass sich das Gummiband im Laufe der Zeit weiter dehnt, also nachgibt. Am Anfang ist die Dehngeschwindigkeit groß und das Band gibt zügig nach. So nach und nach aber wird der Längenzuwachs des Bandes kleiner.

Falls Sie keinen Längenzuwachs unter der Wirkung der Last sehen konnten, probieren Sie es bitte noch einmal mit einem neuen Band. Und wenn ich Sie jetzt ganz neugierig gemacht habe, versuchen Sie es mit einer längeren Belastung über Stunden und Tage oder Sie steigern die Last. Rechnen Sie mit einem Bruch des Gummibandes!

Jetzt geht's ans Kriechen

Das beobachtete Werkstoffverhalten nennt man *Kriechen*. Wissenschaftlich formuliert:

 Kriechen ist die zeitabhängige plastische Verformung eines Werkstoffs unter konstanter Last.

Das Kriechen bei Gummiwerkstoffen und Metallen

Das beschriebene Experiment am Werkstoff Gummi hat gegenüber den Metallen eine Besonderheit, die Sie sogar selbst – mit gewissen Einschränkungen – testen können. Wenn Sie das Gummiband nach dem Experiment kurz entlasten und gleich danach wieder belasten, also das Experiment sofort wiederholen, werden Sie bemerken, dass das Kriechen viel geringer wird. Wenn Sie aber das Gummiband einen Tag lang liegen lassen und es dann wieder belasten, ist das Kriechen fast wie beim ersten Mal. Der Grund: Das Gummiband formt sich im entlasteten Zustand wegen der Wärmebewegung und der Molekülstruktur wieder in seine ursprüngliche Länge zurück, es handelt sich nicht um »echtes« Kriechen.

Bei Metallen und nahezu allen anderen Werkstoffen liegt »echtes« Kriechen vor, und das bedeutet, dass sich diese Werkstoffe ohne Wenn und Aber plastisch verformen. Und diese Verformung bleibt! Keine Chance, dass sie sich wieder zurückbildet.

So war das doch auch bei dem Gummiband: Die Last (die Gewichtskraft) war konstant, und in Abhängigkeit von der Zeit hat sich das Band gedehnt, und zwar bleibend, also plastisch. Das Kriechen gibt es bei allen Werkstoffen unserer Welt, bei den Kunststoffen (wie dem Gummiband), den Metallen, den Keramiken und sogar bei Gestein und Holz. Eine Voraussetzung ist aber immer nötig: Die Temperatur muss ausreichend hoch sein, sonst können keine thermisch aktivierten Vorgänge im Werkstoff ablaufen und die sorgen für die ganze Erscheinung. Bei Kunststoffen ist offensichtlich schon Raumtemperatur ausreichend hoch.

Die Kriechkurve

Stellen Sie sich nun einen Stab aus einem geeigneten Stahl vor, bringen Sie diesen Stab auf eine erhöhte Temperatur, nehmen Sie praxisnahe 500 °C, und belasten Sie ihn bei dieser Temperatur mit einer (nicht gar zu hohen) konstanten Kraft F. Die konstante Kraft F sorgt im Stab für eine konstante *Spannung* σ, das ist die Kraft F dividiert durch die Anfangsquerschnittsfläche A.

In dem Moment, in dem Sie den Stab belasten, wird er sich augenblicklich etwas elastisch dehnen, natürlich bei Weitem nicht so sehr wie das Gummiband. Im Laufe der Zeit wird der Stahl kriechen, sich also unter der Wirkung der Spannung plastisch verformen und eine plastische Dehnung erleiden. Unter der *Dehnung* ε versteht man die Verlängerung ΔL dividiert durch die Ausgangslänge L_0, meist in Prozent ausgedrückt.

Wie würden Sie dieses Verhalten, also das Kriechen, sinnvoll darstellen? Ideal wäre doch ein Diagramm, das die plastische Dehnung ε_{pl} in Abhängigkeit von der Zeit zeigt (siehe Abbildung 3.4). Die Kurven, die man hier einträgt, nennt man *Kriechkurven*.

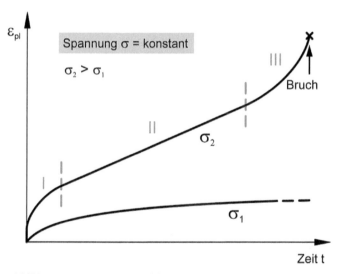

Abbildung 3.4: Typische Kriechkurven

Bei nicht zu hoher Spannung, sie ist mit σ_1 bezeichnet, ist der zeitliche Dehnungszuwachs anfangs hoch und verringert sich dann, genau wie beim Gummiband. Wissenschaftlicher ausgedrückt: Der Stahl kriecht anfangs relativ schnell und mit zunehmender Zeit nimmt die Kriechgeschwindigkeit ab. Ob sie je den Wert null erreicht und ob der Stahl die Belastung unendlich lange aushält, kann man nicht sicher sagen, deswegen ist die Kurve gegen Ende gestrichelt gezeichnet.

Bei deutlich höherer Spannung, sie ist mit σ_2 bezeichnet, kommt es bei Belastungsbeginn spontan zu einer kleinen plastischen Verformung, wenn der Stahl hier schon oberhalb der Elastizitätsgrenze beansprucht wird. Der weitere Verlauf der Kurve lässt sich in drei Bereiche gliedern, die mit den römischen Ziffern I bis III benannt werden.

✔ Den Bereich I nennt man *primäres Kriechen*, weil er als Erstes auftritt, oder auch *Übergangskriechen*, weil er den Übergang in das stationäre Kriechen darstellt.

✔ Den Bereich II nennt man *sekundäres Kriechen*, weil er als Zweites auftritt, oder auch *stationäres Kriechen*. Stationär deshalb, weil die Kriechgeschwindigkeit, das ist die Steigung der Kurve, konstant ist. Und etwas Konstantes, das sich ja nicht ändert, wird hier als stationär bezeichnet.

✔ Den Bereich III nennt man *tertiäres Kriechen*, weil er als Drittes auftritt, oder auch *beschleunigtes Kriechen*, weil die Kriechgeschwindigkeit wieder zunimmt. Im Bereich des beschleunigten Kriechens bildet sich an irgendeiner Stelle des Stabs eine örtliche Verjüngung aus, die man Einschnürung nennt. Dort erfolgt schließlich der Bruch.

Die äußeren Einflüsse auf das Kriechen

Somit ist klar: Je höher die Temperatur und je höher die Spannung, desto mehr kriechen die Werkstoffe, desto kürzer ihre Lebensdauer. Mehr als ärgerlich ist die ganze Sache für die Ingenieure, wenn sie wieder einmal das Äußerste von ihren Werkstoffen abverlangen: hohe Temperaturen und hohe Spannungen. Da fragt man sich doch ganz spontan, ob das denn sein muss.

Hohe Temperaturen sind leider oft unvermeidlich, etwa beim Gießen oder um bestimmte chemische Reaktionen in Kesseln überhaupt ablaufen zu lassen. Bestimmt gibt's noch hundert weitere Gründe, insbesondere aber sind hohe Temperaturen in Turbinen oder Motoren nötig, um hohe Wirkungsgrade zu erzielen und die Kraftstoffe gut auszunutzen. Und hohe Spannungen sind sinnvoll, um Werkstoff und Gewicht zu sparen.

Also ein absolut wichtiges Thema, wann immer Werkstoffe bei hohen Temperaturen beansprucht werden. Aber was sind denn in diesem Sinne hohe Temperaturen? Da gibt es eine einfache Daumenregel:

Bei Temperaturen $T > 0{,}4 \cdot T_S$ (T_S: absolute Schmelztemperatur) muss im Allgemeinen bei fast allen Werkstoffen mit nennenswertem Kriechen gerechnet werden. Je nach wirkender Spannung und nach Werkstoff kann Kriechen in kleinerem Umfang aber auch schon bei tieferen Temperaturen auftreten.

Ganz unlogisch ist das ja nicht, denn Kriechen ist ein thermisch aktivierter Vorgang, und der wird erst bei angehobener Temperatur so richtig wach. Aber dann geht es exponentiell mit zunehmender Temperatur zur Sache, und Richtung Schmelzpunkt sind die Werkstoffe weich wie Butter und fließen teils unter ihrem eigenen Gewicht.

Drinnen ist der Teufel los

Was passiert denn da im Inneren der Werkstoffe und führt zum Kriechen? Ganz einfach ist es nicht, es geht wahnsinnig hektisch zu, und schuld an allem sind die Wärmebewegung der Atome und die Diffusion:

✔ Die Diffusion bewirkt, dass sich Stufenversetzungen in einer ganz speziellen Weise bewegen, sie können »klettern«, das ist eine Vergrößerung oder Verkleinerung der eingeschobenen Halbebene durch heran- oder wegdiffundierende Atome. Die Körner ändern dadurch ihre Form.

✔ Die Wärmebewegung der Atome führt überdies dazu, dass Körner entlang der Korngrenzen abrutschen, wenn sie auf Schub beansprucht werden, das nennen die Wissenschaftler Korngrenzengleiten. So als wären die Korngrenzen mit Öl geschmiert.

✔ Die Diffusion kann bewirken, dass Körner ihre Form ändern und in Richtung der wirkenden Spannung länger sowie quer dazu schmaler werden.

✔ Ja, durch Diffusion laufen auch noch Erholungs- und Rekristallisationsvorgänge ab, es ist einfach der Teufel los.

Genug davon. Wie gehen denn jetzt die Ingenieure damit um, wenn sie ein bestimmtes Bauteil so konstruieren sollen, dass es hält?

Sinnvolle Werkstoffkennwerte

Hierzu wollen sie wissen, was ein Werkstoff bei hohen Temperaturen mechanisch so aushält. Und um das herauszufinden, müssen Werkstoffprüfer zig identische Proben eines bestimmten Werkstoffs anfertigen und diese Proben dann verschiedenen Zugbelastungen bei verschiedenen Temperaturen aussetzen. Also die erste Probe bei Belastung 1 und Temperatur 1. Dann warten, plastische Dehnung messen, warten, plastische Dehnung messen, warten, 1 Monat, 1 Jahr, 10 Jahre, im Extremfall 40 Jahre, immer wieder zwischendrin messen, graue Haare bekommen, irgendwann reißt entweder die Probe oder der Geduldsfaden.

Und dann kommt die zweite Probe dran, mit Belastung 1 und Temperatur 2, dann die dritte, die vierte, wobei Belastung und Temperatur sinnvoll variiert werden. Irgendwie klingt das nach der unendlichen Geschichte, und nach 100 Jahren weiß man vielleicht mehr. Aber Sie ahnen schon, ganz so endlos geht das nicht, man kann auf die Tube drücken:

✔ **mehrere Proben** ganz raffiniert gleichzeitig in eine Prüfapparatur einbauen, da schlagen Sie allerhand Fliegen mit einer Klappe

✔ **viele Prüfapparaturen** gleichzeitig in einem Labor betreiben

✔ ausgefeilte **rechnerische Tricks** anwenden, zwischen den einzelnen Versuchswerten umrechnen (interpolieren), auf längere Versuchszeiten schließen (extrapolieren), physikalische Gesetzmäßigkeiten anwenden

Wenn Sie jetzt noch dran denken, dass nicht jede Probe jahrelang hält, dann wird alles wieder gut und Sie erfahren nicht erst im Ruhestand, wie's um Ihren Werkstoff aussieht.

Doch zurück zu den Ingenieuren, die Bauteile und ganze Motoren, Turbinen und Anlagen für den Betrieb bei hohen Temperaturen auslegen sollen. Für deren Arbeit errechnet man aus vielen Versuchsdaten zwei wichtige Werkstoffkennwerte, die eine gute Aussage über die Belastungsfähigkeit von Werkstoffen bei hohen Temperaturen und langen Zeiten machen: die *Zeitdehngrenze* und die *Zeitstandfestigkeit*. Die sind wie folgt festgelegt:

Die **Zeitdehngrenze** $R_{p1/10^5/\vartheta}$ ist diejenige Spannung, die

✔ **1 % plastische Dehnung** (daher Index »p1«)

✔ nach 10^5 **Stunden** (daher Index »10^5«), das sind 11,4 Jahre,

✔ bei der **Temperatur ϑ** (griechischer Buchstabe Theta für Temperatur in °C)

hervorruft. Das Formelzeichen »R« steht für Widerstand (resistance im Englischen) der Probe gegen eine äußere Belastung.

Ein praxisnahes **Beispiel**:

In einer Datenbank finden Sie folgende Zeitdehngrenze für einen bestimmten Werkstoff: $R_{p1/10^5/600°C} = 125 \text{ N/mm}^2$. Was bedeutet dieser Wert ganz konkret?

Stellen Sie sich einen Stab aus diesem Werkstoff vor, der Einfachheit halber mit 1 mm^2 Querschnittsfläche und 1 m Länge, also eher einen Draht. Stellen Sie sich weiter vor, dass Sie diesen Draht nun auf 600 °C erwärmen und mit einer Spannung von 125 N/mm^2 belasten. Diese Spannung können Sie aufbringen, indem Sie den Draht innerhalb eines großen Ofens oben befestigen und unten ein Gewicht von etwa 12,5 kg dranhängen, dann wirken 125 N auf eine Querschnittsfläche von 1 mm^2. Wenn Sie nun geduldig sind und 10^5 Stunden warten, also 11,4 Jahre, den Draht dann entlasten, aus dem Ofen nehmen und abkühlen lassen, dann hat er sich um 1 % plastisch verlängert. Er ist um 1 cm länger geworden.

Solche und ähnliche Werte brauchen die Ingenieure, um beispielsweise Turbinenschaufeln für Kraftwerke oder Strahltriebwerke auszulegen. Die Turbinenschaufeln rotieren mit hoher Drehzahl in der Turbine und werden durch die Fliehkraft hohen Zugspannungen ausgesetzt. Unter diesen Spannungen und bei den dort wirkenden Temperaturen dürfen die Schaufeln nicht zu sehr kriechen, sonst verlängern sie sich übermäßig und streifen schließlich am Turbinengehäuse.

Ob da 1 % plastische Dehnung schon zu viel ist, und ob die 11,4 Jahre die richtige Auslegungszeit ist, das muss natürlich auch noch berücksichtigt werden. Die Zeitdehngrenze gibt's auch für 0,5 oder 2 % und viele andere plastische Dehnungen und für ganz verschiedene Zeiten, von wenigen Minuten bis zu etwa 40 Jahren. Ein Raketentriebwerk soll oft nur wenige Minuten betrieben werden, da geht man härter ran, aber ein Kraftwerk soll schon etwas länger halten, so um die 40 Jahre.

Im schlimmsten Fall kann es durch Kriechen zum Bruch kommen, und um ein Bauteil gegen Bruch auszulegen, nimmt man die Zeitstandfestigkeit.

Die **Zeitstandfestigkeit** $R_{m/10^5/\vartheta}$ ist diejenige Spannung, die

✔ **Bruch** (daher Index »m« wie maximal)

✔ nach 10^5 **Stunden**, das sind wieder 11,4 Jahre,

✔ bei der **Temperatur ϑ**

hervorruft.

Auch wieder ein **Beispiel**:

Was bedeutet $R_{m/10^5/600°C} = 175 \text{ N/mm}^2$ ganz konkret?

Bringen Sie einen Stab aus diesem Werkstoff auf 600 °C und belasten ihn konstant mit 175 N/mm², so wird er nach 10^5 Stunden, also 11,4 Jahren, brechen. Die Zeitstandfestigkeiten gibt es für verschiedene Temperaturen und Auslegungszeiten, je nach Einsatzzweck. Falls Sie das Gelernte ein bisschen anwenden wollen: Im Übungsbuch gibt es eine schöne Aufgabe dazu.

Bei dem erläuterten Kriechen geht man davon aus, dass eine Probe oder ein Bauteil mit einer konstanten Kraft belastet wird. In der Praxis liegt aber manchmal keine konstante Kraft vor, sondern eher eine konstante Dehnung eines Werkstoffs. Was passiert da?

Spannungsrelaxation, die Entspannung naht

Sind Sie bereit für noch ein Experiment? Sie brauchen wieder ein Gummiband, dieses Mal aber spannen Sie es zwischen die ausgestreckten Zeigefinger, dehnen es auf die zwei- bis dreifache Länge elastisch auseinander und halten den Abstand der Finger konstant. Nicht wackeln, Finger nicht bewegen!

Wie wird sich die Spannung des Bandes mit der Zeit ändern? Klar, die Spannung wird nachlassen, und das nennt man *Spannungsrelaxation*. Den Effekt gibt es bei allen Werkstoffen unserer Welt, sofern die Temperatur hoch genug ist. Die Wissenschaft formuliert das ganz beeindruckend:

Spannungsrelaxation ist die zeitabhängige Abnahme der Spannung bei konstant gehaltener Gesamtverformung.

Wie würden Sie die Spannungsrelaxation sinnvoll in einem Diagramm darstellen? Ideal ist es doch, die Spannung nach oben und die Zeit nach rechts aufzutragen. Und was für eine Kurve erwarten Sie? Die Spannung sollte doch mit der Zeit nachlassen, also abfallen, und zwar am Anfang schneller, dann immer langsamer. Und so ist es auch wirklich (siehe Abbildung 3.5).

Je höher die Temperatur ist, desto intensiver wird die Spannungsrelaxation sein, da die thermisch aktivierten Vorgänge schneller werden. Wenn Sie Ihr Gummiband, statt es bei Raumtemperatur zu dehnen, mit in die Sauna nehmen, wird die Spannung viel schneller relaxieren. Wenn die Temperatur eher niedrig ist, wird die Spannungsrelaxation gering sein oder gar nicht mehr bemerkbar.

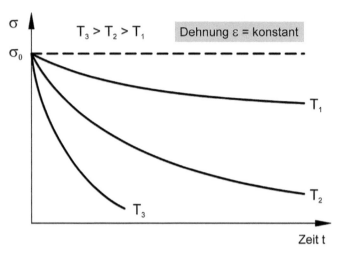

Abbildung 3.5: Spannungsrelaxation

Und so geht es allen Werkstoffen unserer Welt, nicht nur dem Gummiband. Innen in den Werkstoffen laufen genau dieselben Vorgänge ab, wie beim Thema Kriechen erläutert, jetzt aber nicht mehr bei konstanter, sondern bei abnehmender Spannung.

Typische Maschinenelemente (Maschinenteile), die Spannungsrelaxation erleiden, sind gespannte Federn und Schrauben, und bei hohen Temperaturen funktionieren die gar nicht mehr gut. Tja, die Ingenieure haben's nicht immer leicht. Aber einen Lichtblick möchte ich nicht verschweigen: Spannungsrelaxation trägt zum Abbau von Eigenspannungen bei, endlich was Nützliches. Näheres gibt's in Kapitel 14.

Genug zu den thermisch aktivierten Vorgängen. Darf ich Sie nun in die Höhle des Löwen führen?

Kapitel 4

Legierungsbildung und Zustandsdiagramme: Berühmt, berüchtigt, gefürchtet

Berühmt, berüchtigt, gefürchtet. Berühmt deshalb, weil ein wirkliches Verständnis der Legierungen ohne die Zustandsdiagramme nicht möglich ist und Legierungen in der Praxis einfach wichtig sind. Berüchtigt, weil die Zustandsdiagramme öfters den Mythos des Unverständlichen, des unsichtbar Ablaufenden haben. Und gefürchtet, weil man sich doch ein wenig anstrengen muss, um sie zu verstehen.

Aber nur Mut, ich erkläre Ihnen zuerst die wichtigen Grundbegriffe, damit Sie gewappnet sind. Dann beginnen Sie mit den einfachen Diagrammen und steigern sich anschließend zu den etwas komplizierteren. Beispiele aus der Praxis sollen Ihnen zeigen, wozu das alles gut ist. Und dann sind Sie bestens vorbereitet für das nachfolgende Kapitel, da geht es um das Eisen-Kohlenstoff-Zustandsdiagramm, und das wiederum hilft Ihnen perfekt fürs Verständnis der Stähle.

Grundbegriffe: Die müssen sein

Schon mit dem scheinbar simplen Begriff »Legierung« fängt es an. Jeder meint, den genau zu kennen, aber ganz so einfach ist er nicht.

Der Begriff Legierung

Ursprünglich kommt das Wort »legieren« vom lateinischen »ligare«, und das bedeutet zusammenbinden, verbinden oder auch vereinigen. Eine Legierung verbindet also Metalle, vereinigt sie. Und in diesem Sinne sind auch die Alltagsausdrücke »das legiert sich« oder »das legiert sich nicht« zu verstehen. Etwas wolkig möchte man damit ausdrücken, ob sich zwei Metalle miteinander verbinden lassen und eine irgendwie brauchbare Legierung ergeben – oder auch nicht.

Wissenschaftlich wird das etwas weiter gefasst:

Eine *Legierung* ist ein Gemisch aus mehreren Atomsorten, den sogenannten *Komponenten* und hat »metallischen Charakter«, glänzt also und leitet den elektrischen Strom.

Demzufolge lässt sich alles mit allem legieren, solange das Ergebnis metallischen Charakter hat. Ob die Atomsorten sich nun wirklich »verbinden« und die Legierung »brauchbar« ist, das spielt bei dieser modernen Definition keine Rolle.

Meistens besteht eine Legierung aus metallischen Komponenten, zum Beispiel Kupfer und Nickel. In begrenztem Umfang können aber auch nichtmetallische Komponenten, wie Phosphor, Schwefel und sogar Gase, wie Stickstoff und Sauerstoff, beteiligt sein, und das Ganze gilt dann immer noch als Legierung.

Interessante Legierungen aus dem Alltag

Im Alltag nutzen wir jede Menge Legierungen. Vermutlich kennen Sie Messing (das ist eine Kupfer-Zink-Legierung), Zinnbronze (das ist eine Kupfer-Zinn-Legierung) und Stahl natürlich, hier sind Eisen und Kohlenstoff legiert. Rostfreie Stähle enthalten außer Eisen und Kohlenstoff auch Chrom und oft noch Nickel, Molybdän und Stickstoff, sind also teils ganz schön kompliziert.

Auch die Euromünzen haben's in sich: Wussten Sie, dass die silbrig glänzenden Teile der Euromünzen zu 75 % aus Kupfer und zu 25 % aus Nickel bestehen? Das silbrig glänzende Nickel dominiert in der Farbe ganz gegenüber dem rötlichen Kupfer. Die goldfarben glänzenden Teile der Euromünzen bestehen aus 75 % Kupfer, 20 % Zink und 5 % Nickel.

Wie kommt man eigentlich auf diese Zusammensetzungen? Die Münzen sollen schön sein, haltbar, ungiftig, hygienisch, preiswert, leicht herzustellen und nicht korrodieren. Manche dieser Eigenschaften lassen sich - mit vielen Einschränkungen - theoretisch berechnen und voraussagen, etwa welche Kristallarten sich bilden und ob die dann eher hart oder weich sind. 99 % der Legierungsentwicklung ist aber sinnvolles Nachdenken, gezieltes Legieren, Probieren und Testen ...

Der Begriff chemische Zusammensetzung oder Konzentration

Auf möglichst sinnvolle Weise möchte man nun angeben, was in einer Legierung an chemischen Elementen enthalten ist. Das nennt man *chemische Zusammensetzung* oder *Konzentration*. Die chemische Zusammensetzung können Sie auf zwei gängige Arten ausdrücken,

✔ mit *Massenanteil*/Masseprozent/Gewichtsprozent (bedeutet alles dasselbe) oder

✔ mit *Atomanteil*/Atomprozent.

Am besten, Sie schauen sich zwei konkrete Beispiele an.

Hier kommt es auf die Masse an

25 Masseprozent Nickel, Rest Kupfer heißt konkret, dass in 100 Gramm der Legierung 25 g Nickel und 75 g Kupfer enthalten sind. Diese Art der Angabe wird gerne in der Praxis angewandt, Massenanteile sind sehr anschaulich. Und weil die so gerne und viel angewandt werden, sagt man oft nur noch Prozent dazu und meint stillschweigend die Masseprozent. So mache das auch ich, und wo immer in diesem Buch von chemischer Zusammensetzung der Legierungen die Rede ist, sind mit Prozent immer Masse- oder Gewichtsprozent gemeint.

Hier kommt es auf die Anzahl an

25 Atomprozent Nickel, Rest Kupfer bedeutet aber etwas anderes: 25 % der Atome in der Legierung sind Nickelatome und der Rest, 75 %, sind Kupferatome. Man bezieht sich also auf die **Zahl** der Atome. Unter den Wissenschaftlern sind die Atomprozent zu Recht sehr beliebt, sie erleichtern das Verständnis tiefer gehender Zusammenhänge.

Da es keine zwei Atomsorten auf unserer Welt gibt, die genau gleich schwer sind, unterscheiden sich Masse- und Atomprozent immer. Die Unterschiede sind klein bei ähnlich schweren Atomen, wie Kupfer und Nickel, und sie sind groß bei Legierungen aus schweren und leichten Atomen, wie Eisen und Kohlenstoff. Wenn Sie sich mit den beiden Konzentrationsangaben noch besser vertraut machen wollen, hilft das Übungsbuch.

Der Begriff Phase

Sicher haben Sie schon Ausdrücke wie flüssige Phase oder feste Phase gehört. Damit meint man den Aggregatzustand. Bei den Legierungen (und übrigens auch noch in vielen anderen Bereichen, in der Chemie, Physik oder Thermodynamik) müssen wir das schon genauer definieren und das ist etwas kniffelig.

 Unter *Phase* versteht man einen chemisch und physikalisch gleichartigen und homogenen Bestandteil einer Legierung – oder von Materie überhaupt.

Das klingt ziemlich abstrakt, und am besten ist es, Sie sehen sich Beispiele aus dem Alltag an.

Einphasiges im Alltag

Welche Substanzen oder Stoffe aus dem Alltag bestehen aus einer einzigen Phase? Die müssen doch in sich gleichartig und homogen sein. Luft, Wasser, Eis, Zucker, Eisen, Aluminium, Kupfer, gesüßter Tee, all das sind einphasige Stoffe. Ein Tropfen Wasser ist an jeder Stelle gleichartig und identisch, ein Stück reines Aluminium genauso und auch der gesüßte Tee.

Zweiphasiges im Alltag

Wenn Sie aber in Ihren Tee so viel Zucker schütten, dass sich nicht mehr der gesamte Zucker löst, dann haben Sie zwei Phasen vorliegen, die Sie klar unterscheiden können: eine gesättigte Lösung von Zucker in Tee und die übrig gebliebenen Zuckerkristalle. Auch Nebel besteht aus zwei Phasen, den Wassertröpfchen und Luft. Milch ist zweiphasig, da sie aus der wässrigen Molke und Fetttröpfchen besteht. Und Schneematsch hat zwei Phasen, das flüssige Wasser und das feste Eis. Bei den Legierungen wird's ein bisschen komplizierter, das erkläre ich Ihnen im jeweiligen Fall.

Der Begriff Mischkristall

Weitaus die meisten metallischen Werkstoffe sind kristallin aufgebaut; nähere Informationen dazu finden Sie in Kapitel 1. Bei einem reinen Metall ist der Kristallaufbau anschaulich klar, jedes Atom hat seinen besonderen Platz. Wie aber sehen die Kristalle denn in Legierungen aus? In denen gibt es die sogenannten *Mischkristalle*.

 Ein Mischkristall ist ein chemisch homogener, gleichartiger Kristall, der aus mehreren Atomsorten aufgebaut ist.

Zwei Möglichkeiten gibt es für die Natur, solche Mischkristalle hinzubekommen: Sie kann entweder *Substitutionsmischkristalle* oder *Einlagerungsmischkristalle* bilden (siehe Abbildung 4.1).

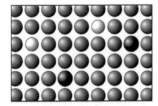 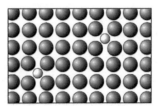

Abbildung 4.1: Substitutionsmischkristall (links) und Einlagerungs-mischkristall (rechts)

Die Substitutionsmischkristalle

Bei den *Substitutionsmischkristallen* sind einige »normale« Atome, man nennt sie auch Wirtsgitteratome oder reguläre Atome, durch Fremdatome ersetzt. Und weil man »ersetzen« durch das lateinische »substituieren« ersetzen, also substituieren kann, und das dann auch noch viel wissenschaftlicher klingt, nennt man diese Art der Mischkristalle Substitutionsmischkristalle.

Substitutionsmischkristalle zu bilden fällt der Natur umso leichter, je ähnlicher sich die Substitutionsatome und Wirtsgitteratome sind, weil es dann die geringsten Störungen im Gitter gibt. Also:

✔ Bei ähnlichem Durchmesser,

✔ gleichem Kristallgitter und

✔ ähnlichem chemischem Charakter

geht das dann besonders gut. Das kann so weit führen, dass die Substitutionsatome die Wirtsgitteratome in beliebiger Menge ersetzen können, sodass am Schluss die Substitutions-atome die Wirtsgitteratome sind. Ein Beispiel ist Kupfer in Nickel und umgekehrt. Meistens aber lassen sich Substitutionsmischkristalle nur in begrenztem Maße bilden.

Die Einlagerungsmischkristalle

Bei den *Einlagerungsmischkristallen* werden kleine Fremdatome, sogenannte *Zwischengit-teratome* oder *Einlagerungsatome*, in Lücken des Kristallgitters eingelagert (siehe rechts in Abbildung 4.1). Je kleiner die Einlagerungsatome und je größer die zur Verfügung stehenden Lücken sind, desto leichter geht das und in desto größerer Dichte können die Einlagerungs-atome eingebaut werden. Ein wichtiges Beispiel ist die Einlagerung von Kohlenstoffatomen im Eisengitter.

Beide Arten von Mischkristallen sind einphasig, bestehen also aus einer Phase, wie der ge-süßte Tee. Und genauso wie im Tee Zucker gelöst ist, ist in den Mischkristallen die andere Atomsorte (die andere Komponente) gelöst. Ja, Sie lesen richtig: *gelöst*. Wie kann aber etwas Festes in etwas anderem Festen gelöst sein? Das geht durch Diffusion, und es bildet sich eine *feste Lösung*. Und die feste Lösung, das sind die Mischkristalle. Auch im Englischen drückt man das mit »solid solution« aus.

Der Begriff Zustandsdiagramm

Jetzt geht's in die »Höhle des Löwen«, zu den Zustandsdiagrammen. Und darum handelt es sich:

Ein Zustandsdiagramm ist ein Diagramm, das den Zustand von Legierungen oder ganz allgemein von Stoffen und Stoffgemischen darstellt, und zwar in Abhängig-keit von der chemischen Zusammensetzung und der Temperatur (und manchmal dem Druck). Mit *Zustand* meint man die auftretenden Phasen, also alle festen, flüssigen oder sogar gasförmigen Phasen. Deswegen nennt man dieses Diagramm auch Phasendiagramm, im Englischen »phase diagram«.

Setzt sich die Legierung aus zwei Komponenten zusammen, ergibt das ein Zustandsdia-gramm wie links in Abbildung 4.2 dargestellt. Dabei nimmt man an, dass der Druck konstant bei dem normalen Umgebungsdruck von 1 bar bleibt, und das ist ja fast immer der Fall.

Die eine reine Komponente, nennen wir sie A, wird links aufgetragen, die andere rechts, das ist die Komponente B. Zwischendrin können Sie jede beliebige chemische Zusammensetzung zwischen A und B ablesen. Als Maß für die chemische Zusammensetzung ist c_B angegeben, das ist einfach der Gehalt am Element B in Masseprozent. Sie wissen ja, wenn ich nur % schreibe, meine ich Masseprozent. Und warum wird das mit c_B bezeichnet? Das Symbol c steht für das englische »concentration«, also Konzentration. Und B ist natürlich diejenige Komponente, um die es geht.

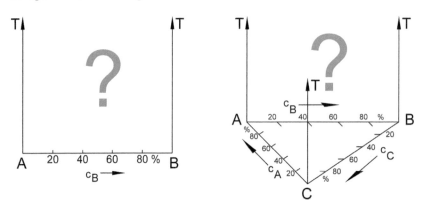

Abbildung 4.2: Zustandsdiagramm für zwei Komponenten (links) und drei Komponenten (rechts)

Die Angabe c_B = 80 % bedeutet also konkret, dass 100 g von dieser Legierung 80 g von der Komponente B enthalten und 20 g von der Komponente A.

Die Temperatur T ist nach oben aufgetragen, und zwar etwas ungewöhnlich mit zwei Achsen, die absolut identisch sind. Warum denn zwei gleiche Temperaturachsen? Damit möchte man ausdrücken, dass das Diagramm bei A beginnt und bei B definitiv und endgültig endet. Mehr als 100 % B kann's nicht geben. Oder dass es bei B beginnt und bei A endet, ganz wie es Ihnen gefällt.

Setzt sich die Legierung aus drei Komponenten A, B und C zusammen, braucht man ein räumliches Zustandsdiagramm, wie rechts in Abbildung 4.2 zu sehen. Jede beliebige chemische Zusammensetzung können Sie in einem gleichseitigen Dreieck eintragen und auch ablesen. Temperaturachsen gibt's dann drei, alle identisch.

So, und das große graue Fragezeichen steht für das eigentliche Diagramm, das ja noch gar nicht enthalten ist. Da gibt es allerhand Möglichkeiten, und um die geht es in den folgenden Abschnitten.

Genug der Grundbegriffe, die reichen vorerst aus. Im Folgenden sind die Zustandsdiagramme danach geordnet, ob und wie sehr sich zwei Komponenten ineinander lösen lassen. Erst mal das eine Extrem.

Legierungen mit mehr als zwei Komponenten

Natürlich gibt es nicht nur Legierungen mit zwei oder drei Komponenten, sondern auch welche mit vier, fünf ... maximal so viele, wie es Elemente auf unserer Welt gibt. Bei drei Komponenten braucht man ja schon ein räumliches (dreidimensionales) Diagramm zur Darstellung, bei vier Komponenten dann ein vierdimensionales, bei fünf ein fünfdimensionales ... und jetzt höre ich besser auf, bevor Ihnen der Kopf brummt. Wir bleiben bei zwei Komponenten – versprochen. Da sehen Sie alles Wesentliche.

Umgehen und rechnen kann man aber mit beliebig vielen Komponenten, auch wenn die Vorstellungskraft schnell schlappmacht. Und anwenden tut man die schon lange. Viele gebräuchliche Legierungen basieren auf vier bis acht absichtlich zugegebenen Komponenten. Wenn Sie noch die unabsichtlich reingerutschten Elemente mitnehmen, die häufig als Verunreinigungen bezeichnet werden, dann sind eigentlich immer alle Elemente unserer Welt drin, halt teils mit sehr geringen Gehalten.

Das eine Extrem: Unlöslichkeit im flüssigen und festen Zustand

Unlöslichkeit im flüssigen Zustand heißt, dass sich eine Metallschmelze aus einem Element A und eine zweite aus einem Element B nicht (oder so gut wie nicht) ineinander lösen lassen. Das ist wie bei Wasser und Öl, die lassen sich auch nicht ineinander lösen, da können Sie rühren und schütteln, wie Sie wollen. Bei Metallen ist das eher selten, aber da und dort kommt es vor.

Die *Unlöslichkeit im festen Zustand* ist schon schwerer zu verstehen. Sie bedeutet einfach, dass keine (oder so gut wie keine) Mischkristalle gebildet werden können, es klappt weder mit den Substitutions- noch mit den Einlagerungsmischkristallen.

Ja, und woran könnte das denn liegen? Mögen sich diese Komponenten etwa nicht? Genauso ist es, na ja, zumindest ein wahrer Kern steckt dahinter. Jetzt aber wissenschaftlicher:

Unlöslichkeit im flüssigen und festen Zustand tritt dann auf, wenn

✔ die Atomdurchmesser der zwei Komponenten recht unterschiedlich sind und/oder

✔ die Kristallgitter voneinander abweichen und

✔ die zwei Komponenten chemisch sehr verschieden sind.

Ein konkretes Zustandsdiagramm als Beispiel

Diesen Typ von Zustandsdiagramm möchte ich Ihnen anhand des Legierungssystems (so nennt man das) Eisen-Blei erläutern. Abbildung 4.3 zeigt das zugehörige vereinfachte Zustandsdiagramm. Schauen Sie sich erst einmal die Achsen des Diagramms an.

Auf der linken Seite der Konzentrationsachse steht reines Eisen mit seinem chemischen Symbol Fe (von »ferrum«, lateinisch für Eisen). Rechts ist reines Blei mit seinem Symbol Pb (von »plumbum«, lateinisch für Blei). Zwischendrin können Sie jede beliebige Zusammensetzung wählen. Nach oben ist die Temperatur von 0 bis 2000 °C aufgetragen.

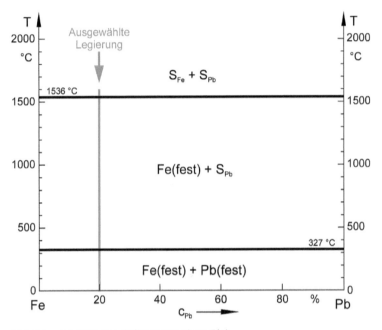

Abbildung 4.3: Zustandsdiagramm Eisen-Blei

Zuerst knöpfen Sie sich die reinen Komponenten vor. Reines Eisen schmilzt bei 1536 °C, ist also unterhalb dieser Temperatur komplett fest, und zwar ohne Wenn und Aber. Und über 1536 °C ist es komplett flüssig, auch ohne Wenn und Aber. Es hat also einen Schmelz**punkt**. Genauso geht's dem Blei. Unter 327 °C fest, darüber flüssig.

Nun zum eigentlichen Zustandsdiagramm, das in Abbildung 4.2 noch das graue Fragezeichen war. Das Zustandsdiagramm gliedert sich in drei Felder, die durch dicke, schwarze horizontale Linien abgegrenzt sind. In jedes Feld ist eingetragen, welche Phasen in diesem Feld existieren, also vorkommen.

Im obersten Feld gibt es zwei Phasen, die Eisenschmelze, mit S_{Fe} bezeichnet, und die Bleischmelze, mit S_{Pb} benannt. Das sind zwei Schmelzen, zwei Flüssigkeiten, die sich nicht ineinander lösen lassen, so wie Wasser und Öl. Im mittleren Feld gibt es wieder zwei Phasen, festes Eisen und Bleischmelze, und im untersten Feld nochmals zwei Phasen, nämlich festes Eisen und festes Blei.

Deutschlandkarte

Sie dürfen sich so ein Zustandsdiagramm wie eine Deutschlandkarte vorstellen, in die eingetragen ist, welche Regionen »existieren« oder vorkommen und wer da so wohnt. Statt Temperatur gibt es Nord und Süd, statt chemischer Zusammensetzung Ost und West, und statt der vorkommenden Phasen die Leute, die dort wohnen, zum Beispiel Franken oder Badener. Natürlich hat dieses Beispiel so seine Haken ...

Eine ausgewählte Legierung

Stellen Sie sich jetzt vor, Sie würden eine Legierung aus 20 % Blei und 80 % Eisen herstellen, grau in Abbildung 4.3 dargestellt. Sie nehmen 20 g Blei, 80 g Eisen, werfen alles in einen Schmelztiegel und erwärmen das Ganze auf 1600 °C. Dann haben Sie geschmolzenes Eisen und geschmolzenes Blei. Sie können schütteln, rühren, warten solange Sie wollen, die Schmelzen lösen sich nicht ineinander. Und weil Blei eine höhere Dichte hat als Eisen, sinkt es schnell wieder nach unten ab und das leichtere Eisen schwimmt oben drauf.

Lassen Sie diese Legierung jetzt in Gedanken langsam abkühlen (siehe graue Gerade in Abbildung 4.3). Sobald die Temperatur den Schmelzpunkt von Eisen unterschreitet, erstarrt das Eisen und schwimmt als Klotz oben auf der Bleischmelze. Schließlich erstarrt auch noch das Blei, und bei Raumtemperatur haben Sie zwei Klötze, oben aus Eisen, unten aus Blei. Die mögen sich irgendwie nicht, die beiden. So ergeht es allen anderen denkbaren Eisen-Blei-Legierungen, nur die Mengenverhältnisse sind entsprechend verschieden.

Hinweise für die Cracks

Ein paar Hinweise möchte ich an dieser Stelle doch noch loswerden: Wie öfters, vereinfache ich auch hier sehr. Eisen hat ja noch die Polymorphie, ändert also seine Kristallstruktur mit der Temperatur (mehr dazu in Kapitel 1). Und Blei siedet bei 1750 °C. All das und noch mehr hätte auch noch in das Zustandsdiagramm eingetragen werden müssen, aber dann hätten Sie den Wald vor lauter Bäumen nicht gesehen.

Die Anwendung ist hier selten

Wo werden denn Eisen-Blei-Legierungen angewandt? Nur sehr eingeschränkt, eben wegen ihres besonderen Verhaltens. Eine geringe Bleizugabe bei Stählen (oder auch bei Kupferwerkstoffen, da ist das ganz ähnlich) kann aber kleine Bleikristalle im Werkstoff bewirken. Wenn ein solcher Werkstoff zerspant wird, zum Beispiel durch Drehen, dann wirken solche Bleieinschlüsse spanbrechend. Es entstehen dann viele kleine Spanstückchen, die sich nicht um das Drehwerkzeug wickeln, schön herunterrieseln und sich leicht abführen lassen.

Das war das eine Extrem, die Unlöslichkeit im flüssigen und festen Zustand. Und jetzt kommt das andere Extrem dran.

Das andere Extrem: Völlige Löslichkeit im flüssigen und festen Zustand

Völlige Löslichkeit im flüssigen Zustand heißt, dass sich eine Metallschmelze aus einem Element A und eine zweite aus einem Element B in jedem beliebigen Mischungsverhältnis ineinander lösen lassen. Das finden Sie auch bei Wasser und (normalem) Alkohol. Wenn Ihnen das noch etwas unbekannt vorkommt, probieren Sie es (vorsichtig) mal mit etwas Brennspiritus und Wasser in der Küche aus. In jedem beliebigen Verhältnis können Sie beide Flüssigkeiten ineinander lösen, und zumindest mit dem Auge sehen alle Ergebnisse gleich aus. Achtung: Brennspiritus ist brennbar; die erzeugte Mischung hinterher bitte wegschütten.

Die *völlige Löslichkeit im festen Zustand* ist wieder schwerer zu verstehen. Sie bedeutet, dass aus den beiden Komponenten Substitutionsmischkristalle mit jedem beliebigen Mengenverhältnis gebildet werden können, und zwar lückenlos vom Kristall aus reinen A-Atomen bis zum Kristall aus reinen B-Atomen.

Sie vermuten sicher schon, wann so etwas auftritt.

Völlige Löslichkeit im flüssigen und festen Zustand tritt dann auf, wenn

✔ die Atomdurchmesser der Komponenten sehr ähnlich sind,

✔ die Komponenten gleiches Kristallgitter aufweisen und

✔ die zwei Komponenten sich chemisch sehr nahestehen.

Kurz und gut: Das tritt auf, wenn die Komponenten in möglichst vielen Aspekten ähnlich sind und sich »mögen«.

Wieder ein konkretes Zustandsdiagramm als Beispiel

Diesen Typ von Zustandsdiagramm möchte ich Ihnen anhand des Legierungssystems Kupfer-Nickel erläutern (siehe Abbildung 4.4). Man möge mir nachsehen, dass ich das Zustandsdiagramm etwas »geschönt« habe, die Erklärungen sind dann einfacher. Links an der Konzentrationsachse steht reines Kupfer mit seinem chemischen Symbol Cu (von »cuprum«, lateinisch für Kupfer), rechts reines Nickel. Die Temperaturskala ist diesmal auf denjenigen Bereich eingeschränkt, in dem sich »etwas tut«.

Was stellen Sie fest, wenn Sie reines Kupfer langsam erwärmen und mit einem Mikroskop beobachten? Sie finden heraus, dass es bis zu seinem Schmelzpunkt von 1085 °C fest ist und darüber flüssig. In Abbildung 4.4 habe ich den festen Zustand von Kupfer durch den dunkelgrauen senkrechten Balken gekennzeichnet und den flüssigen Zustand durch den hellgrauen.

Analog geht's dem Nickel: bis 1453 °C fest, darüber flüssig.

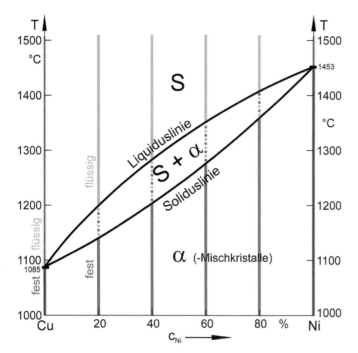

Abbildung 4.4: Zustandsdiagramm Kupfer-Nickel

Jetzt packt Sie die wissenschaftliche Neugier, und Sie beschließen, eine Legierung mit 20 % Nickel, Rest Kupfer genauso zu untersuchen. Also

✔ 20 g Nickel abwiegen, 80 g Kupfer, alles in einen Schmelztiegel,

✔ erwärmen auf 1500 °C, da bilden sich zwei Schmelzen, kurz umrühren, die Schmelzen lösen sich ineinander (klar doch, völlige Löslichkeit im flüssigen Zustand),

✔ langsam abkühlen lassen, fertig ist die Legierung.

Jetzt ein kleines Stückchen dieser Legierung in einen ganz speziellen kleinen Schmelztiegel legen, gegen äußeres Ungemach wie Luft schützen, das Ganze unter ein noch spezielleres Mikroskop legen, schön langsam erwärmen und dabei beobachten.

Sie werden feststellen, dass diese Legierung bis 1140 °C völlig im festen Zustand ist, ohne Wenn und Aber. Obwohl da auch Kupfer enthalten ist, das ja schon bei 1085 °C schmilzt. Über 1200 °C ist die Legierung vollständig flüssig, kein noch so klitzekleines Kriställchen schwimmt mehr drin rum. Und das, obwohl die Legierung ja auch Nickel enthält, und Nickel schmilzt erst bei 1453 °C. Und was gibt es zwischendrin? Da sind Kristalle und Schmelze gleichzeitig vorhanden, das ist ein breiiger Zustand, so ähnlich wie Schneematsch oder halb aufgetautes Speiseeis.

In Abbildung 4.4 ist der feste Zustand mit dem dunkelgrauen senkrechten Balken gekennzeichnet, der flüssige Zustand mit dem hellgrauen Balken und der breiige Zustand hell- und dunkelgrau gepunktet. Untersuchen Sie andere Legierungen genauso, erhalten Sie die weiteren hell- und dunkelgrauen Balken. Verbinden Sie das obere Ende der dunkelgrauen Balken miteinander und das untere Ende der hellgrauen Balken, erhalten Sie die schwarzen Linien.

Ein paar Anmerkungen dazu.

✔ Die obere Linie nennt man *Liquiduslinie*, nach dem lateinischen Wort für flüssig benannt. Oberhalb der Liquiduslinie ist eine Legierung vollständig flüssig. In das Gebiet oberhalb der Liquiduslinie trägt man die Phase beziehungsweise die Phasen ein, die dort vorkommen. Hier ist es 1 Phase, die Schmelze, mit S bezeichnet.

✔ Die untere Linie heißt analog *Soliduslinie*, nach dem lateinischen Wort für fest benannt. Unterhalb der Soliduslinie ist eine Legierung vollständig fest. In das Gebiet unterhalb der Liquiduslinie trägt man wieder die Phase beziehungsweise die Phasen ein, die dort vorkommen. Hier ist es abermals 1 Phase, das sind Mischkristalle, die man mit griechischen Buchstaben benennt. Ordentlich, wie die Wissenschaftler sind, nehmen sie den ersten Buchstaben α des Alphabets. Meistens schreibt man nur schnöde α in dieses Feld, oder ausführlicher α-Mischkristalle.

✔ Zwischen Liquidus- und Soliduslinie gibt es zwei Phasen: sowohl Schmelze als auch Mischkristalle, deshalb steht dort S+α.

✔ Die reinen Komponenten haben einen Schmelz**punkt**, alle Legierungen einen Schmelz**bereich**.

✔ Dieses Zustandsdiagramm nennt man gerne *Linsendiagramm*, weil die dicken schwarzen Linien wie eine optische Linse aussehen.

So, und das Linsendiagramm sollten Sie sich jetzt ein bisschen näher ansehen, es bildet eine wichtige Grundlage für die folgenden Abschnitte.

Münzfälscher

Das »ein bisschen näher ansehen« machen Sie am besten ganz anschaulich: Sie nehmen sich vor, die silbrig glänzende Münzlegierung für unsere Euromünzen einmal selbst herzustellen und zu untersuchen. Rein wissenschaftlich natürlich.

Die Münzlegierung enthält 25 % Nickel, Rest Kupfer. Sie nehmen voller Tatendrang 25 g Nickel und 75 g Kupfer, geben alles in einen Schmelztiegel, erwärmen das Ganze auf 1500 °C, da sind beide Komponenten flüssig, rühren kurz um und lassen die so erzeugte Legierung schön langsam abkühlen. Während des Abkühlens beobachten Sie die Legierung sorgfältig mit einem Mikroskop. Was Sie im Mikroskop sehen können, zeigen Ihnen die runden Ausschnitte in Abbildung 4.5.

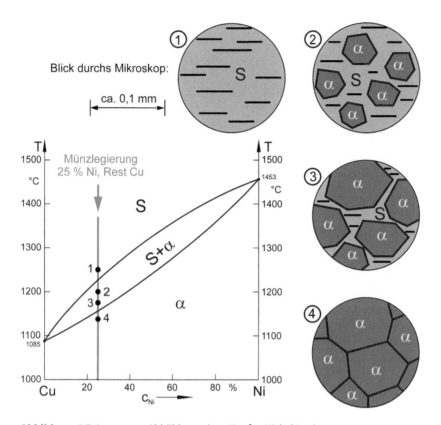

Abbildung 4.5: Langsame Abkühlung einer Kupfer-Nickel-Legierung

Während des Abkühlens »wandert« Ihre Legierung langsam auf der grauen senkrechten Geraden von oben nach unten durch das Zustandsdiagramm. Im Zustandsdiagramm selbst können Sie nun prima ablesen, was mit der Legierung passiert.

✔ Am Anfang erst einmal gar nichts, denn die Legierung bleibt ja im Gebiet der Schmelze. Selbst wenn die Temperatur bis 1250 °C absinkt, das ist der **Punkt 1** in Abbildung 4.5, haben Sie noch Schmelze vorliegen. Und sogar noch ein bisschen tiefer ist das so, bis zum Schnittpunkt mit der Liquiduslinie bei 1225 °C, das ist die *Liquidustemperatur* dieser Legierung.

✔ Erst wenn die Legierung die Liquidustemperatur unterschreitet, beginnen kleine Kriställchen aus der Schmelze zu wachsen, die α-Mischkristalle. Die Kristalle habe ich vieleckig gezeichnet, das ist eine Vereinfachung. Oft sind sie stängelig oder tannenbaumförmig, nur so als Anmerkung. Im **Punkt 2** haben die α-Mischkristalle noch einen kleinen Anteil. Mit abnehmender Temperatur wachsen die Kristalle immer weiter, bis sie sich schließlich berühren und Korngrenzen zwischen sich bilden. Wenn die *Solidustemperatur* erreicht wird, das ist der Schnittpunkt mit der Soliduslinie bei 1160 °C, ist die Erstarrung beendet, und die Legierung ist ganz fest.

✔ Im **Punkt 4** sehen Sie im Mikroskop nur noch α-Mischkristalle. Bei der weiteren Abkühlung bis auf Raumtemperatur tut sich nicht mehr viel, und das, was Sie im Punkt 4 sehen, liegt auch bei Raumtemperatur vor.

Na schön und gut, werden Sie sagen, aber so richtig vom Hocker haut mich das nicht. Das ist doch wie die Erstarrung eines reinen Metalls, mit dem einzigen Unterschied, dass die Legierung keinen Schmelzpunkt, sondern einen Schmelzbereich hat. Aber genau der Schmelzbereich hat's in sich, der hat fundamentale Bedeutung für alle möglichen anderen Legierungen, und deswegen lohnt sich ein genauer Blick darauf.

Der Unterschied macht's

Also: scharfen Blick auf den Schmelzbereich in Abbildung 4.5, und zwar einfach mal auf den Punkt 2, der muss jetzt als Beispiel herhalten. Im Punkt 2 gibt es ziemlich viel Schmelze, in der einige α-Mischkristalle schwimmen, wie im Blick durchs Mikroskop dargestellt.

 Interessant ist nun, dass die Schmelze und die Mischkristalle dort **nicht die gleiche chemische Zusammensetzung** haben, das ist ein Naturgesetz.

Aber was heißt da **nicht die gleiche chemische Zusammensetzung**?

Das möchte ich Ihnen mit Abbildung 4.6 erklären; sie zeigt den entscheidenden Ausschnitt aus Abbildung 4.5 vergrößert. Die chemische Zusammensetzung der beiden Phasen in Punkt 2 erhalten Sie, wenn Sie eine horizontale Gerade durch den Punkt 2 legen, bis sie links am Schmelzgebiet und rechts am α-Gebiet anstößt.

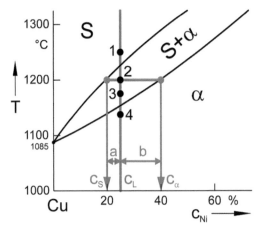

Abbildung 4.6: Ausschnitt aus Abbildung 4.5

✔ Genau dort, wo die horizontale Gerade ans Schmelzgebiet anstößt (linker grauer Punkt), fällen Sie das Lot nach unten auf die Konzentrationsachse und können die chemische Zusammensetzung der Schmelze c_S ablesen. Sie ermitteln c_S = 20 % Ni; die Schmelze enthält also 20 % Nickel und 80 % Kupfer. Oder noch anschaulicher: 1 Gramm Schmelze besteht aus 0,2 g Nickel und 0,8 g Kupfer.

✔ Analog gehen Sie mit den α-Mischkristallen vor. Rechten Anstoßpunkt nehmen, Lot nach unten fällen, die chemische Zusammensetzung der Mischkristalle ablesen. Sie ermitteln c_α = 40 % Ni; die α-Mischkristalle enthalten also 40 % Nickel und 60 % Kupfer. Oder noch anschaulicher: 1 Gramm α-Mischkristalle besteht aus 0,4 g Nickel und 0,6 g Kupfer.

Das ist schon etwas Verrücktes. Im Punkt 2 hat die Schmelze einen **kleineren** Nickelgehalt als die Legierung insgesamt (deren Nickelgehalt ist c_L), und die Mischkristalle haben einen **höheren** Nickelgehalt.

Ausbalanciert

Vorsicht, Vorsicht! Wie kann das denn gut gehen? Insgesamt bleiben ja die Zahl und Art der Atome einer Legierung erhalten, es gehen keine Atome verloren und es kommen auch keine hinzu. Mathematisch (und auch physikalisch und praktisch, da passt einfach alles) geht das nur gut, wenn die Schmelze und die α-Mischkristalle in einem gewissen Mengenverhältnis zueinander vorliegen. Und das ermitteln Sie wie folgt mit dem sogenannten *Hebelgesetz*.

Im Schmelzbereich gilt das *Hebelgesetz*, auch *Gesetz der abgewandten Hebelarme* genannt:

$$\frac{m_S}{m_\alpha} = \frac{b}{a} = \frac{c_\alpha - c_L}{c_L - c_S}$$

m_S ist die Masse der Schmelze, m_α die Masse der α-Mischkristalle, b und a sind die eingezeichneten Strecken in Abbildung 4.6.

Im Punkt 2 erhalten Sie ganz konkret:

$$\frac{m_S}{m_\alpha} = \frac{b}{a} = \frac{c_\alpha - c_L}{c_L - c_S} = \frac{40\,\% - 25\,\%}{25\,\% - 20\,\%} = \frac{15\,\%}{5\,\%} = \frac{15}{5} = \frac{3}{1}$$

Die Masse der Schmelze m_S, bezogen auf die Masse der Mischkristalle m_α beträgt 3 zu 1. Im Punkt 2 liegt also dreimal so viel Schmelze vor wie α-Mischkristalle. Oder von 4 Anteilen sind 3 Teile Schmelze und 1 Teil ist Mischkristall. Oder von 100 g Legierung sind 3 von 4 Teilen Schmelze, das sind 75 g. Und 1 von 4 Teilen sind Mischkristalle, das sind 25 g.

Vier Tipps zum Hebelgesetz:

✔ Die beiden Strecken a und b dürfen Sie in jeder gewünschten Einheit einsetzen, denn die Einheiten kürzen sich im Bruch heraus. Also in Prozent ablesen, in Millimetern auf dem Papier, in Zoll, Fuß, Ellen oder was Ihnen sonst noch einfällt.

✔ »Hebelgesetz« heißt die ganze Geschichte, weil man sich die Strecken a und b wie die Hebelarme einer Balkenwaage mit den Massen m_S und m_α an den Enden des Waagbalkens vorstellen kann.

✔ Der Ausdruck »Gesetz der abgewandten Hebelarme« trifft die Sachlage am besten, denn
  • die Strecke b ist dem Schmelzgebiet in Abbildung 4.6 abgewandt (das Schmelzgebiet ist links von Punkt 2) und
  • die Strecke a ist dem Mischkristallgebiet abgewandt (das befindet sich rechts von Punkt 2).

✔ Das Hebelgesetz funktioniert in jedem Gebiet, in dem zwei Phasen existieren. Das müssen nicht Schmelze und Kristalle sein, das geht auch mit zwei Schmelzen oder zwei Kristallarten, also in jedem Zweiphasengebiet.

All diese Dinge laufen in den Legierungen scheinbar im Verborgenen ab, normalerweise sieht, hört, schmeckt und riecht man sie nicht. Aus diesem Grunde habe ich mir überlegt, wie ich Ihnen das anschaulicher zeigen kann. Im Folgenden sehen Sie die Vorgänge bis in den atomaren Bereich vergrößert, und ich hoffe, das hilft beim Verständnis.

Bis die Atome sichtbar werden

Abbildung 4.7 stellt einen Schnitt durch **reines Kupfer** bei etwa 1030 °C dar. Das Kupfer ist noch im festen Zustand und im Lichtmikroskop (kleiner Kreis) sehen Sie Körner und Korngrenzen; bei extrem hoher Vergrößerung in einem Super-Elektronenmikroskop (großer Kreis) könnten Sie die Atome erkennen.

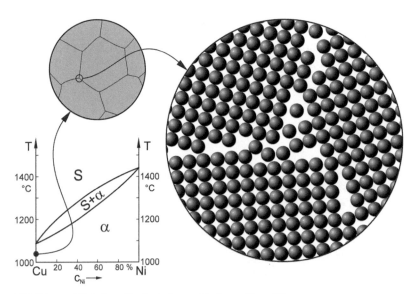

Abbildung 4.7: Reines Kupfer bei verschiedenen Vergrößerungen

Ein paar Vereinfachungen habe ich mir dabei erlaubt, damit Sie den Blick für das Wesentliche nicht verlieren:

✔ Alle Gitterfehler außer den Korngrenzen habe ich weggelassen,

✔ die Schnittfläche, die Korngrenzen und die Atome sind vereinfacht dargestellt und

✔ die Größenverhältnisse Atomdurchmesser zu Korngröße sind nicht maßstäblich.

Wie sieht nun Ihre Münzlegierung aus? Im flüssigen Zustand wie erwartet. Alle Atome entsprechend der chemischen Zusammensetzung gemischt, totales Chaos, die Atome wild durcheinander, wie es Abbildung 4.8 zeigt.

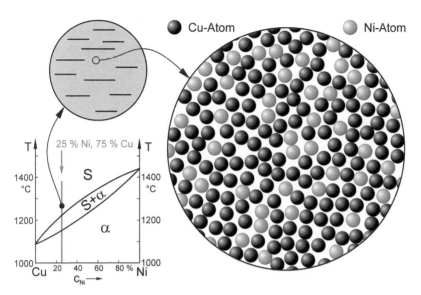

Abbildung 4.8: Die Münzlegierung im flüssigen Zustand

Bei langsamer Abkühlung wachsen die α-Mischkristalle aus der Schmelze, und jetzt wird es interessant. Abbildung 4.9 zeigt die Münzlegierung bei 1200 °C, das entspricht dem Punkt 2 in Abbildung 4.5. »Genießen« Sie diese Darstellung ein paar Minuten, das braucht seine Zeit.

Worin unterscheiden sich Schmelze und α-Mischkristalle? Zum einen natürlich dadurch, dass die Atome in der Schmelze wild durcheinander sind und in den Kristallen schön geordnet. Zum anderen dadurch, dass sie verschiedene chemische Zusammensetzung haben. Schauen Sie bitte noch mal genau hin: In den Kristallen gibt es fast gleich viele Kupfer- und Nickelatome, in der Schmelze überwiegen die Kupferatome.

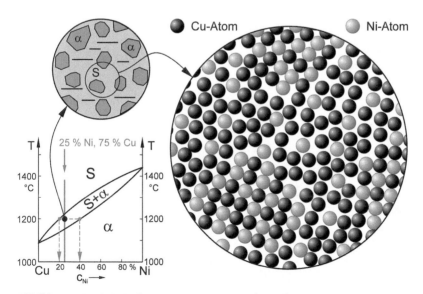

Abbildung 4.9: Die Münzlegierung im Erstarrungsbereich

Wenn dann die ganze Legierung erstarrt ist, sieht es fast wieder wie bei einem reinen Metall aus (siehe Abbildung 4.10). Der einzige Unterschied liegt darin, dass die Kristalle gemischt aus den zwei Atomsorten aufgebaut sind, Mischkristalle eben, und zwar Substitutionsmischkristalle.

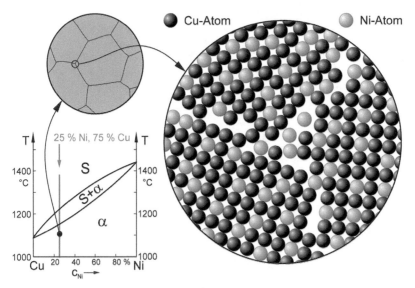

Abbildung 4.10: Die Münzlegierung im festen Zustand

Werfen Sie jetzt noch mal einen Blick auf Abbildung 4.6 und überlegen Sie, was mit Schmelze und Mischkristallen während des Erstarrens passiert. Der Schmelzanteil nimmt ab, der Kristallanteil zu. Sowohl die Schmelze als auch die Mischkristalle verändern ihre chemische Zusammensetzung, das geschieht durch Diffusion. Und da Diffusion immer eine gewisse Zeit braucht, gelten die besprochenen Vorgänge nur für langsame Abkühlung.

Kühlen Sie die Legierung schnell ab, kommt die Diffusion nicht mehr perfekt nach und die erstarrten Mischkristalle haben innen und außen verschiedene chemische Zusammensetzung. Solche Mischkristalle nennt man *Zonenmischkristalle*, die findet man häufig in Gussteilen und Schweißnähten.

Trainieren Sie die Geschichte mit Linsendiagramm und Hebelgesetz, im Übungsbuch finden Sie Aufgaben und Lösungen.

Praktische Bedeutung

Kupfer-Nickel-Legierungen haben gegenüber reinem Kupfer höhere Festigkeit bei guter Korrosionsbeständigkeit. Münzen, Rohrleitungen auf Offshore-Bohrplattformen und weitere Anwendungen resultieren daraus. Ähnliche Argumente gelten für viele andere Legierungssysteme, wobei aber meist keine lückenlose Mischkristallbildung möglich ist.

Sie haben nun die zwei Extreme kennengelernt, und da ist es naheliegend, dass es auch alle möglichen Fälle zwischen den Extremen geben muss, das ist der »Kompromiss«. Den erkläre ich Ihnen als Nächstes.

Der Kompromiss:
Völlige Löslichkeit im flüssigen,
teilweise Löslichkeit im festen Zustand

Völlige Löslichkeit im flüssigen Zustand heißt wieder, dass sich eine Metallschmelze aus einem Element A und eine zweite aus einem Element B in jedem beliebigen Mischungsverhältnis ineinander lösen lassen, das kennen Sie inzwischen.

Die *teilweise Löslichkeit im festen Zustand* bedeutet, dass sich Mischkristalle nicht mehr lückenlos, sondern nur noch in einem bestimmten Maße bilden können.

Wann tritt so etwas auf?

Völlige Löslichkeit im flüssigen und teilweise Löslichkeit im festen Zustand tritt dann auf, wenn

✔ die Atomdurchmesser der Komponenten voneinander abweichen und/oder

✔ die Komponenten verschiedene Kristallgitter aufweisen und/oder

✔ die zwei Komponenten chemisch verschieden sind.

Die zwei Komponenten sind sich weder sehr ähnlich, noch sind sie völlig verschieden, sondern irgendwo dazwischen. Sie »mögen« sich also »teilweise«. Unter diesen Bedingungen können mehrere Arten von Zustandsdiagrammen auftreten, das sogenannte *Eutektikum*, das *Peritektikum* und andere mehr. Wegen der großen praktischen Bedeutung möchte ich Ihnen im Folgenden das Eutektikum näher vorstellen.

Schön und gut

Vielleicht haben Sie sich schon gewundert, wo denn die Namen dieser Zustandsdiagramme herkommen. Der Name »Eutektikum« hat griechische sowie lateinische Wurzeln und bedeutet »das schön Gebaute« oder »gut Gebaute« und bezieht sich auf den Aufbau der Legierungen. Die Wissenschaftler waren offensichtlich ganz begeistert vom Aufbau der Eutektika, und die sind tatsächlich wunderschön. Auch der Name »Peritektikum« hat griechisch-lateinische Wurzeln und bedeutet »das darum herum Gebaute«, und so sind einige Legierungen auch wirklich in ihrem Inneren. Da ist die eine Kristallart um die andere herum gebaut.

Von Bekanntem zu Neuem

Wie kommen Sie denn von dem, das Sie schon kennen, das ist das Linsendiagramm, zum Eutektikum? Das sehen Sie anhand von Abbildung 4.11.

Links oben im Bild sehen Sie dasjenige Zustandsdiagramm, das die Natur ausbildet, wenn man zwei Komponenten miteinander legiert, die sich im flüssigen und festen Zustand völlig ineinander lösen lassen. Oder anders ausgedrückt: gleiches Kristallgitter der Komponenten, chemisch ähnlich und so gut wie gleicher Atomdurchmesser. Dann gibt's das Linsendiagramm. Das mit dem »so gut wie gleichen Atomdurchmesser« habe ich oben sehr kompakt ausgedrückt mit »At.-$\emptyset_A$ = At.-$\emptyset_B$« oder »Atomdurchmesser der Komponente A gleich Atomdurchmesser der Komponente B«.

Wie ändert sich so ein Zustandsdiagramm, wenn Sie das Kristallgitter der Komponenten sowie die chemische Ähnlichkeit unverändert lassen und nur die Atomdurchmesser von A und B etwas unterschiedlich wählen, zum Beispiel 11 % Unterschied? Das Ergebnis (At.-$\emptyset_A$ ≈ At.-$\emptyset_B$) sehen Sie rechts oben in Abbildung 4.11. Aus der einfachen Linse ist eine doppelte Linse geworden, und unten im Gebiet der α-Mischkristalle ist eine sogenannte *Löslichkeitslücke* entstanden. In der Löslichkeitslücke können die zwei Komponenten keine lückenlose Reihe von Mischkristallen mehr bilden, und zwei Arten von Mischkristallen liegen vor: α_1 und α_2. Die beiden Arten von Mischkristallen haben genau das gleiche Kristallgitter. Worin sie sich unterscheiden, ist nur die chemische Zusammensetzung: α_1 ist A-reich, α_2 ist B-reich.

Übrigens: Meistens redet man im deutschen Sprachgebrauch von *Mischungslücke* und nicht von Löslichkeitslücke. Mir persönlich gefällt der Ausdruck Mischungslücke aber nicht so gut, da man ja alles mit allem **mischen** kann. Ob sich das aber **löst**, ist eine andere Frage. Auch im Englischen heißt es korrekt »solubility gap«, also Löslichkeitslücke.

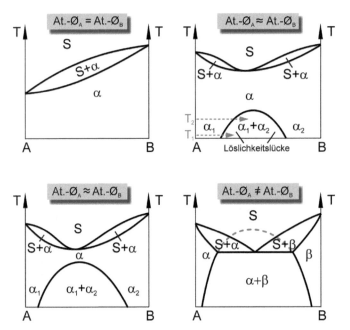

Abbildung 4.11: Vom Linsendiagramm zum Eutektikum

Warum macht die Natur das? Wenn die Atomdurchmesser etwas unterschiedlich sind, geht das mit dem Substituieren der einen Atomsorte durch die andere nicht mehr so einfach. Da zwickt und zwackt es im Kristallgitter umso mehr, je mehr Atome substituiert werden. Und ab einer gewissen Grenze ist einfach Schluss, mehr Substitutionsatome verträgt der Kristall nicht. Oder wissenschaftlicher ausgedrückt: Mehr Atome kann der Kristall nicht *lösen*.

Die Löslichkeit der Atomsorte B in einem Kristall aus A-Atomen können Sie rechts oben in Abbildung 4.11 ablesen. Schauen Sie bitte auf den unteren grauen gestrichelten Pfeil bei der Temperatur T_1. Lösen klappt so weit, bis Sie die bogenförmige Linie der Löslichkeitslücke erreichen. Versuchen Sie mehr zu lösen (graue Pfeilspitze), bleibt Ihnen etwas von B übrig, und zwar in Form eines B-reichen Mischkristalls α_2. Mehr lösen können Sie bei der höheren Temperatur T_2, da die Atome bei höherer Temperatur stärker schwingen und einen größeren Abstand voneinander einnehmen. Und ist die Temperatur noch wesentlich höher, klappt wieder die lückenlose Löslichkeit.

Kaffeepause

Brummt Ihnen jetzt der Kopf vor lauter Mischkristallen, Löslichkeiten, A- und B-Atomen? Machen Sie eine Pause und gönnen Sie sich ein Tässchen Kaffee oder Tee. Gleich sieht die Welt wieder besser aus, und Sie sind fit für ein kleines Gedankenexperiment.

Während die herrlich duftende Tasse Kaffee vor Ihnen steht, stellen Sie sich eine weitere kleine Tasse Kaffee vor, so etwa mit 65 °C. Wenn Sie in die selbige einen Kaffeelöffel Zucker schütten und umrühren, löst sich der Zucker im Kaffee. Auch ein zweiter Löffel Zucker löst sich, ein dritter ... und vielleicht gerade noch ein zwanzigster. Der 21. Löffel Zucker bleibt ungelöst und als Bodensatz übrig, weil Sie inzwischen die maximale Löslichkeit von Zucker in Kaffee erreicht haben. So ist es auch mit den B-Atomen, die Sie in den Kristallen aus A-Atomen lösen.

Wollen Sie mehr als 20 Löffel Zucker im Kaffee lösen, müssen Sie Ihren Kaffee weiter erwärmen, sagen wir auf 80 °C. Dann können Sie vielleicht 25 Löffel Zucker drin lösen. Auch bei der Legierung passt dann mehr von B in A rein. Bloß das mit der durchgehenden Löslichkeit klappt bei Kaffee und Zucker nicht so recht, da kommt mein Beispiel an seine Grenzen.

Wird der Unterschied im Atomdurchmesser noch etwas größer und beträgt etwa 13 %, ist es noch schwieriger, die zwei Komponenten ineinander zu lösen, und die Löslichkeitslücke wird breiter und höher, wie links unten in Abbildung 4.11 dargestellt.

Wenn Sie die Atomdurchmesser nochmals unterschiedlicher wählen (At.-$\varnothing_A$ ≠ At.-$\varnothing_B$), wird die Löslichkeitslücke so groß, dass sie bis in den Schmelzbereich hineinragt, und mit einem Schlag entsteht ein neues Zustandsdiagramm, das man *Eutektikum* nennt, rechts unten in Abbildung 4.11 dargestellt. Den nicht mehr realen, also nicht mehr vorhandenen Teil der Löslichkeitslücke sehen Sie grau gestrichelt. Weil das Gebiet mit den α-Mischkristallen nicht mehr zusammenhängt, sondern getrennt ist,

✔ nennt man die A-reichen Mischkristalle nicht mehr α_1, sondern nur noch α, und

✔ die B-reichen Mischkristalle nicht mehr α_2, sondern β.

Wieder ein konkretes Zustandsdiagramm als Beispiel

Ein schönes Beispiel für ein typisches Eutektikum ist das Legierungssystem Silber-Kupfer (siehe Abbildung 4.12). Auch hier habe ich ein bisschen vereinfacht. Schauen Sie sich dieses Zustandsdiagramm zuerst ausführlich an. Links die Komponente A, das ist das reine Silber, mit Ag (nach dem griechischen »argyros« und lateinischen »argentum«) bezeichnet. Rechts die Komponente B, hier reines Kupfer. Im Zustandsdiagramm sind das Gebiet der Schmelze, die zwei Linsenäste und die große Löslichkeitslücke zu erkennen. Oder zumindest das, was von der Löslichkeitslücke noch übrig ist, die *Löslichkeitslinien*. Auffällig ist natürlich die exakt horizontale Gerade, die nennt man *Eutektikale*.

Die eutektische Legierung

Am besten lernen Sie dieses Zustandsdiagramm kennen, wenn Sie sich konkrete Legierungen vorknöpfen. Fangen Sie mit der interessantesten an, das ist die eutektische Legierung mit 30 % Kupfer, Rest Silber. Also flugs herstellen: 30 g Kupfer und 70 g Silber in einen Schmelz-tiegel, erwärmen auf 1100 °C, umrühren, die Schmelzen lösen sich perfekt ineinander (wegen der völligen Löslichkeit im flüssigen Zustand).

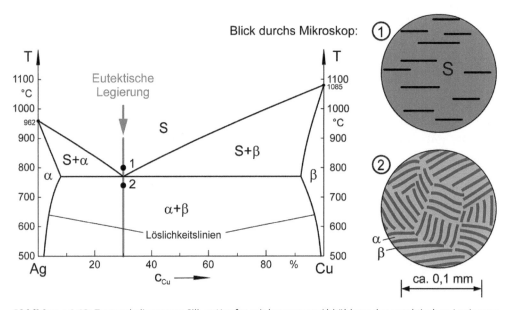

Abbildung 4.12: Zustandsdiagramm Silber-Kupfer mit langsamer Abkühlung der eutektischen Legierung

Was passiert, wenn Sie Ihre eutektische Legierung nun schön langsam abkühlen lassen und dabei mit einem Mikroskop beobachten? Erst einmal nichts, und selbst bei knapp 800 °C im Punkt 1 in Abbildung 4.12 liegt noch 100 % Schmelze vor. Das ist schon verrückt, denn die Temperatur liegt hier doch deutlich unter den Schmelzpunkten von Silber (962 °C) und Kupfer (1085 °C). Ein solches Phänomen nennen vor allem die Chemiker *Schmelzpunktserniedrigung*.

Sinkt die Temperatur weiter langsam ab, dann erstarrt die eutektische Legierung bei 780 °C; sie hat einen Schmelz**punkt**. Wie aber läuft das Erstarren ab? Sie erinnern sich: Wir haben völlige Löslichkeit im flüssigen Zustand und teilweise Löslichkeit im festen Zustand. Und das heißt, dass Ihre Legierung nicht zu **einer einzigen** Mischkristallart erstarren kann, denn das erfordert völlige Löslichkeit im festen Zustand, und die kann hier nicht auftreten, da Silber- und Kupferatome zu unterschiedlich sind im Atomdurchmesser. Was macht jetzt Ihre »arme« Legierung? Es bleibt ihr nichts anderes übrig, als **zwei verschiedene** Kristallarten **gleichzeitig** zu bilden:

✔ Silberkristalle, die noch etwas Kupfer gelöst haben, das sind die α-Mischkristalle, und

✔ Kupferkristalle, die noch etwas Silber gelöst haben, das sind die β-Mischkristalle.

Die beiden Kristallarten α und β wachsen als Front gleichzeitig aus der Schmelze, meistens in der Form geschichteter dünner blattartiger Kristalle, die man häufig *Lamellen* nennt. Zeichnerisch habe ich das mit den dünnen hell- und dunkelgrauen Streifen im Punkt 2 in Abbildung 4.12 dargestellt. Bei der weiteren Abkühlung auf Raumtemperatur ereignet sich nicht mehr allzu viel, und das, was Sie in Punkt 2 sehen, liegt leicht verändert auch bei Raumtemperatur vor.

Aufschmelzen bei konstanter Temperatur

Stellen Sie sich vor, Sie nehmen einen kleinen Klotz Kupfer, sagen wir mit 30 g Masse, und einen Klotz Silber mit 70 g Masse. Stellen Sie sich weiter vor, dass Sie jetzt beide Klötze nebeneinander in einen hitzebeständigen Keramiktiegel legen, ohne dass sie sich berühren. Nun erwärmen Sie alles auf 800 °C. Was passiert? Nichts, beide Metalle sind unterhalb ihres Schmelzpunkts und bleiben im festen Zustand. Da können Sie eine Stunde warten, einen Tag oder zehn Jahre.

Wenn sich aber (bei den 800 °C) die beiden Klötze irgendwo berühren, bildet sich durch Diffusion am Berührpunkt eine Legierung, die bei 800 °C flüssig ist, und nach gar nicht mal so langer Zeit sind beide Klötze aufgeschmolzen, alles ist flüssig.

Das kennen Sie sogar aus dem Alltag. Das Thermometer zeigt –5 °C, am Boden ist Eis. Ein wenig Kochsalz drauf, es bildet sich an den Berührpunkten eine »Legierung«, die flüssig ist. So macht das die Straßenmeisterei bei Glatteis im Winter.

Eine übereutektische Legierung

Da Sie jetzt schon so schön in Schwung sind, gleich noch eine zweite Legierung, und zwar mit 67 % Kupfer und 33 % Silber. Weil diese Legierung im Kupfergehalt **über** der eutektischen liegt, nenn man sie *übereutektisch*. Von der Kupferseite aus betrachtet wäre sie übrigens untereutektisch. Sie sehen, manches ist auch eine Frage des Standpunkts.

Also Legierung herstellen, aufschmelzen und mit dem Mikroskop beobachten, was sich so alles ereignet, wenn man sie aus der Schmelze langsam abkühlt (siehe Abbildung 4.13).

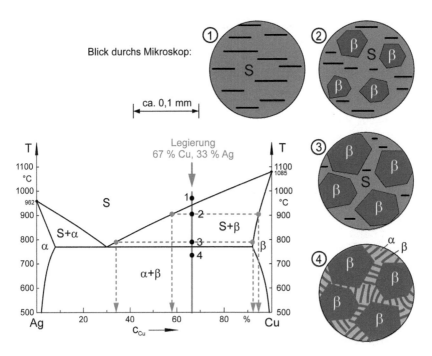

Abbildung 4.13: Zustandsdiagramm Silber-Kupfer mit langsamer Abkühlung einer übereutektischen Legierung

✔ Im **Punkt 1**, also bei knapp 1000 °C, ist noch alles flüssig. Bei etwas tieferer Temperatur beginnen kupferreiche Mischkristalle, das sind die β-Mischkristalle, zu wachsen.

✔ Im **Punkt 2** haben die β-Mischkristalle noch wenig Anteil, was Sie prima mit dem Hebelgesetz prüfen können.

✔ Mit weiterer Abkühlung wachsen die β-Mischkristalle, bis sie im **Punkt 3** schon mehr Anteil als die Schmelze erreicht haben. Und wenn Sie den grau gestrichelten Linien im Punkt 3 folgen, sehen Sie, dass die Schmelze ziemlich silberreich geworden ist und fast schon die eutektische Zusammensetzung von 30 % Kupfer und 70 % Silber erreicht hat.

✔ Sinkt die Temperatur noch ein bisschen ab, wachsen die β-Mischkristalle zuerst noch etwas und die Schmelze erreicht die eutektische Zusammensetzung. Danach erstarrt die Schmelze ganz genauso wie die eutektische Legierung in das feinlamellare Gemenge aus α und β. Im **Punkt 4** können Sie die großen dunkelgrauen β-Mischkristalle erkennen, die vom eutektischen Kristallgemisch umgeben sind. Bei Raumtemperatur sieht Ihre Legierung dann fast wie in Punkt 4 aus.

Wie viele und welche Phasen liegen im Punkt 4 vor? Es sind nur zwei, nämlich α und β. α kommt nur im eutektischen Gemenge vor, β sowohl im eutektischen Gemenge als auch in Form der großen β-Mischkristalle. Damit die ganze Geschichte noch anschaulicher wird, habe ich im Folgenden wieder eine Reihe von Abbildungen bei so hoher Vergrößerung zusammengestellt, dass die Atome sichtbar werden. Alles vereinfacht und ein wenig übertrieben.

Bis die Atome sichtbar werden

Im flüssigen Zustand sind alle Atome wirr durcheinander, das sehen Sie in Abbildung 4.14.

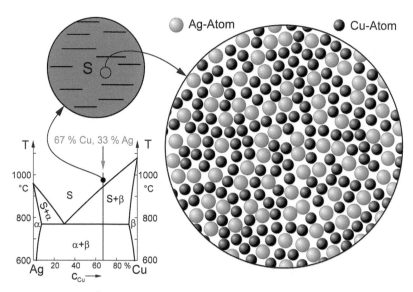

Abbildung 4.14: Übereutektische Silber-Kupfer-Legierung im flüssigen Zustand

Im Erstarrungsbereich sind wunderschöne β-Mischkristalle gewachsen, die sind in Wirklichkeit viel schöner, als ich das in Abbildung 4.15 gezeichnet habe. Die β-Mischkristalle sind sehr kupferreich und haben einige Silberatome gelöst, ganz entsprechend der chemischen Zusammensetzung im Zustandsdiagramm (rechter grau gestrichelter Pfeil nach unten). Die Schmelze hat fast die eutektische Zusammensetzung erreicht (linker grau gestrichelter Pfeil nach unten).

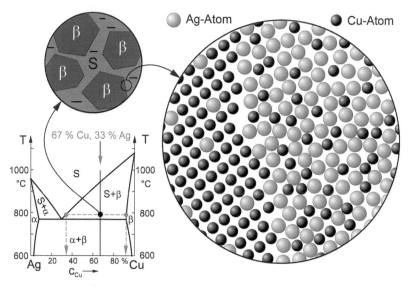

Abbildung 4.15: Übereutektische Silber-Kupfer-Legierung im Erstarrungsbereich

So, und wenn dann die ganze Legierung erstarrt ist, liegen große β-Mischkristalle vor und zusätzlich noch das eutektische Kristallgemenge aus α und β. Die α-Mischkristalle sind sehr silberreich mit einigen gelösten Kupferatomen, wie in Abbildung 4.16 dargestellt. Sie sehen, dass die großen β-Mischkristalle und die lamellenartigen β-Mischkristalle im eutektischen Gemenge genau gleich sind.

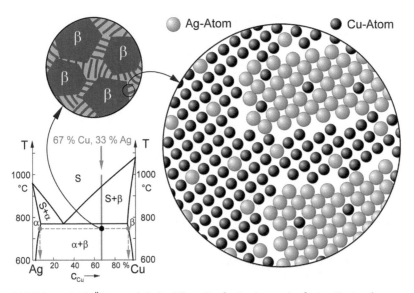

Abbildung 4.16: Übereutektische Silber-Kupfer-Legierung im festen Zustand

Wie es weitergeht

Was wird sich wohl weiter ereignen, wenn der Unterschied im Atomdurchmesser zwischen den zwei Komponenten immer größer wird? Dann müsste doch, ganz infolge der Überlegungen bei Abbildung 4.11, die Löslichkeit von A in B und umgekehrt immer kleiner werden. Und die Löslichkeitslücke würde noch größer und breiter sein. Die Folgen sehen Sie in Abbildung 4.17.

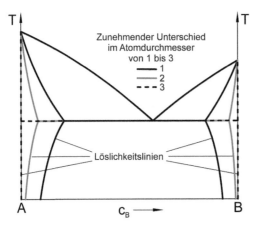

Abbildung 4.17: Eutektikum mit unterschiedlichen Löslichkeiten im festen Zustand

Was von der Löslichkeitslücke noch übrig ist, das sind ja die Löslichkeitslinien. Und die rücken vom Zustand 1 nach 2 nach 3 immer weiter nach außen, bis sie fast die Temperaturachse erreichen. Obwohl es zeichnerisch in Abbildung 4.17 so aussieht, als ob die Löslichkeitslinien im Zustand 3 genau auf der Temperaturachse liegen, können sie sich der Temperaturachse nur annähern, sie aber nie ganz erreichen.

Die Faszination und Anwendung der eutektischen Legierungen

Bei allen eutektischen Legierungssystemen haben die Legierungen niedrigere Schmelzpunkte und Schmelzbereiche als die reinen Komponenten. Eutektische Legierungen lassen sich relativ leicht schmelzen sowie gießen. Sie eignen sich recht gut als Gusswerkstoffe (Werkstoffe, die man vergießt) und Lotwerkstoffe (Werkstoffe, mit denen man lötet).

Eutektika gibt es auch mit mehr als zwei Komponenten, und dabei treten besonders niedrige Schmelzpunkte auf. Ein faszinierendes Beispiel ist die woodsche Legierung, die aus 50 % Bismut, 25 % Blei, 12,5 % Cadmium und 12,5 % Zinn besteht und bei etwa 70 °C schmilzt. Diese Legierung können Sie im Wasserbad schmelzen!

Mut zur Lücke

Jetzt könnte, sollte und müsste ich Ihnen noch viel über weitere Legierungssysteme und andere Stoffsysteme erzählen, über Kombinationen von Legierungssystemen, über intermetallische Verbindungen, den Einfluss der Abkühlgeschwindigkeit, des Drucks und anderes mehr. Das aber sprengt den Rahmen dieses Buches. Nicht weglassen möchte ich aber einen Blick auf wichtige, in der Praxis oft angewandte Zustandsdiagramme.

Die Praxis: Beispiele von Zustandsdiagrammen

Das Zustandsdiagramm Zinn-Blei (Sn stammt von »stannum«, lateinisch für Zinn) sehen Sie links in Abbildung 4.18. Kundig, wie Sie jetzt sind, haben Sie sicher erkannt, dass es sich um ein eutektisches Legierungssystem handelt: die horizontale Linie (die Eutektikale), die v-förmige Liquiduslinie, die Löslichkeitslinien, alles vorhanden.

Zinn-Blei-Legierungen werden hauptsächlich für Weichlote und Gleitlagerbeschichtungen angewandt. Das klassische Elektroniklot ist eutektisch zusammengesetzt und hat seinen Schmelz**punkt** bei 183 °C, das ist ideal im Elektronikbereich. Im Gegensatz dazu haben die typischen Blechnerlote einen Schmelz**bereich**, der ist ideal beim Löten von Blechen. Da muss oft ein Spalt überbrückt werden, und das geht perfekt im breiigen Zustand.

Wenn Sie einmal die Gelegenheit haben, diese beiden Lotarten im Vergleich zu testen, werden Sie die Unterschiede deutlich spüren. Da Blei in der Umwelt schädlich ist, versucht man von bleihaltigen Weichloten wegzukommen, aber das ist ein ganz anderes Thema.

Vermutlich haben Sie schon davon gehört, dass viele Motorenbauteile, wie Zylinderkopf und Zylinderblock, häufig aus Aluminiumwerkstoffen gegossen werden. Dabei handelt es sich aber nie um reines Aluminium, sondern meist um Aluminium-Silizium-Legierungen. Abbildung 4.18 zeigt rechts das zugehörige Zustandsdiagramm. Es ist wieder ein Eutektikum, wobei die Löslichkeitslinie des Siliziums praktisch mit der Temperaturachse zusammenfällt.

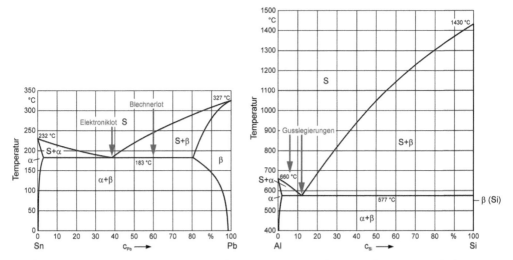

Abbildung 4.18: Zustandsdiagramme Zinn-Blei und Aluminium-Silizium (nach Hansen/Anderko)

Die »klassische« Aluminium-Silizium-Gusslegierung ist eutektisch zusammengesetzt und enthält 12 % Silizium. Möchte man etwas härtere und verschleißbeständigere Legierungen haben, erhöht man den Siliziumgehalt auf über 12 %. Dann enthält die Legierung nämlich mehr von den harten β-Siliziumkristallen, die helfen gegen Verschleiß. Und träumt man von eher weicheren, dafür zäheren und nicht so rissempfindlichen Legierungen, dann geht man unter 12 %. Eine feine Möglichkeit, an den Eigenschaften zu »drehen«.

So, jetzt bitte nicht erschrecken, es wird komplizierter.

Die Grundlage für die rostbeständigen Stähle bilden die Zustandsdiagramme Eisen-Chrom und Eisen-Nickel (siehe Abbildung 4.19). Viele rostbeständige Stähle haben Chromgehalte zwischen 12 und 18 %, manche noch mehr. Oft kommen noch andere Legierungselemente wie Nickel dazu, und wie man damit umgeht, lesen Sie in Kapitel 15.

Eine reine Eisen-Nickel-Legierung mit 36 % Nickel ist noch bemerkenswert: Sie hat extrem niedrige Wärmeausdehnung. Genaueres zur Wärmeausdehnung von Werkstoffen finden Sie in Kapitel 2.

Als krönenden Abschluss lege ich noch etwas zu. Abbildung 4.20 zeigt links das Legierungssystem Kupfer-Zink, das sind die Messingsorten. Mit niedrigen Zinkgehalten bis etwa 37 %

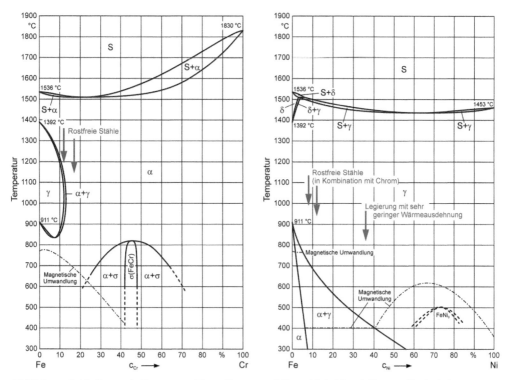

Abbildung 4.19: Zustandsdiagramme Eisen-Chrom und Eisen-Nickel (nach Hansen/Anderko)

sind diese Legierungen recht zäh und gut plastisch formbar. Etwas höhere Zinkgehalte führen zu zweiphasigen Messingsorten, die leicht spanbar sind. Hier habe ich einen Teil der Beschriftung weggelassen, sonst wär's gar zu viel.

Und ganz wild wird es bei den Kupfer-Zinn-Legierungen, das sind die Zinnbronzen, rechts in Abbildung 4.20. So ziemlich der älteste metallische Werkstoff der Menschheit, die Bronze-

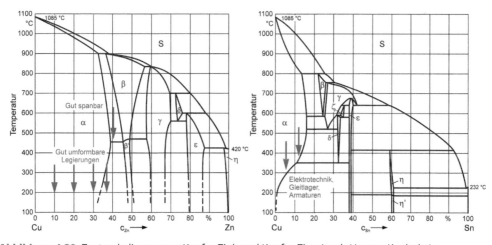

Abbildung 4.20: Zustandsdiagramme Kupfer-Zink und Kupfer-Zinn (nach Hansen/Anderko)

zeit ist danach benannt, und doch so kompliziert. Zinnbronzen bewähren sich für Gleitlager, in der Elektrotechnik und natürlich bei Glocken.

Geschafft, jedenfalls das Kapitel 4. So ganz entlasten möchte ich Sie aber noch nicht: Richtig warm werden Sie nämlich erst mit den Zustandsdiagrammen, wenn Sie einige Aufgaben dazu rechnen. Im Übungsbuch wartet etwas auf Sie.

Ausblick

Wenn Sie mir bis hierher gefolgt sind, brummt Ihnen wahrscheinlich der Kopf. Diese vielen Legierungen ... Und dann gibt es ja noch drei-, vier-, fünf- und x-komponentige Legierungen. Milliarden und Abermilliarden von denkbaren Kombinationen und Zusammensetzungen sind möglich, im Grunde unendlich viele. Dabei habe ich vom Einfluss hoher Drücke noch gar nicht geredet. Dass da noch lange nicht alles erforscht ist, versteht sich von selbst. Bestimmt gibt es noch die eine oder andere Überraschung in den nächsten Jahrzehnten.

Ein wohlbekanntes Legierungssystem fehlt aber noch, vielleicht haben Sie es schon vermisst: die Eisen-Kohlenstoff-Legierungen, auf ihnen basieren die Stähle und Gusseisensorten. Das sind die Arbeitspferde in unserer Welt, super wichtig, die haben ein extra Kapitel verdient. Und von wegen »altes Eisen«: Auch da ist noch viel Musik drin.

IN DIESEM KAPITEL

Warum es schon das reine Eisen in sich hat

Dass es vom Legierungssystem
Eisen-Kohlenstoff sogar zwei Varianten gibt

Wie das stabile und das metastabile Legierungssystem Eisen-Kohlenstoff aufgebaut sind

Kapitel 5

Legierungssystem Eisen-Kohlenstoff, Basis für alle Eisenwerkstoffe

D as wichtigste binäre (also zweikomponentige) Legierungssystem ist sicherlich das System Eisen-Kohlenstoff. Erst mithilfe des zugehörigen Eisen-Kohlenstoff-Zustandsdiagramms können Sie die konkreten, in der Praxis angewandten Stähle sowie Gusseisensorten und die Wärmebehandlungen verstehen. Falls Sie noch wenig oder keine Erfahrungen mit Zustandsdiagrammen gesammelt haben, empfehle ich Ihnen, zunächst das vorangegangene Kapitel zu lesen, dann sind Sie gut gerüstet.

Mit den Besonderheiten des reinen Eisens werde ich beginnen und Ihnen dann die Möglichkeiten erklären, Kohlenstoff in Eisen zu lösen. Im Hauptteil geht es natürlich um das Eisen-Kohlenstoff-Zustandsdiagramm, von dem es gleich zwei Varianten gibt. Aber eins nach dem anderen.

Erst einmal reines Eisen

Eisen ist schon ein besonderes metallisches Element. Nicht umsonst wird es viel verwendet:

✔ Es kommt in **ausreichender Menge** auf der Erde vor, zwar nur als Verbindung, aber die lässt sich leicht zum Metall umwandeln.

✔ Es hat einen **relativ hohen Schmelzpunkt** von 1536 °C, und der liegt gar nicht einmal so schlecht: nicht allzu hoch, sonst wäre das Eisen schwer zu verarbeiten, und nicht zu niedrig, sonst taugte es zu wenig bei angehobenen Temperaturen.

✔ Es ist **magnetisch** (genauer: ferromagnetisch), das gibt es nicht so häufig unter den reinen Metallen, nur Nickel und Kobalt sind auch ferromagnetisch bei Raumtemperatur.

✔ Es **rostet** zwar fröhlich, aber mit geeigneten Legierungselementen erhält man prima rostfreie Stähle.

✔ Hier könnte ich bestimmt noch zwanzig weitere Eigenschaften aufzählen, das würde aber den Blick auf das Wichtigste verstellen, und das kommt zuletzt:

✔ Es zeigt die sogenannte **Polymorphie**, und zwar so ziemlich genau in der Art und Weise, wie man sie hervorragend nutzen kann.

Gerade diese Polymorphie, die ich schon in Kapitel 1 erläutert habe, möchte ich Ihnen noch einmal kurz erklären, sie hat absolut fantastische Auswirkungen auf die Stähle. Ohne die Polymorphie des Eisens könnte man Stähle nicht härten und viele Stahl- und Gusseisensorten gäb's auch nicht. Und sie beeinflusst das Eisen-Kohlenstoff-Zustandsdiagramm ganz erheblich. Also:

✔ Reines Eisen ist im festen Zustand ja kristallin aufgebaut und hat vom absoluten Nullpunkt bis zu 911 °C kubisch-raumzentrierte (krz) Kristallstruktur, wie es Abbildung 5.1 zeigt. In dieser Form nennt man es α-Eisen oder *Ferrit*.

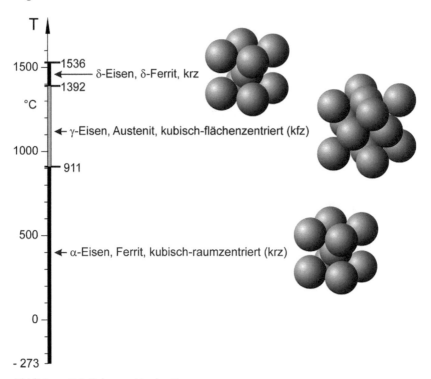

Abbildung 5.1: Polymorphie des Eisens

✔ Erwärmen Sie Eisen, so wandelt es sich bei 911 °C um in die kubisch-flächenzentrierte (kfz) Kristallstruktur, die man γ-Eisen oder *Austenit* nennt. Diese Struktur behält Eisen bis 1392 °C.

✔ Bei 1392 °C wandelt es sich wieder in die kubisch-raumzentrierte Struktur zurück, die es dann bis zu seinem Schmelzpunkt von 1536 °C beibehält. In dieser Form heißt es δ-Eisen oder *δ-Ferrit*.

Bei abnehmender Temperatur läuft übrigens alles umgekehrt ab. Noch mehr zum Thema Kristalle und Polymorphie finden Sie in Kapitel 1.

So weit, so gut, das ist reines Eisen. Aber wie sieht das denn aus, wenn Kohlenstoff zum Eisen dazulegiert wird?

So kommt die Kohle ins Eisen

Kohlenstoffatome sind viel kleiner als die Eisenatome, und auch vom chemischen Charakter her sind die beiden verschieden. Infolgedessen können Kohlenstoffatome die Eisenatome nicht substituieren (ersetzen), also an ihrer Stelle im Kristallgitter eingebaut werden. Die Kohlenstoffatome »sitzen« vielmehr als *Zwischengitteratome (Einlagerungsatome)* in passenden Lücken des Eisenkristallgitters und bilden *Einlagerungsmischkristalle*. Wo sind denn passende Lücken vorhanden?

Schauen Sie sich die beiden Kristallgitter des Eisens, das krz- und das kfz-Gitter, etwas näher an. In Abbildung 5.2 habe ich die Kristallgitter als sogenannte Kugelmodelle dargestellt. Dabei nimmt man an, dass die Atome starre, massive Kugeln seien. Obwohl Atome aber weder starr noch genau kugelförmig sind, hilft diese Annahme für viele Überlegungen.

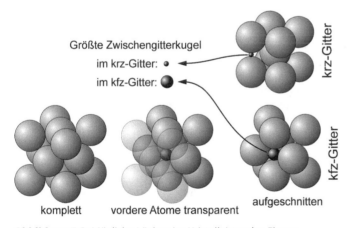

Abbildung 5.2: Mögliche Lücken im Kristallgitter des Eisens

Die Lücken im krz-Gitter

Im krz-Gitter berühren sich die (starr und kugelig gedachten) Atome über die Raumdiagonale der Elementarzelle. Zwischen den Eckatomen bleibt dann ein bisschen Abstand. Wenn Sie

Freude an Geometrie haben, dann berechnen Sie diesen Abstand einmal auf eigene Faust, es ist nicht schwierig. Die ausführliche Lösung finden Sie im Übungsbuch. Und was Sie schon an Abbildung 5.2 erkennen können, wird dann zur Gewissheit: Es ist nur wenig Platz zwischen den Atomen im krz-Gitter vorhanden, es geht eng zu. Oder anders ausgedrückt: Diejenige Kugel, die gerade noch zwischen den Eckatomen Platz findet, ist sehr klein.

Aber halt, hat es ein bisschen weiter rechts nebendran nicht deutlich mehr Platz? Da passen die Kohlenstoffatome doch besser rein. Mehr Platz hat es da schon, nur mögen tun die Kohlenstoffatome diesen Platz einfach nicht. Der behagt ihnen irgendwie nicht, sie sitzen lieber zwischen den Eckatomen. Das liegt zum einen daran, dass die Kohlenstoffatome zwar klein sind, aber nicht gar so klein, dass sie in eine solch kleine Lücke perfekt reinpassen. Sie verzerren also das Kristallgitter erheblich, und in der eingezeichneten Lage können sie die beiden Eckatome relativ leicht nach oben und unten drücken. Und zum anderen sind die Atome halt nicht so starr und kugelförmig, Individuen eben. Charaktervoll. Und mögen nicht »irgendeinen« Platz.

Die Lücken im kfz-Gitter

Obwohl das kfz-Gitter dichter gepackt ist als das krz-Gitter, sind die zur Verfügung stehenden Lücken größer, dafür aber nicht so zahlreich. Eine Lücke ist in der Mitte der Elementarzelle vorhanden. Um sie sichtbar zu machen, habe ich die Elementarzelle links unten in Abbildung 5.2 zunächst komplett dargestellt, dann daneben die vorderen Atome erst transparent gestaltet und unten rechts schließlich ganz entfernt. Aber selbst in diese Lücke passt ein Kohlenstoffatom nicht perfekt rein und verzerrt auch dieses Gitter.

Und das sind die Folgen

Klein sind sie, die Kohlenstoffatome. Aber die Gitterlücken im Eisen sind noch kleiner, und deshalb verzerrt jedes Kohlenstoffatom das Kristallgitter um sich herum.

Besonders stark ist die Verzerrung im krz-Gitter, also im Ferrit, weil dort die Gitterlücken besonders klein sind. Und wegen dieser starken Verzerrung können die nächsten Kohlenstoffatome erst wieder in recht großem Abstand eingelagert werden. Mit anderen Worten: Es passt nicht viel Kohlenstoff ins krz-Gitter. Und jetzt wissenschaftlich: Es lässt sich nicht viel Kohlenstoff im Ferrit *lösen*. Maximal 0,02 % bei etwa 730 °C, bei tieferer Temperatur noch viel weniger.

Im kfz-Gitter, also im Austenit, sind die Lücken größer, die Verzerrungen deshalb geringer, die nächsten Kohlenstoffatome können schon in kürzeren Abständen eingelagert werden, die Löslichkeit ist höher als im krz-Gitter. Austenit löst bis zu etwa 2 % Kohlenstoff bei 1150 °C. Das ist schon ganz erheblich.

Es lohnt sich, folgenden einfachen Grundsatz im Gedächtnis zu behalten, er hat ganz fundamentale Auswirkungen:

Ferrit kann wegen der kleinen Gitterlücken nur sehr wenig Kohlenstoff lösen, fast gar nichts. Austenit kann Kohlenstoff wegen der größeren Gitterlücken recht gut lösen.

Genug der Vorrede, es geht ans Eingemachte.

Und jetzt das berühmte Eisen-Kohlenstoff-Zustandsdiagramm

Zwei gute und zwei schlechte Nachrichten an dieser Stelle. Ich fange mal mit den schlechten an, dann haben wir die hinter uns:

✔ Das Eisen-Kohlenstoff-Zustandsdiagramm ist kein einfaches, sondern ein etwas komplizierteres Diagramm, das aus mehreren Grundsystemen zusammengesetzt ist.

✔ Zu allem Überfluss gibt es das auch noch in zwei Varianten, dem stabilen und dem metastabilen System.

Und jetzt die guten Nachrichten:

✔ Das stabile und das metastabile System sind sich recht ähnlich.

✔ Sie packen das, nur Mut!

Stabiles Legierungssystem

Wenn wir das Wort »stabil« im Alltag verwenden, meinen wir so etwas wie solide, belastbar, haltbar, langlebig. In der Wissenschaft (und da ganz besonders in der sogenannten Thermodynamik) wird der Begriff ein wenig anders und vor allem genauer definiert. Mit »stabil« bezeichnet man etwas, das sich im Laufe der Zeit nicht mehr ändert und auch nach unendlich langer Zeit noch so vorhanden wäre, zum Beispiel ein Pendel in seiner unteren Ruhelage. Wenn man das Pendel ein bisschen aus der unteren Ruhelage entfernt, dann kehrt es von allein wieder in die untere Ruhelage zurück. Und das ist immer der **energetisch niedrigste Zustand**.

In diesem Sinne ist das stabile Legierungssystem Eisen-Kohlenstoff ganz einfach dasjenige, das den energetisch niedrigsten Zustand hat. In dem fühlen sich die Eisen-Kohlenstoff-Legierungen am wohlsten, das ist der Zustand, den sie anstreben. So, wie auch wir Menschen denjenigen Zustand anstreben, in dem wir uns am wohlsten fühlen.

Wie sieht nun dieser wohlige, energetisch niedrigste Zustand aus? Er zeigt sich im Eisen-Kohlenstoff-Zustandsdiagramm. Das Diagramm wird wie üblich angelegt: links die eine Komponente, rechts die andere Komponente.

Die Übersicht

Mit der »wichtigeren«, häufiger vorkommenden Komponente, dem Eisen Fe, beginnen Sie ganz links im Diagramm (siehe Abbildung 5.3), so wie Sie auch beim Schreiben links loslegen. Nach rechts zunehmender Kohlenstoffgehalt c_C bis zum reinen Kohlenstoff C, in der Form Grafit. Nach oben die Temperatur.

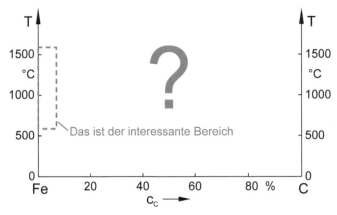

Abbildung 5.3: Zustandsdiagramm Eisen-Kohlenstoff, vorbereitet

In das Diagramm selbst trägt man diejenigen Phasen ein, die je nach Kohlenstoffgehalt und Temperatur vorliegen. Sie erinnern sich:

Unter *Phase* versteht man einen chemisch und physikalisch gleichartigen und homogenen Bestandteil einer Legierung, oder von Materie ganz allgemein.

Und hier, im stabilen Legierungssystem Eisen-Kohlenstoff, sind es diejenigen Phasen, die den energetisch niedrigsten Zustand haben, vorerst mit dem grauen Fragezeichen angedeutet.

Der attraktive Ausschnitt

In unserer heutigen Technik ist aber nicht der gesamte Konzentrations- und Temperaturbereich interessant, sondern der grau gestrichelte Ausschnitt in Abbildung 5.3. Meint man zumindest derzeit, wenn man von den reinen Kohlewerkstoffen absieht, die absolut fantastische Eigenschaften haben, aber natürlich nicht den Eisen-Kohlenstoff-Legierungen zugeordnet werden.

Wenn Sie nun diesen Ausschnitt nehmen und vergrößert darstellen, erhalten Sie Abbildung 5.4. Jetzt aber der Reihe nach.

Werfen Sie zunächst einen Blick auf die Temperaturskala. Sie reicht von 600 bis 1600 °C, das ist der interessanteste Bereich, da tut sich am meisten. Darüber gibt es die Schmelze und irgendwann verdampfen natürlich die Legierungen. Unter 600 °C ereignet sich nichts Wesentliches mehr.

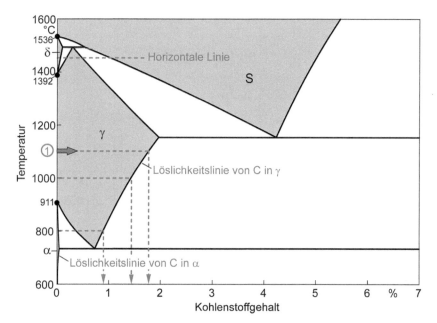

Abbildung 5.4: Zustandsdiagramm Eisen-Kohlenstoff, stabiles System, noch unvollständig beschriftet

Das ganz Besondere des reinen Eisens, die Polymorphie mit den Umwandlungen, können Sie anhand der schwarzen Punkte bei 911 und 1392 °C erkennen. Auch der Schmelzpunkt bei 1536 °C ist eingezeichnet. Wie sehr sich die polymorphen Umwandlungspunkte auf das Zustandsdiagramm auswirken, sehen Sie schon anhand der Linien, die von den Punkten ausgehen.

Die Kohlenstofflöslichkeit

Und jetzt kommt etwas ganz Entscheidendes, nämlich die Löslichkeit von Kohlenstoff in Eisen. Im γ-Eisen (Austenit) lässt sich ja viel Kohlenstoff lösen, und das bedeutet ganz konkret, dass sich das Gebiet des γ-Eisens ziemlich weit nach rechts ausbreitet, also zu höheren Kohlenstoffgehalten. Ich habe das etwas schematisch durch den dunkelgrauen Pfeil an der eingekringelten Stelle 1 angedeutet.

Das gesamte Gebiet der γ-Mischkristalle ist zur besseren Übersicht hellgrau hinterlegt. In diesem Gebiet ist der Kohlenstoff vollständig gelöst, es liegen Einlagerungsmischkristalle vor, die Kohlenstoffatome sitzen in den Gitterlücken. Den γ-Mischkristallen sieht man den gelösten Kohlenstoff optisch übrigens nicht an, das ist genau so, wie Sie einer Tasse Kaffee nicht ansehen, ob schon ein Löffel Zucker drin gelöst ist.

Was da so an Kohlenstoff ins Eisen passt, sehen Sie an der »Löslichkeitslinie von C in γ« in Abbildung 5.4. Folgen Sie dem dunkelgrauen Pfeil vom Punkt 1 aus nach rechts, bis er an die Löslichkeitslinie stößt, so erkennen Sie, dass bei 1100 °C etwa 1,8 % C in Eisen gelöst werden können. Versuchen Sie mehr zu lösen, bleibt einfach Kohlenstoff C übrig, analog zur Tasse Kaffee, in die Sie zu viel Zucker gegeben haben. Welche Phasen müssten demzufolge im rechts anschließenden Gebiet vorliegen? Das wären doch γ-Eisen, das 1,8 % C gelöst hat, und übrig gebliebener Kohlenstoff (Grafit), also γ+C.

 Bei niedrigerer Temperatur kann γ-Eisen weniger Kohlenstoff lösen, da die Wärmebewegung der Atome geringer wird, somit der Atomabstand etwas kleiner und auch die Gitterlücken ein wenig kleiner werden. Bei 1000 °C sind es noch etwa 1,4 % C, bei 800 °C noch um die 0,9 % C.

Ganz ähnlich ist es beim α-Eisen (Ferrit), nur mit dem Unterschied, dass α-Eisen wegen der viel kleineren Gitterlücken nur ganz wenig Kohlenstoff lösen kann, nahezu gar keinen. Das Gebiet der α-Mischkristalle ist deswegen extrem schmal. Rechts neben der »Löslichkeitslinie von C in α« müsste sich dann ganz analog das Gebiet α+C anschließen. Etwas günstiger mit der Kohlenstofflöslichkeit sieht es beim δ-Eisen aus wegen der dort herrschenden hohen Temperaturen.

Ein ehernes Gesetz

So, das war die Löslichkeit von Kohlenstoff in Eisen. Viel Logisches steckt da dahinter. Das Zustandsdiagramm ist aber noch nicht komplett, und für den Rest schlage ich jetzt eine ganz formale Vorgehensweise vor: Nutzen Sie ein ehernes Naturgesetz, die *gibbssche Phasenregel*. Und dieses Naturgesetz besagt für unseren Fall vereinfacht Folgendes:

✔ Gehen Sie **horizontal, also bei konstanter Temperatur**, durch ein binäres Zustandsdiagramm, so kommen Sie abwechselnd von einem Einphasengebiet (Gebiet mit einer Phase) in ein Zweiphasengebiet (Gebiet mit zwei Phasen), dann wieder in ein Einphasengebiet und so weiter.

✔ Ein Zweiphasengebiet muss also links und rechts immer an ein Einphasengebiet angrenzen. Es ist von Einphasengebieten »eingerahmt«.

✔ In einem Zweiphasengebiet gibt es immer diejenigen beiden Phasen, die in den Einphasengebieten links und rechts angrenzen.

✔ Meiden Sie zunächst alle genau horizontalen Linien des Zustandsdiagramms, da wird es etwas komplizierter.

Das klingt schon arg akademisch. An einem Beispiel können Sie das Prinzip aber leicht erkennen. In Abbildung 5.4 habe ich eine solche »horizontale Linie« grau gestrichelt bei 1450 °C eingetragen. Zur besseren Übersicht sind alle Einphasenfelder beschriftet und hellgrau hinterlegt. Die horizontale Linie

✔ beginnt links im Einphasengebiet der δ-Mischkristalle,

✔ läuft dann durch ein erstes Zweiphasengebiet (weiß),

✔ läuft weiter durch das Einphasengebiet der γ-Mischkristalle,

✔ geht durch ein zweites Zweiphasengebiet (weiß) und

✔ erreicht schließlich das Schmelzgebiet.

Am ersten Zweiphasengebiet grenzen links δ und rechts γ an, also kommen dort δ+γ vor. Am zweiten Zweiphasengebiet gibt es links γ und rechts S, also kommen dort γ+S vor. Probieren Sie Ihr Glück an allen anderen Zweiphasengebieten, die sind jeweils weiß und noch ohne Beschriftung. Ja, und was machen Sie bei den rechts liegenden Zweiphasengebieten, wo grenzen die denn rechts an? Da gibt es bei 100 % C noch ein ganz schmales Einphasengebiet, den reinen Kohlenstoff C. Jetzt packen Sie's.

Mit diesem Naturgesetz können Sie sich durch jedes Zustandsdiagramm »durchhangeln«, wenn Sie ein paar Grundinformationen haben. Falls Sie möchten, testen Sie das Gesetz auch anhand der Zustandsdiagramme in Kapitel 4, das ist eine gute Übung.

Fertig ist das Zustandsdiagramm

Jedes Feld des Eisen-Kohlenstoff-Zustandsdiagramms können Sie jetzt beschriften. Komplett und ohne grau hinterlegte Flächen sieht das Diagramm wie in Abbildung 5.5 dargestellt aus.

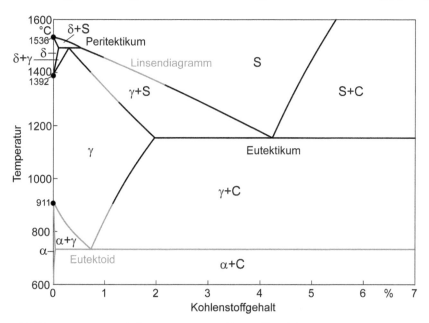

Abbildung 5.5: Zustandsdiagramm Eisen-Kohlenstoff, stabiles System

Die Weltfrage

Und jetzt die absolute Weltfrage: Warum tut die Natur das, wieso sieht das Zustandsdiagramm gerade so aus und nicht anders? Darauf meine absolut entwaffnende Antwort: Es liegt an den beteiligten Atomen und deren »Charakter«.

Auch bei uns Menschen ist das so. Je nach Charakter und Umgebungsbedingungen bilden wir verschiedene Legierungen, pardon: Gemeinschaften, in denen wir zusammenleben. Wie eine Familie, wie dörfliches oder städtisches Leben aussieht, hängt von den Leuten selbst und den klimatischen sowie geografischen Bedingungen ab. Klar hinkt mein Beispiel, wir Menschen sind viel komplexer und allesamt Individuen; ein wahrer Kern steckt aber dahinter.

Zurück zur Frage, warum das Zustandsdiagramm gerade so aussieht. Die Polymorphie des Eisens trägt sehr viel bei. Wie sähe denn das Zustandsdiagramm aus, wenn Eisen nur kubisch-flächenzentriert wäre und keine Polymorphie hätte? Dann fiele doch alles mit dem α-Eisen weg (unterer grauer Teil des Zustandsdiagramms) und ebenso alles mit dem δ-Eisen (linker oberer Teil in Schwarz). Was bliebe übrig? Ein Eutektikum, das Ihnen aus Kapitel 4 bekannt ist. Sie erkennen es an der horizontalen Linie, der Eutektikalen, mit dem v-förmigen Gebiet der Schmelze drauf. Völlige Löslichkeit im flüssigen, teilweise Löslichkeit im festen Zustand. Das ist die Basis der Eisen-Kohlenstoff-Legierungen.

Die Grundsysteme

Nun hat Eisen aber die Polymorphie, und die »ist schuld« an den zusätzlichen »Komplikationen«. Insgesamt sind vier Grundzustandsdiagramme miteinander kombiniert (siehe Abbildung 5.5):

✔ ein *Linsendiagramm*, vielmehr ein Stück davon,

✔ ein *Eutektikum*,

✔ ein *Peritektikum* und

✔ ein *Eutektoid*.

Linsendiagramm und Eutektikum kennen Sie ja schon aus Kapitel 4. Das Peritektikum habe ich in Kapitel 4 nicht näher erklärt, und hier werden wir einfach so tun, als gäb's das nicht. Sie werden mir das hoffentlich verzeihen, ich denke, mit der Lücke lässt es sich vorerst leben.

Und was ist ein *Eutektoid*? Etwas Ähnliches (daher die Endung »-oid«) wie ein Eutektikum, mit dem einzigen Unterschied, dass in dem v-förmigen Gebiet auf der horizontalen Linie keine Schmelze, sondern eine Mischkristallart vorkommt.

Die Quintessenz

Als Zusammenfassung, welche Phasen außer der Schmelze im stabilen Legierungssystem vorkommen, habe ich Ihnen Tabelle 5.1 zusammengestellt, die erklärt sich nun von selbst.

Phase	Name	Struktur	C-Gehalt
α, α-Eisen	Ferrit	krz	max. 0,02 % bei 730 °C
γ, γ-Eisen	Austenit	kfz	max. 2 % bei 1150 °C
δ, δ-Eisen	δ-Ferrit	krz	max. 0,1 % bei 1493 °C
C	Grafit	Grafitstruktur	100 %

Tabelle 5.1: Phasen im stabilen Legierungssystem Eisen-Kohlenstoff

So, und zum Schluss dieses Abschnitts: Was macht eigentlich das stabile System zum stabilen System? Was ist das Charakteristische?

Das stabile Legierungssystem Eisen-Kohlenstoff liegt immer dann vor, wenn der **nicht gelöste** Kohlenstoff in Form von **Grafit** vorkommt.

Es geht also um den **nicht gelösten** Kohlenstoff. Kohlenstoff hat in Form von Grafit seinen energetisch niedrigsten, also stabilen Zustand. Diesen stabilen Zustand strebt die Natur immer an, erreicht ihn aber nicht immer. Und was dann passiert, wenn sie ihn nicht erreicht, erkläre ich Ihnen im Folgenden.

Metastabiles Legierungssystem

Alle Eisen-Kohlenstoff-Legierungen haben im flüssigen Zustand ihren gesamten Kohlenstoffgehalt gelöst. Im Zuge der Abkühlung können die entstehenden Eisenkristalle den Kohlenstoff aber nur noch teilweise oder praktisch gar nicht mehr lösen. Und wenn sie den Kohlenstoff nicht mehr ganz lösen können, was passiert dann mit ihm? In irgendeiner Weise muss der Kohlenstoff doch wieder »auftauchen«. Am liebsten tut er das in Form von Grafitkristallen, denn die haben ja den energetisch niedrigsten Zustand.

Die Problematik

Das Problematische an den Grafitkristallen ist nur, dass sie kompliziert sind, und die Natur tut sich teilweise schwer dabei, sie zu bilden. Wenn die Bedingungen günstig sind, klappt es besser, unter ungünstigen schlechter. Das kennen auch wir Menschen. Müssen wir etwas Kompliziertes, Schwieriges zustande bringen, brauchen wir günstige Bedingungen: viel Zeit, angenehme Temperaturen, vielleicht einen Helfer.

Günstige Bedingungen für die Bildung von Grafitkristallen in Eisenwerkstoffen sind:

✔ **langsame Abkühlung von hohen Temperaturen**, also viel Zeit bei hohen Temperaturen, dann diffundieren die Kohlenstoffatome schnell und es sind immer genügend Kohlenstoffatome verfügbar, um die komplizierten Grafitkristalle zu bilden

✔ **hoher Kohlenstoffgehalt**, dann sind ebenfalls viele Kohlenstoffatome vor Ort verfügbar

✔ **hoher Siliziumgehalt**, Silizium wirkt wie ein Katalysator und hilft dabei, die Grafitkristalle zu bauen (Silizium ist natürlich ein weiteres Element, ein typischer Eisenbegleiter; wenn Sie das momentan stört, bitte diesen Punkt einfach weglassen)

In vielen Fällen liegen jedoch keine so günstigen Bedingungen vor, und dann kristallisiert der Kohlenstoff »in der Not« nicht als Grafit, sondern in Form einer chemischen Verbindung mit Eisen als *Eisenkarbid*, chemische Formel Fe_3C, auch *Zementit* genannt. Das ist zwar nicht der energetisch niedrigste Zustand, nur (alle Wissenschaftler dieser Welt mögen mir verzeihen) der zweitniedrigste, aber in der Not klappt das einfach besser.

Ja, und um was handelt es sich denn bei Zementit? Zementit hat ein eigenes Kristallgitter, ist eine eigene Phase, sieht silbrig glänzend aus (genau wie Eisen), hat eine hohe Härte, ist recht spröde. Und den Namen hat er tatsächlich vom Baustoff Zement, weil manche Legierungen im Mikroskop so aussehen, als wären Gesteinskörner von Zement umgeben.

Hiermit sind wir beim metastabilen System:

 Das metastabile Legierungssystem Eisen-Kohlenstoff liegt immer dann vor, wenn der **nicht gelöste** Kohlenstoff in Form von **Zementit** vorkommt.

Stabil und doch nicht stabil

Jetzt wird es aber höchste Zeit, dass Sie sich den Begriff »metastabil« näher ansehen. Er hat etwas mit Gleichgewichten zu tun, und ich möchte Ihnen das gerne mit einer mechanischen Analogie erklären. Stellen Sie sich einen Tischtennisball in einem Kasten vor. Der Kasten hat zwei Mulden, eine etwas höhere und eine niedrigere, sowie einen Hügel dazwischen (siehe Abbildung 5.6).

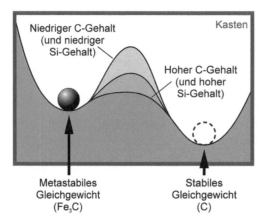

Abbildung 5.6: Metastabiles und stabiles Gleichgewicht

✔ Befindet sich der Ball in der rechten Mulde, spricht man von der *stabilen Gleichgewichts-lage*. Das ist die tiefste, energetisch niedrigste Lage. Lenken Sie den Ball etwas aus dieser Lage aus, rollt er wieder in die stabile Gleichgewichtslage zurück.

✔ Befindet sich der Ball in der linken Mulde, spricht man von der *metastabilen Gleichge-wichtslage*. Auch die ist – in Grenzen – eine stabile Lage. Wenn Sie den Ball ein wenig aus seiner linken Mulde auslenken, kehrt er wieder in seine alte Lage zurück. Falls Sie den Ball aber zu stark auslenken, ihn zur Seite schieben, findet er nicht mehr seinen Weg zu-rück, sondern rollt in die wirklich stabile, die tiefste Lage. Das metastabile Legierungs-system Eisen-Kohlenstoff entspricht in energetischer Hinsicht dem Ball in der linken Mulde.

Interessant ist nun, dass die Höhe des Hügels vom Kohlenstoffgehalt (und Siliziumgehalt) abhängt (siehe Abbildung 5.6): hoher Hügel bei niedrigem C- und Si-Gehalt, niedriger Hügel bei hohem C- und Si-Gehalt. Und das hat ungeheure Folgen: Bei niedrigem C-Gehalt (so un-gefähr unter 2 %) ist der Hügel so hoch, dass der Ball ziemlich sicher in der metastabilen Lage bleibt, wenn er einmal dort ist. Oder für die Legierungen: dass das metastabile Legie-rungssystem ziemlich sicher in der metastabilen Lage bleibt, wenn es einmal dort ist.

Alles zusammen genommen heißt das:

Niedriger C-Gehalt (und niedriger Si-Gehalt) sowie zügige Abkühlung von hohen Temperaturen machen es der Natur schwer, den stabilen Zustand, also die Grafitkristalle, zu erreichen. Der Einfluss des C-Gehalts ist so gravierend, dass unter etwa 2 % C das stabile System selbst bei langsamer Abkühlung keine Chance hat. Dann liegt ausschließlich das metastabile System vor. Unter 2 % C sind die typischen Stähle angesiedelt, und das wiederum bedeutet, dass die Stähle praktisch ausschließlich im metastabilen System vorliegen.

Und weil die Stähle so wichtig sind, lohnt es sich umso mehr, das metastabile Legierungssystem genau anzusehen.

Das Zustandsdiagramm

Das Zustandsdiagramm des metastabilen Legierungssystems Eisen-Kohlenstoff sieht auf den ersten Blick gar nicht so arg viel anders aus als das des stabilen Systems. Schauen Sie sich Abbildung 5.7 in Ruhe an. Wo sind das stabile und das metastabile System gleich? Wo erkennen Sie Unterschiede?

✔ Absolut gleich sind stabiles und metastabiles System überall dort, wo der Kohlenstoff vollständig gelöst ist. Das sind all diejenigen Felder, in denen weder C noch Fe_3C als Phase auftaucht. Das muss auch so sein, da der Unterschied zwischen den Systemen ja im **nicht gelösten** Kohlenstoff liegt. Sie dürfen sogar noch einen Schritt weiter gehen: Die Frage nach dem System stellt sich bei vollständig gelöstem Kohlenstoff erst gar nicht.

✔ Unterschiede gibt es also in allen Feldern, in denen der Kohlenstoff nicht vollständig gelöst ist. Überall dort, wo im stabilen System (siehe Abbildung 5.5) »C« als Phase steht, finden Sie im metastabilen System (siehe Abbildung 5.7) »Fe_3C« als Phase.

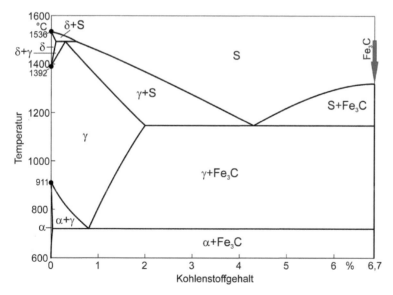

Abbildung 5.7: Zustandsdiagramm Eisen-Kohlenstoff, metastabiles System

Ganz auffällig ist der Kohlenstoffgehalt von 6,7 % C ganz rechts im Diagramm. Dort endet das metastabile System, denn bei 6,7 % C liegt reines Fe_3C, also reiner Zementit, vor. Sie dürfen den Zementit vereinfachend wie eine reine Komponente betrachten. Manchmal sprechen deshalb auch die Wissenschaftler vom Eisen-Zementit-Zustandsdiagramm.

Ein Viertel Kohle

Zementit als chemische Verbindung Fe_3C besteht ja aus insgesamt vier Atomen, nämlich drei Eisenatomen und einem Kohlenstoffatom. Auf insgesamt vier Atome kommt also ein Kohlenstoffatom, das sind 25 Atomprozent Kohlenstoff.

Wie viel Masseprozent sind das? Den »Chemikern« unter Ihnen sagen sicherlich die jeweiligen relativen Atommassen (früher: Atomgewichte) etwas, deren genaue Definition ich mir hier mal spare. Natürlicher Kohlenstoff hat eine relative Atommasse von 12,011, natürliches Eisen von 55,847. Daraus ergibt sich ein Massenanteil Kohlenstoff von

$$\frac{\text{Masse eines C} - \text{Atoms}}{\text{Masse aller Atome}} = \frac{12,011}{1 \cdot 12,011 + 3 \cdot 55,847} = 6,689 \% = 6,7 \% \text{ gerundet.}$$

Zementit hat also einen Kohlenstoffgehalt von 25 Atomprozent oder 6,7 Gewichtsprozent.

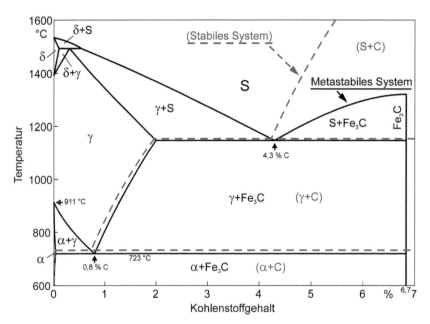

Abbildung 5.8: Eisen-Kohlenstoff-Zustandsdiagramm, stabiles und metastabiles System im Vergleich

Besonders schön sieht man den Unterschied zwischen dem stabilen und dem metastabilen System, wenn man im Zustandsdiagramm beide Systeme gleichzeitig einträgt, wie in Abbildung 5.8 gezeigt.

Die Felder des stabilen Systems sind grau gestrichelt angelegt, die Beschriftungen grau in Klammern gesetzt. Die Felder und Beschriftungen des metastabilen Systems erscheinen schwarz. Wo beide Systeme identisch sind, oder genauer, wo sich die Frage nach stabil oder metastabil erst gar nicht stellt, sind nur schwarze Linien und Beschriftungen eingetragen.

Weil das metastabile Legierungssystem Eisen-Kohlenstoff die absolute Basis für das Verständnis der Stähle bildet, möchte ich es anhand zweier sehr wichtiger und praxisnaher Beispiele vertiefen.

Erstes Beispiel

Als erstes Beispiel nehmen Sie in Gedanken einen Stahl (alle Eisen-Kohlenstoff-Legierungen unter 2 % C nennt man Stähle) mit **0,8 % C**, erwärmen ihn bis ins Schmelzgebiet und lassen ihn dann langsam abkühlen. Was Sie mit einem Mikroskop beobachten könnten, sehen Sie in Abbildung 5.9.

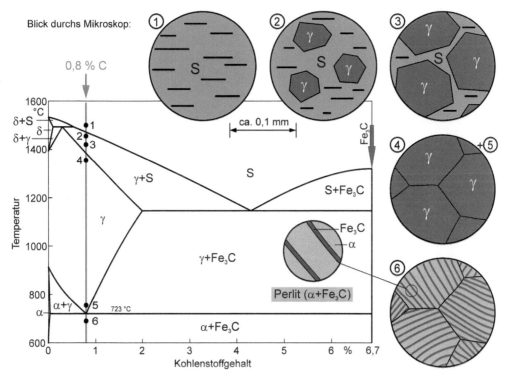

Abbildung 5.9: Langsame Abkühlung eines Stahls mit 0,8 % C

Die Schmelze

Im **Punkt 1** ist der Stahl immer noch vollständig flüssig, obwohl die Temperatur schon deutlich unter dem Schmelzpunkt des reinen Eisens liegt. Verantwortlich dafür ist der Kohlenstoff, der – maßvoll zugegeben – die Schmelztemperatur, genauer die Liquidustemperatur, erniedrigt. In ähnlicher Weise senkt Salz die Schmelztemperatur von Eis und hält die Straßen im Winter eisfrei.

Der Erstarrungsvorgang

Mit langsam abnehmender Temperatur wachsen γ-Mischkristalle (Austenitkristalle) aus der Schmelze, siehe **Punkte 2 und 3** in Abbildung 5.9. Die γ-Mischkristalle berühren sich schließlich und bilden Korngrenzen zwischen sich. Im **Punkt 4**, also bei 1350 °C, wären im Mikroskop nur γ-Mischkristalle zu sehen. Der gesamte Kohlenstoffgehalt von 0,8 % ist gelöst und mit Lichtmikroskopen den Kristallen nicht anzusehen.

Das Gebiet des Austenits ist über einen großen Temperaturbereich beständig. Auch im **Punkt 5** liegt noch Austenit vor, obwohl die Temperatur schon auf 750 °C gefallen ist. Und selbst bei Raumtemperatur wäre noch Austenit vorhanden, wenn es das α-Eisen, den Ferrit, nicht gäbe und Austenit die ganzen 0,8 % C auch bei Raumtemperatur lösen könnte.

Das Entscheidende

Eigentlich war das noch nichts Neues für Sie. Die Legierung ist durch ein Stück Linsendiagramm gewandert und ganz ähnlich erstarrt wie die Kupfer-Nickel-Legierung in Kapitel 4. Das Entscheidende tut sich zwischen **Punkt 5 und Punkt 6 bei 723 °C**. Da gibt es zwei Ereignisse:

✔ Erstens wird die »Löslichkeitslinie von C in γ« durchbrochen. Die Temperatur ist jetzt so niedrig, dass der Stahl die vollen 0,8 % C nicht mehr lösen kann, wäre im Punkt 6 noch Austenit vorhanden.

✔ Zweitens möchte sich das Eisen jetzt wieder zum α-Eisen, dem Ferrit, zurückverwandeln – und tut es auch. Aber Ferrit kann nur ganz wenig, so gut wie gar keinen Kohlenstoff lösen.

Wohin mit der Kohle?

Die Natur behilft sich dadurch, dass von **Punkt 5 nach 6** zwei Kristallarten gleichzeitig aus dem Austenit wachsen, nämlich Ferrit und Zementit. Zum einen ergibt sich das aus dem Zustandsdiagramm: Punkt 5 liegt im Austenitgebiet (γ), Punkt 6 im Gebiet Ferrit und Zementit ($\alpha + Fe_3C$). Zum anderen muss das auch logisch so sein.

Stellen Sie sich vor, dass sich an einer Korngrenze des Austenits ein kleines Ferritkriställchen bildet. Ferrit kann aber so gut wie keinen Kohlenstoff lösen. Wohin mit dem Kohlenstoff? Das Ferritkriställchen »schiebt ihn unfein ab« ins Austenitgebiet, das sich ja noch um das Ferritkriställchen herum befindet. Rechts und links neben dem Ferritkriställchen reichert sich der Kohlenstoff deshalb im Austenit auf über 0,8 % an. So viel kann aber auch der Austenit nicht mehr bei dieser Temperatur lösen und muss ihn ausscheiden, idealerweise als reinen Grafit. Grafit aber kann sich bei solch niedrigen C-Gehalten und niedrigen Temperaturen in absehbaren Zeiten nicht bilden, weshalb die Natur »zur Not« Zementitkristalle wachsen lässt.

Von **Punkt 5 nach Punkt 6** wachsen bei 723 °C Ferrit- und Zementitkristalle **gleichzeitig** als Front in den Austenit hinein. Weil die Temperatur hier schon relativ niedrig ist und die Atome nur noch träge diffundieren, legen die Kohlenstoffatome nur noch kurze Strecken zurück und es bilden sich dünne schichtartige Kristalle, abwechselnd aus Ferrit (hell in Abbildung 5.9) und Zementit (dunkel).

Von Punkt 6 bis Raumtemperatur ereignet sich nicht mehr viel, sodass bei Raumtemperatur fast genau die Kristallanordnung von Punkt 6 vorliegt. Und wie das dann in Wirklichkeit aussieht, das zeigt Ihnen weiter hinten in diesem Kapitel Abbildung 5.13.

Ein paar Tipps

✔ In der Fachsprache bezeichnet man ein schichtartiges Kristallgemenge gerne als *lamellar*, weil sich die Kristalle unter dem Mikroskop im ebenen Schnitt als dünne, lamellenähnliche Streifen zeigen.

✔ Die lamellare Anordnung von Ferrit und Zementit im langsam abgekühlten Stahl mit 0,8 % C ist außerordentlich berühmt, man nennt sie *Perlit*. Der Name Perlit kommt vom Perlmutt der Perlen, weil auch Perlmutt aus dünnen, schichtartigen Kriställchen besteht und weil manchmal geeignet präparierte Perlitproben perlmuttähnlich glänzen.

✔ Welche der beiden Lamellenarten im Punkt 6 der Abbildung 5.9 ist dicker? Wenn Sie das Hebelgesetz nutzen (siehe Kapitel 4), finden Sie, dass viel mehr Ferrit als Zementit vorliegen muss. Deshalb müssen die Ferritlamellen viel dicker als die Zementitlamellen sein. Auch mathematisch muss das so sein: Der C-Gehalt des Ferrits (circa 0 %) liegt viel näher an der Legierung (0,8 %) als der Zementit (6,7 %).

✔ Kühlt man den Stahl besonders langsam ab, dann hat die Diffusion Zeit, die Kohlenstoffatome können größere Strecken zurücklegen, der Perlit wird generell grobstreifiger. Kühlt man den Stahl etwas flotter ab, können die Kohlenstoffatome nur noch ganz kurze Strecken zurücklegen und der Perlit wird feinstreifiger. Das kann so weit führen, dass die Lamellen im Lichtmikroskop nicht mehr aufgelöst, also erkannt werden können.

✔ Den langsam abgekühlten Stahl mit 0,8 % C nennt man gerne auch *perlitischen* Stahl, weil er bei Raumtemperatur Perlit aufweist. Ein weiterer Name ist *eutektoider* Stahl, weil er genau die eutektoide Zusammensetzung von 0,8 % C hat, analog zur eutektischen Legierung.

✔ Es heißt nicht »das Perlit«, sondern »der Perlit«, bitte beachten, das wird oft durcheinandergebracht.

Zweites Beispiel

Viele Stähle des täglichen Lebens haben recht geringe Kohlenstoffgehalte und ein Stahl mit **0,4 % C** muss nun als zweites, noch wichtigeres Beispiel herhalten. Da Sie inzwischen bestens in Form sind, fasse ich mich kurz: Stahl mit 0,4 % C nehmen, aufschmelzen, langsam abkühlen lassen, mit dem Mikroskop beobachten (siehe Abbildung 5.10).

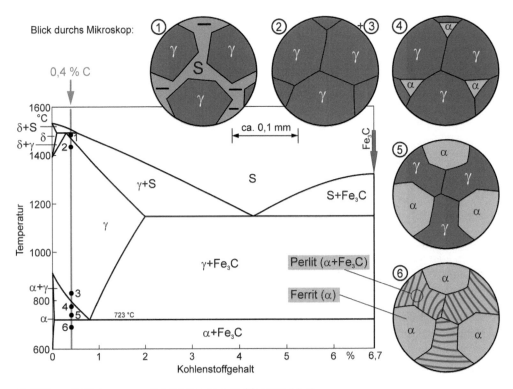

Abbildung 5.10: Langsame Abkühlung eines Stahls mit 0,4 % C

Die Erstarrung

Den Erstarrungsvorgang brauche ich Ihnen nicht mehr groß erklären, alles ganz analog zum ersten Beispiel. Die Komplikationen »links oben« im Zustandsdiagramm mit dem δ-Eisen denken Sie sich einfach mal weg. Tun Sie an der Stelle so, als gäbe es kein δ-Eisen, lassen Sie das Gebiet γ+S in Gedanken bis zum Schmelzpunkt des Eisens durchlaufen. Dann erstarrt der Stahl wie bekannt, im **Punkt 1** ist die Erstarrung schon weit fortgeschritten und im **Punkt 2** liegt nur noch Austenit vor, der Kohlenstoff ist komplett gelöst.

Wieder das Entscheidende

Auch im **Punkt 3** befindet sich der Stahl noch im Austenitgebiet. Was dem Stahl nun sein Gesicht, seinen Charakter, seine Eigenschaften gibt, das passiert von Punkt 3 bis 6.

Auch dieser Stahl will sich wieder in die krz-Struktur zurückverwandeln. Im Gegensatz zum ersten Beispiel ereignet sich das hier aber über einen bestimmten Temperaturbereich. Etwas unterhalb von Punkt 3 läuft der Stahl in das Zweiphasengebiet α+γ hinein. Das bedeutet, dass Ferritkristalle aus den Austenitkristallen wachsen, siehe **Punkte 4 und 5**. Da Ferrit aber so gut wie keinen Kohlenstoff lösen kann, muss der ganze C-Gehalt jetzt im Austenit enthalten sein. Wenn Sie das Hebelgesetz anwenden, sehen Sie, dass im Punkt 5 beinahe schon gleiche Mengen Ferrit und Austenit vorliegen müssen und der Austenit schon fast 0,8 % C-Gehalt erreicht hat.

Was ereignet sich von **Punkt 5 bis Punkt 6, genauer bei 723 °C?**

✔ Die im Punkt 5 schon vorhandenen **Ferritkristalle** wachsen noch ein klein wenig, bleiben aber im Großen und Ganzen wie sie sind und tauchen deswegen fast unverändert im Punkt 6 auf. In die krz-Struktur möchte der Stahl ja ohnehin gehen, und wenn die schon vorliegt, umso besser.

✔ Die im Punkt 5 noch vorhandenen **Austenitkristalle** haben jetzt praktisch den gesamten Kohlenstoff aufgenommen. Sie enthalten etwas tiefer bei 724 °C (ganz dicht über der horizontalen Linie bei 723 °C) etwa 0,8 % C. Diese Austenitkristalle sind jetzt also genauso zusammengesetzt wie der Stahl mit 0,8 % C aus dem ersten Beispiel. Und bei 723 °C wandeln sie sich deshalb auch ganz genauso um in Perlit mit genau den gleichen Überlegungen wie im ersten Beispiel.

Im Punkt 6 sind die großen, weitgehend aus Punkt 5 stammenden Ferritkristalle neben neu gebildetem Perlit zu sehen. Dieses Bild ändert sich kaum noch bis zur kompletten Abkühlung auf Raumtemperatur. Wegen der im Mikroskop klar ersichtlichen Ferritkristalle und Perlitbereiche (siehe Abbildung 5.12) nennt man diesen Stahl auch *ferritisch-perlitischen Stahl*.

Und so sieht die Wirklichkeit aus

Das, was ich Ihnen hier soeben erklärt habe, ist mehr schematischer Natur. Wie sehen die Stähle im Inneren nun wirklich aus? In den folgenden Abbildungen sehen Sie das sogenannte *Gefüge* dreier unlegierter Stähle, die langsam von hohen Temperaturen abgekühlt wurden. Zwei Anmerkungen dazu:

✔ Unter *Gefüge* versteht man in der Wissenschaft die Art, Form, Größe und Anordnung der Phasen in einem Werkstoff. Es ist einfach das, was Sie nach geeigneter Präparation einer Probe im Mikroskop (oder seltener auch direkt mit dem Auge) sehen können. Da die Metalle ja undurchsichtig sind, muss man einen Schnitt durch die Probe legen: Sägen, Schleifen und Polieren sind typische Arbeitsschritte dafür. Viele Gefügebestandteile sehen sehr ähnlich aus und werden erst nach geeignetem Ätzen (Tauchen in eine korrosiv wirkende Flüssigkeit) und andere Techniken sichtbar. Mehr dazu finden Sie in Kapitel 10 und in unserem Video zur Metallografie (mikroskopische Verfahren).

✔ Ein unlegierter Stahl ist ein Stahl (eine Eisen-Kohlenstoff-Legierung) ohne weitere Elemente, wie Chrom oder Nickel. Mehr dazu lesen Sie in Kapitel 15.

Abbildung 5.11 zeigt das Gefüge fast reinen Eisens. Die hellen Flächen sind die einzelnen Kristalle des Eisens, die Körner. Um welche Art von Kristallen muss es sich hier handeln? Klar, α-Eisen, Ferrit. Die dunklen Linien sind die Korngrenzen. Da und dort sind einige dunkle Flecken zu sehen, das sind Verunreinigungen (Oxide, Sulfide und andere Verbindungen).

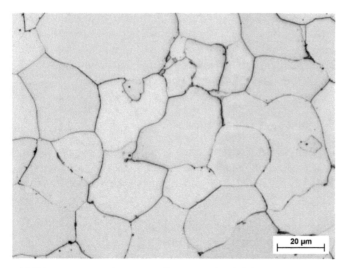

Abbildung 5.11: Gefüge eines langsam abgekühlten unlegierten Stahls mit sehr wenig C (fast reines Eisen)

Bei 0,4 % C-Gehalt müssten doch Ferrit und Perlit zu erkennen sein, und die tauchen auch wirklich auf (siehe Abbildung 5.12). Die hellen Flächen sind Ferritkristalle, die dunkel gestreiften Flächen Perlitbereiche. Die feinen Lamellen aus Ferrit und Zementit sind nur an einigen Stellen erkennbar, wenn sie zufällig unter einem flachen Winkel angeschnitten werden und breiter erscheinen, als sie tatsächlich sind.

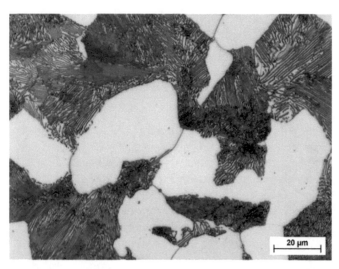

Abbildung 5.12: Gefüge eines langsam abgekühlten unlegierten Stahls mit 0,4 % C

Bei 0,8 % C ist nur Perlit vorhanden. Die feinen blattartigen, aufeinandergeschichteten Kristalle aus Ferrit und Zementit sind prima in Abbildung 5.13 zu sehen. Unter flachem Winkel angeschnitten, erscheinen sie breiter, bei steilem Winkel schmaler, ähnlich wie die Jahresringe in einem Holzbrett.

Abbildung 5.13: Gefüge eines langsam abgekühlten unlegierten Stahls mit 0,8 % C

Ganz analog sehen die Gefüge zwischen den behandelten Beispielen aus, also bei 0,2 oder 0,6 % C, und auch bei mehr als 0,8 % C kann man die Gefüge schön interpretieren. Und wie so oft müsste, könnte, sollte ich Ihnen noch dies und jenes zeigen. Zum einen sprengt es den Rahmen dieses Buches, zum anderen gibt es dafür gute Fachbücher, schmökern Sie bei Interesse ruhig ein wenig. Wie immer – Sie ahnen es – hilft üben, und im Übungsbuch gibt es ein richtiges Trainingsprogramm dazu.

Sie sind nun am Ende von Teil I angelangt, das waren die ausgewählten Grundlagen. Bevor Sie in die Welt der viel gebrauchten Werkstoffe eintreten, empfehle ich Ihnen die Werkstoffprüfung, die gibt's in Teil II. Los geht's dort mit dem Zugversuch.

Teil II
Die wichtigsten Methoden der Werkstoffprüfung

Während Sie diese Zeilen lesen, finden weltweit an Tausenden von Orten die unterschiedlichsten Arten von Werkstoffprüfung statt. Da wird gezogen, gebogen, feinfühlig eingedrückt, vorsichtig präpariert, genau gemessen, brutal draufgehauen, zerfetzt, hin und her belastet, mikroskopiert, mit Ultraschall oder Röntgenstrahlen geprüft. Manchmal bleiben vom schönsten Produkt nur noch Staub und Fetzen übrig, reif für den Schrott, wie bei »Q« in den Bond-Filmen. In anderen Fällen passiert dem Prüfstück rein gar nichts, es bleibt einwandfrei.

Und warum das Ganze? Man möchte einfach wissen, was ein Werkstoff so aushält, was er für Eigenschaften hat, was im Innersten vorliegt, welche Fehler er hat. Und dann weiß man, ob er sich für die vorgesehene Anwendung eignet oder auch nicht.

In Teil II dieses Buches möchte ich Ihnen die bedeutendsten Methoden der Werkstoffprüfung vorstellen und erklären. Zugversuch, Härteprüfung, Kerbschlagbiegeversuch, Schwingfestigkeitsprüfung, Metallografie und zerstörungsfreie Prüfung zählen dazu, alles extrem wichtige Prüfverfahren in der Praxis.

Kapitel 6
Anspruchsvoller, als viele glauben: Der Zugversuch

Wenn ich meine Studierenden zu Beginn des ersten Semesters manchmal frage, wem schon einmal ein Zugversuch vorgeführt wurde, dann geht reichlich die Hälfte der Hände hoch. Ich bitte dann diejenigen, die den Zugversuch noch nie gesehen haben, ganz besonders gut aufzupassen. Eben weil sie ihn noch **nicht** gesehen haben und der Zugversuch sehr wichtig ist. Diejenigen aber, denen der Zugversuch schon einmal vorgeführt wurde, bitte ich, doppelt so gut aufzupassen. **Weil** sie ihn schon gesehen haben, und oft meinen, da sei doch alles klar.

Vorsichtig nachgefragt, ein bisschen diskutiert, und es kommt sehr schnell heraus, dass da Begriffe wie »elastisch« und »plastisch« durcheinandergebracht werden, die Vorgänge beim Zugversuch nicht bekannt sind oder auch viele Ergebnisse des Zugversuchs, die Werkstoffkennwerte, nicht verstanden wurden. Das liegt nicht daran, dass die Studierenden zu dumm sind, sondern daran, dass sie den Zugversuch oft nicht ernst nehmen, »auf die leichte Schulter« sozusagen. Da kracht es so schön-schauerlich beim Bruch, dann liest man zwei, drei Werte ab und rechnet schnell was aus, oder der Steuerrechner der Maschine macht das gleich. Und man meint, alles sei klar.

 Der Zugversuch ist aber viel anspruchsvoller, als viele glauben. Und dabei superwichtig. Mit ihm wird ermittelt, wie sich ein Werkstoff unter Zugbeanspruchung verhält, welche elastischen und plastischen Eigenschaften er hat, welche Spannungen er aushält. Damit legen die Ingenieure dann alles Mögliche aus, vom Küchenmixer über Autos, Brücken und Kräne bis zum Kraftwerk. Halten sollen diese Dinge einerseits, aber andererseits auch nicht unnötig dick und schwer sein. Der Zugversuch ist die Grundlage.

Krempeln Sie die Ärmel hoch, es geht los.

So wird's gemacht

Da die Ergebnisse des Zugversuchs von der Probenform, von der Prüfgeschwindigkeit und auch noch von anderen Einflüssen abhängen, gibt es Normen dazu. Diese Normen sind mit »Kochrezepten« zu vergleichen, in denen ganz genau drinsteht, wie man den Zugversuch durchführen muss, um vergleichbare Ergebnisse zu erhalten.

Normen sind übrigens nicht von vornherein zwingend vorgeschrieben, sondern werden erst durch ein Gesetz oder eine Verordnung zur Pflicht. Selbst dann aber, wenn Sie eine Norm nicht zwingend anwenden müssen, lohnt ein Blick darauf. Ein wenig nüchtern und trocken sind sie schon verfasst, aber man gewöhnt sich daran. Also im Zweifelsfall die passende Norm kaufen und nachsehen. Manchmal sind die wichtigsten Normen eines Fachgebiets in Buchform zusammengefasst, dann haben Sie einen schönen Überblick und preiswerter ist es zudem.

Im Falle des Zugversuchs gibt es die DIN EN ISO 6892. Die DIN ist die deutsche, die EN die europäische und ISO die internationale Norm. Die Bezeichnung DIN EN ISO 6892 besagt, dass die deutsche, die europäische und die internationale Norm identisch, völlig gleichlautend sind und dieser Norm die Nummer 6892 zugeordnet ist.

Schafft jeden Werkstoff: Die Prüfmaschine

Für jeden Zugversuch brauchen Sie eine geeignete Prüfmaschine, beispielsweise so eine wie in Abbildung 6.1 zu sehen. Die Probe spannen Sie zwischen einer beweglichen und einer fest stehenden Traverse ein, das sind einfach zwei große Balken. Zu Ihrer Übersicht sind alle beweglichen Maschinenteile in Abbildung 6.1 dunkelgrau gezeichnet, die fest stehenden Teile hellgrau.

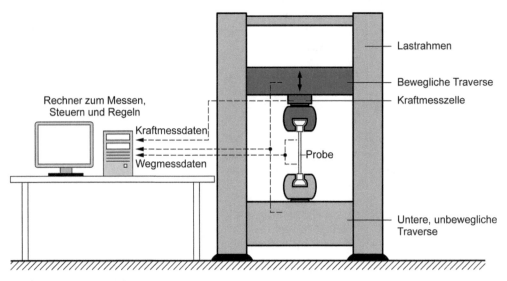

Abbildung 6.1: Zugprüfmaschine

Ein geeigneter Antrieb fährt die bewegliche Traverse innerhalb eines sogenannten Lastrahmens rechnergesteuert langsam nach oben. Die Probe wird dadurch immer mehr gedehnt, bis sie schließlich bricht. Während des Dehnens misst man

✔ die genaue *Verlängerung* der Probe mit einem Messgerät, das auf der Probe angebracht ist, und

✔ die *Kraft*, die die Probe dem langsamen Dehnen entgegensetzt.

Der Rechner speichert alle Messdaten und wertet sie aus.

Nicht ganz harmlos: Die Zugproben

Nur in seltenen Fällen können Sie ein Werkstück, ein Bauteil oder Produkt einfach so und unverändert in die Prüfmaschine einsetzen und prüfen. Die Gründe dafür sind vielfältig: Manchmal ist die Form zu kompliziert, oder es fehlt eine passende Einspannmöglichkeit, das heißt, Sie können die Probe einfach nicht »packen«. Fast immer muss also eine geeignete Probe aus einem vorhandenen Teil herausgearbeitet werden. Zwei Probenformen werden besonders häufig verwendet: die *Rundprobe* und die *Flachprobe*.

Zylindrisch, praktisch, gut: Die Rundprobe

Die ideale Zugprobe ist die Rundprobe. Sofern es irgendwie möglich und sinnvoll ist, versucht man, diese Form zu nehmen. Der eigentliche *Prüfbereich*, also das, was Sie wirklich testen, ist zylindrisch mit einem Durchmesser d_0 und einer Anfangsmesslänge L_0 (siehe Abbildung 6.2). Mit dem Index »0« deutet man an, dass es sich um den ursprünglichen Zustand, den Ausgangszustand handelt. Die Messlänge L_0 ist der Abstand zweier Markierungen, die vorsichtig auf der Probenoberfläche angebracht sind. Die runde schraffierte Querschnittsfläche ist um 90° gedreht in die Probe eingezeichnet.

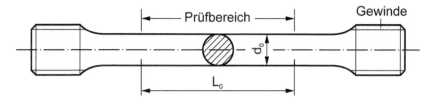

Abbildung 6.2: Rundprobe für den Zugversuch

Der Prüfbereich ist noch ein bisschen nach rechts und links verlängert, damit die Probenenden keinen Einfluss auf das Ergebnis haben. Die Probenenden sind dicker als der Prüfbereich und haben einen sanften Querschnittsübergang, damit der Bruch nicht gerade dort stattfindet. Die Enden können ein Gewinde aufweisen, wie in Abbildung 6.2, oder auch anders ausgeführt sein.

So, und jetzt kommt etwas ganz Entscheidendes. Das Verhältnis von Messlänge L_0 zu Durchmesser d_0 wirkt sich teilweise auf die Ergebnisse des Zugversuchs aus. Meine kleinen »Testfragen« an Leute, die meinen, der Zugversuch sei doch ganz simpel, sind:

✔ Welches Ergebnis des Zugversuchs (welcher Kennwert) hängt vom Verhältnis L_0/d_0 ab?

✔ Wie hängt dieser Kennwert von dem Verhältnis ab?

✔ Warum ist das so?

Wenn Sie nun, liebe Leserin, lieber Leser, diese Fragen einwandfrei beantworten können, dann gratuliere ich Ihnen. Sie haben in diesem Fall schon vertiefte Kenntnisse über den Zugversuch und können überlegen, ob Sie dieses Kapitel nicht überspringen. Falls Sie diese Fragen nicht beantworten können, dann ist das völlig normal, lesen Sie einfach weiter, Sie sind goldrichtig hier. Aber sofort wird das Geheimnis nicht gelüftet.

Weil sich das Verhältnis L_0/d_0 auswirkt, gibt es folgende Möglichkeiten:

✔ Ist $L_0 = 5 d_0$, so spricht man vom *kurzen Proportionalstab*. *Proportionalstab* deshalb, weil die Messlänge proportional zum Durchmesser ist. Bei $d_0 = 8$ mm beispielsweise ist $L_0 = 40$ mm, bei $d_0 = 10$ mm ist $L_0 = 50$ mm und so weiter. Und *kurz* deshalb, weil er relativ kurz ist im Vergleich zum Durchmesser. Der kurze Proportionalstab ist Standard, ganz einfach das Normale, er wird immer angestrebt.

✔ Ist $L_0 = 10 d_0$, so spricht man vom *langen Proportionalstab*. Früher hat man den gerne verwendet, weil die Längenmesstechnik noch nicht so ausgefeilt war. Heute findet man ihn eher selten, da er von der Herstellung her spürbar teurer ist.

Auch nicht schlecht: Die Flachprobe

Obwohl die Rundprobe die ideale Form hat, ist sie nicht immer sinnvoll, beispielsweise bei dünnen Blechen. Hier ist die Flachprobe besser. Sie hat überall die gleiche Dicke a_0 (siehe Abbildung 6.3).

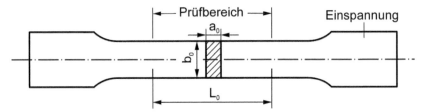

Abbildung 6.3: Flachprobe für den Zugversuch

Die Querschnittsfläche $S_0 = a_0 \cdot b_0$ ist wieder um 90° gedreht in die Probe eingezeichnet.

 Die Querschnittsfläche bezeichnet man im Zugversuch konsequent mit »S« (vom englischen »sectional area«). Grund: »A« ist schon als Formelzeichen für die Bruchdehnung und die Gleichmaßdehnung vergeben, siehe nächste Seiten.

Auch bei der Flachprobe gibt es einen kurzen und einen langen Proportionalstab:

✔ Beim kurzen Proportionalstab ist $L_0 = 5{,}65 \cdot \sqrt{S_0}$.

✔ Beim langen Proportionalstab beträgt $L_0 = 11{,}3 \cdot \sqrt{S_0}$ mit $S_0 = a_0 \cdot b_0$.

Wie um alles auf der Welt kommt man nur auf diese seltsamen Gleichungen? Die Idee beim kurzen Proportionalstab ist wieder, eine geeignete Querabmessung mit 5 zu multiplizieren, um L_0 zu erhalten. Aber welche Querabmessung? a_0 wäre ein wenig klein, b_0 wäre schon besser, ist es aber auch nicht. Kommen Sie drauf?

Sie formen die Querschnittsfläche $S_0 = a_0 \cdot b_0$ in Gedanken in eine gleich große Kreisfläche $S_0 = \dfrac{\pi d_0^2}{4}$ um. Von der Kreisfläche nehmen Sie den Durchmesser und multiplizieren ihn mit 5. Fertig ist die Gleichung, probieren Sie es aus.

Jetzt wird es aber Zeit für den Zugversuch.

Kraft-Verlängerungs-Diagramm und Spannungs-Dehnungs-Diagramm: Das Resultat

Die Prüfmaschine steht bereit, ebenso eine Rundprobe aus einem ganz »normalen« Baustahl. Also Probe eingespannt, Messgerät für die Probenverlängerung direkt auf der Probe im Abstand L_0 angebracht, Versuch gestartet. Die Maschine zieht nun die Enden der Probe langsam auseinander. Währenddessen misst man laufend

✔ den Abstand L der beiden Messmarken und damit auch die Probenverlängerung $\Delta L = L - L_0$ sowie

✔ die Kraft F, die die Probe aufnimmt.

In einem Diagramm trägt man nun die Probenverlängerung ΔL nach rechts und die Kraft F nach oben auf. Dieses Diagramm nennt man *Kraft-Verlängerungs-Diagramm*; es ist das Diagramm, das immer zuerst entsteht.

Fair bleiben

Wenn Sie nun Werkstoffe fair miteinander vergleichen möchten, ist es nicht sinnvoll, das Kraft-Verlängerungs-Diagramm zu nehmen, da dieses ja ganz von der Probengröße abhängt:

✔ Eine lange Probe können Sie besonders stark verlängern, bevor sie bricht, eine kurze Probe viel weniger. Es ist deswegen sinnvoller, die Verlängerung ΔL auf die ursprüngliche Messlänge L_0 zu beziehen, das ist die *Dehnung*. Der Dehnung gibt man das Formelzeichen ε (klein Epsilon) und sie berechnet sich zu $\varepsilon = \dfrac{\Delta L}{L_0}$.
Die Dehnung können Sie ohne Einheit oder in Prozent angeben.

✔ Eine dicke Probe hält ja viel größere Kräfte aus als eine dünne Probe. Deswegen ist es sinnvoller, die Kraft F auf die ursprüngliche Querschnittsfläche S_0 zu beziehen, das ist die *Spannung*. Der Spannung gibt man das Formelzeichen σ (klein Sigma) und sie berechnet sich zu $\sigma = \dfrac{F}{S_0}$.
Die Spannung wird meistens in N/mm^2 angegeben, das ist die Kraft in Newton bezogen auf 1 mm^2 Querschnittsfläche.

Für eine faire Werkstoffprüfung rechnen Sie deswegen die Verlängerung in die Dehnung um und die Kraft in die Spannung und erhalten dann ein *Spannungs-Dehnungs-Diagramm*.

Und jetzt geht's wirklich los

Was Sie nun bei einem Zugversuch an einem üblichen Baustahl ermitteln, sehen Sie in Abbildung 6.4. Bitte nicht erschrecken, in dieser Abbildung wimmelt es nur so von Formelzeichen und Hinweisen. Ich erkläre Ihnen alles Schritt für Schritt.

Erst mal die Achsenbeschriftungen

Das unmittelbare Ergebnis des Zugversuchs ist immer das Kraft-Verlängerungs-Diagramm. Die Verlängerung ΔL wird nach rechts aufgetragen, das Formelzeichen steht bei mir einmal etwas ungewöhnlich **über** dem Pfeil. Die Kraft F wird nach oben aufgetragen, das Formelzeichen steht etwas ungewöhnlich **rechts** vom Pfeil.

Für eine faire Zugprüfung ist aber das Spannungs-Dehnungs-Diagramm besser. Kein Problem: Einfach ΔL durch L_0 dividieren, schon haben Sie die Dehnung ε. Und F durch S_0 dividieren, schon erhalten Sie die Spannung σ.

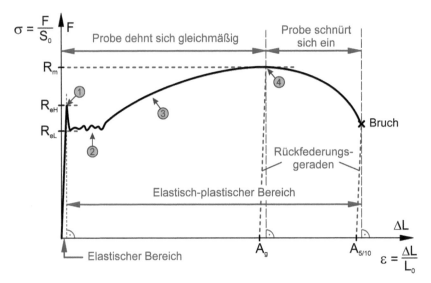

Abbildung 6.4: Kraft-Verlängerungs- und Spannungs-Dehnungs-Diagramm im Zugversuch an einem Baustahl

Was nun im Zugversuch »herauskommt«, das ist die schwarze durchgezogene Kurve. Schauen Sie sich diese Kurve bitte genau an. Die Spannung steigt erst steil an, dann fällt sie abrupt ab, pendelt eine gewisse Strecke leicht auf und ab, steigt dann gleichmäßig an, erreicht ein Maximum und fällt wieder ab, bis die Probe schließlich bricht. Nun im Detail.

Der elastische Bereich

Ganz am Anfang des Zugversuchs tritt eine ziemlich steil ansteigende Gerade bis zum grau eingekreisten Punkt 1 auf, das ist der *elastische Bereich*. Elastisch bedeutet, dass die Zugprobe wieder vollständig in die Anfangslänge zurückfedert, wenn sie nur in diesem Bereich belastet und dann wieder entlastet wird. Hier verhält sie sich wie eine Spiralfeder, die Sie mit Ihren Händen dehnen und wieder entlasten. Mehr zum Thema Elastizität finden Sie übrigens in Kapitel 2.

Lassen Sie Ihr Gefühl walten

Hier möchte ich Sie dazu animieren, einmal ganz nach Gefühl zu schätzen: Um wie viel Prozent kann man einen Stab aus einem ganz einfachen »normalen« Baustahl maximal **elastisch** dehnen? Hierzu bitte die nächsten Zeilen mit einem Blatt Papier abdecken und nachdenken. Dann erst weiterlesen.

Es sind nur etwa ein bis zwei Zehntelprozent. Wenn Sie jetzt etwas mehr vermutet haben, dann sind Sie in guter Gesellschaft. Meistens schätzt man viel mehr.

So, und gleich noch eine weitere Schätzfrage: Um wie viel Prozent kann man so einen Stab maximal **plastisch** (bleibend) dehnen, bis er bricht?

Das sind so etwa zwanzig bis vierzig Prozent, abhängig von Werkstoff und Probenform. Die meisten Leute schätzen hier eher weniger.

Die größte Spannung, die der Werkstoff gerade noch elastisch aushält (das ist genau die Spannung im Punkt 1), nennt man *Streckgrenze*, genauer *obere Streckgrenze*. Der Streckgrenze gibt man das Formelzeichen R_{eH}. »R« kommt von Widerstand, im Englischen »resistance«, das ist der mechanische Widerstand, den die Probe dem Auseinanderziehen entgegensetzt. Der Index »e« steht für »elastic«, also elastisch, und »H« für »high«, also hoch, oder obere Spitze.

Jetzt der plastische Bereich bis zum Bruch

Wenn die Prüfmaschine die Probe nun weiter dehnt, so kommt es im Punkt 1 zu einem plötzlichen Kraftabfall. Genau in diesem Moment verformt sich die Probe erstmals **plastisch**, das heißt bleibend. Wenn Sie die Probe nach Überschreiten des Punktes 1 entlasten, aus der Prüfmaschine ausbauen und vermessen würden, so könnten Sie feststellen, dass die Probe schon ein bisschen länger geworden ist. Ab Punkt 1 beginnt also die plastische Verformung. Und weil auch beim plastischen Verformen noch Elastizität vorhanden ist, sprich man ab dem Punkt 1 ganz korrekt vom *elastisch-plastischen Bereich*, mit der Betonung auf »plastisch«.

Nach Punkt 1 kommt ein Abschnitt (mit 2 bezeichnet) im Spannungs-Dehnungs-Diagramm, in dem die Spannung auf fast konstantem Niveau etwas unregelmäßig auf und ab pendelt. Dieses Verhalten sowie die anfängliche »Spitze« sind ganz typisch für bestimmte »normale« Stähle. Was da innen im Werkstoff abläuft, ist nicht mehr ganz so »harmlos«, ein wenig gehe ich am Ende dieses Kapitels drauf ein, so als Ausblick. Das niedrigste Spannungsniveau in diesem Abschnitt des Zugversuchs heißt übrigens *untere Streckgrenze* R_{eL}, unter Praktikern nicht ganz so wichtig.

Mit weiterer Probendehnung steigt die Spannung im Abschnitt 3 stetig an, das nennt man *Verfestigung*, weil die Probe immer fester wird. Im Punkt 4 erreicht die Spannung ihr Maximum. Dieses Maximum an Spannung nennt man *Zugfestigkeit* und gibt ihr das Formelzeichen R_m. »R« steht wieder für Widerstand, den die Probe dem mechanischen Auseinanderziehen entgegensetzt, der Index »m« bedeutet maximal.

Das ist schon eine seltsame Sache mit diesem Maximum. Woher kommt denn das?

Beobachtet man die Probe im Zugversuch ganz genau, so stellt man fest, dass sie sich bis zum Punkt 4, also bis zum Kraftmaximum, gleichmäßig dehnt. **Gleichmäßig dehnt** heißt, dass die Probe an jeder Stelle innerhalb des Prüfbereichs die gleiche Dehnung hat. Und das wiederum bedeutet, dass die Probe zylindrisch bleibt. Natürlich ist der Prüfbereich dann ein längerer Zylinder als im ursprünglichen Zustand und hat einen kleineren Durchmesser. Aber der Durchmesser ist entlang der Probe überall gleich. Und so ganz nebenbei: Das Volumen der Probe bleibt konstant, das hat man genau untersucht.

Warum die Probe sich gleichmäßig dehnt, liegt an einer Art inneren Regelung. Sobald sich eine Stelle der Probe zufällig etwas mehr plastisch verformt und der Durchmesser an dieser Stelle etwas abnimmt, wird diese Stelle besonders fest und andere Stellen der Probe verformen sich. Diese innere Regelung funktioniert nur bis zu einer bestimmten Dehnung, die nennt man *Gleichmaßdehnung*, und von da an klappt sie nicht mehr. Die Gleichmaßdehnung hat das Formelzeichen A_g. Das Formelzeichen »A« rührt vermutlich vom französischen »allongement«, also Dehnung her, der Index »g« steht für gleichmäßig.

Wird die Probe über die Gleichmaßdehnung hinaus weiter gedehnt, so bildet sich an irgendeiner Stelle des zylindrischen Bereichs ein »Hals« aus, die Probe schnürt sich dort örtlich ein. In dem Moment, in dem die örtliche Einschnürung beginnt, tritt das Spannungsmaximum auf, da dann der Einfluss der Querschnittsverminderung gegenüber dem Einfluss der Verfestigung überwiegt. Von da an dehnt sich die Probe **nur noch im eingeschnürten Bereich** plastisch, bis schließlich dort der Bruch erfolgt.

Die maximale bleibende Dehnung im Zugversuch heißt *Bruchdehnung*; sie erhält entweder das Formelzeichen A_5 oder A_{10} oder schlicht nur A. Das Formelzeichen »A« an sich kennen Sie ja schon. Den Index »5« nehmen Sie, wenn die Probe ein kurzer Proportionalstab ist, den Index »10« beim langen Proportionalstab. Wenn das A gar keinen Index hat, so meint man immer A_5, also die Bruchdehnung am kurzen Proportionalstab, weil der die gebräuchlichste Probenform ist.

Haben Sie hier die Stirn gerunzelt? Sich gewundert, warum Sie bei der Bruchdehnung den kurzen und den langen Proportionalstab unterscheiden müssen? Falls das der Fall war, dann freue ich mich, denn das ist eine wichtige Geschichte. Und erklärt wird sie eher selten in den typischen Lehrbüchern. Also:

Bis zum Höchstlastpunkt dehnt sich die Probe gleichmäßig, kurzen und langen Proportionalstab brauchen Sie bis dorthin nicht unterscheiden. Eine doppelt so lange Probe führt zu doppelter Verlängerung. Und doppelte Verlängerung geteilt durch doppelte Ausgangslänge führt zu gleicher Dehnung. Sehen Sie, und deswegen hat die Gleichmaßdehnung A_g auch keinen Index 5 oder 10. Jede zylindrische Probe verhält sich bis zum Höchstlastpunkt identisch.

Ab dem Höchstlastpunkt kommt aber die Einschnürung. Im eingeschnürten Bereich dehnt sich die Probe besonders stark. Hat die Probe eine kurze Messlänge im Vergleich zum Durchmesser, so trägt der eingeschnürte, stark gedehnte Bereich der Probe viel zur Bruchdehnung bei. Und bei langer Probe trägt er nur wenig bei. A_5 muss also immer größer als A_{10} sein.

Etwas anschaulicher wird diese Geschichte, wenn Sie sich eine gebrochene Zugprobe einmal näher ansehen. Abbildung 6.5 zeigt eine von mir selbst geprüfte und nach dem Zugversuch wieder liebevoll aneinandergesetzte Probe. Etwa in Probenmitte ist der stark eingeschnürte Bereich mit der Bruchstelle zu erkennen.

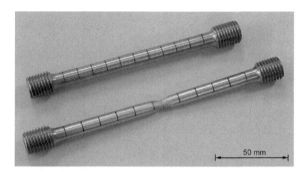

Abbildung 6.5: Neue und gebrochene Zugprobe

Vor dem Zugversuch hatte ich auf der Probe mit einem dünnen Filzschreiber Striche im Abstand von 10 mm angebracht, der Probendurchmesser war ursprünglich ebenfalls 10 mm. Sie sehen jetzt, dass der Abstand der Striche im Bereich der Einschnürung viel größer ist als außerhalb der Einschnürung. Folglich ist die Dehnung im Einschnürbereich viel größer als außerhalb. Und wenn Sie jetzt die Bruchdehnung im kurzen Proportionalstab bestimmen – den Sie sich im langen denken können –, dann kommt eine deutlich größere Bruchdehnung heraus als beim langen Proportionalstab.

Was für die Cracks

Diejenigen unter Ihnen, die da immer noch meinen, das mit dem Zugversuch sei doch so einfach und nur was für Warmduscher, die bekommen jetzt eine besondere Aufgabe. Zwischen A_5, A_{10} und A_g gibt es einen mathematischen Zusammenhang. Die Aufgabe ist es, sich diesen Zusammenhang herzuleiten. Herleiten bedeutet, logisch Schritt für Schritt vorzugehen, ohne dass irgendetwas vom Ergebnis »hineingemogelt« wird. Und nur so zur Kontrolle das Ergebnis:

$$A_g = 2A_{10} - A_5$$

Viel Glück!

Sie sehen, das ist gar nicht so einfach mit dem Zugversuch. Und weshalb ich so auf der Bruchdehnung herumreite: Oftmals wird das Verhältnis von L_0 zu d_0 nicht angegeben, oder es ist länderspezifisch. Vorsicht, Vorsicht, Vorsicht!

Zu Ihrer Beruhigung: Ein im Buch beschriebener Zugversuch kann niemals die echte Vorführung im Labor und die gründliche Auswertung »von Hand« ersetzen. Wenn Sie nun je die Gelegenheit haben, bei einem Zugversuch zuzusehen, dann passen Sie auf, mit allen grauen Zellen und allen Nervensträngen, es lohnt sich. Ersatzweise oder zusätzlich schauen Sie sich unser Video im Internet an. Klar, die modernen Zugprüfmaschinen liefern Ihnen fast alle Ergebnisse automatisch am Bildschirm. Aber ein volles Verständnis der Vorgänge beim Zugversuch erhalten Sie erst, wenn Sie die Auswertung so zwei- oder dreimal »von Hand« machen. Die Aufgaben im Übungsbuch helfen Ihnen dabei.

Das kann doch nicht wahr sein

Nun habe ich Ihnen lang und breit erklärt, dass die Spannungen und Dehnungen für einen fairen Werkstoffvergleich das Richtige sind. Und jetzt muss ich Ihnen beichten, dass all die Spannungen, die da in Abbildung 6.4 auftauchen, in der Probe gar nicht vorkommen. Die *wahren Spannungen* in der Zugprobe sind andere. Woran liegt das?

Schauen Sie sich bitte noch einmal Abbildung 6.4 an. Die Spannungen sind ja nach oben aufgetragen und berechnen sich aus Kraft geteilt durch ursprüngliche Querschnittsfläche S_0. An der Kraft gibt es nichts zu meckern, das ist die wahre, physikalisch richtige, tatsächlich wirkende Kraft.

Aber bei der Querschnittsfläche S_0, da liegt der Hase im Pfeffer. Das ist ja die **ursprüngliche**, in der unbelasteten Probe vorhandene Querschnittsfläche, die ganz zu Recht den Index »0« bekommt. In dem Moment jedoch, in dem Sie an der Probe ziehen, vermindert sich die Querschnittsfläche. Im elastischen Bereich ist das noch ganz wenig, mit dem bloßen Auge kann man das nicht erkennen. Mit zunehmender plastischer Dehnung wird der Effekt aber immer größer, und ganz ausgeprägt ist er ab dem Höchstlastpunkt, wenn sich die Probe einschnürt.

So, und wenn Sie jetzt die *wahre Spannung* berechnen, das ist die Kraft F geteilt durch die jeweils tatsächlich vorhandene Querschnittsfläche S, dann ergeben sich andere Werte. Und weil die Querschnittsfläche im Laufe des Zugversuchs immer kleiner wird, sind die wahren Spannungen, die wirklich in der Probe wirken, immer größer als die »normalen Spannungen«, die auch *Nennspannungen* heißen.

Den Unterschied sehen Sie in Abbildung 6.6.

Ja, und wenn die wahren Spannungen nun »wahr«, also richtig sind, warum nimmt man die denn nicht immer?

✔ In vielen Fällen ist der Anfang des Zugversuchs besonders wichtig, und dann sind die Nennspannungen einfacher in der Anwendung.

✔ Manchmal aber, speziell in der sogenannten Umformtechnik, wenn es um ganz hohe plastische Verformungen geht, wie beim Schmieden oder Strangpressen, dann ist das Rechnen mit den wahren Spannungen die geschicktere Sache.

Der Unterschied zwischen Nennspannung und wahrer Spannung muss einem aber immer bewusst sein. Wenn ich nun im Folgenden wieder ganz einfach nur von »Spannung« rede, so meine ich immer die Nennspannungen.

Außerdem: Es gibt auch noch »wahre« Dehnungen, aber das lassen wir jetzt einfach beiseite.

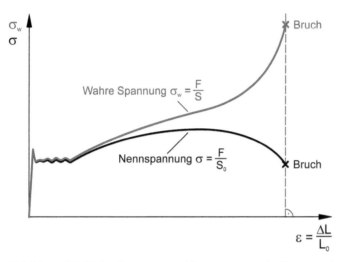

Abbildung 6.6: Wahre Spannung und Nennspannung im Zugversuch

Die Vielfalt der metallischen Werkstoffe

Natürlich finden Sie in der Praxis nicht nur solche einfachen Baustähle, an deren Beispiel ich Ihnen den Zugversuch vorgestellt habe. Damit Sie einen groben Überblick über die Welt der Stähle und ihre Bandbreite erhalten, habe ich Ihnen die Spannungs-Dehnungs-Diagramme einiger typischer Stähle in Abbildung 6.7 zusammengestellt.

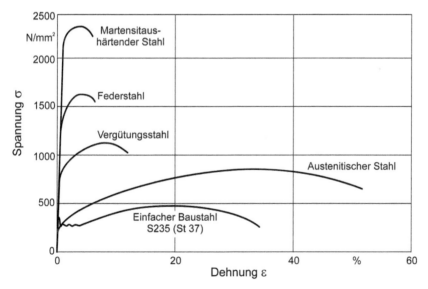

Abbildung 6.7: Spannungs-Dehnungs-Diagramme einiger typischer Stähle, kurzer Proportionalstab

Mein Beispiel, das war ein »normaler«, einfacher Baustahl, das finden Sie im Werkstoff S235 (früher hieß er St 37) wieder. Dann sehen Sie eine Reihe weiterer Stähle, die Ihnen zeigen sollen, dass der Charakter doch recht unterschiedlich sein kann. Wenn Sie sich über die Stahlnamen näher informieren wollen, schlagen Sie in Kapitel 13 nach, und in Kapitel 15 finden Sie die wichtigsten Stahlgruppen.

Und natürlich gibt es eine riesige Vielfalt weiterer Werkstoffe, über die Gusseisensorten, Nichteisenmetalle, Gläser, Keramiken, Kunststoffe bis hin zu den Naturstoffen. Alle haben ihr eigenes individuelles Spannungs-Dehnungs-Diagramm.

Die Kennwerte des Zugversuchs im Überblick

Im Folgenden möchte ich für Sie die wichtigsten Ergebnisse des Zugversuchs, das sind die *Werkstoffkennwerte*, zusammenfassen. Man kann sie sinnvoll in Festigkeitskennwerte, Zähigkeitskennwerte und elastische Kennwerte gliedern.

Stärke zählt: Die Festigkeitskennwerte

 Die Festigkeitskennwerte geben an, welche *Spannungen* ein Werkstoff im Zugversuch aushalten kann. Sie machen also nur eine Aussage über die ertragbaren Spannungen, und gar keine über die Fähigkeit, sich plastisch zu verformen.

Streckgrenze

Die Streckgrenze R_{eH} ist die höchste Spannung, die ein Werkstoff elastisch aushalten kann. Sinnvoll angeben kann man sie nur, wenn im Spannungs-Dehnungs-Diagramm ein ganz abrupter Übergang vom elastischen in den plastischen Bereich auftritt, so wie es die Spitze im Punkt 1 in Abbildung 6.4 zeigt. Man spricht auch gerne von *ausgeprägter Streckgrenze*, weil die Spitze sehr deutlich zu sehen ist. So ganz korrekt heißt sie eigentlich obere Streckgrenze, aber das »obere« lässt man meist weg.

Interessant ist, dass eine solche ausgeprägte Streckgrenze nur bei relativ wenigen Werkstoffen auftritt. Eine Art Ausnahmefall. Und ausgerechnet bei den einfachen Baustählen, der meistgebrauchten metallischen Werkstoffgruppe, eine Ironie der Natur.

Dehngrenze

Fast alle anderen metallischen Werkstoffe unserer Welt haben aber »normales« Verhalten. Normal heißt, dass es keinen abrupten Übergang vom elastischen in den plastischen Bereich gibt, sondern einen ganz sanften. In Abbildung 6.8 sehen Sie den anfänglichen Teil des Spannungs-Dehnungs-Diagramms eines in diesem Sinne normalen Werkstoffs. Elastisches Verhalten tritt nur im anfänglichen linearen Bereich auf. Sobald die Kurve von der Geraden abweicht, verformt sich der Werkstoff plastisch.

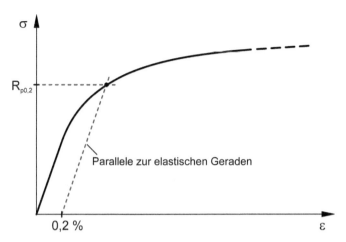

Abbildung 6.8: Dehngrenze

Bei der Prüfung und Anwendung solcher Werkstoffe treten zwei Hauptprobleme auf:

✔ Die größte Spannung, die der Werkstoff gerade noch elastisch aushält – das ist das Ende der elastischen Geraden –, lässt sich nicht eindeutig bestimmen, da die Spannungs-Dehnungs-Kurve völlig sanft und ohne jeden Knick abbiegt.

✔ Selbst wenn man das Ende der elastischen Geraden genau messen könnte, wäre der Werkstoff hier noch relativ wenig ausgenutzt, noch nicht so richtig »warm gelaufen«.

Aus diesem Grund nimmt man als Ersatz für eine echte Streckgrenze die sogenannte *Dehngrenze*. Unter Dehngrenze versteht man diejenige Spannung, die im Werkstoff ein ganz bestimmtes Maß an plastischer Dehnung hervorruft. Die gängigste Dehngrenze ist die 0,2-%-Dehngrenze, der man das Formelzeichen $R_{p0,2}$ gibt. »R« steht wieder für Widerstand, der Index »p0,2« bedeutet 0,2 % plastische Dehnung.

$R_{p0,2}$ ist ganz konkret diejenige Spannung, die in der Probe eine bleibende, also plastische Dehnung von 0,2 % verursacht. Die 0,2 % sind einfach ein sinnvoller, willkürlich gewählter Wert in der Praxis. Die Dehngrenze gibt es aber auch für andere plastische Dehnungswerte, beispielsweise für 1 %, 0,1 %, 0,05 % oder 0,01 %. Und als Formelzeichen hat sie dann R_{p1}, $R_{p0,1}$, $R_{p0,05}$ oder $R_{p0,01}$.

Zugfestigkeit

Die größte Spannung im Zugversuch heißt Zugfestigkeit und führt das Formelzeichen R_m. Es ist die größte Spannung (genauer Nennspannung), die eine Probe überhaupt aushalten kann.

So, das waren die Festigkeiten. Und jetzt geht es an etwas **völlig anderes**, die Zähigkeitskennwerte, Vorsicht also.

Formbarkeit zählt: Die Zähigkeitskennwerte

Die Zähigkeitskennwerte geben an, welche **plastischen Dehnungen** ein Werkstoff im Zugversuch aushalten kann. Sie machen also nur eine Aussage über die größten plastischen, also bleibenden Dehnungen, und gar keine über die Fähigkeit, Spannungen auszuhalten.

Gleichmaßdehnung

Die Gleichmaßdehnung A_g ist die größtmögliche Dehnung, um die ein Werkstoff im Zugversuch plastisch verformt werden kann, ohne dass er sich lokal einschnürt. Das ist ein Kennwert, der in der Umformtechnik sehr wichtig ist, vor allem wenn es um das Ziehen, Biegen und Strecken geht. Die Gleichmaßdehnung wird immer im Höchstlastpunkt des Zugversuchs erreicht.

Bruchdehnung

Unter der Bruchdehnung versteht man die plastische Dehnung beim Bruch im Zugversuch. Je nachdem, ob es sich um einen kurzen oder einen langen Proportionalstab handelt, erhält sie das Formelzeichen A_5 oder A_{10}. Statt A_5 wird seit einiger Zeit gerne auch nur A oder $A_{5,65}$ verwendet, statt A_{10} auch $A_{11,3}$. Das hängt mit den Faktoren 5,65 und 11,3 zusammen, die Sie schon bei den Flachproben zu Beginn dieses Kapitels kennengelernt haben und die auch bei Rundproben und Proben mit anderen Querschnittsformen sinnvoll sind.

Brucheinschnürung

Die Brucheinschnürung ist ein weiterer wichtiger Zähigkeitskennwert. Sie gibt an, wie sehr sich eine Zugprobe an der Bruchstelle plastisch einschnürt; ihr Formelzeichen ist Z. Ganz konkret ist die Brucheinschnürung die prozentuale Verminderung der Querschnittsfläche S_u an der Bruchstelle gegenüber der ursprünglichen Querschnittsfläche S_0:

$$Z = \frac{S_0 - S_u}{S_0}$$

Je größer die Brucheinschnürung, desto zäher der Werkstoff.

Und jetzt kommt **nochmals etwas völlig anderes**, das ist das elastische Verhalten, wiederum Vorsicht.

Elastizität zählt: Die elastischen Kennwerte

Die elastischen Kennwerte geben an, wie sehr ein Werkstoff unter der Wirkung von Spannungen elastisch nachgibt. Sie machen also nur eine Aussage über das elastische Verhalten und gar keine über die Festigkeit und ebenso gar keine über die Zähigkeit.

Der wichtigste elastische Kennwert ist der Elastizitätsmodul E. Er entspricht der Steigung der elastischen Geraden im Spannungs-Dehnungs-Diagramm. Näheres dazu finden Sie in Kapitel 2.

Ausblick und Schlusswort

Nun müsste, sollte, könnte ich noch vieles zum Zugversuch erklären. Er hat ein eigenes Buch verdient. Natürlich sind mir hier vom Umfang her die Hände gebunden, aber einen besonderen und wichtigen Aspekt möchte ich noch kurz ansprechen. Das ist die seltsame Geschichte mit der ausgeprägten Streckgrenze, mit dieser Spitze im Spannungs-Dehnungs-Diagramm bei den üblichen Baustählen und dem »Gezappel« gleich danach.

Zur Erinnerung noch einmal das Diagramm aus Abbildung 6.4, jetzt ohne die vielen Hinweise, pur und rein in Abbildung 6.9 zu sehen. Schwarz durchgezogen sehen Sie dasjenige Diagramm, das man üblicherweise im Zugversuch so ermittelt. Und nun wird es etwas anspruchsvoller.

Die scharfe Spitze kommt dadurch zustande, dass sich Kohlenstoffatome an den Versetzungen »angesiedelt« haben und sie regelrecht festhalten. Erst bei entsprechend hohen Spannungen können sich die Versetzungen losreißen oder von Korngrenzen neu bilden. Wenn sie einmal losgerissen sind von den Kohlenstoffatomen oder aus Korngrenzen neu gebildet sind, können sie sich bei viel niedrigeren Spannungen durch die Kristalle hindurchbewegen. Das kennt man schon lange – nach den Entdeckern Lüders-Effekt oder auch Piobert-Effekt genannt.

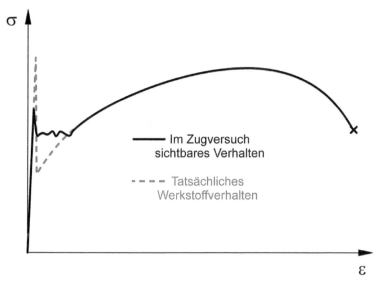

Abbildung 6.9: Die tatsächlichen Vorgänge bei der ausgeprägten Streckgrenze an üblichen Baustählen

Was nun nicht so bekannt ist, teils, weil diese Erkenntnisse etwas verloren gingen, teils, weil es noch nicht ganz erforscht ist:

✔ Die Spitze, also R_{eH}, ist tatsächlich viel höher als üblicherweise gemessen. Manchmal liegt sie sogar oberhalb der Zugfestigkeit (siehe grau gestrichelte Kurve). Dass man das meist nicht korrekt im Zugversuch ermittelt, liegt an der nie hundertprozentig symmetrischen Einspannung der Probe, fast immer ist ungewollt noch etwas Biegung dabei. Und die wirkt sich viel heftiger aus, als den meisten Leuten bewusst ist.

✔ Das tatsächliche Werkstoffverhalten nach R_{eH} ist nicht das gemessene »Gezappel« in der schwarzen Kurve, sondern die grau gestrichelte Kurve. Und warum misst man die nicht, sieht sie nicht? Das liegt an der inhomogenen Verformung in diesem Bereich mit den sogenannten Lüdersbändern und an einem dreiachsigen Spannungszustand, der sich an der Front dieser Lüdersbänder ausbildet. Ja, kurz und knackig war das, und einfach mal ohne ausführliche Erläuterung, die würde den Rahmen sprengen.

Habe ich Sie jetzt vollends verwirrt? Ein klein wenig Absicht war schon dabei, irgendwie kann ich den Schelm nicht ganz aus mir austreiben. Und die Absicht, jetzt aber zum letzten Mal: Das mit dem Zugversuch ist nicht so einfach ...

Und dann wird an Werkstoffen natürlich nicht nur gezogen, sondern auch gedrückt, gebogen, gedrillt und anderes mehr angestellt. Um das zu testen, gibt es den Druckversuch, den Biegeversuch, den Torsionsversuch ... Schluss jetzt, die Härteprüfung »scharrt mit den Hufen«, und zwar zu Recht.

Kapitel 7
Hart, aber fair: Die Härteprüfung

Wir befinden uns im Jahr 2018 nach Christus. Auf allen Gebieten hat man von der alten Krafteinheit Kilopond umgestellt auf die neue Einheit Newton. Auf allen Gebieten? Nein! Ein Gebiet leistet erbitterten Widerstand, das Gebiet der Härteprüfung.

Willkommen, liebe Leserin, lieber Leser. Was nun die Härteprüfung mit dem berühmten Asterix zu tun hat, werden Sie gleich sehen.

Die Messung der Härte von Werkstoffen ist vermutlich die am meisten angewandte Art der mechanischen Werkstoffprüfung. Sie dient zur Eingangskontrolle, für Verfahrensprüfungen, zur Kontrolle von Wärmebehandlungen, zur Qualitätssicherung und noch zig andern Zwecken. Superwichtig in der Praxis und auch in der Forschung, keine Frage.

In diesem Kapitel möchte ich zunächst ein bisschen über die Härteprüfung philosophieren und stelle Ihnen dann die drei wichtigsten Verfahren vor: die Härteprüfung nach Brinell, Vickers und Rockwell. Warum es drei Verfahren gibt? Alle haben so ihre Stärken und Schwächen ...

Ein paar Überlegungen vorweg

Wir alle glauben, recht genau zu wissen, was die Begriffe »hart« und »weich« bedeuten. Einen Menschen bezeichnen wir als hart, wenn er unnachgiebig ist, nicht mitfühlt. Harten Werkstoffen ordnet man ähnliche Eigenschaften zu: Sie geben bei mechanischer Einwirkung nur wenig nach, lassen sich kaum beeinflussen, verschleißen wenig.

So anschaulich diese gefühlte Beschreibung ist, so schwierig gestaltet sich eine genaue wissenschaftliche Definition. Eine gebräuchliche Definition von Härte ist:

Unter *Härte* versteht man den Widerstand eines Stoffes gegen das Eindringen eines anderen, härteren Prüfkörpers unter einer Prüflast. Mit dem Eindringen meint man hier das *plastische* Eindringen, also das *plastische Verformen* eines Stoffes unter einer Prüflast.

Wenn Sie später in der Praxis viel mit Härteprüfung zu tun haben, werden Sie sehen, dass man Härte auch noch anders sinnvoll beschreiben kann.

Begonnen hat alles mit dem deutschen Mineralogen Friedrich Mohs, der im Jahr 1811 die nach ihm benannte Härtegradskala von 1 bis 10 aufgestellt hat. Die Überlegung von Herrn Mohs war, dass ein härterer Stoff einen weicheren anritzen kann, aber nicht umgekehrt. Er hat dann eine zweckmäßige Reihe von Mineralien mit verschiedener Härte zusammengestellt. Dem Mineral Talk, das man mit dem Fingernagel ritzen kann, hat er den Härtegrad 1 gegeben und dem härtesten aller Stoffe, dem Diamanten, den Härtegrad 10, zwischendrin sinnvolle Abstufungen.

Für Mineralien wird diese Art der Härtedefinition immer noch gerne angewandt, bei Metallen und vielen anderen Stoffen ist sie aber zu ungenau. Hier nimmt man die *Eindringhärteprüfung*, die ich Ihnen im Folgenden vorstellen möchte.

So funktioniert ein modernes Härteprüfgerät

Abbildung 7.1 zeigt die wesentlichen Komponenten eines Härteprüfgeräts. Es weist einen großen c-förmigen Rahmen auf, damit man auch sperrige Teile prüfen kann.

Das zu prüfende Teil, die Probe, wird »wackelfrei«, oder noch besser, solide in einen Halter eingespannt auf den Probentisch aufgelegt. Den Probentisch verfährt man nun mitsamt der Probe so lange nach oben oder unten, bis die Probenoberfläche die richtige Höhe hat. Dann verschiebt man die Probe so lange auf dem Probentisch, bis die gewünschte Stelle erreicht ist, an der man die Härte messen möchte. Nun kann's mit der eigentlichen Härteprüfung losgehen.

Ein geeigneter harter Eindringkörper setzt vorsichtig auf der Probenoberfläche an und drückt auf die Probe. Die Prüfkraft F steigt stoßfrei auf den vorgesehenen Wert an und wirkt dann meistens 10 Sekunden lang. Anschließend geht die Prüfkraft wieder teilweise oder ganz zurück. Je nach Verfahren wertet man die *bleibende Eindruckoberfläche* oder die *bleibende Eindringtiefe* aus und berechnet daraus den Härtewert.

Das ist das Prinzip. Jetzt zu den konkreten Härteprüfverfahren.

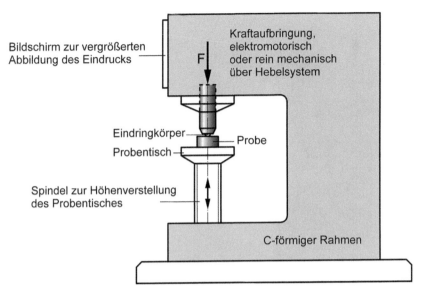

Abbildung 7.1: Härteprüfgerät mit den wesentlichen Komponenten

Härteprüfung nach Brinell

Versetzen Sie sich in das Jahr 1900 und nach Paris: Die Jahrhundertwende wird gefeiert, die Weltausstellung ist riesengroß, technische Neuerungen aller Art werden stolz präsentiert. Und der schwedische Ingenieur Johan August Brinell darf seine neue Entwicklung vorstellen: die Härtemessung mit einer Kugel.

Heute, über ein Jahrhundert später, gibt es seine Erfindung immer noch. Sie ist in der DIN EN ISO 6506 genormt, und das bedeutet, dass die deutsche (DIN), die europäische (EN) und die internationale (ISO) Norm identisch sind.

So prüfen Sie

Als Eindringkörper nehmen Sie eine harte und feste Kugel. Früher hat man Kugeln aus gehärtetem Stahl benutzt, heute nur noch aus Hartmetall. Hartmetalle sind trickreich hergestellte Verbundwerkstoffe mit ganz hohem keramischem Anteil, also eher Keramiken als Metalle. Näheres zu Hartmetallen finden Sie in Kapitel 18.

Eine solche Kugel mit genormtem Durchmesser D wird vom Härteprüfgerät eine bestimmte Zeit lang mit definierter Kraft auf die Probe gedrückt und dann wieder abgehoben (siehe Abbildung 7.2). Mit einem in die Härteprüfmaschine integrierten Mikroskop messen Sie den Durchmesser des erzeugten Eindrucks. Damit die Messung genauer wird, ermitteln Sie den Eindruckdurchmesser zweifach senkrecht zueinander (d_1 und d_2) und bilden den Mittelwert d. Wie das in der Praxis abläuft, zeigt Ihnen unser Video im Internet.

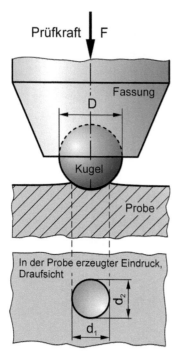

Abbildung 7.2: Härteprüfung nach Brinell

Der richtige Kugeldurchmesser

Beim Kugeldurchmesser D haben Sie die freie Wahl zwischen 1, 2,5, 5 und 10 mm, das sind die genormten Durchmesser. Tja, und wer die Wahl hat, hat die Qual: Wann nehmen Sie denn eine kleine, wann eine große Kugel (sofern die Prüfmaschine in der Lage ist, die entsprechenden Prüfkräfte aufzubringen)?

Eine eher **kleine Prüfkugel** nehmen Sie

✔ bei dünnen oder schmalen Proben, sonst kommt kein sinnvoller Härteeindruck zustande,

✔ für relativ hohe Ortsauflösung, wenn Sie also die Härte möglichst genau einer bestimmten Probenstelle zuordnen wollen.

So, und was spricht denn dann überhaupt noch für eine große Prüfkugel? Mit kleinen Kugeln können Sie doch alles »erschlagen«: dünne Proben und natürlich auch dicke Proben, schmale und natürlich auch breite. Weg mit den großen Kugeln, die kosten doch nur Geld?

Für eine eher **große Prüfkugel** spricht:

✔ Der große Eindruck ist in rauer, staubiger Umgebung leichter ablesbar.

✔ Bei Werkstoffen, die harte und weiche Gefügebestandteile gleichzeitig aufweisen (mit heterogenem Gefüge), ergibt sich ein besserer Mittelwert der Härte.

Sie sehen, das hat schon seinen Sinn mit dieser großen Spanne von möglichen Kugeldurchmessern. Nachdem Sie nun den Kugeldurchmesser festgelegt haben, müssen Sie als Nächstes die Prüfkraft sinnvoll auswählen.

Die richtige Prüfkraft

Dass die Prüfkraft an den zu prüfenden Werkstoff und den Kugeldurchmesser angepasst sein muss, versteht sich von selbst. Bei großer Kugel, ziemlich hartem Werkstoff und klitzekleiner Kraft gibt's gar keinen bleibenden Eindruck. Und bei kleiner Kugel, butterweichem Werkstoff und riesengroßer Prüfkraft (wie von einem Hinkelstein) versinkt die Kugel komplett in der Probe, vielleicht sogar mitsamt der Kugelfassung, das ist auch nicht sinnvoll.

Sie müssen die Prüfkraft F also so auswählen, dass ein brauchbarer, guter Eindruck entsteht. Als brauchbar und gut gilt ein Eindruck dann, wenn sich der Eindruckdurchmesser d in folgenden Grenzen bewegt:

$$0{,}24 \cdot D \leq d \leq 0{,}6 \cdot D$$

Der Eindruckdurchmesser muss also zwischen 24 und 60 % des Kugeldurchmessers betragen. Warum eigentlich?

✔ Unter 24 % kommt kein deutlich sichtbarer Abdruck mehr zustande und irgendwann gar keiner mehr, die Probe federt wieder elastisch zurück.

✔ Und über 60 % ändert sich der Eindruckdurchmesser nur noch wenig bei unterschiedlicher Härte, die Härtemessung wird ungenau.

Dann gibt es noch tiefer gehende wissenschaftliche Gründe, die recht interessant sind, aber die lassen wir hier einfach mal weg.

Damit Sie nun nicht ewig mit der Prüfkraft rumprobieren müssen, wenn Sie einen Werkstoff prüfen, haben Wissenschaftler die Tabelle 7.1 zusammengestellt. Extra für Sie.

Werkstoffgruppe	Prüfkraft F in kp, wenn D in mm eingesetzt wird
Stahl, Gusseisen	$30 \cdot D^2$
Kupfer, Kupferlegierungen, Aluminiumlegierungen	$10 \cdot D^2$
Aluminium, Zink, Magnesium	$5 \cdot D^2$
Lagermetalle	$2{,}5 \cdot D^2$
Blei, Zinn	$1 \cdot D^2$

Tabelle 7.1: Empfehlungen für die Prüfkraft bei der Härteprüfung nach Brinell

Mit dieser Tabelle können Sie sinnvolle Prüfkräfte für gängige, häufig angewandte Werkstoffe ausrechnen. Ein **Beispiel**:

Welche Prüfkraft wird bei Stahl und einem Kugeldurchmesser D = 10 mm empfohlen?

Sie nehmen die oberste Gleichung, setzen D in mm ein und erhalten die Prüfkraft in kp:

$$F = 30 \cdot D^2 \, \text{kp} = 30 \cdot 10^2 \, \text{kp} = 3000 \, \text{kp}$$

Ja, Sie lesen richtig: die Prüfkraft in kp (Kilopond). Das war früher die Einheit der Kraft. 1 kp entspricht der Gewichtskraft der Masse 1 kg, und das sind 9,81 N. Und die Kilopond gibt's immer noch in der Härteprüfung, genauso wie das gallische Dorf bei Asterix. Nicht klein-zukriegen, die Kilopond, die haben wohl einen Zaubertrank. Warum das so ist, kommt gleich.

Bei weicheren Werkstoffen bis hin zu Blei und Zinn sind die Prüfkräfte entsprechend kleiner, bei kleinen Kugeldurchmessern ebenfalls. Tabelle 7.1 ist übrigens eine reine Empfehlung, keinerlei Zwang. Wenn Ihr Werkstoff nicht in der Tabelle ist, dann nehmen Sie einfach einen ähnlichen. Und wenn der Eindruck doch nicht gut ist, dann ändern Sie halt die Prüfkraft und prüfen nochmals an einer neuen Stelle. Sofern es die gibt, manchmal hat man auch Pech.

So weit, so gut. Probe geprüft, Eindruckdurchmesser gemessen. Wie aber kommen Sie zur Härte?

Und so ermitteln Sie den Härtewert

Die Brinellhärte HBW ergibt sich aus der **Prüfkraft F in kp**, dividiert durch die **bleibende räumliche Eindruckoberfläche A in mm^2**, und zwar ohne Angabe der Einheit:

$$HBW = \frac{F \, (\text{in kp})}{A \, (\text{in mm}^2)} \, (\text{ohne Einheit})$$

Ein **Beispiel**:

Angenommen, Sie prüfen mit F = 100 kp und erhalten eine räumliche (kalottenförmige) Ein-druckoberfläche A von 1 mm^2. Wie groß ist die Härte?

Sie nehmen die Prüfkraft in kp, also 100, und dividieren durch die Eindruckoberfläche in mm^2, also 1. Der Härtewert ist dann 100/1 = 100. Ganz ohne Einheit, eine pure, reine Zahl. Und genau darin liegt die Problematik.

Ganz früher hat man die Einheit angegeben, und zwar zuallererst in kg/mm^2. Der Härtewert aus unserem Beispiel betrug also 100 kg/mm^2. Das war natürlich physikalisch falsch, aber man dachte an eine aufgelegte Masse in kg, die die entsprechende Kraft in kp ausübt. Später (immer noch ganz lang her) hat man diesen Fehltritt korrigiert und die physikalisch korrekte Einheit kp/mm^2 angegeben – aus unserem Härtewert wurden 100 kp/mm^2.

So, und danach hat man argumentiert (immer noch arg lang her), die Härte solle eigentlich gar keine Einheit haben, ganz im Sinne der mohsschen Härtegradskala, die ja von 1 bis 10 reicht und auch keine Einheiten hat. Und unser Härtewert war »nur noch« 100.

Eigentlich wäre alles gut gewesen, ja, wenn man nicht weltweit die neuen Krafteinheiten eingeführt hätte. Das Kilopond wurde ausrangiert, sogar regelrecht verboten. Aber an den Härtewerten wollte man nichts ändern, denn ohne Einheitenangabe sind die alten und neuen

Einheiten nicht zu unterscheiden. Und so blieb man auch nach Einführung der neuen Einheiten im Bereich der Härteprüfung bei den alten Kilopond.

Ein Schlamassel, wenn Sie mich fragen. So manchen Wissenschaftlern geht das gehörig auf den Keks, die ignorieren die genormte Härteangabe einfach und verwenden die neuen Einheiten. In unserem Beispiel ergäbe das einen Härtewert von 981 N/mm^2, da 100 kp ja 981 N entsprechen. Meines Erachtens nach eine gute Methode, aber »offiziell erlaubt« ist sie nicht.

Verrückte Welt

Die Hersteller von Härteprüfmaschinen tun mir richtig leid. Per Gesetz sind sie einerseits gezwungen, die Prüfkraft ihrer Maschinen in Newton anzugeben. Wenn dann aber der Steuerrechner der Härteprüfmaschine den Härtewert ermittelt, müssen es Kilopond sein. Nur sagen dürfen es die Hersteller nicht.

Wenn Sie also am supermodernen Härteprüfgerät eine vorgeschlagene Prüfkraft von 2452 N lesen und sich fragen, warum das so ein seltsam krummer Wert ist, dividieren Sie mal durch 9,81. Schon sieht die Welt viel runder aus, dahinter stecken nämlich 250 kp.

Und weil die Rückumrechnung von N in kp den Faktor 1/9,81 = 0,102 ergibt, brauchen Sie sich auch nicht mehr zu wundern, warum dieser Faktor so häufig bei den Geräteherstellern und auch in Lehrbüchern vorkommt.

Prost.

Sechs Tipps zum Härtewert

✔ Je nachdem, ob man eine Stahl- oder eine Hartmetallkugel als Prüfkörper nimmt, wird die Bezeichnung HBS oder HBW für den Härtewert verwendet. »H« steht für Härtewert, »B« für Brinell, »S« für Stahlkugel und »W« für Hartmetallkugel. Neuerdings nimmt man nur noch Hartmetallkugeln.

✔ Unter der Eindruckoberfläche A versteht man immer die bleibende **räumliche** Eindruckoberfläche, das ist eine Kugelkalotte. Sie berechnet sich aus dem Kugeldurchmesser D und dem gemessenen Eindruckdurchmesser d zu $A = \dfrac{\pi D(D - \sqrt{D^2 - d^2})}{2}$. Die mathematisch Interessierten unter Ihnen können versuchen, sich diese Gleichung selbst herzuleiten. Es ist nicht ganz einfach, macht aber Spaß. Für das Verständnis der folgenden Abschnitte ist die Herleitung nicht nötig.

✔ Der Härtewert berechnet sich ja aus Kraft/Fläche, das ist eine Spannung oder in diesem Falle eine sogenannte Flächenpressung. Physikalisch entspricht der Härtewert der **durchschnittlichen Flächenpressung bei der Härteprüfung**, einer Art von »Tragfähigkeit« des Werkstoffs bei Eindringbeanspruchung. Ungefähr jedenfalls, wenn Sie die elastische Rückfederung »unter den Tisch« fallen lassen.

✔ Der Brinellhärtewert hängt nur wenig von Kugeldurchmesser und Prüfkraft ab. Doppelte Prüfkraft beispielsweise führt ziemlich genau zu doppelter Eindruckoberfläche und damit in etwa gleichem Härtewert. Dennoch tun Sie gut daran, den Brinellhärtewert vollständig anzugeben. Die Bezeichnung 26 HBW 5/62,5/30 besagt zum Beispiel, dass

- der Härtewert 26 ist,
- mit einer 5-mm-Hartmetallkugel geprüft wurde,
- die Prüfkraft 62,5 kp betrug und 30 s lang wirkte.

✔ Eine Härteangabe 320 HBW (ohne jeden Zusatz) bedeutet automatisch, dass der Härtewert 320, der Kugeldurchmesser 10 mm, die Prüfkraft 3000 kp und die Krafteinwirkungszeit 10 s war, ohne dass man die Details näher angibt. Standardbedingungen sozusagen.

✔ Längere Krafteinwirkungszeiten als 10 s nimmt man eher selten. Ein Argument für eine lange Zeit kann das sogenannte Kriechen des Werkstoffs sein, ein langsames plastisches Verformen unter der konstanten Last. Mehr zum Thema Kriechen finden Sie in Kapitel 3.

Ein interessanter Zusammenhang

Zwischen der Brinellhärte HBW und der Zugfestigkeit R_m gibt es bei manchen Werkstoffen einen näherungsweise gültigen Zusammenhang. Für unlegierte Stähle (das sind Stähle, die außer Eisen und Kohlenstoff keine absichtlich zugegebenen weiteren Elemente enthalten) lautet er:

$$R_m = 3{,}4 \; \cdot \; HBW \; N/mm^2$$

Wenn Sie also die Brinellhärte nehmen und mit 3,4 multiplizieren, erhalten Sie die Zugfestigkeit in N/mm^2. Ein einfacher Stahl mit der Brinellhärte 130 HBW hat demnach eine Zugfestigkeit von ungefähr $130 \cdot 3{,}4 \; N/mm^2$ = 442 N/mm^2. So ganz nebenbei: Die Zugfestigkeit ist die größte Spannung im Zugversuch; mehr dazu in Kapitel 6.

Und warum soll das ein interessanter Zusammenhang sein? Ganz einfach: Die Brinellhärte ist schnell gemessen, die Probe braucht wenig Vorbereitung, ein kleines Probestückchen genügt. Ein Zugversuch ist viel aufwendiger im Vergleich dazu. Aber Vorsicht!

Der Zusammenhang zwischen Brinellhärte und Zugfestigkeit gilt nur ganz grob und nur innerhalb einer Gruppe von ähnlichen Werkstoffen. Für hochlegierte Stähle, Aluminiumlegierungen oder Kupferwerkstoffe beispielsweise ist der Zusammenhang anders.

Die neue Supermethode, den Zugversuch zu ersetzen, ist das also nicht. Und wann immer Sie diesen Zusammenhang verwenden, müssen Sie einen Zusatz »Errechnet aus der Härte« anbringen.

Gut hat er das gemacht, der Herr Brinell. Aber gewisse Nachteile hat seine Härteprüfmethode schon:

✔ Besonders harte Werkstoffe lassen sich auch mit der Hartmetallkugel nicht prüfen.

✔ Ganz kleine Härteeindrücke kann man selbst mit der 1-mm-Kugel nicht erzeugen.

Deswegen haben die Forscher weiter getüftelt und die Härteprüfung nach Vickers entwickelt.

Härteprüfung nach Vickers

Die Vickershärteprüfung wurde in den 1920er-Jahren vorgestellt und ist eine Weiterentwicklung der brinellschen Idee. Der Name bezieht sich auf den englischen Maschinenbaukonzern Vickers, genormt ist die ganze Sache in der DIN EN ISO 6507.

Die Vorgehensweise ist nahezu identisch mit der Härteprüfung nach Brinell. Der einzige Unterschied liegt im Eindringkörper. Statt einer Hartmetallkugel wird eine vierseitige Diamantpyramide mit quadratischer Grundfläche verwendet.

So prüfen Sie

Die vierseitige Diamantpyramide mit 136° Pyramidenwinkel wird vom Härteprüfgerät eine bestimmte Zeit lang mit genau festgelegter Prüfkraft auf die Probe gedrückt und dann wieder abgehoben (siehe Abbildung 7.3). Man misst die Diagonalen d_1 und d_2 des Eindrucks und bildet deren Mittelwert, damit das Ergebnis genauer wird. Wie das in der Praxis genau geht, zeigt wieder unser Video im Internet.

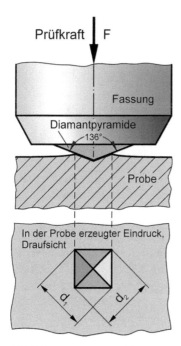

Abbildung 7.3: Härteprüfung nach Vickers

Die Prüfkraft dürfen Sie nahezu beliebig wählen. Nach oben sind natürlich durch die Belastbarkeit des Diamanten und seine Größe Grenzen gesetzt, nach unten hin nur durch die Ablesbarkeit des Eindrucks.

Und so ermitteln Sie den Härtewert

Die Vickershärte HV erhalten Sie – wie die Brinellhärte – aus der **Prüfkraft F in kp**, dividiert durch die **bleibende räumliche Eindruckoberfläche A in mm²**, und zwar wieder ohne Angabe der Einheit:

$$HV = \frac{F \ (in \ kp)}{A \ (in \ mm^2)} \ (ohne Einheit)$$

Auch hier ein **Beispiel**:

Angenommen, Sie prüfen mit F = 20 kp und erhalten eine räumliche Eindruckoberfläche A von 0,1 mm². Wie groß ist die Vickershärte?

Sie nehmen die Prüfkraft in kp, also 20, und dividieren durch die Eindruckoberfläche in mm², also 0,1. Der Härtewert ist dann 20/0,1 = 200. Er hat wieder keine Einheit, und darin liegt genau dieselbe Problematik wie bei der Härteprüfung nach Brinell. Asterix, Zaubertrank, Kilopond, keine Einheit, Schlamassel, Sie wissen schon.

Die Eindruckoberfläche A ist die räumliche pyramidenförmige Oberfläche des Härteeindrucks. Sie berechnet sich aus der gemessenen und gemittelten Eindruckdiagonalen d zu

$A = \frac{d^2}{2 \cdot cos22°}$. Die Herleitung dieser Gleichung ist nicht gar zu schwierig, vielleicht versuchen Sie sich dran.

Wieder ein paar Tipps zum Härtewert

✔ Auch die Vickershärte berechnet sich aus Kraft/Fläche. Physikalisch entspricht sie – wie die Brinellhärte – ungefähr der durchschnittlichen Flächenpressung bei der Härteprüfung.

✔ Häufig angewandte Prüfkräfte sind 1, 2, 5, 10, 20, 50 und 100 kp. Im Bereich der höheren Prüfkräfte, so etwa von 5 bis 100 kp, hängt der ermittelte Härtewert nur wenig von der Prüfkraft ab. Verdoppeln Sie die Prüfkraft, erhalten Sie in etwa die doppelte Eindruckoberfläche, bei dreifacher Prüfkraft die dreifache Fläche und deswegen auch jedes Mal ungefähr denselben Härtewert. Dennoch ist es gut, wenn Sie die Vickershärte vollständig angeben. Die Härteangabe 37,5 HV 5/30 besagt zum Beispiel, dass
- der Härtewert 37,5 ist,
- die Prüfkraft 5 kp betrug und 30 s lang gewirkt hat.

Die Krafteinwirkungszeit können Sie weglassen, wenn sie 10 s beträgt. Dann hieße der gerade besprochene Härtewert 37,5 HV 5.

✔ Bei Prüfkräften unterhalb von 5 kp spricht man von Kleinlasthärteprüfung und unterhalb von 0,2 kp von Mikrohärteprüfung. Im Kleinlast- und im Mikrohärtebereich ist der Härtewert spürbar von der Prüflast abhängig, und zwar steigen die Härtewerte mit abnehmender Prüflast an. Werkstoffwissenschaftler können diesen Effekt erklären, er hängt mit der kleinen Eindruckgröße und dem Mechanismus der plastischen Verformung zusammen, eine etwas kompliziertere Geschichte.

Fazit

Die Härteprüfung nach Vickers ist das vielseitigste Härteprüfverfahren. Nahezu alle Werkstoffe können Sie damit prüfen, vom weichsten Blei bis hin zu den superharten Hochleistungskeramiken. Nur Diamant selbst und wenige dicht am Diamant liegende Werkstoffe gehen nicht. Mit ganz niedrigen Prüfkräften können Sie sogar klitzekleine Härteeindrücke genau in einen einzigen, ausgesuchten Werkstoffkristall setzen, eine feine Sache. Und dann gibt's noch einige raffinierte Varianten des Verfahrens, die ich hier aber mal zur Seite lege.

Perfekt also? Brinellverfahren gleich vergessen, ist sowieso schon über 100 Jahre alt? Aber nein, nichts ist perfekt auf unserer Welt, ich schon gar nicht, und sogar die Härteprüfung nach Vickers hat Nachteile:

✔ Die Härteeindrücke sind naturgemäß eher klein, bis zu etwa 1 mm Diagonale, das liegt am nicht gar so großen Vickersdiamanten. Bei Werkstoffen mit grob verteilten weichen und harten Gefügebestandteilen erhält man deswegen keinen guten Mittelwert. Die Härteprüfung nach Brinell ist hier viel besser.

✔ Und wegen der eher kleinen Härteeindrücke muss die Probenoberfläche meistens feingeschliffen und bei ganz kleinen Eindrücken sogar poliert werden. Ein zusätzlicher Aufwand, den niemand gern hat.

So, und einen Nachteil haben die Härteprüfungen nach Brinell und Vickers sogar gemeinsam: Beide benötigen den Menschen zum Ausmessen des Eindrucks, und das kann bei einer großen Zahl von Prüfvorgängen schon ein Problem sein. Natürlich gibt es heute die digitale Bildauswertung, und die kann den Eindruck automatisch ausmessen. Dazu benötigt man aber eine sehr gut bearbeitete Oberfläche und die Methode ist manchmal störempfindlich.

Sie ahnen es vermutlich, das dritte Verfahren löst das Problem.

Härteprüfung nach Rockwell

So um 1920 wurde den US-amerikanischen Ingenieuren Hugh und Stanley Rockwell ein Patent auf eine neue Art der Härteprüfung erteilt. Ihre Idee war es, nicht die Eindruckoberfläche, sondern die *Eindringtiefe* bei der Härteprüfung auszuwerten. Sie wollten dadurch schneller prüfen, auch an gehärteten Werkstoffen, und die Härte sollte direkt an einer Messuhr ablesbar sein.

Zu dieser ursprünglichen Idee kommt in der heutigen Zeit noch ein weiterer, extrem wichtiger Vorteil hinzu:

 Die Eindringtiefe lässt sich hervorragend vollautomatisch messen, und damit ist diese Art der Härteprüfung leicht automatisierbar.

Genormt ist die Härteprüfung nach Rockwell in der DIN EN ISO 6508, bei Bedarf können Sie sich dort genau informieren. Es gibt sie in allerhand Varianten, die mit den Buchstaben A, B, C, D, E, F, G, H, K, N und T (ja, so viele sind es) unterschieden werden. Hier möchte ich Ihnen die in Deutschland wichtigste *Variante C* vorstellen. Der Prüfkörper ist bei dieser Variante ein an der Spitze abgerundeter Diamantkegel mit 120° Kegelwinkel und einem Spitzenradius von 0,2 mm.

So prüfen Sie

Der Prüfvorgang läuft in drei Schritten ab (siehe Abbildung 7.4):

✔ Zunächst drückt die Prüfmaschine den Prüfkörper mit einer Vorlast von 10 kp auf die Probe, symbolisiert durch eine Masse von 10 kg. Hierdurch kann der Prüfkörper schon ein bisschen in die Probe eindringen, der Einfluss der Oberflächenrauigkeit mindert sich, die Probe kann sich setzen und liegt definiert auf dem Probentisch auf. In diesem Zustand wird eine Messuhr, die die Eindringtiefe anzeigt, (oder ein sonstiges Wegmessgerät) auf null gestellt.

✔ Im zweiten Schritt bringt die Prüfmaschine zusätzlich zur Vorlast noch 140 kp Hauptlast auf, sodass insgesamt 150 kp wirken, symbolisiert durch eine aufgelegte Gesamtmasse von 150 kg.

✔ Die Hauptlast wird nach 4 Sekunden Haltezeit im dritten Schritt wieder entfernt, der Eindringkörper federt elastisch etwas zurück und es wirkt nur noch die Vorlast von 10 kp. Die Messuhr zeigt die bleibende Eindringtiefe e an, während die Vorlast noch wirkt. Fertig.

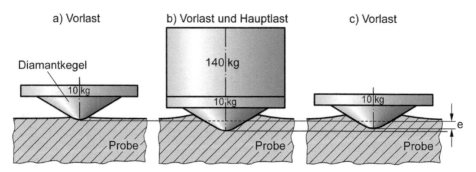

Abbildung 7.4: Härteprüfung nach Rockwell-C

Und so erhalten Sie die Rockwellhärte

Die Rockwellhärte HRC (Variante C) ermitteln Sie nach folgender Gleichung:

$$HRC = (0,2 - e) \cdot 500 \ (e \text{ in mm})$$

Sie messen also die bleibende Eindringtiefe e in Millimeter, ziehen diese Zahl von 0,2 ab und multiplizieren das Ganze mit 500. Na super! Wer kommt denn auf diese Gleichung? Vielleicht könnte man ja auch die siebte Wurzel von e in Millimeter nehmen, weil kompliziertes Wurzelziehen so viel Spaß macht, 13 dazuzählen, weil das die Glückszahl ist, und das Ganze mit der Entfernung von Hamburg nach München in Kilometer multiplizieren, weil die so schön ist.

So ganz unsinnig ist diese Gleichung aber nicht. Mal Schritt für Schritt: Eine erste Überlegung könnte ja sein, nur die bleibende Eindringtiefe e als Maß für die Härte zu nehmen. Wissenschaftlich gesehen wäre das absolut in Ordnung. Aber schön wäre es nicht. Denn hohe Härte führt ja zu kleinem e, ein harter Werkstoff hätte dann ja einen kleinen Härtewert, und das hat niemand gern. Man möchte schon einen großen Härtewert bei einem harten Werkstoff haben.

Also hat man den Term (0,2 – e) gebildet (ein »Term« ist ein sinnvoller Ausdruck in einer Gleichung). Dazu müssen Sie wissen, dass die Eindringtiefe e so ungefähr zwischen 0,05 und 0,15 mm betragen kann und nie größer als 0,2 mm sein darf, sonst hätte man ja negative Härtewerte. Und dann wird alles »richtig«: Harter Werkstoff heißt kleines e, kleines e heißt großer Wert für (0,2 – e) und das heißt hoher Härtewert. Und mit 500 wird multipliziert, damit sich »schöne« Härtewerte bis 100 ergeben. Drei **Beispiele** dazu:

✔ Ein superharter (ideal harter) Werkstoff hätte gar keine bleibende Eindringtiefe, also e = 0. HRC ergäbe sich damit zu (0,2 – 0) · 500 = 100. Das bedeutet, dass die HRC-Härteskala bei 100 endet, mehr geht nicht, weder praktisch noch theoretisch.

✔ Ein typischer »mittelharter« Stahl hat etwa e = 0,1 mm. Daraus ergibt sich HRC zu (0,2 – 0,1) · 500 = 50.

✔ Und bei e = 0,2 mm ergibt sich HRC zu (0,2 – 0,2) · 500 = 0. Da man einem »echten« Werkstoff nicht gerne die Härte null geben möchte, und schon gar nicht negative Härten, lässt man die Rockwellskala C bereits ein bisschen vor den 0,2 mm Eindringtiefe enden. Sie eignet sich also nicht für weiche Werkstoffe.

An älteren Geräten zeigt eine Messuhr mit Zeiger, mit der die Eindringtiefe gemessen wird, gleich die Rockwellhärte an. Heute misst man die Eindringtiefe mit elektronischen Wegmessgeräten, erfasst den gemessenen Wert mit einem Rechner und berechnet dann gleich die Härte damit. Geht ganz prima vollautomatisch, und wie das in der Praxis abläuft, zeigt Ihnen unser Video im Internet.

Die **Härteangabe** ist einfach, beispielsweise 60 HRC. 60 ist der Härtewert, HRC steht für Härte nach Rockwell, Variante C.

Noch ein paar Anmerkungen

✔ Soeben beschrieben habe ich Ihnen die Variante C der Härteprüfung nach Rockwell. Sie eignet sich besonders gut für mittelharte bis harte Stähle. Für weichere Werkstoffe ist die Variante B vorgesehen (die zweitwichtigste in Deutschland), bei der eine Kugel als Eindringkörper verwendet wird. Leicht auseinanderhalten können Sie die beiden mit der Eselsbrücke

- C wie »cone« im Englischen, also Kegel, und
- B wie »ball« im Englischen, also Kugel.

Die anderen Varianten nutzen ebenfalls Kugeln oder Kegel als Eindringkörper und verschiedene Prüfkräfte.

✔ Bei jeder Variante ist die Prüfkraft genau festgelegt. Daran ändern dürfen Sie nichts, ganz im Gegensatz zur Härteprüfung nach Brinell und Vickers.

✔ Auch bei der Härteprüfung nach Rockwell werden die alten Kilopond als Krafteinheit verwendet. Kein weiterer Kommentar mehr dazu.

Das reicht vorerst. Allerhand Aufgaben hat es wie immer im Übungsbuch. Abschließend ein Vergleich und eine Zusammenfassung aller Verfahren.

Die Härteprüfverfahren im Vergleich

Im oberen Teil der Tabelle 7.2 habe ich die wesentlichen Anwendungen und Besonderheiten der drei wichtigsten Härteprüfverfahren zusammengefasst, im unteren Teil einige typische Härtewerte für ganz gängige Werkstoffe.

Nicht so ganz verkehrt ist es, wenn Sie sich, trotz Internet und Datenbanken, ein paar typische, grob gerundete Härtewerte der Tabelle 7.2 auswendig merken. Sie bekommen dann ein Gefühl für normale, übliche Härtewerte und können einen neuen Härtewert besser einordnen.

Härteprüfverfahren	Brinell	Vickers	Rockwell-C
Allgemeine Anwendung der Härteprüfverfahren, Besonderheiten	Weiche Werkstoffe, gute Mittelung bei heterogenem Gefüge	Universell, aber gute Oberfläche nötig	Harte Werkstoffe, leicht automatisierbar
Werkstoffgruppe	Typische Härtewerte		
	HBW	HV 10	HRC
Unlegierter niedrigfester Baustahl	100	100	– (zu weich)
Vergüteter Stahl	300	300	30
Gehärteter Stahl	– (zu hart)	800	64
Hartmetall	– (zu hart)	1800	– (Risse in der Probe)
Hartstoffe, Keramiken	– (zu hart)	2500	– (Risse in der Probe)

Tabelle 7.2: Anwendung und Besonderheiten der Härteprüfverfahren sowie typische Härtewerte

Peinlich, peinlich

Ich sitze als junger Ingenieur, noch etwas feucht hinter den Ohren, in einer Besprechung. Irgendwer berichtet von der Untersuchung einer interessanten Kupferlegierung. Da kommt von noch jemandem die Frage nach der Härte, wieder jemand antwortet: »Die Brinellhärte ist 87,3.« Und plötzlich, als hätte sich die Runde verschworen, schauen alle auf mich. Geradeso, als solle ich jetzt einen halbwegs sinnvollen Kommentar zu den 87,3 abgeben, wie »ungefähr normal« oder »kann doch fast nicht sein«. Dabei ging es gar nicht so sehr ums Detail.

Aber ich hatte damals nicht die geringste Ahnung, ob die 87,3 denn irgendwie normal sind oder nicht. Mir hätte man auch einen Härtewert von 13500 oder 0,76 andrehen können. Zugegeben, das ist schon ein paar Jährchen her. Aber zutragen kann sich das heute ganz genauso. Ein paar typische Härtewerte zu kennen ist also gar nicht so schlecht ...

An Tabelle 7.2 sehen Sie auch, dass die Härtewerte nach Rockwell zahlenmäßig doch arg anders sind als die nach Brinell und Vickers. Und damit Sie auch einmal quer zwischen den drei bekannten Verfahren vergleichen können, habe ich noch Tabelle 7.3 zusammengestellt. Aber Vorsicht mit dieser Tabelle, sie gilt nur näherungsweise. Keinesfalls dürfen Sie die Härte mit irgendeinem Verfahren messen und dann einfach nach Tabelle umrechnen, ohne dass Sie das deutlich kennzeichnen.

HBW	HV 10	HRC
–	900	67
–	800	64
–	700	60
618	650	58
570	600	55
523	550	52
475	500	49
428	450	45
380	400	41
333	350	35
285	300	30
238	250	22
190	200	–
143	150	–
95	100	–
48	50	–

Tabelle 7.3: Näherungsweiser Härtevergleich

Links oben in Tabelle 7.3, am oberen Ende der Brinellhärten, finden Sie Striche. Die sind dort eingetragen, weil selbst die Hartmetallkugel nicht mehr hart genug ist für so harte Werkstoffe. Und rechts unten, am unteren Ende der HRC-Skala, stehen wieder Striche, weil die Werkstoffe dort zu weich sind für HRC.

Aus der Trickkiste

Immer wieder stelle ich fest, dass manche Leute die Härteprüfverfahren durcheinanderbringen, vor allem die Eindringprüfkörper den falschen Verfahren zuordnen. Für mich als altem Hasen ist das kein Problem, bei mir ist das fest eingebrannt im Gedächtnis. Für alle aber, die sich frisch mit diesem Thema befassen, ein kleiner Trick:

✔ **Brinell** beginnt ja mit einem B, und der Buchstabe B hat oben einen Halbkreis und unten einen Halbkreis. Die beiden Halbkreise setzen Sie in Gedanken zu einem ganzen Kreis zusammen, und schon sehen Sie die Kugel, und mit der prüft man.

✔ **Vickers** beginnt mit einem V, und die Vickerspyramide sieht von der Seite aus betrachtet wie der Buchstabe V aus. Na ja, ein bisschen flachdrücken müssen Sie das V schon, damit der Winkel halbwegs passt.

✔ **Rockwell** beginnt mit R, und der Buchstabe R hat oben einen Halbkreis, der steht für die abgerundete Spitze des Kegels, und unten sieht das R fast wie ein umgedrehtes V aus, das soll Sie an den Kegel erinnern. Passt, jedenfalls für die Variante HRC, aber die ist bei uns ja eh die wichtigste.

Übrigens: Nahezu alle Gedächtnisgenies arbeiten mit solchen Assoziationen, Sie können dieses Prinzip in vielen Situationen anwenden.

So, Härteprüfung geschafft, klopfen Sie den Staub ab und feiern Sie wie bei Asterix am Ende des Heftes. Dann sind Sie fit für das nächste Kapitel, das hat's nämlich in sich.

Kapitel 8
Das unbekannte Wesen: Die Kerbschlagbiegeprüfung

Im Jahr 1969 erschien Oswald Kolles Film »Deine Frau – das unbekannte Wesen« in den deutschen Kinos. Aufklärung sollte es sein, jedenfalls wurde das damals behauptet. Und Aufklärung möchte ich auch hier betreiben, ganz massiv sogar. Wenn Sie mich nämlich fragen, was die am wenigsten verstandene Art der Werkstoffprüfung ist, dann ist die Kerbschlagbiegeprüfung mein absoluter Favorit. Sie ist das unbekannte Wesen.

Gemach, gemach, liebe Kollegen aus der Wissenschaft, nicht gleich in die Luft gehen. **Sie** meine ich natürlich nicht. Die Kerbschlagbiegeprüfung als Teil der sogenannten Bruchmechanik ist Ihnen natürlich bestens vertraut. Aber für die meisten Leute in der Praxis, so meine eigene Erfahrung, ist die grundlegende Philosophie dahinter ein unbekanntes Wesen. Sogar einer meiner Studierenden hat mich einmal gefragt, ob man diese »mittelalterliche« Kerbschlagbiegeprüfung heute denn immer noch betreiben würde. Ja, tut man. Und zwar ganz intensiv, mehr denn je. Die Ergebnisse werden für so wichtig gehalten, dass man sie teilweise sogar in die neuen Werkstoffnamen mit reinpackt.

Also, los geht's mit der »Aufklärung«. Und Sie wissen ja: Bei der Aufklärung sind die Grundlagen und die Philosophie dahinter ganz besonders wichtig. Deswegen lege ich darauf besonders viel Wert. Wie dann alles praktisch geht, das muss ich nicht mehr ganz so ausführlich schildern ...

Die Philosophie dahinter

Bei der Kerbschlagbiegeprüfung geht es in erster Linie um die *Zähigkeit* eines Werkstoffs. Der Begriff »Zähigkeit« wird manchmal etwas verschieden definiert. Hier meine ich damit ganz einfach die **Fähigkeit, sich plastisch zu verformen**. Und diese Zähigkeit ist extrem wichtig, wenn es um die **Sicherheit** von Teilen und Produkten geht.

Zäh heißt sicher

Man sagt, dass ein Bauteil, das aus einem zähen Werkstoff gefertigt ist, viel sicherer ist als ein Bauteil aus einem spröden Werkstoff. Warum eigentlich?

Drei wichtige Gründe gibt es:

✔ Erstens kann ein zäher Werkstoff **vor dem Bruch warnen**. Einem spröden Werkstoff sehen Sie bis kurz vor dem Bruch absolut nicht an, dass es jetzt gleich kracht. Nehmen Sie einfach mal ein ungekochtes Spaghettistäbchen aus der Packung, biegen Sie es ein wenig und lassen Sie es dann zurückfedern. Sie sehen, dass es sich *elastisch* verhält. Wenn Sie es dann immer stärker biegen, wird es irgendwann ganz plötzlich brechen, ohne dass Sie auch nur die geringste Vorwarnung bekommen. Nehmen Sie aber einen Stahldraht und biegen den, dann verformt er sich erst ganz erheblich *plastisch*, bevor er bricht. Er kündigt den Bruch also deutlich sichtbar an.

✔ Zweitens **nimmt ein zäher Werkstoff viel Energie auf**, bevor er bricht. Stellen Sie sich vor, Sie würden eine Autokarosserie aus Porzellan herstellen. Technisch möglich wäre es. Wenn Sie aber mit Ihrem Porzellanauto doch einmal ziemlich flott und ungewollt auf die berühmte, zufällig dastehende Betonmauer fahren, würden Sie nahezu ungebremst auf die Mauer prallen und hätten kaum Überlebenschancen. Eine moderne Stahl- oder Aluminiumkarosserie kann sich aber über größere Wege plastisch verformen, dadurch Energie aufnehmen und die Geschwindigkeit vergleichsweise sanft reduzieren. Sie kommen dann (in milden Fällen) meist ungeschoren davon. Fahren Sie bitte trotzdem nicht auf Betonmauern, auch nicht mit modernen Autos.

✔ Drittens zerlegen sich zähe Werkstoffe beim Bruch **nicht in viele scharfkantige Einzelbruchstücke**. Kaum auszudenken, die Bruchstücke beim Porzellanauto, ein wahrer Scherbenregen. Die Stahlkarosserie aber bleibt meistens ein einziges Stück, wenn auch nicht mehr ganz so schön anzusehen.

Und was ich Ihnen da noch so alles erzählen könnte: Druckbehälter, die sich ausbeulen können, bevor sie explodieren, Haken, die sich biegen können, bevor sie abkrachen, und anderes mehr.

Eines will ich dadurch eindringlich schildern:

 Ein zäher, plastisch verformbarer Werkstoff ist ganz einfach viel sicherer als ein spröder Werkstoff.

Die Geschichte mit dem Haken

Vor Jahren wurde einer Firma X eine Ladung Stahl angeliefert, so um die 3 Tonnen, festgehalten im Lieferschein. Gedacht zur Weiterverarbeitung in der Fabrikhalle. Also abgeladen, rein in die Halle mit dem Stahl, ran an den Hallenkran mit der Aufschrift »Traglast 1 t«. Kaum angehoben und ein Stück transportiert, kracht der Haken des Krans ab, die Ladung Stahl fällt donnernd nach unten und verletzt den Arbeiter, der den Kran bedient hat. Glücklicherweise ist nicht allzu viel passiert, aber die Sache kommt vor Gericht. Arbeitsunfall, hier hört der Spaß auf, da ist man streng.

Szene aus dem Gerichtssaal, sinngemäß:

> Richter: »War Ihnen klar, dass Sie mit dem Kran maximal 1 Tonne anheben dürfen, und die Ladung Stahl wog doch 3 Tonnen?«

> Arbeiter: »Ja, schon.«

> Richter: »Und warum haben Sie die Ladung trotzdem angehoben?«

> Arbeiter: »Ach wissen Sie, das machen wir immer so. Ich schaue dann auf den Haken. Wenn die Last zu groß ist, dann biegt sich der Haken auf beim Anheben, und ich lasse die Ladung gleich wieder ab. Aber der hat sich nicht aufgebogen, und da dachte ich, das geht schon gut.«

Was war los? Dem Hersteller des Hakens war ein gravierender Fehler unterlaufen und der Haken war spröde, brach also ohne Vorwarnung. Der Hersteller musste einen Teil des Schadens tragen, er hatte eine Mitschuld. Hätten Sie's gedacht?

Und weil nun die Zähigkeit eines Werkstoffs so wichtig ist, möchte ich näher darauf eingehen.

Einflüsse auf die Zähigkeit

Üblicherweise sagt man, ein Werkstoff sei eben zäh oder nicht zäh, und meint, damit hat sich's. Dabei gibt es aber noch weitere **Einflüsse**. Ich fasse die wichtigen zusammen:

✔ Der **Werkstoff** an sich, klar. Er kann entweder spröde sein wie Keramik oder zäh wie Kupfer, um zwei Beispiele zu nennen. Das hängt mit der inneren Beschaffenheit zusammen, mit den Atomsorten, der Atomanordnung und anderem mehr.

✔ Die **Temperatur**. Tiefe Temperaturen sind meistens ungünstig für die Zähigkeit, wie Sie es vielleicht von manchen Kunststoffen kennen, hohe Temperaturen eher günstig. Das liegt an der Wärmebewegung der Atome, die mit zunehmender Temperatur immer stärker schwingen und plastische Verformung erleichtern.

✔ Der **Spannungszustand**. Er kann entweder einachsig, zweiachsig oder dreiachsig sein. Einen einachsigen Spannungszustand erzeugen Sie, wenn Sie an einem glatten Stab in Längsrichtung ziehen, da »zieht es« im Werkstoff nur in eine Richtung, nur entlang einer Achse. Das ist am günstigsten für die Zähigkeit. Einen zweiachsigen Spannungszustand erzeugen Sie, wenn Sie ein quadratisches Tuch mit vier Leuten wie ein Sprungtuch spannen. Da »zieht es« dann im Tuch gleichzeitig in zwei Richtungen oder Achsen, die senkrecht zueinander stehen. Und beim dreiachsigen Spannungszustand »zieht es« im Werkstoff in alle drei Raumrichtungen gleichzeitig, was schon schwerer vorstellbar ist. So etwas kommt unterhalb von Kerben vor, die sich in zugbelasteten Bauteilen befinden, und da hat es die plastische Verformung am schwersten. Also: Kerben erzeugen einen dreiachsigen Zugspannungszustand bei Belastung, und der ist schlecht für die Zähigkeit.

✔ Die **Beanspruchungsgeschwindigkeit**. Langsame Beanspruchung ist meistens gut für die Zähigkeit, schnelle Beanspruchung ungünstig. Der Werkstoff braucht eben auch seine Zeit, bis er sich plastisch verformen kann.

Wie sich nun Temperatur, Spannungszustand (Kerben) und Beanspruchungsgeschwindigkeit auf die Zähigkeit auswirken, möchte ich Ihnen anhand von **Zugversuchen** am Feld-Wald-und-Wiesen-Baustahl S235 erklären. Falls Ihnen der Zugversuch noch neu ist, gibt's Näheres dazu in Kapitel 6, Stahlbezeichnungen wie S235 finden Sie im Glückskapitel 13 erklärt.

Also, stellen Sie sich vor, Sie hätten so um die 30 bis 40 Zugproben angefertigt, allesamt aus dem gleichen Stahl S235, das ist ein »ganz normaler« Baustahl. Manche der Zugproben davon haben die gängige Form, sind also übliche Rundproben. Andere haben eine Kerbe in Umfangsrichtung eingedreht. Manche werden bei Raumtemperatur geprüft, andere bei tiefen Temperaturen. Manche werden schön langsam geprüft, andere blitzartig im Schnellzerreißversuch. Ein ordentliches Versuchsprogramm, los geht's!

Zunächst der normale Zugversuch bei verschiedenen Temperaturen

Sie nehmen in Gedanken etwa acht normale Zugproben und führen damit einen ebenso normalen Zugversuch durch, und zwar bei verschiedenen Temperaturen. Die erste Probe testen Sie bei 20 °C, die nächste bei −20 °C, die anderen bei immer tieferen Temperaturen bis herab zu −200 °C. Für Zugversuche bei tiefen Temperaturen brauchen Sie übrigens nicht das ganze Labor in einen Gefrierschrank zu verwandeln, eine Kühleinrichtung um die Probe herum genügt. In Abbildung 8.1 stellen Sie die wichtigsten Ergebnisse Ihrer Zugversuche dar:

✔ In Grau die *Zugfestigkeit* R_m, das ist die größte Spannung im Zugversuch,

✔ ebenfalls in Grau die obere *Streckgrenze* R_{eH}, das ist diejenige Spannung, bei der die plastische Verformung beginnt – oder die größte Spannung, die der Werkstoff gerade noch elastisch aushalten kann, und

✔ in Schwarz die *Bruchdehnung* A_5, das ist die plastische, also bleibende Dehnung beim Bruch am kurzen Proportionalstab (Messlänge gleich 5 mal Durchmesser). Weil die Bruchdehnung nun ganz andere Einheiten als Zugfestigkeit und Streckgrenze hat, erhält sie eine extra Achse nach oben.

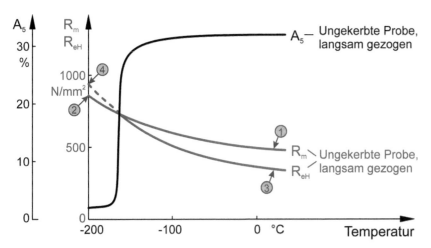

Abbildung 8.1: Einfluss der Temperatur auf Festigkeit und Zähigkeit des Baustahls S235 im normalen Zugversuch

Welche Ergebnisse sind dabei herausgekommen?

Beim ersten Versuch bei Raumtemperatur messen Sie eine Zugfestigkeit R_m von knapp 500 N/mm^2, siehe Punkt 1 in Abbildung 8.1, das ist typisch für diesen Stahl. Mit abnehmender Temperatur steigt die Zugfestigkeit beträchtlich an und erreicht etwa 800 N/mm^2 bei −200 °C, siehe Punkt 2. Wenn es jetzt um die Anwendung dieses Stahls bei tiefen Temperaturen geht, ist das zunächst ja etwas Erfreuliches (wie wenn Sie Geld geschenkt bekommen), denn hohe Zugfestigkeit hat man gerne. Und die obere Streckgrenze R_{eH} steigt mit abnehmender Temperatur sogar noch mehr an, von Punkt 3 zu 4, zunächst auch was Erfreuliches, so als bekämen Sie noch mehr Geld geschenkt. Noch mehr Geld geschenkt? Da muss doch irgendwo noch ein Haken an der Geschichte sein.

Unterhalb von etwa −160 °C »überholt« die Streckgrenze die Zugfestigkeit, und das bedeutet vereinfacht, dass diejenige Spannung, die für plastische Verformung nötig ist (die Streckgrenze), höher ist als diejenige Spannung, die Bruch hervorruft (die Zugfestigkeit). Die Streckgrenze im ursprünglichen Sinne gibt es in diesem Bereich nicht mehr, deswegen ist die Streckgrenzenkurve hier gestrichelt gezeichnet. Und das heißt, dass der Stahl unterhalb von −160 °C spröde wird, was Sie auch am Verlauf der Bruchdehnung A_5 ablesen können.

Das habe ich jetzt sehr vereinfacht erklärt, man möge mir verzeihen. Die ganze Sache hängt mit der Wärmebewegung der Atome und dem kubisch-raumzentrierten Kristallgitter des Stahls zusammen, mit Versetzungen und Gleitebenen, die bei tiefen Temperaturen nicht mehr aktiv sind. Kurz: Die Werkstoffwissenschaft kann das genauer erläutern und falls Sie wollen, dann lauschen Sie mal bei deren Ausführungen. In Büchern und so.

Wenn es nun um die Sicherheit von Teilen aus dem Stahl S235 geht, könnten Sie wie folgt argumentieren: Hohe Bruchdehnung heißt hohe Zähigkeit, und hohe Zähigkeit heißt hohe Sicherheit. Sie wissen jetzt ja, warum: Vorwarnung vor dem Bruch, hohe Energieaufnahme, keine scharfkantigen Einzelbruchstücke. Und das bedeutet schlicht: Unser Stahl S235 müsste doch – dem normalen Zugversuch nach zu urteilen – bis herab zu etwa –160 °C recht sicher sein, darunter nicht mehr so sehr.

Vielleicht geht Ihnen jetzt durch den Kopf: So richtig haut mich das nicht vom Hocker, wann wird es denn je so kalt, doch nicht mal in Sibirien.

 Aber Vorsicht: Das gilt nur unter den Bedingungen des normalen Zugversuchs, also bei üblicher, ungekerbter Probe, die schön gemütlich gezogen wird. So angenehm hat es der Werkstoff aber nicht immer, manchmal gibt es Kerben, und manchmal wird er schlagartig belastet. Wie sieht's denn da aus? Wirklich hochinteressant – und gefährlich, supergefährlich sogar ...

... Hier gehört natürlich die Werbepause rein: Genießen Sie beim Lernen, lernen Sie beim Genießen, gönnen Sie sich ein weiteres Buch aus der ... *für Dummies*-Reihe. Noch 4 Sekunden, noch 3, noch 2, noch 1, es geht weiter.

Jetzt der verschärfte Zugversuch

Nein, übertrieben habe ich nicht, es wird wirklich gefährlich. Sehen Sie sich bitte Abbildung 8.2 an. Im Grunde ist es dasselbe Diagramm wie in Abbildung 8.1, jetzt aber noch ergänzt durch die Ergebnisse von gekerbten Proben. Da es mir hier ganz besonders auf die Zähigkeit ankommt, habe ich von den Zugversuchen an den gekerbten Proben nur die Bruchdehnung A_5 dargestellt; die Festigkeitskennwerte sind weggelassen, sonst sehen Sie den Wald vor lauter Bäumen nicht.

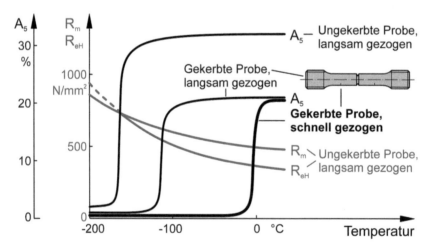

Abbildung 8.2: Weitere Einflüsse auf die Zähigkeit von S235 im Zugversuch

Noch einmal zur Erinnerung: Im normalen Zugversuch an ungekerbter Probe hohe Bruchdehnung bis zu etwa –160 °C herab, darunter ganz niedrige. Anders ausgedrückt: Es gibt einen Zäh-spröd-Übergang bei –160 °C.

Erste Verschärfung: Die Kerben

Nehmen Sie jetzt aber gekerbte Proben und führen an denen langsame Zugversuche bei verschiedenen Temperaturen durch, so wird die Bruchdehnung generell kleiner. Schon bei Raumtemperatur ist sie niedriger, weil sich die plastische Verformung auf den Kerbbereich konzentriert.

Vielleicht haben Sie hier auch etwas gestutzt und sich gefragt, wie man denn an einer gekerbten Probe eine Messlänge im Sinne des kurzen Proportionalstabs festlegt. Nehmen Sie den kleinsten Durchmesser an der gekerbten Stelle, den multiplizieren Sie mit 5, fertig.

Ganz entscheidend ist bei Kerben jedoch, dass der Zäh-spröd-Übergang zu höheren Temperaturen rückt und jetzt (abhängig von der Kerbschärfe) schon bei etwa −110 °C liegt.

Woher kommt denn das? Der Grund liegt darin, dass etwas unterhalb des Kerbgrunds ein dreiachsiger Zugspannungszustand auftritt, und der ist nicht gut für die Zähigkeit.

Na gut, könnten Sie argumentieren, aber −110 °C und tiefer gibt's doch immer noch selten, jedenfalls nicht im Freien. Aber es kommt noch schlimmer.

Noch die zweite Verschärfung dazu: Schlagartige Beanspruchung

Wenn Sie zusätzlich zur Kerbe auch noch schnelle, schlagartige Beanspruchung dazunehmen, haben Sie alles miteinander kombiniert, was dem Werkstoff bezüglich Zähigkeit »wehtut«, ihm zusetzt. Dann verschiebt sich der Zäh-spröd-Übergang zu noch höheren Temperaturen (siehe fett gezeichnete Kurve in Abbildung 8.2). In meinem Beispiel liegt er bei etwa 0 °C. Manchmal kann er bei −40 °C sein, manchmal aber auch bei +60 °C, je nach Stahlqualität. Jedenfalls so rund um Raumtemperatur, ein seltsamer Zufall der Natur. Verflixt und zugenäht aber auch.

Das hat fatale Folgen. Es bedeutet nämlich, dass der gute, liebe, millionenfach angewandte Stahl S235 (und ähnliche Stähle) unter ungünstigen Bedingungen – nämlich mit Kerbe und schneller Beanspruchung – spröde brechen kann, und zwar schon bei normalen Umgebungstemperaturen. Und dann ist er nicht mehr sicher.

Halt, halt, mögen Sie hier denken. Wer ist denn schon so blöd, fabriziert erst eine Kerbe in ein Bauteil und beansprucht dann das gute Stück auch noch schlagartig. Wo doch jeder weiß, dass das nicht gut ist für die Zähigkeit, und deswegen auch nicht für die Sicherheit. Aber:

✔ Kerben sind zwar niemals gut für die mechanische Beanspruchung, und einer der wichtigsten Grundsätze des Konstruierens ist es, Kerben zu vermeiden. Leider kann man aber oftmals auf Kerben nicht verzichten: Bei manchen Schweißverbindungen treten sie auf, bei Querschnittsübergängen, an Fehlstellen und anderem mehr. Klar, dass man sie so sanft wie irgend möglich gestaltet, aber los wird man sie nicht ganz.

✔ Ja, und dann die Sache mit der Beanspruchungsgeschwindigkeit. Sagen Sie mal einem Autofahrer oder einem Piloten, er solle doch, wenn denn schon alles schiefläuft, seinen Unfall bitte ganz, ganz langsam machen. So wegen der Zähigkeit und der Sicherheit ...

Also müssen wir überall auf der Welt mit solchem Unheil rechnen. Wichtig ist dann, dass sich ein Werkstoff auch unter den schlimmstmöglichen Bedingungen zäh und sicher verhält. Auch wenn Kerben drin sind, auch bei hoher Beanspruchungsgeschwindigkeit und auch, wenn beides zusammenkommt. Und auf genau diese schlimmstmögliche Art muss der Werkstoff geprüft werden. Verhält er sich im Test zäh, so kann man davon ausgehen, dass er sich auch in der Praxis zäh, also sicher verhalten wird.

Na schön, aber wo steckt denn da das Problem? Einfach gekerbte Proben herstellen und in einer Schnellzerreißmaschine prüfen. Leider ist die Schnellzerreißmaschine ganz schön teuer.

Und jetzt der Schwenk zum Kerbschlagbiegeversuch

Daher hat man sich einen einfachen, schnellen Test ausgedacht, mit dem man eine ähnliche Aussage wie beim Schnellzerreißversuch an gekerbten Proben machen kann, den *Kerbschlagbiegeversuch*:

✔ Statt einer gekerbten Zugprobe wird eine *gekerbte Biegeprobe* verwendet, die ist auch nicht schlecht.

✔ Und statt der Bruchdehnung misst man die aufgenommene mechanische *Arbeit* zum Brechen der Probe, die sogenannte *Kerbschlagarbeit*. Das ist zwar nicht dasselbe, aber Bruchdehnung und aufgenommene Arbeit gehen Hand in Hand. Große Bruchdehnung: viel aufgenommene Arbeit. Geringe Bruchdehnung: wenig aufgenommene Arbeit.

Nun muss ich zugeben, dass das nicht die ganze Wahrheit ist, denn die in der Probe wirkenden Spannungen (die Festigkeitskennwerte) gehen auch noch in die aufgenommene Arbeit ein. Ich hoffe, Sie erlauben mir, diesen Aspekt an dieser Stelle etwas in den Hintergrund zu stellen.

Nicht uninteressant ist: Entwickelt wurde der Kerbschlagbiegeversuch ganz ursprünglich schon so um 1900 von dem französischen Wissenschaftler Georges Charpy. Ihm zu Ehren wird der Versuch weltweit oft »Kerbschlagbiegeversuch nach Charpy« genannt, im englischen Sprachgebrauch auch »Charpy impact test«.

Und jetzt kann's mit dem Kerbschlagbiegeversuch losgehen. Genormt ist er in der DIN EN ISO 148, also im Zweifelsfall dort nachsehen. Als Erstes brauchen Sie eine geeignete Probe.

So sieht die Kerbschlagbiegeprobe aus

In der Vergangenheit wurde eine ganze Reihe verschiedener Probenformen entwickelt. Manche kamen und verschwanden wieder. Schon seit geraumer Zeit hat sich im Zuge der internationalen Standardisierung jedoch eine einzige Probenform durchgesetzt, die man heute überwiegend verwendet, jedenfalls bei Stahl. Es ist die sogenannte ISO-Spitzkerbprobe, auch ISO-V-Probe oder Charpy-V-Probe genannt. Form und Abmessungen können Sie Abbildung 8.3 entnehmen.

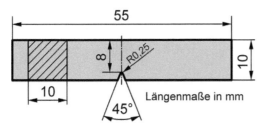

Abbildung 8.3: ISO-Spitzkerbprobe (ISO-V-Probe, Charpy-V-Probe)

Der Querschnitt ist quadratisch mit 10 mm Kantenlänge, in der Mitte der Probe befindet sich eine v-förmige, 2 mm tiefe Kerbe. Als Grundsatz gilt: diese Probe oder keine. Sie dürfen also nicht einfach die Probe verkleinern und vergrößern, wie beim Zugversuch. Nur in absolut notwendigen Fällen, wenn Ihr Werkstück einfach zu klein ist, sind sogenannte Untermaß-proben erlaubt – zähneknirschend. Alternativ zur Spitzkerbprobe gibt es noch eine Probe mit milderer, u-förmiger Kerbe, die aber weniger verwendet wird.

Eine solche Probe nehmen Sie nun und prüfen sie in der Guillotine – Pardon – im Kerbschlagwerk.

Versuchseinrichtung und -durchführung

Richtig brutal geht es zu bei der Kerbschlagbiegeprüfung. Aber Sie wissen ja, ziemlich aufgeklärt wie Sie jetzt sind, man möchte den schlimmstmöglichen Fall erfassen. Nur keine Milde mit dem Werkstoff, später in der Praxis kann's genauso schlimm werden.

Nun habe ich an dieser Stelle ein kleines Problem: Wie schildere ich Ihnen den Kerbschlagbiegeversuch? Zwei-, dreimal mit eigenen Augen und Ohren im Labor erlebt, und alles ist klar. Aber nur mit Bildern und Worten ... also, ich versuch's mal – und bitte um Verständnis. Ersatzweise genießen Sie unser Video im Internet. Ein typisches Kerbschlagbiegewerk sehen Sie in Abbildung 8.4.

Da gibt es ein solides, schweres, auf dem Boden stehendes Gestell, etwa anderthalb Meter hoch, bei mir mittelgrau dargestellt. Im oberen Bereich des Gestells ist ein großes (dunkelgraues) Schlagpendel mit Pendelstange und Hammerscheibe angebracht, kugelgelagert und ganz leichtgängig. Das Schlagpendel, das sich am Anfang noch unten befindet, müssen Sie erst einmal hochkurbeln, bis es sich in der Ausgangslage befindet, so wie in Abbildung 8.4 gezeichnet. Die zu prüfende Probe, meist die ISO-V-Probe, legen Sie unten – schön symmetrisch – auf die Auflager und gegen die Widerlager an. Auf der Pendelachse sitzt ein Schleppzeiger, den stellen Sie nach unten.

Dann kontrollieren Sie, ob alles sicher sowie in Ordnung ist, und lösen das Schlagpendel aus. Die Hammerscheibe saust entlang der strichpunktierten Kreisbahn nach unten und trifft mit ihrer gerundeten Schlagfinne mit etwa 5 m/s auf die kerbabgewandte Seite der Probe. Die Probe wird dabei so gebogen, dass die Kerbe unter Zugspannungen steht. Das Pendel hat so viel Bewegungsenergie, dass die Probe entweder auseinanderbricht oder unter großer plastischer Verformung zwischen den Widerlagern durchgezogen wird. Weil die Probe einen Teil der Bewegungsenergie des Pendels aufnimmt, wird das Pendel abgebremst und schwingt auf der anderen Seite nicht mehr so hoch wie in der Ausgangslage.

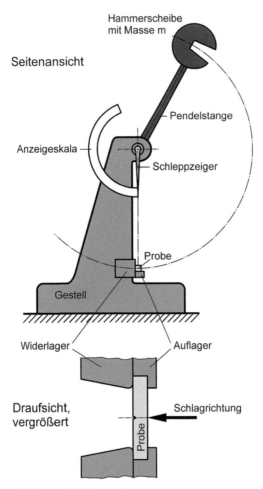

Abbildung 8.4: Versuchseinrichtung zur Kerbschlagbiegeprüfung

 Was nun gemessen wird, ist die von der Probe aufgenommene Arbeit (oder Energie), die *Kerbschlagarbeit KV*. Sie lässt sich leicht am Schleppzeiger ablesen, der von der Pendelstange bis zum ersten Umkehrpunkt mitgenommen wird und dann dort stehen bleibt. Wenig aufgenommene Energie: Schleppzeiger wird weit mitgenommen, bleibt hoch oben stehen. Viel aufgenommene Energie: Schleppzeiger wird nur wenig mitgenommen, bleibt relativ tief stehen. Beim Formelzeichen KV kommt »K« von Kerbe und »V« von der v-förmigen Gestalt der Kerbe in der ISO-V-Probe.

Und flott geht die Sache: Pendel hoch, Probe einlegen, Schleppzeiger nach unten stellen, Pendel auslösen, Schleppzeiger ablesen, fertig. Einfach und unkompliziert also. Moderne

Anlagen sind übrigens ganz »eingehaust«, von einer transparenten Sicherheitskabine umgeben, damit niemand die Hand noch drin hat und weil manchmal die gebrochenen Proben arg durch die Gegend fliegen. Das Pendel wird von einem Elektromotor nach oben gehoben, dann elektromechanisch ausgelöst, der Schleppzeiger über einen Drehwinkelsensor elektronisch abgelesen, eine feine Sache.

Wie die Proben vor und nach der Prüfung aussehen, das zeigt Ihnen Abbildung 8.5. Vorn ist eine neue Probe zu sehen, links hinten eine spröde gebrochene und rechts hinten eine, die sich schön zäh verhalten hat.

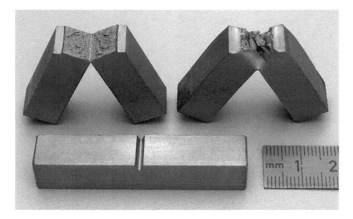

Abbildung 8.5: ISO-V-Proben aus S235, spröde gebrochen (links hinten), zähes Verhalten (rechts hinten), neu (vorn)

Ja, und was kommt denn bei der Geschichte so raus, welche Werte misst man üblicherweise?

So wirken sich Werkstoff und Temperatur auf die Kerbschlagarbeit aus

Ganz typische Ergebnisse des Kerbschlagbiegeversuchs habe ich in Abbildung 8.6 dargestellt. Nach rechts ist die Temperatur aufgetragen, bei der die Probe geprüft wird. Ganz bewusst habe ich denselben Temperaturbereich gewählt wie in Abbildung 8.2, dann können Sie gut vergleichen. An der Achse nach oben lesen Sie die Kerbschlagarbeit KV in der Einheit Joule (J) ab.

Damit Sie sich die Energie- und Arbeitseinheit Joule besser vorstellen können, ein **Beispiel** dazu:

Welche Arbeit benötigen Sie, wenn Sie einen Eimer mit 10 Liter Wasser um einen Meter hochheben?

Arbeit ist ja **Kraft mal Weg**. Sie nehmen die Gewichtskraft des Eimers mit Wasser, das sind etwa 100 Newton, multiplizieren die mit dem Weg 1 Meter und erhalten 100 N · 1 m = 100 Nm, das sind 100 J.

So, das war jetzt ein »Gefühl« für 100 J. Natürlich ein Gefühl für Sie, für mich, für uns **Menschen**. Ist das aber viel oder wenig für einen **Werkstoff**? Ich wage eine Bewertung mit Schulnoten:

✔ 200 J ist sehr gut, Note 1,

✔ 100 J ist gut, Note 2,

✔ 50 J befriedigend und 25 J ausreichend, darunter schweigen wir lieber.

Diese pauschale Bewertung ist subjektiv, sie gilt nur für übliche Stähle sowie ISO-V-Proben und muss der vorgesehenen Anwendung angepasst werden. Aber völlig unwissenschaftlich ist sie nicht, oftmals ist man auf solche Bewertungen angewiesen, die dann aber anhand von allerhand anderen Experimenten gestützt werden.

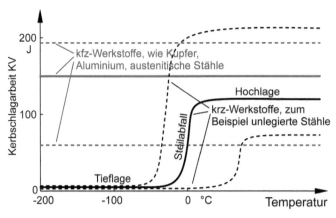

Abbildung 8.6: Einfluss von Werkstoff und Temperatur auf die Kerbschlagarbeit

So gewappnet, werfen Sie bitte noch einmal einen Blick auf Abbildung 8.6. Ignorieren Sie erst einmal alle Kurven mit Ausnahme der **durchgezogenen, fett gezeichneten schwarzen Kurve**. Diese Kurve erhalten Sie, wenn Sie den Stahl S235 aus Abbildung 8.2 im Kerbschlagbiegeversuch testen. Sie sehen, der Kerbschlagbiegeversuch macht eine ganz ähnliche Aussage wie der Schnellzerreißversuch an gekerbten Proben, nur geht's einfacher und schneller.

Die durchgezogene schwarze Kurve hat einen typischen Verlauf, so wie ein Teil des Buchstabens S. Da gibt es eine sogenannte Hochlage, einen Steilabfall und eine Tieflage, wie im Gebirge:

✔ In der Hochlage treten vergleichsweise zähe Brüche auf mit viel plastischer Verformung und viel Energieaufnahme,

✔ in der Tieflage sind die Brüche spröde und

✔ der Steilabfall ist der Übergang zwischen Hoch- und Tieflage.

Den beschriebenen **s-förmigen Verlauf haben alle Werkstoffe mit kubisch-raumzentrierter (krz) Kristallstruktur**. Den gibt es also bei Chrom, Molybdän, Eisen, den unlegierten Stählen, allesamt kubisch-raumzentriert aufgebaut. Jeder dieser Werkstoffe hat den Steilabfall bei ganz unterschiedlichen, individuellen Temperaturen.

Und bei den üblichen, unlegierten Stählen ist er so rund um Raumtemperatur, ein Zufall der Natur. Was da so für eine Bandbreite auftreten kann, sehen Sie an den schwarzen gestrichelten Kurven in Abbildung 8.6. Der Steilabfall kann – je nach Herstellung des Stahls – sehr günstig bei −40 °C liegen oder auch ungünstig bei +60 °C. Die Hochlage kann von unter 60 J bis weit über 200 J reichen. Dementsprechend unterschiedlich sind die Kerbschlagarbeitswerte in der Nähe von Raumtemperatur.

Natürlich ist nicht jeder Werkstoff kubisch-raumzentriert aufgebaut. Wie sieht es denn bei Werkstoffen mit kubisch-flächenzentriertem (kfz) Gitter aus? Kupfer, Aluminium, die austenitischen Stähle (das ist eine wichtige Art der rostfreien Stähle, Näheres in Kapitel 15) zählen dazu. Alle diese Werkstoffe haben einen mehr oder minder horizontalen Verlauf, die Kerbschlagarbeit hängt kaum von der Temperatur ab. Das liegt am kfz-Kristallgitter mit seinen vielen Gleitebenen und Gleitrichtungen, in denen sich die plastische Verformung abspielt.

Kubisch-flächenzentriert aufgebaute Werkstoffe verspröden also nicht in der Kälte und sind deshalb hervorragend für Tieftemperaturanwendungen geeignet. Und gäbe es nur Werkstoffe mit kfz-Gitter auf unserer Welt, dann wäre der Kerbschlagbiegeversuch nie erfunden worden und dieses Kapitel hätte ich nie geschrieben.

Klingt pathetisch, ist aber genau so.

Wichtig ist der Kerbschlagbiegeversuch für die »normalen« Stähle. Und weil sich schon vermeintlich kleine Änderungen im Stahl ganz erheblich auf die Kerbschlagarbeit auswirken, habe ich für Sie die wichtigsten Einflüsse in Abbildung 8.7 zusammengefasst.

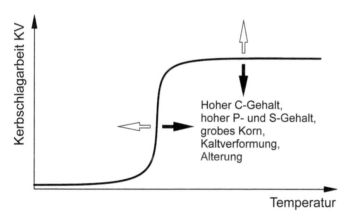

Abbildung 8.7: Werkstoffbedingte Einflussgrößen auf die KV-T-Kurve bei un- und niedriglegierten Stählen

Die Pfeile mit schwarzer Füllung zeigen die **ungünstigen Veränderungen**, bei denen rückt der Steilabfall zu höheren Temperaturen und die Hochlage sinkt ab. Hoher Kohlenstoffgehalt, hoher Phosphor- und Schwefelgehalt, grobes Korn, Kaltverformung und die Alterung, all das wirkt sich versprödend aus. Wollen Sie umgedreht möglichst gute Zähigkeit, müssen Sie »einfach« das Gegenteil machen. Das ist manchmal leichter gesagt als getan, aber im Großen und Ganzen haut das schon hin. Wie immer finden Sie im Übungsbuch Fragen, Antworten und auch was zum Tüfteln.

Bedeutung, Anwendung, Praxis

Falls die Sicherheit und Zähigkeit eines Stahls für die Anwendung, die Ihnen so vorschwebt, keine Rolle spielt, dann vergessen Sie den Kerbschlagbiegeversuch. Immer dann aber, wenn kubisch-raumzentriert aufgebaute Stähle ganz besonders sicher sein müssen, prüft man sie mit dem Kerbschlagbiegeversuch: im Stahlbau, Kesselbau, Kraftwerksbereich, Fahrzeugbau, die Liste ist lang.

 Dabei geht man von der Überlegung aus, dass im Kerbschlagbiegeversuch unter den härtesten Bedingungen bezüglich der Zähigkeit geprüft wird, nämlich schlagartig und mehrachsig (durch die Kerbe). Verhält sich ein Werkstoff hier zäh, so darf man davon ausgehen, dass er sich auch in der Praxis zäh verhalten wird. In besonders heiklen Fällen wird noch eine bestimmte Sicherheit »draufgelegt«, auch für weitere Einflüsse, die ich der Übersicht halber weggelassen habe.

So, das war meine Aufklärungsarbeit. Wieder mal ließe sich noch so viel mehr berichten, aber das muss reichen. Eine völlig andere Geschichte wartet schon, nicht minder wichtig. Freuen Sie sich auf das nächste Kapitel.

Kapitel 9
Unermüdlich:
Die Schwingfestigkeitsprüfung

E ines Tages biege ich im Treppenhaus um die Ecke, bepackt mit allerhand Unterlagen, auf dem Weg zum Hörsaal. Eine Vorlesung möchte ich halten zum Thema »Schwing-festigkeitsprüfung«. Da kommt mir ein Student entgegen, Hose lädiert, Knie aufgerissen, blutige Stirn, eine abgebrochene Fahrradtretkurbel in der Hand. Auch auf dem Weg zum Hörsaal. Und ziemlich schlechter Laune.

Auf meine besorgte Frage, was ihm denn passiert sei, bricht es aus ihm heraus: Wollte pünktlich kommen, ja, zu meiner Vorlesung, trat in die Pedale, eine Kurbel bricht ab, hingefallen, und was das für ein lumpiges Material sei – und überhaupt, ich wäre doch der Werkstoffmensch – woran denn das läge und hält mir die gebrochene Kurbel unter die Nase. Nach Herstellung eines angemessenen Objekt-Augen-Abstands sehe ich die Bruchstelle scharf, strahle freudig auf und erkläre ihm, das sei ja ein ganz wunderbarer Schwingbruch. So ganz wunderbar findet er das zwar nicht, lässt sich aber beruhigen und stellt das Bruchstück gleich für mich, den Staat und die Wissenschaft zur Verfügung. Da rede noch einer von verderbter Jugend.

Damit, liebe Leserin, lieber Leser, bin ich mitten drin im neuen Kapitel. Es geht um **nicht gleichbleibende, öfters wiederholte Beanspruchungen**, die zu ganz üblen Brüchen und Unfällen führen können. Zuerst möchte ich Ihnen das Phänomen an sich schildern, gehe auf die Begriffsproblematik ein und erkläre Ihnen die wichtigsten Grundbegriffe. Dann sind Sie fit für den Hauptteil, die Wöhlerkurve und Dauerfestigkeit.

Absolut nötig ist es, dass Sie an dieser Stelle schon Kenntnisse vom Zugversuch haben, im Zweifelsfall finden Sie ihn in Kapitel 6.

Schon mit der Überschrift beginnt der Ärger

Schwingfestigkeitsprüfung heißt die Kapitelüberschrift, und darin stecken auch die ersten Stolpersteine. Mit diesem Begriff verbindet man doch sofort so etwas wie mechanische Schwingungen und Resonanzvorgänge und meint, das sei die Beanspruchung an sich. Die Geschichte ist aber viel weitläufiger und allgemeiner. Ich hole ein bisschen aus.

Das Phänomen

Wenn Sie irgendein Bauteil aus einem metallischen Werkstoff nehmen und es **einmalig** auf Zug belasten, dann gilt folgende – vereinfachte – Regel:

✔ Liegt die Spannung bei der Belastung unterhalb der Streckgrenze, so tritt keine plastische Verformung auf, auch kein Bruch. Diese Beanspruchung hält der Werkstoff normalerweise unendlich lange aus, das ist die übliche Auslegung eines Bauteils.

✔ Liegt die Spannung über der Streckgrenze, aber noch unterhalb der Zugfestigkeit, so kann zwar plastische Verformung auftreten, aber immer noch kein Bruch. Auch das hält der Werkstoff unendlich lange aus. Normalerweise jedenfalls, nicht aber bei hohen Temperaturen, nicht bei Korrosion, nicht bei Verschleiß, das legen wir alles mal als »Ausnahmen« zur Seite.

Belasten Sie ein Bauteil aber **mehrmalig**, so gilt diese einfache Regel nicht mehr. Sie kennen das vermutlich aus dem Alltag: Sie wollen einen Draht kürzen, haben aber kein Werkzeug. Ein paarmal hin- und hergebogen, der Draht ist ab. Natürlich ist das für den Drahtwerkstoff schon brutal, so etwas macht man meist nur absichtlich, um einen Draht abzukriegen. Jetzt ein praxisnäheres Beispiel.

Nehmen wir einmal an, Sie hätten ein stabförmiges Bauteil aus einem Stahl mit der Streckgrenze R_{eH} = 360 N/mm^2. 360 N/mm^2 ist also die größte Spannung, die der Werkstoff elastisch aushalten kann. Was passiert, wenn Sie an diesem Stab erst mit 300 N/mm^2 ziehen, dann mit 300 N/mm^2 drücken, dann wieder ziehen, wieder drücken? Bei den ersten Belastungszyklen erst einmal gar nichts, denn der Werkstoff wird nur unterhalb seiner Streckgrenze beansprucht, er hält die Beanspruchung ja elastisch aus, scheinbar jedenfalls.

 Wenn Sie diese Beanspruchung aber sehr oft wiederholen, werden Sie beobachten, dass sich nach einigen Tausend Belastungszyklen kleine, feine Risse entwickeln, meist von der Oberfläche aus. Mit jedem Belastungszyklus wachsen die Risse weiter, einer davon gewinnt die Überhand, bis die verbleibende Restquerschnittsfläche so klein geworden ist, dass dort ein plötzlicher Bruch eintritt.

So war das auch bei der Fahrradtretkurbel des Studenten. Treten, entlasten, treten, entlasten, Risse entstehen, Risse wachsen über Tage und Monate, der größte Riss gewinnt die Überhand und auf der Fahrt zur Vorlesung bricht die Kurbel ab.

Und nicht nur dem Studenten ging es so. In Abbildung 9.1 sehen Sie eine Auswahl verschiedener Bruchstücke aus meinem »Horrorkabinett«: Kardangelenk, Meißel, Trainingsgeräte,

Kurbeln, Bohrer, Bolzen und Achsen, alles gebrochen wegen hoher, öfters wiederholter zyklischer Beanspruchung.

Abbildung 9.1: Schwingbrüche

Wie nennt man nun dieses Phänomen?

Das Problem mit dem Namen

Das, was ich Ihnen soeben geschildert habe, nennt man entweder *Schwingbeanspruchung* oder *Dauerschwingbeanspruchung* oder *Dauerbeanspruchung* oder *zyklische Beanspruchung* oder *nicht ruhende Beanspruchung* oder auch *Ermüdung* – und manchmal noch anders, das lasse ich jetzt weg. Das sind sechs Begriffe, die alle das Gleiche beschreiben. Wieso denn sechs Begriffe, einer müsste doch völlig reichen?

Keiner dieser sechs Begriffe ist wirklich gut, und den perfekten Begriff hat man bis heute noch nicht gefunden. Lassen Sie mich das kurz begründen, es ist nicht unwichtig:

✔ *Schwingbeanspruchung* nennt man das manchmal, weil in einigen Fällen tatsächlich starke mechanische Schwingungen zu diesem Phänomen führen. Nachteilig ist bei diesem Begriff, dass er suggeriert, es seien immer Schwingungen, aber das ist ja nicht richtig. Es gibt noch tausend andere Ursachen für oft wiederholte Belastungszyklen.

✔ Mit *Dauerschwingbeanspruchung* möchte man ausdrücken, dass die Beanspruchung nicht mit einem Wimpernschlag beendet ist, sondern meist längere Zeit dauert. Nachteilig ist wieder die Betonung des Schwingens.

✔ Bei *Dauerbeanspruchung* legt man Wert darauf, dass die Beanspruchung eine gewisse Zeit dauert. Dass sie sich aber laufend ändert und wiederholt wird, geht aus dem Namen nicht hervor. Auch eine längere konstante Beanspruchung würde unter diesem Begriff firmieren. Auch nicht gut.

✔ *Zyklische Beanspruchung* sagt, dass die Beanspruchung eben nicht konstant ist, sondern zyklisch variiert. Kein schlechter Begriff, aber mit zyklisch meint man eine identisch wiederholte Beanspruchung. Eine eher chaotisch variierende Last, die in der Praxis oft vorkommt, wäre da nicht enthalten.

✔ Auch *nicht ruhende Beanspruchung* ist gar nicht mal so schlecht. Leider ist der Begriff aber arg holprig, außerdem könnte man auch eine einmalige schlagartige Beanspruchung darunter verstehen.

✔ Mit *Ermüdung* möchte man betonen, dass der Werkstoff durch diese Beanspruchung ermüdet, so wie wir Menschen. Dummerweise gibt es aber auch noch andere Arten, wie ein Werkstoff ermüden kann, und die haben mit wiederholten Belastungszyklen nichts zu tun.

Ein Blick in die englische Sprache zeigt, dass es dort auch nicht besser ist. Das beruhigt zwar, hilft aber auch nicht weiter. Was tun? In einigen Disziplinen, wie dem Maschinenbau, haben sich die ersten zwei Begriffe eingenistet, bei den Bauingenieuren ist es die nicht ruhende Beanspruchung, und bei den Werkstoffwissenschaftlern die Ermüdung. Nun könnte ich was von den schwingenden Maschinenbauern, den ruhelosen Bauingenieuren und den ermüdenden Werkstoffwissenschaftlern erzählen, nein, das lasse ich.

Hier in diesem Buch nehme ich einfach den Begriff Schwingfestigkeitsprüfung. Ideal ist er nicht, aber er wird doch oft verwendet. Und weil ich selbst im Maschinenbau tätig bin, hänge ich die Maschinenbaufahne hoch, die eigene Disziplin ist doch immer die wichtigste. Und Sie wissen: mitgegangen, mitgefangen ... Jetzt sind Sie im Boot. Und außerdem sind wir bei der Werkstoffprüfung, dafür braucht man Prüfmaschinen, und wer baut diese Prüfmaschinen? Klar, der Maschinenbau, und der entscheidet jetzt.

Genug zum Namen, das muss jetzt reichen. Rein in den Werkstoff.

Das passiert innen drin im Werkstoff

Dass der hin- und hergebogene Draht schnell bricht, ist schon nachzuvollziehen. Er wird bewusst und kräftig so lange in die eine, dann die andere Richtung gebogen, bis die Fähigkeit zur plastischen Verformung ganz einfach erschöpft ist und sich ein Riss entwickelt. Der wächst dann ruck, zuck, der Draht ist ab.

Dass die Sache länger dauert, wenn Sie den Draht weniger stark biegen, ist auch einzusehen. Was aber passiert denn, wenn Sie den Werkstoff zwar hoch beanspruchen, aber nur noch im elastischen Bereich, so wie in meinem obigen Beispiel mit dem stabförmigen Bauteil? Also mit 300 N/mm^2 ziehen, dann mit 300 N/mm^2 drücken, ganz oft wiederholen; die Streckgrenze sei bei 360 N/mm^2.

Dann wären Sie ja eigentlich im elastischen Bereich, sowohl beim Ziehen als auch beim Drücken. Und elastisch heißt eben elastisch, also keinerlei plastische Verformung. Und eigentlich sollte das der Werkstoff dann ja unendlich oft aushalten. Ganz offensichtlich muss da innen im Werkstoff noch etwas Besonderes stattfinden.

Obwohl man meint, im elastischen Bereich zu sein, kann es auch da schon zu ganz winzigen plastischen Verformungen kommen, und zwar vorzugsweise an der Probenoberfläche, an kleinen Fehlern, Riefen, Rauigkeitstälern. Im Werkstoff gibt es ja kleine Kristalle, die sogenannten Körner, die sind so etwa 0,01 bis 0,1 mm groß. Und wenn da so ein Korn gerade ganz

»geschickt« an der Oberfläche sitzt, dann kann es sich schon unterhalb der Streckgrenze minimal plastisch verformen, sagen wir so etwa um 0,1 %. Das ist nur an wenigen Stellen in Oberflächennähe der Fall und absolut harmlos, wenn es nur ein paarmal auftritt. Äußerlich ist es nicht spürbar.

Wenn Sie aber oft an der Probe ziehen und drücken, dann werden diese vereinzelten Körner mit jedem Lastzyklus plastisch verformt, und das summiert sich. Also 1000-mal gezogen und 1000-mal gedrückt heißt, 1000-mal um 0,1 % plastisch gezogen und um 0,1 % plastisch gestaucht. Das hält so ein Korn nicht ewig aus und ein ganz kleiner Risskeim entsteht. Der wirkt schon als minimale Kerbe und die Sache geht weiter: Ein richtiger Riss entsteht, der mit jedem Lastzyklus ein bisschen weiter wächst. An einer Probe können mehrere solche Risse entstehen, die nennt man dann *Schwingrisse*, der größte gewinnt die Überhand und wächst immer schneller. Schließlich ist der übrig gebliebene Restquerschnitt so klein, dass die Probe spontan bricht, das ist der *Restbruch*.

Der durch eine solche Schwingbeanspruchung hervorgerufene Bruch heißt entweder *Schwingbruch* oder *Dauerbruch* oder *Ermüdungsbruch*. Die entstandene Bruchfläche (die *Schwingbruchfläche* oder *Dauerbruchfläche* oder *Ermüdungsbruchfläche*, jetzt lass ich's aber gut sein) hat meist ein charakteristisches Aussehen (siehe Abbildung 9.2).

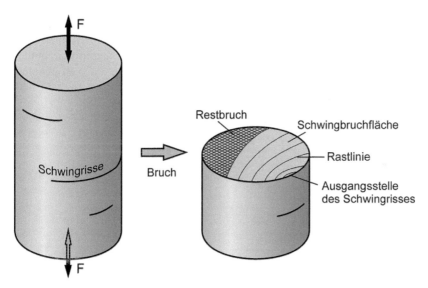

Abbildung 9.2: Charakteristisches Aussehen einer Schwingbruchfläche bei einer zylindrischen Probe

Oft kann man die glattere, samtartige eigentliche Schwingbruchfläche vom raueren, zerklüfteten Restbruch unterscheiden. Auf der Schwingbruchfläche sind manchmal Rastlinien zu erkennen, an denen der Riss gerastet (und oftmals auch gerostet) hat. Auch an der abgebrochenen Fahrradtretkurbel meines Studenten sind Rastlinien zu sehen. Da hat er sein Fahrrad mitsamt dem schon vorhandenen Schwingriss abgestellt, es hat auch mal geregnet, schon sieht der ältere Teil des Risses anders aus als der neuere. Und mit etwas Glück – und viel Erfahrung – erkennt man sogar die Ausgangsstelle des Schwingrisses.

Die Schwingrisse sind sehr fein und eng, teils mit dem Auge nicht zu erkennen. Laien reden manchmal verharmlosend von Haarrissen, aber gerade das macht sie so gefährlich.

So, und jetzt fasse ich die gesamte Geschichte noch einmal wie folgt zusammen:

> Die ertragbare Spannung (das ist die Grenzspannung, die gerade eben noch nicht zum Versagen durch Bruch führt) ist bei schwingender Beanspruchung **kleiner** als bei gleichbleibender.

Werkstoffe reagieren also anders auf wechselnde mechanische Beanspruchungen als wir Menschen. Wie gerne nehmen wir einen schweren Koffer mal in die eine, mal in die andere Hand. Uns Menschen tut die zeitlich veränderte Last (in Grenzen) gut. Und Sie kennen ja die Wetten, wie lange man ein großes gefülltes Bierglas am ausgestreckten Arm halten kann. Die gleichbleibende Beanspruchung macht uns zu schaffen.

Bei Werkstoffen ist es gerade umgekehrt, die bevorzugen eine konstante, gleichbleibende Beanspruchung. Wie bei jeder guten Regel gibt es da Ausnahmen, die lasse ich hier weg, das sind andere Themen.

Die wichtigsten Grundbegriffe

Für das Verständnis der folgenden Abschnitte lohnt es sich, ein paar besondere Grundbegriffe kennenzulernen, die immer wieder vorkommen. Abbildung 9.3 zeigt ein Diagramm mit einer typischen Schwingbeanspruchung. Die auf eine Probe wirkende Spannung σ (Kraft dividiert durch Querschnittsfläche) ist nach oben aufgetragen, die Zeit t nach rechts. Der zeitliche Verlauf der Spannung ist der Einfachheit halber sinusförmig angenommen.

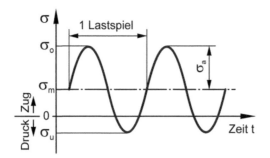

Abbildung 9.3: Grundbegriffe bei der Schwingbeanspruchung

Folgende Größen sind wichtig:

✔ Unter *Lastspiel* versteht man einen vollständigen Belastungszyklus, auch *Schwingspiel* oder *Lastzyklus* genannt.

✔ Die am weitesten nach oben, also in positive Richtung (das ist die Zugrichtung), ragende Spannung heißt *Oberspannung* σ_0.

✔ Die am weitesten nach unten, also in negative Richtung (das ist die Druckrichtung), ragende Spannung heißt *Unterspannung* σ_u.

✔ Die *Mittelspannung* σ_m ist immer das arithmetische Mittel zwischen Ober- und Unterspannung, ungeachtet des Spannungsverlaufs dazwischen: $\sigma_m = \dfrac{\sigma_o - \sigma_u}{2}$.

✔ Der *Spannungsausschlag* σ_a ist der Betrag, um den die Spannung von der Mittelspannung aus nach oben und unten »ausschlägt«. Diese Größe ist ganz besonders wichtig, bitte gut merken.

Die Schwingbeanspruchung kann je nach Anwendung recht unterschiedlich sein. Abbildung 9.4 zeigt, was da so auftreten kann.

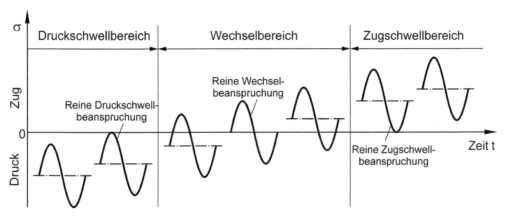

Abbildung 9.4: Grundlegende Beanspruchungsbereiche bei der Schwingbeanspruchung

Verläuft die Belastung nur im Druckbereich, so spricht man von *Druckschwellbeanspruchung*, weil die Druckspannung an- und abschwillt. Von einer *reinen Druckschwellbeanspruchung* redet man, wenn die Oberspannung gleich null ist. Bei einer *Wechselbeanspruchung* wechselt die Last zwischen Zug und Druck: Von einer *reinen Wechselbeanspruchung* spricht man, wenn die Mittelspannung gleich null ist. Bei *Zugschwellbeanspruchung* befindet man sich ganz im Zugbereich. Von *reiner Zugschwellbeanspruchung* spricht man, wenn die Unterspannung gleich null ist.

Vier wichtige Anmerkungen dazu:

✔ Der *Spannungsverlauf* muss nicht sinusförmig sein, wie hier abgebildet. Er kann jede denkbare periodisch wiederholte Form aufweisen bis hin zur völlig unregelmäßigen Beanspruchung, der sogenannten Betriebsbeanspruchung. Hier in diesem Kapitel erkläre ich aber nur einfache Fälle, wie sinus- oder trapezförmige Beanspruchungen. In der Mehrzahl der Fälle (zum Beispiel Stähle bei Raumtemperatur, keine Korrosion) spielen die Zyklusform und die Belastungsfrequenz kaum eine Rolle. Worauf es ankommt, das sind Oberspannung, Unterspannung (oder Mittelspannung und Spannungsausschlag) sowie Lastspielzahl.

✔ Als *Beanspruchungsart* kommen nicht nur Zug und Druck in Betracht, sondern auch Biegung und Torsion, da gibt es die gleiche Problematik. Auch zusammengesetzte Beanspruchungen, synchron oder nicht synchron schwingend, kommen vor und machen die ganze Sache ziemlich kompliziert.

✔ Alle beliebig gewählten *Beanspruchungswerte* (unabhängig davon, ob die der Werkstoff aushält oder nicht) erhalten kleine Indizes, wie σ_a.

✔ *Festigkeitskennwerte* (das, was der Werkstoff aushalten kann) erhalten große Indizes, wie σ_A.

Die spannende Frage ist nun: Was hält der Werkstoff aus, wenn er schwingend beansprucht wird?

Wöhlerkurve und Dauerfestigkeit

Um diese Frage zu klären, brauchen Sie nicht nur eine, sondern **mehrere, möglichst identische Proben** aus dem gleichen Werkstoff. Das ist ganz anders als beim Zugversuch, bei dem ja eine einzige Probe genügt. Stellen Sie sich also vor, Sie hätten etwa zehn gleiche Proben aus ein und demselben Werkstück herausgearbeitet. Die Proben können so ähnlich aussehen wie die Rundzugproben für den Zugversuch: zylindrischer eigentlicher Prüfbereich, sanfte Querschnittserweiterung an den Enden. Als Werkstoff denken Sie sich einen einfachen Baustahl.

Aus Ihrem Vorrat greifen Sie sich die erste Probe heraus und spannen sie in eine geeignete Schwingprüfmaschine ein. So eine Schwingprüfmaschine ist in der Lage, die Probe mit nahezu beliebigen Kraft-Zeit-Verläufen zu beanspruchen. Sie nehmen sich einen sinusförmigen Kraft-Zeit-Verlauf mit 25 Lastspielen pro Sekunde vor, das sind 25 »Schwingungen« pro Sekunde oder 25 Hertz Belastungsfrequenz. Wie das alles in der Praxis abläuft und wie die Maschine funktioniert, zeigt Ihnen unser Video im Internet.

Als Nächstes müssen Sie sich ein sinnvolles Versuchsprogramm ausdenken. Meistens hält man innerhalb einer Messreihe die Mittelspannung konstant, und damit es vorerst nicht zu schwierig wird, nehmen Sie sich einfach mal die **Mittelspannung null** vor. Das bedeutet,

✔ dass die Maschine abwechselnd an der Probe zieht und drückt,

✔ dass die Oberspannung und die Unterspannung betragsmäßig gleich groß sind und

✔ dass der Spannungsausschlag der Oberspannung entspricht – oder betragsmäßig der Unterspannung.

Haben Sie jetzt doch etwas die Stirn gerunzelt? Bitte zur Sicherheit noch einmal in Abbildung 9.3 nachsehen.

Während jedes Versuchs halten Sie die Mittelspannung und den Spannungsausschlag konstant. Die Mittelspannung ist klar, war ja mit null festgelegt. Aber welchen Spannungsausschlag nehmen Sie für die erste Probe? Den dürfen Sie jetzt selbst wählen, am besten etwas

Sinnvolles. Es hat natürlich keinen Wert, wenn Sie den Spannungsausschlag höher als die Zugfestigkeit wählen, denn dann bricht die Probe gleich beim ersten Lastspiel. Und klitzeklein soll er auch nicht sein. Nicht völlig daneben wäre es, den Spannungsausschlag einfach mal knapp unter die Streckgrenze des Werkstoffs zu legen (wenn man die kennt).

Alles nochmals überprüft, und wie bei den Prominenten dürfen Sie den Startknopf drücken: Die Schwingprüfmaschine legt los. Sie zieht, drückt, zieht, drückt, das kann dauern ... Nach einiger Zeit entwickeln sich Schwingrisse in der Probe, die wachsen dann, die Probe bricht schließlich. Sie notieren die Zahl der Lastspiele bis zum Bruch, die nennt man *Bruchlastspielzahl*. Erste Probe erledigt, wird ausgebaut.

Zweite Probe kommt rein, Mittelspannung bleibt bei null, neuen Spannungsausschlag wählen, Maschine starten, bis zum Bruch warten, Bruchlastspielzahl notieren. Dann dritte, dann vierte Probe, bis entweder das Versuchsprogramm zu Ende ist oder Ihre Geduld.

Alle Ergebnisse tragen Sie sinnvoll in ein Diagramm ein (siehe Abbildung 9.5). Ganz wichtig: Dieses Diagramm ist etwas ungewöhnlich aufgebaut:

✔ Das, was Sie **vorgeben**, den Spannungsausschlag σ_a, tragen Sie nicht nach rechts auf, sondern **nach oben**. Weil das genauso ungewöhnlich wie wichtig ist, habe ich das Formelzeichen σ_a in Abbildung 9.5 grau eingekringelt und mit zwei Ausrufezeichen versehen.

✔ Und das **Ergebnis**, die Bruchlastspielzahl, tragen Sie **nach rechts** auf.

Warum macht man denn das so, um alles in der Welt? Einen wissenschaftlichen Grund gibt es nicht, es ist einfach Tradition. Und nachdem das fast alle so machen, bleibe auch ich dabei.

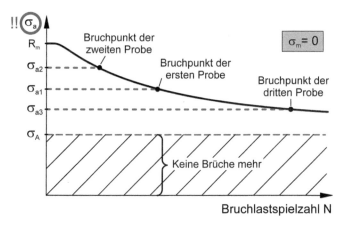

Abbildung 9.5: Wöhlerkurve (Grundlagen)

Den Spannungsausschlag bei der ersten Probe habe ich σ_{a1} benannt, den bei der zweiten Probe σ_{a2}, den bei der dritten σ_{a3}. Die Ergebnisse, also die Bruchlastspielzahlen, sind entlang der grau gestrichelten Linien nach rechts aufgetragen, der Bruchpunkt ist mit einem schwarzen Punkt gekennzeichnet. Sie sehen, dass die Proben bei niedrigerem Spannungsausschlag viel länger halten als bei hohem – das war zu erwarten. Wenn Sie nun alle Ihre zehn Proben testen, alle Ergebnisse eintragen und die Bruchpunkte miteinander verbinden, dann erhalten Sie die schwarze durchgezogene Kurve in Abbildung 9.5.

Der größte Spannungsausschlag, den die Probe wenigstens ein einziges Mal gerade so aushält, das ist ja die Zugfestigkeit R_m. Deswegen »mündet« die Bruchkurve bei hohen Spannungsausschlägen in den Wert R_m.

 Die interessanteste Frage ist aber, ob der Werkstoff irgendeinen Spannungsausschlag **unendlich oft** aushält. Ja, das gibt es bei den »normalen« Stählen tatsächlich, dieser Spannungsausschlag heißt *Dauerfestigkeit* und er erhält das Formelzeichen σ_A mit dem Index »groß A«. Bei Spannungsausschlägen unterhalb von σ_A treten keine Brüche mehr auf.

Logischerweise müsste sich die durchgezogene schwarze Kurve in Abbildung 9.5 also für immer kleinere Spannungsausschläge dem Wert σ_A annähern. Tut sie auch, nur sehen können Sie das nicht, weil die Bruchlastspielzahlachse hierfür nicht ausreicht. Wieso nicht ausreicht? Könnte man die nicht einfach zusammenquetschen, die Achse, genauso wie den Faltenbalg einer Ziehharmonika? Das geht, aber dann quetscht sich auch die Kurve ganz arg zusammen und Sie sehen dann im Bereich hoher Spannungsausschläge nichts Brauchbares. Zu dumm aber auch.

Die Lösung dieses Problems ist eine *logarithmische Einteilung* der Bruchlastspielzahlachse. Das hat den Riesenvorteil, dass man sowohl ganz kleine als auch ganz große Zahlen prima unterbringt. Aber auch den Nachteil, dass die Kurve dann ganz anders aussieht.

Wenn Sie jetzt das Diagramm in Abbildung 9.5 nehmen, fast alles lassen, wie es ist, und nur die normale, lineare Einteilung der Bruchlastspielzahl N in eine logarithmische ändern, dann erhalten Sie das Diagramm in Abbildung 9.6.

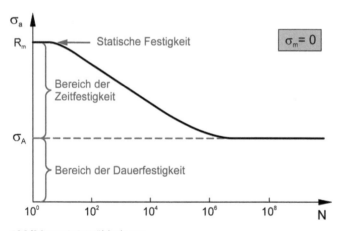

Abbildung 9.6: Wöhlerkurve

Vergleichen Sie: Die σ_a-Achse ist unverändert, nach wie vor normal, also linear eingeteilt. Nur die Achse nach rechts, an der die Bruchlastspielzahl N aufgetragen wird, ist jetzt so eingeteilt, dass mit jedem Schritt nach rechts nichts addiert, sondern multipliziert wird. Der kleinste sinnvolle Wert für die Bruchlastspielzahl ist 10^0, und das ist 1. Der nächste eingetragene Wert ist 10^2, also 100, dann kommt 10^4, das ist 10000. Jedes Mal ein Faktor 100. Jetzt passen kleine Zahlen, wie 1, und ganz große, wie 10^8, das sind 100 Millionen, prima in eine einzige Achse.

Nun sehen Sie, dass bei Spannungsausschlägen unterhalb von σ_A keine Brüche mehr auftreten. Man spricht hier vom *Bereich der Dauerfestigkeit*, der Werkstoff ist »auf Dauer fest«. Bei Spannungsausschlägen zwischen σ_A und R_m (wie bei den Proben 1 bis 3) hält die Probe eine Zeit lang, das ist der *Bereich der Zeitfestigkeit*. Die Zugfestigkeit R_m ist das, was der Werkstoff einmalig aushält, statische Festigkeit genannt.

Die gezeigte Kurve wird zu Ehren des deutschen Ingenieurs August Wöhler *Wöhlerkurve* genannt. Die Wöhlerkurve in Abbildung 9.6 besteht bei den »normalen« Stählen mit kubisch-raumzentriertem Gitter näherungsweise aus drei Geraden, die gerundet miteinander verbunden sind. Das wichtigste Ergebnis der Wöhlerkurve ist die *Dauerschwingfestigkeit*, kurz *Dauerfestigkeit*:

Die Dauerfestigkeit σ_D ist der um eine gegebene Mittelspannung σ_m schwingende größte Spannungsausschlag σ_A, den eine Probe »unendlich oft« ohne Bruch aushält:

$$\sigma_D = \sigma_m \pm \sigma_A$$

Klingt wild, deshalb nehme ich ein **Beispiel**:

Was bedeutet $\sigma_D = 100 \text{ N/mm}^2 \pm 250 \text{ N/mm}^2$?

Das heißt ganz konkret, dass Sie diese Probe von der Mittelspannung 100 N/mm^2 aus mit ± 250 N/mm^2 belasten dürfen und sie hält das »unendlich oft« aus. Oder anders ausgedrückt: An dieser Probe dürfen Sie abwechselnd mit 350 N/mm^2 ziehen und mit 150 N/mm^2 drücken, und das hält sie »ewig« aus.

Warum ich »unendlich oft« und »ewig« in Anführungszeichen gesetzt habe? Weil das nach menschlichem Ermessen gilt und man sich bei der Unendlichkeit hier einfach nicht sicher ist, sie nicht prüfen kann, und in seltenen Fällen gibt es tatsächlich »Ausreißer«.

Eine weitere, ganz wichtige Frage ist, wie lange man prüfen muss, um bei der Dauerfestigkeit sicher zu sein. Natürlich hat man das genau untersucht und herausgefunden:

Die Wöhlerkurve verläuft bei den kubisch-raumzentriert aufgebauten Stählen (das sind die »normalen« Stähle) oberhalb von $2 \cdot 10^6$ bis 10^7 Lastspielen horizontal. Um bei der Schwingfestigkeitsprüfung sicher zu sein, muss man also mit bis zu 10^7, das sind 10 Millionen Lastspiele prüfen. Wenn die Probe dann noch nicht gebrochen ist, wird sie mit hoher Sicherheit auch später nicht mehr brechen.

Viele andere Werkstoffe, zum Beispiel Aluminiumlegierungen, austenitische Stähle (eine besondere Art hochlegierter Stähle, Näheres in Kapitel 15) und weitere Werkstoffe mit kubisch-flächenzentriertem Gitter, weisen aber eine **stetig abfallende Wöhlerkurve** auf und damit auch keine eindeutige Dauerfestigkeit (siehe Abbildung 9.7).

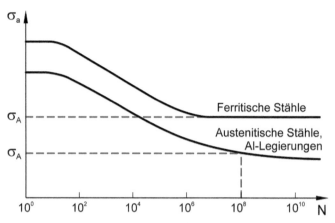

Abbildung 9.7: Typische Form von Wöhlerkurven

Bei diesen Werkstoffen nehmen Sie dann als Ersatz für die echte Dauerfestigkeit denjenigen Spannungsausschlag, der nach 10^8 Lastspielen zum Bruch führt. Die Überlegungen dabei sind:

✔ Mehr als 10^8 Lastwechsel treten in der Praxis selten auf. Falls doch, müssen Sie das aber berücksichtigen.

✔ Die Wöhlerkurve fällt oberhalb von 10^8 Lastspielen meist nur noch wenig ab.

So, das wäre das Allerwichtigste, eine Einführung sozusagen. Wenn Sie dieses Allerwichtigste noch ein wenig üben möchten, hilft das Übungsbuch.

Was da noch zu beachten wäre

Was es da aber über diese Einführung hinaus noch zu beachten gibt, ist nicht unerheblich: Die Oberflächenqualität hat einen enormen Einfluss auf die Schwingfestigkeit, Eigenspannungen in der Probe wirken sich aus, auch das Volumen, die Abmessung der Proben, die Belastungsart, die Korrosion ... Ich lasse es gut sein, dafür gibt es viele Fachbücher.

Eine Geschichte juckt mich aber doch noch, die muss noch sein: Die Schwingfestigkeitsprüfung ist grundsätzlich **sehr aufwendig**. Warum?

✔ Für eine ordentliche Wöhlerkurve brauchen Sie so etwa sieben bis zehn Proben. Beim Zugversuch reicht eine.

✔ Sie müssen bis 10^7 oder sogar 10^8 Lastspiele prüfen, das dauert.

✔ Nun könnten Sie auf die Idee kommen, die Belastungsfrequenz stark hochzusetzen, also statt mit zehn Lastspielen pro Sekunde mit 100 oder 1000 oder noch mehr zu prüfen. Da und dort tut man das in Maßen, aber nicht beliebig, weil sich die Proben sonst zu sehr erwärmen und anderer Ärger droht. Gar zu wild dürfen Sie also nicht rangehen.

✔ Die Ergebnisse streuen relativ stark und für genaue Ergebnisse brauchen Sie eine gewisse Probenzahl. Alle Schwingfestigkeitsprüfleute nutzen deshalb statistische Auswertemethoden.

✔ Ja, und da wären noch die diversen Einflüsse, wie Oberflächenqualität, Eigenspannungen ...

Um nun den Versuchsaufwand in Grenzen zu halten, wendet man den einen oder anderen Versuchstrick und vor allem ausgefeilte Bauteilberechnungsverfahren an. Also erst intensiv gerechnet, und dann mit minimaler Probenzahl ganz gezielt geprüft.

Fertig, genug geschwungen in diesem Kapitel. Im nächsten geht's ins Innere der Werkstoffe, lassen Sie sich überraschen.

IN DIESEM KAPITEL

Was Metallografie ist

Wie Sie Proben über größere Bereiche untersuchen

Was bei der Mikroskopie zu sehen ist

Wozu Sie Elektronen sinnvoll nutzen können

Kapitel 10
Blick ins Innerste: Die Metallografie

Gewisse Dinge können süchtig machen. Von Drogen weiß man das, Tabak und Alkohol können es sein, bei manchen ist es der Kaffee, die Arbeit oder sogar der Sport. Und hier bin ich versucht, einen Warnaufdruck anzubringen: »Das Bundesministerium für Gesundheit warnt: Metallografie kann süchtig machen.« Wer selbst einmal metallografische Methoden angewandt hat und auch ein wenig »spielen« durfte, der versteht das sofort.

Die hat was, die Metallografie, sicherlich eine der faszinierendsten Arten der Werkstoffprüfung. Da bildet man Werkstückoberflächen ab, schaut ins Innere der Werkstoffe und nutzt sogar Elektronen aus, um die Atomsorten zu enttarnen. Und das alles hilft dabei, Werkstoffe und Fertigungsprozesse zu entwickeln, zu optimieren, zu kontrollieren und Schadensursachen zu klären. Keine Frage, das ist nicht nur faszinierend, sondern auch richtig brauchbar in Forschung und Anwendung.

In diesem Kapitel erkläre ich Ihnen zunächst den Begriff Metallografie an sich. Dann lernen Sie, wie man einen Werkstoff im Groben über größere Bereiche untersucht. Anschließend geht's ins Feine und zu höheren Vergrößerungen. Den Abschluss bildet ein Blick in die faszinierende Welt der Elektronenmikroskopie. Und üben können Sie wie immer im Übungsbuch.

Zuerst der Begriff

Im Wort »Metallografie« stecken ja Metall und Grafik drin, und damit ist eigentlich schon das Wesentliche gesagt. Metalle sollen abgebildet werden. In der Wissenschaft drückt man das etwas umfangreicher aus:

Die Metallografie umfasst die Abbildung, Beschreibung oder Untersuchung des Gefügeaufbaus sowie des Fehlerzustands von Metallen und Legierungen.

Der Satz hat's in sich. Zwei Erläuterungen dazu:

✔ Unter *Gefügeaufbau* versteht man die Art, Menge, Anordnung, Verteilung und Größe von Phasen. Und was sind Phasen?

✔ *Phasen* sind chemisch und physikalisch homogene Bestandteile eines Werkstoffs. Bei den gebräuchlichen metallischen Werkstoffen sind die Phasen einfach die Kristallarten, die in den Werkstoffen vorkommen. Näheres dazu finden Sie in Kapitel 4.

Mit der Metallografie möchte man also ins Innere der Werkstoffe sehen und herausfinden, was es da so für Kristalle oder auch nichtkristalline Bereiche gibt, wie groß die sind, welche Form sie haben, wie sie sich anordnen, wie sie verteilt sind.

Nun habe ich einige ganz engagierte Kollegen, die sich mit den Keramiken befassen. Klar, dass die ganz stolz sind auf ihre Keramiken. Und selbstbewusst, wie sie sind, sprechen sie natürlich von *Keramografie*. Und die Kollegen auf dem Kunststoffsektor betreiben *Plastografie*, das ist die Abbildung der Plaste, ein anderes Wort für Kunststoffe. Und weil es doch alles Materialien sind, redet man seit einiger Zeit konsequent von *Materialografie*. Da hier der Schwerpunkt auf den metallischen Werkstoffen liegt, bleibe ich beim alten klassischen Begriff Metallografie, der viel verwendet wird.

Im Folgenden möchte ich Ihnen die wichtigsten metallografischen Untersuchungsverfahren schildern. Sie werden gerne in zwei große Gruppen gegliedert, in die

✔ *makroskopischen Verfahren* (Untersuchung bei niedriger oder gar keiner Vergrößerung) und die

✔ *mikroskopischen Verfahren* (Untersuchung bei höherer Vergrößerung).

Fürs Grobe: Makroskopische Verfahren

Die makroskopischen Verfahren werden auch unter dem Begriff »Makroskopie« zusammengefasst. Sie sollen den Gefügeaufbau und den Fehlerzustand über größere Bereiche im Werkstück charakterisieren. Es wird mit dem »unbewaffneten Auge« oder mit dem Lichtmikroskop bei bis zu 50-facher Vergrößerung untersucht. Warum bis zu 50-facher Vergrößerung? Das ist Tradition, früher hat man gerne Lupen verwendet, und eine starke Lupe schafft etwa 50-fache Vergrößerung. Alles, was man mit dem Auge direkt oder mit einer Lupe erkennt, firmiert deswegen unter Makroskopie.

Leider haben es die metallischen Werkstoffe so an sich, dass sie undurchsichtig sind, jedenfalls in den üblichen Dicken und für Licht. Ihr Inneres geben sie nicht so leicht preis, und es bleibt einem nichts anderes übrig, als einen Schnitt durch das Werkstück zu legen.

So gehen Sie vor

Typische Arbeitsschritte sind:

✔ Zuerst stellen Sie einen **groben Schnitt** durch Ihr Werkstück her, indem Sie es an der interessanten Stelle aufsägen oder mit dem Trennschleifer unter intensiver Wasserkühlung durchtrennen.

✔ Die so erzeugte grobe Schnittfläche **schleifen** Sie anschließend eben, entweder maschinell oder von Hand auf rotierenden Schleifscheiben. In jedem Fall verwenden Sie intensive Wasserkühlung und -spülung, damit sich die Schleifscheibe nicht zusetzt und damit sich der Probenwerkstoff nicht erwärmt. So, und manchmal sind Sie hier schon fertig mit der Probenpräparation.

✔ In einigen Fällen müssen Sie nach dem Schleifen noch **polieren**.

✔ Und manchmal müssen Sie die geschliffene oder sogar polierte Schnittfläche noch **ätzen**, das heißt kurz in eine aggressive Flüssigkeit tauchen und dann wieder abspülen. Wie das alles praktisch funktioniert, zeigt Ihnen unser Video im Internet.

Die so präparierte Probe heißt *Schliff*, genauer *Makroschliff*, und zwar auch dann, wenn sie am Schluss noch poliert wurde. Je nachdem, wie Sie die Probe bearbeitet haben, können Sie verschiedene Dinge erkennen – oder auch nicht.

Und das können Sie an geschliffenen Proben sehen

Wenn Sie nur die ersten zwei Arbeitsschritte durchführen (Sägen und Schleifen), so können Sie an der Schliffläche normalerweise keine typischen Gefügebestandteile erkennen, das sind die im Werkstück vorkommenden Kristalle und Phasen. Dies kommt daher,

✔ weil die Oberfläche durch das Schleifen etwas plastisch verformt, beinahe schon »verschmiert« ist,

✔ weil sich viele Gefügebestandteile in Helligkeit und Farbe nicht unterscheiden, ganz einfach exakt gleich aussehen,

✔ und natürlich auch, weil die Kristalle meist schlicht zu klein sind.

Größere Risse, Poren, Lunker (das sind Erstarrungshohlräume) und andere Fehler sind aber schon sichtbar. Ganz klar ist es eine eher einfache Methode, aber beispielsweise in Gießereien bewährt sie sich gut. In Abbildung 10.1 sehen Sie ein kleines, in diesem Falle lieblos hergestelltes Druckgussteil aus einer Aluminiumlegierung.

Das ursprünglich runde Bauteil habe ich mit dem Trennschleifer an zwei Ebenen aufgetrennt und dann an den Trennflächen feingeschliffen. So ist nur noch ein Viertel des Bauteils übrig geblieben. Deutlich sind an der Schliffläche Poren zu erkennen, die durch eine schlechte Entlüftung beim Druckgießprozess entstanden sind.

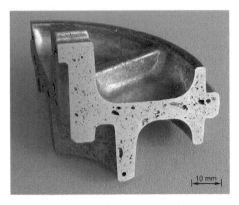

Abbildung 10.1: Aufgetrenntes und geschliffenes Druckgussbauteil

Das sehen Sie an polierten Proben

Wenn Sie die Probe nach dem Schleifen noch polieren, so können Sie alle diejenigen Gefügebestandteile erkennen, die zum umgebenden Werkstoff eine unterschiedliche Lichtabsorption aufweisen, sich also in Helligkeit und Farbe unterscheiden. Typische Beispiele sind Einschlüsse in Stählen. Diese Einschlüsse können Oxide sein, wie Aluminiumoxid (Al_2O_3), oder Sulfide, wie Mangansulfid (MnS), oder anderes. Sie absorbieren das Licht viel stärker als der umgebende metallische Werkstoff und sind deshalb gut sichtbar. Meistens sind die Einschlüsse unerwünscht, so wie das Haar in der Suppe.

Wer also ganz speziell nach Einschlüssen in Stählen sucht: Probe auftrennen, schleifen, polieren und dann mit dem Auge oder bei niedriger Vergrößerung ansehen. Natürlich ist es nicht verboten, die Probe unters Mikroskop zu legen, dann sieht man gleich noch die ganz kleinen Einschlüsse.

Und selbstverständlich sehen Sie im polierten Zustand die Werkstofftrennungen, also Risse, Poren, Lunker und andere Unannehmlichkeiten. Und zwar noch viel besser als im nur geschliffenen Zustand. Nun könnte man meinen: Ist ja prima, also immer polieren. Im Grundsatz ist das richtig, aber Polieren braucht seine Zeit, ist ein zusätzlicher Aufwand, kostet Geld. Deshalb: nur falls nötig.

Richtig interessant wird es durch Ätzen

Das Innere der Werkstoffe öffnet sich aber erst durch sogenanntes *Ätzen*. Wie das schon klingt, als ätzend bezeichnet man doch etwas, das ganz und gar nicht angenehm ist. Um was handelt es sich hier?

Beim Ätzen taucht man die frisch geschliffene oder sogar polierte Probe einige Sekunden bis wenige Minuten lang in eine Flüssigkeit ein, die manche Stellen stärker und andere schwächer angreift. Dann spült man die Probe gründlich und trocknet sie. Grobe Körner, Kaltverformungen, Schwefelanreicherungen, wärmebehandelte Zonen, der Faserverlauf oder auch ein Schweißnahtaufbau lassen sich sichtbar machen.

Je nach Werkstoff und je nachdem, was man sehen möchte, ist das Ätzmittel, also die Flüssigkeit, sehr unterschiedlich. Meistens handelt es sich um verdünnte Säuren oder Laugen.

Unter zig bekannten »Mittelchen« möchte ich Ihnen ein häufig angewandtes vorstellen, die *10-prozentige alkoholische Salpetersäure*. Um sie herzustellen, gehen Sie in ein passend ausgestattetes Labor, ziehen Schutzkleidung an, setzen eine Schutzbrille auf und gießen 10 ml (Milliliter oder cm^3) konzentrierte Salpetersäure unter Umrühren vorsichtig in 90 ml reinen Alkohol (Ethanol). Fertig sind etwa 100 ml von dieser Ätzlösung.

 Lassen Sie allergrößte Vorsicht mit solchen Ätzlösungen walten. So harmlos manche dieser Substanzen auf den ersten Blick erscheinen, sie können nicht nur die Proben angreifen, sondern auch Sie selbst. Manche sind extrem stark ätzend für die Haut und erst recht für die Augen, einige entwickeln gefährliche Dämpfe, andere sind leicht entzündlich und manche können explodieren. Ohne Witz. Informieren Sie sich, es gibt prima Fachbücher darüber.

Die 10-prozentige alkoholische Salpetersäure eignet sich gut für die »normalen« Stähle und Gusseisensorten. Ganz erstaunlich, was man da nach dem Ätzen schon mit dem bloßen Auge so sehen kann. Abbildung 10.2 zeigt als Beispiel einen Blick direkt auf einen Makroschliff durch eine Schweißnaht. Zwei Stahlbleche wurden vom Schweißer y-förmig vorbereitet, dann mit mehreren Lagen geschweißt, ein kleiner Teil abgesägt, in Kunststoff eingebettet, geschliffen und in 10-prozentiger alkoholischer Salpetersäure geätzt.

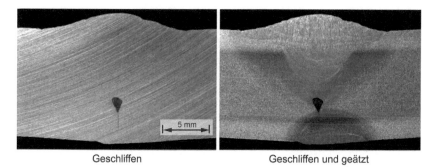

Geschliffen   Geschliffen und geätzt

Abbildung 10.2: Makroschliff von einer Schweißnaht; links im nur geschliffenen Zustand, rechts die gleiche Probe nach dem Ätzen

Im nur geschliffenen Zustand sieht man vom eigentlichen Schweißnahtaufbau nicht viel, die Schleifriefen halt und eine schwarze Stelle mit Schlacke drin sowie den nicht verschweißten Spalt zwischen den Blechen. Nach dem Ätzen aber kommt die volle Pracht heraus. Man braucht schon einen geübten Blick dafür, so wie ein Arzt für das Röntgenbild, aber dann sind die einzelnen Lagen aus Schweißgut, stängelartige Kristalle und auch die Wärmeeinflusszonen zu sehen.

Nun könnte ich Ihnen noch viele andere Proben aus den unterschiedlichsten Werkstoffen zeigen, eine interessanter als die andere, aber das sprengt den Rahmen dieses Buches. Und Sie fragen sich sicher schon, wie das Ganze unter dem Mikroskop aussieht.

Mit den mikroskopischen Verfahren möchte man den detaillierten Gefügeaufbau sowie kleine Fehler bei höherer Vergrößerung (ab 50-fach) sichtbar machen. Dazu nutzt man vorzugsweise Licht- und Elektronenstrahlen, manchmal auch raffinierte Tastspitzen, akustische Schwingungen und andere Tricks. Die »Arbeitspferde« sind aber nach wie vor die Lichtmikroskopie und die Elektronenmikroskopie. Beide möchte ich Ihnen vorstellen.

Die Lichtmikroskopie, faszinierend wie eh und je

Haben Sie als Kind auch einmal ein Mikroskop geschenkt bekommen oder durften eins benutzen? Bei mir war es ein einfaches Jugendmikroskop und die Freude daran hielt sich in Grenzen. Schon bei mittlerer Vergrößerung war kaum noch was zu erkennen, bei hoher Vergrößerung gar nichts mehr. Da hatte ich gleich mehrere Probleme: Erstens war das Mikroskop nicht gut (konnte bei dem Preis auch nicht anders sein), zweitens hatte ich meine Proben nicht richtig vorbereitet und drittens auch nicht optimal beleuchtet. Und wie geht's richtig, damit Freude aufkommt?

Ohne gute Probenpräparation läuft gar nichts

Wenn Sie einfach ein unpräpariertes Probestück unters Lichtmikroskop legen, können Sie vom Gefüge, also von den Kristallarten und anderen Phasen nichts erkennen. Woran das liegt? Die Oberfläche kann verschmutzt sein, beschichtet, plastisch verformt oder sehr rau. Und außerdem sehen viele Kristalle schlicht und ergreifend gleich aus, die unterscheiden sich optisch einfach nicht.

Um nun wirklich ins Innerste der Werkstoffe zu sehen, brauchen Sie eine sorgfältige und sachgerechte Probenpräparation. Ideal wäre ein perfekter Schnitt durchs Werkstück, ohne dass da etwas am Werkstoff verändert wird, und am besten ruck, zuck, schnell soll's gehen. Ich stelle mir da so ein magisches Werkzeug vor, vielleicht eine Art strahlendes Schwert, mit dem man die Probe perfekt zerteilt. Wenn Sie das erfinden, haben Sie ausgesorgt. Leider gibt es so etwas noch nicht, und wir müssen ganz irdisch vorgehen.

 »Von grob nach fein« ist die Grundidee. Man beginnt mit einem groben Trennschnitt und bearbeitet die entstandene Schnittfläche immer feiner, bis sie ausreichend gut ist.

Dabei ist unbedingt darauf zu achten, dass die vorhandenen Gefügebestandteile nicht verändert werden. Was Ihnen da drohen kann ist

✔ **plastische Verformung**, insbesondere beim groben mechanischen Trennen, und

✔ **Erwärmung**, vor allem beim Trennschleifen.

Und so gehen Sie typischerweise vor:

✔ Sie **zerteilen die Probe erst grob** durch Sägen oder Trennschleifen, auch funkenerosive Bearbeitung kann sinnvoll sein. Das beliebte Trennschleifen muss sehr vorsichtig und unter intensiver Wasserkühlung erfolgen, sonst erwärmt sich der Werkstoff zu sehr.

✔ Die so erzeugte Probe **betten** Sie in geeignetes Kunstharz **ein**, insbesondere bei kleinen Proben. Dieses Einbetten kann beispielsweise durch Umgießen mit flüssigem Kunstharz geschehen, das dann aushärtet.

✔ Dann **schleifen** Sie in mehreren Stufen nass, also unter intensiver Wasserkühlung und -spülung, beginnend mit grobem Schleifpapier (meist 180er-Körnung) bis hin zu feinem Papier (meist 1000er-Körnung). Nach jeder Schleifstufe drehen Sie die Probe um 90°, dann können Sie leicht sicherstellen, dass die plastischen Verformungen der vorangegangenen Stufe beseitigt sind.

✔ Die Schleifriefen entfernen Sie durch **Polieren** in mehreren Stufen von grob über mittel nach fein. Gut geeignet sind Diamantpasten oder aufgeschlämmte feinkörnige Tonerde (Al_2O_3). Auch elektrolytisches Polieren ist manchmal möglich; dabei tragen Sie den Werkstoff vorsichtig über einen Elektrolysevorgang ab und eine perfekte Oberfläche entsteht.

✔ Und meistens müssen Sie abschließend noch **ätzen**, damit Sie das Gewünschte sehen. Wie die Probenpräparation in der Praxis genau abläuft, zeigt Ihnen wieder unser Video im Internet.

Eine solchermaßen hergestellte Probe nennt man vereinfachend *Schliff*, obwohl auch poliert wurde. Sie sehen, man muss schon wesentlich vorsichtiger und feiner präparieren als bei der Makroskopie. Da besonders das Schleifen und Polieren arbeitsintensiv sind, gibt es Maschinen, die das auch halb automatisch durchführen. Je nach Werkstoff können die Bearbeitungsschritte variieren. Reines, weiches Aluminium braucht seine eigene Vorgehensweise, die Hochleistungskeramiken und die Kunststoffe ebenfalls. Es wird also **werkstoffgerecht** präpariert.

Die Probe, sie heißt jetzt Schliff, ist fertig. Ab unters Mikroskop.

So funktioniert das Lichtmikroskop

Ein typisches Metallografie-Lichtmikroskop arbeitet meist mit der sogenannten Auflichttechnik. Dabei fällt Licht von oben auf die Probenoberfläche, und das erreicht man mit einem kleinen, aber feinen Trick. Der Trick liegt darin, oberhalb des Mikroskopobjektivs einen halbdurchlässigen Spiegel anzubringen, mit dem man die Probe beleuchtet.

Von einer seitlich angeordneten starken Lichtquelle (Halogenlampe oder LED-Beleuchtung) fällt Licht auf den halbdurchlässigen Spiegel (siehe Abbildung 10.3). Die Hälfte des Lichts geht durch den Spiegel hindurch und ist nutzlos verloren. Die andere Hälfte aber wird nach unten gespiegelt, fällt ins Objektiv, trifft auf die Probe und wird wieder nach oben reflektiert. Diese Hälfte geht wieder durch das Objektiv, trifft nochmals auf den halbdurchlässigen Spiegel, verliert nochmals die Hälfte und tritt schließlich nach oben heraus. Dort trifft das Licht auf eine Linse, dann kommen oben noch Blende, Kamera und Okulare.

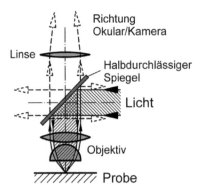

Abbildung 10.3: Metallografiemikroskop mit Auflichttechnik

Zur Bilderfassung nutzt man fast ausschließlich digitale Kameras, die Bilder werden digital gespeichert und bearbeitet.

Typische Vergrößerungsstufen sind 50-, 100-, 200-, 500- und 1000-, manchmal 2000-fach. Höhere Vergrößerungen als 1000- oder 2000-fach kann man zwar problemlos erzielen, die Bilder sind aber unscharf. Warum eigentlich?

Meine Frau würde antworten, da ist wieder einmal die Physik schuldig. Recht hat sie, wie immer. Der Grund liegt tatsächlich in der Physik, und zwar in der *Wellennatur des Lichts*, denn die begrenzt das Auflösungsvermögen beim klassischen Lichtmikroskop auf etwa halbe Wellenlänge, das sind ungefähr 0,2 bis 0,3 µm. Auflösungsvermögen heißt hier, dass man zwei Punkte auf der Probenoberfläche nur dann als zwei Punkte unterscheiden kann, wenn ihr Abstand größer als etwa 0,2 bis 0,3 µm ist.

Neben dem begrenzten Auflösungsvermögen gibt es noch einen weiteren Nachteil, die geringe *Schärfentiefe*, auch Tiefenschärfe genannt. Unter Schärfentiefe versteht man diejenige Tiefe (in Blickrichtung gemessen), innerhalb der das Bild scharf ist. Je höher die Vergrößerung, desto geringer ist die Schärfentiefe, und bei 1000-facher Vergrößerung ist nur noch eine ganz dünne Ebene scharf zu sehen.

Gegen die zwei Nachteile gibt es heute allerhand Kniffe, Tricks und Methoden. Das allein wäre ein Buch wert und strapaziert den Rahmen hier über Gebühr. Wir nehmen in Gedanken einfach ein normales Metallografie-Lichtmikroskop, das ist weit verbreitet, und sehen uns die Schliffe an.

Und das erkennen Sie im Lichtmikroskop

Wie bei jeder guten metallografischen Untersuchung sehen Sie sich den frisch hergestellten Schliff erst einmal im polierten Zustand an. Zum einen dient das der Kontrolle, ob auch alle Riefen und Kratzer entfernt sind. Und zum anderen können Sie schon alle diejenigen Gefügebestandteile erkennen, die sich in ihrer natürlichen Farbe oder Lichtabsorption vom umgebenden Werkstoff unterscheiden, genau wie bei der Makroskopie. Da zählen Einschlüsse dazu, auch Grafit in manchen Gusseisensorten ist prima zu erkennen.

Was Sie aber nicht sehen, das sind die Korngrenzen und Phasengrenzen. Da aber genau die besonders interessant sind, müssen Sie den Schliff wieder geeignet ätzen. Gegenüber der Makroskopie gehen Sie etwas vorsichtiger vor. Zwei wichtige grundsätzliche Ätztechniken haben sich bewährt, das sind die *Korngrenzen-* und die *Kornflächenätzung*.

Wie Sie die Korngrenzen sichtbar machen

Um *Korngrenzen* sichtbar zu machen, tauchen Sie die polierte Probe – den Schliff – in ein Ätzmittel, das speziell die Korngrenzen angreift und das Korninnere möglichst unbehelligt lässt. Was dann mit der Schliffoberfläche passiert, habe ich in Abbildung 10.4 dargestellt.

Im oberen Bereich ist ein vergrößerter Schnitt durch die präparierte Probe zu sehen, hier ein reines Metall. Da gibt es die kleinen Kristalle, Körner genannt, die an Korngrenzen aneinanderstoßen. In jedem Korn sind die Atome regelmäßig angeordnet und als schwarze Punkte sichtbar. Damit ich nicht gar zu viel zeichnen muss, sind die Atome in den Körnern größer dargestellt, als es dem Verhältnis zur Korngröße entspricht. Und damit Sie den Blick fürs Wesentliche behalten, habe ich alle anderen Gitterfehler, wie Leerstellen und Versetzungen, weggelassen. Mehr zu den Gitterfehlern finden Sie übrigens in Kapitel 1.

Nach dem Polieren ist die Oberfläche wunderschön eben präpariert und blitzblank. Unter dem Lichtmikroskop ist im polierten Zustand nur eine gleichmäßig helle Fläche zu sehen, keine Korngrenze deutet sich an.

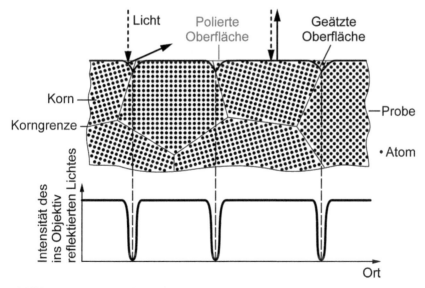

Abbildung 10.4: Prinzip der Korngrenzenätzung

Das Ätzmittel greift nun die Korngrenzen bevorzugt an und es entstehen kleine Rillen an der Oberfläche. Dass Korngrenzen bevorzugt angegriffen werden, ist schon nachvollziehbar, weil die Atome in den Korngrenzen nicht so dicht gepackt sind und »leichte Beute« für das Ätzmittel darstellen. Kommt nun Licht von oben aus dem Mikroskopobjektiv, so wird es an den Rillen seitlich wegreflektiert, es gelangt nicht mehr ins Objektiv zurück, und diese Stelle erscheint dann dunkel im Bild, zu sehen im unteren Teil von Abbildung 10.4.

Die Kornflächen erscheinen hell, weil dort das Licht wieder ins Objektiv zurückkommt. Im Mikroskop sind dann dunkle Korngrenzen zu sehen und helle Kornflächen (siehe Abbildung 10.5).

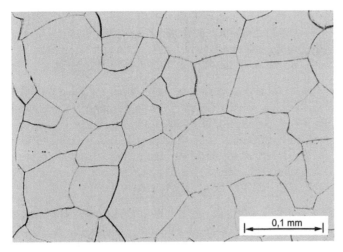

Abbildung 10.5: Korngrenzenätzung an reinem Eisen

Ein paar Anmerkungen dazu:

✔ Die Korngrenzen sind also nicht dunkel gefärbt, wie man an den dunklen Linien vermuten könnte, sondern nach wie vor metallisch blank. Es wird nur das Licht seitlich wegreflektiert.

✔ Die Korngrenzen erscheinen breiter, als sie in Wirklichkeit sind. Das kommt einfach dadurch, dass die Rillen immer breiter werden, je länger man ätzt.

✔ Manche Korngrenzen werden nur schwach angeätzt. Dann liegen Körner mit ähnlicher Kristallorientierung nebeneinander vor und es entstehen nur ganz schwach ausgeprägte Rillen.

✔ Man kann nicht nur Korngrenzen zwischen gleichen Kristallarten sichtbar machen, sondern auch Grenzen zwischen verschiedenen Kristallarten, also verschiedenen Phasen, das sind die Phasengrenzen.

✔ Welches Ätzmittel nun das Gewünschte bewirkt, das hat man durch gezieltes Probieren herausgefunden. Für jeden Werkstoff gibt es etwas Passendes. Wie bei der Makroskopie sind es meist verdünnte Säuren oder Laugen.

Und so machen Sie die Kornflächen sichtbar

Alternativ zur Korngrenzenätzung gibt es noch die *Kornflächenätzung*. Hierzu nehmen Sie ein anderes Ätzmittel, und zwar eines, das die Oberfläche der Körner ganz fein strukturiert, am besten so wie in Abbildung 10.6. Es muss sich um ein Ätzmittel handeln, das diejenigen Ebenen verstärkt angreift, die nicht so dicht mit Atomen belegt sind, bis diejenigen Ebenen erreicht sind, an denen die Atome dicht an dicht sitzen.

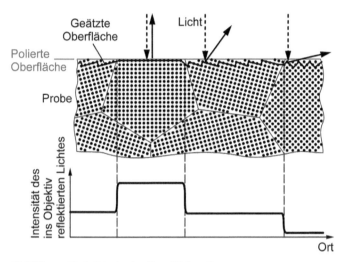

Abbildung 10.6: Prinzip der Kornflächenätzung

Kommt Licht von oben aus dem Mikroskopobjektiv, so fällt es auf die fein strukturierte Oberfläche. Körner, deren dicht gepackte Ebenen parallel zur Oberfläche liegen, reflektieren das Licht wieder ins Objektiv zurück und erscheinen dann hell im Bild. Beim zweiten Korn von links in Abbildung 10.6 ist das der Fall. Körner, deren dicht gepackte Ebenen ziemlich steil stehen, reflektieren das Licht seitlich nach außen und erscheinen dunkler.

Im aufgenommenen Bild sehen also die Kornflächen unterschiedlich hell aus, ein Beispiel zeigt Abbildung 10.7.

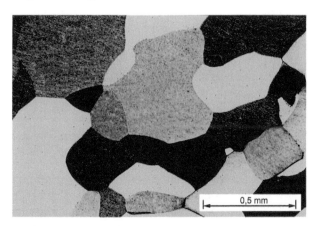

Abbildung 10.7: Kornflächenätzung an einer Messingsorte

Ein Ausblick schadet nie

Was ich Ihnen hier geschildert habe, ist die übliche, sehr oft angewandte Vorgehensweise. Darüber hinaus gibt es jede Menge Varianten. Alle kann ich nicht schildern, aber mit zweien möchte ich Ihnen den Mund wässrig machen:

✔ Mit den sogenannten *Farbätzungen* können Sie jedem Korn eine andere Farbe geben. Wie das geht? Eine Möglichkeit ist, eine hauchdünne Schicht auf die polierte Oberfläche aufwachsen zu lassen. Diese Schicht kann aus einer Schwefelverbindung, einem Sulfid, bestehen und ist als dünne Schicht für Licht transparent. Bei jedem Korn wächst die Schicht abhängig von der Kornorientierung unterschiedlich dick auf. Bei Beleuchtung mit weißem Licht entstehen durch Interferenzeffekte Farben wie beim Öltropfen auf der Pfütze. Nur viel schöner.

✔ Bei manchen Werkstoffen (die dürfen kein kubisches Gitter haben), kann man die Körner durch Beleuchten mit polarisiertem Licht sichtbar machen. Auch dann leuchten die Körner herrlich in unterschiedlichen Farben. Voraussetzung ist eine superhelle Lichtquelle, da das meiste Licht prinzipbedingt verschluckt wird.

Prima ist die Lichtmikroskopie also, und vom Aufwand her auch zu vertreten. Was aber machen Sie, wenn die Auflösung doch nicht reicht oder wenn die Schärfentiefe trotz der modernen Tricks Ärger bereitet? Richtig, Sie nutzen die Elektronen. Und was Sie mit denen so alles anstellen können.

Kann süchtig machen:
Die Elektronenmikroskopie

Das hat den richtigen Klang, dieses Thema, allein schon das Wort fasziniert. Aber zunächst einmal: **Die** Elektronenmikroskopie an sich gibt es eigentlich nicht. Es ist ein Überbegriff, der alle Arten von Elektronenmikroskopie beinhaltet. Was hat man da nicht alles erfunden, das Durchstrahlungselektronenmikroskop, das Rasterelektronenmikroskop, auch das Rastertunnelmikroskop gehört dazu. Eines aber haben alle gemeinsam: Man nutzt die Elektronen. In der Praxis am häufigsten zu finden ist das Rasterelektronenmikroskop, abgekürzt REM, und das möchte ich Ihnen erklären.

So funktioniert ein Rasterelektronenmikroskop

Ein typisches REM besteht aus mehreren Komponenten: einer Probenkammer, einer Strahlerzeugung, einer Vakuumpumpe, allerhand Sensoren und viel Elektronik. Und damit Ihnen nicht schon jetzt der Kopf schwirrt, habe ich in Abbildung 10.8 zunächst nur einen Teil des mechanischen Aufbaus dargestellt, also ein noch unfertiges REM.

Die Probe, die Sie untersuchen möchten, montieren Sie auf einen Probentisch, der sich im unteren Teil des REMs befindet, das ist die Probenkammer. Der Probentisch lässt sich in alle drei Raumrichtungen verfahren und sogar drehen und kippen, damit Sie jede gewünschte Stelle der Probe aus jeder gewünschten Blickrichtung untersuchen können.

Oberhalb der Probenkammer schließt sich der Bereich der Strahlerzeugung an. Alles befindet sich innerhalb eines dickwandigen Gehäuses, mit dicken Linien dargestellt. Unten an der Probenkammer gibt es einen Flansch (Anschluss) zu einem zweistufigen Pumpsystem. Damit evakuieren Sie die Probenkammer und den Bereich der Strahlerzeugung, denn nur im Vakuum bewegen sich die Elektronen störungsfrei. Und es ist nicht irgendein Vakuum, sondern sogenanntes *Hochvakuum* mit etwa 10^{-8} bar. Das bedeutet, dass im Gehäuse nur ein Hundertmillionstel des normalen Atmosphärendrucks herrscht.

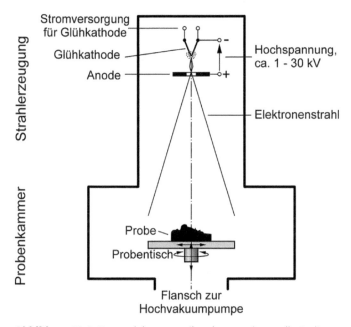

Abbildung 10.8: Rasterelektronenmikroskop, noch unvollständig

Und wie können Sie nun Ihre Probe abbilden? Hierzu müssen Sie einen Elektronenstrahl herstellen, und das geht so.

Im oberen Bereich der Strahlerzeugung ist eine sogenannte *Glühkathode* eingebaut. Das ist ein v-förmig gebogener Wolframfaden, der durch eine kleine Betriebsspannung und einen entsprechenden elektrischen Strom zum Glühen gebracht wird, genauso wie der Faden einer Glühbirne. Durch die hohe Temperatur und die Wärmebewegung der Atome werden Elektronen aus dem Glühfaden ins Vakuum »geschleudert« und schwirren um den Glühfaden wie die Insekten um eine Lampe im Sommer, angedeutet mit einer kleinen Wolke aus Pünktchen.

Etwas unterhalb der Glühkathode befindet sich ein gelochtes Blech, die *Anode*. Zwischen der Anode und der Glühkathode schließt man eine Hochspannung von etwa 1000 bis 30000 Volt an, also 1 bis 30 kV:

✔ Ans gelochte Blech kommt der Pluspol. Und weil Pluspole manchmal auch Anoden heißen, nennt man das gelochte Blech hier Anode.

✔ An den Glühfaden kommt der Minuspol. Und weil Minuspole auch Kathoden heißen, nennt man den Glühfaden hier Glühkathode.

Sobald die Hochspannung wirkt, lädt sich der Minuspol, also die Glühkathode, negativ auf und der Pluspol, die Anode, positiv. Da die Elektronen selbst negativ geladen sind, werden sie von der Glühkathode abgestoßen (gleichnamige Ladungen stoßen sich ab) und von der Anode angezogen (ungleichnamige Ladungen ziehen sich an). Kein Wunder, dass sie dann von der Glühkathode weg zur Anode hin beschleunigt werden.

Und wenn man jetzt noch ein paar kleine Tricks anwendet, dann fallen die Elektronen mit einer Wahnsinnsgeschwindigkeit durch die Anodenbohrung hindurch in Form eines auseinandergehenden Elektronenstrahls nach unten auf die Probe. In dieser Form kann man mit dem Elektronenstrahl aber noch nichts anfangen.

Wie's weitergeht, sehen Sie in Abbildung 10.9:

✔ Sie brauchen noch eine *elektromagnetische Linse*, die wie eine optische Linse wirkt. Damit fokussieren Sie den Elektronenstrahl, man nennt ihn auch Primärelektronenstrahl, auf der Probenoberfläche.

✔ Dann benötigen Sie noch zwei *elektromagnetische Ablenkungen*. Eine kann den Elektronenstrahl nach links und rechts ablenken, wie in Abbildung 10.9 gezeichnet. Eine weitere (nicht gezeichnet) kann den Strahl nach vorn und hinten ablenken.

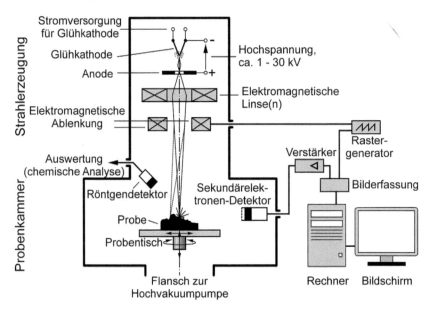

Abbildung 10.9: Rasterelektronenmikroskop, komplett

✔ Des Weiteren ist ein *Sekundärelektronendetektor* nötig. Das ist ein ziemlich kompliziertes Gerät, das die aus der Probe herausgeschlagenen Elektronen, die sogenannten Sekundärelektronen, registrieren kann, und zwar sehr feinfühlig.

✔ So, und dann brauchen Sie noch einen *Rastergenerator*, das ist eine Art von Dirigent wie im Orchester, außerdem noch einen Verstärker, eine Bilderfassung, einen Rechner mit Bildschirm und noch allerhand, was ich einfach weggelassen habe.

Einfach ist anders. Aber es kann losgehen.

Der Rastergenerator dirigiert den Primärelektronenstrahl nach links hinten auf die Proben-oberfläche und lässt ihn an dieser Stelle eine ganz kurze Zeit lang stehen. Die Primärelektronen treffen mit irrsinnig hoher Geschwindigkeit auf die Probenoberfläche auf und schlagen Elektronen aus den Atomen des Werkstoffs heraus, das sind die Sekundärelektronen. Ein Teil der Sekundärelektronen gelangt in den Sekundärelektronendetektor und wird dort registriert. Nach geeigneter Verstärkung wird die Zahl der registrierten Sekundärelektronen in der Bilderfassung und im Bildspeicher abgelegt. Der erste Bildpunkt des Bildes ist aufgezeichnet.

Nun dirigiert der Rastergenerator den Primärelektronenstrahl ein kleines Stückchen weiter nach rechts und lässt ihn wieder eine kurze Zeit lang an der neuen Position stehen. Es werden wieder Sekundärelektronen aus der Probe herausgeschlagen, registriert, verstärkt und ihre Zahl im Bildspeicher abgelegt, der zweite Bildpunkt ist aufgezeichnet. So verfährt man mit vielen weiteren Bildpunkten, bis eine ganze Zeile von Punkten erfasst ist.

Der Rastergenerator dirigiert den Primärelektronenstrahl wieder an den ersten Punkt, rückt ihn etwas nach vorn, eine zweite Zeile von Punkten wird abgetastet, dann noch viele weitere, bis eine rechteckige Fläche von Punkten auf der Probenoberfläche erfasst ist. Ein komplettes Bild ist nun im Bildspeicher abgelegt. Dieses Bild wird am Bildschirm dargestellt, wobei ein einfacher Grundsatz gilt:

✔ Viele herausgeschlagene Sekundärelektronen führen zu einer hellen Stelle am Bildschirm.

✔ Wenige herausgeschlagene Sekundärelektronen führen zu einer dunklen Stelle am Bildschirm.

Weil die Probe durch den Primärelektronenstrahl rasterförmig abgetastet wird, nennt man diese Mikroskopart **Raster**elektronenmikroskop. Das Grundprinzip und den praktischen Betrieb des Geräts zeigt Ihnen übrigens auch unser Video im Internet.

Und wie sieht nun ein typisches Bild aus? Die Abbildung 10.10 zeigt einen Teil einer Glühwendel. Die Glühwendel habe ich vorsichtig aus einer alten gebrauchten Glühbirne entnommen und im REM abgebildet.

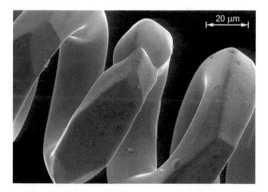

Abbildung 10.10: Wendel einer Glühbirne, abgebildet im Rasterelektronenmikroskop

Was fällt an diesem Bild auf?

✔ Das Bild wirkt relativ natürlich, so als ob die Wendel seitlich beleuchtet wäre. Natürlich gibt es da im REM keine seitliche Beleuchtung. Der Effekt kommt dadurch zustande, dass bei streifendem Einfall des Primärelektronenstrahls, also an steil stehenden Flächen, mehr Sekundärelektronen herausgeschlagen werden als bei senkrechtem Auftreffen des Primärelektronenstrahls. Die steil stehenden Flächen sind also heller als die flach im Bild liegenden Flächen.

✔ Beachtlich ist die hohe Schärfentiefe. Nahezu die gesamte Wendel wird scharf abgebildet. Das liegt am sehr schlanken Primärelektronenstrahl.

✔ Ja, und dann die Probe selbst. An der Innenseite ist die Wendel rund, so wie es sich gehört. Aber an der Außenseite ist sie sehr kantig geworden. Das liegt an der Kristallstruktur des Wendelwerkstoffs (Wolfram) und an abgedampften Wolframatomen. Sogar eine Korngrenze ist zu sehen, das ist die eingezogene Stelle etwas oberhalb der Bildmitte.

Oft werde ich gefragt, wie stark man denn mit dem REM vergrößern könne. Ähnlich wie bei der Lichtmikroskopie: beliebig. Und ähnlich wie bei der Lichtmikroskopie werden die Bilder irgendwann unscharf. Je nach Bauart und je nach Betriebsmodus kann man Auflösungen bis zu etwa 3 nm erreichen, bis etwa 100000-fache Vergrößerung ist sinnvoll.

Und was es da noch alles zu sagen gäbe – ich muss mich zügeln. Von einer Sache aber möchte ich Ihnen noch berichten, sie ist das »Salz in der Suppe« bei der Elektronenmikroskopie: Man kann den Probenwerkstoff chemisch analysieren, also herausfinden, aus welchen Atomsorten er aufgebaut ist. Und das geht so.

Atome enttarnen: Die chemische Analyse

Stellen Sie sich ein Atom in der Nähe der Probenoberfläche vor. Wenn Sie dieses Atom vergrößern und vergrößern, bis Sie es schließlich mit Ihren Augen im Detail sehen könnten, so würde es ungefähr so aussehen wie in Abbildung 10.11. Es gibt da den positiv geladenen Atomkern und die negativ geladenen Elektronen, die um den Atomkern herum rasen, ungefähr so wie Satelliten um die Erde.

Im Gegensatz zu den Satelliten, die so gut wie jede beliebige Höhe in einer Umlaufbahn wählen können, ist dies den Elektronen nicht vergönnt. Sie müssen sich auf ganz speziellen Umlaufbahnen aufhalten, die ihnen »erlaubt« sind, das ist das berühmte Quantenprinzip. Diese Umlaufbahnen sind hinsichtlich ihrer Energie extrem genau festgelegt. Das ist so, als hätten Sie zu Hause bei sich ein Bücherregal an der Wand angebracht. Da können Sie ein Buch aufs erste Regelbrett stellen oder aufs zweite, aber nicht auf das einskommasiebte.

Die Regalbretter heißen bei den Atomen *Schalen*, die man sich wie die Zwiebelschalen aufgebaut vorstellen kann:

✔ Das unterste, erste Regalbrett entspricht der innersten Umlaufbahn der Elektronen. Diese Umlaufbahn heißt *K-Schale*, sie hat die niedrigste Energie. Maximal zwei Elektronen dürfen sich auf der K-Schale aufhalten.

✔ Das zweite Regalbrett entspricht der zweitinnersten Umlaufbahn der Elektronen. Diese Umlaufbahn heißt *L-Schale*, sie hat die zweitniedrigste Energie, bis zu acht Elektronen dürfen sich auf ihr aufhalten.

✔ Das dritte Regalbrett entspricht der *M-Schale*, bis zu 18 Elektronen können sich dort aufhalten.

✔ Und dann gibt es noch weitere Regalbretter und Schalen, die lasse ich hier weg.

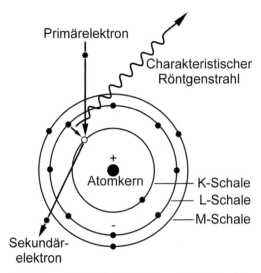

Abbildung 10.11: Wechselwirkung der Primärelektronen mit den Probenatomen

Jetzt kommt noch ein ganz entscheidender Grundsatz hinzu: Ein Atom möchte immer den energetisch niedrigsten Zustand einnehmen, da fühlt es sich am wohlsten. Weil die energetisch niedrigen Zustände nah am Atomkern sind, füllt ein Atom die Schalen von innen nach außen auf. So werden erst einmal die zwei innersten Plätze auf der K-Schale besetzt, dann die acht Plätze der L-Schale, dann die Plätze auf der M-Schale. In Abbildung 10.11 sind es drei Elektronen auf der M-Schale, es handelt sich hier ganz konkret um ein Aluminiumatom, das hat nämlich 13 Elektronen, ein Glückselement.

Und wenn ich nun dieses Prinzip auf Ihr Regalbrett übertrage, wäre das so, als ob Sie maximal zwei Bücher auf dem ersten Regalbrett unterbringen könnten, bis zu acht auf dem zweiten, und höchstens 18 auf dem dritten. Ordentlich wie Sie sind, füllen Sie das Regal fein säuberlich von unten nach oben auf. Wenn Sie 13 Bücher unterbringen wollen (die 13 Elektronen des Aluminiums), kommen aufs erste Brett zwei Bücher, aufs zweite Brett acht und die restlichen drei eben aufs dritte Brett.

Stellen Sie sich nun weiter vor, dass ein superschnelles Primärelektron von oben auf das betrachtete Atom trifft, wie in Abbildung 10.11, und zufällig ein Elektron aus der K-Schale herausschlägt. Dann enthält das Atom eine »Lücke« in der K-Schale und ist kreuzunglücklich, da es sich nicht mehr im energetisch günstigsten Zustand befindet. So, als ob Ihnen jemand ein Buch vom untersten Regalbrett herausgenommen hätte. Unverschämt aber auch.

In ganz kurzer Zeit fällt nun ein energetisch höher liegendes Elektron, beispielsweise aus der L-Schale, in die Lücke nach unten. Und weil das ein Übergang von höherer zu niedriger Energie ist, und Energie nicht verloren gehen kann, muss die Energiedifferenz irgendwo wieder auftauchen.

Das kann auf mehrere Arten geschehen, recht häufig dadurch, dass die Energiedifferenz in Form eines kurzen Röntgenstrahls (genauer: Röntgenquants) frei wird. Und weil dieser Röntgenstrahl genau die Energie hat, die der Energiedifferenz beim Sprung entspricht, und weil jede Atomsorte ihre eigenen, charakteristischen Energiedifferenzen aufweist, nennt man diesen kurzen Röntgenstrahl *charakteristisch*. Die nun vorhandene Lücke in der L-Schale wird durch einen Sprung aus der M-Schale geschlossen, und die Lücke in der M-Schale durch ein freies Elektron aufgefüllt. Die Atome reparieren sich also von allein.

 Bei der ganz normalen Abbildung von Proben im REM wird also Röntgenstrahlung frei. Röntgenstrahlung, die charakteristisch ist für die Atomsorte, von der sie stammt. Und wenn Sie nun die Energie dieser Röntgenstrahlung mit einem geeigneten Röntgendetektor messen (siehe Abbildung 10.9), können Sie auf die Art der Probenatome schließen. Und über die Intensität der Strahlung sogar auf die Konzentration der Atome im Werkstoff, also die chemische Zusammensetzung.

Wie bei fast jeder Messmethode gibt es eine Reihe von Einschränkungen, aber eine fantastische Geschichte ist sie allemal. Selbst kleinste Stellen und kleinste Partikel kann man analysieren, eine wichtige Methode in Forschung und Entwicklung. Und zudem völlig zerstörungsfrei.

Zerstörungsfrei, ja das ist der Traum bei jeder Werkstoffprüfung, und über den berichte ich im nächsten Kapitel. Blättern Sie weiter.

Kapitel 11
Macht nichts kaputt:
Die zerstörungsfreie Prüfung

Wer »Visionen hat, soll zum Arzt gehen«, hat ein berühmter deutscher Staatsmann einmal gesagt. Tja, da werde ich mich wohl aufmachen müssen, denn ich habe Visionen. Mehrere sogar, und eine davon sieht so aus: Ich stelle mir eine Art von Portal vor. Bei Größe und Form bin ich ganz offen, das Portal darf gerne so aussehen wie das Sicherheitsportal am Flughafen, mit dem metallische Gegenstände aufgespürt werden. Und genauso, wie Ihnen beim Durchgehen durchs Portal nichts passiert, stelle ich mir vor, dass man statt eines Menschen ein Werkstück durch so ein Portal schickt und dem Werkstück nichts passiert. Das Portal prüft das Werkstück, und wenn es keine unzulässigen Fehler aufweist und die richtigen Eigenschaften hat, kurzum genau so ist, wie man es sich wünscht, dann leuchtet eine grüne Lampe auf. Falls nicht, geht die rote Lampe an und auf einem Monitor sieht man haarfein, was nicht stimmt.

Ganz klar, es geht um die ideale zerstörungsfreie Prüfung, und so ideal wie in meiner Vision klappt das heute noch nicht, obwohl man in einigen Fällen schon weit gekommen ist. In diesem Kapitel schildere ich Ihnen zunächst die grundsätzliche Bedeutung. Dann lernen Sie die wichtigsten Verfahren der zerstörungsfreien Prüfung kennen. Auf die Grundlagen kommt es mir wie immer an, damit Sie die Grundprinzipien verstehen, und die Anwendung soll auch nicht zu kurz kommen.

Los geht's mit ein wenig Philosophie und der grundsätzlichen Bedeutung.

Die Gedanken sind frei

Wir alle wollen, dass die technischen Produkte im täglichen Leben **funktionieren**. Das Auto, die Eisenbahn oder auch ein Kraftwerk sollen möglichst problemlos laufen, uns zum gewünschten Ort bringen, nutzbare Energie bereitstellen.

Und nicht nur funktionieren sollen diese Produkte, sondern auch **sicher** sein, und zwar selbst dann, wenn bestimmte Notfälle eintreten. Da soll möglichst nichts brechen, explodieren, zusammenkrachen, die Umwelt verpesten oder sonstigen Schaden anrichten. Und auf diese Sicherheit, damit meine ich in erster Linie die mechanische Sicherheit, möchte ich jetzt ein bisschen eingehen.

Sicher ist sicher

Wovon hängt denn die Sicherheit von solchen Produkten (und Bauteilen, aus denen die Produkte bestehen) ab? Die wichtigsten Einflüsse auf die Sicherheit von Bauteilen habe ich in Abbildung 11.1 zusammengestellt. Es sind

✔ die **Beanspruchung** des Bauteils,

✔ das **Verhalten des Werkstoffs**, aus dem das Bauteil gefertigt ist, und

✔ die **Fehler** im Bauteil.

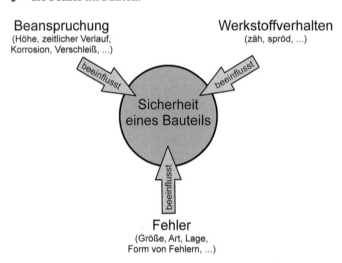

Abbildung 11.1: Einflüsse auf die Sicherheit von Bauteilen

So wirkt sich die Beanspruchung auf die Sicherheit aus

Je höher die Belastung des Bauteils, desto höher sind die mechanischen Spannungen im Bauteil, desto kleiner wird die verbleibende Sicherheit gegen das Versagen sein. Dabei ist die zeitlich veränderliche Beanspruchung – die Schwingbeanspruchung – kritischer einzustufen als die ruhende, gleichbleibende Belastung. Mehr dazu finden Sie in Kapitel 9.

Dann können dem Werkstoff selbstverständlich auch noch Korrosion, Verschleiß und andere Unannehmlichkeiten zusetzen und die Sicherheit senken.

So wirkt sich das Werkstoffverhalten auf die Sicherheit aus

Je zäher, je plastisch verformungsfähiger ein Werkstoff ist, desto mehr trägt er zur Sicherheit des Bauteils bei: Er warnt dann vor einer Überbelastung, nimmt viel Energie auf und zerlegt sich nicht in gefährliche, scharfkantige Einzelbruchstücke. Ein Bauteil aus einem zähen Werkstoff ist also viel sicherer als ein Bauteil aus einem spröden Werkstoff. Näheres lesen Sie bei Bedarf in Kapitel 8.

So wirken sich Fehler auf die Sicherheit aus

Je größer die Fehler im Bauteil sind, je spitzer sie zulaufen, je eher sie quer zur größten Zugbeanspruchung liegen und je mehr sie in hoch belasteten Bereichen des Bauteils liegen, desto kritischer sind sie und desto geringer wird die Sicherheit des Bauteils sein.

Und wenn Sie nun alles zusammenfassen: Wann hätten Sie denn optimale Sicherheit?

Das wären dann die Konsequenzen

Logischerweise hätte man die **optimale Sicherheit**, wenn

- ✔ die Beanspruchung niedrig und ruhend ist, am besten null, und auch keine Korrosion und kein Verschleiß auftreten,

- ✔ der Werkstoff superzäh ist und

- ✔ Fehler nicht vorhanden sind.

Als Student war ich zu Beginn meines Studiums der Ansicht, dass eine ordentliche Firma alle der genannten Punkte verwirklicht. Wenn diese ordentliche Firma also ein Produkt herstellt, so legt sie es großzügig aus. Sie macht alles sehr solide und nimmt den besten korrosions- sowie verschleißfesten Werkstoff, superzäh, natürlich ohne den geringsten Fehler. Wissen Sie, wie es so einer Firma erginge? Bankrott wäre die. Und zwar sofort, schon beim Gedanken an so etwas.

Zugegeben, manchmal gibt es Fälle, da muss man wirklich zum bestmöglichen Werkstoff greifen, ihn sehr großzügig auslegen und zusehen, dass möglichst keine Fehler drin sind. Das sind aber die absoluten Ausnahmen. Der Normalfall sieht anders aus. Eine Firma, die etwas herstellt, nimmt den preiswertesten Werkstoff, der die gestellten Anforderungen gerade so erfüllt und das preiswerteste Fertigungsverfahren dazu. So, und dann muss das Produkt beim Kunden, mit all den Eigenheiten, die Kunden so an sich haben, immer noch eine ausreichende Sicherheit gegen Versagen haben.

 Bei diesen Überlegungen spielen die *Fehler* in den Werkstücken eine wichtige Rolle. Einfach zu fordern, das Produkt müsse absolut, also im physikalischen Sinne, fehlerfrei sein, hilft nicht weiter. Fehler gibt es in jedem Werkstück, und seien es die Kristallbaufehler.

Absolute Fehlerfreiheit ist auch gar nicht nötig. Entscheidend ist vielmehr, ob ein Bauteil mit allen vorhandenen Fehlern, Toleranzen und sonstigen Unzulänglichkeiten unter den vorgesehenen Betriebsbedingungen mit angemessenem Sicherheitsabstand noch sicher und funktionstüchtig ist. Zudem soll ein Bauteil mit all seinen Fehlern selbst

✔ bei bestimmtem Missbrauch (überladenes Auto im Urlaub),

✔ bei bestimmten Notfällen (wie defekte Druckkonstanthaltung bei Druckbehältern) oder auch

✔ bei manchen Naturkatastrophen

zumindest noch sicher sein, es sollen Mensch und Natur keinen Schaden erleiden.

Das (wahre) Märchen vom Gussstück

Es waren einmal zwei junge fleißige Ingenieure, die mich vom Studium her kannten. Sie riefen mich eines Tages an und fragten um Rat, denn sie waren in schwerer Not. Ich bat sie zu mir und nach kurzer Fahrt durch den finsteren Wald trafen sie bei mir ein.

Sie hatten ein zylinderförmiges Gussstück mitgebracht, das sie für einen Versuchsstand verwenden wollten. Es war schon in der Gießerei aufgesägt worden, da es in Längsrichtung teilbar sein sollte.

Die beiden Ingenieure waren sehr traurig, und kurz davor, bitterlich zu weinen. Ihr Gussstück sah nämlich gar nicht so aus, wie sie es sich vorgestellt hatten, und sie wussten nicht, was sie tun sollten. An der Sägeschnittfläche waren gar furchtbare Risse zu sehen. Es gab auch Stellen, an denen die Gießerei Risse aufgeschliffen und mit Schweißgut wieder repariert hatte.

Was sie denn genau bestellt hätten, fragte ich sie. Ein Gussteil halt, ein Einzelstück, war ihre Antwort. Und wie es denn belastet würde? Höchstens mit 10 bar Innendruck und gar zu heiß würde es auch nicht.

Da schöpften wir Hoffnung und fingen an zu rechnen. Und siehe da, es ergab sich, dass das Gussstück später im Betrieb nur ganz gering belastet würde. Und weil es aus einer zähen, besonders guten Gusseisensorte bestand, waren die verbliebenen Risse und die reparierten Stellen gar nicht schlimm.

Also beschlossen wir, das Gussteil einfach so zu verwenden, wie es war. Da konnten die beiden Ingenieure wieder lachen und zogen frohen Mutes von dannen. Und wenn sie nicht gestorben sind, …

Um nun zu beurteilen, ob ein Bauteil mit all seinen Fehlern und seinen Eigenschaften für den vorgesehenen Zweck brauchbar ist, muss man die Fehler und die Eigenschaften möglichst genau kennen, und zwar am besten zerstörungsfrei. Was nutzt Ihnen der beste Zugversuch, wenn Sie nach dem Zugversuch wissen, was das gute Stück ausgehalten hätte, hätten Sie es nicht geprüft.

Das soll die zerstörungsfreie Prüfung können

Die **Aufgabe** der zerstörungsfreien Prüfung, kurz ZfP, ist es natürlich, ein Werkstück zerstörungsfrei zu untersuchen.

✔ **Zerstörungsfrei** heißt dabei, dass die Funktion, die Sicherheit und das Aussehen des Werkstücks nicht beeinträchtigt werden.

✔ **Untersuchen** bedeutet, Fehler und Eigenschaften aller Art möglichst genau festzustellen.

Liegen die Größe und Art der gefundenen Fehler unterhalb einer bestimmten Grenze und sind die Eigenschaften des Werkstoffs ausreichend gut, so kann ein Bauteil als vollwertig angesehen werden.

Die **Bedeutung der ZfP ist außerordentlich groß.** Sie reicht von einfachen Maß- und Gewichtskontrollen bis hin zu aufwendigen, durch technische Richtlinien oder Gesetze vorgeschriebenen erstmaligen Prüfungen und Wiederholungsprüfungen von Druckbehältern, Kesseln, Druckleitungen, Brücken und anderem mehr.

Ein **Problem der ZfP** ist der hohe Schwierigkeitsgrad. Da wie bei jeder Prüftechnik auch der ZfP Grenzen gesetzt sind, hat sich in der Praxis eine ganze Reihe von Prüfmethoden durchgesetzt, die sich gegenseitig ergänzen.

Im Folgenden möchte ich Ihnen die wichtigsten zerstörungsfreien Prüfverfahren schildern. Sie sind nach dem zugrunde liegenden physikalischen Prinzip geordnet in

✔ Kapillarverfahren,

✔ magnetische Verfahren,

✔ induktive Verfahren,

✔ Schallverfahren und

✔ Strahlenverfahren.

Als Erstes möchte ich Ihnen die Idee der Kapillarverfahren vorstellen.

Die Kapillarverfahren

Ist Ihnen schon einmal aufgefallen, wie ein Schwamm Wasser entgegen der Schwerkraft nach oben saugen kann? Falls nicht, probieren Sie es einfach mal aus: Nehmen Sie einen flachen Teller mit etwas Wasser drin und legen Sie einen angefeuchteten, gut ausgedrückten Schwamm rein. Schon nach kurzer Zeit werden Sie sehen, wie sich der Schwamm mit dem Wasser vollsaugt und der Wasserspiegel im Teller sinkt.

Ursache dafür ist die sogenannte Kapillarwirkung, die mit der Oberflächenspannung von Flüssigkeiten und Werkstoffen zusammenhängt. Und genau diese Kapillarwirkung kann man geschickt zur Werkstoffprüfung nutzen. Es gibt mehrere Varianten, die wichtigste ist die *Farbeindringprüfung*, oft als FE-Prüfung abgekürzt, oder auch mit Markennamen benannt.

So funktioniert die Farbeindringprüfung

Die Vorgehensweise sehen Sie in Abbildung 11.2, in der ich einen vergrößerten Schnitt senkrecht zur Oberfläche einer rissbehafteten Probe gezeichnet habe. Nehmen Sie an, dass der Riss in der Probe sehr fein sei, mit dem Auge nicht zu erkennen.

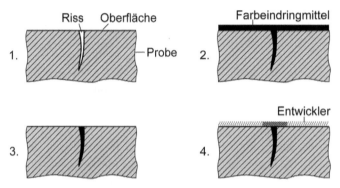

Abbildung 11.2: Farbeindringprüfung

Vier Schritte sind nötig:

1. **Probenoberfläche reinigen**
    Zunächst reinigen Sie die Oberfläche des zu prüfenden Teils, damit die Fehler ohne Unterbrechung bis zur Oberfläche reichen. Vorsicht ist beim intensiven mechanischen Reinigen von weichen Werkstoffen geboten, da könnten Fehler auch zugeschmiert werden.

2. **Mit Farbeindringmittel einsprühen und warten**
    Anschließend sprühen Sie eine intensiv rot gefärbte, gut kriechfähige Flüssigkeit mit geringer Oberflächenspannung auf die Probenoberfläche auf. Diese Flüssigkeit ist meistens ein dünnflüssiges Öl und heißt *Farbeindringmittel*. Dann müssen Sie ein paar Minuten warten, bis das Farbeindringmittel durch die Kapillarkräfte in die Fehler eingedrungen ist, wie in Abbildung 11.2 dargestellt.

3. **Farbeindringmittel abwaschen und Oberfläche trocknen**
    Als Nächstes waschen Sie das Farbeindringmittel wieder vollständig von der Oberfläche ab, aber nur kurz und vorsichtig, damit es in den Fehlern noch drin bleibt. Zum Waschen eignen sich organische Lösemittel oder auch Wasser. Die Oberfläche trocknen Sie kurz.

4. **Entwickler aufsprühen**
    Zum Schluss sprühen Sie einen ganz feinkörnigen aufgeschlämmten Kreidefilm – den *Entwickler* – auf die Oberfläche auf. Dieser strahlend weiße Kreidefilm trocknet in wenigen Sekunden und saugt dann das in den Fehlern enthaltene Farbeindringmittel auf. Die Fehlstellen färben sich gut sichtbar rot, sie »bluten aus«.

Fertig. Falls nötig, das geprüfte Teil schnell fotografieren, denn die Anzeige verblasst bald. Der Entwickler haftet nur ganz schwach auf der Probenoberfläche und lässt sich nach der Prüfung leicht entfernen. Alternativ zum klassischen Farbeindringmittel kann man auch ein fluoreszierendes Eindringmittel verwenden, das die Fehler unter Ultraviolettlicht anzeigt.

Die Vor- und Nachteile im Überblick

Wie jede Methode, so hat auch die Farbeindringprüfung ihre starken und schwachen Seiten. **Vorteile** sind:

✔ Sie eignet sich für praktisch **alle Werkstoffe**, für Metalle, Keramiken, Kunststoffe. Lediglich poröse Stoffe machen Probleme, weil sie sich komplett mit dem Farbeindringmittel vollsaugen.

✔ Als Einzel- oder Stichprobenprüfung ist sie **einfach und preiswert**, es sind nur wenige Hilfsmittel nötig.

Nachteilig ist:

✔ Die Farbeindringprüfung ist prinzipbedingt nur ein reines **Oberflächenprüfverfahren**. Fehler im Inneren von Werkstücken (ohne Verbindung zur Oberfläche) bleiben unerkannt.

✔ Über die **Tiefe** der entdeckten Fehler kann man keine Aussage machen. Außer bei dünnen blechartigen Teilen, da gibt es einen kleinen Trick: Farbeindringmittel nur an einer Seite auftragen, Rückseite frei lassen. Dann wie üblich waschen und den Entwickler auf beiden Seiten aufsprühen. Gibt es auch eine Anzeige auf der Rückseite, läuft der Fehler ganz durch die Probe hindurch.

✔ Problematisch sind auf der Probe haftende, **raue Beläge**, wie Rost sowie Zunder (dicke Oxidschichten), oder von Natur aus sehr raue, zerklüftete Oberflächen. Das kann zu Fehlanzeigen führen.

Wenn die Nachteile nicht stören, ist die Farbeindringprüfung eine echt feine Sache. Sie wird viel verwendet, beispielsweise in Gießereien. Und wenn Sie sich ansehen möchten, wie das alles in der Praxis abläuft, schauen Sie sich unser Video im Internet an.

So, und als nächstes physikalisches Prinzip möchte ich Ihnen den Magnetismus vorstellen. Auch den kann man gut nutzen, lassen Sie sich überraschen.

Die magnetischen Verfahren

Das bedeutendste Verfahren, das den Magnetismus nutzt, ist die *Magnetpulverprüfung*, auch Streuflussprüfung genannt.

So funktioniert die Magnetpulverprüfung

Das Grundprinzip sehen Sie in Abbildung 11.3, in der ich vergrößerte Schnitte senkrecht zur Oberfläche einer Probe gezeichnet habe.

Die Probe, die Sie prüfen möchten, muss aus einem magnetisierbaren, genauer *ferromagnetischen* Werkstoff bestehen, beispielsweise aus einem »normalen« Stahl. Diese Probe magnetisieren Sie parallel zur Oberfläche, beispielsweise dadurch, dass Sie weit links an der Probe einen magnetischen Südpol und weit rechts einen magnetischen Nordpol anbringen.

Eine »gesunde« Probe ist magnetisch homogen. Das bedeutet, dass sie an jeder Stelle die gleichen magnetischen Eigenschaften hat. Die magnetischen Feldlinien konzentrieren sich in der Probe, sie »fühlen sich wohl« in der Probe und laufen schön parallel zur Oberfläche.

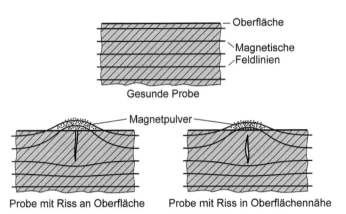

Abbildung 11.3: Magnetpulverprüfung

Befindet sich nun ein Fehler in der Oberfläche oder recht nahe an der Oberfläche, dann weichen die magnetischen Feldlinien dem Fehler aus, und zwar nach innen hin und auch nach außen. Mit dem Ausweichen nach innen hin kann man nichts anfangen, aber das Ausweichen nach außen hin ist nutzbar, das ist der sogenannte *Streufluss*. Magnetische Feldlinien sehen Sie zwar nicht, zu hören oder riechen sind sie nicht und auch mit dem Schmecken klappt es nicht. Aber man kann sie mit einem kleinen Kniff indirekt sichtbar machen.

Sie spülen eine Aufschlämmung von magnetisierbarem Pulver (Magnetpulver) in Wasser über die Probenoberfläche. An fehlerfreien Stellen fließt die Magnetpulveraufschlämmung fast vollständig ab, an den Stellen mit Streufluss durch Fehler werden die Magnetpulverpartikel festgehalten und reichern sich an.

Nun heben sich die Magnetpulverpartikel farblich in den meisten Fällen nicht von der Probenoberfläche ab, man sieht sie schlecht. Das bekommt man in den Griff, indem man der Magnetpulveraufschlämmung noch einen fluoreszierenden Farbstoff zugibt, der auf den Magnetpulverpartikeln haftet. Dann können Sie die Magnetpulverteilchen ganz hervorragend unter ultraviolettem Licht sehen. Und damit haben Sie den Fehler erkannt, selbst wenn er sehr klein oder schmal sein sollte und mit dem Auge nicht sichtbar ist.

Ein paar Anmerkungen dazu

✔ Als Magnetpulver kann man grundsätzlich jedes magnetisierbare (ferromagnetische) Pulver nehmen. Eisenfeilspäne wären zwar auch möglich, sind aber recht grob. Besser sind feinkörnige, speziell hergestellte Pulver aus Reineisen oder ferromagnetischen Eisenoxiden.

✔ Der Probenwerkstoff selbst muss *ferromagnetisch* sein. Warum eigentlich? Wäre er nicht ferromagnetisch, wie Aluminium, so würden die magnetischen Feldlinien (fast) keinen Unterschied zwischen Probenwerkstoff und Fehler spüren und annähernd gleichmäßig durch alles hindurchlaufen, so als wäre alles Luft. Und lokal an der Fehlerstelle herauslaufende Feldlinien gäbe es nicht. Das bedeutet, dass Sie das Magnetpulververfahren nur an den ferromagnetischen Stählen, den recht seltenen Nickel- und Kobaltwerkstoffen und noch ein paar ziemlich »exotischen« Werkstoffen anwenden können.

✔ Die Fehler müssen bis zur Oberfläche reichen oder recht dicht daran. Bei zu tief liegenden Fehlern kommt es zu keinem Streufluss nach außen mehr, sie sind nicht nachweisbar. Aber übliche Lackschichten brauchen Sie nicht zu entfernen, der Streufluss geht durch sie hindurch, eine feine Sache.

✔ Die Fehler müssen senkrecht zu den Feldlinien verlaufen oder wenigstens schräg dazu. Liegen Risse genau parallel zu den magnetischen Feldlinien, werden die Feldlinien kaum gestört, sie laufen einfach parallel zum Rissufer und haben keinen Anlass, aus der Probenoberfläche herauszulaufen. Deshalb ist es wichtig, bei unbekannter Risslage zweimal zu prüfen, am besten senkrecht zueinander.

✔ Wenn eine Probe zwar fehlerfrei, aber magnetisch inhomogen ist, sich also verschieden magnetisieren lässt, dann kommt es auch zu einem Streufluss und zu sogenannten Scheinanzeigen. Auch Absätze und Riefen führen dazu. Erfahrene Prüfer können solche Scheinanzeigen von »richtigen« Fehlern unterscheiden.

Richtig magnetisiert ist halb geprüft – die Magnetisierungsmethoden in der Praxis

Meistens kennt man die Fehlerorientierung in der Probe nicht und muss deshalb zweimal magnetisieren und prüfen, einmal in die eine Richtung und danach noch senkrecht dazu. Bei der praktischen Durchführung haben sich zwei Methoden bewährt, die Felddurchflutung und die Stromdurchflutung.

Bei der *Felddurchflutung* verwenden Sie einen sehr starken Dauermagnet oder (noch besser) einen Elektromagnet (siehe Abbildung 11.4 a). Über ein geeignetes Joch stellen Sie einen geschlossenen magnetischen Kreis her und lassen ein magnetisches Feld durch die Probe hindurchfluten, daher der Name. Das Joch ist ein dickes u-förmiges weichmagnetisches Bauteil, das die gestrichelt dargestellten magnetischen Feldlinien gut weiterleitet. Die Probe, hier ein zylindrisches Stück, wird in Längsrichtung magnetisiert. Risse in Umfangsrichtung sind deshalb gut feststellbar. Alternativ zum Joch können Sie eine längliche Probe auch gut nur durch eine Spule magnetisieren. Auch hier laufen die Feldlinien in Längsrichtung der Probe.

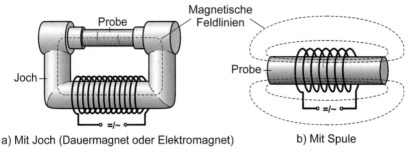

a) Mit Joch (Dauermagnet oder Elektromagnet)   b) Mit Spule

Abbildung 11.4: Felddurchflutung

Was Sie bei der Felddurchflutung in der gezeigten Anordnung nicht feststellen können, sind Risse in Längsrichtung der Probe, denn die liegen parallel zu den magnetischen Feldlinien. Moment mal, werden Sie hier sagen, nichts einfacher als das: Probe einfach um 90° drehen und das Joch entsprechend anpassen. Das klappt perfekt bei flachen Proben und ist dort auch erste Wahl. Bei zylindrischen Proben ist es aber eine ziemliche Fummelei, und das Magnetfeld läuft nicht so schön der gekrümmten Oberfläche nach. Hier gibt es etwas Besseres, die Stromdurchflutung.

Bei der *Stromdurchflutung* lassen Sie einen hohen elektrischen Strom durch die Probe fließen (einige Hundert bis zu mehreren Tausend Ampere), Sie durchfluten die Probe mit Strom. Durch den hohen Strom baut sich – wie um jeden stromdurchflossenen Leiter – ein in Umfangsrichtung laufendes Magnetfeld auf (siehe Abbildung 11.5). Die Probe wird wunderbar in Umfangsrichtung magnetisiert, Risse in Längsrichtung lassen sich sehr gut nachweisen.

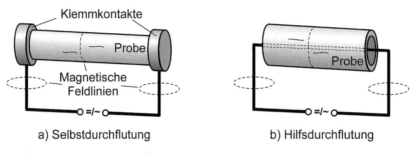

a) Selbstdurchflutung   b) Hilfsdurchflutung

Abbildung 11.5: Stromdurchflutung

Die »normale« Methode der Stromdurchflutung ist es, den Strom direkt durch die Probe fließen zu lassen; diese Methode nennt man *Selbstdurchflutung*. Problematisch können die Klemmkontakte sein: Bei schlechtem elektrischem Kontakt kommt es zu starken Erwärmungen und Beschädigungen an den Kontaktstellen. Bei zugänglichen Rohrstücken kann man auch ein dickes Kabel durch das Rohr schieben, das nennt man *Hilfsdurchflutung*. Diese Methode hat den Vorteil, dass die Probe nicht mit dem hohen Strom beaufschlagt wird, Ärger mit den Klemmkontakten gibt es hier nicht.

Auch die Magnetpulverprüfung wird intensiv in der Praxis angewandt, eine klasse Methode. Wie immer muss man halt an die Stärken und Schwächen denken. Wenn Sie möchten, sehen Sie sich unser Video dazu im Internet an. Die Physik hat aber noch mehr zu bieten.

Die induktiven Verfahren

Bei den induktiven Verfahren nutzt man die elektromagnetische Induktion aus, daher der Name. Und weil dabei elektrische Ströme in der Probe entstehen, die wie die Luft bei einem Wirbelsturm im Kreis wirbeln, heißt das Ganze in der Praxis auch *Wirbelstromprüfung*.

So funktioniert die Wirbelstromprüfung

Die Wirbelstromprüfung arbeitet nach dem gleichen Prinzip wie ein elektrischer Transformator. In Abbildung 11.6 habe ich im oberen Teil einen Transformator symbolisch dargestellt. Er besteht aus einem leicht magnetisierbaren Eisenkern (das ist der senkrechte Strich) und zwei Kupferwicklungen, die auf den Eisenkern aufgewickelt sind, die Primär- und die Sekundärwicklung. Die Primärwicklung heißt so, weil man da zuerst, also primär, eine Wechselspannung anschließt. Die Sekundärwicklung heißt so, weil in ihr nachfolgend, also sekundär, eine Spannung induziert (erzeugt) wird. Und dann läuft alles wie folgt ab:

✔ Unter der Wirkung der angeschlossenen Wechselspannung fließt ein Wechselstrom durch die Primärwicklung,

✔ der Wechselstrom erzeugt ein wechselndes magnetisches Feld, verstärkt durch den Eisenkern,

✔ das wechselnde magnetische Feld »durchflutet« die Sekundärwicklung und induziert (erzeugt) eine Spannung in ihr.

Dabei gilt folgender vereinfachter Grundsatz:

✔ Bleibt die Sekundärwicklung »offen«, ist also kein Verbraucher an ihr angeschlossen, fließt kein Strom durch die Sekundärwicklung, es wird dort keine Leistung abgezapft. Und deswegen fließt dann auch nur wenig Strom durch die Primärwicklung, abzulesen am Strommessgerät.

✔ Schließen Sie einen Verbraucher an den Klemmen der Sekundärwicklung an, wird sekundärseitig Leistung entnommen. Diese Leistung muss auf der Primärseite in den Transformator hineinfließen, sonst klappt das mit der Energieerhaltung nicht. Primärseitig fließt dann also mehr Strom. Und zwar umso mehr Strom, je höher der Strom in der Sekundärwicklung ist.

 Falls Ihnen die Elektrizität doch nicht so liegt – und überhaupt –, fasse ich das so zusammen: Je höher der Strom in der Sekundärwicklung ist, desto größer ist die Stromstärke in der Primärwicklung, und die können Sie am Strommessgerät ablesen.

Genau dieses Prinzip nutzt die Wirbelstromprüfung aus. Angenommen, Sie wollen ein Rohr prüfen und rechnen mit Rissen in Längs- und Umfangsrichtung, wie in Abbildung 11.6 zu sehen.

Sie wickeln sich eine schmale Spule aus Kupferdraht und schieben sie über das Rohr. Das ist die Primärwicklung eines gedachten Transformators. Wenn Sie jetzt eine Wechselspannung an die Spule anschließen, fließt Wechselstrom durch die Spule. Der Wechselstrom erzeugt ein wechselndes Magnetfeld, und ... verflixt, da fehlt doch was. Wo sind der Eisenkern und die Sekundärwicklung?

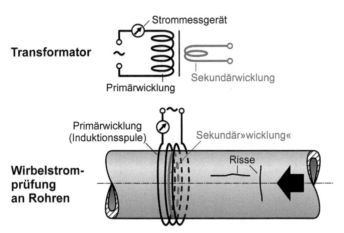

Abbildung 11.6: Wirbelstromprüfung

Auf den Eisenkern können Sie in bestimmten Fällen (wie hier) verzichten, vor allem bei höheren Wechselstromfrequenzen. Und die Sekundärwicklung? Die ist die Probe selbst, das Rohr. Wenn es Ihnen jetzt schwerfällt, sich das Rohr als Wicklung vorzustellen, dann lassen Sie in Gedanken das Rohr ganz kurz werden, bis es nur noch ein Ring ist. Der Ring ist dann die Sekundärwicklung mit genau einer einzigen Windung, und die ist auch noch kurzgeschlossen. So ein richtig guter Transformator ist das nicht, der Wirkungsgrad ist sehr bescheiden, und die Sekundärwicklung hat sogar noch einen Kurzschluss. Aber brauchbar, um Risse aufzuspüren.

Die Prüfung geht nun so:

✔ Sie schieben die Primärwicklung, man nennt sie auch *Induktionsspule*, an eine fehlerfreie Stelle des Rohrs. Dann schalten Sie die Wechselspannung ein und messen den durch die Induktionsspule fließenden Strom. Weil kein Fehler vorliegt, kann der Strom in der Sekundärwicklung (der Wirbelstrom im Rohr) ungehindert fließen, grau in Abbildung 11.6 dargestellt. Und deswegen messen Sie auch einen hohen Strom am Strommessgerät.

✔ Nun schieben Sie langsam das Rohr durch die Induktionsspule hindurch und beobachten laufend das Strommessgerät. Kommt ein Riss in die Bahn des Wirbelstroms, muss der Strom den Riss umgehen, es liegt ein höherer elektrischer Widerstand für die Wirbelstromstrecke vor, die Wirbelstromstärke nimmt ab, und das sehen Sie indirekt an einer verminderten Stromaufnahme am Strommesser.

Ein Blick in die Praxis

In der Praxis kann die Wirbelstromprüfung vollautomatisch geschehen und mit einer enormen Prüfgeschwindigkeit, also nicht nur langsam und von Hand, so wie gerade erklärt.

 Feinfühlig, prima klappt das, ja, solange der Fehler den fließenden Wirbelstrom unterbricht. Das gelingt dem Fehler, wenn er in Längsrichtung des Rohrs liegt, oder wenigstens schräg dazu. Falls er aber genau in Umfangsrichtung des Rohrs verläuft, so wie der rechte Riss in Abbildung 11.6, dann haben Sie Pech gehabt. Denn dann fließt der Wirbelstrom einfach an den Flanken des Fehlers entlang und wird nicht im Geringsten am Fließen gehindert.

Bei hoher Wechselstromfrequenz fließt der Wirbelstrom in der Probe nur in einer dünnen Oberflächenschicht, bei niedriger Frequenz in einer dickeren Schicht. Wenn Sie nun mit mehreren Frequenzen prüfen, können Sie die Tiefe eines oberflächennahen Risses ungefähr bestimmen. Fehler tief im Inneren von Werkstücken sind aber meist nicht feststellbar.

Absolut in ihrem Element ist die Wirbelstromprüfung also bei Rohren, die Risse in Längsrichtung haben. Es gibt aber auch interessante Varianten, mit denen man flache Teile prüfen kann, Werkstoffeigenschaften oder Schichtdicken und solche, bei denen noch weitere Spulen als Sensor verwendet werden. Falls Sie sich noch etwas tiefer über die Wirbelstromprüfung informieren möchten, schauen Sie sich unser Video im Internet an.

Genug gewirbelt und geströmt, atmen Sie tief durch. Die Schallverfahren warten, hochinteressant und viel verwendet.

Die Schallverfahren

Wenn Sie sich mit jemandem unterhalten, so nutzen Sie die Eigenschaft von Luft aus, Schallwellen zu leiten. Und ähnlich wie sich Schallwellen in Luft ausbreiten, können sich auch Schallwellen in Werkstoffen ausbreiten, und zwar gar nicht mal so schlecht.

Das können Sie leicht selbst testen, indem Sie irgendeinen länglichen massiven Gegenstand nehmen, meinetwegen einen Kochlöffel oder ein Lineal, und ihn mit dem einen Ende leicht an Ihr Ohr drücken. Streichen Sie nun mit Ihrem Finger über das andere Ende des Gegenstands, so hören Sie dieses Geräusch hervorragend. Werkstoffe leiten den Schall also auch, nicht nur Luft.

Genau diese Schallausbreitung kann man gezielt dazu nutzen, Fehler in Werkstoffen aufzuspüren, und sogar dazu, manche Eigenschaften zu bestimmen. Um nun möglichst kleine Fehler zu bestimmen und den Schall gut bündeln zu können, arbeitet man nicht mit dem normalen, hörbaren Schall, sondern mit Ultraschall im Frequenzbereich von etwa 0,5 bis 10 MHz (Megahertz), teils auch noch darüber. Und deswegen nennt man das fast überall *Ultraschallprüfung*, oft mit US-Prüfung abgekürzt.

Starten Sie mit den Grundlagen, aber keine Angst, ich werde es nicht übertreiben. Nur so viel wie nötig.

Ausgewählte Grundlagen der Ultraschallprüfung

Schall wird in Form von *Schallwellen* transportiert, und auf die möchte ich ein bisschen näher eingehen.

Die Schallwellenarten in Werkstoffen

In Werkstoffen und auch in allen anderen Festkörpern gibt es zwei Wellenarten, die sogenannten *Longitudinalwellen* und die *Transversalwellen*.

✔ Longitudinalwellen (oder Längswellen) sind Wellen, bei denen die Atome **in Richtung der Wellenausbreitung** schwingen.

✔ Bei den Transversalwellen (oder Querwellen) schwingen die Atome **quer zur Ausbreitungsrichtung**.

Um Ihnen die Unterschiede zu zeigen, habe ich in Abbildung 11.7 zunächst einen Stab vereinfacht dargestellt. Jeder Punkt sei ein Atom, die Atome ordnen sich regelmäßig an, der ganze Stab sei aus einem einzigen Kristall aufgebaut. Die Atome können Sie sich als punktförmige kleine Massen vorstellen, die über elastische Bindungen miteinander verknüpft sind. Mehr zu Atomen, Bindungen und Kristallen finden Sie in Kapitel 1.

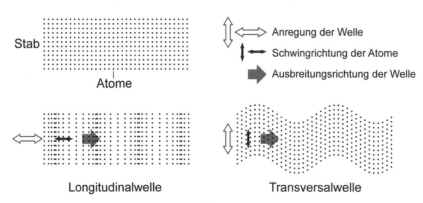

Abbildung 11.7: Wellenarten in Werkstoffen

✔ Eine *Longitudinalwelle* können Sie in diesem Stab anregen, indem Sie in Gedanken an der linken Stirnseite des Stabs in horizontaler Richtung drücken, ziehen, drücken, ziehen ... Die Welle breitet sich dann von links nach rechts durch den Stab aus; eine Momentaufnahme ist links unten in Abbildung 11.7 zu sehen. Die Atome selbst bewegen sich dabei nur ein wenig vor und zurück und geben die Schwingungen über die Bindungen weiter.

✔ Und wie bekommen Sie eine *Transversalwelle* zustande? Dazu müssen Sie an der linken Stirnseite des Stabs nach oben schieben, nach unten, nach oben, nach unten ... und schon wandert eine Transversalwelle nach rechts durch den Stab.

Die Bewegung der Atome ist stark übertrieben dargestellt, damit Sie das Prinzip sehen. Beide Wellenarten können Sie übrigens schön in einer weichen, langen Spiralfeder beobachten. Nehmen Sie die Spiralfeder an einem Ende in die Hand und lassen Sie sie frei herunterhängen. Sie muss sich unter dem eigenen Gewicht schon deutlich verlängern, sonst klappt es nicht. Eine Longitudinalwelle erzeugen Sie, indem Sie Ihre Hand ganz kurz ruckartig nach unten und sofort wieder nach oben bewegen. Und eine Transversalwelle erhalten Sie, wenn Sie Ihre Hand kurz zur Seite und wieder zurück bewegen.

Während es in Festkörpern beide Wellenarten gibt, breiten sich in Flüssigkeiten und Gasen nur Longitudinalwellen aus. Warum eigentlich? Das liegt daran, dass die Atome in Flüssigkeiten und Gasen in Querrichtung leicht verschieblich sind. Oder anders ausgedrückt: Flüssigkeiten und Gase können keine Schubspannungen übertragen, und ohne die gibt es keine Transversalwellen.

Die Schallgeschwindigkeiten

Diejenige Geschwindigkeit, mit der sich eine Schallwelle ausbreitet, nennt man *Schallgeschwindigkeit*. In Tabelle 11.1 finden Sie die Schallgeschwindigkeiten c für vier gebräuchliche metallische Werkstoffe, eine Keramik, zwei Flüssigkeiten und ein Gas. c_L ist die Schallgeschwindigkeit der Longitudinalwelle, c_T die der Transversalwelle. Sehen Sie sich die Tabelle bitte in Ruhe an. Was fällt Ihnen auf?

Medium	c_L in m/s	c_T in m/s	c_L/c_T
Unlegierter Stahl	5900	3230	1,83
Gusseisen GJL-200	ca. 4400	ca. 2500	ca. 1,8
Aluminium	6320	3130	2,02
Kupfer	4700	2260	2,08
Al_2O_3-Keramik	ca. 11000	ca. 6500	ca. 1,7
Wasser	1480	–	–
Quecksilber	1450	–	–
Luft	340	–	–

Tabelle 11.1: Schallgeschwindigkeiten in verschiedenen Medien, nach Krautkrämer

Zunächst einmal ist bemerkenswert, dass die Schallgeschwindigkeiten in den aufgeführten Werkstoffen viel höher sind als in Luft. Das hängt mit der straffen, engen Bindung der Atome in den Werkstoffen zusammen, wodurch eine Welle schnell weitergeleitet wird. Dann fällt auf, dass das Verhältnis der Schallgeschwindigkeiten c_L/c_T ungefähr 2 ist. Und woher kommen die Striche in der Tabelle? Da handelt es sich um Flüssigkeiten und Gase, und in denen können sich Transversalwellen nicht ausbreiten.

Natürlich ist es wenig sinnvoll, wenn Sie Tabelle 11.1 komplett auswendig lernen. Nicht unsinnig erscheint mir jedoch, wenn Sie sich zwei besonders wichtige gerundete Werte merken:

✔ die Schallgeschwindigkeit der Longitudinalwelle in Stahl mit etwa 6 km/s und

✔ den Wert c_L/c_T von etwa 2 für die gebräuchlichen Werkstoffe.

Damit das auch ein bisschen anschaulich wird, denken Sie sich eine 6 Kilometer lange Eisen-bahnstrecke. Die Schienen aus Stahl seien alle miteinander verschweißt, so wie das schon lange üblich ist, und die Schienen sollen im Freien anfangen und enden.

✔ Wenn Sie nun mit einem kleinen Hammer in Längsrichtung auf die Stirnseite einer Schiene klopfen, so erzeugen Sie eine Longitudinalwelle. Diese Longitudinalwelle braucht dann etwa 1 Sekunde, um die 6 Kilometer lange Schienenstrecke zu durchlaufen.

✔ Und wenn Sie (statt in Längsrichtung) in Querrichtung auf das Schienenende klopfen, dann regen Sie eine Transversalwelle an, die mit etwa 3 km/s läuft und für das 6 Kilometer lange Schienenstück deswegen ungefähr 2 Sekunden benötigt.

Schön – aber wie prüft man Werkstoffe mit Schall? Dazu nutzen Sie die Eigenschaft von Wellen aus, an Grenzflächen reflektiert zu werden.

Die Reflexion der Schallwellen an Grenzflächen

Stellen Sie sich zwei Stäbe aus verschiedenen Werkstoffen 1 und 2 vor, die ohne jeden Spalt miteinander verbunden sind, so wie es Abbildung 11.8 zeigt. Werkstoff 1 (hellgrau) könnte Aluminium sein, Werkstoff 2 (dunkelgrau) Stahl. Wenn Sie nun mit einem kleinen Hammer leicht an die linke Stirnseite klopfen, so regen Sie eine Longitudinalschallwelle an, die nach rechts durch den Stab hindurchläuft.

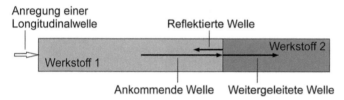

Abbildung 11.8: Reflexion von Schallwellen an einer Grenzfläche

Was passiert mit der Schallwelle, wenn sie auf die Grenzfläche zwischen den beiden Werkstoffen trifft? Sie spaltet sich auf, und zwar in eine Welle, die reflektiert wird, und eine, die weitergeleitet wird. Das ist eine Erscheinung, die bei allen Arten von Wellen und allen Arten von Grenzflächen auftritt, zum Beispiel auch bei Lichtwellen.

Stellen Sie sich in der Dämmerung vor ein Fenster Ihres beleuchteten Zimmers. Von Ihnen aus gehen Lichtwellen (nicht nur, weil Sie so freudig strahlen) und treffen auf die Fensterscheibe. Ein Teil der Lichtwellen geht durch die Scheibe hindurch (deswegen kann Sie Ihr Nachbar sehen) und ein Teil wird reflektiert (deswegen können Sie sich selbst in der Scheibe sehen).

Grenzflächen können Übergänge von irgendeinem Medium in irgendein anderes Medium sein, also von fest nach fest, von fest nach flüssig, von fest nach gasförmig, alles, was Sie sich denken können, übrigens auch von gasförmig nach gasförmig. Die berühmte Fata Morgana beruht darauf, das Spiegeln heißer Asphaltoberflächen im Sommer und der Nachhall des Donners beim Gewitter.

Wenn also Schall auf eine Grenzfläche zwischen einem Stoff 1 und einem Stoff 2 in einem Werkstück trifft, so wird ein Teil des Schalls reflektiert, der restliche Teil weitergeleitet. Die entscheidende Frage ist: Wie viel wird reflektiert, wie viel geht durch? Das lässt sich herleiten, was aber nicht ganz einfach ist. Als Ergebnis einer längeren Rechnung ergibt sich folgender vereinfachter Grundsatz:

Entscheidend ist das Verhältnis der sogenannten *Wellenwiderstände* (auch Wellenimpedanzen genannt) der beiden Stoffe 1 und 2. Unter Wellenwiderstand W versteht man das Produkt aus Dichte ρ mal Schallgeschwindigkeit c:

$$W = \rho \cdot c$$

Wird eine Schallwelle senkrecht auf eine Grenzfläche zwischen zwei Medien geleitet, so wird umso mehr Schall reflektiert und umso weniger weitergeleitet, je mehr sich die Wellenwiderstände der beiden Medien relativ zueinander unterscheiden. Je weniger sich die Wellenwiderstände der beiden Medien unterscheiden, desto weniger Schall wird an der Grenzfläche reflektiert und desto mehr wird weitergeleitet. Sind die Wellenwiderstände der beiden Medien gleich, so tritt keine Reflexion ein und der gesamte Schall wird weitergeleitet.

Vorsicht beim Begriff »Wellenwiderstand«. Er suggeriert, dass es sich da um einen Widerstand handeln könnte, der die Welle am Ausbreiten hindert, als ob sich eine Welle in einem Material mit hohem Wellenwiderstand nicht ausbreiten könne. Das ist aber nicht der Fall! Eine Welle kann sich in einem Stoff mit hohem Wellenwiderstand genauso gut oder schlecht ausbreiten wie in einem Stoff mit niedrigem Wellenwiderstand. Warum der Name so gewählt wurde, wird verständlich, wenn man die ganze Theorie dazu herleitet, was aber hier zu weit führen würde.

Am besten, Sie sehen sich ein **Beispiel** dazu an.

Angenommen, Sie halten einen zylindrischen Stahlstab mit einem Ende in einen Eimer mit Wasser. Dann lassen eine Schallwelle durch den Stahlstab laufen, indem Sie mit einem Hammer kurz auf die obere Stirnseite des Stabs klopfen. Was passiert mit der Schallwelle, wenn sie das Ende des Stahlstabs erreicht und dort auf die Grenzfläche Stahl/Wasser trifft?

Rechnen Sie hierzu das Verhältnis der Wellenwiderstände aus:

$$\frac{W_{\text{Stahl}}}{W_{\text{Wasser}}} = \frac{\rho_{\text{Stahl}} \cdot c_{\text{Stahl}}}{\rho_{\text{Wasser}} \cdot c_{\text{Wasser}}} = \frac{7{,}85 \ \text{g/cm}^3 \cdot 5900 \ \text{m/s}}{1 \ \text{g/cm}^3 \cdot 1480 \ \text{m/s}} = 31{,}3$$

Das Verhältnis des Wellenwiderstands von Stahl zum Wellenwiderstand von Wasser ist also etwa 30. Das ist ein hohes Verhältnis, und das bedeutet, dass der meiste Schall wieder in den Stab zurückreflektiert und nur wenig weitergeleitet wird.

Wenn Sie möchten, rechnen Sie auf eigene Faust aus, welches Verhältnis die Wellenwiderstände von Stahl und Luft haben. Da kommen Sie auf ungefähr 100000:1, und das bedeutet, dass eine Schallwelle fast hundertprozentig reflektiert wird, wenn sie auf die Grenzfläche Stahl/Luft trifft. Übrigens gelten fast die gleichen Überlegungen für die umgekehrte Richtung, also Wasser/Stahl und Luft/Stahl.

Verschiedene Gefügebestandteile in Werkstoffen, die ähnliche Wellenwiderstände aufweisen, reflektieren demnach nur wenig und leiten den Schall gut weiter. Haben Sie aber einen Fehler im Werkstoff, und trifft der Schall auf den Fehler, genauer auf die Grenzfläche Werkstoff/Fehlerinneres, dann wird er fast zu 100 % reflektiert und nahezu nichts weitergeleitet. Und genau das nutzt man aus bei der Ultraschallprüfung der Werkstoffe – und sogar noch mehr.

Nun habe ich Ihnen allerhand über Schallwellen und Reflexionen erzählt. Wie aber erzeugt und registriert man denn Schall, und zwar ganz speziell Ultraschall?

So wird Ultraschall erzeugt und registriert

Das geschieht fast ausschließlich durch den *piezoelektrischen Effekt*. Wie funktioniert dieser Effekt? Es gibt bestimmte Kristalle, die sich an den Oberflächen elektrisch aufladen, wenn man sie zusammendrückt (oder auseinanderzieht). Beispielsweise ist das bei Quarzkristallen der Fall.

Quarz besteht ja aus der chemischen Verbindung SiO_2, also Siliziumdioxid. Bei dieser Verbindung gibt jedes Siliziumatom vier Elektronen ab und wird dadurch zum vierfach positiv geladenen Ion Si^{4+}. Zwei Sauerstoffatome nehmen die vier Elektronen auf und werden dadurch zu zwei doppelt negativ geladenen Sauerstoffionen O^{2-}. Oder anders ausgedrückt: Im Quarz gibt es Si^{4+}- und O^{2-}-Ionen. Oder noch einmal anders: Im Kristallgitter des Quarzes gibt es positiv und negativ geladene Ionen. Und wenn Sie nun einen geeignet orientierten Quarzkristall im Schnitt darstellen, so sieht er ungefähr wie in Abbildung 11.9 aus.

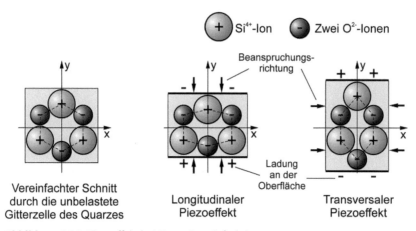

Abbildung 11.9: Piezoeffekt bei Quarz (vereinfacht)

In Wirklichkeit ist der Quarzkristall komplizierter. Damit Sie aber das Entscheidende sehen, habe ich die Gitterzelle des Quarzes vereinfacht dargestellt und jeweils zwei Sauerstoffionen zeichnerisch zu einem negativ geladenen Ion zusammengefasst. Dieser Kristall, siehe linke Seite von Abbildung 11.9, ist nach außen hin elektrisch neutral, insbesondere nach oben und unten hin.

Neutral? Müsste er nicht oben positiv geladen sein, weil ganz oben das positiv geladene Ion sitzt, und unten negativ, weil ganz unten das negativ geladene Ion ist? Nein, das ist nicht der Fall, weil oben zwar das positiv geladene Ion sitzt, aber gleich dicht darunter zwei negativ geladene Ionen, und das gleicht sich aus. So, und hier komme ich ins Schwitzen, denn das, was ich soeben behauptet habe, ist so nicht richtig. Aber warum schreibe ich es dann? Weil es für die Erklärung des Piezoeffekts hilft, ohne allzu sehr in die Tiefen der Physik hinabzusteigen. Auch für mich persönlich ist so ein einfaches Modell hilfreich. Es kann manche Erscheinungen erklären, andere wiederum nur mit einer Ergänzung oder auch gar nicht.

Diese einfache Modellvorstellung nehmen Sie jetzt und stellen sich vor, Sie würden die Ober- und die Unterseite eines Quarzkristalls erst mit einer dünnen Goldschicht versehen und dann auf den Kristall drücken, wie Sie es in der Mitte in Abbildung 11.9 anhand der Pfeile sehen. Was passiert? Die gesamte sechseckige Anordnung von Ionen wird zusammengequetscht, fast zu einem Rechteck. Das ist total übertrieben dargestellt, aber Sie sehen jetzt das Prinzip:

✔ Das obere positiv geladene Ion wird nach unten in den Hohlraum gedrückt und die negativ geladenen Ionen nach oben. Deswegen dominieren oben die negativ geladenen Ionen, **die obere Oberfläche lädt sich negativ auf.**

✔ Im unteren Kristallteil verschieben sich die Ionen analog, **die untere Oberfläche lädt sich positiv auf.**

Die Ladungen können Sie nach außen hin als elektrische Spannung zwischen der oberen und unteren Oberfläche messen, und die kann bei geeigneter Auslegung schnell einige Hundert bis tausend Volt betragen. Das Ganze nennt man *longitudinalen Piezoeffekt*, weil Sie die Ladungen an den Flächen abgreifen, an denen Sie drücken. Alternativ dazu gibt es den transversalen Piezoeffekt, er ist rechts in Abbildung 11.9 gezeichnet. Druckkraft und elektrische Spannung sind proportional zueinander, Anwendungen gibt es zuhauf, beispielsweise in der Messtechnik (Kraftmessung) und bei Piezogasanzündern.

 Diese Erscheinung ist auch umkehrbar und nennt sich dann *inverser Piezoeffekt*. Legen Sie eine Spannung an einen geeignet präparierten Quarzkristall, so werden die positiv geladenen Ionen in die eine, die negativ geladenen Ionen in die andere Richtung verschoben und der Quarzkristall ändert seine Länge sowie Querabmessungen. Obwohl die Längenänderungen bei typischen Abmessungen nur vom Mikrometerbereich bis zu einigen Zehntelmillimetern reichen, gibt es viele tolle Anwendungen wie die Piezoschwinger in den Quarzuhren, die Piezo-Tintenstrahldrucktechnik, die piezobetätigten Einspritzdüsen bei modernen Motoren – und natürlich die Erzeugung von Ultraschallschwingungen.

Und die geht so. In den sogenannten *Ultraschallprüfköpfen* ist ein passend präparierter piezoelektrischer Kristall eingebaut (siehe Abbildung 11.10). Das kann ein Quarzkristall sein, oder vielkristallines Blei-Zirkonat-Titanat, eine ganz spezielle Keramik, die den Piezoeffekt noch viel stärker zeigt als Quarz. Meist hat der Kristall die Form einer Scheibe, etwa so groß wie eine Eincentmünze, kann aber größer und auch viel kleiner sein. Oben und unten ist die piezoelektrische Scheibe mit einer Metallschicht (meistens Gold) bedampft, von den Metallschichten aus laufen elektrische Leitungen zur Anschlussbuchse.

Ultraschallwellen erzeugen Sie, indem Sie mit einem geeigneten Gerät (dem Ultraschall-prüfgerät) eine hochfrequente Hochspannung an die piezoelektrische Scheibe anlegen. Im Takt der Hochspannung dehnt sich die Scheibe aus und zieht sich zusammen. Besonders gut klappt das, wenn Sie die Resonanzschwingung der piezoelektrischen Scheibe ausnutzen.

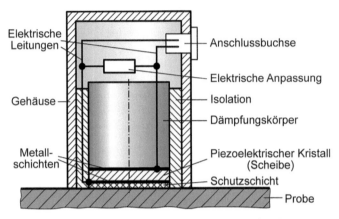

Abbildung 11.10: Schnitt durch einen Ultraschallprüfkopf

✔ Sie können die Scheibe nun dauernd schwingen lassen, wie ein Orgelspieler, der eine Taste gedrückt hält und einen Dauerton erzeugt.

✔ Oder Sie lassen die Scheibe nur wenige Male schwingen, so, als würde der Orgelspieler eine Taste nur ganz kurz anstoßen und einen kurzen Tonimpuls erzeugen.

Die Ultraschallwelle wird über die Schutzschicht in die Probe geleitet. Die fantastische Sache ist nun, dass Sie mit genau diesem Prüfkopf nicht nur Schallwellen **senden**, sondern sogar welche **empfangen und registrieren** können. Kommt eine Ultraschallwelle am Prüfkopf an, wird die piezoelektrische Scheibe im Takt der Schallwelle zusammengedrückt, das erzeugt eine Spannung an den Metallschichten und die können Sie an den Anschlussbuchsen messen.

Ein Problem aber haben Sie fast immer.

Der Ärger mit dem Luftspalt

Wenn Sie einen Ultraschallprüfkopf auf das zu prüfende Werkstück aufsetzen, sitzt der Prüf-kopf mit seiner schallabstrahlenden Fläche nie perfekt auf der Oberfläche auf. Immer gibt es Oberflächenrauigkeiten, und richtigen Kontakt gibt es nur an wenigen kleinen Stellen. Zwischen Prüfkopf und Probe ist also eher Luft als Kontakt. Und genau dieser Luftspalt sorgt für einen großen Sprung im Wellenwiderstand, der Schall kommt gar nicht erst ins Werkstück und wird in den Prüfkopf zurückreflektiert. Was tun?

Perfekt wäre es, Sie hätten ein Mittel, mit dem Sie den Luftspalt zwischen Prüfkopf und Pro-benoberfläche einfach auffüllen könnten, ein sogenanntes *Koppelmittel*. Idealerweise sollte das natürlich ein Mittel sein, das sich im Wellenwiderstand möglichst wenig vom Prüfkopf und vom Werkstück unterscheidet und das am besten auch noch flüssig ist. Was käme denn für die Prüfung von Bauteilen aus Stahl infrage? Spicken Sie ruhig ein wenig in Tabelle 11.1 und denken Sie nach. Es müsste doch ein Mittel sein, das einen ähnlichen Wellenwiderstand wie Stahl hat.

Sie werden merken, das ist nicht einfach, die Natur bietet uns nur wenig Auswahl in dieser Hinsicht. Quecksilber wäre eigentlich ziemlich gut geeignet, scheidet aber im Normalfall wegen der Giftigkeit aus. Und was uns nur übrig bleibt, sind Öle und auch Wasser, oft etwas eingedickt als Gel. Die sind zwar vom Wellenwiderstand her nicht optimal, aber wenn der Spalt zwischen Prüfkopf und Probe klein ist, funktionieren sie recht gut. Jetzt wissen Sie auch, warum der Arzt bei der Ultraschalluntersuchung ein Gel auf die Haut aufträgt.

So, das reicht jetzt aber mit den Grundlagen, nun geht's zur Anwendung.

Die Praxis der Ultraschallprüfung

Fehler in Werkstücken (und auch Eigenschaften von Werkstücken) werden mit zwei grundsätzlichen Methoden untersucht, dem Durchschallungs- und dem Impuls-Echo-Verfahren.

Das Durchschallungsverfahren

Beim *Durchschallungsverfahren* benötigen Sie zwei Prüfköpfe. Einen Prüfkopf setzen Sie (mit Koppelmittel) als Sender auf der einen Oberfläche der Probe an und einen zweiten Prüfkopf (auch mit Koppelmittel) als Empfänger auf der gegenüberliegenden Oberfläche (siehe Abbildung 11.11).

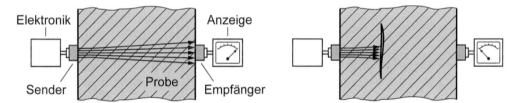

Abbildung 11.11: Durchschallungsverfahren

Bei fehlerfreier Probe kann sich der Schall ungehindert ausbreiten, der Empfänger registriert eine hohe Intensität des ankommenden Schalls. Liegt ein Fehler im Schallweg, werden die Schallwellen wegen des großen Sprungs im Wellenwiderstand fast vollständig an der Fehleroberfläche reflektiert, fast kein Schall kommt beim Empfänger an.

Wenn Sie nun vorsichtig Sender und Empfänger parallel zueinander nach oben und unten verschieben, so können Sie sogar die Abmessungen eines Fehlers bestimmen, sofern der Fehler nicht gar zu klein ist. Was Sie aber mit der Anordnung nach Abbildung 11.11 nicht feststellen können, ist die Tiefenlage des Fehlers, von der Oberfläche aus gerechnet. Sie wissen nur, dass da ein Fehler sein muss. Und aus diesem Grund wird das Durchschallungsverfahren auch eher selten angewendet. Besser ist die zweite Methode.

Das Impuls-Echo-Verfahren

Beim *Impuls-Echo-Verfahren* brauchen Sie nur einen einzigen Prüfkopf, der sowohl Sender als auch Empfänger ist (siehe Abbildung 11.12).

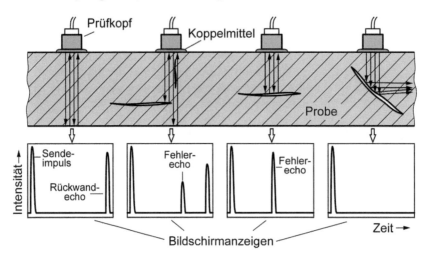

Abbildung 11.12: Impuls-Echo-Verfahren

Der Prüfkopf sendet einen kurzen Ultraschallimpuls aus und schaltet sofort danach auf Empfang um. Die Ultraschallwelle läuft durch die Probe hindurch und trifft bei fehlerfreier Stelle auf die gegenüberliegende Oberfläche, die Rückwand. Dort wird sie wegen des großen Sprungs im Wellenwiderstand reflektiert und kommt als Echo wieder beim Prüfkopf an.

Stellt man nun auf einem Bildschirm (heute praktisch nur noch Rechnerbildschirme) die Intensität nach oben und die Zeit nach rechts dar, so erkennt man den Sendeimpuls und das Echo der Rückwand. Liegt ein Fehler quer zur Einschallrichtung in der Probe, so reflektiert er einen Teil oder fast den ganzen Schall. Der vom Fehler reflektierte Schall hat natürlich die kürzere Strecke zurückzulegen und kommt schon früher als das Rückwandecho zum Prüfkopf zurück.

Verschieben Sie den Prüfkopf nun vorsichtig über die Oberfläche, immer schön mit Koppelmittel versehen, so können Sie die Größe eines Fehlers bestimmen, der quer zur Einschallrichtung in der Probe liegt. Auch die Tiefenlage des Fehlers bleibt Ihnen nicht verborgen; die sehen Sie an der Lage des Fehlerechos.

Eine Sache aber müssen Sie immer beachten:

Die Fehleroberfläche muss senkrecht zur Einschallrichtung liegen, sonst haben Sie Pech, wie bei dem senkrecht stehenden Riss in Abbildung 11.12.

Und wenn der Fehler gar schräg drinliegt, wird es auch nicht einfacher. Ja Moment mal, was wäre denn, wenn man schräg einschallen könnte oder wenn man mehrfache Reflexionen nutzen könnte, wie die Billardspieler? Dann müsste das doch auch mit einem schräg liegenden Fehler klappen. Tut es auch, dafür gibt es mehrere Techniken und sogar allerhand Tricks, die Fehler gut darzustellen. An dieser Stelle wäre es nicht ganz verkehrt, wenn Sie sich unser Video im Internet ansehen. Es fasst noch einmal die Grundlagen zusammen und zeigt auch die Praxis.

Und noch eine Sache ist wichtig; die betrifft die kleinste feststellbare Fehlergröße.

Wie groß ein Fehler mindestens sein muss

 Fehler reflektieren nur dann ausreichend stark und sind deshalb nur dann in der Praxis gut feststellbar, wenn sie quer zur Einschallrichtung eine Mindestabmessung von etwa der halben Wellenlänge der verwendeten Ultraschallwelle haben.

Ein **Beispiel** dazu:

Wie groß muss die Querabmessung eines Fehlers in unlegiertem (normalem) Stahl mindestens sein, damit er bei der Prüfung mit Longitudinalwellen der Frequenz 1 MHz gut erfasst wird?

Rechnen Sie zunächst die Wellenlänge der Ultraschallwelle aus. Dabei hilft Ihnen der allgemeine Zusammenhang zwischen der Schallgeschwindigkeit c, der Frequenz f und der Wellenlänge λ: $c = \lambda \cdot f$. Sie stellen die Gleichung um nach λ und erhalten:

$$\lambda = \frac{c}{f} = \frac{6000 \text{ m/s}}{10^6 \, 1/\text{s}} = 6 \text{ mm}$$

Davon die Hälfte, das wären 3 mm. Der Fehler muss also quer zur Einschallrichtung mindestens 3 mm ausgedehnt sein.

Haben Sie ein wenig geschluckt bei diesem Wert? Wundern würde es mich nicht, 3 mm sind schon viel. Wie ginge es denn besser? Klar, Wellenlänge kleiner machen. Und das geht über höhere Frequenzen, 4 oder 10 MHz beispielsweise. Technisch gut zu schaffen, aber die Werkstoffe sind dann nicht mehr so gut zu durchschallen, die Schallwellen laufen sich schneller tot.

Und was es da noch alles zu berichten und beachten gäbe – fast endlos. Nicht nur deshalb, weil das wissenschaftlich so interessant ist, sondern auch wegen der enormen praktischen Bedeutung. Die Ultraschallprüfung wird wirklich viel verwendet, es gibt etliche Varianten, man kann nicht nur Fehler bestimmen, sondern auch Schichtdicken messen, Wanddicken, sogar Spannungen in Werkstoffen und noch anderes.

Von der nächsten Methode der zerstörungsfreien Prüfung haben Sie sicher schon gehört und sie vermutlich schon einmal an sich selbst durchführen lassen. Und auch die hat's in sich.

Die Strahlenverfahren

Die Strahlenverfahren nutzen die Absorption geeigneter Strahlung in Werkstoffen aus. Welche Arten von Strahlen kommen denn überhaupt in Betracht? Es müssen Strahlen sein, die von den üblichen Werkstoffen und den üblichen Dicken **teilweise** absorbiert werden.

✔ Strahlenarten wie Lichtstrahlung, die schon auf sehr kurzer Strecke praktisch völlig reflektiert oder absorbiert wird, eignen sich nicht.

✔ Und Strahlenarten wie die Neutrinostrahlung, die praktisch durch alle Werkstücke und
sogar die ganze Erdkugel hindurchgeht, als wäre (fast) nichts vorhanden, taugen auch
nicht dafür.

Was überwiegend infrage kommt, sind relativ energiereiche, »harte« elektromagnetische
Strahlen; das sind die Röntgenstrahlen und Gammastrahlen. Wie werden die hergestellt?

So erzeugen Sie Röntgen- und Gammastrahlen

Die *Röntgenstrahlung* erzeugt man mit einer sogenannten *Röntgenröhre*. Den prinzipiellen
Aufbau sehen Sie in Abbildung 11.13. Sie benötigen einen dünnwandigen evakuierten Glaskol-
ben, in dem sich

✔ an einer Seite eine Glühwendel aus Wolfram befindet, die sogenannte *Glühkathode*, und

✔ an der anderen Seite ein angeschrägtes Metallstück (meist aus Wolfram oder Kupfer), die
sogenannte *Anode*.

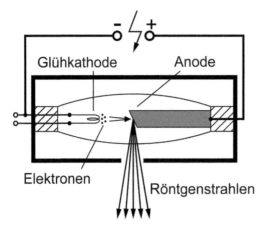

Abbildung 11.13: Röntgenröhre

Die Glühwendel bringen Sie durch einen elektrischen Strom zum Glühen, genauso wie den
Faden einer klassischen Glühbirne. Durch die hohen Temperaturen werden Elektronen aus
der Glühkathode »herausgeschleudert« oder etwas wissenschaftlicher ausgedrückt, emit-
tiert, und schwirren als Elektronenwolke um den Glühfaden.

Wenn Sie nun eine Hochspannung von etwa 90 bis 450 kV zwischen Glühkathode und
Anode anlegen, dann beschleunigen Sie die negativ geladenen Elektronen von der negativ gepolten Glühkathode zur positiv gepolten Anode hin. Die Elektronen treffen fein fokussiert

mit hoher Geschwindigkeit auf den Anodenwerkstoff auf und werden auf einer ganz kurzen Wegstrecke von wenigen Mikrometern abgebremst. Den größten Teil ihrer Energie geben sie zwar in Form von Wärme ab, aber es entsteht auch die gewünschte Röntgenstrahlung. Im Grunde ist es der gleiche Vorgang wie im Rasterelektronenmikroskop; mehr dazu finden Sie in Kapitel 10. Damit die Röntgenstrahlung nicht in alle möglichen unerwünschten Raumrichtungen strahlt, umgibt man die Röhre noch mit einem dicken Schutzgehäuse, das eine Öffnung aufweist.

Gammastrahlung ist physikalisch genau dasselbe wie die Röntgenstrahlung (nämlich elektromagnetische Strahlung), entsteht aber völlig anders, und zwar durch den radioaktiven Zerfall geeigneter instabiler Atome, der *Radionuklide*. Genügend stark strahlende Radionuklide, wie Kobalt-60 und Iridium-192, werden meist in Kernreaktoren erzeugt. Die genannte Zahl ist die Massenzahl des Elements; das ist die Summe der Zahl der Protonen und Neutronen im Atomkern.

Obwohl sich Röntgen- und Gammastrahlen grundsätzlich ähnlich sind, gibt es bemerkenswerte Unterschiede:

✔ Die Röntgenröhre können Sie jederzeit ausschalten. Im ausgeschalteten Zustand strahlt sie kein bisschen, sie ist so harmlos wie ein Gänseblümchen, und wenn Sie eine Röhre unter Ihr Bett legen, werden Sie hundert Jahre alt – mindestens.

✔ Einen Gammastrahler können Sie nicht ausschalten. Er strahlt ununterbrochen, ob Ihnen das nun passt oder nicht. Deshalb werden die Gammastrahler in geeigneten Behältern aufbewahrt, die dick mit Uran, Wolfram und Blei abgeschirmt sind. Die Aktivität, also die Leistung der Gammastrahlung, klingt je nach Radionuklid unterschiedlich schnell ab. Die Gammastrahler haben also nur eine begrenzte Lebensdauer.

Ja, was spricht denn dann überhaupt noch für Gammastrahler? Zum einen ist ihre Strahlung besonders energiereich und eignet sich gut für die Prüfung dicker Werkstücke. Zum anderen sind die Gammastrahler recht kompakt und können auch ganz gut an schwer zugängliche Stellen positioniert werden.

Eine manchmal geäußerte Sorge möchte ich hier gleich entkräften: Den üblichen Werkstoffen passiert beim Prüfen nichts, sie bleiben unverletzt und werden auch selbst nicht radioaktiv. Sie dürfen also auch ein geprüftes Werkstück unter Ihr Bett legen und beruhigt die Augen schließen ... Aber nicht jetzt, denn ich möchte Ihnen die Prüftechnik erklären.

Und so prüfen Sie Werkstücke grundsätzlich

Nehmen wir an, Sie hätten ein wunderschönes Werkstück hergestellt, plattenförmig, so etwa 30 mm dick. Nun plagt Sie die Sorge, da könnten Fehler drin sein, senkrecht stehende Risse, flach drinliegende Risse oder auch Hohlräume, so wie in Abbildung 11.14 zu sehen. Sie kommen auf die Idee, Ihr Werkstück mit einem Strahlenverfahren zu prüfen.

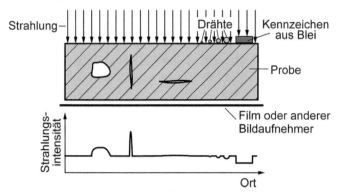

Abbildung 11.14: Grundprinzip der Strahlenverfahren

✔ Unter das Werkstück, das ist die Probe, legen Sie einen Röntgenfilm oder einen geeigneten anderen Bildaufnehmer. So ein Röntgenfilm ist ein (fast) normaler lichtempfindlicher Film, wie er früher in der klassischen Fotografie verwendet wurde, nur etwas auf die Röntgen- und Gammastrahlen hin optimiert. Neuerdings nimmt man gerne auch elektronische Bildaufnehmer, die die ankommenden Strahlen auf verschiedene Arten zu einem digitalen Bild umwandeln können, so ähnlich wie der lichtempfindliche Chip einer Digitalkamera.

✔ Oben auf Ihr Werkstück legen Sie an eine »unkritische« Stelle mehrere Drähte unterschiedlichen Durchmessers sowie Kennzeichen aus Blei. Die Drähte sind aus demselben Werkstoff wie die Probe gefertigt und dienen dazu, die Bildgüte sowie die kleinsten noch feststellbaren Fehler herauszufinden. Und die Kennzeichen aus Blei sind ganz einfach auf dem Röntgenfilm oder der Bilddatei mit abgebildet. Einer Verwechslung der Filme oder Dateien beugen Sie damit bestens vor.

✔ Auf das Objekt Ihrer Begierde – ich meine natürlich die Probe – lassen Sie von oben Röntgen- oder Gammastrahlen fallen. Die Strahlen sollen möglichst parallel sein oder von einem möglichst kleinen Punkt ausgehen, dann gibt es die höchste Bildschärfe. An fehlerfreien Stellen werden die Strahlen stark absorbiert, dadurch stark geschwächt und es kommt nur wenig Strahlungsintensität an den Röntgenfilm. Und an Stellen, an denen Werkstoffunterbrechungen sind (Fehler oder auch »Ungänzen«, wie die Fachleute gerne sagen), wird weniger Strahlung absorbiert und es kommt eine höhere Intensität am Röntgenfilm an.

Wovon hängt nun die Intensität genau ab, die unten noch aus dem Werkstück kommt? Grundsätzlich müsste doch die Dicke des durchstrahlten Materials eine Rolle spielen, und natürlich das Material selbst. Die genaue Gleichung kann man relativ leicht berechnen, und als Ergebnis der Berechnung erhält man:

$$\frac{I}{I_0} = e^{-\mu x}$$

✔ I_0 ist dabei die Intensität der auf die Probe auftreffenden Strahlung,

✔ I die Intensität der aus der Probe noch austretenden Strahlung,

✔ e die eulersche Zahl (2,718...),

✔ μ der Absorptionskoeffizient, abhängig vom Werkstoff, und

✔ x die Dicke der Probe in Durchstrahlungsrichtung.

Nun sehen Sie auch mathematisch, wie die aus der Probe noch austretende Strahlung von Werkstoff und Dicke abhängt. Werkstoffe mit einer hohen Dichte, wie Stahl oder erst recht Blei, haben einen großen Absorptionskoeffizient μ, und solche mit geringer Dichte, wie Aluminium, einen kleineren. Mit dieser Abhängigkeit können Sie beispielsweise wunderbar feststellen, an welcher Stelle die Heizwendel in einem Bügeleisen aus Aluminium liegt. Und über die Abhängigkeit von der Dicke x spüren Sie die Fehler – Pardon, die Ungänzen – auf.

 Doch Vorsicht: Nicht alle Fehler können Sie erkennen. Liegt ein sehr dünner Fehler senkrecht zur Strahlenausbreitungsrichtung, so wie der rechte Riss in Abbildung 11.14, haben Sie keine Chance. Diesen Riss erkennen Sie nicht, weil die Absorption der Strahlung durch den Riss nahezu nicht beeinflusst wird. Oder mit anderen Worten: An der Stelle mit Riss ist fast die gleiche Dicke x zu durchdringen wie an einer fehlerfreien Stelle.

Wie fast immer bei der zerstörungsfreien Prüfung müssen Sie also achtgeben. Einfach zu sagen, da halten wir schnell mal 'ne Röntgenröhre dran, dann wissen wir alles, das ist nicht sinnvoll. Was man beispielsweise ganz gut prüfen kann, das sind Schweißnähte, bei denen man Poren im Schweißgut vermutet. Eine ganz konkrete Prüfanordnung sehen Sie in Abbildung 11.15.

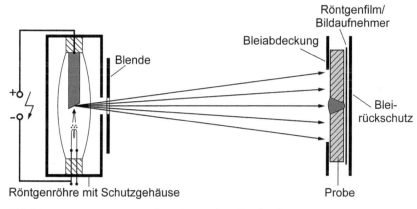

Abbildung 11.15: Röntgenprüfung einer Schweißverbindung

Von der Röntgenröhre mit Schutzgehäuse gehen die Röntgenstrahlen aus. Mit einer Blende, Bleiabdeckungen und einem Bleirückschutz verhindert man, dass unerwünschte Streustrahlung auf den Bildaufnehmer fällt und die Bildqualität vermindert.

Die Strahlenverfahren werden – wie auch andere zerstörungsfreie Verfahren – laufend weiterentwickelt. Die Mikro- und Nanofokus-Röntgenröhren arbeiten mit ganz kleinen Brennflecken auf der Anode. Selbst kleine Fehler lassen sich damit aufspüren. Und die *Computertomografie*, die eigentlich Röntgencomputertomografie heißen müsste, ist schwer im Kommen.

Aus vielen verschiedenen Richtungen werden die Proben durchstrahlt und die digital gespeicherten Bilder anschließend im Rechner zur dreidimensionalen Darstellung der Probe verarbeitet, ein fantastisches Verfahren. Wie das von den Grundlagen her und in der Praxis funktioniert, erklärt Ihnen unser Video im Internet.

Auch hier lege ich Ihnen noch das Übungsbuch ans Herz. Da finden Sie natürlich auch zur ZfP allerhand Aufgaben, von einfach bis kniffelig, wie immer mit ausführlichen Lösungen.

Fertig, Sie haben es geschafft, jedenfalls das Kapitel »Zerstörungsfreie Prüfung« und damit auch den Teil II dieses Buches. Weiter geht's mit der ersten großen Gruppe von Werkstoffen, Eisen und Stahl. Gar nicht mal so uninteressant ...

Teil III
Eisen und Stahl, noch lange kein Alteisen

In Teil III dieses Buches geht es schon gehörig in die Praxis und hier möchte ich Ihnen die mit Abstand wichtigste Gruppe unter den metallischen Werkstoffen vorstellen, das sind die Eisenwerkstoffe.

Alle Stähle zählen dazu, ebenso die Gusseisenwerkstoffe. Alteisen? Schrott? Werkstoffe von gestern? Alles bekannt? Von wegen! Die Eisenwerkstoffe, vor allem die legierten Stähle und Gusseisensorten, sind noch lange nicht am Ende. Ich würde hoch darauf wetten: Hier tut sich noch viel in der Zukunft.

Wie man Stahl herstellt und die Eisenwerkstoffe normgerecht bezeichnet, bildet den Auftakt. Die Wärmebehandlung der Stähle werde ich dann ausführlich erläutern und Ihnen anschließend zeigen, welche wichtigen Stähle und Gusseisenwerkstoffe auf dem Markt sind, welche Eigenschaften sie haben und was man mit ihnen so alles anstellen kann.

Für den Fall, dass Sie spontan in diesen Teil hineinspringen: Ideal ist es, wenn Sie schon Teil I gelesen haben und über das Eisen-Kohlenstoff-Zustandsdiagramm Bescheid wissen. Und weil hier schon ganz konkrete mechanische Werkstoffkennwerte genannt werden, sollten Ihnen Begriffe und Formelzeichen wie Streckgrenze R_{eH}, Dehngrenze $R_{p0,2}$, Zugfestigkeit R_m, Bruchdehnung A_5, Härte und Kerbschlagarbeit KV möglichst genau vertraut sein. Näheres dazu finden Sie in Teil II.

Kapitel 12
Stahlherstellung – der Weg vom Erz zum Stahl

Schließen Sie die Augen – sofern das im Moment gefahrlos möglich ist – und gehen Sie in Gedanken durch Ihr Haus, Ihre Wohnung, Ihre Arbeitsstelle, Ihren Ort. Welche Gegenstände aus Stahl erkennen Sie? Essbesteck, Spülbecken, Stuhlgestell, Schraube, Auto, Laternenmast und Verkehrsschild fallen mir persönlich ganz spontan ein und je länger ich darüber nachdenke, desto mehr werden es. Ganz offensichtlich nutzen wir in unserem täglichen Leben ungeheuer viele Produkte aus Stahl. Wie wird Stahl eigentlich hergestellt?

In diesem Kapitel werden Sie die Ausgangsstoffe kennenlernen, das Grundprinzip der Roheisenerzeugung und dann die Tricks, wie man aus dem noch verunreinigten Roheisen die tollsten Stähle gewinnt. Ein herzliches »Glückauf« zu diesem Kapitel, das ist der Gruß der Bergleute.

Das Ziel im Blick

Der Weg vom Erz zum Stahl ist nicht in einem Schritt getan, man braucht mehrere. Wenn ich Sie nun im Folgenden ein wenig auf diesem Weg begleite, dann ist es gut, wenn Sie sich vorab über das Ziel Gedanken machen.

Das Ziel ist Stahl: Aber was ist das eigentlich? Stahl ist eine Legierung und besteht aus

✔ **Eisen**, das ist der Hauptbestandteil,

✔ **Kohlenstoff** bis zu 2 % Gehalt, darüber spricht man von Gusseisen,

✔ **Eisenbegleitern** wie Silizium, Mangan, Schwefel, Phosphor ..., manche davon in Maßen erwünscht, andere unerwünscht, und

✔ gegebenenfalls **Legierungselementen** wie Chrom, Nickel, Molybdän und anderen, die werden absichtlich zugegeben, um die Eigenschaften gezielt zu beeinflussen.

Das also möchte man erzeugen. Wo kommt nun der Hauptbestandteil her, das Eisen? Eisen gibt es auf unserer Erde in erreichbarer Tiefe zwar ausreichend, aber nahezu nur als chemische Verbindung. Das liegt daran, dass fast alles Eisen, das jemals in den Anfängen der Erdgeschichte in metallischer Form da war, ganz einfach mit Sauerstoff und anderen Elementen reagiert hat. Gerostet hat. Bis nichts Metallisches mehr übrig war.

Aus diesen Verbindungen, das sind überwiegend Oxide in Form von Eisenerzen, wird in einem ersten Schritt *Roheisen* hergestellt, das noch verunreinigt ist. Das Roheisen wird dann in einem zweiten Schritt zu *Stahl* weiterverarbeitet.

Der erste Schritt: Vom Erz zum Roheisen

Schon länger gibt es mehrere Alternativen dazu, aber immer noch ist der *Hochofenprozess* die wichtigste Methode, um vom Erz zum Roheisen zu kommen.

Die richtigen Zutaten

Folgende Ausgangsstoffe sind nötig:

✔ *Eisenerze*, die enthalten Eisen als chemische Verbindung. Typische Eisenerze sind Magneteisenerz, das ist die Verbindung Fe_3O_4, und Roteisenerz, das ist Fe_2O_3. Es handelt sich also um Verbindungen mit Sauerstoff, es sind Oxide. Eisenerze lassen sich nie in völlig reiner Form gewinnen, sondern enthalten immer eine gewisse Menge an unerwünschtem Gestein.

✔ *Koks*, also poröser Kohlenstoff. Koks dient in erster Linie als Reduktionsmittel: Er reagiert mit dem Sauerstoff des Eisenerzes und entfernt dadurch den Sauerstoff, sodass metallisches Eisen entsteht. Darüber hinaus dient er als Heizmittel und zusätzlich trägt er noch die gesamte Schüttsäule im Hochofen.

✔ *Zuschläge*, das sind Kalk, Quarz und weitere Verbindungen. Die Zuschlagstoffe haben eine wichtige Funktion: Sie bilden bei den hohen Temperaturen im Hochofen eine sogenannte Schlacke. Die Schlacke ist ein flüssiges Glas, das ganz hervorragend Verunreinigungen wie Schwefel- und Phosphorverbindungen sowie Gesteinsreste aufnehmen, in sich lösen kann.

Rein in den Ofen

Alle Ausgangsstoffe kommen von oben in einen Hochofen, das ist wirklich ein »hoher Ofen«, ein Schachtofen mit etwa 7 bis 15 Meter Durchmesser im unteren Teil und etwa 30 Meter Höhe, »feuerfest« ausgemauert. Die Ausgangsstoffe rutschen langsam von oben nach unten, reagieren miteinander zu Roheisen, das unten »abgestochen«, das heißt abgelassen werden kann, und noch zu anderen Produkten. Ein Hochofen arbeitet kontinuierlich, also ununterbrochen, und wird nie abgeschaltet, höchstens zu Reparaturarbeiten.

Was da innen drin im Hochofen stattfindet, ist ganz schön kompliziert. Damit Sie den Blick für das Wesentliche behalten, stelle ich im Folgenden die Vorgänge sehr vereinfacht dar. Das fängt schon mit dem Erz an. In Wirklichkeit besteht es ja aus der Verbindung Fe_3O_4 oder Fe_2O_3, auch andere Verbindungen kommen vor. Das wird jetzt von mir zu FeO vereinfacht, das ist auch wissenschaftlich gar nicht so daneben. Und wie's im Hochofen zugeht, sehen Sie in Abbildung 12.1.

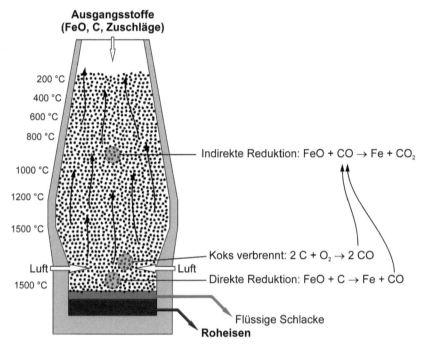

Abbildung 12.1: Längsschnitt durch einen Hochofen mit den wichtigsten chemischen Reaktionen

Die chemischen Reaktionen

Die Hauptüberlegung bei der Eisenverhüttung ist, dass der Kohlenstoff C dem Eisenerz FeO den Sauerstoff »wegnimmt« und zu Kohlenmonoxid CO und Eisen Fe reagiert:

$FeO + C \rightarrow Fe + CO$

Diese Reaktion nennt man *direkte Reduktion*, weil der Kohlenstoff direkt und ohne Umwege mit dem Eisenoxid reagiert. Sie findet im unteren Teil des Hochofens bei den dort herrschenden hohen Temperaturen statt. So einfach diese Reaktion hier aussieht, so kompliziert ist sie in Wirklichkeit. Sie läuft über mehrere Schritte ab, und die obige Gleichung ist nur die vereinfachte Gesamtreaktionsgleichung.

Im Grunde wäre diese Reaktion ja völlig ausreichend zur Eisenerzeugung. Sie allein liefert aber insgesamt nicht genug Wärme, um damit **flüssiges** Roheisen herzustellen. Deshalb wird in den unteren Teil des Hochofens heiße Luft eingeblasen. Der Sauerstoff O_2 der Luft reagiert mit Kohlenstoff C des Kokses zu Kohlenmonoxid CO und viel Wärme. Oder anders ausgedrückt: Der Koks verbrennt unvollständig und heizt:

$$2\,C + O_2 \rightarrow 2\,CO$$

Im unteren Teil entsteht also CO,

✔ zum einen durch die direkte Reduktion und

✔ zum anderen durch die (unvollständige) Verbrennung von Koks.

Dieses Kohlenmonoxid ist ja ein heißes Gas und steigt in den Zwischenräumen des Stoffgemisches nach oben (siehe geschwungene Pfeile in Abbildung 12.1). Im oberen Teil kann es das Erz bei mittleren Temperaturen durch die *indirekte Reduktion* zu Eisen umwandeln:

$$FeO + CO \rightarrow Fe + CO_2$$

Indirekt heißt diese Reduktion deshalb, weil es sich dabei nicht um die unmittelbare Reaktion von Eisenerz FeO mit Kohlenstoff C handelt, sondern über den Umweg mit Kohlenmonoxid CO. Interessanterweise hat die indirekte Reduktion den Löwenanteil an der Eisenerzeugung. Wegen der hier herrschenden mittleren Temperaturen ist das Eisen fest und schwammartig. Es schmilzt erst weiter unten auf.

Unten im Hochofen sammelt sich das Roheisen an, bedeckt von einer flüssigen Schicht aus geschmolzener Schlacke. Diese Schlacke hat glasähnliche Eigenschaften und löst unerwünschte Gesteinsreste sowie viele Verunreinigungen, nimmt sie in sich auf.

Großtechnisch umgesetzt

Wenn Sie je die Gelegenheit haben, einen großen Hochofen zu besichtigen: Es lohnt sich. Dort riecht es, zischt, strahlt, vibriert, donnert, kaum auszudenken, was da innen los ist. Die Hölle könnte so aussehen. Mit dem feinen Unterschied, dass beim Hochofen aber etwas Sinnvolles entsteht, das Roheisen.

Ein typischer Hochofen hat allein schon so um die 30 Meter Höhe, und eine komplette Hochofenanlage gleicht einer Riesenfabrik. Da gibt es Gleisanschlüsse, Vorratslager mit Eisenerz, Koks und Zuschlägen, riesige Förderbänder, Vorwärmeinrichtungen, Entstaubungsanlagen und noch zig andere eindrucksvolle Bereiche.

Das aus dem Hochofen kommende Roheisen ist jedoch noch weit vom gewünschten Stahl entfernt. Es hat einen viel zu hohen C-Gehalt von etwa 4 % und enthält allerhand Elemente, die (in maßvoller Menge) durchaus erwünscht sind, wie Mangan und Silizium, aber einfach zu viel vorkommen. Und dann enthält es viele total unerwünschte Elemente wie Schwefel, Phosphor und andere mehr, die es spröde machen. Weg damit.

Und so wird aus Roheisen Stahl – der zweite Schritt

Alle unerwünschten Elemente müssen (bis zu einem gewissen Grad) aus dem Roheisen entfernt werden, und zwar kostengünstig, umweltfreundlich, großtechnisch gut umsetzbar. Und nicht zu vergessen: Auch der Schrott, das Alteisen, soll wieder zu hochwertigem Stahl werden. Wie geht das?

Die Grundidee

Die Grundidee ist, alle unerwünschten Elemente zu *oxidieren*, also zu verbrennen. Dieses Verbrennen geschieht nicht mit einer sichtbaren Flamme, so wie bei einem Feuer, sondern unsichtbar, mit einer »stillen« Verbrennung. Man gibt der Roheisenschmelze in geeigneter Weise Sauerstoff zu, oxidiert dadurch die unerwünschten Elemente und entfernt die entstandenen Oxide dann.

 Eine Voraussetzung muss dabei aber immer gegeben sein: Das funktioniert nur bei denjenigen Elementen, die *intensiver* mit Sauerstoff reagieren als das Eisen. Die *affiner* zu Sauerstoff sind, oder noch einmal anders ausgedrückt: die *unedler* sind als das Eisen.

Glücklicherweise ist das bei den meisten der unerwünschten Elemente der Fall und klappt gut bei Kohlenstoff, Mangan, Silizium, Phosphor, Schwefel. Alle Elemente aber, die edler sind als das Eisen, wie zum Beispiel Kupfer, lassen sich hiermit nicht entfernen und dürfen schon gar nicht ins Roheisen gelangen, außer man möchte sie absichtlich im Stahl haben. Beim Erz ist das kein großes Problem, aber beim Schrott unbedingt zu beachten.

Also, los geht's, der Sauerstoff darf sein Werk vollbringen. Zwei viel gebrauchte Methoden gibt es, je nachdem, in welcher Form das Roheisen vorliegt:

✔ Roheisen aus dem Hochofen ist ja schon flüssig, das lässt man nicht erst erkalten, sondern verarbeitet es gleich weiter im sogenannten *Sauerstoffaufblasverfahren*.

✔ Möchte man aber vorwiegend festes Roheisen und viel Schrott verarbeiten, bietet sich das *Elektrostahlverfahren* an.

Das Sauerstoffaufblasverfahren

Das flüssige Roheisen aus dem Hochofen gießt man in ein spezielles »feuerfest« ausgekleidetes Gefäß, den *Konverter*. Eine gewisse (kleine) Menge Schrott kann mit verarbeitet werden, aber nur so viel, wie vom heißen Roheisen aufgeschmolzen wird, denn eine separate Heizung ist nicht vorgesehen. Auf dem Roheisen schwimmt eine Schicht aus flüssiger *Schlacke*, die ähnlich wie die Schlacke im Hochofen zusammengesetzt ist (siehe Abbildung 12.2).

In und auf das flüssige Roheisen wird mit einem Rohr, der Sauerstofflanze, reiner Sauerstoff geblasen. Der Sauerstoff löst sich in der Schmelze, reagiert mit Kohlenstoff, Mangan, Silizium, Phosphor, Schwefel und vielen anderen Elementen zu deren Oxiden. Manche Oxide sind gasförmig, wie Kohlenmonoxid CO und Schwefeldioxid SO_2. Die »blubbern« einfach als Gasblasen nach oben wie das Kohlendioxid bei einer frisch geöffneten Mineralwasserflasche. Andere Oxide sind fest oder flüssig und steigen ebenfalls nach oben, da sie spezifisch leichter als die Schmelze sind. Sie werden dann in der flüssigen Schlacke, dem flüssigen Glas, gelöst.

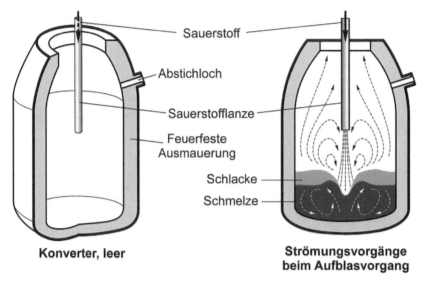

Abbildung 12.2: Sauerstoffaufblasverfahren

Der Blasvorgang dauert etwa 10 bis 20 Minuten, dann ist die gewünschte Reinigungswirkung erreicht.

Das Elektrostahlverfahren

Möchte man viel Schrott verarbeiten oder liegt das Roheisen aus einem anderen Verfahren in fester Form vor, ist das *Elektrostahlverfahren* die richtige Wahl. In einem großen, ebenfalls feuerfest ausgekleideten Gefäß lässt man riesige Lichtbogen brennen, und zwar zwischen einer oder drei dicken Grafitelektroden und dem Roheisen/Schrott, wie in Abbildung 12.3 zu sehen. Der Lichtbogen schmilzt Schrott und Roheisen auf, Zuschläge bilden eine flüssige Schlackenschicht, die obenauf schwimmt.

Die unerwünschten Elemente entfernt man wieder durch Sauerstoff. Er kann in die Schmelze eingeblasen oder in Form hochreiner Erze zugegeben werden. Erze enthalten ja auch Sauerstoff, und der löst sich in der Schmelze. Die gasförmigen Oxide der unerwünschten Elemente blubbern wieder nach oben, die flüssigen und festen lösen sich in der flüssigen Schlacke.

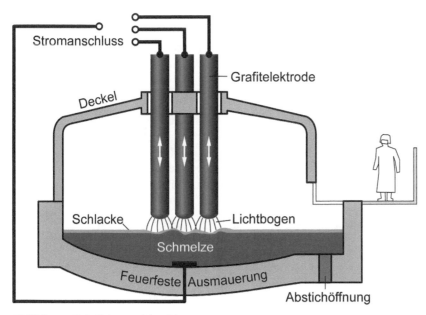

Abbildung 12.3: Elektrostahlverfahren

Die Nachbehandlung

Egal ob die gereinigte Schmelze, die heißt jetzt schon Stahlschmelze, aus dem Sauerstoff-aufblasverfahren oder dem Elektrostahlverfahren stammt: Sie ist für viele Anwendungen noch nicht rein genug. Sie braucht eine *Nachbehandlung*, die man auch *Sekundärmetallurgie* nennt. Insbesondere enthält die Schmelze gelösten Sauerstoff, der ja zur Reinigung nötig war. Wird sie ohne besondere Maßnahmen abgegossen, wird der gelöste Sauerstoff beim Er-starren wieder frei. Die erstarrende Schmelze »kocht«, wallt auf und es bilden sich Gas-poren im Gussstück.

Um dies zu verhindern, gibt man der Schmelze vor dem Abgießen noch etwas Aluminium zu. Das reagiert mit dem Sauerstoff zu Aluminiumoxid, das nach oben schwebt und in die Schla-cke aufgenommen wird. So ganz nebenbei wird auch noch der gelöste Stickstoff entfernt, der reagiert zu Aluminiumnitrid, auch das landet überwiegend in der Schlacke.

 Und wenn der Stickstoff entfernt ist, kann der Stahl später die gefürchtete Alte-rung nicht mehr erleiden, das ist eine schleichende Verschlechterung der Zähig-keit. Dieses – wohl wichtigstes – Nachbehandeln nennt man *Beruhigen*, weil der Stahl dann ruhig und ohne Kochen erstarrt, oder auch *Desoxidieren*, weil damit der Sauerstoff entfernt wird.

Dann gibt es noch eine ganze Reihe weiterer Nachbehandlungsverfahren, wie die *Vaku-umbehandlung*, das *Elektroschlackeumschmelzen* und andere, die alle bewirken, dass der Stahl noch besser, noch reiner wird. Aber auch teurer. Und deshalb geht man nur so weit, wie es von den Eigenschaften her absolut nötig ist.

Gleich in einem Rutsch mit der Nachbehandlung kann man auch den Kohlenstoffgehalt prima einstellen und geeignete Legierungselemente zugeben, die dem Stahl dann besondere Eigenschaften verleihen: Härte, Festigkeit, Zähigkeit, Korrosionsbeständigkeit.

Das Finale

Wenn die Stahlschmelze ihre gewünschte Qualität erreicht hat, wird sie vergossen, überwiegend im *Strangguss* (da wird ein langer Strang ohne Unterbrechung gegossen), seltener im *Blockguss* (da entstehen einzelne Blöcke). Anschließend folgen das Umformen (Walzen, Schmieden), das Trennen (Schneiden, Spanen), Fügen (Schweißen), Wärmebehandeln, Beschichten bis zum feinsten Stahlprodukt. Dem Essbesteck, Spülbecken, Auto ...

Der Kreislauf des Eisens, die unendliche Geschichte

Ist Ihnen aufgefallen, dass man bei der Stahlherstellung immer wieder Schrott mitverarbeitet? Das schont unsere Umwelt und den Geldbeutel, keine Frage. Wie ist das aber mit dem Eisen, das immer wieder von Neuem im regelrechten Kreislauf umläuft: Bleibt das in Ordnung, ist das genauso gut wie das »neue« Eisen aus dem Hochofen? Oder »leiert das aus«, wird es also immer ein wenig schlechter mit jedem Zyklus?

Das Eisen leiert nie aus bei der Wiederaufarbeitung, Sie können das beliebig oft machen bis ans Ende aller Tage, es ist immer gleich gut. Nur auf eins müssen Sie achten, das habe ich erwähnt: Elemente, die edler sind als das Eisen, lassen sich großtechnisch nur schwer bis gar nicht entfernen, und die sollten nicht im Schrott enthalten sein. Eine wichtige Geschichte für Produzenten und Schrotthändler.

So, liebe Leserin, lieber Leser, genug zur Stahlerzeugung. Wenn Sie möchten, üben Sie noch ein wenig im Übungsbuch, und dann wird es Zeit für die Namen. Die Werkstoffnamen natürlich. Die sind viel interessanter, als man gemeinhin meint. Eine Menge Logik und auch Menschliches steckt dahinter. Blättern Sie weiter.

Kapitel 13

Nomen est omen: Die normgerechte Bezeichnung der Eisenwerkstoffe

Was haben 42CrMo4, Nirosta, HSS, 1.4301, 18/10, V2A, S235, GJL-250 und C45 gemeinsam? Alles sind Bezeichnungen für Eisenwerkstoffe. Wild durcheinander, zugegeben. Manche davon sind ganz firmenspezifische Namen, wie Nirosta und V2A, die kommen aus den Marketingabteilungen der Stahlhersteller. Andere sind Alltagsausdrücke für bestimmte Stähle, wie HSS oder 18/10. Und wiederum andere sind normgerechte Bezeichnungen, »neutral« und unabhängig von Firmen, 1.4301, S235 und C45 zählen dazu.

Schwirrt Ihnen der Kopf schon jetzt? Tausende und Abertausende von Eisenwerkstoffen, die man ganz unterschiedlich benennt! Und dann gibt es zu allem Überfluss noch alte, nationale Bezeichnungen und neue, europäische, und in vielen außereuropäischen Ländern nochmals andere. Eine Flasche Rotwein holen und die Namen Namen sein lassen?

Nein, geben Sie nicht auf, ich bringe Licht ins Dunkel. Der erste, wichtige Schritt ist die Philosophie: Was hat man sich dabei gedacht, welches System steckt dahinter? Dann werde ich Ihnen an praxisnahen Beispielen zeigen, wie die Bezeichnungen aufgebaut sind. Und mit wenigen Grundregeln werden Sie die meisten der gängigen Eisenwerkstoffe entziffern und auch aufstellen können.

Die Philosophie und Systematik dahinter

Die Eisenwerkstoffe werden auf mehrere Arten normgerecht, also neutral bezeichnet (siehe Abbildung 13.1).

Man gibt jedem Werkstoff sowohl einen *Kurznamen* als auch eine *Werkstoffnummer*. Das ist übrigens bei uns Menschen so ähnlich: Auch wir haben sowohl einen Namen als auch eine Nummer im Personalausweis. Warum nun beides gleichzeitig bei den Werkstoffen? Beide Methoden haben so ihre Vor- und Nachteile:

✔ **Kurznamen** kann man etwas entnehmen, einen Hinweis auf die Verwendung und die Eigenschaften oder die chemische Zusammensetzung. Leider sind sie nicht immer so ganz genau, bei Untervarianten kann es schon mal unklar werden. Und die Länge sowie Struktur der Namen variiert, was bei einer Werkstoffliste und in einer Datenbank erhöhten Aufwand bereitet.

✔ **Werkstoffnummern** sind immer gleich lang und gleich strukturiert, wunderbar in Datenbanken zu verarbeiten, präzise festgeklopft. Aber ansehen tut man ihnen nicht viel, außer man kennt sich gut aus und merkt sich allerhand.

Während die Werkstoffnummern bei den Eisenwerkstoffen immer gleich aufgebaut sind, werden **Kurznamen** auf zwei Arten gebildet:

✔ Sie enthalten entweder einen **Hinweis auf die Verwendung und die mechanischen oder physikalischen Eigenschaften**. Das ist sinnvoll, wenn die Eigenschaften für den Anwender ganz im Vordergrund stehen und die chemische Zusammensetzung eher zweitrangig ist.

✔ Oder sie enthalten einen **Hinweis auf die chemische Zusammensetzung**. Das macht man gerne, wenn die chemische Zusammensetzung die wichtigste Information für den Anwender ist. Oder wenn der Werkstoff später beim Verarbeiter wärmebehandelt wird und dadurch ganz individuelle Eigenschaften erhält.

Abbildung 13.1: Die Systematik der normgerechten Bezeichnung der Eisenwerkstoffe, vereinfacht

So, und jetzt kommt noch etwas Wichtiges hinzu. Früher hat man in Europa und überall auf der Welt die Werkstoffe national verschieden benannt. Da gab es deutsche Bezeichnungen, französische, schwedische ..., ein richtiges babylonisches Sprachengewirr war das. Und »übersetzen« konnte man die Namen auch nicht immer so einfach, weil die Anforderungen an die Werkstoffe in den verschiedenen Ländern meist unterschiedlich waren.

Im Zuge des Zusammenwachsens in der Europäischen Union wollte man die Werkstoffbezeichnungen nun **europaweit einheitlich** regeln und im gleichen Aufwasch auch noch **modernisieren**. Nach einer etwas unglücklichen Zwischenlösung, über die ich jetzt einfach mal den Mantel des Schweigens lege, sind die Eisenwerkstoffe in Europa seit 1992 neu benannt.

Diese neue europäische Bezeichnungsweise ist in jeder Hinsicht besser als die alte nationale. Europaweit einheitlich, modernisiert und gut gelungen. Also weg mit den alten deutschen Werkstoffbezeichnungen, gar nicht erst anschauen? Sie glauben gar nicht, wie zäh die sich halten. Selbst Neukonstruktionen werden manchmal noch mit den alten Namen versehen, und natürlich gibt es jede Menge bestehende Teile, Maschinen, Anlagen, Zeichnungen aus früheren Zeiten, da sind die alten Namen noch drauf.

Also bleibt mir nichts anderes übrig, als Ihnen die alten deutschen Werkstoffbezeichnungen auch noch kurz zu erklären, aber ich »halte den Ball flach«. Im Folgenden steht ALT für die frühere deutsche Bezeichnung und NEU für die neue europäische.

Los geht's mit den Kurznamen. Wie so häufig bei mir: kräftig vereinfacht.

Kennzeichnung mit Kurznamen, die persönliche Methode

Die Idee bei den Kurznamen ist, einen Werkstoff möglichst kurz und knapp zu bezeichnen und dabei noch wichtige Hinweise unterzubringen.

Wenn der Kurzname einen Hinweis auf Verwendung und Eigenschaften enthalten soll

Der Kurzname enthält dann als Hauptsymbol einen oder mehrere **Buchstaben**, gefolgt von einer **Zahl**, die die mechanischen oder physikalischen Eigenschaften kennzeichnet. **Zusatzsymbole** sorgen für eine detailliertere Beschreibung. Am besten erkennen Sie das Prinzip an praxisnahen Beispielen.

Ein Baustahl als erstes Beispiel

Den Aufbau des Kurznamens bei einem typischen einfachen Baustahl sehen Sie in Abbildung 13.2.

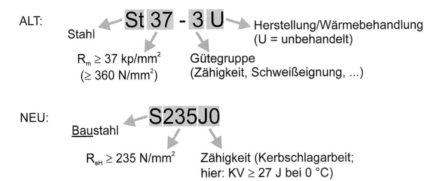

Abbildung 13.2: Aufbau des Kurznamens bei einem Baustahl

✔ Der frühere deutsche Name, als Beispiel St 37 – 3 U, beginnt mit »St« für Stahl. Da dies wenig aussagekräftig ist, hat man es durch »S« im neuen Namen S235J0 ersetzt, das stammt von »structural steel« und bedeutet **Bau**stahl. Alternativ dazu gibt es »E« für Maschinenbaustähle (engineering steels), »P« für Druckbehälterstähle (pressure vessel steels) sowie noch andere.

✔ Anschließend erscheint eine Zahl für die **wichtigste mechanische Eigenschaft**. Früher dachte man, die Zugfestigkeit R_m sei am wichtigsten und gab deren Mindestwert in der alten Einheit kp/mm² an. 1 kp (Kilopond) ist dabei die Gewichtskraft der Masse 1 kg, das sind 9,81 N (Newton). Schon lange weiß man, dass für die Auslegung von Bauteilen aus diesem Werkstoff die Streckgrenze R_{eH} wesentlich wichtiger ist. Die Streckgrenze ist diejenige Spannung, die ein Werkstoff gerade noch elastisch aushält. Also wird neuerdings der Mindestwert der Streckgrenze angegeben, natürlich in den modernen Einheiten.

✔ So, und am Ende des Namens gab es früher die Gütegruppe, die ging von 1 (mäßig) über 2 (mittel) bis 3 (gut), und dann gab's noch einen Hinweis zu Herstellung oder Wärmebehandlung. Im neuen Namen gibt man ganz konsequent die **Kerbschlagarbeit**, die der Stahl mindestens erreichen muss, in codierter Form an. »J« steht für 27 J, »K« für 40 J. »R« bedeutet Raumtemperatur, »0« 0 °C und »2« −20 °C. »J0« heißt demnach, dass der Stahl im Kerbschlagbiegeversuch mindestens 27 J bei 0 °C erreichen muss. Die enorme Bedeutung des Kerbschlagbiegeversuchs sehen Sie auch daran, dass dessen Ergebnis sogar im Namen auftaucht.

Abschließend noch ein Hinweis: Der frühere deutsche Name enthielt kleine (enge) Leerzeichen. Die hat man im neuen europäischen Namen über Bord geworfen und schreibt ihn dicht an dicht, ohne jede Leerzeichen. Ein Segen für die Textverarbeitung. Es ist einfach alles besser im neuen Namen.

Weitere Beispiele für Baustahl-Kurznamen sind S275JR und S450J0, Näheres zu diesen Stählen finden Sie in Kapitel 15.

Ein Feinkornbaustahl als zweites Beispiel

Ein Feinkornbaustahl ist, wie es der Name ja ausdrückt, ein Baustahl mit besonders feinem Korn, also besonders kleinen Kristallen im Inneren. Den Aufbau des Kurznamens für einen typischen Feinkornbaustahl sehen Sie in Abbildung 13.3.

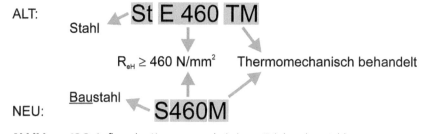

Abbildung 13.3: Aufbau des Kurznamens bei einem Feinkornbaustahl

Diese Art von Stählen wurde zu einer Zeit entwickelt, als es die neuen Einheiten schon gab und man auch schon wusste, dass der Bezug auf die Zugfestigkeit nicht optimal ist. Also hat man – parallel zu den ganz alten Bezeichnungen – schon neuere eingeführt, was natürlich der Klarheit nicht zuträglich war. Im früheren Namen St E 460 TM sollte »E« darauf hindeuten, dass sich die nachfolgende Zahl auf die Mindeststreckgrenze in den neuen Einheiten bezieht.

Der neue Name S460M passt sich den »normalen« Baustählen an. Er beginnt mit »S« für Baustahl, gefolgt von der Mindeststreckgrenze in N/mm^2 und endet mit der Herstellungsart, hier thermomechanisch behandelt, kurz und knapp mit »M« ausgedrückt. Mehr zu den Feinkornbaustählen und deren Bezeichnung finden Sie in Kapitel 15.

Ein Gusseisen als drittes Beispiel

Auch Gusseisenwerkstoffe werden sinnvoll bezeichnet; Abbildung 13.4 zeigt den Aufbau des Kurznamens an einem Beispiel.

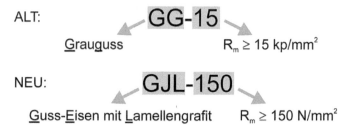

Abbildung 13.4: Aufbau des Kurznamens bei einem Gusseisen

Im früheren deutschen Namen GG-15 hat man mit »GG« angedeutet, dass es sich um Grauguss handelt. Die anschließende Zahl bezieht sich auf die Mindestzugfestigkeit in den alten Einheiten. Wie Sie sehen, musste an dem System gar nicht so viel revidiert werden.

272   TEIL III Eisen und Stahl, noch lange kein Alteisen

Im neuen europäischen Namen GJL-150 gab's eine echte europäische Zusammenarbeit. Das »G« von »Guss« hat die deutsche Sprache beigesteuert, das »J« stammt vom englischen »iron« und am »L« für »Lamellengrafit« haben sich gleich mehrere Nationen beteiligt. Den Bezug auf die Zugfestigkeit musste man nicht ändern, da diese Gusseisensorten relativ spröde sind und es eine Streckgrenze im klassischen Sinne nicht gibt. Die neuen Einheiten brauche ich nicht mehr zu begründen.

Weitere Sorten sind GJL-250 und GJL-350; Näheres zu Gusseisenwerkstoffen finden Sie in Kapitel 16.

»J« für »iron«? Aber klar doch!

Vor Jahren hat mir mein guter Geschäftsfreund Ian, seines Zeichens Brite, gebürtiger Schotte, wohnhaft in England, einen schönen Artikel für unser Hochschulmagazin geschrieben. Internet gab's noch nicht, Computer schon, also Diskette in den Briefumschlag, an mich abgeschickt, ich mich gefreut, alles weitergeleitet an die Redaktion – halt, verflixt, wie hat der Kerl denn unterschrieben? Mit »Jan« und Nachname. Aber der heißt doch »Ian« mit Vornamen. Hat er sich vertippt? Oder hab ich mich getäuscht?

Also ran ans Telefon, du Ian, wie geht's, auch so viel Arbeit, Wetter auch nicht besser als bei uns, danke für den Artikel, supergut, hör mal her, das mit deinem Vornamen … Aber klar doch heiße ich Ian, war die Antwort, schreibe aber immer Jan, du weißt doch, wir Briten, wir schreiben das große »I« genau wie die Zahl »1« nur als senkrechten Strich. Und so zur Unterscheidung schreiben wir dann das große »I« gerne mal als »J«. Damit alles klar ist.

Damit, liebe Leserin, lieber Leser, ist doch wirklich alles klar: Das »J« in GJL-150 steht für »I«, das steht für »iron«, und das ist »Eisen«.

Liebenswert, die Briten. Fahren Sie mal hin.

Wenn der Kurzname einen Hinweis auf die chemische Zusammensetzung enthalten soll

Tja, dann wird er auf drei verschiedene Arten gebildet. Ja, Sie lesen richtig: **drei**. Und zwar abhängig davon, ob es sich um einen unlegierten, niedriglegierten oder hochlegierten Stahl handelt (siehe Abbildung 13.1 zu Beginn dieses Kapitels). Da müssen Sie jetzt durch. Kopf hoch, es tut fast gar nicht weh.

So werden die unlegierten Stähle benannt

Erst mal vorweg: Was ist überhaupt ein unlegierter Stahl? Als unlegiert werden Stähle – vereinfacht – dann bezeichnet, wenn sie keine absichtlich zugegebenen Legierungselemente enthalten. Kohlenstoff gilt hier nicht als Legierungselement, Stahlbegleiter wie Silizium und Mangan in »natürlichen« Mengen werden im Namen nicht aufgeführt.

Der Kurzname besteht aus dem **Kennbuchstaben C**, gefolgt von einer **Zahl**, die dem **Hundertfachen des Kohlenstoffgehalts** entspricht. **Zusatzsymbole** können die Stahlsorten weiter untergliedern. Wie Sie anhand des Beispiels in Abbildung 13.5 sehen, ist der Unterschied zwischen dem alten und dem neuen Namen gering.

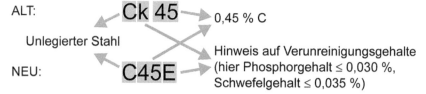

ALT: Ck 45 → 0,45 % C

Unlegierter Stahl

Hinweis auf Verunreinigungsgehalte

NEU: C45E → (hier Phosphorgehalt ≤ 0,030 %, Schwefelgehalt ≤ 0,035 %)

Abbildung 13.5: Aufbau des Kurznamens bei einem unlegierten Stahl

Sowohl der alte als auch der neue Name beginnt mit dem Kennbuchstaben »C«. Der steht ganz einfach für das chemische Symbol des Kohlenstoffs, weil der Kohlenstoff hier nach Eisen das wichtigste Element ist. Die »45« entsprechen dem Hundertfachen des Kohlenstoffgehalts, der Stahl hat also 0,45 % C. Dann gibt es noch eine ganze Reihe von möglichen Zusatzsymbolen, die weitere wichtige Informationen enthalten. Beispielsweise deutet das eingefügte »k« im alten und das angehängte »E« im neuen Namen auf maximal erlaubte Verunreinigungsgehalte hin. Zwei weitere Beispiele sind C22E und C60E.

So werden die niedriglegierten Stähle benannt

Als niedriglegiert gilt ein Stahl dann, wenn er zwar absichtlich legiert ist, aber nur in niedrigen Gehalten. Oder genauer: wenn er kein Legierungselement mit über 5 Masseprozent enthält.

Der Kurzname beginnt mit einer **Zahl**, die dem **Hundertfachen des Kohlenstoffgehalts** entspricht. Anschließend sind die **Legierungselemente in abnehmenden Gehalten** aufgeführt. Die nachfolgenden Zahlen kennzeichnen die Gehalte der Legierungselemente, wobei jedem Legierungselement ein bestimmter **Faktor** zugeordnet wird. Den Aufbau eines typischen Kurznamens sehen Sie in Abbildung 13.6.

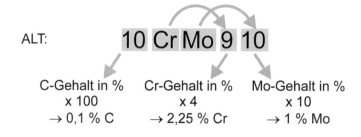

ALT: 10 Cr Mo 9 10

C-Gehalt in %	Cr-Gehalt in %	Mo-Gehalt in %
x 100	x 4	x 10
→ 0,1 % C	→ 2,25 % Cr	→ 1 % Mo

NEU: 10CrMo9-10

Abbildung 13.6: Aufbau des Kurznamens bei einem niedriglegierten Stahl

Die Zahl 10 am Anfang des alten Namens 10 CrMo 9 10 ist das Hundertfache des Kohlenstoffgehalts, also hat der Stahl 0,1 % C. Das am meisten enthaltene Legierungselement ist Chrom (Cr), das zweithäufigste Molybdän (Mo). So weit, so gut.

Aber jetzt halten Sie sich fest: Die nachfolgende 9 bezieht sich zwar auf den Chromgehalt, aber wer so aus dem hohlen Bauch heraus vermutet, da hätte es 9 % Chrom drin, der liegt ziemlich daneben. Erstens wäre der Stahl mit 9 % Chromgehalt nicht mehr niedriglegiert, zweitens hätte das erstgenannte Element einen niedrigeren Gehalt als das zweitgenannte. Die 9 besagt nun ganz konkret, dass Sie diese Zahl durch 4 dividieren müssen, dann erhalten Sie den Chromgehalt in Masseprozent, also 2,25 %. Ja, durch 4 dividieren.

So, und beim Molybdän wird's noch wilder. Also 10 % Gehalt ... nein; 10 % dividiert durch 4 ... nein, auch nicht logisch. Molybdän ist tatsächlich mit 10 % dividiert durch 10, also 1 % enthalten. Ja, durch 10 dividieren. Nur, um Sie ein bisschen zu ärgern. Wo bleibt hier der gesunde Menschenverstand?

Die Philosophie bei den Kurznamen der niedriglegierten Stähle ist, die Namen gut aussprechbar zu gestalten und Kommas zu vermeiden. Was wäre die nüchtern-technische Alternative zum Namen 10 CrMo 9 10 gewesen? Vielleicht Fe C0,1 Cr2,25 Mo1? Sehen Sie, dann doch lieber 10CrMo9-10 mit »Cr« als »Cro« ausgesprochen. Und gleich in der neuen Schreibweise, ohne Leerzeichen und mit einem Gliederungstrennstrich, damit man die Zahlen nicht durcheinanderbringt. Die alte deutsche Methode ist also fast unverändert in die neue europäische übernommen worden.

Warum so verschiedene Faktoren? Es gibt Legierungselemente, die kommen etwas häufiger vor, deshalb der Faktor 4; andere sind schon spärlicher enthalten, die erhalten den Faktor 10. Manche sind ganz wenig drin; die bekommen den Faktor 100 und manche sogar 1000, das ist der »Chili« in den Stählen, das man sehr sparsam zugibt. Mit diesen Faktoren ergeben sich Zahlen im Namen, die überwiegend zwischen 1 und 10 liegen, also »schön« sind. Einen Überblick über die Faktoren enthält Tabelle 13.1.

Legierungselement	Faktor
Mn, Si, Ni, W, Cr, Co	4
Al, Mo, Ti, Nb, V, Zr, Cu, Be, Ta, Pb	10
S, P, N, Ce	100
B	1000

Tabelle 13.1: Faktoren bei den niedriglegierten Stählen

Wie um alles in der Welt soll man sich das merken? Ein Tipp dazu:

Merken Sie sich folgenden Spruch für den Faktor 4 bei den niedriglegierten Stählen:

»**Man sieht nie** 4 weiße **Cro**codile«

Der Spruch hat zwei Vorteile:

✔ Erstens ist er sachlich richtig.

✔ Zweitens enthält er alle Legierungselemente mit dem Faktor 4.

Und was machen Sie mit allen anderen Elementen? Denen geben Sie pauschal den Faktor 10. Dann liegen Sie in über 90 % aller gängigen Stähle richtig, denn die Elemente mit den Faktoren 100 und 1000 sind eher selten. Üben Sie das Prinzip mal an 100Cr6 und 15Mo3.

Und jetzt sind die hochlegierten Stähle dran

Als hochlegiert wird ein Stahl dann bezeichnet, wenn er Legierungselemente in hohen Gehalten aufweist, mindestens ein Element muss mit über 5 Masseprozent enthalten sein.

Der Kurzname beginnt mit dem **Kennbuchstaben X** für hochlegiert, gefolgt von einer **Zahl**, die dem **Hundertfachen des Kohlenstoffgehalts** entspricht. Anschließend führt man die **Legierungselemente in abnehmenden Gehalten** auf, wobei jedes Legierungselement ganz einfach den Faktor 1 erhält. Die Abbildung 13.7 zeigt den Aufbau des Namens an einem Beispiel.

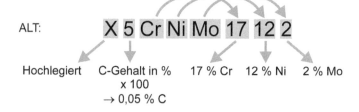

Abbildung 13.7: Aufbau des Kurznamens bei einem hochlegierten Stahl

Nur noch der Kohlenstoff hat – wie immer – den Faktor 100, alle anderen Elemente sind in abnehmenden Gehalten in Masseprozent angefügt. Der neue europäische Name musste nur mit den Gliederungstrennstrichen optimiert werden.

Fertig, das waren die Kurznamen. Jeder Werkstoff hat aber auch eine Werkstoffnummer.

Kennzeichnung mit Werkstoffnummern, die sichere Methode

Die Idee bei den Werkstoffnummern ist, den Werkstoffen eine kurze, immer gleich strukturierte Nummer zu geben, präzise und ganz eindeutig. Den Aufbau der Werkstoffnummer sehen Sie in Abbildung 13.8.

ALT und NEU:

Abbildung 13.8: Aufbau einer Werkstoffnummer

Ganz vorn steht die **Werkstoffhauptgruppe**. »1« bedeutet Stahl, »2« übrigens Nichteisen-schwermetall, beispielsweise Nickel, »3« Leichtmetall und so weiter. Dann kommt ein Punkt. Anschließend folgt die zweistellige **Stahlgruppe**, die grundsätzlich von 00 bis 99 reichen kann. In eine Stahlgruppe werden Stähle mit ähnlichen Eigenschaften zusammenge-fasst. Innerhalb einer Stahlgruppe werden die einzelnen Stähle mit einer zweistelligen **Zähl-nummer** unterschieden.

So, das war's. Lust auf einen Test?

Testen Sie sich

Was bedeuten die nachfolgenden Werkstoffkurznamen? Wenn Sie möchten, decken Sie die Antworten zunächst ab und versuchen Sie Ihr Glück mit der Interpretation des Namens.

S355K2

»S« vorweg, daher Baustahl, Streckgrenze $R_{eH} \geq 355$ N/mm^2, Kerbschlagarbeit KV $\geq$ 40 J bei −20 °C

S420M

»S« am Anfang und »M« am Schluss, deswegen Feinkornbaustahl, Streckgrenze $R_{eH} \geq 420$ N/mm^2, thermomechanisch behandelt

GJL-300

Gusseisen mit Lamellengrafit, Zugfestigkeit $R_m \geq 300$ N/mm^2

C22E

Beginnt mit »C«, deshalb unlegierter Stahl, enthält 0,22 % C, nur geringe Verunreinigungs-gehalte

13CrMo4-5

Zahl zu Beginn, daher niedriglegierter Stahl mit 0,13 % C; Chrom taucht im Spruch auf, des-halb Faktor 4, Molybdän nicht, daher Faktor 10, also 1 % Cr und 0,5 % Mo

51CrV4

Zahl am Anfang, deswegen niedriglegierter Stahl mit 0,51 % C; 1 % Cr und »etwas« V (Vanadium); **wenn die zugehörige Zahl fehlt, handelt es sich meist um geringe Anteile**

X5CrNi18-10

»X« zu Beginn, daher hochlegierter Stahl mit 0,05 % C, 18 % Cr und 10 % Ni

X2CrNiMoN22-5-3

»X« am Anfang, also hochlegierter Stahl mit 0,02 % C, 22 % Cr, 5 % Ni, 3 % Mo und »etwas« N (Stickstoff)

Weitere Aufgaben mitsamt Lösungen und Erklärungen finden Sie im Übungsbuch. Und wenn Sie darüber hinaus etwas für sich tun wollen, dann sehen Sie sich das gesamte vorliegende Buch hinsichtlich der Werkstoffnamen an. Vermutlich wird Ihnen das am Anfang noch etwas mühsam erscheinen, später fällt das aber immer leichter, und irgendwann geht es in Fleisch und Blut über.

Prima. Sie sind reif für die konkreten Stähle und deren Wärmebehandlungen.

Kapitel 14
Von heißen Öfen und kühlen Bädern: Die Wärmebehandlung der Stähle

I ch bin überzeugt, dass Sie schon Hunderte und Tausende von Wärmebehandlungen durchgeführt haben. Nein? Glauben Sie nicht? Sicher haben Sie schon ein Ei gekocht, ein Schnitzel gebrutzelt, Bratkartoffeln gebräunt, Gemüse gedünstet oder einen Kuchen gebacken. Oder wenigstens eine Pizza in den heißen Ofen geschoben. Sehen Sie, das sind allesamt Wärmebehandlungen. Und warum wenden Sie die an? Sie wollen die »Eigenschaften« der Lebensmittel gezielt so verändern, dass Ihnen die Mahlzeit besonders gut schmeckt.

Genau dasselbe tut man mit Werkstoffen. Auch bei denen verändert man die Eigenschaften durch Temperatureinwirkung gezielt so, wie man sie haben möchte. Und genauso, wie Sie die Lebensmittel sorgfältig auswählen und dann wärmebehandlungsmäßig »auf den Punkt« bringen müssen, damit sie perfekt sind, ist es mit den Werkstoffen. Auch die müssen Sie sorgfältig auswählen und dann noch viel sorgfältiger wärmebehandeln. Also nicht einfach »irgendwie« heiß machen und dann nach Zufall abkühlen lassen, das geht fast immer schief.

Die Analogie geht noch weiter. Genauso, wie manche Lebensmittel schon im rohen Zustand perfekt sind, ist es bei manchen Werkstoffen. Die lässt man einfach »roh«, wie gewachsen, wie vom Hersteller angeliefert. Und so wie manche besonderen Gemüse erst mal einen milden Frost abbekommen müssen, damit sie optimal schmecken, geht es manchen besonderen Werkstoffen. Die werden durch eine eingeschobene kurze Abkühlung auf −100 oder −200 °C erst so richtig gut. Das ist aber – wie beim Gemüse – eher selten.

Wie das alles nun bei den Stählen funktioniert, das werden Sie in diesem Kapitel lernen. Stähle bieten eine ganz enorme Fülle an Wärmebehandlungen, und »schuld daran« ist die

Polymorphie des Eisens. Nach einer kurzen Einführung möchte ich Ihnen die sogenannten Glühbehandlungen erläutern und dann das Geheimnis des Härtens lüften.

Heizen Sie schon mal den Ofen vor, es geht los.

Ziel der Wärmebehandlung oder warum die Werkstoffleute das tun

Klar, man möchte die Eigenschaften der Stähle gezielt beeinflussen. Welche Eigenschaften, und da denke ich jetzt in erster Linie an die **mechanischen Eigenschaften**, kann man denn verändern, welche nicht? Wenn Sie schon ein bisschen Erfahrung haben oder einfach mal raten möchten, dann decken Sie die folgenden Zeilen zunächst mit einem Blatt Papier zu und denken nach.

✔ Was Sie mit einer Wärmebehandlung bei geeigneten Stählen **gezielt beeinflussen können**, sind die Festigkeit, die Härte, die Zähigkeit, die Verschleißbeständigkeit, die Zerspanbarkeit (Drehen, Fräsen), auch die Eigenspannungen in einem Werkstück. Eine ganze Menge.

✔ Was Sie aber **nicht** (oder so gut wie nicht) beeinflussen können, das ist der Elastizitätsmodul. Der ist ja die wichtigste elastische Eigenschaft, er gibt an, wie steil die elastische Gerade im Spannungs-Dehnungs-Diagramm ist. Oder wie sehr ein Werkstoff unter mechanischer Beanspruchung elastisch nachgibt. Und weil der Elastizitätsmodul von den Bindungen zwischen den Atomen abhängt und die Bindungen durch eine Wärmebehandlung nicht beeinflusst werden, können Sie durch eine Wärmebehandlung bei den Stählen kaum was dran drehen.

Sie können also ziemlich viele Eigenschaften beeinflussen. Und wie geht das Ganze konkret?

Temperaturführung, gezieltes Auf und Ab

Bei einer Wärmebehandlung erwärmen Sie ein Werkstück auf die gewünschte Temperatur, halten die Temperatur eine Zeit lang konstant und kühlen das Werkstück dann ab, wie in Abbildung 14.1 dargestellt. Das Abkühlen kann langsam oder schnell erfolgen, in einem Rutsch oder mit einem zweiten Halten. Und manchmal erwärmen Sie Ihr Werkstück hinterher sogar noch einmal maßvoll und kühlen es wieder auf Raumtemperatur ab.

Bei dickeren Werkstücken, die Sie von außen erwärmen, hinkt der Kern des Werkstücks (das ist das Innere) gegenüber dem Rand hinterher, grau gestrichelt in Abbildung 14.1 zu sehen. Das liegt einfach daran, dass die Wärme erst vom Rand in den Kern fließen muss, und das braucht seine Zeit.

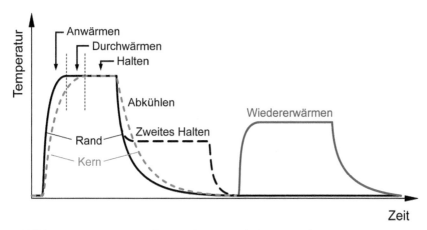

Abbildung 14.1: Temperaturführung bei Wärmebehandlungen

Mit *Anwärmen* meint man die Zeitspanne, bis der Rand die Solltemperatur erreicht. Das anschließende *Durchwärmen* dient dem Temperaturausgleich zwischen Rand und Kern. Dann wird die Temperatur eine gewisse Zeit lang *gehalten*, bis die gewünschten Vorgänge im Werkstoff abgelaufen sind.

 Werkstücke werden entweder von außen erwärmt, beispielsweise indem man sie in einen Ofen legt. Oder von innen, das geht durch einen hohen elektrischen Strom, den man durch das Werkstück fließen lässt. Abgekühlt werden muss immer von außen, wobei wiederum der Kern dem Rand hinterherhinkt.

Konkrete Temperaturen und Zeiten habe ich nicht in Abbildung 14.1 eingetragen, da das sehr unterschiedlich sein kann. Insbesondere bei den Zeiten gibt es eine riesige Spanne. Eine übliche Wärmebehandlung dauert etwa eine halbe Stunde, beim Laserstrahlhärten können es im Extremfall nur Millisekunden sein, bei riesigen Turbinenwellen kann es sich um Wochen handeln! Manche Temperaturführungen sind auch noch viel komplizierter mit mehrfachem Wiedererwärmen und sogar Tiefkühlbehandlungen zwischendrin.

Die vielen verschiedenen Wärmebehandlungen der Stähle werden in zwei große Gruppen gegliedert, in die Glühbehandlungen und das Härten:

✔ Bei den *Glühbehandlungen* geht es gemächlich zu, man erwärmt langsam, hält eine bestimmte (nicht zu kurze) Zeit und kühlt dann langsam ab. Dabei ist der Werkstoff nahe am Gleichgewicht, nahe am energetisch günstigsten Zustand.

✔ Beim *Härten* kühlt man bewusst recht schnell ab, »überrumpelt« dadurch den Werkstoff und bringt ihn dazu, Dinge zu tun, die er sonst nicht tun würde. Der Werkstoff befindet sich dabei nicht im Gleichgewicht, er hat nicht den energetisch günstigsten Zustand. Aber beeindruckende Eigenschaften.

Starten Sie mit den Glühbehandlungen.

Die berühmten Glühbehandlungen

Gemütlich geht es also zu bei den Glühbehandlungen. Und weil die Temperaturen hier nur langsam geändert werden, kann man die Glühtemperaturen sinnvoll in das Zustandsdiagramm Eisen-Kohlenstoff eintragen. Da es sich ja um die Wärmebehandlung der Stähle handelt und Stähle nur bis zu 2 % Kohlenstoff enthalten, reicht dafür ein Ausschnitt, die sogenannte Stahlseite. Und außerdem ist das metastabile Legierungssystem hier »zuständig«. Da kommt der nicht gelöste Kohlenstoff in Form der Verbindung Fe_3C vor, das ist Eisenkarbid, Zementit genannt. Mehr dazu finden Sie in Kapitel 5.

Diesen Ausschnitt aus dem Eisen-Kohlenstoff-Zustandsdiagramm zeigt Ihnen Abbildung 14.2. Sehen Sie sich das Diagramm zunächst in Ruhe an, es enthält viele Informationen:

✔ Der **Kohlenstoffgehalt** ist in Masseprozent nach rechts aufgetragen, das ist das Übliche. Zum Vergleich finden Sie oben den Kohlenstoffanteil auch noch in Atomprozent. Warum sind die Angaben in Atomprozent viel höher? Das liegt an der viel kleineren Masse der Kohlenstoffatome im Vergleich zu den Eisenatomen. Näheres zu Konzentrationsangaben lesen Sie bei Bedarf am Anfang von Kapitel 4.

✔ Zusätzlich können Sie ganz unten noch den **Zementitgehalt** ablesen. Im Zementit, dem Eisenkarbid Fe_3C, steckt nahezu der gesamte Kohlenstoff des Stahls, sofern langsam von hohen Temperaturen abgekühlt wurde.

✔ Nach oben ist die **Temperatur** in °C aufgetragen. Und weil es ums Glühen geht, finden Sie ganz rechts noch die typischen **Glühfarben**. Übrigens: »Dunkelbraun« als Glühfarbe können Sie nur sehen, wenn es stockdunkel ist und sich Ihre Augen an die Dunkelheit gewöhnt haben. Unter normalen Beleuchtungsverhältnissen in Innenräumen sehen Sie ein Werkstück aus Stahl erst ab etwa 700 °C glühen, und zwar dunkelrot.

✔ Rechts unten können Sie zusätzlich noch die **Anlassfarbe** ablesen. Das ist die Farbe, die ein vorher blitzblankes Stahlbauteil hat, wenn es etwa zwei Stunden lang »angelassen« wird, das ist ein Fachausdruck für maßvolles Erwärmen. An Luft bildet sich dabei eine hauchdünne Oxidschicht auf der Oberfläche des Bauteils; die ist transparent und führt zu Interferenzfarben wie ein Benzintropfen auf einer Pfütze. Ein Beispiel: Erwärmen auf 300 °C, etwa zwei Stunden halten und dann langsam abkühlen führt – schauen Sie im Diagramm nach – zu einer kornblumenblauen Oberfläche.

✔ So, und im Diagramm selbst finden Sie die »Zustände« der Stähle, das sind die Kristallgitter, die **Phasen** und Phasenfelder, so wie in Kapitel 5 besprochen. Erkennen Sie die Linien und Phasen wieder? Weil die Linien nun besonders wichtig sind, hat man beschlossen, die Punkte, an denen die Linien beginnen und enden, mit den Buchstaben des Alphabets zu benennen. A ist beispielsweise der Schmelzpunkt des reinen Eisens. Dann hat man es leichter, eine bestimmte Linie zu benennen. Diejenigen Buchstaben, die Sie möglicherweise vermissen, sind noch weiter rechts zu finden, also bei höheren Kohlenstoffgehalten außerhalb des Diagramms.

✔ Natürlich sind dann auch noch die Temperaturen für die wichtigen **Glühbehandlungen** eingetragen. Und um genau die geht es jetzt.

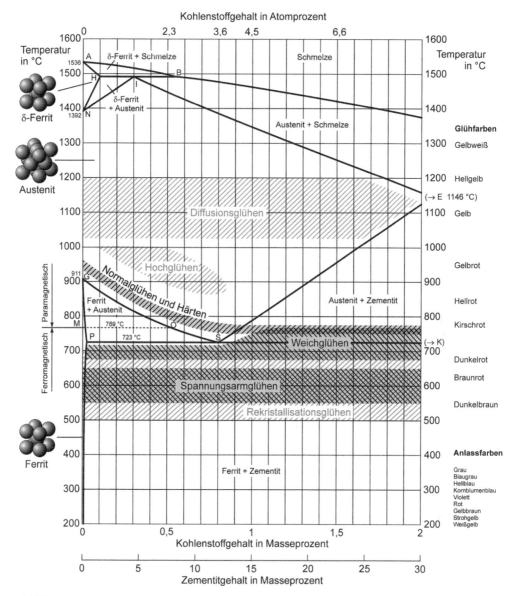

Abbildung 14.2: Die Glühbehandlungen der Stähle im Eisen-Kohlenstoff-Zustandsdiagramm, nach Engell-Nielsen

Drei Glühbehandlungen verwendet man gerne in der Praxis: das *Normalglühen*, das *Weichglühen* und das *Spannungsarmglühen*.

Das Normalglühen

Zunächst der Name: *Normalglühen* heißt diese Methode, weil der Stahl damit in seinen »normalen« Zustand gebracht wird. Sie dürfen den Namen also ruhig wörtlich nehmen. Manchmal sagt man auch *Normalisieren* dazu.

So gehen Sie beim Normalglühen vor

Sie erwärmen Ihren Stahl auf **30 bis 50 °C oberhalb der Linie GOSK**, halten die Temperatur etwa eine halbe Stunde und kühlen dann langsam ab. Finden Sie diese Linie in Abbildung 14.2? G ist der polymorphe Umwandlungspunkt des reinen Eisens bei 911 °C, dann zieht sich die Linie schräg nach rechts unten bis zum Punkt S und läuft dann horizontal rechts weiter zum Punkt K, der sich bei 6,7 % C befindet und deswegen in Klammern gesetzt ist. Manchmal nennt man die Linie auch bloß GSK, weil der Punkt O nur mit dem magnetischen Verhalten zu tun hat. Der Temperaturbereich des Normalglühens ist schraffiert und grau hinterlegt dargestellt.

Ein **Beispiel** aus der Praxis:

Wie würden Sie den Stahl C40E normalglühen?

C40E bedeutet, dass es sich um einen unlegierten Stahl mit 0,4 % C handelt. Also rein ins Zustandsdiagramm in Abbildung 14.2, Linie GOSK suchen, bei 0,4 % C ablesen, das sind 790 °C. Nun 30 bis 50 °C dazuzählen, das ergibt 820 bis 840 °C. Sie nehmen also den C40E, erwärmen ihn auf 820 bis 840 °C, halten diese Temperatur etwa eine halbe Stunde und kühlen dann langsam ab. Fertig.

Das können Sie damit erzielen

Durch das Normalglühen bewirken Sie eine zweimalige Phasen- und Gefügeumwandlung, nämlich vom vorliegenden Zustand ins Austenitgebiet hinein und anschließend wieder aus dem Austenitgebiet heraus in das Gebiet Ferrit + Zementit. Falls Ihnen das jetzt doch etwas »spanisch« vorkommt, so kann ich das gut nachvollziehen. Deshalb möchte ich an dieser Stelle eine Abbildung aus Kapitel 5 nochmals zeigen, das ist die langsame Abkühlung eines Stahls mit 0,4 % C, hier ist es Abbildung 14.3.

Und diese Abbildung 14.3, mit der ich Sie schon in Kapitel 5 gehörig geplagt habe, können Sie jetzt prima verwenden. Denn das, was beim langsamen Abkühlen passiert, das läuft (fast genauso) umgekehrt beim Erwärmen ab. Wenn Sie also einen Stahl mit 0,4 % C von Raumtemperatur aus auf Normalglühtemperatur bringen, dann gelangen Sie wieder in den Punkt 3. Dort sind Sie völlig im Austenitgebiet, im γ-Gebiet, es liegen γ-Mischkristalle vor.

 Sie erinnern sich: Austenit kann viel Kohlenstoff lösen, wegen der großen Lücken im kubisch-flächenzentrierten Kristallgitter. Die gesamten 0,4 % C werden gelöst, und alles, was vorher da war, hat der Stahl »vergessen«, beinahe jedenfalls. Wenn Sie Ihren Stahl dann langsam auf Raumtemperatur zurück abkühlen lassen, hat er wieder sein normales Gefüge, fast unabhängig davon, was vorher da war.

Sehr stark plastisch verformtes Gefüge? Aus Versehen gehärtet? Grobe Körner? Kein Problem: Einfach normalglühen, dann ist alles beseitigt und der normale Zustand ist wieder da. Nicht nur normal ist dieser Zustand, sondern sogar recht gut. Es entstehen kleine, feine Körner, der Stahl ist schön zäh und weist mittlere Festigkeit auf. Normal eben. Und für viele Anwendungsfälle gut zu gebrauchen. So ganz nebenbei sind auch fast alle inneren Spannungen aus dem Werkstück raus, aber das ist nicht der Hauptzweck.

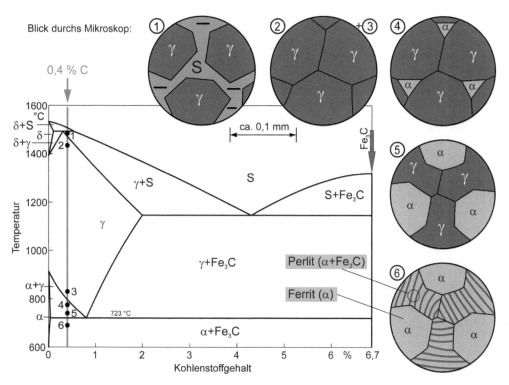

Abbildung 14.3: Langsame Abkühlung eines Stahls mit 0,4 % C

Der normale Zustand

Hat sich bei Ihnen zu Hause im Laufe der Zeit auch so dies und das angesammelt? Einfach schnell mal ein paar Sachen abgelegt, in den Schrank geräumt, in die Ecke gestellt, liegen gelassen? Irgendwann beschließen Sie, das Zimmer aufzuräumen, und zwar so richtig gründlich. Sie nehmen alles heraus, auch die Möbel und Regale, renovieren den Boden und die Wände, räumen dann alles wieder schön geordnet ein. Das ist Normalglühen zu Hause. Ob Sie das dann hinterher immer als den normalen Zustand ansehen ...

Auch bei Rechnern finden Sie Analogien. Haben Sie auch schon bei Ihrem PC erlebt, dass er im Laufe der Zeit langsamer wird? Da wurden Programme installiert, Hunderttausende von Dateien angelegt (auch solche, von denen Sie gar nichts wissen), Dinge ausprobiert. Oft liegt es schlicht an der riesigen Zahl von Dateien und Programmen, der Rechner muss viel unnötigen Ballast mit sich herumschleppen und wird langsam. Eigene Dateien mehrfach perfekt gesichert, Original-DVD des Herstellers eingelegt, klopfenden Herzens »Auslieferungszustand wiederherstellen « sowie »Wollen Sie wirklich ...« angeklickt, und der Rechner ist nach kurzer Zeit wieder im Auslieferungszustand. Eigene Dateien draufkopiert, dann läuft der Rechner (meistens) wieder wie eine Rakete. Normalglühen von Rechnern.

Dort wenden Sie das Normalglühen an

Bei Stahlguss (das ist gegossener Stahl), bei großen Schmiedestücken und ganz allgemein bei Baustählen für alle möglichen Anwendungen wird das Normalglühen gerne verwendet, weil man damit die gewünschten kleinen Körner mit den guten Eigenschaften erzielt. Insbesondere aber bei Stählen mit **bis zu etwa 0,8 % C**, darüber hinaus nur sehr selten.

Warum Sie gerade so vorgehen

Haben Sie sich bei all diesen Erklärungen gefragt, warum man gerade so vorgeht und nicht anders? Könnte man nicht ganz einfach immer bei 1000 °C glühen, das erscheint doch einfacher? Oder bei 600 °C, da spart man vielleicht Energie? Oder schneller abkühlen, da spart man Zeit?

✔ Wenn Sie Ihre Werkstücke bei **zu hohen Temperaturen** glühen, beispielsweise bei 1000 °C, dann funktioniert das Ganze zwar auch, aber die Austenitkörner werden recht groß, man spricht von grobem Austenitkorn. Und alles, was sich aus dem groben Austenitkorn dann bei langsamer Abkühlung bildet, also die Ferritkristalle und die Perlitbereiche, wird ebenfalls grobkörnig. Das wäre dann zwar auch ein »normales« Gefüge, aber kein gutes, da grobe Körner zu geringerer Zähigkeit und gleichzeitig kleinerer Festigkeit führen.

✔ Und wenn Sie Stahl bei **zu niedrigen Temperaturen** glühen, etwa bei 600 °C, dann gelangen Sie gar nicht ins Austenitgebiet und erhalten nicht den gewünschten Normalglüheffekt.

✔ Optimal sind also diese 30 bis 50 °C über der GOSK-Linie, dann ist der Stahl gerade eben so mit Sicherheit im unteren Bereich des Austenitgebiets. Die Austenitkörner sind hier schön klein, also auch das daraus resultierende Gefüge aus Ferrit und Zementit. Entsprechend gut sind dann die Eigenschaften.

✔ Eine Besonderheit ist der Bereich über etwa 0,9 % C, da geht man nicht ganz ins Austenitgebiet, sondern nur teilweise, da man sonst sehr hohe Temperaturen bräuchte, die führen zu grobem Korn und noch anderen Nachteilen. In der Praxis wird das Normalglühen bei Stählen mit mehr als etwa 0,8 % C aber kaum angewandt.

✔ So, und langsame Abkühlung wählt man, damit das Gefüge auch wirklich »normal« wird. Bei schneller Abkühlung kann auch etwas Interessantes ablaufen, hochinteressant sogar, das Härten nämlich, aber das ist ein anderes Thema. Das kommt später.

Jetzt zur nächsten Glühbehandlung.

Das Weichglühen

Auch diesen Begriff dürfen Sie wörtlich nehmen: Mit dieser Glühbehandlung möchte man einen Stahl weich machen. Dann lässt er sich gut umformen, also plastisch verformen und auch gut spanabhebend bearbeiten. Weil dabei kugelige (oder kugelähnliche) Karbide entstehen, nennt man das Weichglühen auch *Glühen auf kugelige Karbide*.

So gehen Sie beim Weichglühen vor

Sie erwärmen Ihren Stahl auf eine Temperatur

✔ **knapp unterhalb der Linie PS**, falls der Stahl bis zu etwa 0,8 % C hat, oder

✔ **um die Linie SK**, falls er mehr als 0,8 % C aufweist,

halten einige Stunden bis zu mehreren Tagen oder »pendeln« leicht auf und ab und kühlen dann schön langsam herunter. Sie kennen ja schon Abbildung 14.2, dort ist der Glühbereich eingetragen.

Wieder ein **Beispiel** aus der Praxis:

Wie würden Sie den Stahl C80 weichglühen?

Dieser Stahl enthält 0,8 % C. Sie sehen wieder im Zustandsdiagramm in Abbildung 14.2 nach, suchen die Linie PSK, lesen bei 0,8 % C unterhalb des Punktes S ab und erhalten 680 bis 720 °C. Zum Weichglühen erwärmen Sie den Stahl also auf 680 bis 720 °C, halten diese Temperatur bis zu mehreren Tagen und kühlen dann langsam ab.

Das wollen Sie mit dem Weichglühen erzielen

Bei den langsam abgekühlten Stählen liegt praktisch der gesamte Kohlenstoff in Form von Zementitkristallen vor. Diese Zementitkristalle haben Lamellen- oder Blattform; das ist ihre »natürliche« Gestalt beim gleichmäßigen Abkühlen von hohen Temperaturen.

Je höher der C-Gehalt, desto höher ist der Anteil an Zementit, was Sie auch unten in Abbildung 14.2 ablesen können. Da Zementit hart und eher spröde ist, sind die Stähle im normalgeglühten Zustand also umso härter und spröder, je höher der C-Gehalt ist. Schon über 0,5 % C kann das stören, und über 0,8 % C lassen sich normalgeglühte Stähle nur noch wenig umformen und nur noch erschwert spanabhebend bearbeiten. Besonders ausgeprägt ist dieser Effekt, wenn die Zementitkristalle lamellare Form haben.

Durch Weichglühen erreichen Sie, dass sich die lamellen- oder blattartigen Zementitkristalle in viele kleine kugelige Zementitkriställchen umwandeln, die von Ferrit umgeben sind. Einen Vergleich zeigt Ihnen Abbildung 14.4 am Beispiel eines Stahls mit 0,8 % C. Aus den lamellenartigen Zementitkristallen, wie sie im normalgeglühten Zustand vorliegen, sind nach dem Weichglühen viele kugelige (oder körnige oder kugelähnliche) Zementitkriställchen geworden.

Der Zementit an sich ändert sich durch das Weichglühen nicht, er ist nach wie vor hart und spröde. Und auch die Zementitmenge bleibt gleich. Was sich ändert, das ist nur die **Form** der Zementitkristalle. Aber genau die ist entscheidend: Nach dem Weichglühen liegen kugelähnliche Zementitkriställchen vor, die in eine Umgebung aus Ferrit eingebettet sind. Ferrit ist praktisch reines Eisen, weich, plastisch verformungsfähig. Und diese zusammenhängende Umgebung aus Ferrit lässt sich trotz der eingelagerten Zementitkriställchen relativ gut umformen und spanabhebend bearbeiten.

Abbildung 14.4: Gefüge eines Stahls mit 0,8 % C, links normalgeglüht, rechts 30 Stunden lang bei 700 °C weichgeglüht; metallografische Schliffe, geätzt, mit dem Lichtmikroskop aufgenommen

 Warum die Natur das macht, liegt an der Oberflächen-, genauer Grenzflächenenergie. In Kugelform hat der Zementit weniger Oberfläche (genauer Grenzfläche) zum Ferrit hin und damit weniger Grenzflächenenergie. Das ist übrigens der gleiche Grund, weshalb eine Seifenblase rund ist und nicht ei- oder gar würfelförmig aussieht.

Über 0,8 % C ist das Weichglühen etwas schwieriger zu verstehen, der Temperaturbereich überlappt sogar teilweise mit dem Normalglühen, aber das lassen wir jetzt einfach mal so stehen.

Dort wenden Sie das Weichglühen an

Die Hauptanwendung in der Praxis betrifft die höher gekohlten Stähle, so ungefähr oberhalb von 0,5 % und ganz massiv ab 0,8 % C. Dabei hat man gar nicht so sehr im Sinn, die Stähle später in diesem Zustand zu belassen. Man möchte sie ganz einfach leicht bearbeiten können, bevor sie anschließend gehärtet werden und dann völlig andere Eigenschaften haben.

In anderen Fällen freut man sich einfach über die geringe Härte sowie das gute plastische Verformungsvermögen und wendet das Weichglühen auch unter 0,5 % C an.

Das Spannungsarmglühen

Durch diese Glühbehandlung soll ein Werkstück spannungsarm werden, also seine inneren Spannungen möglichst verlieren. Natürlich geht es hier nicht um elektrische Spannungen, sondern um mechanische, um die sogenannten *Eigenspannungen*. Das sind mechanische Spannungen in Werkstücken, ohne dass eine äußere Kraft auf die Werkstücke wirkt. Eine schöne Analogie wäre ein gespannter Bogen fürs Bogenschießen. Auch dort wirken innere Spannungen, ohne dass von außen eine Kraft angreift. Wie kommt es eigentlich zu solchen Eigenspannungen in den Werkstoffen?

Eine Möglichkeit, wie Eigenspannungen entstehen, ist örtliches Erhitzen und Abkühlen, wie es beim Schweißen auftritt. Stellen Sie sich ein Blech vor, auf das Sie eine Schweißraupe aufschweißen. Die Schweißraupe kühlt nach dem Schweißen ab und zieht sich zusammen. Oder würde sich ganz zusammenziehen, wenn sie könnte, denn sie wird vom Blech ja teilweise daran gehindert. Nach dem vollständigen Abkühlen wirken Zugspannungen in Längsrichtung der Schweißraupe und im Blech sind es Druckspannungen. Das geschweißte Blech hat also Eigenspannungen, so wie der gespannte Bogen. Und krümmt sich übrigens, auch wie der gespannte Bogen.

So gehen Sie beim Spannungsarmglühen vor

Um Spannungen im stählernen Werkstück möglichst weit zu reduzieren, erwärmen Sie es – unabhängig vom Kohlenstoffgehalt – auf etwa 550 bis 650 °C, halten die Temperatur etwa zwei Stunden lang und kühlen es dann langsam ab. Den Temperaturbereich finden Sie in Abbildung 14.2 eingetragen. So nebenbei: Das Spannungsarmglühen können Sie bei fast allen Werkstoffen anwenden, nicht nur bei Stahl, die Temperaturen liegen aber unterschiedlich.

Was beim Spannungsarmglühen im Werkstoff passiert

Bei der Glühtemperatur von 550 bis 650 °C werden die Stähle sehr weich, sie haben nur noch geringe Festigkeit, ungefähr so wie Blei bei Raumtemperatur. Und die elastischen Dehnungen im Werkstück, nennen Sie die einfach mal Verspannungen, werden weitgehend in plastische, also bleibende Dehnungen umgewandelt. Beim Schießbogen hätte man den Fall, wenn die Sehne ganz weich würde und nachgäbe wie ein Kaugummi. Und wenn kaum noch elastische Dehnungen, kaum noch Verspannungen mehr im Werkstück drin sind, dann ist es spannungsarm. Übrigens: Das Gefüge, also die Kristalle im Inneren der Stähle, soll sich beim Spannungsarmglühen möglichst nicht verändern und bleiben, wie es ist.

Wo Sie das Spannungsarmglühen anwenden

Eigentlich fast nirgendwo. Nirgendwo? Da habe ich Ihnen das Spannungsarmglühen doch ausführlich erklärt, und nun, im Nachhinein, heißt es, man bräuchte es kaum. Aber das ist schon richtig so, prozentual jedenfalls. Fast alle Stahlbauteile, die Sie so im Alltag nutzen, sind voller Eigenspannungen: die Autokarosserie, das Spülbecken aus rostfreiem Stahl, auch der Fahrradrahmen. Und warum belässt man die Eigenspannungen in den Teilen? Ganz einfach, weil sie meistens nicht stören und in Spezialfällen sogar nützlich sein können.

Und wo, bitte schön, wird das Spannungsarmglühen dann wirklich gebraucht? Es gibt zwei Hauptgründe, die auch bei anderen Werkstoffen zutreffen, nicht nur bei Stählen:

✔ Wenn es sich um einen spröden Werkstoff handelt und sich die Eigenspannungen ungünstig mit den Spannungen durch die äußere Belastung überlagern, kommt es zu **verminderter Belastbarkeit**. Das eigenspannungsbehaftete Bauteil hält dann weniger aus als ein spannungsarmes Bauteil. Spannungsarmglühen reduziert die Spannungen und stellt (fast) wieder die volle Belastbarkeit her.

✔ Wenn ein eigenspannungsbehaftetes Bauteil spanabhebend bearbeitet wird, kann es zu **Verzug** kommen. Das ist auch so, wenn Sie am gespannten Bogen die Bogensehne durchschneiden, dann federt der Bogen auch in die spannungsfreie Form zurück. Und manchmal kann etwas Verzug auch beim ganz normalen Betrieb des Bauteils auftreten, vor allem in der Wärme. Spannungsarmglühen hilft in beiden Fällen.

Wenn also mindestens einer der genannten Gründe vorliegt, dann ist Spannungsarmglühen Gold wert und unverzichtbar. Diese eher wenigen Anwendungsfälle betreffen manche **Gussstücke, Schweißkonstruktionen** und **Wärmebehandlungen mit schneller Abkühlung**. Darüber hinaus kann es noch in ein paar ganz speziellen Fällen sinnvoll sein, die lassen wir jetzt aber einmal beiseite.

Weitere Glühbehandlungen

Es gibt noch weitere Glühbehandlungen (siehe Abbildung 14.2), die aber wegen diverser Nachteile nur wenig verwendet werden:

✔ Beim *Hochglühen* bringen Sie das Werkstück bewusst weit ins Austenitgebiet zu höheren Temperaturen, sodass von ganz allein große, grobe Austenitkristalle wachsen. Auch nach Abkühlung auf Raumtemperatur liegen grobe Körner vor, die sich leichter zerspanen lassen als feine Körner. Leider sinkt die Zähigkeit, ein herber Nachteil.

✔ Beim *Diffusionsglühen* können Sie örtlich unterschiedliche chemische Zusammensetzungen durch Diffusion ausgleichen. Nachteilig ist, dass sich das Korn (wie beim Hochglühen) wegen der hohen Temperatur vergröbert und die Zähigkeit sinkt.

✔ Beim *Rekristallisationsglühen* nutzt man die Rekristallisation nach vorangegangener Kaltverformung aus. Bei Stählen verwendet man es aber nur selten, weil bei denen das Normalglühen meistens zu den besseren Eigenschaften führt. Bei den Nichteisenmetallen ist es wichtiger, da wird es viel genutzt. Mehr dazu finden Sie in Kapitel 3.

Noch ein Tipp

Eine wichtige Frage zum Abschluss der Glühbehandlungen: Welche ist denn die beste Wärmebehandlung unter all den bisher besprochenen?

Die beste Wärmebehandlung ist diejenige, die man nicht braucht. Ja, Sie lesen richtig: **nicht braucht**. Und zwar ganz einfach deswegen, weil jede Wärmebehandlung Aufwand bedeutet, Zeit und Geld kostet und die Umwelt belastet. Bei ganz großen, sperrigen Schweißkonstruktionen kann eine Wärmebehandlung schon mal so viel wie ein neues Automobil kosten. Bei ganz kleinen Teilen zwar viel weniger, aber Sie bekommen auch wenig für die kleinen Teile, und prozentual macht das meist viel aus.

Deswegen: Bevor Sie eine Wärmebehandlung näher ins Auge fassen, überlegen Sie gut, ob Sie die überhaupt brauchen. Vielleicht kommen Sie ganz ohne sie aus, vielleicht können Sie einen Trick anwenden oder der Werkstoffhersteller integriert sie gleich in seine Werkstoffherstellung, da geht das viel kostengünstiger.

Fertig sind die gemütlichen Glühbehandlungen. Jetzt geht es ans Härten. Da wird es dynamischer, noch interessanter, aber auch anspruchsvoller. Eins der schwierigsten Kapitel in der Werkstoffkunde, deshalb starte ich vorsichtig und erkläre ausgiebig. Am besten, Sie krempeln die Ärmel hoch, Sie schaffen das.

Alles, was hart macht: Das Härten

Sicher haben Sie schon vom Härten der Stähle gehört und vermutlich auch davon, dass man dazu einen Stahl erst erwärmen und dann abschrecken muss. Das ist so weit alles korrekt, die Wissenschaft beschreibt es aber noch ein wenig genauer:

 Unter *Härten* werden alle diejenigen Wärmebehandlungen der Stähle zusammengefasst, bei denen man einen Stahl bis ins Austenitgebiet erwärmt, eine gewisse Zeit dort hält und dann so schnell abkühlt, dass Härte und Festigkeit steigen.

Welche Vorgänge laufen dabei im Stahl ab und auf was müssen Sie achten, damit beim Härten das gewünschte Ergebnis herauskommt? Starten Sie hierzu mit dem, was Sie schon kennen, mit der langsamen Abkühlung der Stähle von hohen Temperaturen. Das habe ich ausführlich in Kapitel 5 erklärt, da ging es um das Eisen-Kohlenstoff-Zustandsdiagramm. Falls das jetzt doch schon länger zurückliegt oder Sie ganz spontan an diese Stelle hier gelangt sind: In Kapitel 5 gibt es das Rüstzeug.

Einfluss der Abkühlgeschwindigkeit

Am besten ist es, wenn ich Ihnen das Härten an einem konkreten Stahl erkläre, und da nehme ich wieder mal den C40E, einen unlegierten Stahl mit 0,4 % Kohlenstoffgehalt. So ganz unbekannt ist der ja nicht mehr …

Was bei der ganz langsamen Abkühlung passiert

Zunächst überlegen Sie sich, was so alles in diesem Stahl abläuft, wenn Sie ihn bis ins Austenitgebiet erwärmen, eine Zeit lang halten und dann schön langsam abkühlen. Müsste das nicht ziemlich genau dem Normalglühen entsprechen? Richtig, das passt.

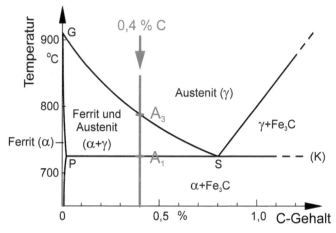

Abbildung 14.5: Ausschnitt aus dem Eisen-Kohlenstoff-Zustandsdiagramm

Die entscheidenden Vorgänge spielen sich so etwa im Temperaturbereich 900 bis 600 °C ab, und deshalb habe ich ungefähr diesen Temperaturbereich aus der Abbildung 14.3 genommen und in Abbildung 14.5 vergrößert dargestellt. Kontrollieren Sie den Ausschnitt bitte, vergleichen Sie die beiden Abbildungen, denn gleich geht's zur Sache.

✔ **Erster Schritt:** Sie erwärmen den C40E bis ins Austenitgebiet, und zwar auf genau dieselbe Temperatur wie beim Normalglühen, also auf 30 bis 50 °C oberhalb der Linie GS, das sind 820 bis 840 °C. Dann bilden sich im Stahl die kubisch-flächenzentrierten Austenitkristalle, der gesamte Kohlenstoffgehalt von 0,4 % löst sich im Austenit.

✔ **Zweiter Schritt:** Sie halten diese Temperatur so etwa zehn Minuten bis eine halbe Stunde, dann kann sich der Kohlenstoff durch Diffusion schön gleichmäßig im gesamten Volumen verteilen.

✔ **Dritter Schritt:** Sie kühlen den Stahl ganz langsam ab. Bei etwa 790 °C erreicht der Stahl die GS-Linie. Bei dieser Temperatur beginnen die ersten Ferritkristalle aus dem Austenit zu wachsen. Mit abnehmender Temperatur wachsen die Ferritkristalle immer weiter, bis schließlich die horizontale Linie PS bei 723 °C erreicht wird. Bei dieser Temperatur bildet sich aus dem verbleibenden Austenit der Perlit, das ist ein feinlamellares Kristallgemenge aus Ferrit und Zementit.

Für die Härtebehandlungen (und auch die Glühbehandlungen) sind zwei Temperaturen besonders wichtig; sie erhalten besondere Namen, nämlich A_1 und A_3 (siehe Abbildung 14.5).

 Diejenige Temperatur, bei der sich beim ganz langsamen Abkühlen **erstmals Ferritkristalle bilden**, heißt A_3-Temperatur. Es ist genau die Temperatur, bei der die GS-Linie erreicht wird.

 Und diejenige Temperatur, bei der sich der **Perlit bildet**, heißt A_1-Temperatur. Das ist die Temperatur der PS-Linie.

Wenn Sie jetzt etwas gequält dreinschauen und sich fragen, was das denn wieder soll und warum man diese Temperaturen A_1 und A_3 nennt und wenn man das schon so macht, wo dann A_2 bleibt, dann fühle ich mit Ihnen. Ein paar Argumente zur Ehrenrettung der Wissenschaftler:

✔ Weil man diese Temperaturen oft benötigt, wollte man eine kurze, klare Bezeichnung, die sich mit anderen Formelzeichen nicht gar zu sehr »beißt«.

✔ Die Bezeichnung »A« kommt vom französischen »arrêt« und steht für Halt oder Haltepunkt beim Aufheizen oder Abkühlen. Diese Haltepunkte gibt es bei Temperaturänderungen, sie hängen mit den Wärmeenergien zusammen, die bei den Phasenumwandlungen im Werkstoff frei werden. Oft wird noch in die Haltepunkte beim Aufheizen und beim Abkühlen unterschieden. Beim Aufheizen heißen sie A_{c1} und A_{c3}; »c« steht für »chauffage«. Beim Abkühlen nennt man sie A_{r1} und A_{r3}; »r« steht für »refroidissement«.

✔ A_2 gab und gibt es immer noch, es ist aber »nur« die Temperatur, oberhalb der das Eisen seinen (Ferro-)Magnetismus verliert. Da für die Gefüge und die mechanischen Eigenschaften nur wenig von Bedeutung, benutzt man die Bezeichnung A_2 kaum noch.

✔ Weil man ja erst erwärmen muss, bevor man abkühlen kann, hat man von niedrigen zu hohen Temperaturen durchnummeriert: A_1 kommt beim Erwärmen zuerst, dann A_3.

✔ Mit der Bruchdehnung A_5 beim Zugversuch hat das nichts, aber auch rein gar nichts zu tun.

✔ Kopf hoch, Mundwinkel nach oben, so schlimm ist es nun auch wieder nicht.

Alles zusammengefasst:

Beim ganz langsamen Abkühlen aus dem Austenitgebiet beginnt sich bei A_3 der Ferrit zu bilden, die Ferritbildung setzt sich fort bis A_1, und bei A_1 bildet sich der Perlit.

Sehen Sie, kurz und knackig geht das jetzt. Aber Vorsicht: Das gilt nur für **ganz langsame** Abkühlung. Und wie sieht es aus, wenn Sie Ihren Stahl doch etwas zügiger aus dem Austenitgebiet abkühlen?

Was bei zügiger Abkühlung passiert

✔ Wenn Sie Ihren Stahl nicht mehr sehr langsam, sondern »nur noch« **langsam** abkühlen lassen, beispielsweise an Luft, dann erfolgen alle Umwandlungen etwas verzögert. Die Natur braucht ein wenig Zeit für die Diffusion, die Ferritbildung beginnt dann erst deutlich unterhalb der A_3-Temperatur, etwa 10 bis 30 °C tiefer. Auch die Perlitbildung ist dann nicht mehr bei A_1, sondern ebenfalls 10 bis 30 °C tiefer, und wird in einen Temperaturbereich auseinandergezogen.

✔ Kühlen Sie Ihren Stahl noch **etwas zügiger** ab, etwa mit bewegter Luft, dann hat die Diffusion noch weniger Zeit. Die Umwandlungstemperaturen sind dann noch niedriger, Ferrit beginnt sich erst etwa 100 bis 150 °C unterhalb von A_3 zu bilden, und auch die Perlitbildung ist entsprechend nach unten verschoben.

✔ Und was passiert, wenn Sie den Stahl noch schneller aus dem Austenitgebiet abkühlen, sagen wir **mittelschnell** dazu, indem Sie ihn beispielsweise in ein Ölbad halten? Dann können die Eisenatome im Kristallgitter praktisch nicht mehr diffundieren, nur noch die kleinen und »wuseligen« Kohlenstoffatome wandern noch. Unter diesen Umständen bildet sich ein neues Gefüge aus Ferrit mit vielen kleinen eingelagerten Eisenkarbidkriställchen, das nennt man entweder *Zwischenstufengefüge* oder auch *Bainit*. Der Name Zwischenstufengefüge ist der ältere deutsche Name und deutet an, dass es ein Gefüge ist, das sich zwischen der langsamen und der schnellen Abkühlung bildet. Die neuere, modernere, internationale Bezeichnung Bainit wurde zu Ehren des US-amerikanischen Metallurgen Edgar C. Bain gewählt. Bainit hat meist mittlere Härte, Festigkeit und Zähigkeit.

✔ Und wenn Sie Ihren Stahl richtig **schnell** aus dem Austenitgebiet abkühlen, etwa in Wasser abschrecken, dann steht für die Diffusion so gut wie keine Zeit mehr zur Verfügung. Die trägeren Eisenatome kommen dann sowieso nicht mehr vom Fleck, sogar die flotten Kohlenstoffatome können nicht mehr diffundieren. Und eigentlich könnte man dann den Austenit bis zu Raumtemperatur herunter abkühlen, unterkühlen sozusagen, würde da nicht etwas Besonderes stattfinden, das ist die Bildung von *Martensit*. Ganz schlagartig klappen zwischen etwa 300 und 100 °C kleine Bereiche in einzelnen Austenitkörnern mechanisch mit Schallgeschwindigkeit um in eine neue Kristallart. Diese neue Kristallart nennt man zu Ehren des Werkstoffkundlers und Materialprüfers Adolf Martens *Martensit*. Im Martensit ist der gesamte Kohlenstoff zwangsgelöst. Das klingt zwar furchtbar für uns Menschen, dieses zwangsgelöst, ist aber für den Stahl eine Art »nette Überrumpelung«, damit er viel mehr Kohlenstoff löst, als normalerweise gelöst werden kann. Dadurch wird der Stahl hart, leider auch ziemlich spröde, die klassische *Härtung* hat stattgefunden. Martensit hat eine eigene Kristallstruktur, er ist tetragonal-raumzentriert. Diese Struktur ist der kubisch-raumzentrierten sehr ähnlich, nur in eine Richtung etwas ausgeweitet.

Ich glaube, ich brauche nicht groß zu betonen, dass man alle diese Vorgänge nicht mehr sinnvoll ins Zustandsdiagramm Eisen-Kohlenstoff eintragen kann. Viel geschickter dafür ist ein besonderes (sehr wichtiges) Diagramm, und das erkläre ich Ihnen im Folgenden.

Zeit-Temperatur-Umwandlungs-Diagramm, nicht ganz einfach

Erwärmen Sie einen Stahl bis ins Austenitgebiet, halten die Temperatur eine bestimmte Zeit und kühlen ihn anschließend in irgendeiner (sinnvollen oder auch weniger sinnvollen) Weise ab, dann gibt es im Stahl Gefügeumwandlungen. Da kann sich Ferrit bilden, Perlit, Bainit oder auch Martensit, eine ganz schön komplizierte Geschichte. Darstellen kann man das am besten mit einem sogenannten *ZTU-Diagramm*.

Ein ZTU-Diagramm zeigt, nach welcher

✔ **Zeit (Z)** bei welcher

✔ **Temperatur (T)** welche

✔ **Umwandlung (U)** stattfindet.

Ein paar grundlegende Überlegungen

Es gibt nun unendlich viele Arten, wie man einen Stahl aus dem Austenitgebiet abkühlen kann. Nicht nur langsam oder schnell, man kann auch zwischendrin eine Pause einlegen und die Temperatur eine Zeit lang konstant halten oder sich noch hundert andere Ideen einfallen lassen. Unter all diesen Möglichkeiten gibt es zwei prinzipielle Methoden, die man in der Praxis oft anwendet: die kontinuierliche Abkühlung und die isotherme Temperaturführung.

✔ Die *kontinuierliche Abkühlung* heißt so, weil man dabei kontinuierlich, also ohne Unterbrechung abkühlt. Oft nennt man sie auch *natürliche Abkühlung*, weil es die ganz natürliche Art und Weise ist, wie ein heißes Werkstück von hohen Temperaturen abkühlt.

✔ Die *isotherme Temperaturführung* hat den Namen von »iso«, das hat griechische Wurzeln und bedeutet »gleich«, sowie »therm«, das steht für »Temperatur«. Gleiche Temperatur also, oder noch besser ausgedrückt: konstante Temperatur.

Am schönsten sehen Sie das in einem Temperatur-Zeit-Diagramm. Abbildung 14.6 zeigt Ihnen Wärmebehandlungen mit *kontinuierlicher Abkühlung*. Von Raumtemperatur (RT) aus geht es los, der Stahl wird bis ins Austenitgebiet erwärmt (bis etwas über die A_3-Temperatur), eine gewisse Zeit dort gehalten und dann kontinuierlich (natürlich) abgekühlt. Das kontinuierliche Abkühlen kann relativ langsam ablaufen (durchgezogene Kurve), mittelschnell (gestrichelt) oder auch schnell (strichpunktiert).

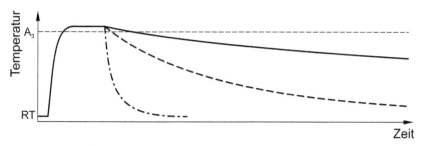

Abbildung 14.6: Wärmebehandlungen mit kontinuierlicher Abkühlung

Bei der *isothermen Temperaturführung* kühlen Sie den Stahl vom Austenitgebiet aus möglichst schnell auf eine mittlere Temperatur ab (siehe Abbildung 14.7). Diese mittlere Temperatur halten Sie entweder wenige Sekunden, ein paar Minuten oder manchmal sogar einige Stunden konstant, bis die gewünschten Vorgänge im Stahl abgelaufen sind. Dann dürfen Sie den Stahl voll auf Raumtemperatur abkühlen.

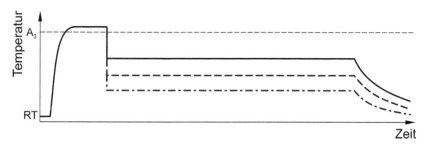

Abbildung 14.7: Wärmebehandlungen mit isothermer Temperaturführung

Wie auch immer Sie eine Härtebehandlung durchführen, eine Sache ist absolute Voraussetzung:

 Bei Härtebehandlungen müssen Sie einen Stahl immer **bis ins Austenitgebiet erwärmen**, und dann von dort aus abkühlen, sonst erhalten Sie nicht die gewünschten Gefügeumwandlungen und keinerlei Härtung. Die optimale Glühtemperatur bei Härtebehandlungen liegt 30 bis 50 °C oberhalb der Linie GOSK, genau wie beim Normalglühen und genau mit derselben Begründung.

Zu hohe Temperatur: grobes Austenitkorn mit schlechten Eigenschaften des resultierenden Gefüges.

Zu niedrige Temperatur: keine Austenitbildung und keine Härtung.

Diese wichtige Voraussetzung, das »Ins-Austenitgebiet-Bringen«, nennt man *Austenitisieren*. Wenn ein Stahl nicht korrekt austenitisiert wird, kann auch die nachfolgende noch so sorgfältige Abkühlung nichts mehr retten, die Härtung misslingt.

Kleine und große Forscher

Während meiner Schulzeit hatte ich eines Tages die Idee, ein Stück Stahl selbst zu härten. Ich wusste schon, den Stahl muss man heiß machen und dann abschrecken.

Also ab in den Keller, eine Zange und einen großen Stahlnagel geholt, zurück in die Küche. Größte Flamme unseres Gasherds auf volle Pulle, großen Nagel mit der Zange an einem Ende gepackt und mit dem anderen Ende in die Flamme gehalten. Mit Mühe und Not bringe ich den Nagel nach einiger Zeit gerade so zum leichten dunklen Glühen und schrecke ihn dann in ein bereitgestelltes Glas mit Wasser ab. Voller Erwartung rase ich mit dem abgeschreckten und abgekühlten Nagel wieder in den Keller und prüfe ihn mit einer Feile und durch Biegen. Mist. Butterweich ist er geworden, von hoher Härte keine Spur. Ziemlich frustriert werfe ich den Nagel zurück in die Vorratspackung und beschließe, an diesem Tag noch etwas Erfreulicheres zu unternehmen.

Zwei Fehler sind mir damals gleichzeitig unterlaufen: Erstens war die Temperatur nicht hoch genug, es hat nicht fürs Austenitgebiet gereicht. Und zweitens war der Kohlenstoffgehalt des Nagels fürs Härten zu niedrig. Hätte ich nur 100 oder 200 °C mehr geschafft und auch noch einen geeigneten Stahl genommen, alles hätte gepasst.

So geht es oft auch in der »richtigen« Forschung. Manche Experimente wollen einfach nicht den großen Durchbruch bringen und man fragt sich, woran es liegt. Ist man vielleicht schon ganz nahe dran? Fehlt nur noch eine Kleinigkeit? Oder geht es grundsätzlich nicht? Dann wäre jede Mühe vergebens, überwiegend jedenfalls. So manche Entscheidung ist nicht ganz einfach, ich versichere es Ihnen.

Je nachdem, auf welche Art Sie einen Stahl abkühlen, gibt es nun ein ZTU-Diagramm für kontinuierliche Abkühlung und eines für isotherme Temperaturführung. In diesem Buch möchte ich Ihnen wegen der großen praktischen Bedeutung vor allem das ZTU-Diagramm für kontinuierliche Abkühlung erklären.

Das ZTU-Diagramm für kontinuierliche Abkühlung

Eigentlich waren Sie schon ganz nahe am ZTU-Diagramm, denn die Zeiten (Z) und Temperaturen (T) haben Sie für kontinuierliche Abkühlung schon in Abbildung 14.6 kennengelernt. Und wenn Sie jetzt »einfach« noch diejenigen Umwandlungen (U), die im Werkstoff ablaufen, in die Abkühlungslinien eintragen, dann haben Sie ein ZTU-Diagramm.

Leider machen sich diese Umwandlungen nach außen hin mit dem Auge so gut wie nicht bemerkbar. Sie bräuchten also eine Art von Fühler, einen Sensor, der feststellt, was sich da so im Inneren des Stahls tut. Ideal wäre ein klitzekleiner, kaum mit dem Auge sichtbarer Gnom, der seine »Wohnung« mitten im Stahlstück hat. Wie wäre es mit Ihnen? Keine Angst, stellen Sie sich einfach vor, Sie wären so ein klitzekleiner Gnom, vielleicht 10 Atomdurchmesser groß, und hätten eine würfelförmige »Wohnung« von 30 Atomdurchmessern Kantenlänge in einem Stück Stahl. Ein wenig hitzefest sollten Sie schon sein. Großzügig wie ich bin, würde ich Sie mit einem Thermometer und einer Stoppuhr ausstatten.

Und dann ginge es los. Das Stück Stahl wird mitsamt Ihrer »Wohnung« und Ihnen austenitisiert, eine gewisse Zeit gehalten und dann abgekühlt. In dem Moment, in dem die Abkühlung beginnt, starten Sie die Stoppuhr, messen laufend die Temperatur des Stahls und beobachten, welche Umwandlungen rund um Ihre Wohnung stattfinden. Das, was Sie herausfinden, zeichnen Sie in ein Temperatur-Zeit-Diagramm als dicke Punkte ein, etwa so wie in Abbildung 14.8. Sehen Sie sich auch dieses Diagramm in Ruhe an.

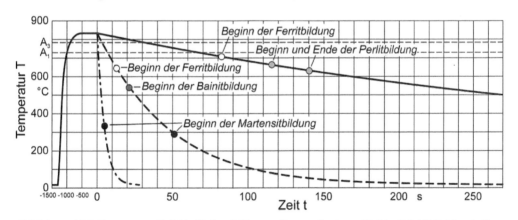

Abbildung 14.8: Temperatur-Zeit-Verläufe mit Umwandlungen in einem Stahl mit 0,4 % Kohlenstoff

✔ Nach oben tragen Sie die Temperatur auf, nach rechts die Zeit. Damit Sie nicht unnötig Platz verschwenden, quetschen Sie die Phase der Austenitisierung in der Zeitskala zusammen.

✔ Die A_1- und A_3-Temperatur zeichnen Sie als gestrichelte horizontale Linien.

✔ Mit dem Moment des Abkühlens beginnt die Zeitzählung bei null. In die Abkühlungslinien tragen Sie alle besonderen Ereignisse im Werkstoff ein; das sind die Umwandlungen, die Sie als Gnom beobachtet haben. Also den Beginn der Ferritbildung, der Perlitbildung und so weiter.

Fertig ist das ZTU-Diagramm, prinzipiell jedenfalls. Natürlich sollten Sie noch weitere Abkühlungen untersuchen, die zwischen den drei abgebildeten liegen, zudem noch ganz schnelle und besonders langsame.

Nun haben es die Stähle so an sich, dass es da Vorgänge gibt, die sich in Sekundenbruchteilen abspielen. Und beim gleichen Stahl gibt es andere Vorgänge, die Stunden brauchen. Da ist es dann schwierig, beide Vorgänge gleichzeitig in ein Diagramm einzutragen:

✔ Entweder Sie wählen eine Zeitachse bis zehn Sekunden, dann lassen sich auch noch Zehntelsekunden gut ablesen, aber mit Stunden wird es nichts mehr.

✔ Oder Sie wählen eine Zeitachse bis drei Stunden, dann sind aber die Zehntelsekunden nicht mehr vernünftig abzulesen.

Sie lösen dieses Problem, indem Sie die Zeitachse *logarithmisch* einteilen.

 Doch Vorsicht: Selbst erfahrene Leute fallen bei logarithmischen Achsenteilungen manchmal gehörig auf die Nase. Die Kurven, so wie man sie aus den linearen Diagrammen kennt, sehen bei einer logarithmischen Achsenteilung ganz anders aus.

Damit Sie das anschaulich sehen, zeichnen Sie die mittlere der Abkühlungskurven aus Abbildung 14.8, das ist die gestrichelte Linie, um in ein Diagramm mit logarithmischer Zeitachse. Am leichtesten geht das, indem Sie einige Punkte der gestrichelten Linie ablesen und erst mal in eine Tabelle eintragen. Wenn Sie nun die Zeiten für 800, 700, 600 ... bis 100 °C bei der gestrichelt gezeichneten Abkühlung ablesen, müssten so ungefähr die Werte in Tabelle 14.1 herauskommen. Sind Sie einverstanden?

Temperatur in °C	Zeit in s
800	2,5
700	9
600	17
500	25
400	36
300	50
200	70
100	105

Tabelle 14.1: Temperaturen und Zeiten bei der mittleren Abkühlung in Abbildung 14.8

So, und wenn Sie diese Temperaturen und Zeiten als kleine Punkte in ein Diagramm mit logarithmischer Zeiteinteilung eintragen, dann sieht das wie in Abbildung 14.9 gezeigt aus. Falls Sie noch etwas ungeübt sind im Umgang mit logarithmischen Skalen, dann besorgen Sie sich entweder einen alten Rechenschieber (die müsste es bei der »älteren Generation« doch irgendwo noch in alten Kisten und Schubladen geben) oder ein sogenanntes Logarithmenpapier (das finden Sie als Bild auch im Internet) und trainieren ein wenig.

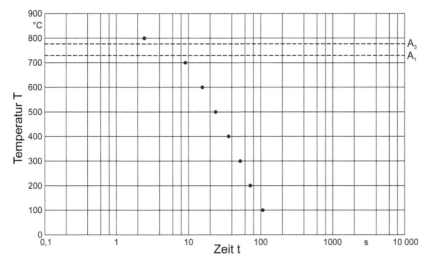

Abbildung 14.9: Abgelesene Punkte bei der mittleren Abkühlung, eingetragen in ein Diagramm mit logarithmischer Zeiteinteilung

Natürlich sind das erst die acht eingetragenen Punkte. Wie sieht nun die komplette Abkühlungskurve aus? Dazu können Sie noch weitere Punkte ablesen und logisch nachdenken:

✔ Bei **ganz kleinen Zeiten**, sagen wir 0,1 Sekunden, ist die Temperatur noch nicht merklich abgesunken und entspricht der Austenitisierungstemperatur von etwa 830 °C. Links in Abbildung 14.9 »startet« die Kurve also bei 830 °C.

✔ Bei **mittleren Zeiten** muss die Kurve durch die eingezeichneten Punkte laufen.

✔ Nach **ganz langen Zeiten** muss ja wieder Raumtemperatur herrschen, deswegen nähert sich die Kurve Raumtemperatur an und bleibt dann bei Raumtemperatur.

Mit Schwung, Mut und den logischen Überlegungen zeichnen Sie jetzt eine komplette Abkühlungslinie durch die eingetragenen Punkte und erhalten die mittlere Kurve in Abbildung 14.10. Hätten Sie das erwartet? Die Kurve sieht doch ganz anders aus als in Abbildung 14.8. So, als hätte man erst langsam, dann schneller und am Schluss wieder langsam abgekühlt. Aber das liegt alles am logarithmischen Zeitmaßstab, der ist bei kurzen Zeiten viel stärker auseinandergezogen als bei langen Zeiten.

Falls Sie möchten, lesen Sie zusätzlich noch vier weitere Punkte in Abbildung 14.8 ab, und zwar für die langsamere Abkühlung mit der durchgezogenen Kurve. Wenn Sie diese Punkte auch noch in Abbildung 14.10 eintragen, wieder logisch nachdenken und mir ein wenig vertrauen, dann erhalten Sie einen weiteren Abkühlungsverlauf, das ist die vierte Kurve von links. Analog können Sie mit der schnellen Abkühlung in Abbildung 14.8 verfahren; das ergibt den zweiten Abkühlungsverlauf von links. Zeichnen Sie anschließend eine noch viel schnellere und zwei noch viel langsamere Abkühlungsverläufe ein, dann haben Sie das komplette Diagramm erstellt.

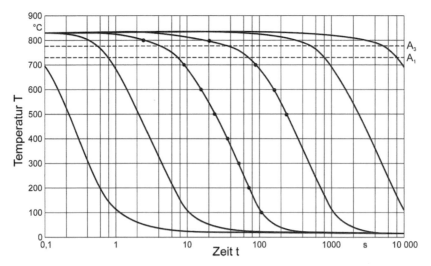

Abbildung 14.10: Verschieden schnelle Abkühlungen, eingetragen in ein Diagramm mit logarithmischer Zeiteinteilung

Das war schon ein gehöriges Stück Arbeit, eine ganz wichtige Geschichte. Ich fasse das noch einmal zusammen:

Wenn Sie verschieden schnelle Abkühlungen in ein Diagramm mit logarithmischer Zeiteinteilung umzeichnen, wird aus der **fächerförmigen Kurvenschar** eine **Schar von seitlich versetzten Kurven**. Die schnellen Abkühlungen sind links im Diagramm (bei kurzen Zeiten) zu finden, die langsamen Abkühlungen rechts (bei langen Zeiten).

Fehlen noch die Umwandlungen. Ganz genau so wie in Abbildung 14.8 tragen Sie nun alle *Gefügeumwandlungen*, die Sie als »Gnom« beobachtet haben, direkt in die Abkühlungslinien ein und erhalten Abbildung 14.11. Fangen Sie mit der langsamsten Abkühlung an.

✔ Bei der langsamsten Abkühlung, das ist die **sechste** (nur teilweise abgebildete) Kurve ganz rechts, hat die Natur viel Zeit. Der Ferrit fängt schon ganz knapp unter A_3 an, sich zu bilden (weißer Punkt). Der Beginn und das Ende der Perlitbildung sind dicht beieinander und knapp unter A_1 (hellgraue Punkte).

✔ Bei der nächstschnelleren Abkühlung (**fünfte** Kurve von links) hat die Natur weniger Zeit zur Verfügung, sowohl die Ferrit- als auch die Perlitbildung sind nach unten zu niedrigeren Temperaturen verschoben.

✔ Dieser Trend setzt sich bei noch zügigerer Abkühlung fort; das ist die **vierte** Kurve. Ferrit beginnt sich nach 80 Sekunden bei 710 °C zu bilden; das ist der weiße Punkt. Der Perlit fängt an, sich bei 670 °C zu bilden und ist bei 620 °C fertig; das sind die hellgrauen Punkte.

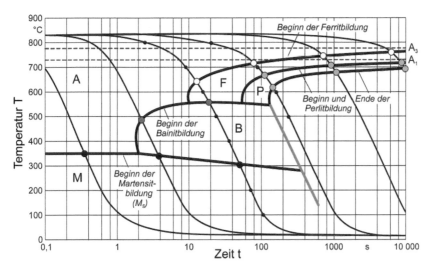

Abbildung 14.11: ZTU-Diagramm eines Stahls mit 0,4 % C

✔ Die **dritte** Abkühlungslinie zeigt eine noch schnellere Abkühlung. Hier treten schon erhebliche Probleme mit der Diffusion der trägen Eisenatome auf, nur noch die Kohlenstoffatome diffundieren über spürbare Strecken, es bildet sich schon Bainit (dunkelgrauer Punkt) und sogar etwas Martensit (schwarzer Punkt).

✔ Die **zweite** Abkühlungslinie stellt schon eine ganz schön flotte Abkühlung dar. Die Eisenatome können nicht mehr spürbar diffundieren, sogar die Kohlenstoffatome machen fast schlapp. Es kommt zur Bainit- und Martensitbildung.

✔ Bei der schnellsten Abkühlung (das ist die **erste** Abkühlungslinie, eine richtig schroffe Abschreckung) ist es aus mit der Diffusion. Nur noch die (diffusionslose) Martensitbildung findet statt, sie beginnt bei 350 °C (schwarzer Punkt).

Stellen Sie sich nun vor, Sie würden nicht nur die sechs eingezeichneten Abkühlungen untersuchen, sondern noch viele weitere zwischen den eingezeichneten, und jeweils genau notieren, was während der Abkühlung im Stahl passiert. Verbinden Sie dann alle weißen Punkte, so erhalten Sie die durchgezogene schwarze Linie für den Beginn der Ferritbildung. Verbinden den Sie alle hellgrauen Punkte, so erhalten Sie die Kurven für Anfang und Ende der Perlitbildung. Analog verfahren Sie bei der Bainit- und Martensitbildung. Die graue Linie, die parallel zu den Abkühlungslinien verläuft, stellt keine Umwandlung dar, sondern ist eine Trennlinie zur Orientierung.

In die Felder, die durch die schwarzen Linien gebildet werden, tragen Sie jeweils die Gefügearten ein, die sich in den Feldern bilden:

✔ **F** steht für Ferritbildung,

✔ **P** für Perlitbildung,

✔ **B** für Bainitbildung und

✔ **M** für Martensitbildung.

Das links oben stehende A bedeutet übrigens nicht, dass sich hier Austenit **bildet**, das kann ja auch gar nicht sein. Hier ist noch Austenit **vorhanden**, oft wird dieses A auch ganz einfach weggelassen.

Wenn man das Ende einer Gefügebildung nicht genau angeben kann, vielleicht weil sie schwer zu messen ist oder weil sie so ganz allmählich zu Ende geht, ohne klaren Schlusspunkt, dann trägt man nichts dazu ein. Das ist bei Ferrit, Bainit und Martensit der Fall. Es gibt aber auch aufwendigere, noch kompliziertere ZTU-Diagramme, die enthalten diese Informationen dann auch noch.

 Ganz besonders wichtig: Das ZTU-Schaubild für kontinuierliche Abkühlung dürfen Sie **nur entlang der Abkühlungslinien oder parallel dazu** lesen! So ist es ja aufgestellt worden, und jede andere Ablesung führt zu völligem Unsinn.

Fertig. Das ZTU-Diagramm für kontinuierliche Abkühlung ist geschafft. Ich erlaube Ihnen großzügig, sich den Schweiß von der Stirn zu wischen und sich auszuruhen. Denn – ich lege noch nach, und da brauche ich Sie ausgeruht und fit.

Die »echten« ZTU-Diagramme

Das, was Sie in Abbildung 14.11 gesehen haben, ist ein typisches prinzipielles ZTU-Diagramm, etwas geschönt und vereinfacht. Wie sieht das denn wirklich aus, professionell sozusagen und an »real existierenden«, konkreten Stählen? Das sehen Sie in Abbildung 14.12. Bitte nicht gleich die Flinte ins Korn werfen, ich gehe alle wichtigen Punkte mit Ihnen durch, und außerdem sind Sie ja gut vorbereitet. Also:

✔ Hier sind drei ZTU-Diagramme übereinander dargestellt. Nein, ich habe das nicht gemacht, um Sie zu beeindrucken, wie viele Linien und Informationen man mit Gewalt in eine Abbildung hineinquetschen kann. Meine Idee dabei ist vielmehr, Ihnen wichtige Einflüsse auf das ZTU-Diagramm zu zeigen, und das klappt mit drei übereinander angeordneten Diagrammen am besten. Vergleichen Sie bitte zunächst nur die Achsenbeschriftungen: Nach oben ist die Temperatur linear aufgetragen, nach rechts die Zeit logarithmisch, die Achsen sind in allen drei Diagrammen identisch.

✔ Jedes ZTU-Diagramm gehört zu **einem bestimmten Stahl**. Oben ist es der C35E, ein unlegierter Stahl mit 0,35 % C. In der Mitte der 34CrMo4, ein niedriglegierter Stahl mit 0,34 % C, 1 % Chrom und etwas Molybdän. Unten der 50CrMo4 mit einem Kohlenstoffgehalt von 0,5 %, Legierungselemente wie beim 34CrMo4. Diese drei Stähle sind ganz bewusst ausgewählt, allesamt gebräuchliche Stähle. Mehr zu den Stahlbezeichnungen finden Sie in Kapitel 13.

✔ Horizontal gestrichelt eingetragen sind die Temperaturen A_1 und A_3, hier korrekt mit A_{c1} und A_{c3} bezeichnet, da bei Erwärmung (chauffage) gemessen. Bei den niedriglegierten Stählen spaltet sich die A_1-Temperatur auf in einen Bereich von A_{c1b} (b = Beginn) bis A_{c1e} (e = Ende). Sie machen keinen großen Fehler, wenn Sie statt A_{c3} einfach A_3 nehmen. Und A_{c1b} sowie A_{c1e} fassen Sie zu A_1 zusammen.

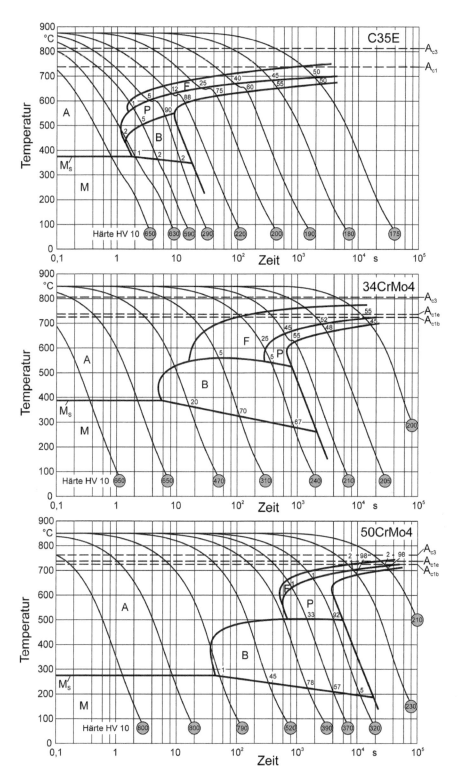

Abbildung 14.12: ZTU-Diagramme dreier Stähle, nach Hougardy

✔ So, und jetzt sehen Sie sich die eingetragenen Abkühlungsverläufe an. Was fällt Ihnen hier auf? Insbesondere beim C35E sind »Dellen« und »Schlenker« zu sehen, manchmal steigt die Temperatur sogar vorübergehend etwas an. Woher kommt das? Wenn die Temperatur in einer Stahlprobe trotz äußerer Abkühlung ansteigt, so kann das nur an einer inneren Wärmeentwicklung liegen. Sie schwitzen ja auch, wenn Sie im Winter im Freien heftig Holz hacken. Und diese Wärmeentwicklung hängt mit den ablaufenden Gefügeumwandlungen zusammen, die sind **wärmeabgebend**, exotherm sagen die Chemiker dazu. Beiläufig, für die ganz Genauen unter Ihnen: Die Höhe der Dellen und Schlenker hängt von den experimentellen Bedingungen und der Probengröße ab.

✔ Entlang der Abkühlungsverläufe sind noch Zahlen eingetragen. Diese Zahlen geben den prozentualen Anteil der jeweiligen Gefügebestandteile an, die **nach vollständiger Abkühlung auf Raumtemperatur** vorliegen. Nehmen Sie die zweitlangsamste eingezeichnete Abkühlung des C35E. Die Zahl 45 steht im Feld F und bedeutet daher, dass 45 % des Gefüges aus Ferrit besteht. Die Zahl 55 steht im Feld P, 55 % des Gefüges bestehen aus Perlit. Die Summe ergibt 100 %, so soll es sein.

✔ Bei manchen Abkühlungen ist **keine Zahl eingetragen**, so bei der schnellsten Abkühlung des C35E. Das bedeutet, dass 100 % Martensit entsteht. Oder fast 100 %, meistens bleibt ein kleines »Fitzelchen« Austenit übrig, das nennt man Restaustenit. Bei manchen Stählen, vor allem mit höheren C-Gehalten, kann das »Fitzelchen« aber ganz schön viel sein, das lassen wir jetzt mal beiseite.

✔ Bei manchen Abkühlungen ergibt die Summe der eingetragenen Gefügebestandteile nicht 100 %. Nehmen Sie die drittschnellste Abkühlung beim C35E: 1 % Ferrit, 5 % Perlit und 2 % Bainit ergeben in Summe 8 %. Und die restlichen 92 %? Sie ahnen es sicher schon, das ist der Martensitanteil. Der wird hier nicht angegeben, eigen sind sie manchmal, die Werkstoffleute ...

✔ Am Ende der Abkühlungslinien ist eine Zahl in einen hellgrauen Kreis eingezeichnet, das ist die Vickershärte HV 10, gemessen nach vollständiger Abkühlung auf Raumtemperatur. Mehr zum Thema Härteprüfung finden Sie in Kapitel 7.

Prima, jetzt sind Sie mit den »richtigen« ZTU-Diagrammen etwas vertraut, und denen können Sie enorm viel entnehmen. Stöbern Sie ruhig noch ein bisschen in Abbildung 14.12, die gibt ihre Informationen nicht auf den ersten Blick preis. Sehen Sie sich in Ruhe an, wie sich die Gefügebestandteile und die Härte von langsamer bis zu ganz schneller Abkühlung verändern.

Was Sie den ZTU-Diagrammen so entlocken können

Bei näherer Betrachtung werden Sie sehen, wie sich mit zunehmender Abkühlgeschwindigkeit zuerst der Anteil an Ferrit verringert zugunsten von Perlit. Dann kommt immer mehr Bainit zustande, und der wird von Martensit abgelöst. Wenn Sie zusätzlich noch berücksichtigen, dass die Härte des Ferrits am niedrigsten ist, Perlit härter, Bainit noch härter und Martensit am härtesten, dann wird auch der Gang der Härte verständlich.

Zu vermuten und auch wissenschaftlich erforscht ist:

> Wenn das Gefüge vollständig aus Martensit besteht, ist die Härte bei einem bestimmten Stahl immer gleich, egal wie schnell er abgekühlt wurde.

Das sehen Sie an den ersten beiden Abkühlungslinien von 34CrMo4 und 50CrMo4 in Abbildung 14.12; bei beiden weist der Martensit jeweils die gleiche Härte auf.

Die Härte des Martensits ist die höchste Härte, die ein Stahl erreichen kann. Wovon könnte die abhängen? Wenn Sie die drei ZTU-Diagramme miteinander vergleichen, sehen Sie, dass die maximale Härte bei den oberen beiden Stählen 650 HV 10 beträgt, und 800 HV 10 beim unteren Stahl. Man kann daraus vermuten, dass die maximale Härte nur vom Kohlenstoffgehalt abhängt, und nicht von den Legierungselementen. Und das ist auch wirklich so:

> Die größte beim Härten erreichbare Härte – die Härte des Martensits – hängt fast nur vom Kohlenstoffgehalt ab, kaum von den Legierungselementen.

Und nun kommt noch eine extrem wichtige Geschichte hinzu, die ist Ihnen beim Vergleich der ZTU-Diagramme sicher aufgefallen: Vom oberen über den mittleren zum unteren Stahl hin rücken die Felder, in denen sich Ferrit, Perlit und Bainit bilden, immer weiter nach rechts, also zu größeren Zeiten. Oder anders ausgedrückt: Das Feld, in dem sich Martensit bildet, wird größer. Und warum ist das so? Legierungselemente behindern die diffusionsgesteuerten Umwandlungen, also die Ferrit-, Perlit- und Bainitbildung.

Und das hat höchst interessante Konsequenzen. Den Stahl C35E müssen Sie enorm schnell abkühlen, um ihn zu härten, beim 34CrMo4 können Sie sich etwas mehr Zeit dazu lassen, und beim 50CrMo4 noch mehr. Was hier vermutet werden kann, hat die Wissenschaft bestätigt:

> Die nötige Abkühlgeschwindigkeit, um einen Stahl zu härten, hängt ganz wesentlich von den Legierungselementen und auch vom Kohlenstoffgehalt ab.

Das sind die Auswirkungen in der Praxis

Nun könnten Sie sagen, das sei ja schön und gut, dann muss man halt bei manchen Stählen etwas flotter abkühlen als bei anderen, dann haut das schon hin mit dem Härten. Nur können tut man das nicht so leicht, insbesondere bei Proben mit etwas dickeren Querschnitten. Die können Sie nicht beliebig schnell von Austenitisierungstemperatur abkühlen, schlicht wegen der begrenzten Wärmeleitung. Wie schnell nun verschieden dicke zylindrische Stahlproben am Rand und im Inneren abkühlen, das sehen Sie anhand von Abbildung 14.13.

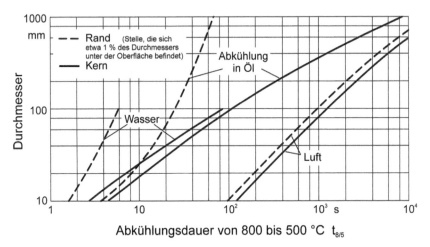

Abbildung 14.13: Abkühlungsdauer zylindrischer Proben aus un- und niedriglegierten Stählen beim kontinuierlichen (natürlichen) Abkühlen aus dem Austenitgebiet, nach Hougardy

Auch dieses Diagramm hat's in sich:

✔ Das, was man **vorgibt**, nämlich der Durchmesser von zylindrischen Stahlproben, ist **nach oben** aufgetragen, und zwar mit logarithmischer Skalenteilung. Nicht verzweifeln, das ist zwar ungewöhnlich, wird aber manchmal so gemacht.

✔ Das, was Sie als Ergebnis **ablesen** können, nämlich die Abkühlzeit, ist **nach rechts** aufgetragen, ebenfalls logarithmisch. Als Abkühlzeit ist nicht die Zeit gemeint, die vom Start der Abkühlung bis Raumtemperatur vergeht, denn die kann man nicht vernünftig angeben. Das liegt daran, dass man sich beim kontinuierlichen Abkühlen nur beliebig nahe an Raumtemperatur annähert, sie aber nie genau (im mathematischen Sinne) erreicht. Deswegen nimmt man lieber das Zeitintervall, das zwischen 800 und 500 °C verstreicht, die sogenannte $t_{8/5}$-Zeit. Nein, nicht 08/15, sondern 8/5. 8 steht für 800 und 5 für 500 °C, aber das haben Sie sicher schon vermutet. Warum 800 bis 500 °C? Das ist ein »mittleres« Intervall und subjektiv gewählt; 800 bis 400 oder 700 bis 300 °C hätten es auch sein können.

✔ Dann wird noch zwischen drei verschiedenen Abkühlmedien unterschieden, Wasser, Öl und Luft. Und außerdem noch zwischen der Abkühlung am Rand und im Kern (das ist das Innere der Probe). Da eine Abkühlung genau am Rand schwer zu messen ist, nimmt man eine Stelle, die sich 1 % des Durchmessers unter der Oberfläche befindet.

✔ Dieses Diagramm fasst alle un- und niedriglegierten Stähle zusammen und ist in diesem Sinne vereinfacht. Natürlich unterscheiden sich die Stähle in ihrer Wärmeleitfähigkeit (siehe Kapitel 2). Dennoch ist das Diagramm sinnvoll.

Einfach mal ein **Beispiel**:

Wie schnell kühlt ein Zylinder mit 100 mm Durchmesser ab, wenn man ihn von Austenitisierungstemperatur aus in Wasser abkühlt (abschreckt)?

Rein ins Diagramm bei 100 mm Durchmesser, Randabkühlung (gestrichelte Kurve) ablesen, dann Kernabkühlung (durchgezogene Kurve). Der Rand braucht 6 Sekunden von 800 auf 500 °C, der Kern gute 80 Sekunden, ganz schön lange.

Wichtig dabei: Sie starten mit der Abkühlung von Austenitisierungstemperatur, sagen wir 830 °C, und kühlen die Probe dann kontinuierlich ab, wie besprochen. Genau dann, wenn 800 °C erreicht sind, starten Sie die Stoppuhr und stoppen sie bei 500 °C. Die Abkühlung der zylindrischen Probe geht aber ganz normal und kontinuierlich weiter Richtung Raumtemperatur.

Wenn Sie Abbildung 14.13 nun unter diesem Aspekt genauer unter die Lupe nehmen, erkennen Sie die teilweise erheblichen Unterschiede zwischen Rand und Kern, aber auch die erschreckend langsame Abkühlung der Proben mit großem Durchmesser. Dass dies natürlich fatale Auswirkungen auf die Härte der Proben hat, brauche ich gar nicht mehr groß zu betonen. In Abbildung 14.14 sehen Sie ganz charakteristische Ergebnisse von Härtungen – oder dem Versuch, eine Probe hart zu bekommen. Was wurde hier untersucht?

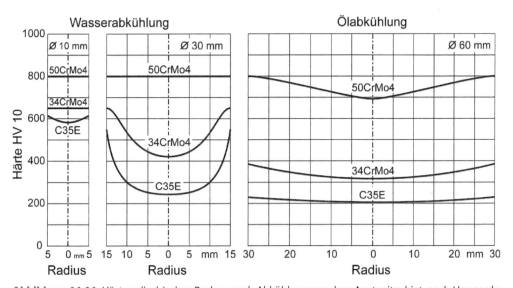

Abbildung 14.14: Härte zylindrischer Proben nach Abkühlung aus dem Austenitgebiet, nach Hougardy

Ein fleißiger Experimentator hat zylindrische Proben mit 10, 30 und 60 mm Durchmesser und ausreichend großer Länge gefertigt, und zwar aus den drei Werkstoffen C35E, 34CrMo4 und 50CrMo4. Ganz absichtlich sind das genau dieselben Werkstoffe wie in Abbildung 14.12. Diese Proben hat er korrekt austenitisiert und dann in Wasser oder Öl abgekühlt. Anschließend hat er alle Proben vorsichtig senkrecht zur Längsrichtung aufgetrennt, die Trennfläche feingeschliffen und mit vielen Härteeindrücken den Verlauf der Härte vom einen Rand über das Innere bis zum anderen Rand gemessen.

In Abbildung 14.14 ist die Härte HV 10 in Abhängigkeit vom Radius aufgetragen. Was können Sie diesen Diagrammen entnehmen?

✔ **Der Stahl 50CrMo4** weist bei den in Wasser abgekühlten Proben mit 10 und 30 mm Durchmesser überall die gleiche hohe Härte von 800 HV 10 auf. Härtereifachleute drücken das so aus: Diese Proben sind vollständig *durchgehärtet*. Überall in der Probe, sogar im Inneren, im Kern, reicht es für vollständige Martensitbildung. Überall in der Probe liegt deshalb die maximal mögliche Härte von 800 HV 10 vor. Selbst die in Öl abgekühlte Probe mit 60 mm Durchmesser »schwächelt« nur wenig und ist beinahe durchgehärtet.

✔ **Der Stahl 34CrMo4** ist bei 10 mm Durchmesser durchgehärtet, bei 30 mm nur noch am Rand hart und bei 60 mm nirgendwo mehr so richtig gehärtet.

✔ **Der Stahl C35E** schließlich schwächelt schon bei 10 mm Durchmesser, noch mehr bei 30 mm und bei 60 mm ist's nichts mehr mit Härtung.

Also einfach zu sagen, da nehmen wir für eine Welle mit 60 mm Durchmesser einen C35E und härten die dann, ja, **sagen** können Sie das schon – nur hart werden tut die Welle nicht.

 Sie sehen also: Beim Härten kommt es ganz auf die Abmessungen Ihrer Bauteile an, auf die Stahlsorte, auf das Abkühlmittel und noch so allerhand Sachen.

Falls Sie jetzt immer noch nicht so ganz ausgelastet sein sollten, aber das kann ich mir eigentlich kaum vorstellen, dann können Sie versuchen, die Härteverläufe in Abbildung 14.14 aus den ZTU-Diagrammen in Abbildung 14.12 und der Abbildung 14.13 nachzuvollziehen. Für den Probenrand und den Kern geht das ganz gut, dazwischen müssen Sie logisch nachdenken und schätzen. Viel Glück dabei! Wenn's nicht klappt, ist es nicht so schlimm, einen Versuch war's wert. Und wenn Sie's schaffen: Glückwunsch! Im Übungsbuch finden Sie übrigens die Lösung.

Das ZTU-Diagramm für isotherme Temperaturführung und Weiteres

Bei einigen Härteverfahren kühlt man die Probe nicht kontinuierlich aus dem Austenitgebiet ab, sondern möglichst schnell auf eine mittlere Temperatur, beispielsweise 500 °C, und hält diese Temperatur eine Zeit lang. Die dann bei konstanter Temperatur, also isotherm ablaufenden Gefügeumwandlungen kann man in Abhängigkeit von der Temperatur darstellen und erhält dann ein *ZTU-Diagramm für isotherme Temperaturführung*. Ganz interessante und gute Gefüge können dabei entstehen. Darüber zu berichten würde aber (wieder einmal) den gegebenen Rahmen sprengen, dieser Hinweis muss genügen.

Ganz schön umfangreich war das mit den ZTU-Diagrammen, und vielleicht haben Sie sich gefragt, ob das wirklich nötig war. Ja, war es, denn die ZTU-Diagramme bilden die absolute Grundlage für das Verständnis des Härtens und überhaupt für alle Vorgänge beim Abkühlen aus dem Austenitgebiet. Und wenn Sie die ZTU-Diagramme verstanden haben, dann sind Sie wirklich gut gerüstet und so manches Fachbuch braucht Sie auch nicht mehr zu schrecken.

Und außerdem gibt es noch ZTA-Diagramme

Bevor Sie einen Stahl aus dem Austenitgebiet abkühlen, müssen Sie ihn ja erst einmal in dieses Gebiet hineinbringen, ihn austenitisieren. Die Temperatur darf da nicht zu hoch und nicht zu niedrig sein, die Haltezeiten müssen stimmen, der gebildete Austenit muss einfach optimal sein. Unter optimal versteht man meistens feinkörnig und homogen, der Kohlenstoff soll gleichmäßig verteilt sein.

Und um zu beschreiben, was sich beim Austenitisieren ereignet, gibt es die ZTA-Diagramme, die Zeit-Temperatur-Austenitisierungs-Diagramme. Die geben an, nach welchen Zeiten und bei welchen Temperaturen sich Austenit bildet. Und zwar nicht nur bildet, sondern sogar wie er ist: fein- oder grobkörnig, homogen oder eher inhomogen. Alle Stahlwärmebehandler sind damit bestens vertraut, vor allem wenn es um die Kurzzeitwärmebehandlungen geht.

Jetzt aber ganz konkret zum Härten an sich.

Die Härteverfahren

Wenn es ums Härten geht, spielt der Begriff der Härtbarkeit eine große Rolle, und den würde ich Ihnen gerne erklären.

Der Begriff der Härtbarkeit

Unter *Härtbarkeit* versteht man ganz allgemein die Neigung eines Stahls, durch Abschrecken härter zu werden. Ziemlich wolkig und flau klingt das, finden Sie nicht auch? Kein Wunder, das ist auch nur ein Oberbegriff, den man sinnvoll untergliedert in *Aufhärtbarkeit* und *Einhärtbarkeit*:

✔ Mit *Aufhärtbarkeit* bezeichnet man die größte, durch Härten erreichbare Härte. Sie erinnern sich: Das ist die Härte des reinen Martensits. Und weil der Martensit seine Härte in erster Linie vom zwangsgelösten Kohlenstoff erhält, hängt die Aufhärtbarkeit praktisch **nur vom Kohlenstoffgehalt** ab.

✔ Mit *Einhärtbarkeit* bezeichnet man die Tiefe, bis in die Sie ein Stahlbauteil hineinhärten können, von der Oberfläche aus gerechnet. Als »gehärtet« gilt eine Stelle dann, wenn sie eine bestimmte Mindesthärte, zum Beispiel 50 HRC, aufweist. Die Einhärtbarkeit können Sie **vor allem durch Legierungselemente beeinflussen, zusätzlich noch durch den C-Gehalt**. Die Unterschiede in der Einhärtbarkeit sehen Sie wunderbar in den ZTU-Diagrammen.

Um die Aufhärtbarkeit darzustellen, genügt also ein Diagramm wie in Abbildung 14.15, das die Härte HRC in Abhängigkeit vom C-Gehalt zeigt. Dieses Diagramm ist weltberühmt, es wird oft gezeigt und Sie glauben gar nicht, was da so drinsteckt. Schritt für Schritt:

✔ Nach oben ist die Härte HRC aufgetragen: Härtewert nach Rockwell, Verfahrensvariante C, Skala geht (theoretisch) bis 100, Werte um 60 bis 70 sind sehr hoch für Stahl, 50 ist so mittelhart, 40 fast schon weich, wenn es ums Härten geht. Mehr zur Härteprüfung finden Sie in Kapitel 7.

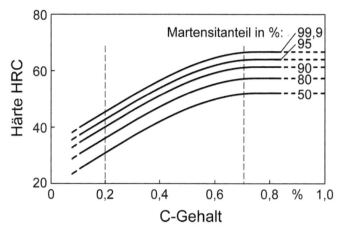

Abbildung 14.15: Aufhärtbarkeit un- und niedriglegierter Stähle, nach Hodge und Orehoski

✔ Eingetragen sind fünf Kurven für verschieden hohe Martensitanteile im Gefüge. Bei vollständiger Martensitbildung nehmen Sie einfach die oberste Kurve mit 99,9 % Martensitanteil, da meistens noch ein klein wenig von einem anderen Gefüge vorliegt, wie Restaustenit. Kühlt der Stahl nun nicht schnell genug ab, bilden sich neben Martensit ja auch noch Anteile an weicherem Ferrit, Bainit oder Perlit, und für diesen Fall können Sie je nach Martensitanteil die ungefähre Härte an den anderen Kurven ablesen.

✔ Jetzt bitte Blick auf die oberste Kurve mit 99,9 % Martensitanteil; sie gibt die Aufhärtbarkeit an, die größtmögliche Härte. Bis etwa 0,7 % C steigt die Härte mit zunehmendem C-Gehalt an. Klar, werden Sie sagen, je höher der Kohlenstoffgehalt, desto mehr Kohlenstoff ist im Martensit zwangsgelöst, desto höher die Härte. Richtig.

✔ Unter 0,2 % C sind zwei Erscheinungen bemerkenswert: Erstens ist die Härte nicht mehr so sonderlich hoch, weniger als 45 HRC. Zweitens ist die zur vollständigen Martensitbildung erforderliche Abkühlgeschwindigkeit so hoch, dass man eine Härtung nur noch an ganz dünnen plättchenförmigen Bauteilen hinbekommt. Und deswegen sagt man etwas pauschal, dass Stähle **unterhalb von etwa 0,2 % C technisch nicht mehr härtbar** sind.

✔ Über etwa 0,7 % C steigt die Härte kaum noch an. Das liegt unter anderem daran, dass das Ende der Martensitbildung dann unterhalb von Raumtemperatur liegt und man eigentlich noch tiefkühlen müsste. Und über 0,8 % C gibt es sogar verschiedene Härtestrategien, da wird es etwas komplizierter. Je nach Strategie kann die Härte in dem Bereich noch etwas ansteigen, gleich bleiben oder auch abfallen. Wenn ich da die Kurven nur noch gestrichelt gezeichnet habe, so liegt das nicht daran, dass man diese Stähle nicht mehr härten kann, sondern daran, dass es dann komplizierter wird.

Das Wesentliche noch einmal zusammengefasst:

> Erst oberhalb von etwa 0,2 % C sind Stähle technisch härtbar. Je höher der C-Gehalt, desto höher die Härte des Martensits. Und je höher der Gehalt an Legierungselementen, desto langsamer dürfen Sie einen Stahl abkühlen, und er härtet immer noch. Das kann bei hochlegierten Stählen dazu führen, dass schon relativ langsame Luftabkühlung zur Härtung reicht!

Umgekehrt bedeutet das übrigens, dass man Stähle mit weniger als 0,2 % C zwar nicht mehr härten, dafür aber gut **schweißen** kann. Die beim üblichen Schmelzschweißen auftretende zügige Abkühlung führt dann nicht mehr zum unfreiwilligen Härten und Verspröden der Schweißnaht.

Die Abschreckmittel

Abschreckmittel dienen dazu, einen Stahl von Austenitisierungstemperatur aus abzuschrecken, also abzukühlen. In erster Linie denkt man an Wasser, vielleicht noch an Öl. Es gibt aber eine ganze Menge, die wichtigsten sind:

✔ Es fängt schon mit **Luft** an, auch die kann ein Abschreckmittel sein, natürlich nur eines, das gemütlich abkühlt. Brauchbar zur Härtung ist es nur für die sogenannten »Lufthärter«, das sind hochlegierte Stähle, die schon bei Luftabkühlung härten.

✔ Bewegte, verwirbelte **Gase unter erhöhtem Druck**, beispielsweise Stickstoff mit 5 bis 20 bar, führen zu mittelschneller Abkühlung, die häufig zum Härten ausreicht. Das ist eine neuere, moderne Methode, die die Teile relativ gleichmäßig abkühlt und den Luftsauerstoff von der Bauteiloberfläche fernhält. Wenn der Luftsauerstoff zusätzlich auch schon beim Austenitisieren ferngehalten wurde, sind die Oberflächen nach dem Härten schön blank und nicht oxidiert.

✔ Geeignete **Öle** führen ebenfalls zu mittelschneller, halbwegs gleichmäßiger Abkühlung und werden viel verwendet.

✔ **Wasser** ist das Standardmittel und führt zu schneller Abkühlung, allerdings auch ungleichmäßiger Dampfblasen- und Dampfhautbildung. Dadurch kommt es entlang des Bauteils zu ungleichmäßiger Abkühlung, verstärktem Verzug und der Gefahr von Härterissen.

✔ **Polymerlösungen** enthalten in Wasser gelöste Polymer-, also Kunststoffmoleküle. Sie führen zu gleichmäßigerer Abkühlung und weniger Verzug als reines Wasser.

✔ **Kochsalzlösungen** wirken noch schroffer als Wasser, da sie die Dampfblasenbildung etwas unterdrücken. Die Gefahr von Verzug und auch Härterissen ist hier am höchsten.

✔ **Salzschmelzen** eignen sich für isotherme Temperaturführung und sind dort erste Wahl; sie ermöglichen rasches Abkühlen auf mittlere Temperaturen.

✔ Beim Presshärten wird der **Kontakt mit gekühlten Werkzeugen** zum Abschrecken ausgenutzt, was vor allem bei Blechen gut funktioniert. Mit etwas Geschick können Sie sogar die Formgebung der Bleche mit dem Härten kombinieren, eine feine Sache.

Sie sehen also, jedes dieser Mittel hat so seine Eigenheiten, das Universalmittel für alle Anwendungsfälle gibt es nicht.

Wichtige Grundsätze dabei sind:

✔ **Nur so schnell wie nötig abkühlen**, denn unnötig hohe Abkühlgeschwindigkeit führt zu großen Temperaturunterschieden zwischen Kern und Rand, dadurch zu großen Spannungen mit Härterissgefahr und viel Verzug.

✔ **So gleichmäßig wie möglich** über das ganze Bauteil hinweg abkühlen, das
vermindert den Verzug.

✔ Innerhalb einer Großserie **immer gleich abkühlen**. Dann ist der Verzug immer
ähnlich und kann manchmal durch gezieltes »Vorlegen« der Bauteilform vor
dem Härten sogar teilweise kompensiert werden.

Fast immer erwärmt man das Bauteil nach dem Härten noch ein wenig, so auf etwa 100 bis
200 °C, um die hohen Spannungen im Bauteil und die Sprödigkeit etwas abzumildern. Diesen
Vorgang nennt man in der Fachsprache *Anlassen*. Wegen des Verzugs müssen gehärtete Teile
oft noch nachbearbeitet werden, meist durch Schleifen.

Die konkreten Härteverfahren und die Anwendung

Eigentlich haben Sie hiermit schon die wichtigsten Grundlagen und sogar Anwendungen
kennengelernt. Bei den konkreten Kniffen und Tricks sowie den Varianten des Härtens kann
ich mich deshalb kurzfassen:

✔ Unter *direktem Härten* versteht man das kontinuierliche Abkühlen aus dem Austenitgebiet, ohne Unterbrechung oder Änderung der Abkühlbedingungen. Einfach und kostengünstig ist es, daher sehr viel verwendet, erzeugt aber relativ hohen Verzug und hohe
Eigenspannungen, falls zu schroff abgeschreckt wird.

✔ Bei *gebrochenem Härten* kühlt man erst in Wasser ab, bis etwa 300 bis 400 °C erreicht
sind, dann weiter in Öl. Geringere Eigenspannungen sind die Folge, weniger Härterissgefahr. Die Verfahrensführung erfordert viel Erfahrung, was für begnadete Härter, und
daher heute eher selten und nur bei Einzelteilen oder Kleinserien angewandt.

✔ Kühlen Sie Ihr Bauteil in Salzschmelzen bis knapp oberhalb der Martensit-Starttemperatur ab, halten kurz zum teilweisen Temperaturausgleich und kühlen dann in Öl oder
Luft ab, spricht man vom *Warmbadhärten*. Wesentlich geringere Eigenspannungen, weniger Rissgefahr, weniger Verzug sind die Vorteile. Höherer Aufwand ist der Nachteil.

Und wo wendet man das Härten ganz allgemein an? Denken Sie selbst ein wenig nach, bevor
Sie weiterlesen, es gibt jede Menge gehärteter Stähle, auch in Ihrem Haushalt. Scheren, Mes-
ser, Rasierklingen, Stecknadeln, Feilen, Bohrer, Kugellager, Zahnräder sowie viele Werkzeuge sind gehärtet und noch mindestens zehntausend weitere Produkte. Die Eigenschaften
der gehärteten Stähle sind für viele Anwendungen einfach prima: hart, fest und verschleißbeständig.

Aber auch relativ spröde, und genau das hat alle Schmiede, Handwerker und Forscher ge-fuchst, als sie schon vor Jahrhunderten das Härten rein handwerklich und nach Gefühl ent-deckt hatten. Die Neugier zu sehen, was passiert, wenn man einen gehärteten Stahl maßvoll wieder erwärmt, die war früh da. Und was da herauskommt, das ist richtig gut. Lesen Sie weiter.

Vergüten – in den guten Zustand bringen

Wenn Sie einen Stahl erst härten und anschließend wieder erwärmen, nennt man das Ganze *Vergüten*. Wissenschaftlich fasst man das noch etwas genauer:

 Unter Vergüten versteht man *Härten* mit nachfolgendem *Anlassen* (Erwärmen) bis auf maximal A_1 (723 °C).

Man beschränkt also das Anlassen, das Wiedererwärmen, auf maximal A_1. Warum eigentlich? Könnte man nicht beliebig erwärmen? Grundsätzlich ja, aber oberhalb von A_1 bildet sich wie-der Austenit, zumindest teilweise, und der Effekt des Härtens wäre vollkommen rückgängig gemacht, keine sinnvolle Sache also.

Wenn Sie sich nun den gesamten Aufwand beim Vergüten ansehen, nämlich austenitisieren, halten, richtig abschrecken, wieder erwärmen, halten, nochmals abkühlen, dann ist das Ganze zwar kein Hexenwerk, aber dennoch richtig Arbeit. Vergüten kostet Aufwand, Zeit, Geld, und das macht man nur, wenn es sich lohnt. Irgendwas muss also dran sein am Ver-güten. Ganz einfach: Es entsteht ein **guter** Zustand, Sie dürfen den Begriff *Vergüten* deshalb ruhig wörtlich nehmen. Nicht nur gut ist er, es ist der beste Zustand bezüglich der Kombina-tion von Festigkeit und Zähigkeit bei einem gegebenen Stahl.

Und was da für ein guter Zustand entsteht, das möchte ich Ihnen am Beispiel eines *Ver-gütungsschaubilds* erklären. Stellen Sie sich vor, Sie hätten zehn identische zylindrische Stü-cke aus dem Stahl 50CrMo4 hergestellt. Das ist ein typischer Vergütungsstahl, und so ganz unbekannt dürfte der ja auch nicht mehr sein.

✔ Alle Zylinder austenitisieren Sie korrekt, halten die Temperatur etwa eine halbe Stunde und härten sie dann vollständig.

✔ Sie nehmen nun einen der gehärteten Zylinder, lassen ihn zwei Stunden lang auf 100 °C an (ja, so drückt man das aus) und kühlen ihn wieder auf Raumtemperatur ab. An-schließend fertigen Sie eine Zugprobe aus diesem Zylinder und prüfen sie **bei Raum-temperatur**.

✔ Analog verfahren Sie mit den anderen gehärteten Zylindern, wobei Sie die Anlasstem-peratur in sinnvollen Schritten bis 650 °C variieren.

Wenn Sie am Schluss alle Ergebnisse in Abhängigkeit von der Anlasstemperatur auftragen, erhalten Sie Abbildung 14.16.

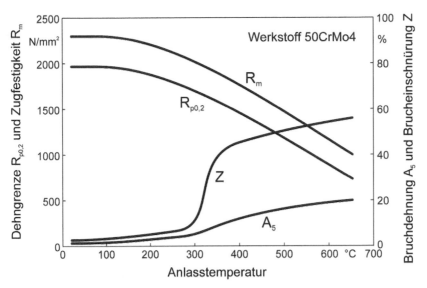

Abbildung 14.16: Vergütungsschaubild des Stahls 50CrMo4, nach Hougardy

Was können Sie diesem Diagramm entnehmen?

✔ Nach Anlassen bei 200 °C und Abkühlen auf Raumtemperatur liegen fast noch die Eigenschaften des Härtungsgefüges, des Martensits vor: hohe Festigkeit ($R_{p0,2}$, R_m), niedrige Zähigkeit (A_5, Z).

✔ Je höher die Anlasstemperatur, desto niedriger die Festigkeit und desto höher die Zähigkeit. Aber selbst nach Anlassen auf 600 °C ist die 0,2-%-Dehngrenze noch um die 900 und die Zugfestigkeit etwa 1200 N/mm^2 bei einer Bruchdehnung von rund 18 %. Nicht schlecht.

✔ Zusätzlich zu den guten Eigenschaften bietet das Vergüten noch einen weiteren Vorteil: Je nach Anlasstemperatur können Sie den Schwerpunkt auf höhere Festigkeit oder auf höhere Zähigkeit legen. Auch nicht schlecht.

Was passiert eigentlich im Stahl während des Vergütens? Woher kommen die guten Eigenschaften? Ich fürchte, jetzt wird es ziemlich wissenschaftlich.

Beim *Härten* wird der Kohlenstoff zunächst im Martensit zwangsgelöst und sorgt so für die hohe Härte und Festigkeit, aber auch Sprödigkeit. Beim *Anlassen* scheidet der (tetragonal-raumzentrierte) Martensit bei 100 bis 200 °C feinste Karbidkriställchen aus und wandelt sich in kubischen Martensit um, der nicht mehr so spröde ist. Bei den Karbiden handelt es sich um Verbindungen mit Kohlenstoff; hier ist es vor allem Eisenkarbid Fe$_3$C (Zementit). Aber auch andere Karbide, wie Chromkarbid oder Molybdänkarbid, können sich bilden, wenn der Stahl die entsprechenden Elemente enthält. Bei höheren Anlasstemperaturen scheiden sich weitere Karbide aus, der kubische Martensit wandelt sich in Ferrit um und ein sogenanntes

Vergütungsgefüge entsteht. Typische Vergütungsgefüge bestehen aus kleinen Ferritkristallen, in denen noch viel kleinere Karbidkriställchen feinverteilt eingelagert sind. So einen Ferritkristall mit den eingelagerten Karbidkriställchen dürfen Sie sich wie eine etwas kantige Portion Stracciatella-Eis vorstellen: Das Vanilleeis ist der Ferrit und die Schokostückchen sind die Karbidkriställchen. Nur ist alles viel kleiner und noch viel feinverteilter als beim Stracciatella-Eis. Kein Wunder, dass dieses Gefüge so gute Eigenschaften hat.

Welche Stähle können denn vergütet werden? Grundsätzlich alle, die Sie härten können. Da Vergüten ein vergleichsweise aufwendiger und teurer Prozess ist, werden vergütete Stähle aber nur dort eingesetzt, wo man ihre guten Eigenschaften wirklich braucht. Alle hoch belasteten Federn, Schrauben und Wellen sind zum Beispiel vergütet, und noch viele andere Teile.

So, und zum Abschluss dieses Kapitels noch etwas Feines, eines meiner Lieblingsthemen.

Harte Schale, weicher Kern: Das Randschichthärten

Es gibt enorm viele Teile, bei denen möchte man eine möglichst harte Schicht in Oberflächennähe haben, eine **harte Randschicht**. Die kann etwa 1 mm dick sein, aber auch 0,1 mm oder 10 mm, je nach Bauteil und Anwendung. Und gleichzeitig soll das Innere des Teils, der **Kern, zäh** sein. Warum ist das gut?

Für die **harte Randschicht** spricht, dass eine harte Oberfläche gegen so allerhand Verschleißarten nützlich ist. Des Weiteren kann eine geschickt gestaltete harte Randschicht die Belastbarkeit erhöhen, insbesondere bei Biege- oder Torsionsbelastung, weil da die höchsten Spannungen am Rand auftreten.

Prima, werden Sie vielleicht sagen, am besten gleich das Bauteil ganz durchhärten, dann ist es überall hart, es ist verschleißbeständig und fest, und kostengünstig ist das auch. Akzeptiert, diese Argumente sind richtig. Leider hat das Durchhärten einen fatalen Nachteil: Ohne Vorwarnung und ohne große Energieaufnahme kann es bei Überlast zu einem sofortigen katastrophalen Sprödbruch kommen; siehe auch Kerbschlagbiegeprüfung in Kapitel 8.

Der **zähe Kern** sorgt nun dafür, dass bei einer maßvollen Überbelastung nicht das ganze Bauteil mit einem Schlag katastrophal bricht, sondern sich zuerst der Kern etwas plastisch verformt, dann die harte, eher spröde Randschicht einreißt. Oftmals bleibt das Bauteil in diesem Zustand sogar noch halbwegs funktionstüchtig. Und wenn es denn zum Äußersten kommt, dann sorgt der zähe Kern sogar noch für eine hohe Energieaufnahme beim Gewaltbruch.

Sie sehen also, diese Kombination ist unschlagbar, ein Superteam. Wie können Sie nun solche harten Randschichten und gleichzeitig einen zähen Kern erzeugen? Bei Stahlbauteilen gibt es zwei grundsätzliche Möglichkeiten, und zu jeder dieser Möglichkeiten verschiedene Verfahren (siehe Abbildung 14.17).

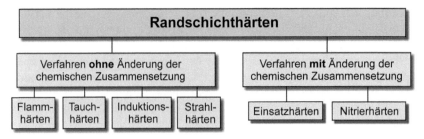

Abbildung 14.17: Gliederung der Randschichthärteverfahren

Die erste Möglichkeit:

Verfahren *ohne* Änderung der chemischen Zusammensetzung

Die Idee dahinter ist, einen Stahl zu nehmen, den man grundsätzlich härten kann. Er muss also **mindestens 0,2 % C** enthalten. Das gewünschte Bauteil wird aus diesem Stahl gefertigt, und zwar im weichen, zähen Zustand. Dann wird es durch eine geeignete Methode kurzfristig nur dort austenitisiert und abgeschreckt, wo es später hart und verschleißfest sein soll, nämlich am Rand. Das geht so schnell, dass die Wärme keine Zeit hat, ins Innere zu fließen, in den Kern. Der Kern erwärmt sich nicht oder nur wenig, er bleibt wie er ist, weich und zäh.

Und diese konkreten Verfahren gibt es in der Praxis:

✔ Beim *Flammhärten* richtet man eine leistungsstarke Brennflamme auf die Bauteiloberfläche. Meistens ist es eine Acetylen-Sauerstoff-Brennflamme, die langsam an der Oberfläche entlang bewegt wird. Der Werkstoff wird bis in die gewünschte Tiefe erwärmt und austenitisiert, eine nachlaufende Wasserbrause schreckt den Stahl sofort ab. Die Investitionskosten sind gering, das Verfahren können Sie leicht an verschiedene Oberflächenkonturen anpassen. Andererseits ist es vergleichsweise langsam, da die Wärmeleitung in das Bauteil abgewartet werden muss. Das Flammhärten eignet sich deswegen eher für geringe Stückzahlen.

✔ Das *Tauchhärten* klingt verlockend einfach: Man halte das zu härtende Bauteil in ein sehr heißes Bad aus geschmolzenen Salzen oder Metallen, warte einige Sekunden, bis der Rand in der gewünschten Tiefe austenitisiert ist, nehme das Teil heraus und schrecke es ab. So einfach ist es auch tatsächlich, es eignet sich aber nur für bestimmte Geometrien und wird deshalb nicht so häufig verwendet.

✔ Weit verbreitet ist das *Induktionshärten*. Abbildung 14.18 zeigt das Prinzip am Beispiel eines Zylinders. Mit einer Induktionsspule wird Wechselstrom mit sehr hoher Stromstärke in der Randschicht des Bauteils induziert (erzeugt). Diesen Strom nennt man Wirbelstrom, weil die Elektronen im Kreis herumwirbeln, so wie die Luft beim Wirbelsturm. Der Wirbelstrom ist so hoch, dass er das Bauteil in der Randschicht sehr schnell bis ins Austenitgebiet erwärmt. Während der Wirbelstrom fließt, schiebt man das Bauteil langsam durch die Induktionsspule hindurch (der breite schwarze Pfeil zeigt die Bewegung) und eine Wasserbrause schreckt das Bauteil gleich ab.

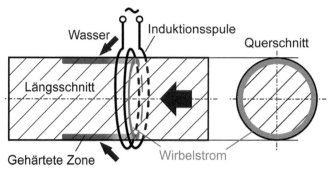

Abbildung 14.18: Grundprinzip des Induktionshärtens

Die Dicke der austenitisierten Randschicht hängt von der Frequenz des Wechselstroms ab und kann von etwa 0,1 mm bis über 10 mm reichen. Das Induktionshärten geht schnell, die Heizleistungen sind hoch, die Anlagekosten leider auch. Deshalb ist es am besten für Großserien geeignet. Nicht alle Geometrien sind machbar, weil der Wirbelstrom nicht immer genau so fließt, wie man es gerne hätte.

✔ Und dann gibt es natürlich noch die Hightechmethode des *Strahlhärtens*. Die Randschicht des Bauteils wird durch leistungsstarke Strahlen, wie Elektronenstrahlen oder Laserstrahlen, austenitisiert und dann abgeschreckt. Die Dicke der austenitisierten Schicht hängt von der Verweilzeit des Strahls an der Oberfläche ab, denn genau wie beim Flammhärten muss die Wärmeleitung in die gewünschte Tiefe abgewartet werden. So toll die Sache klingt, wegen der hohen Investitionskosten und der Wärmeleitungsproblematik ist das Strahlhärten nur bei dünnen Schichten und/oder kleinen Flächen wirtschaftlich.

Jetzt die zweite Möglichkeit, ebenfalls sehr attraktiv:

Verfahren *mit* Änderung der chemischen Zusammensetzung

Hier ist die Idee, ein Werkstück am Rand in seiner chemischen Zusammensetzung so zu verändern, dass es entweder härtbar wird oder von Natur aus hart ist. Zwei Verfahren werden viel angewandt:

✔ Beim *Einsatzhärten* (der Name ist leider sehr unglücklich gewählt, ich kann nichts dafür, ich schwöre es) verwendet man einen Stahl, dessen Kohlenstoffgehalt so niedrig ist, dass er nicht oder nur wenig klassisch härtbar ist. Er hat also weniger als 0,2 % C, beispielsweise 0,15 %. Mit einem Trick reichert man die Randschicht mit Kohlenstoff bis zu etwa 0,8 % Gehalt an. Der Trick besteht darin, den Stahl im Austenitgebiet bei etwa 900 bis 950 °C in einer kohlenstoffabgebenden Umgebung zu glühen, sodass Kohlenstoff von außen her bis in die gewünschte Tiefe hineindiffundiert. Der Rand wird auf bis zu etwa 0,8 % C aufgekohlt, der Kern behält seinen niedrigen Kohlenstoffgehalt (siehe Abbildung 14.19).

Die kohlenstoffabgebende Umgebung kann ein Pulver sein, eine Salzschmelze oder ein Gasgemisch. Der Verlauf des Kohlenstoffgehalts vom Rand in den Kern hängt vom Kohlenstoffangebot ab, von der Temperatur und der Zeit; die wirtschaftlich erreichbare Aufkohlungstiefe beträgt bis zu etwa 2 mm. Nach dem Aufkohlen wird das gesamte Bauteil abgeschreckt. Dort, wo der Kohlenstoffgehalt über 0,2 % liegt, entsteht der gewünschte harte Martensit; der Kern bleibt relativ weich und zäh. In jedem Fall lässt man das Bauteil nach dem Härten noch bei 150 bis 200 °C an, damit die Randschicht nicht gar zu spröde ist. Eine häufig angewandte Methode ist sie, das Einsatzhärten.

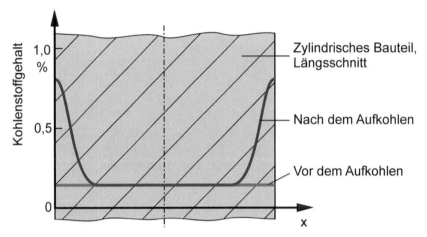

Abbildung 14.19: Verlauf des Kohlenstoffgehalts vor und nach dem Aufkohlen beim Einsatzhärten

✔ Das *Nitrierhärten* fällt in diesem Reigen ziemlich aus dem Rahmen. Mit Martensitbildung hat es gar nichts zu tun, denn beim Nitrierhärten lässt man in der Randschicht harte Nitride wachsen. Nitride sind Verbindungen mit Stickstoff, beispielsweise Aluminium- oder Chromnitrid. Auch Eisennitride gibt es, aber die hat man nicht gar so gerne, da sie teils zum Abplatzen neigen. Stähle fürs Nitrierhärten enthalten deshalb meist passende Legierungselemente, wie Aluminium und Chrom. Damit sich solche Nitride bilden können, lässt man Stickstoff bei etwa 500 bis 600 °C von außen in die Randschicht des Bauteils eindiffundieren. Die Nitriertiefe beträgt bis zu ungefähr 0,5 mm, ist also in der Regel geringer als die Aufkohlungstiefe beim Einsatzhärten. Da die Nitride von Natur aus hart sind, braucht man nicht abzuschrecken, Verzug und Eigenspannungen sind gering. Die Oberflächenhärte ist oft sehr hoch, die Gleiteigenschaften der Oberfläche sind günstig. Ebenfalls nicht schlecht.

So, das waren sechs Verfahren des Randschichthärtens, und es gibt sogar noch wesentlich mehr.

Wer die Wahl hat ...

Wenn Sie je daran denken, das »Superteam« harte Oberflächen und zähen Kern in Betracht zu ziehen, dann haben Sie also eine ganz schöne Auswahl. Was um alles in der Welt sollen Sie denn da nehmen, was ist das beste Verfahren?

✔ Zuerst wählen Sie diejenigen Verfahren aus, die sich überhaupt rein technisch eignen. Da gibt es bemerkenswerte Unterschiede, zum Beispiel bei der erreichbaren Dicke der harten Randschicht, bei der Möglichkeit, nur einen Teil der Oberfläche zu härten, bei den Eigenschaften, dem Verzug und so weiter.

✔ Und dann gewinnt das kostengünstigste Verfahren – wie immer.

Natürlich war das jetzt arg vereinfacht dargestellt, aber der Grundsatz stimmt. Typische randschichtgehärtete Bauteile sind Zahnräder, Bolzen, Lager, Zapfen, kleine Kolben, Nocken, Kurbelwellen, Werkzeuge ...

Ein wunderschönes Beispiel zeigt Abbildung 14.20, da handelt es sich um eine geschmiedete Kurbelwelle für einen 8-Zylinder-Motor. Rechts ist ein Teil der Kurbelwelle in der normalen Ansicht zu sehen, links im Längsschnitt. Für den Längsschnitt wurde sie vorsichtig durchgesägt, grob geschliffen, mittel geschliffen, fein geschliffen, poliert und dann geätzt, so wie es sich für eine ordentliche metallografische Präparation gehört. An den etwas heller erscheinenden Stellen können Sie die induktiv gehärteten Bereiche erkennen, das sind die Lagerstellen und die Übergänge in die Hubzapfen sowie Wangen.

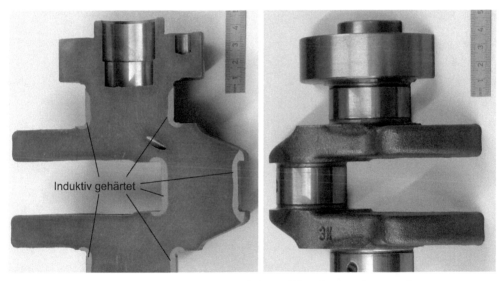

Abbildung 14.20: Induktiv gehärtete Kurbelwelle, links Schliff, rechts Ansicht von außen

Genug zum Thema Härten, das war ein dicker Brocken; trotzdem unvollständig, wie halt oft im Leben. Falls Sie da und dort die Stirn gerunzelt haben, empfehle ich Ihnen noch das Übungsbuch, das hilft sehr. Und wenn Sie jetzt mehr über die Welt der unterschiedlichen Stahlsorten wissen wollen, dann blättern Sie einfach weiter.

Kapitel 15
Stahlgruppen, die unendliche Vielfalt

Wenn Sie sich bis hierher alle Kapitel angetan haben, dann dürfen Sie ruhig ein wenig stolz sein. Ein hartes Stück Weg war das schon, von den tiefen Grundlagen in Teil I über die Klippen der Werkstoffprüfung in Teil II bis hin zu den Höhen der Wärmebehandlung der Stähle. Aber wie bei einer Gebirgswanderung haben Sie jetzt den Gipfel erreicht und erfreuen sich an der Fernsicht – auf die unendliche Vielfalt der Stähle natürlich. Sie haben etwas geleistet, und die weitere Höhenwanderung zu den verschiedenen Stahlgruppen wird zum Genuss.

In diesem Kapitel werden Sie sehen, welche Rolle der Kohlenstoff spielt und wie die Legierungselemente im Stahl wirken. Dann möchte ich Ihnen die wichtigsten Stahlgruppen vorstellen, mit all ihren Stärken und Schwächen. Den »Universalstahl«, der alles kann, gibt es nämlich nicht. Genauso wenig, wie es das »Universalgericht« gibt, das allen schmeckt und überall passt.

Und wenn wir schon beim Essen sind: Ein Gericht ohne Gewürze und Zutaten, das wäre wie Eisen ohne Kohlenstoff und Legierungselemente, auf Dauer eintönig und fad. Nun gibt es manche Gewürze, die wirken schon in Spuren, und andere, bei denen dürfen Sie kräftiger zulangen. Ein bisschen »Gewürzkunde« zum Auftakt schadet nicht, los geht's.

Kohlenstoff und Legierungselemente, die Gewürze und Zutaten im Stahl, wie sie schmecken und was sie so anrichten

Wenn Sie Kapitel 13 gelesen haben, wissen Sie ja schon, dass man die Stähle in die unlegierten, niedriglegierten und hochlegierten untergliedert. Und das ist gar nicht so schlecht, es hat seinen Sinn. Fangen wir mit den unlegierten an.

Die Eigenschaften der unlegierten Stähle

Stahl ist ja eine Legierung, und zwar von Eisen und Kohlenstoff. Prima. Und was ist dann ein unlegierter Stahl? Eine unlegierte Legierung? In gewisser Weise schon, denn der Kohlenstoff steckt ja schon im Begriff Stahl drin und gilt deswegen nicht als Legierungselement. Die unlegierten Stähle sind also reine Eisen-Kohlenstoff-Legierungen. Streng genommen jedenfalls, in der Theorie, wenn Sie so wollen.

Tatsächlich aber »spuken« in jedem Stahl noch weitere Elemente herum. Die können mit dem Erz zusammen hineingeraten sein, wie Mangan und Silizium. Oder sie sind über die Schrottwiederaufarbeitung dazugekommen, wie Kupfer (aus Elektromotoren) und Chrom (aus hochlegiertem Stahlschrott). Und wenn Sie ganz genau hinsehen, dann finden Sie sogar alle Elemente drin, und sei es nur in extrem geringen Mengen.

Früher hat man einfach gesagt, ein unlegierter Stahl enthielte keine absichtlich zugegebenen Legierungselemente, aber mit der vermehrten Schrottwiederaufarbeitung ist das eine arg schwammige Beschreibung. Heute fasst man das genauer:

 Ein Stahl gilt dann als unlegiert, wenn die in Tabelle 15.1 enthaltenen Maximalgehalte nicht überschritten werden. Die Gehalte geben die Grenze an, bis zu der sich ein Legierungselement nicht oder nur wenig bemerkbar macht.

Woher kommen denn die unterschiedlich hohen Grenzgehalte, bei Mangan sind bis zu 1,65 % erlaubt, bei Bor nur 0,0008?

Element	Maximalgehalt in Gewichtsprozent
Mangan	1,65
Silizium	0,60
Blei	0,40
Kupfer	0,40
Chrom	0,30
Nickel	0,30
Aluminium	0,30
Bor	0,0008

Tabelle 15.1: Maximalgehalte von einigen Elementen bei den unlegierten Stählen, unvollständig, in Anlehnung an DIN EN 10020

Das liegt schlicht daran, dass die verschiedenen Elemente verschieden stark wirken, wie die Gewürze bei einem Gericht. Von Mangan können Sie schon etwas mehr dazugeben, und der Charakter des Stahls ändert sich kaum. Aber das Bor, das ist eine scharfe Sache, der Chili im Stahl. Selbst geringe Mengen wirken sich enorm aus.

Wodurch bekommen die unlegierten Stähle nun ihre Eigenschaften? An welchen »Rädchen« können Sie drehen, um die Eigenschaften gezielt zu verändern? Wenn Sie möchten, dann halten Sie an dieser Stelle etwas inne und denken nach, bevor Sie weiterlesen.

Folgendes können Sie bei den unlegierten Stählen variieren:

✔ den Kohlenstoffgehalt

✔ die Wärmebehandlung

✔ die Stahlbegleiter und Verunreinigungen

Die **Wirkung von Kohlenstoff und Wärmebehandlung** zeigt Ihnen Abbildung 15.1. Dieses Diagramm gilt für unlegierte Stähle, ohne irgendwelche besonderen Maßnahmen, Butterbrot eben, und zwar von der einfachen Sorte. Schauen Sie sich dieses Diagramm in Ruhe an.

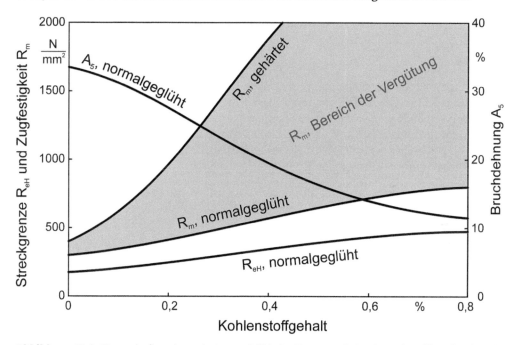

Abbildung 15.1: Eigenschaften der unlegierten Stähle im Zugversuch (nach Werkstoffhandbuch Stahl und Eisen)

Nach rechts ist der Kohlenstoffgehalt aufgetragen, bis zu 0,8 %, das ist der häufigste Bereich für die unlegierten Stähle. Nach oben

✔ die Streckgrenze R_{eH}, das ist die größte Spannung, die ein Werkstoff elastisch aushalten kann,

✔ die Zugfestigkeit R_m, die größte Spannung im Zugversuch, und

✔ die Bruchdehnung A_5, die plastische Dehnung beim Bruch.

Welche logischen Zusammenhänge können Sie erkennen?

Beachten Sie zunächst nur die Kurven, die für den normalgeglühten Zustand gelten. Sie sehen dann, dass die Streckgrenze und die Zugfestigkeit mit zunehmendem Kohlenstoffgehalt steigen und die Bruchdehnung fällt. Woran liegt das?

Der normalgeglühte Zustand ist ja der »normale« Zustand, da wurde der Stahl langsam aus dem Austenitgebiet abgekühlt. In diesem Zustand liegt nahezu der gesamte Kohlenstoff in Form der Verbindung Fe_3C, dem sogenannten Zementit vor. Und dieser Zementit ist hart, fest und eher spröde. Je höher der Kohlenstoffgehalt, desto mehr harter, fester, spröder Zementit ist im Stahl, desto höher die Festigkeit und desto niedriger die Bruchdehnung. Logisch.

Den **Einfluss der Wärmebehandlung** sehen Sie an der Zugfestigkeit im gehärteten Zustand. Je mehr Kohlenstoff im Stahl, desto mehr Kohlenstoff ist zwangsgelöst im Martensit, das ist das Härtungsgefüge, und desto höher ist die Zugfestigkeit. Auch logisch.

Ein paar Anmerkungen möchte ich noch loswerden dazu, vielleicht haben Sie schon darüber gegrübelt:

✔ Die Eigenschaften in Abbildung 15.1 sind eher als typische Werte für einfache Stähle zu verstehen, bitte nicht auf die Goldwaage legen. Je nach Sorgfalt bei der Stahlherstellung, je nach den doch noch vorhandenen Stahlbegleitern, je nach Verunreinigungsgehalt und, und, und ... können die Werte erheblich schwanken. Beispielsweise **vermindern Elemente wie Phosphor und Schwefel selbst in geringen Mengen die Zähigkeit** spürbar. Sie wissen ja: Auch Butterbrot kann ganz schön unterschiedlich sein.

✔ Wenn Sie die unlegierten Stähle härten und anlassen (wieder erwärmen), dann sind sie vergütet. Je nach Anlasstemperatur liegt die Zugfestigkeit zwischen dem normalgeglühten und dem gehärteten Zustand, das ist der »Bereich der Vergütung« in Abbildung 15.1, grau hinterlegt.

✔ Falls Sie das vorherige Kapitel aufmerksam gelesen haben, werden Sie sicher noch in Erinnerung haben, dass sich Stähle erst ab 0,2 % C technisch härten lassen. Wieso läuft dann die Kurve »R_m, gehärtet« bis unter 0,2 % C? Da ist es nur der Versuch einer Härtung, der zwar nicht zu einem richtig harten Stahl führt, aber doch zu einer Festigkeitssteigerung.

Zusammengefasst: Mit dem Kohlenstoffgehalt, der Möglichkeit zur Wärmebehandlung und noch anderen »Rädchen« steht Ihnen eine ganz schöne Reihe an Möglichkeiten zur Verfügung, die Eigenschaften der unlegierten Stähle gehörig zu variieren. Und daraus resultiert das **erste Grundprinzip der Stähle**, so taufe ich das jetzt einfach mal:

Wenn Sie mit den Eigenschaften der unlegierten Stähle auskommen, wenn Ihnen die reichen, dann nehmen Sie einfach einen unlegierten Baustahl für das »Bauteil Ihrer Träume«. Und warum? Die unlegierten Stähle sind die preisgünstigsten, sie machen kaum Zicken, lassen sich gut verarbeiten, haben sich über Jahrhunderte bewährt. Wie Butterbrot.

Und jetzt dürfte es Sie auch nicht mehr verwundern, dass die unlegierten Stähle die »hidden champions« des Alltags sind, die heimlichen Sieger, oder sagen wir besser: die stillen und leisen Sieger. Was wird nicht alles aus ihnen hergestellt: Fahrzeuge, Gebäude, Alltagsgegenstände, die Liste ist fast endlos. Aber auch ein Sieger kann nicht alles, und da kommen die Legierungselemente ins Spiel.

Der Reiz der niedriglegierten Stähle

Niedriglegierte Stähle enthalten absichtlich zugegebene Legierungselemente in niedrigen Mengen, wie Butterbrot mit Belag. Früher hat man das als »Summe aller Legierungselemente unter 5 %« definiert, heute ist es »kein Legierungselement über 5 %«. Vom Grundsatz her könnte man sich natürlich einen niedriglegierten Stahl mit meinetwegen 4,9 % Mangan, 4,9 % Nickel, 4,9 % Molybdän und noch anderem vorstellen, wie Butterbrot mit fünf Schichten Wurst und Käse zu je 1 cm Dicke. In der Praxis aber wird die 5-%-Grenze nur selten angekratzt, viel typischer sind Legierungsgehalte von wenigen Zehntel- bis etwa zwei Prozent. Wenig Belag also auf dem Butterbrot.

So, und was bewirken diese Legierungselemente? Zuerst einmal, was sie **nicht** bewirken: Niedriglegierte Stähle haben **grundsätzlich ähnliche Gefüge und Eigenschaften wie die unlegierten**, jedenfalls, wenn Sie »die Kirche im Dorf« lassen und an typische Stähle denken. Da gibt es Ferrit und Perlit, man kann sie glühen, härten, vergüten, sie rosten ähnlich munter wie die unlegierten Stähle. Sogar das Eisen-Kohlenstoff-Zustandsdiagramm dürfen Sie näherungsweise anwenden.

Jetzt aber kommt der ganz entscheidende Punkt: **Legierungselemente kosten Geld, sie sind teurer als Eisen**. Manche sind zwar nicht allzu kostspielig, wie Mangan und Chrom. Andere aber schlagen kräftig zu Buche, dazu zählen Nickel und Molybdän. Und allein schon das Zulegieren ist ein extra Aufwand im Stahlwerk, der will bezahlt sein. Irgendetwas muss also dran sein an den niedriglegierten Stählen, sonst hätte man sie ja nicht. Das sehen Sie am **zweiten Grundprinzip der Stähle**:

Niedriglegierte Stähle sind teurer als die unlegierten. Deshalb verwendet man sie nur, wenn man ihre speziellen Vorzüge unbedingt braucht. Und die können in der verbesserten *Einhärtbarkeit* liegen, der besseren *Warmfestigkeit* oder der besseren *Kaltzähigkeit*. Manchmal spielen auch spezielle physikalische Eigenschaften, wie der Magnetismus, eine Rolle. Dann haben sie's aber in sich und sind klasse Werkstoffe.

Mehr zum Thema Einhärtbarkeit finden Sie in Kapitel 14; die warmfesten und kaltzähen Stähle tauchen weiter hinten in diesem Kapitel auf.

Das Gefüge der hochlegierten Stähle

Die hochlegierten Stähle enthalten die Legierungselemente in größeren Mengen, und Sie ahnen schon: Wenn mindestens ein Element mit über 5 % Gehalt drin ist, dann spricht man von einem hochlegierten Stahl. Nach diesem Grundsatz ist natürlich schon ein Stahl mit 5,1 % Nickelgehalt hochlegiert, aber so rund um die 5 % Legierungsgehalt gibt es eher wenige Stähle. Meistens haben die hochlegierten Stähle ein Legierungselement mit über 10 % Gehalt und oft noch weitere.

Und dann wirken diese Legierungselemente so massiv auf den Stahl ein, dass er oftmals in seinem Gefüge und seinen Eigenschaften eher dem Legierungselement nahesteht als dem Eisen. Das hat dann mit dem belegten Butterbrot nichts mehr zu tun. Hier sind so viele Zutaten zum Mehl dazugekommen, dass der Charakter des Mehls in den Hintergrund rückt, wie etwa bei Schwarzwälder Kirschtorte.

Hochlegierte Stähle können

✔ besonderes **Korrosionsverhalten,**

✔ hohe **Warmfestigkeit** (Festigkeit bei hohen Temperaturen),

✔ gute **Kaltzähigkeit** (Zähigkeit bei tiefen Temperaturen) oder

✔ spezielle **magnetische Eigenschaften** aufweisen.

Das fasse ich im **dritten Grundprinzip der Stähle** zusammen:

Die hochlegierten Stähle enthalten Legierungselemente in so großen Mengen, dass sie meist völlig andere Gefüge und Eigenschaften aufweisen als die un- oder niedriglegierten Stähle. Weil sie entsprechend teuer sind, nimmt man auch sie nur in begründeten Fällen. Dann aber haben sie's faustdick hinter den Ohren.

Und was es da so an typischen Legierungselementen gibt, das ist eine stattliche Liste: Chrom, Nickel, Mangan, Silizium, Molybdän, Titan, Niob, Tantal, Aluminium, sogar Stickstoff gehört dazu und andere Elemente mehr. Wenn Sie die nun alle ein bisschen variieren ...

Die unendliche Geschichte

Ja, das sind verflixt viele Möglichkeiten, einen hochlegierten Stahl zu bilden. Nehmen wir einfach mal an, jeden Einfluss in zehn Stufen zu variieren: Kohlenstoffgehalt in zehn Stufen, Chromgehalt in zehn Stufen, sieben weitere Legierungselemente auch in je zehn Stufen, zusätzlich noch zehn Möglichkeiten der Wärmebehandlung, das ist nicht übertrieben. Wie viele Stähle ergibt das? Richtig, 10^{10}, das sind 10 Milliarden.

Wenn Sie jetzt noch berücksichtigen, dass Sie zur Untersuchung eines einzigen Stahls so ganz grob eine Gruppe von fünf Wissenschaftlern etwa fünf Jahre lang arbeiten lassen müssen, dann wird sofort klar, dass noch lange nicht alle Stähle bekannt und erforscht sind. Aber so eine riesige Zahl von 10 Milliarden, die kann schon entmutigen. Nicht entmutigen ließ sich der Forscher Anton L. Schaeffler, der schon in den 1940er-Jahren an diesem Problem brütete und ein nach ihm benanntes Diagramm entwickelt hat.

Das Schaefflerdiagramm

Die Grundidee Schaefflers war es, alle gängigen Legierungselemente für die hochlegierten Stähle in zwei Gruppen zu gliedern, in die *Ferritbildner* und die *Austenitbildner*. Was versteht man darunter?

Das Element Eisen hat ja eine besondere Eigenart, die Polymorphie, die »Vielstruktur«. Bis zu 911 °C ist es kubisch-raumzentriert aufgebaut, darüber wandelt es sich um in die kubisch-flächenzentrierte Kristallstruktur. Die behält es bis zu 1392 °C und wandelt sich darüber wieder zurück in die kubisch-raumzentrierte Struktur. Im kubisch-raumzentrierten Zustand nennt man das Eisen *Ferrit*, im kubisch-flächenzentrierten *Austenit*. Mehr dazu finden Sie in Kapitel 5.

Das Ganze gilt aber nur für reines Eisen. Wenn Sie nun andere Elemente zum Eisen dazulegieren, dann machen die ihren Einfluss geltend, so wie eine Partei in einer politischen Koalition:

✔ Da gibt es Elemente, die weiten den Bereich des Ferrits aus. Das bedeutet, dass derjenige Temperaturbereich, in dem der Ferrit auftaucht, größer wird. Das kann so weit führen, dass der Austenit völlig verschwindet. Die Polymorphie ist dann weg, und im gesamten Temperaturbereich liegt nur noch Ferrit vor. Solche Elemente nennt man *Ferritbildner*.

✔ Und dann gibt es andere Elemente, die weiten den Bereich des Austenits aus, das sind die *Austenitbildner*. Das kann so weit führen, dass der Ferrit völlig verschwindet, und im gesamten Temperaturbereich liegt nur noch Austenit vor. Auch hier ist keine Polymorphie mehr vorhanden.

Der wichtigste Ferritbildner ist Chrom. Und warum Chrom ein Ferritbildner ist, das liegt im Wesentlichen daran, dass Chrom selbst eine kubisch-raumzentrierte Struktur hat, ohne Wenn und Aber, ohne Polymorphie, ganz charaktervoll. Wenn man dann dieses charaktervolle Chrom zum »Wackelkandidaten« Eisen dazulegiert, der ja selbst nicht so recht zu wissen scheint, ob er nun kubisch-raum- oder -flächenzentriert sein möchte, dann macht dieses Chrom eben seinen Einfluss geltend. Wie eine charaktervolle, meinethalben auch hartnäckige, Partei, die eine Koalition mit einer »Wackelpartei« bildet.

Die ganz sattelfesten unter Ihnen können das auch anhand des Zustandsdiagramms Eisen-Chrom erkennen, spicken Sie mal gegen Ende des Kapitels 4. Schon 13 % Chromgehalt im Eisen reichen aus, und die Polymorphie ist weg, die Legierung ist im gesamten Temperaturbereich kubisch-raumzentriert.

Und der wichtigste Austenitbildner ist Nickel. Nickel selbst ist kubisch-flächenzentriert aufgebaut, auch ohne Polymorphie, genauso charaktervoll wie Chrom, aber in eine andere Richtung. Und Sie wissen schon, auch das Nickel macht seinen Einfluss geltend, ab einem bestimmten Nickelgehalt ist die Polymorphie weg, die Legierung ist im gesamten Temperaturbereich kubisch-flächenzentriert. Auch das können Sie am Zustandsdiagramm Eisen-Nickel sehen, ebenfalls gegen Ende des Kapitels 4.

Wie sieht es mit all den anderen typischen Elementen aus, die man so zum Eisen dazulegiert? Das hat man genau untersucht, viele Experimente durchgeführt und Folgendes herausbekommen:

Das *Ferritgebiet* wird erweitert durch die *Ferritbildner* Cr, Al, Ti, Ta, Si, Mo, V, W (und noch andere wie Nb). Wenn Sie sich diese Elemente merken wollen, setzen Sie sie zu dem Wort »Craltitasimovw« zusammen und stellen sich etwas Charaktervolles darunter vor. Lassen Sie ruhig Ihrer Fantasie freien Lauf, bei mir ist es ein russischer General.

Das *Austenitgebiet* wird erweitert durch die *Austenitbildner* Ni, C, Co, Mn, N (und noch andere), zu merken als »Niccomann«.

Die Argumentation mit Chrom als dem wichtigsten Ferritbildner und Nickel als dem wichtigsten Austenitbildner ist gut nachvollziehbar. Wenn Sie unter diesem Aspekt aber die genannten Ferrit- und Austenitbildner noch einmal unter die Lupe nehmen, dann werden Ihnen Ausnahmen auffallen. Aluminium beispielsweise ist selbst kubisch-flächenzentriert, sollte also von der Kristallstruktur her ein Austenitbildner sein. Dann gibt es noch weitere Ausnahmen; forschen Sie selbst ein wenig, im Internet finden Sie garantiert alle Kristallstrukturen.

Woran liegt's? Die Kristallstruktur der Legierungselemente ist zwar wichtig, entscheidet aber nicht allein. Es kommen noch weitere Aspekte hinzu, die mit dem echten Charakter der Atome zusammenhängen. Und ohne Experimente vorhersagen lässt sich das bis heute nur sehr eingeschränkt. Manche Computersimulationen kommen der Sache aber schon nahe, und es gibt die begründete Hoffnung, diese Fragestellung eines Tages auch mit Rechenmodellen zu lösen.

Zurück zu Herrn Schaeffler und seinen Ideen. Auch er wusste schon, dass Stähle mit viel Chrom im ganzen Temperaturbereich kubisch-raumzentriert, also ferritisch sind, und Stähle mit viel Nickel kubisch-flächenzentriert, also austenitisch. Alle anderen Legierungselemente hat er einfach auf eine in ihrer Wirkung gleichbedeutende (äquivalente) Menge Chrom oder Nickel umgerechnet. Und das Ergebnis – das Gefüge bei Raumtemperatur – hat er in einem Diagramm dargestellt. Ihm zu Ehren nennt man es *Schaefflerdiagramm.*

Abbildung 15.2 zeigt dieses Diagramm. Wie immer, wenn ich Ihnen etwas kompliziertere Diagramme ans Herz lege, bitte ich Sie, sich dieses Diagramm erst einmal in Ruhe anzusehen. Was ist an den Achsen aufgetragen? Was könnte im Diagramm selbst dargestellt sein? Und die grauen Eintragungen bitte vorerst ignorieren.

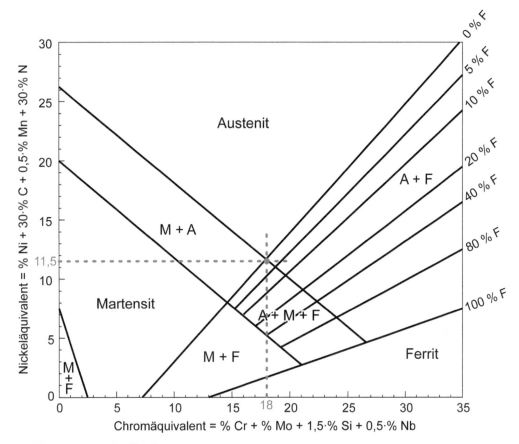

Abbildung 15.2: Schaefflerdiagramm

Eins nach dem anderen:

✔ Nach rechts ist das sogenannte *Chromäquivalent* aufgetragen. Im Chromäquivalent sind alle *Ferritbildner* zusammengefasst und auf eine gleichbedeutende (äquivalente) Menge Chrom umgerechnet. Manche Ferritbildner wirken noch stärker als das Chrom, andere schwächer. Das Chromäquivalent berechnet sich aus Chromgehalt (mit % Cr abgekürzt) plus Molybdängehalt plus das Anderthalbfache des Siliziumgehalts plus die Hälfte des Niobgehalts. Eine Einheit gibt es (kurioserweise) nicht, Sie dürfen sich das aber gerne als Prozent denken.

✔ Nach oben ist das sogenannte *Nickeläquivalent* aufgetragen. Im Nickeläquivalent sind alle *Austenitbildner* zusammengefasst und auf eine gleichbedeutende Menge Nickel umgerechnet. Das Nickeläquivalent berechnet sich aus Nickelgehalt plus das Dreißigfache des Kohlenstoffgehalts plus die Hälfte des Mangangehalts plus das Dreißigfache des Stickstoffgehalts. Wieder ohne Einheit, nur eine Zahl. Kohlenstoff und Stickstoff wirken mit ihrem Faktor 30 extrem stark als Austenitbildner!

✔ So, und im Diagramm selbst lesen Sie die *Gefüge bei Raumtemperatur* ab. A steht für Austenit, F für Ferrit und M für Martensit. Dass Austenit bei hohen Nickelgehalten auftritt und Ferrit bei hohen Chromgehalten, ist gut nachvollziehbar; beim Martensit wird's etwas kniffeliger, das akzeptieren wir jetzt einfach mal. A + F heißt übrigens, dass hier sowohl Austenit- als auch Ferritkristalle vorliegen, die Linien mit unterschiedlichen Ferritanteilen sind gekennzeichnet.

Klar, das schreit nach einem **Beispiel**, und dem Schrei komme ich gerne nach:

Welches Gefüge weist der Stahl X5CrNi18-10 (unter Praktikern als V2A bekannt, der bekannteste rostfreie Stahl) bei Raumtemperatur auf?

So gehen Sie vor:

1. Zuerst **ermitteln Sie die chemische Zusammensetzung** des betreffenden Stahls. Hier sind es 0,05 % C, 18 % Cr und 10 % Ni. Die Stirn gerunzelt, wie man drauf kommt? In Kapitel 13 finden Sie mehr dazu.

2. Dann **berechnen Sie das Chromäquivalent**. Da der Stahl weder Molybdän noch Silizium noch Niob enthält, ist die Sache einfach: Das Chromäquivalent beträgt % Cr + % Mo + 1,5 · % Si + 0,5 · % Nb = 18 + 0 + 1,5 · 0 + 0,5 · 0 = 18. Logisch, außer Chrom ist ja kein weiterer Ferritbildner im Stahl.

3. Als Nächstes kommt das **Nickeläquivalent** dran. Es berechnet sich zu % Ni + 30 · % C + 0,5 · % Mn + 30 · % N = 10 + 30 · 0,05 + 0,5 · 0 + 30 · 0 = 11,5.

4. Diese beiden Werte nehmen Sie, tragen sie an den Achsen im Schaefflerdiagramm ein, bestimmen den Koordinatenschnittpunkt und **lesen das Gefüge bei Raumtemperatur am Schnittpunkt ab**. Die Vorgehensweise sehen Sie anhand der grau gestrichelten Linien in Abbildung 15.2.

Verflixt aber auch, dieser Schnittpunkt liegt »blöd«. Läge er nur ein bisschen höher, wäre alles klar, das Gefüge wäre Austenit. Keine Angst, das kriegen Sie hin: Der Schnittpunkt liegt ganz dicht am Austenitgebiet, und das bedeutet, dass von anderen Gefügen nur sehr wenig dabei ist, etwa 1 % Ferrit (ganz dicht an der 0-%-Ferrit-Linie) und ungefähr 1 % Martensit.

Und jetzt gibt's noch einen Geheimtipp: Dieser Stahl enthält zusätzlich etwa 1 % Mangan, das gemeinerweise nicht im Namen auftaucht. Mangan ist ja ein Austenitbildner, zwar nur mit dem Faktor 0,5, aber das reicht. Das Nickeläquivalent erhöht sich um 0,5. Klar im Austenitgebiet! Keine Polymorphie mehr, Austenit im ganzen Temperaturbereich, ein sogenannter austenitischer Stahl ist das. Weitere Aufgaben mit Erklärungen finden Sie im Übungsbuch.

Das müssen Sie unbedingt beachten:

✔ Das Schaefflerdiagramm ist eigentlich für die **Vorhersage von Schweißgutgefügen** (das ist der aufgeschmolzene Teil einer Schweißverbindung) aufgestellt worden. Das heißt, es gibt diejenigen Gefüge an, die nach zügiger Abkühlung aus der Schmelze bei Raumtemperatur vorliegen. Für die »Schweißer« unter Ihnen: Mit zügiger Abkühlung meint man die Abkühlung beim typischen Schmelzschweißen mit dem WIG-Schweißverfahren, dem Wolfram-Inertgas-Schweißen. Das Schaefflerdiagramm lässt sich aber auch recht gut für die Gefüge der gewalzten und geschmiedeten Stähle anwenden, der Fehler ist nicht groß. Einen Eindruck vom Unterschied bekommen Sie mit der »Austenitgrenzlinie für gewalzte oder geschmiedete Stähle« in Abbildung 15.3, die ist gegenüber den Schweißgutgefügen etwas nach unten verschoben.

✔ Das Schaefflerdiagramm ist **nur näherungsweise gültig.** Den mathematisch Versierten unter Ihnen und erst recht denjenigen, die sich gut mit der »Thermodynamik der Legierungen« auskennen, war das schon von Anfang an klar. Die haben sich vermutlich sogar gefragt, ob diese Art der Vereinfachung nicht gar zu grob ist. In der Tat muss man vorsichtig sein und darf das Schaefflerdiagramm **nur für die hochlegierten Stähle** und **nur für bestimmte Bereiche der chemischen Zusammensetzung** anwenden. Es ist für gängige hochlegierte Stähle optimiert, und da ist es wirklich brauchbar.

✔ Es gibt **verschiedene Schaefflerdiagramme,** die sich in der Berechnung des Chrom- und Nickeläquivalents, in den Feldern und im sinnvollen Anwendungsbereich unterscheiden.

In das Schaefflerdiagramm trägt man häufig noch zusätzliche Informationen ein, insbesondere Bereiche, in denen Gefahren drohen, die im Zuge des Schweißens auftreten können (siehe Abbildung 15.3):

✔ *Heißrisse* sind eine spezielle Art von Rissen, die bei hohen Temperaturen entstehen. Speziell die austenitischen Stähle sind anfällig.

✔ *Härterisse* beruhen auf der Bildung von sprödem Martensit in Verbindung mit Eigenspannungen.

✔ Die *Sigmaversprödung* ist nach der sogenannten Sigma-Phase benannt; sie hat die chemische Formel FeCr und ist recht spröde.

✔ *Kornwachstum bei hohen Temperaturen* und daraus resultierende schlechte Zähigkeit tritt vor allem bei den ferritischen Stählen auf.

Die Gefahrengebiete sind grau hinterlegt und mit kursiver (schräger) Schrift gekennzeichnet. Wenn sich zwei Gefahrengebiete überlappen, ist die Grautönung intensiver.

Auch ein **Beispiel:**

Mit welchen Gefahren muss bei der schweißtechnischen Verarbeitung von X5CrNi18-10 gerechnet werden?

Vorgehensweise wie oben, Punkt einzeichnen, Gefahr ablesen: Heißrissanfälligkeit.

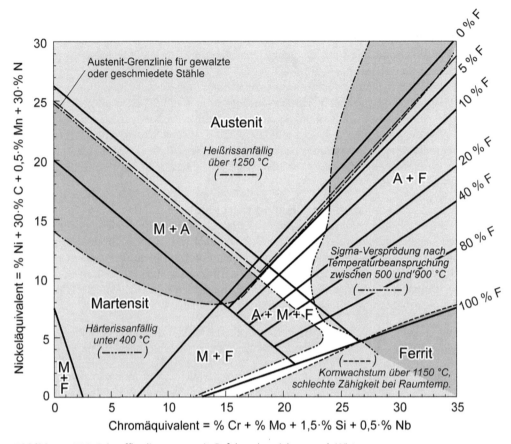

Abbildung 15.3: Schaefflerdiagramm mit Gefahrenbereichen, nach Wirtz

Nicht zu übersehen ist natürlich das weiße Gebiet, in dem keine der aufgeführten Gefahren droht. Einmal dürfen Sie raten, wohin man die chemische Zusammensetzung von Schweißgut vorzugsweise legt ... Doch Vorsicht, ganz so einfach ist es auch wieder nicht: Natürlich muss man noch an die Korrosionsbeständigkeit denken, an die mechanischen Eigenschaften, vielleicht auch an die magnetischen und so manches mehr.

Wobei das Schaefflerdiagramm aber am meisten hilft, das erkläre ich Ihnen bei den rostbeständigen Stählen weiter hinten in diesem Kapitel. Auch was es da mit dem Gebiet des Martensits so auf sich hat werde ich ansprechen.

Genug Gewürz- und Zutatenkunde, ab in die Küchenpraxis. Im Folgenden möchte ich Ihnen nun einige gängige Stahlgruppen vorstellen. Für alle reicht es nicht, das würde den Rahmen des Buches sprengen. Es sind aber typische, charakteristische darunter, und wenn Sie die kennen, können Sie sich leicht in andere Gruppen hineinfühlen.

Zum Auftakt gibt es die unlegierten Baustähle, die bilden die am häufigsten angewandte Stahlgruppe.

Die Grundgerichte: Unlegierte Baustähle

Als Brot-und-Butter-Stähle werden sie manchmal bezeichnet, die »einfachen« unlegierten Baustähle, manche nennen sie auch die Arbeitspferde der Technik. Da ist sicherlich viel Wahres dran, doch still und leise haben die Stahlhersteller weiter daran gefeilt und optimiert, neue Sorten sind dazugekommen. Ähnlich wie bei Fahrzeugherstellern, die neue Technologien erst bei den höherwertigen Autos einführen und sie später bei den preisgünstigeren einfließen lassen, so kommen heute verbesserte Herstellungsverfahren auch bei den einfachen Stählen zum Einsatz. Was haben diese Stähle zu bieten?

Die Wunschliste bei den Baustählen

Mit den Baustählen möchte man etwas bauen – so drückt es ja der Name aus: Gebäude sind das, Fahrzeuge, Maschinen, Schiffe, Kraftwerke und manchmal sogar Möbel. Was steht denn da so auf der Wunschliste, welche Eigenschaften hätte man gerne bei den Baustählen? Denken Sie ruhig etwas nach, bevor Sie weiterlesen, lassen Sie Ihren Vorstellungen freien Lauf.

✔ **Hohe Festigkeit** hätte man gerne, die führt zu geringem Gewicht und niedrigen Kosten, weil man einfach wenig Stahl für eine gegebene Aufgabe braucht.

✔ **Hohe Zähigkeit** ist genauso wichtig, dann lassen sich die Stähle gut plastisch verformen (umformen) und die Sicherheit profitiert auch: Vorwarnung vor dem Bruch, hohe Energieaufnahme, keine Einzelbruchstücke; mehr dazu in Kapitel 8.

✔ **Leichte Verarbeitung** durch Umformen, Spanen, Schweißen, das muss ich nicht groß begründen.

✔ **Geringer Preis**, wie eigentlich immer.

✔ **Korrosionsbeständig, verschleißbeständig, warmfest, kaltzäh** sollten die Baustähle bitteschön auch noch sein, und noch so manches andere.

Alles gleichzeitig? Gibt es nicht, genauso wenig wie die Eier legende Wollmilchsau. Also heißt es, Schwerpunkte zu bilden, auch Kompromisse einzugehen. Und daraus resultieren verschiedene Gruppen von Baustählen, ganz auf die Anwendung abgestimmt. Etwas näher möchte ich auf die sehr häufig angewandten »unlegierten Baustähle nach DIN EN 10025« eingehen. Die nennt man oft auch *allgemeine Baustähle*, weil sie für einen großen, allgemeinen Anwendungsbereich gedacht sind.

Und das sind ihre Eigenschaften

Tabelle 15.2 zeigt einige besonders wichtige Daten dieser unlegierten Baustähle. Bitte nicht erschrecken, auch nicht davonlaufen und schon gar nicht das Buch zuklappen. Auch wenn diese Tabelle auf den ersten Blick trocken und umfangreich aussieht, mit jedem weiteren

| Stahlsorte | | | Desoxidationsart[1] | Chemische Zusammensetzung in Masse-%, maximal[2] | | | | Mechanische Eigenschaften | | | |
Neuer Kurzname	Werkstoffnummer	Alter Kurzname in Deutschland		C	Mn	P	S	R_{eH} mind. N/mm²	R_m N/mm²	A_5 mind. %	Kerbschlagarbeit KV mindestens
S185	1.0035	St 33	–[3]	–[3]	–[3]	–[3]	–[3]	185	290–510	18	–[3]
S235JR	1.0038	RSt 37-2	FN	0,17		0,035	0,035	235	360–510	26	27 J bei 20 °C
S235J0	1.0114	St 37-3 U	FN	0,17	1,40	0,030	0,030				27 J bei 0 °C
S235J2	1.0117	–[4]	FF	0,17		0,025	0,025				27 J bei –20 °C
S275JR	1.0044	St 44-2	FN	0,21		0,035	0,035	275	410–560	23	27 J bei 20 °C
S275J0	1.0143	St 44-3 U	FN	0,18	1,50	0,030	0,030				27 J bei 0 °C
S275J2	1.0145	–[4]	FF	0,18		0,025	0,025				27 J bei –20 °C
S355JR	1.0045	–[4]	FN	0,24		0,035	0,035	355	470–630	22	27 J bei 20 °C
S355J0	1.0553	St 52-3 U	FN	0,20	1,60	0,030	0,030				27 J bei 0 °C
S355J2	1.0577	–[4]	FF	0,20		0,025	0,025				27 J bei –20 °C
S355K2	1.0596	–[4]	FF	0,20		0,025	0,025				40 J bei –20 °C
S450J0	1.0590	–[4]	FF	0,20	1,70	0,030	0,030	450	550–720	17	27 J bei 0 °C
E295	1.0050	St 50-2	FN	–[3]	–[3]	0,045	0,045	295	470–610	20	–[3]
E335	1.0060	St 60-2	FN	–[3]	–[3]	0,045	0,045	335	570–710	16	–[3]
E360	1.0070	St 70-2	FN	–[3]	–[3]	0,045	0,045	360	670–830	11	–[3]

[1] FU: unberuhigter Stahl, FN: unberuhigter Stahl nicht zulässig. FF: vollberuhigter Stahl
[2] Schmelzenanalyse. Vorsicht: Im Werkstück können lokal auch etwas höhere Gehalte auftreten.
[3] Keine Anforderungen festgelegt
[4] In der früheren DIN 17100 nicht enthalten, aber in die DIN EN 10025 aufgenommen

Tabelle 15.2: Ausgewählte Eigenschaften allgemeiner Baustähle nach DIN EN 10025 (vereinfachte Darstellung; für Erzeugnisdicken von 10 bis 16 mm, bei anderen Dicken sind andere Anforderungen einzuhalten, siehe DIN EN 10025)

Nachsehen, Überlegen und Vergleichen wird sie interessanter, so wie ein guter Wein mit jedem Schluck besser wird. Und den höchsten Genuss haben Sie, wenn Sie die vorangegangenen Kapitel durchgelesen haben, also schon fachkundig sind.

Stöbern Sie ruhig ein wenig in der Tabelle, schauen Sie sich die Kopfzeile an, ebenso die Eintragungen. Vielleicht fällt Ihnen schon der eine oder andere logische Zusammenhang auf.

Die Kopfzeile

Die erste Spalte enthält die **Stahlsorten** mit den neuen europäischen Kurznamen, den Werkstoffnummern und zum Vergleich den alten deutschen Kurznamen. »S« steht für »structural steel« und bedeutet Baustahl, »E« für »engineering steel« und bedeutet Maschinenbaustahl. Dann werden Mindeststreckgrenze und die Anforderungen an die Kerbschlagarbeit KV im neuen Namen aufgeführt. Mehr zu den Kurznamen finden Sie in Kapitel 13.

Die zweite Spalte beschreibt die **Desoxidationsart**. Desoxidieren heißt Sauerstoff wegnehmen, und das ist ein wichtiger Schritt bei der Herstellung der Stähle, man nennt es auch Beruhigen. Nicht nur der Sauerstoff wird beim Beruhigen entfernt, sondern auch der Stickstoff, und das hat einen ganz entscheidenden Vorteil: Beruhigte Stähle altern nicht, verspröden nicht im Laufe der Zeit. Vollberuhigte Stähle (mit FF bezeichnet) sind besonders alterungsbeständig. Mehr zum Thema Stahlherstellung und Beruhigen gibt's in Kapitel 12.

Was da so in den Stählen drin sein darf, die **chemische Zusammensetzung**, finden Sie in der nächsten Spalte. Fiel Ihnen das »maximal« auf? Die Gehalte von Kohlenstoff, Mangan, Phosphor und Schwefel sind also nach oben hin gedeckelt. Wieso eigentlich? Bei Phosphor und Schwefel ist das ganz eindeutig, die machen den Stahl spröde. Kohlenstoff sorgt zwar für höhere Festigkeit, schränkt aber die Schweißeignung ab etwa 0,2 % stark ein, weil dann im Zuge des Schweißens ungewollte Aufhärtung und Versprödung drohen. Mangan ist nicht schlecht, kann im Übermaß aber auch die Schweißeignung beeinträchtigen.

Die **mechanischen Eigenschaften** aus dem Zugversuch und dem Kerbschlagbiegeversuch können Sie der letzten Spalte entnehmen. Überwiegend sind es Mindestwerte, wie eine Hürde, die der Stahl überspringen muss. Nur die Zugfestigkeit R_m ist auch nach oben hin eingegrenzt, eher ein Detail am Rande, das hat mit der Verarbeitung zu tun. Genaueres zum Zugversuch lesen Sie in Kapitel 6 und zum Kerbschlagbiegeversuch in Kapitel 8.

Nun die konkreten Baustähle

✔ Fangen Sie mit dem **S185** an. Haben Sie eine Meinung zu diesem Stahl? Ist das eher ein einfacher oder ein hochwertiger Stahl? Zunächst fallen die vielen Striche in manchen Tabellenfeldern auf, und die Anmerkung 3 stellt klar, dass bei diesen Strichen keine Anforderungen festgelegt sind. Keine Anforderungen festgelegt heißt, dass Beliebiges erlaubt ist. Also weiß man nichts über die Desoxidation, nichts über die chemische Zusammensetzung und auch nichts über die Kerbschlagarbeit. Nur die sehr bescheidenen Werte im Zugversuch müssen eingehalten werden. Es handelt sich um einen sehr einfachen Stahl, oft sind es missratene Stähle, die man dann halt noch als S185 deklariert. Da muss nicht alles schlecht sein, aber man weiß es eben nicht. Vorsicht also bei der Anwendung.

✔ Dann gibt es die Baustähle vom Typ **S235 bis zum S450**, das sind die richtig »ordentlichen« Sorten. In allen Tabellenfeldern müssen Anforderungen eingehalten werden, da können Sie sich darauf berufen. Meist gibt es mehrere Untervarianten, die sich in der Desoxidation, der chemischen Zusammensetzung und der Kerbschlagarbeit unterscheiden. Besonders hochwertig und zäh sind die Sorten S235J2, S275J2 und S355K2. Die sind alle vollberuhigt, altern nicht, haben die kleinsten C-, P- und S-Gehalte, weisen die beste Zähigkeit im Kerbschlagbiegeversuch auf, sogar bei den kritischen tiefen Temperaturen, und sind prima schweißgeeignet. Klar, etwas mehr kosten sie schon als die anderen Stähle, aber nur sehr maßvoll. Und wenn es eine der anderen Varianten auch tut, dann nehmen Sie halt die.

✔ Ganz unten in der Tabelle (respektive rechts) finden Sie die Sorten **E295 bis E360**. Nicht dass die »unordentlich« wären, aber ein bisschen anders gestrickt sind sie schon. Das sehen Sie gleich am E im Namen, Maschinenbaustähle sollen es sein, aber legen Sie diesen Namen nicht zu eng aus. Man meint damit kostengünstige Stähle, die gut spanbar (drehen, fräsen) sein sollen und ordentliche Festigkeiten aufweisen. Hohe Anforderungen an die Zähigkeit gibt es nicht, und zum klassischen Schweißen sollte man sie auch nicht vorsehen, wegen des nicht bekannten Kohlenstoffgehalts.

Fast überall finden Sie die unlegierten Baustähle, alle Welt setzt sie ein. Von Tischfuß und Stuhlbein über Verkehrsschild, Fahrzeug, Gebäude und Brücke bis hin zu riesengroßen Tunnelvortriebsmaschinen und Baggern, es gibt Millionen von Anwendungen.

Gar nicht schlecht sind sie also, diese »unlegierten Baustähle«, und mit der relativ neuen Sorte S450J0 sogar ganz schön aufgepeppt. Aber mit dem Essen kommt der Appetit und der Wunsch nach mehr.

Haute Cuisine: Schweißgeeignete Feinkornbaustähle

Mit dem »Wunsch nach mehr« meinen die meisten Leute zunächst einmal die Festigkeit der Stähle, insbesondere die Streckgrenze R_{eH}. Mit einer Spannbreite von 235 bis 450 N/mm^2 für den Mindestwert liegen die unlegierten Baustähle da gar nicht so schlecht, aber mehr wäre besser. Warum eigentlich?

Der Reiz der Festigkeit

Je höher die Festigkeit, desto höher die Belastbarkeit eines Werkstoffs, klar. Entsprechend kleiner dürfen Sie dann die Querschnitte dimensionieren, die ganze Konstruktion wird **leichter**. Und in vielen Fällen wird sie sogar **kostengünstiger**, sofern der höherfeste Stahl nicht gar zu teuer ist.

Also rauf mit der Festigkeit. Wie wird das in klassischer Weise bei den Stählen erreicht? Ganz einfach, Sie erhöhen den Kohlenstoffgehalt. Blättern Sie zurück zu Abbildung 15.1, da haben Sie es schwarz auf weiß. Diese Maßnahme ist sogar kostenlos, ob der Stahl nun etwas mehr oder weniger Kohlenstoffgehalt hat, das macht keinen großen Unterschied.

Wie meistens aber, wenn es etwas kostenlos gibt, gibt es einen Haken bei der Geschichte, mehrere sogar. Einen sehen Sie schon in Abbildung 15.1: Die Bruchdehnung A_5 sinkt mit zunehmendem C-Gehalt, die Zähigkeit geht zurück. Und außerdem eignen sich Stähle mit über 0,2 % Kohlenstoffgehalt nicht mehr zum Schweißen. Jedenfalls nicht mehr problemlos, denn es droht ungewollte Aufhärtung und Versprödung in und neben der Schweißnaht.

Nun können Sie argumentieren, ja, dann lassen wir das mit der Schweißeignung eben, wir schrauben, kleben, nieten oder lassen uns sonst noch was einfallen zum Verbinden. Natürlich geht das, oftmals tut man das auch und verzichtet auf die Schweißeignung eines Werkstoffs. In vielen Fällen ist das Schweißen aber eine super Verbindungsmethode, das dürfen Sie mir als begeistertem Hobbyschweißer und geprüftem Schweißfachingenieur (das ist eine Sonderausbildung) einfach mal glauben, ohne dass ich das jetzt im Detail begründe.

Also muss man sich schon was einfallen lassen, wenn man die Festigkeit der Stähle erhöhen möchte, ohne dass die Schweißeignung verloren geht. Es bewährt sich eine Kombination aus *Mischkristallverfestigung* und *Feinkornverfestigung*, teilweise auch *Ausscheidungsverfestigung*:

✔ Die *Mischkristallverfestigung* ist eine Art der Festigkeitssteigerung, die durch Mischkristalle bewirkt wird, so drückt es der Name aus. Ein Mischkristall ist ein chemisch homogener, gleichartiger Kristall, der aus mehreren Atomsorten aufgebaut ist. Es gibt zwei Möglichkeiten für die Natur, Mischkristalle zu bilden: die Substitutionsmischkristalle und die Einlagerungsmischkristalle (siehe auch Kapitel 4). Beim Stahl ist es der Ferrit, der Substitutionsmischkristalle bildet, und zwar mit Elementen, die eine ähnliche Atomgröße haben wie das Eisen, nämlich Mangan, Silizium, Chrom, Nickel und Kupfer. Diese Elemente sind in bestimmter Menge im Ferrit löslich, sie ersetzen die Eisenatome im Kristallgitter. Je höher der Legierungsanteil dieser Elemente im Stahl, desto höher die Streckgrenze und Zugfestigkeit. Das liegt daran, dass sich Versetzungen im Mischkristallgitter nur schwerer bewegen können als im Gitter eines reinen Metalls. Mehr zum Thema Versetzungen lesen Sie in Kapitel 1.

✔ Die *Feinkornverfestigung* ist eine Festigkeitssteigerung, die ganz einfach dadurch zustande kommt, dass der Werkstoff viele kleine Kristalle aufweist, ein feines Korn hat, wie die Fachleute sagen. Je kleiner die Körner, desto mehr werden die Versetzungen daran gehindert, sich zu bewegen. Oder anders formuliert: Man braucht höhere Spannungen, um die Versetzungen zu bewegen, und das bedeutet höhere Festigkeit. Die fantastische Sache an der Feinkornverfestigung ist, dass nicht nur die Festigkeit, sondern gleichzeitig sogar die Zähigkeit zunimmt, das gibt es nur ganz selten.

✔ Die *Ausscheidungsverfestigung* wird bewirkt durch Zugabe von Elementen wie Vanadium, Niob oder Titan in kleinen Mengen. Diese Elemente lösen sich bei höheren Temperaturen im Austenit und scheiden sich dann bei tieferen Temperaturen in Form von feinverteilten Karbidkriställchen wieder aus. Die wiederum wirken wie Hindernisse, machen es den Versetzungen schwer, sich zu bewegen, die Festigkeit steigt. Die Ausscheidungsverfestigung ist besonders wichtig bei den Nichteisenmetallen wie Aluminium (siehe Kapitel 17). Bei den Stählen ist sie ein wenig knifflig, kann aber ihren Beitrag leisten.

Alle drei Maßnahmen sind gut, aber die Feinkornverfestigung hat es bei den Stählen ganz besonders in sich, sie ist **hochattraktiv, weil Festigkeit und Zähigkeit gleichzeitig steigen**. Wie bekommt man nun die Körner in den Stählen so klein?

Das Geheimnis der feinen Körner

Eigentlich wollen die Körner in Werkstoffen nicht klein sein. Viel lieber sind sie groß, im Extremfall so groß wie das ganze Werkstück, sodass es aus einem Einkristall besteht. Das liegt am energetischen Zustand, die Natur strebt den Zustand geringster Energie an. Weil nun jede Korngrenze eine Energie hat, will ein Werkstück die Korngrenzen möglichst loswerden und tendiert zu wenigen, großen Körnern.

Also müssen Sie Ihren Werkstoff etwas »überrumpeln« und ihm mit einem Kniff zu vielen kleinen Körnern verhelfen. Hierzu ist wichtig zu wissen, dass man die meisten Stähle nach dem Gießen zunächst **im Austenitgebiet walzt**, das nennt man **Warmwalzen**. Bei den hier herrschenden hohen Temperaturen sind die Stähle schön weich, sie haben die kubisch-flächenzentrierte Struktur und sind nahezu beliebig plastisch verformbar.

Zwei Maßnahmen sind besonders wirksam, die Körner im Austenitgebiet klein zu bekommen:

 Zum einen walzt man den Stahl **nicht bei unnötig hohen Temperaturen**, denn sonst wachsen durch die laufend stattfindende Rekristallisation sehr grobe Körner. Mehr zum Thema Rekristallisation finden Sie in Kapitel 3.

 Zum anderen gibt man dem Stahl **Elemente wie Aluminium, Niob und Vanadium in kleinen Mengen zu**, so einige Hundertstel- bis etwa ein Zehntelprozent. Aluminium reagiert mit dem immer im Stahl enthaltenen Stickstoff zu Aluminiumnitrid; Niob und Vanadium reagieren mit Kohlenstoff zu Karbiden. Diese Nitride und Karbide sind als feinverteilte klitzekleine Kriställchen in den Austenitkristallen eingelagert und wirken dort als Keimstellen für neue Austenitkörner und gleichzeitig als Hindernisse gegen das Wachsen der Austenitkörner.

Wenn Sie das alles richtig anwenden, entsteht ein besonders feines Austenitkorn beim Warmwalzen und daraus ein besonders feines Gefüge bei Raumtemperatur. Als »fein« gilt eine Korngröße von etwa 5 bis 10 μm und als »normal« so um die 50 μm. Den Kohlenstoffgehalt begrenzen Sie auf 0,2 %, dann sind die Stähle auch noch schweißgeeignet.

Die konkreten Feinkornbaustähle

Drei Gruppen von Feinkornbaustählen sind aus all diesen Überlegungen heraus entwickelt worden, die *normalgeglühten*, die *thermomechanisch behandelten* und die *vergüteten Feinkornbaustähle*.

✔ Die *normalgeglühten oder auch normalisierend gewalzten Feinkornbaustähle* werden meist durch Warmwalzen im Austenitgebiet in Form gebracht. Der letzte Schritt des Warmwalzens erfolgt bei Normalglühtemperatur und der Austenit rekristallisiert noch vor dem Abkühlen vollständig zu ganz feinen Austenitkörnern. Beim gesteuerten langsamen Abkühlen von der Walzendtemperatur entsteht ein ganz »normales« Gefüge aus Ferrit und Perlit, wie es für das Normalglühen typisch ist, nur eben mit ganz besonders kleinen Körnern. Typische Stähle sind S275N bis S460N, die Mindeststreckgrenzen R_{eH} reichen also von 275 bis 460 N/mm^2 (siehe Tabelle 15.3). An dem angehängten »N« am Ende des Kurznamens erkennen Sie, dass es sich um einen normalgeglühten Feinkornbaustahl handelt. Und wenn dann zusätzlich noch ein »L« dazukommt, wie im Beispiel S460NL, dann hat der Stahl verbesserte Zähigkeit bei tiefen Temperaturen bis zu −50 °C herunter (L = low temperature), das sehen Sie an den verschärften Anforderungen an die Kerbschlagarbeit.

✔ Die *thermomechanisch behandelten Feinkornbaustähle* walzt man ebenfalls warm, wobei aber Temperaturverlauf (»thermo«), Walzvorgänge (»mechanisch«) und Umwandlungen im Stahl genau aufeinander abgestimmt sind. Beispielsweise kann so gewalzt werden, dass der Austenit vor seiner Umwandlung in Ferrit und Perlit nicht mehr rekristallisiert und seine Verformungsverfestigung genutzt wird. Solche Stähle weisen Gefüge auf, die man durch eine Wärmebehandlung allein nicht erreichen oder wiederherstellen kann. Beispiele sind S275M bis S460M, Sondersorten gehen bis zum S700M. Am »M« erkennen Sie die thermomechanische Behandlung, ein zusätzliches »L« kennzeichnet wieder die Variante mit verbesserter Zähigkeit bei tiefen Temperaturen.

✔ Die *vergüteten Feinkornbaustähle* werden auch durch Warmwalzen im Austenitgebiet geformt und dann entweder aus der Walzhitze direkt gehärtet und angelassen oder erst auf Raumtemperatur abgekühlt und dann vergütet. Das durch Vergüten entstandene Gefüge ist sehr feinkörnig und weist aufgrund seines niedrigen Kohlenstoffgehalts gute Zähigkeit auf. Typische Sorten sind S460Q bis S960Q, eine Sondersorte ist S1100Q. Die Mindeststreckgrenzen reichen also bis zu fantastischen 1100 N/mm^2. Das angehängte »Q« kommt vom englischen »quenched«, das bedeutet abgeschreckt und weist auf die Vergütung hin. Auch hier gibt es Varianten mit verbesserter Zähigkeit bei tiefen Temperaturen, wie S960QL und S890QL1, wobei es S960QL1 nicht gibt.

Einen Gesamtüberblick zeigt Ihnen Tabelle 15.3, und ich denke, die kann Sie nun nicht mehr erschrecken.

Vielleicht geht Ihnen zu den Feinkornbaustählen so die eine oder andere Überlegung durch den Kopf, vermutlich sind Fragen aufgetreten und irgendwie gelüstet es mich, meinen »Senf« dazuzugeben.

Kurz-name	Eigenschaften im Zugversuch bei Raumtemperatur			Eigenschaften im Kerbschlagbiegeversuch			
	R_{eH} mind. N/mm^2	R_m N/mm^2	A_5 mind. %	Tempe-ratur, °C	Kerbschlagarbeit KV, mind., J		
					Normal-sorte	Sonder-güte L	Sonder-güte L1
S275N	275	370–510	24	20	55	63	
S355N	355	470–630	22	0	47	55	
S420N	420	520–680	19	–10	43	51	
S460N	460	550–720	17	–20	40	47	– (gibt es nicht)
S275M	275	370–530	24	–30	–	40	
S355M	355	470–630	22	–40	–	31	
S420M	420	520–680	19	–50	–	27	
S460M	460	540–720	17				
S460Q	460	550–720	17	0	40	50	60
S500Q	500	590–770	17	–20	30	40	50
S550Q	550	640–820	16	–40	–	30	40
S620Q	620	700–890	15	–60	–	–	30
S690Q	690	770–940	14				
S890Q	890	940–1100	11				
S960Q	960	980–1150	10				

(Spalte Temperatur: für beide oberen Gruppen »Gilt für alle«, für die untere Gruppe »Gilt für alle«.)

Tabelle 15.3: Ausgewählte Eigenschaften von Feinkornbaustählen nach DIN EN 10025, vereinfacht

Einige Fragen und Anmerkungen dazu

Worin liegt denn der Vorteil der normalgeglühten Feinkornbaustähle, sind die unlegierten Baustähle nicht genauso gut?

Wenn Sie sich die »ordentlichen« unlegierten Baustähle und die normalgeglühten Fein-kornbaustähle im Vergleich detailliert ansehen (beide finden Sie in der DIN EN 10025), dann kommen Sie schon ins Grübeln. Beide Gruppen haben ähnliche mechanische Eigenschaften und überlappen deutlich. Tatsächlich ist es so, dass die unlegierten Baustähle still und leise immer feinkörniger und besser geworden sind und im Revier der normalgeglühten Fein-kornbaustähle gewildert haben. Die Vorteile der normalgeglühten Feinkornbaustähle sind also nicht mehr so groß, und deswegen hat ihre Bedeutung abgenommen.

Was ist der Charme an den thermomechanisch gewalzten Feinkornbaustählen?

Wenn Sie von den Sondersorten absehen, geht der Mindestwert für die Streckgrenze auch nur bis 460 N/mm^2, haut einen also auch nicht gerade vom Hocker. Der Charme liegt im **be-sonders niedrigen Kohlenstoffgehalt**: Während die normalgeglühten Feinkornbaustähle bis dicht an 0,2 % heranreichen dürfen, ist den thermomechanisch behandelten deutlich weni-ger erlaubt. Und das verbessert die Schweißeignung spürbar, die Gefahr der Aufhärtung und Versprödung im Zuge des Schweißens ist geringer. Das ist der Grund, weshalb die thermo-mechanisch behandelten Feinkornbaustähle zum Renner geworden sind und vielfältig ver-wendet werden, insbesondere für Leichtbau-Schweißkonstruktionen.

Vergüten und Schweißen, beißt sich das nicht?

Die vergüteten Feinkornbaustähle sind vergütet, und das bedeutet ja gehärtet und angelassen. Und zum Härten braucht man **mindestens 0,2 % C-Gehalt**. Andererseits sollen die Stähle **weniger als 0,2 % C** aufweisen, damit man sie noch gut schweißen kann. Wie geht das? Man legt den Kohlenstoffgehalt auf knapp 0,2 % C, und durch die immer maßvoll enthaltenen Legierungselemente funktioniert das Härten dann gerade noch. Der entstehende Martensit ist nicht sonderlich hart, aber das soll er hier ja auch gar nicht sein, und beim Schweißen muss man halt ein wenig achtgeben. Also, einfach irgendwie drauf rumbrutzeln beim Schweißen, das geht nicht mehr. Aber mit ein wenig Sorgfalt und Sachkunde schafft man gute Schweißverbindungen, und das bei Stählen mit Mindeststreckgrenzen von bis zu 1100 N/mm^2!

Ein Blick auf die Anwendung

Also, klasse sind sie, die Feinkornbaustähle, und aus der riesigen Anwendungspalette möchte ich einfach einmal die Mobilkrane mit Teleskopausleger nennen. Mobilkrane sind auf öffentlichen Straßen zugelassene Fahrzeuge mit Kranaufbau. Das Fahrgestell und der Teleskopausleger sind eine Schweißkonstruktion aus S960QL oder S1100QL, und die modernen Windenergieanlagen ließen sich ohne solche Krane kaum noch montieren.

So, und jetzt geht es zu den Stählen, die konsequent vergütet werden, und zwar ohne Wenn und Aber – und weitgehend ohne Rücksicht auf die Schweißeignung.

Gezielter Ofeneinsatz: Vergütungsstähle

Vergütungsstähle eignen sich, so drückt es ja der Name aus, besonders gut zum Vergüten. Und Vergüten – Sie erinnern sich – besteht aus *Härten mit nachfolgendem Anlassen*. Das Härten ist eine absolut notwendige Voraussetzung dabei und klappt nur unter folgenden Bedingungen (siehe auch Kapitel 14):

✔ In jedem Fall muss der Stahl ausreichend Kohlenstoff enthalten, normalerweise **mindestens 0,2 % C**, in Sonderfällen darf das auch mal bis auf etwa 0,1 % herunterrutschen.

✔ Und bei dickwandigen Bauteilen braucht man im Stahl noch **Legierungselemente**, sonst kann man diese Teile nicht durchhärten und damit auch nicht durchvergüten.

 Die typischen Vergütungsstähle enthalten also mindestens 0,2 % C und häufig noch Legierungselemente. Sie weisen eine besonders gute Kombination von Festigkeit und Zähigkeit auf, daher kommt ja auch die Bezeichnung »Vergüten«.

Vergütungsstähle können unlegiert, niedriglegiert oder hochlegiert sein:

✔ *Unlegierte Vergütungsstähle* können Sie nur für relativ dünnwandige Bauteile sinnvoll verwenden, nur dort schöpfen Sie deren Potenzial voll aus. Woran das liegt? Unlegierte Stähle haben ja keine Legierungselemente, jedenfalls nicht in spürbaren Mengen. Dadurch wird die Diffusion nur wenig behindert, sie ist ganz schön flott, und alle Umwandlungen aus dem Austenit, die von der Diffusion abhängen, sind entsprechend schnell. Also bildet sich der Ferrit schnell, ebenso der Perlit und der Bainit. Und um den gewünschten Martensit hinzubekommen, müssen Sie diese Stähle besonders schnell abkühlen, das klappt nur bei dünnwandigen Bauteilen.

✔ *Niedriglegierte Vergütungsstähle* haben eine deutlich verbesserte Einhärtbarkeit, sie eignen sich deshalb auch für Bauteile mit etwas dickeren Querschnitten.

✔ *Hochlegierte Vergütungsstähle* werden vorzugsweise für höhere Anwendungstemperaturen oder als korrosionsfeste Werkstoffe eingesetzt. Sie sind etwas spezieller gestrickt; mehr dazu weiter hinten in diesem Kapitel bei den warmfesten und korrosionsbeständigen Stählen.

Tabelle 15.4 listet einige Eigenschaften von ausgewählten gängigen Vergütungsstählen auf. Diese Tabelle ist viel interessanter, als Sie auf den ersten Blick vermuten mögen. Stöbern Sie ruhig ein wenig drin, bevor Sie weiterlesen.

Können Sie alle Kurznamen entschlüsseln? Im Zweifelsfall spicken Sie in Kapitel 13. In den Spalten sind Wärmebehandlung und mechanische Eigenschaften eingetragen. R_e steht übrigens entweder für R_{eH} oder $R_{p0,2}$, je nachdem, ob eine ausgeprägte Streckgrenze vorliegt oder nicht. Doch etwas unsicher bei »ausgeprägter Streckgrenze«? Notfalls nochmals in Kapitel 6 nachsehen, da finden Sie die Kennwerte des Zugversuchs.

Kurzname (im vergüteten Zustand +QT)	Wärmebehandlung		Mechanische Eigenschaften bei Raumtemperatur, vergüteter Zustand			
	Härten °C	Anlassen °C	R_e mind. N/mm^2	R_m mind. N/mm^2	A_5 mind. %	KV mind. J
C22E	860–900 in Wasser		340	500–650	20	50
C35E	840–880 in W. oder Öl	550–660	430	630–780	17	35
C45E	820–860 in W. oder Öl		490	700–850	14	25
C60E	810–850 in Öl oder W.		580	850–1000	11	–
28Mn6	840–880 in W. oder Öl	540–680	590	800–950	13	40
38Cr2	830–870 in Öl oder W.		550	800–950	14	35
46Cr2	820–860 in Öl oder W.		650	900–1100	12	35
34Cr4	830–870 in W. oder Öl	540–680	700	900–1100	12	40
37Cr4	825–865 in Öl oder W.		750	950–1150	11	35
41Cr4	820–860 in Öl oder W.		800	1000–1200	11	35
25CrMo4	840–900 in W. oder Öl		700	900–1100	12	50
34CrMo4	830–890 in Öl oder W.	540–680	800	1000–1200	11	40
42CrMo4	820–880 in Öl oder W.		900	1100–1300	10	35
50CrMo4	820–870 in Öl		900	1100–1300	9	30
34CrNiMo6	830–860 in Öl oder W.	540–660	1000	1200–1400	9	45
30CrNiMo8			1050	1250–1450	9	30
36NiCrMo16	865–885 in Luft, Öl oder Wasser	550–650	1050	1250–1450	9	30
51CrV4	820–870 in Öl	540–680	900	1100–1300	9	30

Tabelle 15.4: Wärmebehandlung und mechanische Eigenschaften einiger Vergütungsstähle in Anlehnung an DIN EN 10083, vereinfacht

So, und wenn Sie möchten, dann versuchen Sie, die eingetragenen Werte etwas zu beurteilen, zu verkosten sozusagen, und logische Zusammenhänge zu erkennen.

Die erste Spalte mit den Kurznamen

Die Kurznamen ganz oben in der ersten Spalte beginnen mit einem C, es handelt sich also um vier unlegierte Stähle, der Kohlenstoffgehalt liegt zwischen 0,22 und 0,6 % C. Darunter kommen niedriglegierte Stähle, geordnet nach ihrem Legierungstyp. Einer der Stähle ist nur mit Mangan legiert, manche nur mit Chrom, weitere kombiniert. Bei allen Kurznamen wird noch die Zusatzbezeichnung »+QT« an den Namen angehängt, falls der Stahl vergütet ist. Das steht für »quenched and tempered« und bedeutet wörtlich übersetzt »abgeschreckt und angelassen«, also vergütet.

Warum gerade diese C-Gehalte und Legierungselemente? Die haben sich einfach bewährt, sie führen zu guten Eigenschaften. Allgemeine Grundtendenz: Je höher der C-Gehalt, desto höher die Festigkeit und desto geringer die Zähigkeit. Die Legierungselemente erhöhen die Einhärtbarkeit und wirken dann je nach ihrem Charakter in unterschiedlicher Weise.

Die zweite Spalte mit der Wärmebehandlung

Hier finden Sie die optimalen Temperaturen, von denen aus gehärtet wird, und bei denen man anlässt. Wie kommt man auf die Härtetemperaturen? Das sind die berühmten 30 bis 50 °C oberhalb der GOSK-Linie, da ist man gerade eben mit Sicherheit im unteren Bereich des Austenitgebiets. Wenn Sie möchten, prüfen Sie die eingetragenen Temperaturen mithilfe des Eisen-Kohlenstoff-Zustandsdiagramms nach (siehe Kapitel 14). Die Anlasstemperaturen können grundsätzlich ziemlich variieren, eingetragen sind übliche Werte.

Die dritte Spalte mit den mechanischen Eigenschaften

Generell sind die Festigkeiten ganz schön hoch bei gleichzeitig noch respektabler Bruchdehnung und Kerbschlagarbeit, eben eine gute Kombination. Die Eigenschaften hängen natürlich erheblich von der Anlasstemperatur ab. Angegeben sind typische Werte, bei Bedarf können Sie dran drehen: je höher die Anlasstemperatur, desto höher die Zähigkeit und desto niedriger die Festigkeit.

And the winner is ...

Und der Gewinner ist ..., nein, nicht der Stahl mit der höchsten Festigkeit, sondern der kostengünstigste, am einfachsten zu verarbeitende Vergütungsstahl, der die geforderten Eigenschaften erreicht. Wie immer. Der Preis ist am niedrigsten bei den unlegierten Stählen und steigt mit dem Legierungsgehalt an, wobei teure Elemente, wie Molybdän und Nickel, besonders zu Buche schlagen.

 Weil Vergüten einen zusätzlichen Aufwand bedeutet, der bezahlt werden muss, werden Vergütungsstähle nur dort angewandt, wo man die guten Eigenschaften auch wirklich braucht: bei hoch beanspruchten Wellen, Achsen, Schrauben, Federn, Bolzen, Pleueln, Zahnrädern, Walzen und anderem mehr.

Besonders charakteristisch und wichtig ist die Anwendung der Vergütungsstähle für die hochfesten Schrauben. Mit »hochfest« meine ich Schrauben mit Zugfestigkeiten so oberhalb von etwa 800 N/mm^2, und das erreicht man praktisch nur durch Vergüten.

Acht Punkt acht und zehn Punkt neun

Ist Ihnen schon aufgefallen, dass auf vielen »ordentlichen« Schrauben Beschriftungen wie 5.6, 8.8, 10.9 oder 12.9 zu finden sind? Falls nicht, schauen Sie mal bei etwas größeren Exemplaren nach, Sie werden bestimmt fündig. Und was heißt das nun?

Mit dieser Bezeichnung möchte man die allerwichtigste Eigenschaft einer Schraube kennzeichnen, die sogenannte Festigkeitsklasse. Und weil der Platz knapp ist bei Schrauben, muss man das in kürzestmöglicher Weise tun. Nehmen Sie die erste Zahl und multiplizieren Sie die mit 100, dann erhalten Sie die Mindestzugfestigkeit des Schraubenwerkstoffs in N/mm^2. Und wenn Sie diese Mindestzugfestigkeit mit einem Zehntel der zweiten Zahl multiplizieren, dann erhalten Sie die Mindeststreckgrenze. 5.6 bedeutet also, dass $R_m \geq 5 \cdot 100$ N/mm^2 = 500 N/mm^2 ist, und $R_{eH} \geq 500$ N/mm$^2 \cdot 0{,}6 = 300$ N/mm^2.

Ab Festigkeitsklasse 8.8 sind praktisch alle Schrauben vergütet. Prachtexemplare reichen bis 14.9, und in Sonderfällen noch drüber.

So viel zu den Vergütungsstählen. Bei der nächsten Stahlgruppe geht's heiß her, Vorsicht also.

Brennen nicht so schnell an: Warmfeste und hitzebeständige Stähle

Wenn Sie einen ganz normalen unlegierten Stahl nehmen und »einfach so« bei hohen Temperaturen anwenden, dann bekommen Sie in zweierlei Hinsicht Ärger:

✔ Erstens wird der Stahl butterweich, er hat *geringe Festigkeit* und *kriecht*. Über dieses Phänomen habe ich schon in Kapitel 3 berichtet, da ging es um die thermisch aktivierten Vorgänge in Werkstoffen. Natürlich hat das auch seine guten Seiten, wie beim Warmumformen und Spannungsarmglühen. Für tragende Bauteile bei hohen Temperaturen ist das aber mehr als unerfreulich.

✔ Zweitens oxidieren die Stähle, ein Fachausdruck dafür ist *Verzundern*, sie reagieren mit dem Sauerstoff der Luft.

Gegen beide Arten von Ärger helfen geeignete Legierungselemente, und die führen dann zu den warmfesten Stählen und den hitzebeständigen. Auf den ersten Blick erscheinen die Eigenschaften »warmfest« und »hitzebeständig« gleichbedeutend oder ähnlich, in der Fachsprache aber meint man zwei unterschiedliche Tugenden:

Ein *warmfester* Stahl ist in der Wärme, also bei hohen Temperaturen, relativ *fest*. Ein *hitzebeständiger* Stahl ist in der Hitze, also ebenfalls bei hohen Temperaturen, *oxidationsbeständig*.

Natürlich sind meist beide Eigenschaften gleichzeitig erwünscht. Was nützt Ihnen ein warmfester Stahl, wenn er hemmungslos an Luft oxidiert, den könnten Sie nur unter Schutzgas oder im Vakuum betreiben. Oder ein super hitzebeständiger Stahl, der in der Wärme weich ist wie Butter. Aber beides gleichzeitig hinzubekommen ist nicht immer einfach. Deshalb steht bei den warmfesten Stählen die Festigkeit im Vordergrund, und bei den hitzebeständigen Stählen die Oxidationsbeständigkeit.

Warmfeste Stähle

Möglichst fest sollen sie in der Wärme sein und möglichst wenig kriechen, das ist die Hauptsache, zusätzlich noch oxidationsbeständig.

Wo benötigt man denn solche Stähle? Könnte man nicht ganz einfach auf die hohen Temperaturen verzichten?

✔ In einigen Bereichen sind hohe Temperaturen und warmfeste Werkstoffe einfach **notwendig**, ohne sie geht es nicht, beispielsweise beim Gießen oder Schmieden, bei Öfen aller Art, in der Chemieindustrie.

✔ Auf anderen Gebieten sind hohe Temperaturen zwar nicht unbedingt notwendig, aber **höchst wünschenswert**, wie im Motoren- und Kraftwerksbereich. Dort helfen besonders warmfeste Stähle, den Wirkungsgrad der Anlagen zu erhöhen, wenig Kraftstoff zu verbrauchen und die Umwelt zu schonen.

Und wie bekommt man nun die Stähle warmfest? Im Grunde »ganz einfach«: Man muss alle **diejenigen Vorgänge im Werkstoff behindern, die zum Kriechen führen**. Gesagt ist das einfach, verwirklicht schon schwerer. Kriechen ist ja die plastische Verformung eines Werkstoffs unter konstanter Last; mehr dazu finden Sie in Kapitel 3. Beim Kriechen können Versetzungen besondere Bewegungsarten ausführen, es können Korngrenzen aneinander abgleiten oder rutschen, es kann Rekristallisation auftreten und natürlich Diffusion. Und nun müssen Sie »ganz einfach« all das behindern, so gut es geht.

Behindert wird mithilfe von Legierungselementen; die bilden entweder Mischkristalle oder auch Ausscheidungen, das sind klitzekleine Kriställchen, die in die normalen eingelagert sind. Was man hiermit erreichen kann, zeigt Ihnen Abbildung 15.4. Werfen Sie zunächst einen Blick auf die Achsenbeschriftungen und versuchen Sie schon mal, die eingetragenen Werkstoffe zu entziffern.

Das Diagramm ist ziemlich umfangreich, nun eins nach dem anderen.

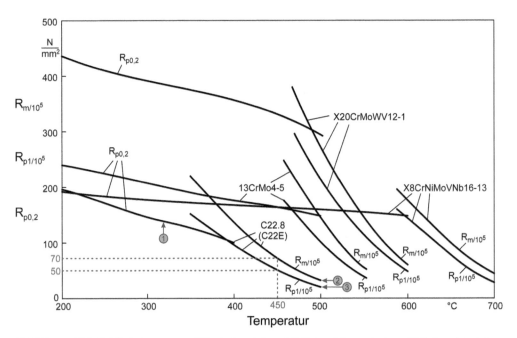

Abbildung 15.4: 0,2-%-Dehngrenzen (Mindestwerte) und Zeitstandeigenschaften (Mittelwerte) einiger Stähle, vereinfacht, in Anlehnung an DIN EN 10222, 10273 und 10302

Was die unlegierten Stähle können oder eher nicht können

Sehen Sie sich bitte in Abbildung 15.4 zunächst einmal nur eine einzige Kurve an, nämlich diejenige, auf die die eingekreiste 1 zeigt. Alle anderen Kurven bitte vorerst ignorieren, einfach wegdenken. Was ist bei der **Kurve 1** dargestellt?

Die Beschriftung zeigt, dass es sich um den Werkstoff C22.8 handelt, das ist die alte deutsche Bezeichnung. C22 bedeutet unlegierter Stahl mit 0,22 % C. Die Zusatzbezeichnung ».8« ist eine Besonderheit und deutet darauf hin, dass dieser Stahl ein wenig »feingetunt« wurde hinsichtlich angehobener Temperaturen. Im Grunde ist er dem Stahl C22E recht ähnlich, einfach ein unlegierter Stahl.

Und von diesem Stahl ist die Dehngrenze $R_{p0,2}$ in Anhängigkeit von der Temperatur dargestellt. Die 0,2-%-Dehngrenze ist ja diejenige Spannung, die 0,2 % plastische Dehnung hervorruft, ein Ersatz für die »richtige« Streckgrenze. Grob vereinfacht ist $R_{p0,2}$ die Spannung, bei der die plastische Verformung »so richtig« einsetzt, ein ganz wichtiger Werkstoffkennwert aus dem Zugversuch.

So, und was passiert mit der Dehngrenze dieses Werkstoffs, wenn die Temperatur zunimmt? Sie sinkt, wie Sie am fallenden Verlauf erkennen. Mit einem vorsichtigen Blick auf die anderen drei Werkstoffe sehen Sie, dass es denen auch nicht besser ergeht, das ist das normale Verhalten. Woher kommt das? Mit zunehmender Temperatur

✔ schwingen die Atome stärker,

✔ die Bindungen zwischen den Atomen werden dadurch schon etwas »vorbeansprucht«, sie lassen sich leichter lösen, und

✔ hierdurch kann man die Versetzungen in den Körnern des Stahls schon bei niedrigeren mechanischen Spannungen in Bewegung bringen und damit die plastische Verformung in Gang setzen.

Good Vibrations

Haben Sie schon einmal einen Bauarbeiter beim Verdichten eines Gehwegunterbaus beobachtet? Die nehmen sogenannte Rüttler dafür, schwere Maschinen mit vibrierender Bodenplatte. Während des Rüttelns schiebt der Bauarbeiter den mordsschweren Rüttler fast mühelos den Gehweg entlang. Warum geht das so leicht? Die Bodenplatte vibriert im Betrieb so sehr, dass sie immer wieder kurzzeitig den Bodenkontakt verliert und in der Luft schwebt, und dann ist sie leicht zu bewegen. Einen stillstehenden Rüttler zu schieben, nein, das versucht man schon gar nicht von Hand, die Reibungskraft ist zu hoch.

Und so ist es auch bei den Werkstoffen: Je höher die Temperatur, desto heftiger schwingen und vibrieren die Atome, desto leichter lassen sich die Versetzungen »schieben«, desto niedriger die Festigkeit. So ungefähr jedenfalls.

Mehr zum Thema Bindungen und Versetzungen finden Sie in Kapitel 1.

Zurück zu Abbildung 15.4. Der Verlauf der Dehngrenze ist nur bis zu 400 °C eingetragen, dann hört die Kurve auf. Das liegt nicht daran, dass man den Zugversuch oberhalb von 400 °C nicht mehr durchführen könnte, sondern daran, dass die Ergebnisse des Zugversuchs bei hohen Temperaturen enorm davon abhängen, wie schnell er durchgeführt wird, ob die Probe also schön gemütlich oder recht flott auseinandergezogen wird. Dieser Effekt hängt mit dem Kriechen des Werkstoffs zusammen, und das ist schon bei maßvollen Temperaturen spürbar. So ungefähr oberhalb von 400 °C aber ist der klassische Zugversuch am C22.8 wenig sinnvoll und man ersetzt ihn durch den Kriechversuch.

Die Ergebnisse von Kriechversuchen sehen Sie anhand der **Kurven 2 und 3** in Abbildung 15.4, jetzt bitte spezielles Augenmerk darauf. Diese Kurven sind mit $R_{m/10^5}$ und $R_{p1/10^5}$ beschriftet, dabei handelt es sich um die Zeitstandfestigkeit und die Zeitdehngrenze. Zur Erinnerung:

Die *Zeitstandfestigkeit* $R_{m/10^5/\vartheta}$ ist diejenige Spannung, die Bruch nach 10^5 Stunden bei der Temperatur ϑ hervorruft.

Und die *Zeitdehngrenze* $R_{p1/10^5/\vartheta}$ ist diejenige Spannung, die 1 % plastische Dehnung nach 10^5 Stunden bei der Temperatur ϑ zur Folge hat.

Das Symbol ϑ für die Temperatur ist bei der Beschriftung in Abbildung 15.4 weggelassen, da die Kurven ja ohnehin schon die Werte in Abhängigkeit von der Temperatur zeigen. Damit Sie an einem Beispiel sehen, was Zeitstandfestigkeit und Zeitdehngrenze bedeuten, lesen Sie bitte beide Werte für C22.8 bei 450 °C ab. Anhand der grau gestrichelten Linien erkennen Sie: Die Zeitstandfestigkeit für 10^5 Stunden beträgt 70 N/mm^2, die Zeitdehngrenze für 10^5 Stunden 50 N/mm^2. Und das heißt konkret:

- ✔ Wenn Sie einen Stab aus C22.8 nehmen und ihn bei 450 °C konstant mit einer Zugspannung von 70 N/mm^2 belasten, wird er laufend kriechen, sich also plastisch verformen und nach 10^5 Stunden, das sind 11,4 Jahre, brechen.

- ✔ Falls Sie es milder angehen lassen und den Stab bei 450 °C nur mit 50 N/mm^2 belasten, wird er sich nach 11,4 Jahren zwar um 1 % plastisch gedehnt haben, aber ansonsten noch intakt sein.

Die Zeitdehngrenze ist also ein sinnvolles Maß dafür, wie sehr Sie einen Werkstoff langfristig bei hoher Temperatur auf Zug belasten können. Leider ergibt sich da für den unlegierten Stahl C22.8 ein eher trauriges Bild: Die Zeitdehngrenze für 10^5 Stunden beträgt bei 400 °C 100 N/mm^2, bei 450 °C nur noch 50 N/mm^2 und bei 500 °C reden wir nicht mehr drüber. Wenn Sie als sinnvolles Belastungsmaß einfach mal 100 N/mm^2 wählen, sehen Sie, dass der C22.8 nur bis zu etwa 400 °C sinnvoll eingesetzt werden kann. Immerhin, gar so schlecht ist das auch wieder nicht, andere Werkstoffe machen noch früher schlapp. Hiermit ergibt sich folgende Regel:

Unlegierte Stähle lassen sich nur bis zu etwa 400 °C sinnvoll als mechanisch tragende Werkstoffe anwenden. Darüber kriechen sie vermehrt und sind nur noch wenig belastbar.

Was die niedriglegierten Stähle bieten

Als Beispiel für einen niedriglegierten Stahl habe ich den 13CrMo4-5 ausgewählt, einen Stahl mit 0,13 % Kohlenstoff, 1 % Chrom und 0,5 % Molybdän. Obwohl dieser Stahl weniger C-Gehalt hat als der C22.8, liegt seine Dehngrenze höher (siehe Abbildung 15.4), eine Folge der Legierungselemente. Entscheidend für die Anwendung bei hohen Temperaturen ist aber auch der Verlauf der Zeitdehngrenze. 100 N/mm^2 werden bei rund 500 °C erreicht, in Anbetracht der geringen Legierungsgehalte ein beachtlicher Fortschritt. Fasst man die typischen niedriglegierten Stähle für Anwendung bei höheren Temperaturen zusammen, so ergibt sich:

Die niedriglegierten warmfesten Stähle können Sie bis zu etwa 550 °C sinnvoll einsetzen. Geeignete Legierungselemente sind Mangan, Chrom, Molybdän, Vanadium, Beispiele für konkrete Stähle 16Mo3, 13CrMo4-5, 11CrMo9-10.

Die hochlegierten Stähle legen nochmals nach

Die hochlegierten warmfesten Stähle lassen sich in zwei Gruppen gliedern, in die martensitischen/vergüteten und die austenitischen Stähle.

Die *martensitischen Stähle* heißen so, weil sie Martensit, das ist das Härtungsgefüge, als »normales«, als übliches Gefüge aufweisen. Der Martensit entsteht wegen der hohen Legierungsgehalte an Chrom schon bei langsamer Abkühlung aus dem Austenitgebiet. Da sie fast immer angelassen und damit vergütet werden, nennt man sie auch *vergütete warmfeste Stähle*. Ein Vertreter darunter ist der X20CrMoWV12-1, er enthält 0,2 % Kohlenstoff, 12 % Chrom, 1 % Molybdän und etwas Wolfram sowie Vanadium. Wegen des Vergütungsgefüges liegt die Dehngrenze hoch (siehe Abbildung 15.4). Und weil noch intensivere Mischkristalle und besonders viele kleine Ausscheidungskriställchen gebildet werden, liegt die Zeitdehngrenze ebenfalls günstiger: 100 N/mm^2 werden bei etwa 550 °C erreicht.

Noch besseres Kriechverhalten haben die *austenitischen Stähle*, wie Sie es am Beispiel X8CrNiMoVNb16-13 sehen. Diese Stähle haben vor allem wegen ihres hohen Nickelgehalts kubisch-flächenzentriertes Gitter, und in diesem dicht gepackten Gittertyp ist die Diffusionsgeschwindigkeit generell geringer als im kubisch-raumzentrierten Gitter. Die Zeitdehngrenze von 100 N/mm^2 wird bei etwa 630 °C erreicht, ein weiterer Fortschritt.

Die hochlegierten warmfesten Stähle sind bis zu etwa 700, mit Einschränkungen teilweise bis 800 °C einsetzbar. Spätestens dann aber ist das »Ende der Fahnenstange« bei den Stählen erreicht. Bei höheren Anwendungstemperaturen muss man auf die wesentlich teureren Nickel-Superlegierungen übergehen, die fast an 1100 °C heranreichen, aber das ist ein anderes Thema.

Sie sehen also, das Hauptaugenmerk liegt bei den warmfesten Stählen schon auf guter Festigkeit. Gleichzeitig sollen sie aber auch nicht übermäßig oxidieren, was man bei diesen Stählen noch ganz gut in den Griff bekommt. Bei besonders hohen Anwendungstemperaturen muss man aber andere Wege gehen, und die führen zu den hitzebeständigen Stählen.

Hitzebeständige Stähle

Die unlegierten und die niedriglegierten Stähle sind nur bis zu etwa 550 °C oxidationsbeständig. Bis zu dieser Temperaturgrenze bilden sie relativ dünne, überwiegend dichte und halbwegs haftende Oxidschichten aus. Diese Oxidschichten schützen den Werkstoff vor weiterem Zutritt von Luftsauerstoff. Selbst wenn sie einmal beschädigt werden, bilden sie sich neu aus, sie heilen von allein.

Bei höheren Temperaturen neigen die Oxidschichten jedoch zur Porenbildung und zum Abplatzen. In Abbildung 15.5 sehen Sie kleine Proben aus einem unlegierten Stahl im neuen Zustand und nach einigen Stunden bei 1200 °C an Luft. An der Oberfläche haben sich Eisenoxidschichten gebildet, die sich laufend ablösen.

Dadurch wird der eigentliche Werkstoff immer wieder freigelegt, die Oxidation kann fast ungehindert weiter ablaufen, bis im Extremfall vom wunderschönen Stahl nur noch ein Häufchen dunkelgraues Eisenoxid übrig geblieben ist. Fachleute sprechen anstatt von oxidieren oft von »*zundern*« und die Oxide nennt man »*Zunder*«. Der Name kommt vom Zunder, einem getrockneten pflanzlichen Material, das leicht brennbar ist und sich zum Anzünden von Feuer eignet.

Abbildung 15.5: Unlegierter Stahl, links neu, Mitte nach 10 Stunden bei 1200 °C und rechts nach 30 Stunden bei 1200 °C an Luft

 Die *hitzebeständigen Stähle* – auch *zunderbeständige Stähle* genannt – sollen nun eine möglichst gute Oxidationsbeständigkeit/Zunderbeständigkeit aufweisen. Natürlich soll auch die Festigkeit gut sein, aber da ist man zu Kompromissen bereit.

Wie wird das erreicht? Die entscheidende Maßnahme ist das **Zulegieren von Chrom, Aluminium und Silizium**. Das Verrückte dabei ist, dass diese Elemente noch intensiver mit Sauerstoff reagieren als das Eisen. Und warum helfen die dann gegen Oxidation? Tatsächlich bilden sich die Oxide dieser Elemente noch schneller als die Eisenoxide, aber im Gegensatz zu den Eisenoxiden sind sie weitgehend dicht, sie haften gut, neigen nicht so leicht zur Porenbildung und zum Abplatzen. Kurz und gut, sie schützen den Werkstoff vor weiterem Zutritt von Sauerstoff – solange man es nicht übertreibt. Und wenn sie einmal beschädigt werden, dann wachsen sie ganz von allein wieder auf.

Einige typische hitzebeständige Stähle sind in Tabelle 15.5 aufgeführt. Alle Namen beginnen mit einem X, das bedeutet hochlegiert, in allen ist viel Chrom enthalten, dann meist noch Aluminium und Silizium mit je etwa 1 % Anteil. Die höchstmögliche Anwendungstemperatur in Luft reicht bis zu 1150 °C, das ist ganz beachtlich. Natürlich dürfen Sie die Stähle bei solch hohen Temperaturen kaum noch mechanisch belasten, da ist nicht mehr viel drin.

Stahl	Höchste Anwendungs-temperatur an Luft, °C	Gefüge
X10CrAlSi7	800	
X10CrAlSi13	850	
X10CrAlSi18	1000	
X10CrAlSi25	1150	
X15CrNiSi25-4	1100	
X8CrNiTi18-10	850	
X15CrNiSi20-12	1000	
X15CrNiSi25-21	1150	

Tabelle 15.5: Einige hitzebeständige Stähle, nach DIN EN 10095

Falls Sie nun anmerken, dass da in der dritten Spalte die Gefüge noch fehlen und ich Ihnen weißes Papier andrehe, dann haben Sie nicht ganz unrecht. Natürlich habe ich nur Ihr Bestes im Sinn: Sie sollen sich nämlich nicht nur gemütlich zurücklehnen beim Lesen dieses *... für Dummies*-Buches, sondern selbst aktiv werden und herausfinden, welche Gefüge diese Stähle haben. Wie das geht? Richtig, das Schaefflerdiagramm hilft, suchen Sie, tüfteln Sie. Ein Tipp: Bei den Elementen, deren Gehalte aus den Kurznamen nicht ersichtlich sind, nehmen Sie vereinfachend null Prozent an, dann sollte es klappen.

Je nach Gefüge können die mechanischen Eigenschaften unterschiedlich sein. Die austenitischen unter den hitzebeständigen Stählen lassen sich besonders gut umformen und haben gute Warmfestigkeit; zerspanen lassen sie sich nicht so leicht und relativ teuer sind sie wegen des Nickelgehalts. Die ferritischen sind preiswerter, die Warmfestigkeit ist aber nicht so gut.

Und wo wendet man die hitzebeständigen Stähle gerne an? Überall dort, wo hohe Anwendungstemperaturen auftreten und die Festigkeit nicht ganz so im Vordergrund steht, bei Heizwendeln, Turboladern, im Triebwerksbau, bei Glühöfen und Katalysatoren.

Im Papierkorb

In unserem Werkstofflabor gibt es einen Föhn. Nein, wir brauchen ihn nicht zum Haareföhnen, wo kämen wir da hin, sondern um die frisch präparierten Schliffe zu trocknen, das funktioniert perfekt.

Eines Tages riecht der Föhn beim Benutzen erst seltsam, dann »hustet« er vernehmlich, der Lüftermotor bleibt stehen und raucht, die Heizwendel im Inneren glüht heftig. Die kurze Diagnose ergibt Motorversagen, Reparatur hat keinen Sinn, ab in den Laborabfalleimer. Sofort neuen Föhn gekauft, montiert und – die Gedanken schweifen zum defekten Gerät. Was ist wohl aus der unfreiwillig glühenden Heizwendel geworden? Der alte Föhn liegt noch im Papierkorb (wie gut), schnell zerlegt, die Spannung steigt: Die Heizwendel sieht noch blitzblank und funkelnagelneu aus. Aus was die wohl besteht? Die chemische Analyse im Rasterelektronenmikroskop ergibt einen Stahl mit 20 % Cr, 2,5 % Al und 1,5 % Si. Wunderbar hitzebeständig, alles Wichtige drin, so soll es sein.

Haben Sie genug von all der Hitze? Bitte schön, die Abkühlung kommt.

Schmecken auch kalt: Kaltzähe Stähle

Zu tiefen Temperaturen hin haben die üblichen unlegierten Stähle ein grundsätzliches Problem: Sie werden **spröde**. Und ganz entscheidend dabei ist, dass dieses »Sprödewerden« nicht nur vom Stahl an sich abhängt, sondern auch ganz wesentlich davon,

✔ ob sich **Kerben** quer zur Zugbelastung im betrachteten Bauteil befinden und

✔ wie **schnell** das Bauteil **belastet** wird.

Genau aus dieser Problematik heraus ist ja der Kerbschlagbiegeversuch entwickelt worden. Bei dieser Art der Werkstoffprüfung wird ein Werkstoff unter sehr harten Bedingungen bezüglich der Zähigkeit geprüft, nämlich mit Kerbe (die verursacht einen sogenannten dreiachsigen Zugspannungszustand) und schlagartig. Verhält sich ein Werkstoff unter diesen extremen Bedingungen zäh, so wird er sich auch in der Praxis im schlimmstmöglichen Fall zäh verhalten. Und **zäh heißt sicher**; ein zäher Werkstoff kann vor dem Bruch vorwarnen, viel Energie aufnehmen und er zerlegt sich nicht so schnell in viele Einzelbruchstücke. Mehr dazu finden Sie in Kapitel 8.

Mit den kaltzähen Stählen möchte man nun etwas gegen diese Versprödung zu tiefen Temperaturen hin unternehmen. Welche Anwendungsgebiete gibt es da überhaupt? Zum einen betrifft es schon den Einsatz von Stählen im Freien, da kann es je nach Gegend bis zu −80 °C kalt werden. Die Lebensmittelverarbeitung und -lagerung mitsamt der Kühltechnik ist ein weiteres Gebiet. Besonders frostig wird es bei der Flüssiggastechnologie, bei der es oft um die −190 °C hat, teilweise geht es sogar herunter bis in die Nähe des absoluten Nullpunkts, der sich bei etwa −273 °C befindet.

Im Wesentlichen gibt es drei Gruppen von Stählen, die sich für den Einsatz bei tiefen Temperaturen eignen:

✔ Für Temperaturen bis herab zu etwa −80 °C reichen häufig diejenigen *Feinkornbaustähle* aus, die speziell dafür entwickelt wurden. Bei diesen Stählen verbessert man die Zähigkeit bei tiefen Temperaturen durch ganz besonders feines Korn, durch die Legierungselemente Mangan und Nickel sowie besonders niedrige Phosphor- und Schwefelgehalte. Beispiele sind S460ML oder S890QL1.

✔ Für noch tiefere Temperaturen bis zu etwa −200 °C eignen sich die *nickellegierten Stähle* 12Ni14, 12Ni19 und X8Ni9. Können Sie deren Nickelgehalte analysieren? Notfalls schauen Sie in Kapitel 13 nach. Je mehr Nickel diese Stähle enthalten, desto besser ist die Zähigkeit bei tiefen Temperaturen. Woher kommt das? Nickel selbst hat kubisch-flächenzentrierte Struktur, und die ist generell ideal für gute Zähigkeit. Das Nickel übt halt seinen guten Einfluss aus.

✔ Die von ihren Eigenschaften her idealen kaltzähen Stähle sind die *austenitischen Chrom-Nickel-Stähle* mit circa 18 % Cr und 10 % Ni. Sie haben auch bei tiefen Temperaturen kubisch-flächenzentrierte Gitterstruktur und sind teilweise bis in die Nähe des absoluten Nullpunkts sehr zäh. Beispiele sind X5CrNi18-10 und X2CrNiMoN17-12-2. Diese Stähle sind zudem auch recht korrosionsbeständig, mehr dazu bei den rostbeständigen Stählen gleich im Anschluss.

Alle genannten kaltzähen Stähle sind gut zum Schweißen geeignet, wenn man etwas auf ihre Eigenheiten achtet. Der Preis der Stähle hängt vor allem vom teuren Legierungselement Nickel ab, ferner vom Chrom und steigt von den Feinkornbaustählen über die Nickelstähle zu den austenitischen Chrom-Nickel-Stählen hin an. Welcher Stahl nun bei welcher Anwendung zum Zuge kommt, hängt wesentlich ab von

✔ der **Einsatztemperatur** (wie weit es runter geht),

✔ den **Sicherheitsanforderungen** (wie zäh er sein muss),

✔ der gewünschten **Festigkeit** (hoch ist fast immer gut) und

✔ der **Verarbeitungsfreundlichkeit** (problemlos soll er sein).

Das Rennen macht, aber da sage ich Ihnen jetzt nichts Neues mehr, derjenige Stahl, der die gestellten Anforderungen zum geringsten Gesamtpreis erfüllt, also inklusive Verarbeitung.

Frisch war's, jetzt geht's ans Rostfreie.

Halten sich lang: Nichtrostende Stähle

Sicher haben Sie sich schon über Rost geärgert, eventuell am Auto, am Fahrrad, an Gartenmöbeln mit stählernem Gestell oder am Balkongeländer. Rosten ist eine ebenso natürliche wie unerwünschte Korrosionsreaktion des Eisens mit feuchter, sauerstoffhaltiger Umgebung und übrigens auch der Grund dafür, weshalb Eisen nahezu nie in metallischer Form auf unserer Erdkruste vorkommt.

Rost ist eine Art von Eisenoxid, die noch Wasser und anderes in gebundener Form enthält. Wegen seiner porösen Struktur und seiner Neigung zum Abplatzen hat er leider keine schützende Wirkung. Das kann so weit gehen, dass vom einstmals schönen Stahlteil nur noch ein trauriges Häufchen Rost übrig bleibt.

Was kann man dagegen tun? Natürlich anstreichen, beschichten, kathodisch schützen (das ist eine Spezialmaßnahme mit elektrischem Strom) und weitere Tricks anwenden. Die funktionieren auch gut und werden viel verwendet, aber hier meine ich: Wie bekommt man einen Stahl an sich rostfrei?

 Das Grundrezept für einen rostbeständigen Stahl ist **Zulegieren von mindestens 12 % Chrom.** Das führt in unserer üblichen Umgebung, der Luft, und sogar unter Wasser zu sehr dünnen, dichten Oxidschichten, die vorwiegend aus Chromoxid bestehen, teils auch gemischt mit anderen Oxiden. Diese Oxidschichten schützen den Stahl vor weiterem Zutritt von Luftsauerstoff und Feuchtigkeit, der Stahl wird überwiegend rostfrei.

Vier wichtige Anmerkungen dazu:

✔ Die Chromoxidschichten sind so dünn, dass sie für Licht transparent, also durchscheinend sind und dem normalen Auge nicht auffallen. Der Stahl sieht so aus wie ein Edelmetall, weshalb man diese Stähle im Volksmund auch *Edelstähle* nennt.

✔ Obwohl Chrom selbst noch heftiger mit Sauerstoff reagiert als das Eisen, wirkt es schützend, weil die Chromoxidschicht schön dicht ist, gut auf dem Stahl haftet und nicht zu Rissen oder Abplatzungen neigt. Und wenn diese Schicht einmal verletzt wird, dann wächst sie normalerweise von allein wieder auf, der Schutz ist wiederhergestellt – genauso funktionieren ja auch die hitzebeständigen Stähle.

✔ Die Oxidschichten werden auch *Passivschichten* genannt, weil der Stahl dadurch passiv wird, »teilnahmslos«, also nicht rostend.

✔ Den Mindestgehalt an Chrom habe ich etwas pauschal mit 12 % beziffert. In vielen Publikationen wird als untere Grenze aber **10,5 %** genannt, woran liegt das? Mit den 12 % meine ich den nominellen Gehalt, den Sollgehalt, den Sie dem Kurznamen entnehmen können. Und weil man den Chromgehalt (und andere Gehalte) bei den konkreten Stählen nie so ganz genau festlegen kann, lässt man eine bestimmte Schwankungsbreite zu, bei 12 % nominellem Gehalt beispielsweise 10,5 bis 12,5 %. Und die 10,5 % Chrom sind dann tatsächlich die untere Grenze. Hier sind die Stähle aber noch nicht völlig rostfrei, sie bekommen meist Flugrost oder eine dünne Rostschicht. Guten Korrosionsschutz erhält man so etwa oberhalb von 16 % Chrom (nominell sind das dann 17 %), weitere Elemente können die Korrosionsbeständigkeit zusätzlich steigern.

Genug der Vorrede, jetzt geht es an die konkreten rostbeständigen Stähle. Nach ihrer Gefügeausbildung teilt man sie ein in die

✔ ferritischen,

✔ martensitischen,

✔ austenitischen und

✔ austenitisch-ferritischen Stähle.

Das mag für Sie auf den ersten Blick sehr verwirrend klingen, aber keine Angst, es ist halb so schlimm. Was Ihnen dabei hilft, ist das Schaefflerdiagramm. Das hatte ich Ihnen schon zu Beginn dieses Kapitels erklärt, und jetzt nutzen Sie es ganz konkret. Das Wichtigste noch einmal in Kürze:

 Alle Elemente, die ähnlich wie das **Chrom** wirken, die Ferritbildner, werden in eine äquivalente, gleichwirkende Menge Chrom umgerechnet, die **Chromäquivalent** heißt. Und alle Elemente, die ähnlich wie das **Nickel** wirken, das sind die Austenitbildner, werden in das **Nickeläquivalent** umgerechnet. Im Diagramm selbst sind die Gefüge abzulesen, die in Abhängigkeit vom Chrom- und Nickeläquivalent bei Raumtemperatur auftreten. Das Diagramm ist nur näherungsweise gültig und nur für die gängigen hochlegierten Stähle sinnvoll, viele Einschränkungen müssen beachtet werden.

Wenn Sie nun die typischen nichtrostenden Stähle in das Schaefflerdiagramm eintragen und zu Werkstofffamilien zusammenfassen, dann sieht das wie in Abbildung 15.6 aus. Bitte beachten Sie, dass diese Werkstofffamilien nicht so streng begrenzt sind, wie es in Abbildung 15.6 dargestellt ist, sondern nur ungefähr gelten, und eher als Wolken gezeichnet sein sollten.

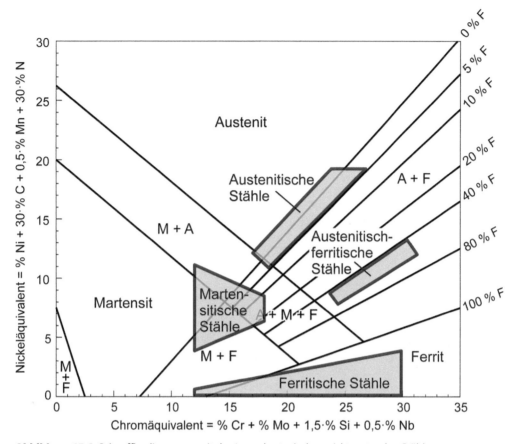

Abbildung 15.6: Schaefflerdiagramm mit der Lage der typischen nichtrostenden Stähle

Die ferritischen Stähle

Die ferritischen nichtrostenden Stähle heißen so, weil sie Ferrit mit kubisch-raumzentriertem Kristallgitter als normales Gefüge bei Raumtemperatur aufweisen. Im Schaefflerdiagramm sind sie ganz unten rechts angesiedelt, überwiegend im Ferritgebiet.

Bei den meisten dieser Stähle liegt das Ferritgefüge nicht nur bei Raumtemperatur vor, sondern im ganzen Temperaturbereich. Das Austenitgebiet ist verschwunden, die Polymorphie ist weg. Und wenn die Polymorphie weg ist, dann fehlt auch alles, was mit der Polymorphie zusammenhängt: Kein Härten geht, kein Normalglühen. Das alles ist eine Folge des hohen Chromgehalts (und niedrigen C-Gehalts), Chrom selbst hat ja kubisch-raumzentriertes Kristallgitter und macht seinen Einfluss geltend.

Mindestens 12 % Chrom brauchen die ferritischen Stähle, damit sie rostbeständig sind. Oft enthalten sie 17 % Chrom, mehr eher selten; spätestens bei 30 % ist Schluss, weil sie dann spröde werden, da kann sich die spröde Sigma-Phase vermehrt bilden. Ganz absichtlich gibt man ihnen nur wenig Kohlenstoff zu, damit sie nicht zu hart und noch halbwegs gut umformbar sind, teils hängt es auch mit der Korrosion zusammen.

Nicht ganz verkehrt ist es, wenn Sie sich folgenden Grundsatz merken:

 Die **ferritischen rostbeständigen Stähle enthalten etwa 12 bis 30 % Chrom und meist weniger als 0,1 % Kohlenstoff.** Durch diese chemische Zusammensetzung liegt das kubisch-raumzentrierte Ferritgefüge bei den meisten der Stähle im ganzen Temperaturbereich vor, die Polymorphie ist verschwunden.

Wie sieht es nun mit den typischen Eigenschaften der ferritischen rostbeständigen Stähle aus? Tabelle 15.6 zeigt für einige Vertreter Festigkeit und Zähigkeit im Zugversuch sowie ausgewählte Korrosionseigenschaften. Ganz oben sind zwei Stähle mit 12 % Chrom aufgeführt. Die liegen am unteren Rand der Rostbeständigkeit und bleiben deswegen nicht vollständig blank, entwickeln meist Flugrost oder dünne Rostschichten und eignen sich deshalb nur für eher milde Umgebung. Weiter unten sind vier Stähle mit 17 und 18 % Chrom aufgeführt, die sind schon recht gut bezüglich der Korrosion.

Was genau mit der »Beständigkeit gegen interkristalline Korrosion« in der letzten Spalte gemeint ist, bitte ich vorerst zurückzustellen, darauf komme ich noch zurück.

Die mechanischen Eigenschaften im Zugversuch (mittlere drei Spalten) sind eher »mittel«, sie bewegen sich ungefähr im Bereich der niedrigfesten allgemeinen Baustähle. Wenn Sie jetzt noch berücksichtigen, dass die ferritischen Stähle im Kerbschlagbiegeversuch nicht sonderlich zäh sind, dass sie zur sogenannten 475-°C-Versprödung neigen, zur Bildung der spröden Sigma-Phase sowie zu Grobkornbildung beim Schweißen und bei hohen Temperaturen, dann fragen Sie sich sicherlich, warum es diese Stähle überhaupt gibt.

Stahlsorte		Mechanische Eigenschaften			Beständigkeit gegen interkristalline Korrosion im	
Kurzname	Werkstoff-nummer	$R_{p0,2}$ mind. N/mm^2	R_m N/mm^2	A_5 mind. %	Lieferzu-stand	geschweißten Zustand
X2CrNi12	1.4003	280	450–650	20	nein	nein
X2CrTi12	1.4512	210	380–560	25	nein	nein
X6Cr17	1.4016	260	430–600	20	ja	nein
X3CrTi17	1.4510	230	420–600	23	ja	ja
X6CrMo17-1	1.4113	260	450–630	18	ja	nein
X2CrMoTi18-2	1.4521	300	420–640	20	ja	ja

Tabelle 15.6: Ausgewählte ferritische nichtrostende Stähle, vereinfachte Darstellung, nach DIN EN 10088-2, bei Bedarf dort genau nachsehen

Die Antwort ist einfach: Das sind die kostengünstigsten unter den rostbeständigen Stählen, Chrom ist relativ preiswert. Und wenn man mit den Eigenschaften leben kann, und so schlecht sind sie nun auch wieder nicht, dann nimmt man diese Stähle gerne. Die Anwendungspalette geht von Haushaltswaren über Fahrzeugteile bis zur Nahrungsmittel- und chemischen Industrie.

Die martensitischen Stähle

Die martensitischen Stähle heißen so, weil sie Martensit als Gefüge aufweisen.

Martensitische Stähle? Wie bitte? Ist Martensit nicht das Gefüge, das durch Härten entsteht? Und wäre dann nicht jeder gehärtete Stahl ein martensitischer?

Im Grunde ja, aber hier meint die Wissenschaft das etwas enger: Unter einem martensitischen Stahl versteht man einen Stahl, bei dem der Martensit, also das Härtungsgefüge, das »normale« Gefüge ist, das übliche, das charakteristische. Und als »normal« gilt in diesem Fall einfach das Gefüge, das durch langsame Abkühlung von hohen Temperaturen entsteht.

Martensit, entstanden durch langsame Abkühlung von hohen Temperaturen? Muss man nicht schnell abschrecken, um einen Stahl zu härten und Martensit zu bekommen?

Wiederum im Grunde ja, aber je höher der Gehalt an Legierungselementen ist, desto langsamer kann man einen Stahl aus dem Austenitgebiet abkühlen und er härtet immer noch. Da man ohnehin mindestens 12 % Chrom braucht wegen der Rostbeständigkeit, genügt bei solchen Stählen schon relativ langsame Abkühlung aus dem Austenitgebiet zum Härten, es sind sogenannte Lufthärter.

Die martensitischen rostbeständigen Stähle sind also zum Härten geeignete Stähle, die nicht nur hart, sondern gleichzeitig auch rostbeständig sind. Wie bekommt man die zustande?

Werfen Sie bitte noch einmal einen Blick auf Abbildung 15.6. Wo finden Sie dort die martensitischen Stähle? Klar, in dem Gebiet, das mit »Martensit« bezeichnet ist, das ist ein Gebiet, in dem die Polymorphie aufgrund der chemischen Zusammensetzung noch vorhanden ist. Und des Weiteren klar ist, dass die martensitischen Stähle mindestens 12 % Chrom aufweisen müssen, sonst sind sie nicht rostbeständig. Das wiederum bedeutet, dass sie ein Chromäquivalent von mindestens 12 haben. Gar zu viel ist aber auch nicht gut, denn bei mehr als etwa 18 % Chrom ist man schon arg weit aus dem Martensitgebiet herausgewandert und befindet sich im Mischgebiet A+M+F, deswegen hört man spätestens dort auf. Und Kohlenstoff brauchen sie, damit sich harter Martensit bilden kann.

Daraus folgt, und auch das ist durchaus merkenswert:

Die **martensitischen rostbeständigen Stähle enthalten etwa 12 bis 18 % Chrom und mehr als 0,1 % Kohlenstoff**. Sie sind in ähnlicher Weise umwandlungsfähig (haben Polymorphie) wie die un- und niedriglegierten Stähle. Zur Martensitbildung genügt schon langsame Abkühlung aus dem Austenitgebiet, es handelt sich um sogenannte Lufthärter. Je nach gewünschter Zähigkeit werden sie verschieden hoch angelassen, also nach dem Härten wieder erwärmt.

Und wie sieht es mit deren Eigenschaften aus? Ganz einfach: Die martensitischen Stähle haben die typischen Eigenschaften der gehärteten Stähle, also hohe Härte und Festigkeit bei mäßiger bis geringer Zähigkeit. Schweißen ist nur sehr eingeschränkt und bei wenigen

Sorten möglich. Die Hauptanwendungen liegen bei Schneidwaren (Messerklingen), in der chemischen Industrie sowie im Turbinen- und Kraftwerksbau.

Drei typische Beispiele sind in Tabelle 15.7 enthalten. Beachten Sie dabei, dass die Eigenschaften den vergüteten Zustand betreffen und natürlich sehr von der Anlasstemperatur abhängen. Bei geringer Anlasstemperatur sind diese Stähle viel fester und viel weniger zäh als in der Tabelle angegeben.

| Stahlsorte | | Mechanische Eigenschaften im vergüteten Zustand | | | |
Kurzname	Werkstoff-nummer	$R_{p0,2}$ mind. N/mm^2	R_m N/mm^2	A_5 mind. %	KV mind. J
X20Cr13	1.4021	600	800–950	12	20
X46Cr13	1.4034	650	800–1000	10	12
X39CrMo17-1	1.4122	550	750–950	12	15

Tabelle 15.7: Ausgewählte martensitische nichtrostende Stähle, vereinfacht, nach DIN EN 10088-3

Der Stahl X46Cr13 ist der grundlegende »Messerstahl« für rostfreie Klingen und Schneiden, oft noch etwas variiert im Chromgehalt und ergänzt durch Molybdän und Vanadium. Alle stählernen Messerklingen, die Sie zu Hause haben, sind aus martensitischen Stählen hergestellt.

Die Zwickmühle bei den Messerklingen

Ist Ihnen schon einmal aufgefallen, dass bei manchen besonders teuren Messern empfohlen wird, sie nicht im Geschirrspüler zu reinigen? Oder Sie haben ein Küchenmesser schon nach einem Spülgang angerostet aus dem Spüler geholt, während andere Klingen auch nach hundert Spülgängen noch blitzen und blinken?

Die Hersteller von Messerklingen haben's nicht einfach: Leicht zu schärfen sollen die Klingen sein, die Schärfe sollen sie lange behalten und rostfrei sollen sie natürlich auch noch sein. Alles gleichzeitig geht nicht, und den wesentlichen Konflikt sehen Sie im Schaefflerdiagramm in Abbildung 15.6.

Die besten Verschleißeigenschaften erhalten Sie tief im Martensitgebiet, also bei eher geringen Chromgehalten, weiter links im Schaefflerdiagramm. Dann aber ist die Korrosionsbeständigkeit schlecht bis gar nicht mehr vorhanden. Und wenn der Rostschutz gut sein soll, müssen Sie den Chromgehalt erhöhen. Dann aber wandert man aus dem Martensitgebiet heraus, die Härte wird geringer, die Verschleißbeständigkeit sinkt.

Sie müssen also entscheiden, was Ihnen lieber ist. Profis im Lebensmittelbereich bevorzugen übrigens fast immer gute Verschleißeigenschaften und nehmen den verschlechterten Korrosionsschutz in Kauf. Die Klingen werden dann halt gehütet und gepflegt, wie so häufig beim Profiwerkzeug.

Austenitische Stähle

Austenitische Stähle heißen so, weil sie austenitisches Gefüge bei Raumtemperatur aufweisen, also kubisch-flächenzentrierte Kristallstruktur. Und dieses austenitische Gefüge liegt nicht nur bei Raumtemperatur vor, sondern fast im gesamten Temperaturbereich, die Polymorphie ist also auch hier so gut wie verschwunden. Wie wird das erreicht? Das wichtigste Schlüsselelement hierfür ist **Nickel**, das ist selbst kubisch-flächenzentriert und macht seinen Einfluss geltend. Richtig selbstbewusst.

Werfen Sie bitte noch einmal einen Blick auf Abbildung 15.6. Das Gebiet des Austenits ist groß, und jeder Stahl, der in dieses Gebiet fällt, ist grundsätzlich austenitisch. Die typischen austenitischen Stähle werden aber nicht irgendwo im Austenitgebiet angesiedelt, sondern ganz bewusst im grau markierten Gebiet. Wieso eigentlich?

✔ Damit die Korrosionsbeständigkeit möglichst gut ist, muss der Chromgehalt hoch sein, wenigstens 12 %, besser aber mindestens 17 %. Weit rechts im Schaefflerdiagramm also.

✔ Damit der Preis der Stähle niedrig ist, sollte der Nickelgehalt möglichst klein sein, Nickel ist teuer. Möglichst weit unten im Austenitgebiet also.

So erklärt sich die Lage. Dass da manche austenitische Stähle noch ein wenig ins Gebiet »Austenit + Ferrit« hineinragen, hängt mit dem Unterschied zwischen gewalzten Stählen und Schweißgutgefüge zusammen und noch ein paar anderen Besonderheiten, die Sie jetzt ruhig einmal beiseitelassen dürfen. Und manche streuen auch heftig aus dem grau markierten Gebiet heraus, auch das lassen wir so stehen.

Der Grundsatz, auch den sollten Sie sich merken:

> Die **austenitischen rostfreien Stähle enthalten mindestens 17 % Chrom und 7 % Nickel sowie weniger als 0,1 % Kohlenstoff**. Sie sind fast im ganzen festen Zustand austenitisch, haben kubisch-flächenzentrierte Gitterstruktur, die Polymorphie ist überwiegend weg. Sie sind nicht härtbar und können auch nicht normalgeglüht werden.

Was die austenitischen Stähle nun an **Eigenschaften** bieten können, hängt ganz eng mit ihrer **kubisch-flächenzentrierten Kristallstruktur** zusammen. Werkstoffe mit dieser Kristallstruktur

✔ beginnen schon unter geringen Spannungen, sich plastisch zu verformen, ihre Dehngrenze ist deswegen eher gering, und

✔ diese plastische Verformung »hält lange an«, auch unter ungünstigen Umständen. Die Zähigkeit ist also hoch, sogar bei tiefen Temperaturen bis in die Nähe des absoluten Nullpunkts. Näheres zum Thema Zähigkeit finden Sie in Kapitel 8 (Kerbschlagbiegeversuch).

Dementsprechend sind auch die Eigenschaften der typischen austenitischen Stähle (siehe Tabelle 15.8). Die Tabelle beginnt oben mit dem X5CrNi18-10, dem gebräuchlichsten rostfreien austenitischen Stahl. Er enthält 0,05 % Kohlenstoff, 18 % Chrom sowie 10 % Nickel und ist unter Praktikern auch als V2A bekannt. Dann kommen weitere Varianten, die sich in der Korrosionsbeständigkeit und in den mechanischen Eigenschaften unterscheiden. Die wichtigste molybdänhaltige (und besonders korrosionsfeste) Sorte ist X5CrNiMo17-12-2, in der Praxis auch als V4A bezeichnet. Ganz unten sind noch zwei sogenannte »Superausteni- te« aufgeführt, die ganz besonders korrosionsbeständig sind.

Was fällt Ihnen bei der Tabelle auf? Die Dehngrenze $R_{p0,2}$ ist meist niedrig, die Zugfestigkeit R_m mittel, die Bruchdehnung A_5 sehr hoch, typisch kubisch-flächenzentriert eben. Manche Sorten enthalten sogar Stickstoff als echtes Legierungselement, das erkennen Sie am »N« im Kurznamen. Obwohl regelrecht Gift für die un- und niedriglegierten Stähle (Alterung), tut den austenitischen Stählen ein kleiner Stickstoffgehalt von etwa 0,1 bis 0,2 % gut und erhöht die Festigkeit. Die Spalte mit der Beständigkeit gegen die interkristalline Korrosion bitte vorerst ignorieren.

Stahlsorte		Mechanische Eigenschaften			Beständigkeit gegen interkristalline Korrosion im	
Kurzname	Werk-stoff-nummer	$R_{p0,2}$ mind. N/mm^2	R_m N/mm^2	A_5 mind. %	Liefer-zustand	geschweiß-ten Zustand
X5CrNi18-10	1.4301	230	540–750	45	ja	nein
X2CrNi18-9	1.4307	220	520–700	45	ja	ja
X2CrNiN18-10	1.4311	290	550–750	40	ja	ja
X6CrNiTi18-10	1.4541	220	520–720	40	ja	ja
X5CrNiMo17-12-2	1.4401	240	530–680	40	ja	nein
X2CrNiMo17-12-2	1.4404	240	530–680	40	ja	ja
X2CrNiMoN17-13-3	1.4429	300	580–780	35	ja	ja
X6CrNiMoTi17-12-2	1.4571	240	540–690	40	ja	ja
X1CrNiMoCuN25-20-7	1.4529	300	650–850	40	ja	ja
X2CrNiMnMoN25-18-6-5	1.4565	420	800–950	30	ja	ja

Tabelle 15.8: Austenitische nichtrostende Stähle, ausgewählte Eigenschaften, vereinfacht, nach DIN EN 10088-2

Von V2A, Nirosta, Cromargan und 18-10

Was haben V2A, Nirosta, Cromargan und 18-10 gemeinsam? Richtig, alle Bezeichnungen haben mit den rostbeständigen Stählen zu tun, überwiegend sind es Handelsnamen von Stahlherstellern und Stahlverarbeitern.

V2A und Nirosta als weitverbreitete Begriffe wurden vom Unternehmen Krupp eingeführt, V2A steht für »Versuchsschmelze 2, Austenit« und stammt aus der Zeit der Entwicklung der rostbeständigen Stähle im Jahr 1912. Obwohl damals etwas anders zusammengesetzt, läuft heute der X5CrNi18-10 als moderner Nachfolger des ursprünglichen V2A. Und Nirosta steht für **nichtrostenden Stahl**.

Cromargan ist ein Handelsname des Unternehmens WMF, und mit 18-10 meint man ganz allgemein die rostbeständigen austenitischen Stähle mit 18 % Chrom und 10 % Nickel.

Und was nicht in der Tabelle steht, Ihnen aber jeder Praktiker gerne bestätigt: Die austenitischen Stähle lassen sich nicht so leicht spanend bearbeiten, dafür aber prima umformen, schweißen und löten. Sie sind die am häufigsten verbreitete Art der rostbeständigen Stähle, man nimmt sie gerne im privaten Haushalt, der Nahrungsmittelindustrie, der chemischen Industrie, im Baubereich und noch zig anderen Gebieten. Die berühmte »Edelstahl«-Küchenspüle ist aus X5CrNi18-10 hergestellt, die meisten Gabeln und Löffel ebenfalls.

So, das waren die drei wichtigsten Gruppen von rostbeständigen Stählen mit einer einzigen Gefügeart. Und jetzt gibt es noch eine weitere wichtige Gruppe mit einem gemischt aufgebauten Gefüge.

Austenitisch-ferritische Stähle

Die austenitisch-ferritischen Stähle sind relativ neu und heißen so, weil sie sowohl Austenit- als auch Ferritkristalle bei Raumtemperatur aufweisen, und zwar etwa im Verhältnis 50:50. Im Gefüge gibt es also zwei Kristallarten gleichzeitig, weshalb diese Stähle auch *Duplexstähle* genannt werden. Die Idee dabei ist, die guten Eigenschaften der austenitischen mit denen der ferritischen Stähle zu kombinieren:

✔ die hohe Zähigkeit der austenitischen Stähle und

✔ die relativ gute Beständigkeit der ferritischen Stähle gegen eine spezielle Korrosionsart, die sogenannte Spannungsrisskorrosion.

Außerdem sollen die Dehngrenze und die Korrosionseigenschaften ganz allgemein weiter verbessert werden. Wie hat man das erreicht?

Blättern Sie bitte noch einmal zurück zu Abbildung 15.6. Der Bereich mit ungefähr 50 % Austenit und 50 % Ferrit ist gut auszumachen und die Lage der marktüblichen Stähle ist wieder grau markiert. Bei diesen Stählen zieht man dann noch alle Register der Stahlherstellung:

 Die austenitisch-ferritischen Stähle enthalten etwa 22 bis 29 % Chrom, etwa 4 bis 7 % Nickel, weniger als 0,05 % Kohlenstoff und um die 0,05 bis 0,4 % Stickstoff. Aufgrund ihrer Zusammensetzung weisen sie bei Raumtemperatur sowohl Ferrit als auch Austenit in etwa gleichen Mengenanteilen auf.

Sie sind meist besonders korrosionsbeständig und weisen höhere Dehngrenzen als die austenitischen Stähle auf. Die Zähigkeit ist relativ gut, Umformen und Schweißen sind gut möglich, erfordern aber mehr Aufwand als bei den austenitischen Stählen. Drei Beispiele mit den Eigenschaften zeigt Ihnen Tabelle 15.9.

Anwendungen gehen von Chemikalientanks über Entschwefelungsanlagen bis hin zu ansprechender Architektur.

Verwirrt? Brummt der Kopf von all diesen Namen und Legierungselementen? Falls ja, kann ich dies gut nachvollziehen und lasse es deshalb zunächst einmal gut sein. Eine Sache aber ist wichtig, die möchte ich nicht auslassen: die Korrosionsarten bei den rostbeständigen Stählen.

Stahlsorte		Mechanische Eigenschaften			Beständigkeit gegen interkristalline Korrosion im	
Kurzname	Werkstoff-nummer	$R_{p0,2}$ mind. N/mm^2	R_m N/mm^2	A_5 mind. %	Liefer-zustand	geschweiß-ten Zustand
X2CrNiN23-4	1.4362	450	650–850	20	ja	ja
X2CrNiMoN22-5-3	1.4462	500	700–950	20	ja	ja
X2CrNiMoN25-7-4	1.4410	550	750–1000	20	ja	ja

Tabelle 15.9: Austenitisch-ferritische nichtrostende Stähle, ausgewählte Eigenschaften, vereinfacht, nach DIN EN 10088-2

Korrosionsarten, die es eigentlich gar nicht geben dürfte

Korrosion bei den nichtrostenden Stählen? Wie bitte? Sind die nun rostbeständig oder nicht? Eine Sache habe ich schon erwähnt, die oberflächlichen Anrostungen bei Stählen so knapp oberhalb von 12 % Chromanteil, da reicht der Chromgehalt noch nicht ganz aus für eine blanke Oberfläche.

 Aber selbst oberhalb von etwa 17 % Chrom können die »nichtrostenden« Stähle unter bestimmten Bedingungen korrodieren, und sogar auf ganz gemeine, teils gefährliche Arten. Gemein und gefährlich deswegen, weil bei den meisten Fällen über 90 % der Oberfläche einwandfrei und blitzblank bleibt und nur wenige Stellen korrodieren. Diese wenigen Stellen werden dann oftmals nicht erkannt, und dann wird's gefährlich.

Drei wichtige Korrosionsarten können (neben noch einigen anderen) bei den rostbeständigen Stählen auftreten: *Lochkorrosion*, *Spannungsrisskorrosion* und *interkristalline Korrosion*. Ein näherer Blick darauf lohnt sich.

Lochkorrosion

Unter Lochkorrosion versteht man eine örtliche lochartige Form des Korrosionsangriffs. Der größte Teil der Oberfläche bleibt blank und unversehrt, an einigen Stellen bilden sich kleine punktförmige Vertiefungen aus, kleine Löcher, die manchmal die gesamte Dicke des Bauteils durchdringen können. Weil die Bauteiloberfläche lochartig angefressen aussieht, nennt man das Phänomen in der Praxis gerne auch *Lochfraß*.

Welche der nichtrostenden Stähle sind empfindlich? Grundsätzlich alle, manche mehr, manche minder.

Was ist die Ursache? Die nichtrostenden Stähle schützen sich ja durch die Chromoxidschicht, die Passivschicht. Wird sie verletzt, so wächst sie unter den meisten Bedingungen wieder von allein auf, sie heilt wieder aus. Bei manchen Umgebungsbedingungen, beispielsweise bei heißen wässrigen Kochsalzlösungen (oder noch allgemeiner bei Chloriden, den Cl$^-$-Ionen) klappt das Ausheilen aber nicht mehr so leicht. Man vermutet, dass sich die Chloridionen an der verletzten Stelle an der Oberfläche festsetzen und so die Neubildung der Passivschicht verhindern.

Was kann man dagegen tun? Erhöhte Beständigkeit gegen Lochkorrosion ergibt sich durch **besonders hohe Chromgehalte** und ganz wesentlich auch durch **Zulegieren von Molybdän**, bei den austenitischen und austenitisch-ferritischen Stählen auch durch Zulegieren kleiner Mengen an **Stickstoff**. Daraus wird verständlich, weshalb manche Stähle besonders viel Chrom, das teure Molybdän und auch Stickstoff enthalten.

Spannungsrisskorrosion

Unter Spannungsrisskorrosion (SpRK) versteht man die Bildung von Rissen in Bauteilen, die unter Zugspannungen stehen und einer korrosiven Umgebung ausgesetzt sind. Unter der Wirkung der Zugspannung können sich im Laufe der Zeit durch Korrosion Risse bilden, die wachsen dann immer weiter, bis das Bauteil so geschwächt ist, dass es völlig auseinander-bricht. Drei Bedingungen müssen gleichzeitig erfüllt sein:

✔ auf SpRK empfindlicher Werkstoff

✔ Zugspannungen in ausreichender Höhe

✔ SpRK auslösendes Angriffsmittel

Welche der nichtrostenden Stähle sind empfindlich? In erster Linie die Austenite.

Was ist die Ursache? Hier wird es etwas schwierig. Stehen austenitische Stähle in heißer chloridhaltiger Umgebung unter hoher Zugspannung, kann sich ein Werkstoffkorn an der Probenoberfläche minimal plastisch verformen und die Passivschicht reißt auf. Wegen der Chloride heilt die Passivschicht an dieser Stelle nicht mehr aus, ein Ansatz von Lochkorrosion bildet sich. Der wiederum wirkt wie eine kleine Kerbe und die Spannung erhöht sich etwas. Ein Risskeim entsteht, an dessen Spitze kann sich die Passivschicht nicht mehr ausbilden, der Werkstoff korrodiert dort, der Risskeim wächst zum Riss, und der breitet sich immer weiter aus, bis das Werkstück schließlich bricht.

Was kann man dagegen tun? Theoretisch reicht es, wenn Sie eine der drei Bedingungen für SpRK wegfallen lassen. Aber falls eben hohe Zugspannungen wirken und Sie ein SpRK aus-lösendes Medium nicht vermeiden können, bleibt Ihnen nur die Wahl eines unempfindliche-ren Werkstoffs, wie eines ferritischen oder austenitisch-ferritischen Stahls.

Interkristalline Korrosion

Bei der interkristallinen Korrosion findet die Korrosion »inter«, das heißt zwischen den Kristallen statt. Und was befindet sich zwischen den Kristallen? Klar, die Korngrenzen. Unter dieser Korrosionsart versteht man daher das bevorzugte Korrodieren von Korngrenzen (oder genauer von korngrenzennahen Bereichen), während das Korninnere nahezu unversehrt bleibt. Weil dabei die einzelnen Körner entlang der Korngrenzen den Zusammenhalt verlie-ren, nennt man das oft auch *Kornzerfall*.

Welche der nichtrostenden Stähle sind empfindlich? Die interkristalline Korrosion betrifft in erster Line die ferritischen und austenitischen Stähle.

Was ist die Ursache? Stellen Sie sich bitte einen wunderschönen fabrikneuen Gegenstand aus X5CrNi18-10 vor, das ist ja der berühmteste Austenit. Wenn Sie durch solch ein Werkstück einen Schnitt senkrecht zur Oberfläche anfertigen und vergrößern, sieht er etwa wie in Abbildung 15.7 gezeigt aus. Da gibt es Kristalle drin (die Körner) und Korngrenzen dazwischen. Die Körner sind Mischkristalle, alle Legierungsbestandteile sind im Eisen gelöst.

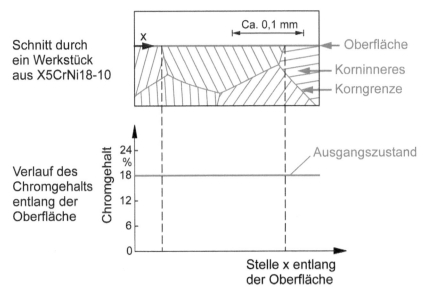

Abbildung 15.7: Interkristalline Korrosion, Ausgangszustand

Nutzen Sie nun eine empfindliche Messmethode und messen den Chromgehalt entlang der Koordinate x dicht unter der Oberfläche, dann stellen Sie fest, dass der Chromgehalt überall 18 % beträgt, sowohl im Korninneren als auch an den Korngrenzen (siehe unterer Teil der Abbildung 15.7). Das ist prima so, denn dann hat der Stahl an jeder Stelle der Oberfläche 18 % Chromanteil, überall kann sich die schützende Chromoxidschicht ausbilden, überall ist der Stahl ganz gut gegen Korrosion geschützt.

Wenn Sie nun Ihren wunderschönen Gegenstand aus X5CrNi18-10 eine Zeit lang bei 500 bis 800 °C glühen, wieder langsam abkühlen lassen und anschließend nochmals untersuchen, dann sieht das Gefüge nicht mehr so schön aus. Mit dem normalen Auge können Sie zwar keinen Unterschied erkennen, aber im Mikroskop wird sichtbar, dass sich entlang der Korngrenzen viele ganz kleine, flache Chromkarbidkriställchen gebildet haben (siehe Abbildung 15.8).

Chromkarbide sind eine Verbindung aus Chrom und Kohlenstoff, und entscheidend dabei ist die Tatsache,

✔ dass sie aus ganz viel Chrom bestehen und

✔ sich liebend gerne an Korngrenzen bilden.

Dass sie sich an Korngrenzen bilden, hat energetische Gründe. Tau bildet sich übrigens aus dem gleichen Grund gerne im Freien auf Blattoberflächen.

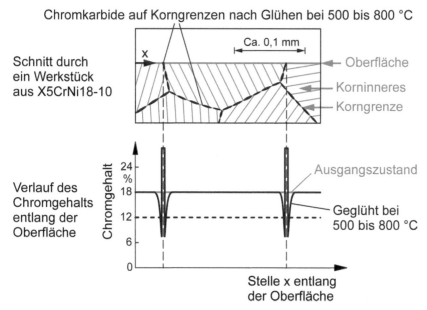

Abbildung 15.8: Interkristalline Korrosion, gefährdeter Zustand

Das wäre eigentlich nicht so schlimm, denn die Karbidkriställchen sind so klein, dass sie die mechanischen Eigenschaften im Normalfall kaum beeinflussen. Fatal aber ist die Tatsache, dass die Chromkarbide sehr viel Chrom enthalten, weil sie eben nur aus Chrom und Kohlenstoff bestehen. Und wo bekommen sie das Chrom her? Sie holen es sich aus ihrer Umgebung. Weil die Diffusion bei etwa 500 bis 800 °C nicht allzu flott ist, sinkt der Chromgehalt in der Umgebung der Karbide, also entlang der Korngrenzen, ab. Ruck, zuck ist er unter 12 % und dann ist es aus mit der Korrosionsbeständigkeit. Der korngrenzennahe Bereich ist (nach Abkühlen auf Raumtemperatur) nicht mehr gegen Korrosion geschützt und kann genau dort korrodieren. Die Korrosion läuft also entlang der Korngrenzen ab, die Körner verlieren ihren Zusammenhalt, da kommt keine Freude auf.

Was kann man dagegen tun? Glücklicherweise recht viel, drei Methoden werden in der Praxis gerne angewandt:

✔ **Glühen bei 1000 bis 1150 °C (austenitische Stähle) mit nachfolgender schneller Abkühlung.** Dieses Glühen nennt man *Lösungsglühen*, weil man bei solch hohen Temperaturen alle eventuell vorhandenen Karbide in Lösung bringt und durch die schnelle Abkühlung auch in Lösung behält. Das ist auch der normale Lieferzustand, in diesem Zustand werden alle ferritischen und austenitischen Stähle von den Stahlherstellern geliefert. Natürlich muss man bei der Anwendung Temperaturen um 500 bis 800 °C meiden, und das kann beispielsweise beim Schweißen dicht neben einer Schweißnaht schon zu Problemen führen.

✔ **Zulegieren von Titan, Niob oder Tantal.** Diese Elemente haben eine besonders hohe »Affinität« zu Kohlenstoff, sie reagieren so intensiv mit Kohlenstoff zu (den weitgehend unschädlichen) Titankarbiden, Niobkarbiden und Tantalkarbiden, dass der gesamte Kohlenstoff weggefangen wird. Und wo kein Kohlenstoff mehr ist, können sich auch keine Chromkarbide mehr auf den Korngrenzen bilden.

✔ **Absenken des Kohlenstoffgehalts auf maximal 0,03 %.** Bei solch niedrigen C-Gehalten können sich die Chromkarbide entweder nicht oder nur nach langen Glühzeiten bilden. Das ist die modernste Methode, die man heute gerne anwendet, früher konnte man den C-Gehalt nicht so weit absenken. Damit wird auch klar, warum manche rostbeständigen Stähle so furchtbar niedrige Kohlenstoffgehalte haben.

So, und jetzt bitte ich Sie, sich die Tabellen mit den gängigen rostbeständigen Stählen noch einmal anzusehen. Ab sofort sind Sie »rostfrei gestählt« und kennen die wichtigen Korrosionsarten sowie Abhilfemaßnahmen. Welche der Stähle haben erhöhte Beständigkeit gegen die Lochkorrosion? Welche sind empfindlich auf Spannungsrisskorrosion, welche auf interkristalline Korrosion? Und warum ist das so?

Berücksichtigen Sie, wie die Stähle üblicherweise geliefert werden, und denken Sie daran, dass beim Schweißen neben der Schweißnaht kurzfristig so um die 500 bis 800 °C auftreten können. Dann müssten auch die Spalten mit der »Beständigkeit gegen interkristalline Korrosion« überwiegend klar sein. Und falls nicht, bohren Sie ruhig noch ein wenig nach, diskutieren Sie mit anderen drüber. Auch das Übungsbuch könnte Ihnen helfen.

Ein paar abschließende Bemerkungen zu den rostbeständigen Stählen

✔ Sie wissen nun: Von rostbeständigem Stahl gibt es nicht nur eine Sorte, sondern viele. Die unterscheiden sich in den Eigenschaften und natürlich im Preis. Man nimmt die kostengünstigste Sorte, die die Anforderungen erfüllt – wie immer. Nickel ist teuer und Molybdän noch teurer, von den beiden Elementen nimmt man deshalb nur so viel wie nötig. Natürlich denkt kein Mensch über den Preis nach, falls man nur ein kleines Blech als Einzelteil braucht. Aber wenn da so ein paar Tonnen am Tag verarbeitet werden …

✔ Lassen Sie sich durch die scheinbar vielen Korrosionsarten bei den rostbeständigen Stählen nicht verunsichern. Andere Werkstoffgruppen, wie die Aluminium- oder Kupferwerkstoffe haben ganz ähnliche Probleme.

✔ Und wenn Sie sich nicht sicher sind, was der bestgeeignete rostbeständige Stahl für Ihre Anwendung ist, informieren Sie sich und/oder lassen Sie sich von Stahlherstellern und Informationsstellen beraten.

Messer und Gabel: Werkzeugstähle

Eigentlich ist es etwas widersprüchlich, wenn ich Ihnen die Werkzeugstähle als letzte Stahlgruppe vorstelle. Historisch betrachtet sind die Werkzeugstähle nämlich die älteste Stahlgruppe. Als die Menschheit Stahl als Werkstoff entdeckt hatte, wurde er zuerst als Werkzeug benutzt, und zwar wegen seiner (gegenüber den Bronzewerkstoffen und Naturstoffen) besseren mechanischen Eigenschaften. Und käme chronologisch als Erstes dran.

Weshalb ich die Werkzeugstähle trotzdem ans Ende dieses Kapitels stelle, liegt an der Komplexität dieser Stahlgruppe. Werkzeugstähle zählen zu den kompliziertesten und am schwierigsten zu verstehenden Werkstoffen überhaupt, insbesondere dann, wenn sie vielfältig legiert sind. Zweifellos haben die Werkzeugstähle ein eigenes Buch verdient, mehrere sogar, und wenn ich im Folgenden nur einen knappen Überblick bringe, bitte ich um Verständnis.

Aus den Werkzeugstählen stellt man Werkzeuge her, daher der Name. Und mit Werkzeugen möchte man alle möglichen Werkstücke oder Substanzen bearbeiten, verarbeiten oder auch messen. Hammer, Bohrer und Feile sind bekannte Beispiele für Werkzeuge, die Liste ist schier endlos.

Die Wunschliste bei den Werkzeugstählen

Welche Anforderungen stellt man denn allgemein an Werkzeugstähle? Wenn Sie möchten, dann halten Sie an dieser Stelle inne und denken nach, bevor Sie weiterlesen. Das wünscht man sich:

✔ **hohe Festigkeit und Härte**, das versteht sich von allein, möglichst auch bei angehobenen Temperaturen, weil sich viele Werkzeuge beim Gebrauch erwärmen

✔ **hohe Verschleißbeständigkeit**, auch das muss ich nicht groß begründen

✔ **ausreichende Zähigkeit**, damit sie nicht unerwartet brechen

✔ **wenig Wärmeausdehnung, wenig Verzug, gute Korrosionsbeständigkeit** und noch anderes wären auch nicht schlecht

Wie bei jeder Wunschliste gibt es nicht alles gleichzeitig, und je nach Anwendung steht mal der eine, mal der andere Aspekt im Vordergrund. Was aber häufig gleichzeitig gewünscht wird – und in Maßen auch machbar ist –, sind die ersten drei der genannten Punkte. Man nutzt den Kohlenstoff, die Wärmebehandlung und meist auch Legierungselemente, um diese drei Punkte zu verwirklichen:

Die typischen Werkzeugstähle weisen einen Kohlenstoffgehalt von über 0,3 % auf, teilweise bis zu etwa 2 %, und werden gehärtet sowie angelassen. Sie können je nach Einsatzzweck un-, niedrig- oder hochlegiert sein.

Da sich viele Werkzeuge beim Gebrauch erwärmen, sind die Eigenschaften in der Wärme besonders wichtig. Über manche Eigenschaften habe ich schon bei den warmfesten und hitzebeständigen Stählen berichtet, wie die Kriechfestigkeit und Oxidationsbeständigkeit. Was bei den Werkzeugstählen noch hinzukommt, sind die *Warmhärte* und die *Anlassbeständigkeit*.

✔ Unter *Warmhärte* versteht man die Härte in der Wärme, also bei hohen Temperaturen, bei Betriebstemperatur. Messen kann man sie »einfach« dadurch, dass man einen Härteprüfversuch bei entsprechend hoher Temperatur durchführt. Ganz so einfach geht das übrigens nicht, aber zumindest der Begriff ist einsichtig.

✔ Etwas kniffliger ist der Begriff der *Anlassbeständigkeit*. Damit meint man die Fähigkeit eines gehärteten Stahls, seine Härte nach einem Anlassvorgang, dem Wiedererwärmen, beizubehalten. Diesen Begriff möchte ich etwas näher erklären, weil die Werkzeugstähle danach eingeteilt werden.

Anlassbeständigkeit und Einteilung der Werkzeugstähle

Wenn Sie einen Stahl härten, bildet sich Martensit. Das ist das normale Härtungsgefüge, im Martensit ist der Kohlenstoff zwangsgelöst und sorgt dadurch für hohe Härte. Erwärmen Sie einen Stahl nach dem Härten wieder, lassen Sie ihn also an, wandelt sich der Martensit in weichere Gefügebestandteile um, ein sogenanntes Vergütungsgefüge entsteht, wie im vorangegangenen Kapitel ausführlicher beschrieben.

Verwendet man einen gehärteten Stahl als Werkzeug und wird dieses Werkzeug im Zuge der Benutzung heiß, wandelt sich der ursprünglich harte Martensit unbeabsichtigt in ein weicheres Gefüge um, ein Vergütungsgefüge. Vergütungsgefüge – das drückt ja der Name aus – sind zwar »gut« im Sinne einer guten Kombination von Festigkeit und Zähigkeit, aber sie sind eben meist weicher als der Martensit und damit nicht so fest und verschleißempfindlicher.

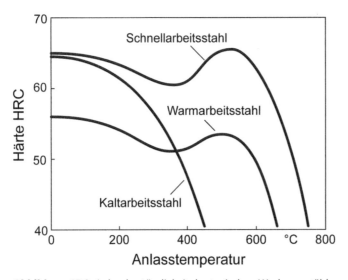

Abbildung 15.9: Anlassbeständigkeit der typischen Werkzeugstähle

Je nachdem, wie gut ein gehärteter Stahl seine Härte durch Anlassen beibehält, spricht man von guter oder schlechter Anlassbeständigkeit. Darstellen lässt sich die Anlassbeständigkeit sinnvoll mit einem Diagramm wie in Abbildung 15.9. Nach oben ist die Härte HRC aufgetragen, nach rechts die Anlasstemperatur. Zur Erinnerung: HRC bedeutet Härte nach Rockwell, Verfahren C. Etwa 65 HRC gilt als recht hart für gehärtete Stähle, 50 ist noch gut, 40 schon gering. Mehr zur Härteprüfung finden Sie in Kapitel 7.

Wie ist dieses Diagramm zustande gekommen? Ein fleißiger Forscher nahm ein Stück aus einem bestimmten Stahl, härtete es optimal und zerteilte das gehärtete Stück in mehrere kleine identische Proben. Die erste Probe beließ er gerade so, wie sie war. Die zweite Probe erwärmte er eine Stunde lang auf 100 °C und kühlte sie wieder langsam ab, sie wurde also auf 100 °C angelassen. Die dritte Probe ließ er auf 200 °C an, die vierte auf 300 °C und so weiter. Als alle Proben fertig wärmebehandelt waren, prüfte er die Härte HRC aller Proben **bei Raumtemperatur** und trug die Härte in Abhängigkeit von der Anlasstemperatur auf.

Was können Sie erkennen?

✔ Wenn Sie einen »normalen« gehärteten Stahl nehmen, ohne Tricks und Besonderheiten, ändert sich sein Gefüge schon bei geringen Anlasstemperaturen erheblich und wird weich. Solche Stähle haben nur eine geringe Anlassbeständigkeit und werden deshalb *Kaltarbeitsstähle* genannt. Das heißt nicht, dass diese Stähle für besonders niedrige Temperaturen, meinetwegen –200 °C, geeignet sind, sondern, dass man sie im Gebrauch nicht allzu heiß werden lassen darf.

✔ Besser machen es die sogenannten *Warmarbeitsstähle*. Die haben zwar genau die gleiche Grundtendenz zu weicherem Gefüge wie die Kaltarbeitsstähle und bei Anlasstemperaturen bis zu etwa 300 °C vermindert sich zunächst die Härte. Dann aber steigt sie wieder an, erreicht ein Maximum bei circa 500 bis 550 °C und fällt dann wieder ab. Dieses Maximum nennt man *Sekundärhärtemaximum*, es beruht auf der Bildung von ganz vielen, extrem kleinen Sonderkarbidkriställchen. Sonderkarbide sind harte Verbindungen von Kohlenstoff mit bestimmten Legierungselementen, wie Chrom, Vanadium oder Molybdän.

✔ Bei den *Schnellarbeitsstählen* ist dieser Effekt noch stärker ausgeprägt, man setzt noch mehr Legierungselemente und relativ hohe Kohlenstoffgehalte ein.

Damit haben Sie schon die wesentliche Einteilung der Werkzeugstähle in drei Gruppen kennengelernt. Im Folgenden ein paar Anmerkungen zu jeder der drei Gruppen.

Für maßvolle Temperaturen: Die Kaltarbeitsstähle

Kaltarbeitsstähle haben zwar meist eine hohe Ausgangshärte, können aber nur bis zu Werkzeugtemperaturen von etwa 200 °C sinnvoll eingesetzt werden. Es gibt sie un-, niedrig- und hochlegiert, einige Beispiele enthält Tabelle 15.10.

Sorte	Anwendung
C70U	Handwerkzeuge, Messerschneiden
C105U	Gewindeschneidwerkzeuge, Tiefziehwerkzeuge, Prägestempel
35CrMo7	Handwerkzeuge, Schraubenschlüssel
102Cr6	Bohrer, Dorne, Walzen
X210Cr12	Schneid- und Stanzwerkzeuge, Umformwerkzeuge

Tabelle 15.10: Beispiele für Kaltarbeitsstähle

Die ersten beiden Sorten in der Tabelle beginnen mit einem C im Namen, es sind unlegierte Kaltarbeitsstähle. Der Zusatz U am Ende des Namens deutet darauf hin, dass diese Stähle hinsichtlich der Verwendung als Werkzeug optimiert sind: Sie weisen hohe Reinheit auf (nur sehr wenig und sehr kleine nichtmetallische Einschlüsse) und ein besonders gleichmäßiges Gefüge.

 Die Einhärtbarkeit der unlegierten Kaltarbeitsstähle ist gering, wie auch die der unlegierten Stähle ganz allgemein, es sind Schalenhärter (siehe vorangegangenes Kapitel). Dickere Werkzeuge aus diesen Stählen haben also eine harte »Schale«, das ist eine harte Oberflächenschicht, und einen zäheren, weniger schlagempfindlichen Kern, was für viele Anwendungen Vorteile bietet.

Die niedriglegierten Sorten in Tabelle 15.10 sind tiefer einhärtbar, die hochlegierten wie X210Cr12 noch mehr. Durch die Legierungselemente bilden sich zudem harte Sonderkarbide, beispielsweise Chromkarbid, und die Verschleißbeständigkeit verbessert sich. Das ist auch der Grund, weshalb man niedrig- und hochlegierte Kaltarbeitsstähle in der Praxis viel verwendet.

Wenn's heiß hergeht: Die Warmarbeitsstähle

Die Warmarbeitsstähle sind für Werkzeuge vorgesehen, die im Betrieb Dauertemperaturen von über 200 °C ausgesetzt sind, beispielsweise für Schmiedewerkzeuge. Solche Stähle müssen daher besonders gute Werte für

✔ Warmfestigkeit,

✔ Anlassbeständigkeit und

✔ Warmverschleißwiderstand

aufweisen, das wird Sie inzwischen nicht mehr verwundern. Und weil die Werkzeugtemperaturen oftmals auch noch heftig schwanken, sind

✔ gute Zähigkeit und

✔ gute Thermoschockbeständigkeit sowie Temperaturwechselbeständigkeit

ebenfalls erwünscht. Einige Anwendungsbeispiele zeigt Tabelle 15.11.

Sorte	Anwendung
55NiCrMoV7	Hammergesenke, Matrizen, Stempel
X37CrMoV5-1	Gesenke, Druckgießformen
X30WCrV9-3	Strangpresswerkzeuge, Druckgießformen

Tabelle 15.11: Beispiele für Warmarbeitsstähle

Wie Sie der Tabelle entnehmen können, hält man sich mit dem Kohlenstoffgehalt etwas zurück und setzt Legierungselemente wie Chrom, Molybdän, Vanadium und Nickel ein. Dadurch ist meist die Ausgangshärte nicht so sonderlich hoch (siehe Abbildung 15.9), aber die bleibt dann auch bei angehobenen Betriebstemperaturen halbwegs erhalten.

Wenn's schnell gehen muss: Die Schnellarbeitsstähle

Oftmals möchte man Werkstücke spanabhebend bearbeiten, sie also drehen, fräsen, hobeln, bohren und anderes mehr. Macht man das sehr gemütlich, wendet also niedrige Schnittgeschwindigkeiten an, wird die immer vorhandene Reibungswärme prima über den Schneidkeil und den Kühlschmierstoff abgeführt, die Schneiden werden nicht allzu warm. Unter solchen Bedingungen können Sie für die Schneiden nahezu jeden ausreichend harten und verschleißfesten Werkzeugstahl verwenden.

Gemütlich ist ja schön und gut, dauert aber. Und wenn's flott gehen soll, muss man die Schnittgeschwindigkeit erhöhen. Dadurch aber erhöht sich auch die Reibleistung, die Temperaturen am Schneidkeil erreichen trotz Kühlschmierstoffs hohe Werte, und dann braucht man Werkzeugstähle, die bei solch hohen Temperaturen noch ausreichend hart, fest und verschleißbeständig sind: die Schnellarbeitsstähle. Schnell möchte man arbeiten, insbesondere beim spanabhebenden Bearbeiten, daher kommt der Name.

Die Schnellarbeitsstähle müssen daher besonders gute Anlassbeständigkeit und Warmhärte aufweisen. Sie sind bis zu etwa 600 °C einsetzbar, Beispiele zeigt Tabelle 15.12.

Sorte	Anwendung
HS6-5-3	Räumnadeln, Spiralbohrer, Sägen
HS6-5-2-5	Fräser, Spiralbohrer, Gewindebohrer
HS10-4-3-10	Drehmeißel, Formstähle
HS2-9-1-8	Fräser, Bohrer, Sägen

Tabelle 15.12: Beispiele für Schnellarbeitsstähle

Typischerweise enthalten Schnellarbeitsstähle etwa 1 % Kohlenstoff und 1 bis mehrere Prozent Wolfram, Molybdän, Vanadium, Kobalt und Chrom. Der Kurzname wird auf besondere Weise gebildet: Die neue Bezeichnungsweise HS w-x-y-z kennzeichnet die Gehalte an % W – % Mo – % V – % Co. Chrom ist immer mit etwa 4 % enthalten. Sind im Namen nur drei Elemente genannt, wie beim HS6-5-2, dann handelt es sich um eine kobaltfreie Sorte und nur die ersten drei Elemente (W, Mo und V) sind aufgeführt.

Am besten sehen Sie das Bezeichnungsprinzip an einem **Beispiel**:

Wie ist der Schnellarbeitsstahl HS6-5-2-5 chemisch zusammengesetzt?

Die Ziffernfolge 6-5-2-5 kennzeichnet in dieser Reihenfolge die Gehalte an W, Mo, V und Co in Gewichtsprozent, also 6 % Wolfram, 5 % Molybdän, 2 % Vanadium und 5 % Kobalt. Da Chrom mit etwa 4 % und Kohlenstoff mit etwa 1 % immer enthalten sind, gibt man diese Elemente gar nicht mehr im Namen an.

 Weil die meisten der Legierungselemente in den Schnellarbeitsstählen gern mit Kohlenstoff reagieren, enthalten die Schnellarbeitsstähle einen hohen Anteil an den schon erwähnten Sonderkarbiden, das sind Wolfram-, Chrom-, Molybdän- und Vanadiumkarbide. Diese Sonderkarbide sind besonders hart, lösen sich bei Temperaturerhöhung nicht so schnell auf und sorgen so für gute Warmhärte und Anlassbeständigkeit.

Zum Härten sind wegen der schwerlöslichen Sonderkarbide recht hohe Austenitisierungstemperaturen von etwa 1200 bis 1300 °C nötig, die nahe an der Solidustemperatur liegen. Nach dem sorgfältigen Austenitisieren und passenden Abschrecken folgen meist zwei, drei oder sogar vier Anlassbehandlungen bei etwa 550 °C, um optimale Härte und Zähigkeit zu erhalten. Ganz schön kompliziert!

Die Schnellarbeitsstähle haben ihren Namen schon vor geraumer Zeit erhalten. Das mit dem »schnellen Arbeiten« sollten Sie deshalb nicht allzu wörtlich nehmen, es bezieht sich auf einen Vergleich mit anderen Werkzeugstählen. Schon lange stehen als Alternative interessante Hartmetalle und Hochleistungkeramiken zur Verfügung, oft noch mit Hartstoffen beschichtet, und die legen die Messlatte mit dem »schnellen Arbeiten« viel höher, aber das ist ein anderes Thema (siehe Kapitel 18). Trotz dieser Alternativen werden die Schnellarbeitsstähle in vielen Bereichen der Fertigungstechnik immer noch gerne verwendet, beispielsweise für Bohrer.

Stähle, von denen ich Ihnen nichts erzähle

Nein, ich meine nicht die ganz geheimen Stähle, von denen niemand etwas wissen darf (existieren die?), sondern einfach all die anderen Stahlsorten, die es außer den besprochenen auch noch gibt. Die Karosseriestähle zählen dazu, die Druckbehälterstähle, die Schiffsbaustähle, die wetterfesten, die aus Pulver hergestellten und, und, und. An dieser Stelle soll dieses Kapitel enden, es war ja auch lang genug. Ich denke, Sie haben hiermit ein wenig Rüstzeug bekommen und können sich bei Bedarf selbst einarbeiten.

Weitere Eisenwerkstoffe, die trotz aller flapsigen Bemerkungen und Sprüche gerne und viel verwendet werden, sind die gegossenen. Die haben ein extra Kapitel verdient. Neugierig? Blättern Sie weiter.

Kapitel 16
Eisengusswerkstoffe, genauso vielfältig wie die Stähle

Mal ganz ehrlich: Was fällt Ihnen zum Begriff »Gusseisen« ein, oft nur vereinfachend »Guss« genannt, was geht Ihnen da durch den Kopf? Vielleicht eine alte Kochplatte, ein Gullydeckel, das Gestell einer alten Nähmaschine? Und Hand aufs Herz: Selbst Leute, die den Werkstoffen sehr offen gegenüberstehen, vielleicht sogar solche, die man beinahe »materialophil«, also werkstoffliebend, nennen könnte, sind schnell beim gefühlten »Taugt wenig, ist billig«.

Zugegeben, bei manchen Gusseisensorten ist das nicht ganz daneben. Wenn wir aber fair sind, dann finden sich aber auch unter den Stählen solche Fälle, unter den Aluminiumlegierungen und anderen Werkstoffen, und zwar zu Recht, auch solche einfachen Werkstoffe haben eine sinnvolle Anwendung. Dass es aber wirklich feine gegossene Eisenwerkstoffe gibt, teils mit ganz hervorragenden Eigenschaften, die den klassischen Stählen Konkurrenz machen oder sie sogar übertreffen, ist weniger bekannt. Und hier setze ich an.

In diesem Kapitel möchte ich Ihnen zunächst einmal die Begriffe Stahl, Stahlguss und Gusseisen erklären, das sind nämlich drei verschiedene Klassen von Werkstoffen. Dann geht es kurz um einige Eigenheiten des Stahlgusses, gar nicht uninteressant. Den Hauptteil bilden dann die Gusseisensorten, da gibt es eine ganz schöne Palette mit recht unterschiedlichen Eigenschaften.

Falls Sie spontan an dieses Kapitel gelangt sein sollten, ohne die vorigen zu lesen: Das Eisen-Kohlenstoff-Zustandsdiagramm (Kapitel 5) und der Zugversuch (Kapitel 6) sind wichtige Voraussetzungen, ohne die geht es leider nicht.

Worin sich Stahl, Stahlguss und Gusseisen unterscheiden

Zunächst einmal die Gemeinsamkeiten: Alle sind Eisenwerkstoffe, die Hauptkomponente ist Eisen, so wie man Brot, Kuchen und Pizza unter »Mehlgerichte« laufen lassen könnte. Die wichtigste Unterscheidung betrifft den Kohlenstoffgehalt (siehe Abbildung 16.1).

 Eisenwerkstoffe mit **weniger als 2 % C** werden traditionell als **Stahl** bezeichnet, bei **über 2 % C** spricht man von **Gusseisen**. Das liegt einfach daran, dass man Eisenwerkstoffe unterhalb von etwa 2 % C zwar gut schmieden, aber nur vergleichsweise schwer gießen kann. Und über 2 % C ist es umgekehrt, das Gießen klappt gut und das Schmieden wird schwierig.

Der Begriff »Gusseisen« besagt also keineswegs, dass es sich hier um gegossenes reines Eisen handelt, sondern im Gegenteil, dass es um eine besonders kohlenstoffreiche Eisen-Kohlenstoff-Legierung geht.

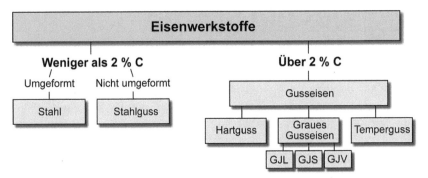

Abbildung 16.1: Haupteinteilung der Eisenwerkstoffe, vereinfacht

Und wenn der Kohlenstoffgehalt unter 2 % liegt, ist das Gießen zwar etwas kniffelig, gelingt aber trotzdem ganz gut. Dann gibt es zwei grundsätzliche Möglichkeiten:

 Gießt man eine Eisen-Kohlenstoff-Legierung mit weniger als 2 % C in eine Form und wendet anschließend keinerlei umformende Verfahren mehr an, wie Schmieden oder Walzen, nennt man das **Stahlguss**. Wird aber ein gegossenes Stahlstück nach dem Gießen noch warm gewalzt oder geschmiedet, verändert es seine Eigenschaften erheblich und man spricht schlicht nur von **Stahl**.

Was also den Stahl vom Stahlguss unterscheidet, ist nicht die chemische Zusammensetzung oder das Gießen an sich, sondern das anschließende Umformen.

Walzt oder schmiedet man den Stahl nach dem Gießen noch in der Wärme (im Austenitgebiet), verändert er sich spürbar und hat in mindestens zwei Punkten die Nase vorn:

✔ Erstens werden bestimmte Gießfehler, wie Lunker (das sind Erstarrungshohlräume) und innere Risse, wieder zusammengedrückt, dadurch verschweißt und überwiegend »repariert«.

✔ Zweitens werden die im gegossenen Zustand recht großen Körner durch das Walzen und Schmieden bei optimalen Bedingungen wesentlich gefeint, kleiner gemacht. Und kleinere, feine Körner führen zu höherer Festigkeit und besserer Zähigkeit.

Beides führt dazu, dass der gewalzte oder geschmiedete Stahl gegenüber vergleichbarem Stahlguss bei den mechanischen Eigenschaften meist besser ist. Was spricht dann überhaupt für den Stahlguss? Auch der hat seine Reize.

Stahlguss, in Formen gegossener Stahl

Auf die Einzelheiten des Stahlgusses möchte und kann ich hier nicht eingehen, ein Blick auf einige Besonderheiten lohnt aber:

✔ Es sind – mit gewissen Anpassungen, Feintuning könnte man sagen – **praktisch alle Stähle zum Gießen geeignet**. Da gibt es unlegierten, niedriglegierten und hochlegierten Stahlguss, zu beinahe jedem geschmiedeten Stahl existiert eine ähnliche Stahlgusssorte, die Vielfalt ist groß. Und entsprechend vielfältig sind auch die Eigenschaften.

✔ Meist erstarrt der Stahl **grobkörnig** und weist deswegen im unveränderten Gusszustand keine so gute Zähigkeit wie ein vergleichbarer geschmiedeter Stahl auf. Um die Zähigkeit zu verbessern, schließt man nach dem Gießen oftmals noch eine kornfeinende Wärmebehandlung an, wie Normalglühen oder Vergüten (siehe auch vorangegangenes Kapitel). Natürlich geht das nur, sofern die verwendete Stahlgusssorte überhaupt dafür geeignet ist.

✔ Flüssiger Stahl ist meist **zähflüssiger** als Gusseisen; ganz filigrane Teile lassen sich nicht so leicht gießen.

✔ Das **Schwindmaß** ist bei Stahlguss **größer** als bei Gusseisen. Unter dem Schwindmaß versteht man den Größenunterschied zwischen Gießform und fertigem Gussstück; es beruht auf der Wärmeausdehnung oder besser Wärmeschrumpfung beim Abkühlen. Das hohe Schwindmaß kann schon mal zu Problemen wie Rissbildung führen oder Lunkern, das sind Erstarrungshohlräume, aber denen kann man entgegenwirken.

✔ Gegenüber Gusseisen – das ist ab und zu der Konkurrent – ist Stahlguss meist **teurer**. Warum eigentlich? Stahlguss muss von der chemischen Zusammensetzung her etwas sorgfältiger hergestellt werden, beispielsweise verträgt er meist nur weniger Verunreinigungen. Zudem hat er überwiegend höhere Schmelztemperaturen, braucht manchmal eine Wärmebehandlung und das Gießen ist aus verschiedenen Gründen generell schwieriger.

Wo spielt der Stahlguss nun seine Stärken aus? Stahlguss wendet man gerne dann an, wenn die Festigkeit von Gusseisen nicht ausreicht, falls komplizierte Formen herzustellen sind, bei schwer umformbaren Stählen oder schlicht wenn andere Alternativen zu teuer sind.

Noch viel gäbe es zu berichten, man möge mir verzeihen, wenn ich hier Schluss mache. Auch für die etwas pauschalen Aussagen bitte ich um Verständnis, je nach Stahlgusssorte und Gießverfahren kann das auch anders aussehen.

So, und jetzt geht's ans Gusseisen.

Gusseisen, der landläufige »Guss«

Alle Eisenwerkstoffe mit **mehr als 2 % Kohlenstoffgehalt** nennt man pauschal und allgemein **Gusseisen**, da sie fast ausschließlich durch Gießen verarbeitet werden. Einige typische Eigenheiten von Gusseisen sind:

✔ Die Liquidustemperaturen betragen je nach C-Gehalt so etwa 1150 bis 1350 °C, liegen also niedriger als bei Stahlguss. Genauer nachsehen können Sie das im Eisen-Kohlenstoff-Zustandsdiagramm in Kapitel 5; die Liquidustemperatur ist die niedrigste Temperatur, bei der ein Werkstoff gerade noch hundertprozentig flüssig ist. Der C-Gehalt der gängigen Gusseisensorten endet spätestens bei 4,3 %, Legierungselemente beeinflussen die Liquidustemperaturen noch zusätzlich.

✔ Die Schmelze ist vergleichsweise dünnflüssig und gut zum Gießen geeignet.

✔ Das Schwindmaß beträgt nur etwa 1 %, eine angenehme Sache.

✔ Das Gefüge, das sind all die Kristalle und Phasen, die innen im Werkstoff vorkommen, hängt ab von
- der chemischen Zusammensetzung,
- der Abkühlgeschwindigkeit im Zuge des Gießens und
- gegebenenfalls einer Wärmebehandlung.

Und weil sich das Gefüge so heftig auf die Eigenschaften auswirkt, gehe ich im Folgenden näher darauf ein.

Gefügeausbildung oder was innen drin ist

In Kapitel 5, als es um das berühmt-berüchtigte Eisen-Kohlenstoff-Zustandsdiagramm ging, musste ich Ihnen zwei schlechte Nachrichten überbringen. Erstens ist das Legierungssystem Eisen-Kohlenstoff nicht einfach, und zweitens kommt es auch noch in zwei Varianten vor:

 Da gibt es das *stabile Legierungssystem*, bei dem der nicht gelöste Kohlenstoff in Form von *Grafitkristallen* auftaucht. Das ist der energetisch niedrigste Zustand, in dem sich die Natur am wohlsten fühlt, den strebt sie immer an.

Und dann gibt es noch das *metastabile System*, bei dem der nicht gelöste Kohlenstoff in Form von *Zementitkristallen* vorliegt, das sind Fe_3C-Kristalle. Das macht die Natur eher der Not gehorchend, denn das ist energetisch nur der »zweitniedrigste« Zustand.

Recht ausführlich hatten wir uns überlegt, dass das *stabile System* umso eher auftreten kann,

✔ je **höher der Kohlenstoffgehalt** ist,

✔ je **höher der Siliziumgehalt** ist und

✔ je **langsamer die Abkühlung** von hohen Temperaturen verläuft.

Denken Sie noch einmal darüber nach, weshalb dies so ist. Zur Erinnerung: Grafitkristalle sind ja kompliziert und bestehen aus reinem Kohlenstoff. Da ist es gar nicht so unlogisch, dass viel Kohlenstoff deren Bildung erleichtert. Silizium ist ein wichtiges Element im Gusseisen, es wirkt als eine Art Katalysator und fördert die Bildung der Grafitkristalle. Hohe Temperaturen sowie lange Zeiten erleichtern die Diffusion der Atome, und auch das hilft dem Wachsen der Grafitkristalle.

Eine grobe Grundregel lautet:

 Unterhalb von etwa 2 % Kohlenstoffgehalt (und bei geringen Siliziumgehalten) hat das stabile System unter üblichen Bedingungen praktisch keine Chance. Deshalb liegen die Stähle ja auch im metastabilen System vor. Erst oberhalb von 2 % C kann das stabile System auftauchen, und auch da nur unter günstigen Umständen.

Was da nun günstige Umstände sind und was ungünstige, das sieht man am besten an einem geeigneten Diagramm, dem *Gusseisendiagramm nach Maurer* (siehe Abbildung 16.2). Nach rechts ist der Siliziumgehalt aufgetragen, nach oben der Kohlenstoffgehalt. Im Diagramm selbst ist abzulesen, ob das Gusseisen nach dem stabilen oder dem metastabilen Legierungssystem erstarrt. Und das ist nicht egal, das hat enorme Konsequenzen.

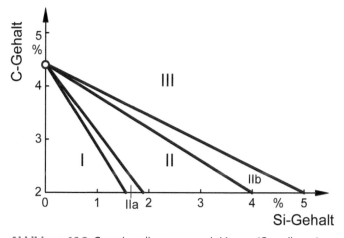

Abbildung 16.2: Gusseisendiagramm nach Maurer (Grundlagen)

Was vermuten Sie: In welchem Bereich des Gusseisendiagramms nach Maurer hat das stabile Legierungssystem gute Chancen?

✔ Klar, dort, wo viel Kohlenstoff und viel Silizium vorkommen, also »rechts oben«.

✔ Und umgekehrt kommt das metastabile System bei kleinen C- und Si-Gehalten zum Tragen, also »links unten«.

Maurer hat die Geschichte genauer mit vielen Experimenten untersucht und das nach ihm benannte Diagramm aufgestellt. Die Diagrammfläche gliedert sich in drei Felder, die er mit den römischen Ziffern I, II und III benannt hat. Die drei Felder sind nicht absolut scharf voneinander abgegrenzt, sondern weisen weiche Übergangszonen auf, mit IIa und IIb bezeichnet.

Feld I

Die Gusseisensorten, die mit ihrer chemischen Zusammensetzung ins Feld I fallen, haben Schwierigkeiten, die komplizierten Grafitkristalle bei der Abkühlung hinzubekommen. Sie bilden, eher der Not gehorchend, Zementitkristalle. Der gesamte im Gusseisen enthaltene Kohlenstoff liegt daher als harter Zementit vor. Dieses Gusseisen nennt man entweder *weißes Gusseisen*, weil die Bruchfläche recht hell, silbrig, fast weiß aussieht, wenn man es auseinanderbricht. Oder man nennt es *Hartguss* wegen der hohen Härte; beide Begriffe sind gängig.

Feld II

Ist eine Gusseisensorte im Feld II angesiedelt, wird's etwas schwieriger, weil in diesem Feld beide Legierungssysteme mitmischen. Im Zuge der (eutektischen) Erstarrung schafft es der Kohlenstoff bei hohen Temperaturen noch, Grafitkristalle zu bilden. Bei tieferen Temperaturen jedoch, bei der eutektoiden Umwandlung, reicht es nicht mehr zum Grafit und es entstehen Zementitkristalle, überwiegend in Form von Perlit, den ich schon bei den Stählen beschrieben habe. Das Gefüge weist Grafitkristalle auf, die in ein perlitisches Grundgefüge eingebettet sind. Wegen des grauen Bruchaussehens nennt man diesen Werkstoff *graues Gusseisen* oder *Grauguss*, genauer *perlitischen Grauguss*.

Feld III

Hier liegen so hohe C- und Si-Gehalte vor, dass sich der gesamte im Gusseisen enthaltene Kohlenstoff als Grafit ausscheiden kann. Das Gefüge enthält deshalb Grafitkristalle, die von Ferritkristallen, also fast reinem Eisen umgeben sind. Auch hier sieht eine Bruchfläche grau aus, deshalb nennt man auch dieses Gusseisen *Grauguss*, genauer *ferritischen Grauguss*.

So, das waren nun schon zwei wichtige Einflüsse auf die Gefüge der Gusseisensorten, nämlich der Kohlenstoff- und der Siliziumgehalt. Dass da natürlich noch viele andere Elemente zulegiert werden können und Einfluss nehmen, versteht sich von selbst, und mit diesem Hinweis möchte ich es diesbezüglich gut sein lassen.

Nicht gut sein lassen möchte ich es aber mit dem Einfluss der Abkühlgeschwindigkeit beim Gießen.

Je nach Gießverfahren, je nach Gießform und vor allem je nach Wanddicke oder Durchmesser kühlt ein Gussstück unterschiedlich schnell ab und hat dann verschiedene Eigenschaften.

Farbenlehre

Mit weiß, grau und schwarz beschreibt man einige wichtige Gusseisensorten, und wie Sie schon im Falle von weiß und grau gesehen haben, meint man damit das Aussehen der Bruchflächen. Woher kommt das eigentlich?

✔ Beim weißen Gusseisen sieht die Bruchfläche nicht wirklich strahlend weiß aus, wie weiße Fensterfarbe, sondern eher hell, silbrig. Der Grund dafür ist, dass praktisch alle Gefügebestandteile im weißen Gusseisen, das sind Ferrit und Zementit, silbrig glänzend sind.

✔ Im Grauguss gibt es pechschwarze Grafitkristalle, silbrig glänzende Ferritkristalle und teils auch silbrige Zementitkristalle. Beim Bruch werden alle Kristallarten gleichzeitig freigelegt, und die Mischfarbe von Schwarz und Silbrig ist Grau.

✔ Schwarz als Bruchflächenfarbe gibt es nicht im wörtlichen Sinne, hier ist Dunkelgrau gemeint, und so sieht die Bruchfläche beim sogenannten schwarzen Temperguss aus, den ich nur kurz streifen werde.

Tut mir leid, dass ich nicht mit rotem, gelbem oder blauem Gusseisen dienen kann. Aber mit grünem, denn wiederaufarbeiten, recyceln, kann man Gusseisen perfekt, und in diesem Sinne ist es ganz schön »grün«.

Den Einfluss der Abkühlgeschwindigkeit sieht man ganz gut am Gusseisendiagramm nach Maurer. Das Diagramm, das in Abbildung 16.2 zu sehen ist, gilt zunächst nur für »mittlere« Abkühlgeschwindigkeit.

Was erwarten Sie: Wie wird sich vermutlich das Gusseisendiagramm verändern, wenn schneller abgekühlt wird? Mit »schneller abgekühlt« meine ich kein bewusstes Abschrecken, sondern einfach die Abkühlung an einer dünnwandigen Stelle des Gussstücks, die verläuft naturgemäß etwas flotter.

✔ Bei **schnellerer** Abkühlung müsste doch das stabile Legierungssystem Probleme bekommen und das metastabile System eher auftauchen, weil der Natur ausreichend Zeit bei hohen Temperaturen für die komplizierten Grafitkristalle fehlt. Und das wiederum müsste sich doch darin äußern,
  • dass das Feld III, in dem das stabile System vorkommt, kleiner wird, und
  • das Feld I, in dem das metastabile System vorliegt, eher ausgeweitet wird.

So ist es auch tatsächlich, und wie es etwas genauer aussieht, das sehen Sie im Gusseisendiagramm in Abbildung 16.3. Die Linien, die die Felder I bis III begrenzen, haben sich gegen den Uhrzeigersinn verdreht, und zwar um den weißen Punkt bei 4,3 % C-Gehalt. Sie sind nun als grau gestrichelte Linien erkennbar.

✔ Und wenn bewusst **langsamere** Abkühlung vorläge, wie an einer dickwandigen Stelle in einem Gussstück, wäre alles umgekehrt. Die Linien hätten sich im Uhrzeigersinn gedreht.

Das Gusseisendiagramm nach Maurer trifft die Realität übrigens am besten in einem mittleren Bereich der C- und Si-Gehalte sowie Abkühlgeschwindigkeiten. Es ist für übliche, gängige Gusseisenwerkstoffe gedacht und von mir etwas vereinfacht dargestellt.

Genug der Vorrede, jetzt möchte ich Ihnen die wichtigsten Arten von Gusseisen vorstellen, da gibt es Interessantes, verlassen Sie sich drauf. Einen groben Überblick gab's ja schon in Abbildung 16.1, vielleicht blättern Sie noch einmal kurz zurück.

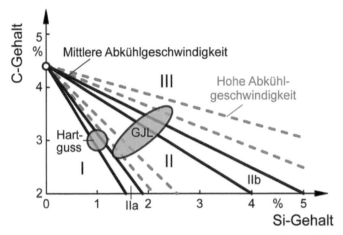

Abbildung 16.3: Gusseisendiagramm nach Maurer mit dem Einfluss der Abkühlgeschwindigkeit und der ungefähren Lage der Gusseisenarten

Hart und verschleißfest: Hartguss

Hartguss, auch *weißes Gusseisen* genannt, enthält so um die 3 % Kohlenstoff und etwa 1 % Silizium, oft auch weitere Legierungselemente. Im Gusseisendiagramm nach Maurer liegt er ziemlich weit »links unten«, am Rand des Feldes I (siehe Abbildung 16.3).

 Hartguss erstarrt überwiegend nach dem metastabilen Legierungssystem, fast der gesamte Kohlenstoff ist in Form von hartem, sprödem Zementit vorhanden. Infolge des hohen Zementitanteils im Gefüge ist Hartguss insgesamt recht hart und verschleißbeständig, aber auch spröde.

Wegen der Sprödigkeit und der damit verbundenen Sprödbruchgefahr wird Hartguss oftmals nicht als Vollhartguss hergestellt, sondern als *Schalenhartguss*. Beim Schalenhartguss erstarren die oberflächennahen Bereiche des Gussstücks (die nennt man Schale) »weiß« und das Innere »grau«. Das liegt daran, dass die oberflächennahen Bereiche im Gussstück durch die Nähe zum kühlenden Formstoff schneller abkühlen als das Innere:

✔ Für die **oberflächennahen** Bereiche gilt die »hohe Abkühlgeschwindigkeit« mit den grau gestrichelten Linien in Abbildung 16.3, da liegen die Hartgusssorten wirklich in Feld I.

✔ Im **Inneren** kühlt das Gussstück langsamer ab, sagen wir »mittel«, es gelten die schwarzen Linien für die »mittlere Abkühlgeschwindigkeit«, und da ist man schon im Übergangsbereich der Felder I und II. Dort ist das Gusseisen zwar noch lange nicht richtig zäh, aber doch deutlich weniger spröde als am Rand.

Und dann hat man den Vorteil der hohen Härte und Verschleißbeständigkeit am Rand und einer gewissen Zähigkeit im Inneren. So perfekt wie bei den randschichtgehärteten Stählen (siehe Kapitel 14) ist es nicht, aber die Richtung stimmt.

Anwendungsbeispiele für Hartguss sind Mahlscheiben, Pumpenteile, Walzen, Stempel, Ziehringe, Verschleißplatten, Nockenwellen. Unter diesen vielen Beispielen ist eines, das mich immer wieder begeistert, das sind die hohlgegossenen Nockenwellen aus Schalenhartguss. Nach dem Gießen und Putzen müssen die Nockenwellen nur noch an den Funktionsflächen (Lagerstellen und Nocken) geschliffen werden, dann sind sie überwiegend einbaufertig. So am Rande: Die Hohlbauweise hängt nicht nur mit Werkstoffersparnis zusammen, sondern besonders mit geringerer Masse; die führt zu besserem Ansprechen des Motors, geringeren rotierenden Massen, weniger Kraftstoffverbrauch. Viele renommierte Motorenhersteller vertrauen auf dieses Konzept.

Der Klassiker: Gusseisen mit Lamellengrafit

Das klassische Gusseisen, im Volksmund oft nur als »Guss« bezeichnet, ist *graues Gusseisen* oder *Grauguss mit Lamellengrafit*. Es enthält als Hauptbestandteile so etwa 2,5 bis 3,6 % Kohlenstoff und 1,2 bis 2,5 % Silizium, also mehr Silizium als Hartguss. Kohlenstoff- und Siliziumgehalt werden synchron zueinander erhöht oder vermindert, sodass die typischen Sorten eine schräge Ellipse im Gusseisendiagramm bilden. In Abbildung 16.3 ist die ungefähre Lage mit »GJL« beschriftet, das ja im Kurznamen der Gusseisensorten vorkommt.

 Gusseisen mit Lamellengrafit, *kurz GJL*, liegt demnach überwiegend in Feld II, ragt aber teilweise auch in die Felder I und III hinein. Der Kohlenstoff kristallisiert bei der eutektischen Erstarrung in einer Form, die man in der Fachsprache als Lamellen bezeichnet, daher auch der Name. Mit diesen Lamellen meint man blattartige Kristalle, die von der Form her an Styroporverpackungsflocken erinnern oder auch an Kartoffelchips. Das ist die »Naturform« der Grafitkristalle im Gusseisen, so wachsen sie normalerweise.

Wenn Sie also in Gedanken eine große Tüte Kartoffelchips nehmen, sich die Chips aus schwarzem Grafit vorstellen und diese Tüte von Grafitchips dann so etwa um den Faktor 500 verkleinern, dann haben Sie die Anordnung der Grafitkristalle im Gusseisen. Natürlich hat es da nicht Luft um den Grafit, sondern noch das sogenannte Grundgefüge, das besteht überwiegend aus Perlit und teilweise auch Ferrit.

Wie das Gefüge insgesamt aussieht, zeigt Abbildung 16.4. Da wurde eine kleine Probe aus GJL-200 geschliffen, poliert sowie geätzt und dann mit einem Lichtmikroskop aufgenommen. Mehr zur Präparationstechnik finden Sie in Kapitel 10.

Bei dem abgebildeten Gusseisen können Sie die Kartoffelchips, Pardon, die lamellaren Grafitkristalle als dicke dunkle Linien mit spitz zulaufenden Enden erkennen.

Und um die Grafitkristalle herum befindet sich das *Grundgefüge*:

✔ Bei der mittelfesten Gusseisensorte **GJL-200** besteht das Grundgefüge überwiegend aus Perlit. Das ist ein feinstreifiges Gemenge von Ferrit und Zementit, genau wie bei einem Stahl mit 0,8 % C. Die feinen Streifen lassen sich im stärker vergrößerten Ausschnitt rechts in Abbildung 16.4 gut erkennen, bei niedriger Vergrößerung verschwimmen sie oft zu einer grauen Fläche. Da und dort sind aber auch wenige kleine weiße Ferritkristalle zu sehen.

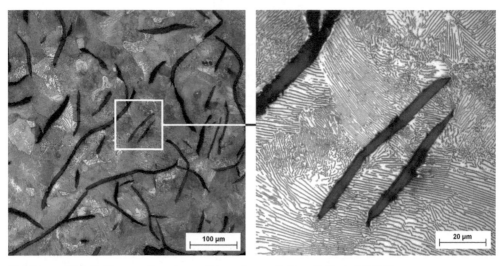

Abbildung 16.4: Gefüge von Gusseisen mit Lamellengrafit, hier die Sorte GJL-200

✔ Beim niedrigfesten Gusseisen **GJL-100** besteht das Grundgefüge überwiegend aus Ferrit-kristallen, also aus reinem Eisen. Dass diese Sorte keine hohe Festigkeit hat, verwundert nicht, denn reines Eisen ist eher weich und wenig fest, und auch Grafit ist weich, wie Sie es von einer weichen Bleistiftmine her kennen.

✔ Die höherfeste Gusseisensorte **GJL-300** hat ein Grundgefüge aus besonders feinstreifi-gem Perlit.

Wie bekommt eine Gießerei nun gezielt verschiedene Sorten zustande, zum Beispiel GJL-100 und GJL-300? Zunächst einmal muss sie an die Abkühlgeschwindigkeit denken, das habe ich schon besprochen. Und wenn die nun festliegt, sagen wir einmal »mittel«, wie muss dann die chemische Zusammensetzung gewählt werden?

Denken Sie bitte noch einmal an das Gefüge:

✔ GJL-100 weist **Grafit** und **Ferrit** auf, das sind Phasen aus dem **stabilen** Legierungssystem. Damit man das erreicht, braucht das Gusseisen viel Kohlenstoff und viel Silizium und muss demnach in Feld III angesiedelt sein. Rechts oben in der mit »GJL« beschrifteten Ellipse in Abbildung 16.3 ist es deswegen zu finden.

✔ GJL-300 weist **Grafit** und **Perlit** auf, der Grafit zählt zum **stabilen** und der Zementit als Bestandteil des Perlits zählt zum **metastabilen** System. Feld II also, weniger Kohlenstoff und weniger Silizium als GJL-100, eher links unten in der GJL-Ellipse in Abbildung 16.3.

Schwirrt Ihnen der Kopf? Haben Sie auch den Eindruck, dass die Gusseisensorten gar nicht so einfach zu verstehen sind? Dann fühle ich wieder einmal mit Ihnen. Besser wäre es, ich könnte Ihnen anhand von schematischen Gefügebildern zeigen, welche Erstarrungs- und Umwandlungsvorgänge beim Gießen ablaufen, so wie ich es in Kapitel 5 bei den Stählen gemacht habe, aber das sprengt den Rahmen dieses Buches.

Und in Wirklichkeit sind die Gusseisengefüge sogar noch viel komplizierter, weil außer Kohlenstoff und Silizium meist noch Mangan dabei ist, auch Phosphor kommt vor und viele andere Elemente. Das kann bis zum hochlegierten Gusseisen führen, auch das gibt es. Was aber beim GJL immer typisch ist, das sind diese lamellenförmigen Grafitkristalle, die in ein (wie auch immer geartetes) Grundgefüge eingebettet sind. Und daraus resultiert eine Reihe bemerkenswerter Eigenschaften:

✔ Obwohl das Grundgefüge von Natur aus vergleichsweise zäh ist, verhält sich GJL immer **relativ spröde**. Die Bruchdehnung erreicht wenige zehntel bis etwa 1 %. Der Grund dafür liegt in der Kerbwirkung der spitz auslaufenden Grafitlamellen.

✔ Unter Zugbeanspruchung können die Grafitlamellen kaum Spannungen übertragen und wirken wie innere Risse, die übrig gebliebenen tragenden Querschnitte des Grundgefüges sind klein. Die **Zugfestigkeit** ist deswegen **generell gering**.

✔ Unter Druckbeanspruchung können die Grafitlamellen in gewissem Umfang tragen. Die **Druckfestigkeit** ist deswegen höher, etwa **drei- bis vierfach so hoch** wie die Zugfestigkeit.

✔ Das **mechanische Dämpfungsverhalten ist gut**, insbesondere Schwingungen mit höheren Frequenzen werden prima absorbiert. Das liegt an den Grafitlamellen; die führen durch verschiedene Mechanismen zu einer inneren Absorption der Schwingungen. Sie können das sogar hören, wenn Sie versuchen, ein Werkstück aus GJL zum Klingen zu bringen. Nur ein trauriges »Plopp« ist zu hören. Für Glocken eignet sich dieser Werkstoff überhaupt nicht, dafür umso mehr für Bauteile, die möglichst ruhig bleiben sollen, wie Maschinenbetten oder Motorblöcke.

✔ Bearbeitete Oberflächen von Bauteilen aus GJL weisen bei Gleitbeanspruchung **gute Notlaufeigenschaften** auf. Die bearbeiteten Oberflächen sind nicht völlig glatt, sondern etwas strukturiert mit »Bergen« und »Tälern«, was durch die angeschnittenen Grafitlamellen kommt. Der Schmierstoff in den Tälern kann für eine Notversorgung mit Schmierstoff bei Schmierstoffmangel dienen.

✔ Die **spanabhebende Bearbeitung gelingt überwiegend gut**, es bilden sich kleine, bröckelige Späne, die sich leicht abführen lassen. Der Grund dafür sind die vielen Grafitkristalle, die den Span immer wieder brechen und krümeln lassen.

✔ GJL ist etwas **weniger rostanfällig als Stahl**, das hängt mit dem Gehalt an Silizium zusammen, das in beschränktem Maße schützende Schichten ausbilden kann.

✔ Und dann gäb's noch viel zu erzählen, über den Elastizitätsmodul, die Eigenschaften in der Wärme, dass man legieren kann, wärmebehandeln, mit Vorsicht und Einschränkungen sogar schweißen und anderes mehr; das sprengt aber den gegebenen Rahmen.

Welche üblichen, normalen GJL-Sorten gibt es denn so und welche Eigenschaften haben sie? Das habe ich Ihnen in Tabelle 16.1 zusammengestellt.

In den **ersten zwei Spalten** sind die Gusseisensorten mit ihren neuen und alten Namen aufgeführt. Sowohl der neue als auch der alte Kurzname beziehen sich auf die Zugfestigkeit, die mindestens erreicht werden muss. Zur Erinnerung ein Beispiel:

GJL-200 bedeutet Gusseisen mit Lamellengrafit, $R_m \geq 200$ N/mm^2. GG-20 steht für Grauguss, ebenso Gusseisen mit Lamellengrafit, $R_m \geq 20$ kp/mm^2 (mit den alten Krafteinheiten Kilopond).

So weit, so gut. Aber **warum Bezug auf die Zugfestigkeit**? Wären nicht die Streckgrenze oder die Dehngrenze richtig, die kennzeichnen ja den Beginn der plastischen Verformung? Im Prinzip ginge das, macht aber wegen des weitgehend spröden Verhaltens Schwierigkeiten und wäre wenig sinnvoll. Und dann sagt man – absolut zu Recht –, die Zugfestigkeit sei die wichtigste mechanische Eigenschaft und solle deswegen im Namen auftauchen. Weil die Bruchdehnung eh so gering ist, wird sie im Zugversuch meist erst gar nicht gemessen und auch nicht in Tabelle 16.1 aufgeführt.

Jetzt aber der entscheidende Punkt: Das **Gefüge** dieser Gusseisensorten hängt ja gehörig von der **Abkühlgeschwindigkeit beim Gießen** ab. Und wenn das Gefüge variiert, dann auch alle Eigenschaften, insbesondere die Zugfestigkeit. Das wiederum bedeutet, dass eine bestimmte Sorte von GJL nicht eine einzige, festgelegte Zugfestigkeit hat, sondern verschiedene, je nachdem, wie schnell das Gussstück beim Gießen abkühlt.

Werfen Sie unter diesem Aspekt bitte noch einmal einen ausführlichen Blick auf Tabelle 16.1. Die Tabelle geht übrigens von üblichem Sandguss (Form aus gebundenem Sand) aus.

✔ In der **Spalte 3** ist die Zugfestigkeit »im gegossenen Probestück« aufgeführt. Was bedeutet das? In Absprache mit dem Kunden kann die Gießerei gleich ein geeignetes Probestück mitgießen, aus dem dann später eine Zugprobe für den Zugversuch herausgearbeitet wird. Das Probestück kann in einer separaten Form entstehen oder an das eigentliche Gussteil angegossen sein. Wichtig dabei ist, dass das Probestück möglichst genauso abkühlt wie das Gussteil selbst. Die angegebenen Werte in der Tabelle beziehen sich überwiegend auf eine Wanddicke von bis zu 50 mm.

✔ In der **Spalte 4** ganz rechts können Sie das Grundgefüge ablesen. Das ist ja das Gefüge, das sich um die Grafitlamellen herum befindet. Ferritisch bedeutet: Es besteht aus Ferrit. Und perlitisch: Es besteht aus Perlit. Auch Mischgefüge können auftreten, ganz ähnlich wie bei den unlegierten Stählen.

Beachten Sie bitte, dass Tabelle 16.1 sehr vereinfacht dargestellt ist. Im Gussteil selbst können die Eigenschaften je nach Wanddicke recht unterschiedlich sein. Der Grundsatz dabei: Je größer die Wanddicke, desto langsamer die Abkühlung, desto eher das stabile System, desto weniger Zemenit, desto weicher das Gefüge, desto niedriger die Zugfestigkeit.

Gusseisensorte		Mindestwerte für die Zugfestigkeit R_m im gegossenen Probestück N/mm^2	Grundgefüge meist
Neuer Kurzname	Alter Kurzname in Deutschland		
GJL-100	GG-10	100	ferritisch
GJL-150	GG-15	150	ferritisch-perlitisch
GJL-200	GG-20	200	perlitisch
GJL-250	GG-25	250	perlitisch
GJL-300	GG-30	300	perlitisch
GJL-350	GG-35	350	perlitisch

Tabelle 16.1: Ausgewählte Eigenschaften von Gusseisen mit Lamellengrafit nach DIN EN 1561 (stark vereinfacht, für gegossene Probestücke von bis zu 50 mm Wanddicke)

Zusammengefasst:

Die Eigenschaften von Gusseisen mit Lamellengrafit hängen sehr von der Abkühlgeschwindigkeit beim Gießen ab. Der normgerechte Kurzname bezieht sich auf die Zugfestigkeit eines gegossenen Probestücks. Im tatsächlichen Gussstück können je nach Wanddicke und Formstoff andere Abkühlgeschwindigkeiten auftreten, und die führen zu anderen Festigkeiten.

Nun muss ich etwas gestehen: Ein ähnlicher Trend tritt bei vielen anderen metallischen Werkstoffen auch auf, bei den Stählen beispielsweise. Dort hat er andere Ursachen, aber man muss ihn genauso berücksichtigen. Ich habe ihn bislang etwas »unter den Teppich gekehrt«, weil er bei den Stählen meist nicht so stark in Erscheinung tritt.

GJL wird viel verwendet, für Abwasserrohre, Maschinenbetten, Kupplungskomponenten, Möbel, Kunstguss. Und nahezu alle Bremsscheiben bei Pkws und Lkws sind daraus hergestellt. Was die Bremsscheiben so aushalten müssen, können Sie sich sicher gut vorstellen; sie erreichen im Extremfall Temperaturen bis reichlich 700 °C, und auch Temperaturwechsel müssen sie ertragen.

Gusseisen mit Lamellengrafit ist also ein durchaus attraktiver Werkstoff. Der Hauptnachteil ist halt die relativ geringe Zugfestigkeit und Zähigkeit, das kommt durch die lamellare Ausbildung des Grafits. Genau hier haben die Forscher und Tüftler schon vor Jahrzehnten angesetzt und beinahe Wunder bewirkt. Sie haben den Grafit dazu gebracht, kugelig zu wachsen. Wie das geht?

Ganz schön zäh: Gusseisen mit Kugelgrafit

Soll das Gusseisen höhere Zugfestigkeit und bessere Zähigkeit haben, müssen die Grafitkristalle möglichst kugelförmig wachsen, denn in dieser Form haben sie die geringste Kerbwirkung. Das gelingt, indem man der Schmelze kurz vor dem Abguss **etwa 0,5 % Magnesium** zusetzt. Die Wirkung dieses Zusatzes ist immer noch nicht ganz geklärt, aber man kann sich logisch vorstellen, dass dadurch die Oberflächenspannung des Grafits gegenüber der Schmelze heraufgesetzt wird. Und dann versucht der Grafit so zu wachsen, dass er stets die Form mit der geringsten Oberfläche anstrebt, und das ist die Kugel.

Gusseisen mit Kugelgrafit, *kurz GJS*, auch Sphäroguss genannt, enthält etwa 3,2 bis 3,8 % Kohlenstoff und 2,4 bis 2,9 % Silizium, teils noch weitere Legierungselemente. Durch die Magnesiumzugabe kurz vor dem Abguss kristallisiert der Grafit kugelähnlich. Ansonsten liegen analoge Grundsätze und Zusammenhänge vor wie beim GJL. Je nach chemischer Zusammensetzung und Abkühlgeschwindigkeit besteht das »normale« Grundgefüge entweder nur aus Ferrit oder nur aus Perlit oder auch gemischt aus Ferrit und Perlit.

Ein typisches Gefüge der Gusseisensorte GJS-600-3 sehen Sie in Abbildung 16.5. Die dunklen, fast schwarzen Grafitkristalle haben jetzt kugelähnliche Gestalt.

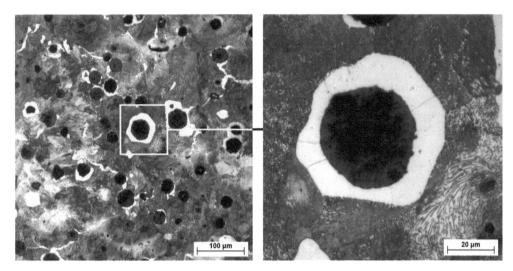

Abbildung 16.5: Gefüge von Gusseisen mit Kugelgrafit, hier GJS-600-3

Das Grundgefüge besteht überwiegend aus Perlit. Der Perlit ist so feinstreifig, dass die Ferrit- und Zementitlamellen meist nicht mehr klar sichtbar sind und optisch zu einem grieselig aussehenden Brei verschwimmen. Erst in der Ausschnittsvergrößerung in Abbildung 16.5 ist der lamellare Aufbau rechts unten zu erkennen.

Auffällig sind die hellen Bereiche in der Nähe der Grafitkugeln, die sich manchmal sogar rund um die Grafitkristalle herumziehen. Das ist Ferrit, und weil der Ferrit wie ein Hof um die Grafitkugeln angesiedelt ist, spricht man auch von Ferrithöfen.

Und das hat man nun davon:

GJS ist deutlich fester und zäher als GJL, eine eindeutige Folge des kugelähnlichen Grafits. Gusseisen mit Kugelgrafit hat also bei den mechanischen Eigenschaften ganz klar die Nase vorn, und das ist auch der Grund, weshalb schon seit einigen Jahren etwas mehr GJS als GJL verarbeitet wird, Tendenz steigend.

Ja, aber warum ersetzt man dann GJL nicht vollständig durch GJS? Nachteilig bei GJS sind vor allem der etwas höhere Preis und das gegenüber GJL nur ungefähr halb so hohe mechanische Dämpfungsvermögen.

Was es so an gängigen GJS-Sorten gibt und welche Eigenschaften die haben, steht in Tabelle 16.2. In den ersten beiden Spalten finden Sie wieder die neuen und die alten Kurznamen. Im neuen Namen steht GJS für Gusseisen mit Kugelgrafit, wobei das »S« von »Sphäre« kommt, das stammt aus dem Griechischen und steht für Hülle, Ball oder Kugel. Im Namen sind dann an zweiter und dritter Stelle die Mindestwerte für Zugfestigkeit und Bruchdehnung aufgeführt.

Gusseisensorte		Mindestwerte für 0,2-%-Dehngrenze, Zugfestigkeit und Bruchdehnung im gegossenen Probestück			Grundgefüge
Neuer Kurzname	Alter Kurzname in Deutschland	$R_{p0,2}$ N/mm^2	R_m N/mm^2	A_5 %	meist
GJS-350-22	GGG-35.3	220	350	22	ferritisch
GJS-400-18	GGG-40.3	250	400	18	ferritisch
GJS-400-15	GGG-40	250	400	15	ferritisch
GJS-450-10	–[1]	310	450	10	ferritisch
GJS-500-7	GGG-50	320	500	7	ferritisch-perlitisch
GJS-600-3	GGG-60	370	600	3	ferritisch-perlitisch
GJS-700-2	GGG-70	420	700	2	perlitisch
GJS-800-2	GGG-80	480	800	2	perlitisch oder vergütet
GJS-900-2	–[1]	600	900	2	perlitisch oder vergütet
GJS-800-10	–[1]	500	800	10	austenitisch-ferritisch
GJS-900-8	–[1]	600	900	8	austenitisch-ferritisch
GJS-1050-6	–[1]	700	1050	6	austenitisch-ferritisch
GJS-1200-3	–[1]	850	1200	3	austenitisch-ferritisch
GJS-1400-1	–[1]	1100	1400	1	austenitisch-ferritisch

[1] Diese Sorten gab es früher nicht

Tabelle 16.2: Ausgewählte Eigenschaften von Gusseisen mit Kugelgrafit, angelehnt an DIN EN 1563 und 1564 (stark vereinfacht, für gegossene Probestücke von bis zu 30 mm Wanddicke)

Ein näherer Blick auf Tabelle 16.2 zeigt:

✔ Dort, wo GJL von der Zugfestigkeit R_m her aufhört, nämlich bei 350 N/mm^2, da fängt GJS erst an und steigert sich bis zu enormen 1400 N/mm^2.

✔ Die Bruchdehnung A_5 ist beträchtlich für einen Gusseisenwerkstoff, die niedrigfesten Sorten machen da schon den einfachen gewalzten Stählen Konkurrenz. Beim GJS-350-22 beträgt die Bruchdehnung mindestens 22 %, bei den mittel- und hochfesten Sorten entsprechend weniger bis herunter zu nur noch 1 %, aber immerhin.

✔ Von der Sorte GJS-350-22 bis zum GJS-900-2 verlaufen Eigenschaften und Gefüge
»normal«: Die Festigkeit nimmt zu, die Bruchdehnung ab, das Grundgefüge ändert sich
von Ferrit zu Perlit. Bei der Sorte GJS-800-10 gibt es einen Bruch, ab da ist die Zähigkeit
im Vergleich zur Festigkeit besser. Der Grund hierfür: Die unteren vier Sorten sind speziell wärmebehandelt. Das sehen Sie auch am Grundgefüge, das austenitisch-ferritisch
ist. Diese Sorten nennt man entweder *austenitisch-ferritisches* oder *ausferritisches* oder
bainitisches Gusseisen.

Man kann GJS also auch ganz gut wärmebehandeln; Weichglühen, Härten, Vergüten sind
möglich. Sogar Schweißen klappt eingeschränkt und mit Vorsichtsmaßnahmen. Auch Legieren geht gut und führt zu hochfesten, warmfesten, hitzebeständigen oder korrosionsbeständigen Sorten. Was man aber immer beachten muss: Ähnlich wie beim GJL sind auch beim GJS
die Eigenschaften abhängig von der Abkühlgeschwindigkeit beim Gießen und damit von der
Wanddicke des Gussteils.

GJS wird gerne dann angewendet, wenn man den gegenüber geschmiedetem Stahl meist
günstigeren Preis nutzen möchte und GJL von den mechanischen Eigenschaften her nicht
ausreicht. Beispiele sind Kurbelwellen, Rohre, Achsteile, Naben, Gesenke, die Liste ist – wieder einmal – schier endlos. Besonders gut gefallen mir die gegossenen Kurbelwellen, aber
auch die Naben für Windkraftanlagen.

Wenn Sie nun an dieser Stelle noch einmal die GJL- und GJS-Gusseisensorten Revue passieren lassen, dann fällt Ihnen sicher auf, dass dies schon zwei recht unterschiedliche Gruppen
von Gusseisen sind. Vielleicht haben Sie sich auch gefragt, ob es da nicht irgendetwas dazwischen gibt, eine Art von Kompromiss.

Der Kompromiss: Gusseisen mit Vermiculargrafit

Den Kompromiss gibt es tatsächlich, das ist das *Gusseisen mit Vermiculargrafit,* kurz GJV. Es
weist **würmchenförmigen** Grafit auf. Der Name kommt vom lateinischen »vermiculum«,
dem Würmchen, und genau so sehen die Grafitkristalle auch aus. Stark vergrößert erinnert
die Form irgendwie an Erdnussflips.

Diese Sorte entsteht durch eine gezielte **Unterbehandlung mit Magnesium**; man gibt das
Magnesium recht sparsam zu, sodass es für die kugelähnlichen Kristalle nicht ganz reicht.
Der Grafitform entsprechend liegen die Eigenschaften zwischen GJL und GJS: brauchbare Zähigkeit, gute Festigkeit und noch gute mechanische Dämpfung. Eine wichtige moderne Anwendung betrifft Motorenblöcke von Pkw-Diesel-Direkteinspritzern.

Auch an diesem Beispiel sehen Sie, wie sehr man sich bemüht, die Gusseisensorten passgenau für die Anwendung herzustellen. Und mit einer letzten Sorte möchte ich dieses Kapitel
kurz abrunden, dem Temperguss.

Der Besondere: Temperguss

Temperguss ist eine weitere Art von Gusseisen, die vergleichsweise zäh und plastisch verformungsfähig ist. Der Name kommt von tempern, das ist ein Fachausdruck für eine spezielle

Glühbehandlung, die hier angewendet wird. Durch diese Glühbehandlung entsteht flockig-rundliche Temperkohle, eine besondere Art von Grafitkristallen, die keine so hohe Kerbwirkung hat wie der lamellare Grafit. Das ist dann der Grund für die verbesserte Zähigkeit. Da Temperguss wegen der nötigen Glühbehandlung relativ teuer ist, wird er heute nur noch wenig verwendet.

So, das wär's zum Thema Gusseisen. Üben können Sie wieder im Übungsbuch. Dass es da noch viel zu erzählen gäbe, beispielsweise zu den hochlegierten Gusseisensorten mit guten Warmfestigkeitseigenschaften oder den korrosionsfesten Sorten, versteht sich fast schon von selbst. Und das wär's auch zum Thema Eisenwerkstoffe, obwohl da ja noch die gesinterten, aus Pulver hergestellten Stähle wären, hochinteressant.

Auf zu neuen Ufern, und hier ein Geheimnis, sagen Sie's nicht weiter: Es gibt auch Werkstoffe ohne Eisen.

Teil IV
Was es außer den Eisenwerkstoffen noch Hochinteressantes gibt

Wenn ich Ihnen nun erzähle, dass es da außer den Eisenwerkstoffen auch noch andere gibt, dann ist das natürlich nichts Neues für Sie. Sie kennen die aus dem täglichen Leben, das sind die Nichteisenmetalle, wie Aluminium und Kupfer, da hat es die Gläser, die Keramiken, die Halbleiter und ganz besonders die Kunststoffe. Obwohl die unterschiedlicher kaum sein könnten, habe ich sie in diesem Teil zusammengefasst.

Viele Kenntnisse aus den vorangegangenen Kapiteln können Sie jetzt gut gebrauchen. Da und dort ist es aber auch möglich, einfach so in ein Kapitel des Teils IV hineinzuspringen.

Also ran an den Speck, ist garantiert kalorienfrei und in einer Falle landen Sie auch nicht.

Kapitel 17

Nichteisenmetalle

Allein mit der Tatsache, dass man alle Metalle dieser Welt in Eisenwerkstoffe und Nichteisenmetalle gliedert, drückt man schon etwas Merkwürdiges aus. Man setzt, vielleicht sogar unbewusst, die Eisenwerkstoffe in ihrer Bedeutung irgendwie mit dem Rest aller anderen metallischen Werkstoffe gleich. Und das ist auch gar nicht so daneben, die Eisenwerkstoffe dominieren schon erheblich, jedenfalls mengenmäßig.

Das soll aber keineswegs heißen, dass die Nichteisenmetalle weniger interessant seien oder nicht so gut, ganz im Gegenteil. Die Vielfalt ist riesig, da geht es von den Leichtmetallen wie Aluminium, Magnesium und Titan über Kupfer, Nickel und noch viele andere hin bis zu sehr schweren Metallen, den hochwarmfesten oder elektrochemisch interessanten wie Lithium. Nur sind viele davon nicht so leicht zu gewinnen oder sie sind selten, und beides führt zu hohem Preis. Alle Nichteisenmetalle sind deswegen teurer als Eisen; man verwendet sie meist sparsam und gezielt dort, wo sie ihre besonderen Eigenschaften ausspielen können.

So interessant sie auch sind, an dieser Stelle muss ich mich einschränken. Ich berichte Ihnen zunächst von der normgerechten Bezeichnung und gehe dann auf zwei viel gebrauchte Nichteisenmetalle ein, das sind Aluminium und Kupfer. Ein kurzer Ausblick auf die anderen Metalle beschließt dieses Kapitel.

Auch Nichteisenmetalle werden sinnvoll bezeichnet

Die Nichteisenmetalle bekommen grundsätzlich einen genormten *Kurznamen* und eine *Werkstoffnummer*, genau wie die Eisenwerkstoffe. Und ähnlich wie bei den Eisenwerkstoffen sagt der Kurzname etwas aus über die Eigenschaften oder die chemische Zusammensetzung (das ist schön), ist aber unterschiedlich lang, teils auch nicht hundertprozentig präzise (nicht so schön). Die Werkstoffnummer gibt's immer parallel dazu; sie ist präzise (schön), man kann ihr aber meist nicht allzu viel ansehen (nicht so schön). Und genau wie bei den Eisenwerkstoffen gibt es ein altes, nationales System und ein neues, europäisches.

So gut mir die neuen Kurznamen und Nummern bei den Eisenwerkstoffen gefallen, so unglücklich bin ich bei den Nichteisenmetallen. Vermutlich bin ich hier unfair, es ist wirklich schwierig, so unterschiedliche Metalle unter einen Hut zu bekommen. Dennoch erscheint mir die neue europäische Bezeichnungsweise recht heterogen, also verschiedenartig; Name und Nummer sind sich teils ähnlich und »fusionieren« neuerdings. Zudem ist der Unterschied zur Stahlbezeichnung sehr groß.

Das Prinzip möchte ich Ihnen am Beispiel einer gängigen Aluminiumgusslegierung erklären, auf die Details verzichte ich, die würden zu weit gehen.

Ein Beispiel für einen Kurznamen

Der »alte« Kurzname in Deutschland besteht grundsätzlich aus drei Teilen (siehe Abbildung 17.1):

✔ Ganz vorn steht ein **Hinweis auf Herstellung oder Verwendung**. Hier können Sie beispielsweise erkennen, ob es sich um einen Gusswerkstoff zum Gießen handelt oder einen Lotwerkstoff zum Löten oder ob der Werkstoff für elektrische Anwendungen gedacht ist. Und wenn der vordere Teil fehlt, tja, dann weiß man nichts darüber.

✔ Den wichtigen Mittelteil bildet die (teils stark vereinfachte) **chemische Zusammensetzung** in Masseprozent. Zuerst wird die Hauptkomponente genannt, dann die wichtigsten Legierungselemente in abnehmenden Gehalten.

✔ Bei Bedarf kommt ein dritter Teil mit **besonderen Merkmalen, Eigenschaften oder Zuständen** hinzu. Da kann die Mindestzugfestigkeit in der alten Einheit kp/mm^2 enthalten sein oder eine wichtige physikalische Eigenschaft oder ob der Werkstoff im weichen Zustand ist und anderes mehr.

Der »neue« europäische Kurzname weist vier Teile auf:

✔ Er beginnt mit »EN«, um auf die **europäische Norm** hinzuweisen und um Verwechslungen mit anderen Namen zu vermeiden.

✔ Anschließend erscheinen zwei Buchstaben für **Hauptkomponente und Verarbeitung**. Der erste Buchstabe kennzeichnet die Hauptkomponente; »A« steht zum Beispiel für Aluminium (Al) und »C« für Kupfer (Cu). Der zweite Buchstabe kennzeichnet die Verarbeitung; »W« bedeutet umgeformt, das kommt vom englischen »wrought«, und »C« gegossen, von »cast«. »AC« ist also ein gegossener Aluminiumwerkstoff.

✔ Der Hauptteil kennzeichnet die **chemische Zusammensetzung**, die jetzt präziser als früher angegeben ist.

✔ Bei Bedarf schließt der **Werkstoffzustand** den Namen ab; »T6« ist ein Kürzel und kennzeichnet eine spezielle Wärmebehandlung.

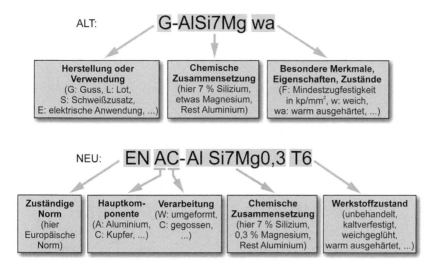

Abbildung 17.1: Aufbau der Kurznamen bei Nichteisenmetallen, an einem Beispiel erklärt

Und so ist die Werkstoffnummer aufgebaut

Derselbe Werkstoff wie oben hat die in Abbildung 17.2 dargestellte Werkstoffnummer. Die alte deutsche Werkstoffnummer ist ganz analog zu den Nummern bei Stählen aufgebaut (siehe auch Kapitel 13), mit Werkstoffhauptgruppe, Sortennummer und Anhängezahl.

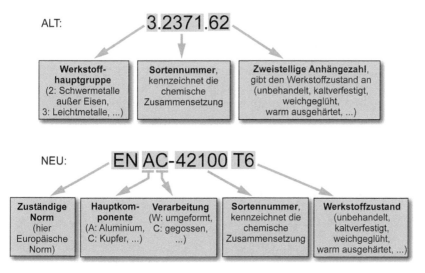

Abbildung 17.2: Aufbau der Werkstoffnummer bei Nichteisenmetallen

Die neue europäische Nummer ist fast identisch mit dem Kurznamen, nur die chemische Zusammensetzung ist durch eine Sortennummer ersetzt. Manchmal wird auch nicht mehr zwischen Kurznamen und Nummer unterschieden – man packt beides zusammen und nennt das dann allgemein »Werkstoffbezeichnung«. Der soeben besprochene Werkstoff heißt dann übrigens:

EN AC-42100 [Al Si7Mg0,3] T6

Wappnen Sie sich für Neuerungen, die Sache ist im Fluss.

So, und jetzt geht's zu den wichtigsten konkreten Nichteisenmetallen. Keine Frage, dass ich da mit den Aluminiumwerkstoffen beginne, das ist die mengenmäßig wichtigste Gruppe.

Der edel aussehende Werkstoff: Aluminium und Aluminiumlegierungen

Aluminium ist (nach Sauerstoff und Silizium) das dritthäufigste Element in unserer Erdkruste und damit das am häufigsten vorkommende Metall überhaupt. Obwohl es so viel davon gibt, ist metallisches Aluminium erst relativ spät in der Menschheitsgeschichte hergestellt worden, das war vor etwa zwei Jahrhunderten. Der Grund dafür ist die sehr hohe Reaktionsfreudigkeit mit anderen Elementen.

Falls es je metallisches Aluminium in der Erdgeschichte gab, so hat es einfach mit anderen Elementen zu chemischen Verbindungen reagiert. Nahezu das ganze Aluminium auf unserer Erdkruste liegt also nicht in metallischer Form vor, sondern als Verbindung, meist als Oxid. Diese Oxidverbindungen sind in chemischer Hinsicht sehr beständig, sehr stabil. Nur mit Tricks und unter hohem Energieaufwand lässt sich das metallische Aluminium gewinnen.

Die Herstellung ist gar nicht so einfach

Ausgangsstoff für die heutige, moderne Herstellung ist meist das rötliche Mineral *Bauxit*, das man im Bergbau gewinnt. Es enthält einen hohen Anteil an Aluminiumhydroxiden ($Al(OH)_3$ und $AlO(OH)$). Drei Schritte sind nötig, um daraus das metallische Aluminium zu erhalten:

1. Die Aluminiumhydroxide muss man in einem ersten Schritt zunächst von Verunreinigungen, den unerwünschten Elementen, zum Beispiel Eisen, befreien. Wenn solche Verunreinigungen nämlich später einmal im metallischen Aluminium enthalten sind, lassen sie sich mit vernünftigem Aufwand nicht mehr entfernen.

2. Im zweiten Schritt glüht man die gereinigten Aluminiumhydroxide und erhält *Aluminiumoxid* Al_2O_3, auch Tonerde genannt. Das pulverförmige Aluminiumoxid sieht übrigens weiß (wie Puderzucker) aus, es hat einen hohen Schmelzpunkt von 2040 °C und ist ein elektrischer Isolator.

3. Um metallisches Aluminium zu erhalten, muss man das Oxid im dritten Schritt in geschmolzenem Kryolith (eine Verbindung mit der chemischen Formel Na_3AlF_6) bei etwa 1000 °C lösen und dann elektrolytisch unter hohem Energieaufwand zu metallischem Aluminium reduzieren.

Das Recyceln, das Wiederaufarbeiten von Aluminiumschrott funktioniert gut und mit viel weniger Energieaufwand. Wichtig dabei ist aber, den Eintrag unerwünschter Elemente zu verhindern, denn die wird man ja mit Anstand nicht mehr los.

Einige typische Eigenschaften

Nachfolgend habe ich Ihnen einige typische Eigenschaften von Aluminium und, wo angegeben, von Aluminiumlegierungen zusammengestellt.

Physikalische Eigenschaften

✔ Die **Dichte** ist niedrig, nur 2,7 g/cm^3, das ist etwa ein Drittel der Dichte von Stahl. Aluminium ist also ein faszinierendes Leichtmetall, bei gleichem Volumen wiegt ein Aluminiumteil nur ein Drittel eines Stahlteils. Doch Vorsicht: Das heißt noch lange nicht, dass jede Konstruktion in Aluminium leichter als in Stahl ist. Sie müssen noch die mechanischen Eigenschaften berücksichtigen, und die sind nicht immer rosig, kommt gleich.

✔ Die **Schmelztemperatur** liegt bei 660 °C, sie ist so etwa »mittelhoch«. Der Vorteil: Die Verarbeitung durch Gießen, Walzen, Strangpressen, Schmieden geht leicht. Der Nachteil: Die Warmfestigkeit ist nicht so gut, weil man schnell Richtung Schmelzpunkt kommt und die schon in Kapitel 3 besprochenen thermisch aktivierten Vorgänge ablaufen.

✔ Der lineare **Wärmeausdehnungskoeffizient** ist relativ hoch, etwa doppelt so hoch wie von unlegiertem Stahl. Bei Temperaturerhöhung dehnt sich eine Aluminiumkonstruktion also circa doppelt so stark aus wie eine Stahlkonstruktion. Berücksichtigen müssen Sie das insbesondere, wenn Sie Stahl mit Aluminium kombinieren, beispielsweise Aluminiumteile mit Stahlschrauben verbinden.

✔ Reinaluminium leitet den Strom gut, die **elektrische Leitfähigkeit** erreicht etwa zwei Drittel des Wertes von Kupfer, darauf beruht die Anwendung bei Hochspannungsfreileitungen (meist in Verbindung mit einem Tragseil).

✔ Die **Wärmeleitfähigkeit** liegt ebenfalls hoch, vielfältige Anwendungen bei Wärmeaustauschern, Kühlern und Ähnlichem resultieren daraus.

✔ Der **Glanz** ist hoch, das sichtbare Licht wird gut reflektiert, Anwendung als Reflektorschicht bei Scheinwerfern aller Art.

Mechanische Eigenschaften

✔ Der **Elastizitätsmodul** ist niedrig, er beträgt mit 70000 N/mm^2 nur ein Drittel des Wertes von unlegiertem Stahl. Das bedeutet, dass Aluminiumstäbe bei gleicher Zugbeanspruchung dreimal stärker elastisch nachgeben als Stahlstäbe. Und will man die Stäbe bei Zugbeanspruchung gleich steif haben, dann muss man bei Aluminium die dreifache Querschnittsfläche gegenüber Stahl nehmen. Aus mit dem Gewichtsvorteil. Erst bei Biege- und Torsionsbeanspruchung wird's besser.

✔ Die **Festigkeiten** sind bei Reinaluminium niedrig, bei Legierungen mittel; die Zugfestigkeit der Legierungen reicht bis zu 700 N/mm^2. Bei reiner Zugbeanspruchung bietet Aluminium von der Festigkeit her kaum Gewichtsvorteile gegenüber hochfesten Stählen. Aber bei Biege-, Druck- oder Torsionsbeanspruchung kann Aluminium seine Trümpfe ausspielen, nur auch da gilt der Grundsatz: Leichtbau will gelernt sein.

✔ Die **Warmfestigkeit** ist gering, wie schon erwähnt.

✔ Reinaluminium weist hohe **Zähigkeit** auf, auch bei tiefen Temperaturen; das liegt an der kubisch-flächenzentrierten Kristallstruktur. Es lässt sich prima plastisch verformen, und das nutzt man intensiv, beispielsweise bei der Herstellung von Getränkedosen oder Tuben aller Art. Legierungen haben verringerte Zähigkeit, und die festigkeitsmäßig ganz hochgezüchteten Legierungen weisen nicht mehr so viel davon auf.

✔ Der **Verschleißwiderstand** ist bei Reinaluminium sehr gering und auch bei den meisten Legierungen nicht sonderlich hoch, in manchen Bereichen ein ernstes Problem.

Chemische und elektrochemische Eigenschaften

✔ Die **Korrosionsbeständigkeit** von Reinaluminium und einigen Legierungen ist recht gut. Obwohl Aluminium an sich sehr reaktionsfreudig ist, schützt es sich durch eine dünne, feste, dichte Oxidschicht an der Oberfläche, die von ganz allein aufwächst und bei Beschädigung wieder ausheilt, ähnlich wie bei den rostbeständigen Stählen. Manche Legierungen sind wegen ihres Gefüges leider nur mäßig bis schlecht beständig. Es können ähnliche Korrosionsformen wie bei den rostbeständigen Stählen auftreten, eine wichtige Geschichte in der Praxis.

Sie sehen also, sosehr das edel aussehende Aluminium lockt und begeistert, die Eigenheiten müssen Sie immer beachten.

Warum das reine Aluminium so weich ist

Wenn Sie ein Stück (nicht plastisch verformtes) Reinaluminium in die Hand nehmen, meinetwegen ein Blech, und es biegen, dann kann das schon erschrecken. Sagenhaft leicht geht das, einen rechten Winkel haben Sie ruck, zuck von Hand gebogen. Woran liegt das?

Die Festigkeit von reinem Aluminium ist sehr niedrig, die Dehngrenze $R_{p0,2}$ liegt bei etwa 10 N/mm^2, die Zugfestigkeit R_m so um die 50 N/mm^2. Selbst die einfachsten Stähle übertreffen diese Werte mehrfach. Woher wiederum kommt die niedrige Festigkeit des reinen Aluminiums?

Aluminium besteht ja, wie praktisch alle metallischen Werkstoffe, aus kleinen Kristallen, den sogenannten Körnern. Und wie in allen Metallen sind die Kristalle nicht perfekt, sie enthalten Kristallbaufehler, unter anderem die Versetzungen. Falls Ihnen das alles nun unbekannt vorkommen sollte, lohnt sich ein Spicken in Kapitel 1. Dort steht auch, dass diese Versetzungen die plastische Verformung ermöglichen, und wie das genau funktioniert, ist gegen Ende des Kapitels 2 beschrieben.

Ein ganz entscheidender Punkt dabei ist:

Je leichter man die Versetzungen im Werkstoff durch eine mechanische Spannung zum Bewegen, zum Gleiten bringt, desto niedriger ist die Festigkeit. Und umgekehrt gilt: Je schwerer man die Versetzungen bewegen kann, desto höhere Spannungen braucht man für den Beginn der plastischen Verformung und desto höher ist die Festigkeit. Mit Festigkeit ist hier die Spannung für den Beginn der plastischen Verformung gemeint, also die Streckgrenze oder ersatzweise die Dehngrenze.

Beim Reinaluminium lassen sich die Versetzungen offensichtlich leicht bewegen, das liegt ganz wesentlich an der kubisch-flächenzentrierten Kristallstruktur und auch noch an der Art und »Stärke« der Bindungen zwischen den Atomen.

So weit, so gut. Allemal gut, wenn es darum geht, Reinaluminium umzuformen, also plastisch in Form zu bringen. Aber nicht so gut, wenn Aluminium als tragender Leichtbauwerkstoff verwendet werden soll, da wünscht man sich höhere Festigkeit. Und wie erreicht man die?

Wie Sie das Aluminium fest bekommen

Der Grundsatz ist einfach: die Bewegung der Versetzungen möglichst stark behindern. Und das geht auf vier Arten:

✔ Den Werkstoff plastisch verformen, dann entstehen ganz viele Versetzungen, die kommen sich gegenseitig ins Gehege, behindern sich gegenseitig. Das nennt man *Verformungsverfestigung* oder *Kaltverfestigung*.

✔ Wellige, raue Gleitebenen schaffen, indem man viele Fremdatome ins Kristallgitter einbaut. Weil dabei Mischkristalle entstehen, heißt das *Mischkristallverfestigung*.

✔ Viele kleine Körner im Werkstoff schaffen, dann gibt es viele Korngrenzen, und die wirken als Hindernisse. *Feinkornverfestigung* wird das genannt.

✔ Teilchen ins Gefüge, in die normalen Kristalle einbauen, die wirken ganz erheblich als Hindernisse, wie Sand im Getriebe. Das kann auf verschiedene Arten geschehen, die beim Aluminium effektivste ist die sogenannte *Ausscheidungshärtung*.

Diese vier Arten der Festigkeitssteigerung funktionieren nicht nur beim Aluminium, sondern grundsätzlich bei allen metallischen Werkstoffen, sofern die Temperatur im Vergleich zum Schmelzpunkt nicht zu hoch ist. Drei Arten davon hatte ich schon in Kapitel 15 bei den Feinkornbaustählen erwähnt, die werden dort intensiv genutzt. Die beim Aluminium ganz besonders wichtige Methode der Ausscheidungshärtung möchte ich Ihnen im Folgenden ausführlich erläutern.

So funktioniert die Ausscheidungshärtung

Die Ausscheidungshärtung ist eine Methode, mit der die Festigkeit vieler metallischer Werkstoffe gesteigert werden kann. »Ausscheidung« steckt im Namen, weil sich dabei Ausscheidungen bilden, genau wie die Ausscheidungen beim Wetter, das sind Regen, Schnee oder

Nebel. Und weil dabei auch die Härte zunimmt, heißt sie »Härtung«. Doch Vorsicht: Mit der klassischen Härtung der Stähle hat das rein gar nichts zu tun, Sie werden es gleich sehen.

 Die Idee bei der Ausscheidungshärtung ist es, ganz viele, sehr kleine Kriställchen, die Ausscheidungen, in ein Gefüge von »normalen« Kristallen einzubringen. Diese kleinen Ausscheidungen sollen die Versetzungsbewegung behindern und dadurch die Festigkeit erhöhen.

Absolute Voraussetzung für die Ausscheidungshärtung ist ein geeignetes Legierungssystem, bei dem eine **begrenzte Löslichkeit** der einen Komponente in der anderen Komponente vorliegt – und zwar **im festen Zustand.**

Wie bitte? Löslichkeit im festen Zustand? Aber wie kann man denn etwas Festes in etwas anderem Festen lösen? Das geht dadurch, dass sich in einem Metall Mischkristalle bilden, das sind Kristalle, in die Fremdatome eingelagert sind. Näheres dazu gab's schon ausführlich in Kapitel 4, bei Bedarf die Legierungsbildung und die Zustandsdiagramme dort noch einmal auffrischen.

Den wichtigen Ausschnitt aus dem Zustandsdiagramm eines solchen geeigneten Legierungssystems sehen Sie in Abbildung 17.3. Als Beispiel habe ich das Zustandsdiagramm Aluminium-Kupfer gewählt, der Ausschnitt ist ganz auf der aluminiumreichen Seite. Nach oben ist

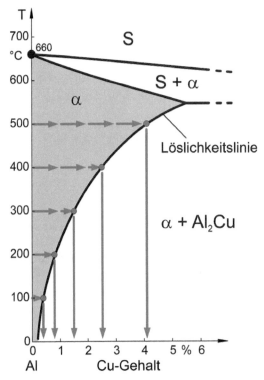

Abbildung 17.3: Ausschnitt aus dem Zustandsdiagramm Aluminium-Kupfer

die Temperatur aufgetragen, nach rechts die chemische Zusammensetzung, also der Kupfergehalt. Ganz links finden Sie das reine Aluminium, der Schmelzpunkt von 660 °C ist auf der Temperaturachse vermerkt. Im Diagramm selbst sind die »Zustände« der Legierungen, oder besser die *Phasen*, eingetragen, die in Abhängigkeit von Kupfergehalt und Temperatur auftreten. Erkennen Sie den Schmelzbereich? Und wenn Sie das kleine horizontale Linienstück irgendwie an die Eutektikale eines Eutektikums erinnert, dann liegen Sie richtig.

Ganz besonders wichtig für die Ausscheidungshärtung ist die begrenzte Löslichkeit der einen Komponente in der anderen. Hier ist es die begrenzte Löslichkeit von Kupfer in Aluminium, die man ganz gezielt ausnutzt. Und wie viel Kupfer man im Aluminium in Abhängigkeit von der Temperatur lösen kann, das zeigt Ihnen die »Löslichkeitslinie« in Abbildung 17.3.

Nehmen Sie in Gedanken ein Stückchen reines Aluminium und erwärmen Sie es auf 400 °C. Nun stellen Sie sich vor, Sie könnten Kupfer im Aluminium auflösen, so wie Sie Zucker im Kaffee lösen können. Also ein Löffel Zucker in den Kaffee, umrühren, löst sich. Einen zweiten Löffel Zucker, einen dritten ... und beim Aluminium analog. Ein Prozent Kupfer bei 400 °C zugeben (erster grauer Pfeil bei 400 °C nach rechts), löst sich, ein weiteres Prozent zugeben (zweiter grauer Pfeil nach rechts), löst sich auch. Beim dritten Prozent klappt's nur noch zur Hälfte, dann ist Schluss, die Löslichkeitslinie ist erreicht. Mehr als 2,5 % Kupfer wollen sich bei 400 °C einfach nicht im Aluminium lösen lassen. Dann hat sich ein gesättigter Mischkristall gebildet, genauso wie sich im Kaffee nur eine begrenzte Menge an Zucker lösen lässt (übrigens recht viel).

Und wenn Sie versuchen, mehr Kupfer im Aluminium zu lösen, als reinpasst? Dann bleibt Ihnen Kupfer übrig, genauso wie Zucker im Kaffee übrig bleibt, wenn Sie es übertreiben. Das Kupfer bleibt im Aluminium aber nicht als reines Kupfer übrig, sondern als intermetallische Verbindung. Das ist eine chemische Verbindung zwischen Kupfer und Aluminium mit der Formel Al_2Cu, eine eher harte, spröde Substanz.

Machen Sie das gleiche Experiment bei 500 °C, lässt sich mehr Kupfer im Aluminium lösen als bei 400 °C, weil die Wärmebewegung der Atome stärker ist und die Atome wegen der Wärmeausdehnung etwas mehr Abstand voneinander haben. Reichlich 4 % Kupfer können Sie dann im Aluminium lösen. Und bei niedrigen Temperaturen entsprechend weniger: bei 300 °C noch 1,5 %, bei 200 °C noch 0,8 %, bei 100 °C nur noch 0,4 % und bei Raumtemperatur noch etwa 0,2 % Kupfer.

 Ganz wichtig ist die Tatsache, dass sich bei hoher Temperatur viel mehr Kupfer im Aluminium lösen lässt als bei niedriger Temperatur. Sie kennen das aus dem Alltag: In heißem Spülwasser lassen sich auch viel mehr Fettreste vom Geschirr lösen als in kaltem.

Denjenigen Bereich im Zustandsdiagramm Aluminium-Kupfer, in dem sich das Kupfer vollständig lösen lässt, habe ich in Abbildung 17.3 grau hinterlegt. In diesem grauen Bereich liegen Aluminiumkristalle vor, bei denen da und dort ein Aluminiumatom durch ein Kupferatom ersetzt ist. Das sind Mischkristalle, genauer Substitutionsmischkristalle; man bezeichnet sie oft als α-Mischkristalle oder einfach nur als α.

Wie Sie nun dieses Zustandsdiagramm zur Ausscheidungshärtung nutzen, erkläre ich Ihnen anhand von Abbildung 17.4. Als Beispiel nehmen wir eine Aluminium-Kupfer-Legierung mit 4 % Kupfer. An einer ähnlichen Legierung ist die Ausscheidungshärtung übrigens vor gut einhundert Jahren von dem Metallurgen Alfred Wilm entdeckt worden. Um diese Legierung hart und fest zu bekommen, müssen Sie wie folgt vorgehen:

Sie erwärmen die Legierung auf 540 °C, halten diese Temperatur eine Zeit lang, schrecken auf Raumtemperatur ab, erwärmen wieder auf 200 °C, halten eine Zeit lang und kühlen schließlich auf Raumtemperatur ab.

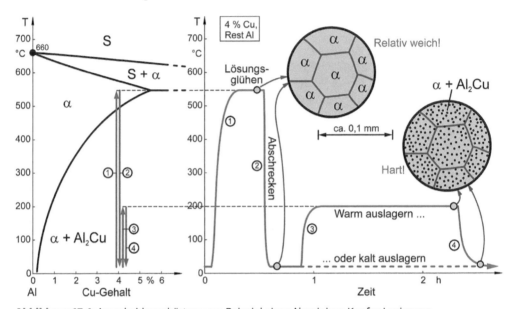

Abbildung 17.4: Ausscheidungshärtung am Beispiel einer Aluminium-Kupfer-Legierung

Na schön, aber warum so viel Aufwand, was passiert dabei? Nun die Einzelheiten. In Abbildung 17.4 sind zwei Diagramme nebeneinander dargestellt: links der schon bekannte Ausschnitt aus dem Zustandsdiagramm Aluminium-Kupfer, rechts ein weiteres Diagramm mit dem Temperatur-Zeit-Verlauf.

Das Auf und Ab der Temperaturen sehen Sie im linken Teil, im Zustandsdiagramm; das sind die grauen »Nach oben«- und »Nach unten«-Pfeile bei 4 % Kupfer, nummeriert mit eingekreisten Zahlen. Eigentlich müssten ja alle vier grauen Pfeile aufeinanderliegen, denn der Kupfergehalt der Legierung ändert sich nicht. Da Sie dann aber nichts Vernünftiges mehr erkennen könnten, habe ich die Pfeile dicht nebeneinandergesetzt.

Sie merken natürlich, dass sich der Temperatur-Zeit-Verlauf der Legierung auf diese Art nicht gut darstellen lässt. Viel besser geht das mit dem zweiten Diagramm rechts daneben, das hat genau die gleiche Temperaturachse nach oben aufgetragen, aber jetzt die Zeit nach rechts; es gilt nur für die Legierung mit 4 % Kupfer.

✔ Im **ersten Schritt** (eingekreiste 1) erwärmen Sie die Legierung bis auf etwa 540 °C und halten die Temperatur eine viertel bis halbe Stunde. Im linken Diagramm sehen Sie, dass die Legierung bis über die Löslichkeitslinie erwärmt wird. Die kompletten 4 % Kupfer, die in der Legierung enthalten sind, lösen sich nach kurzer Zeit auf, die Kupferatome diffundieren, bis sie gleichmäßig überall im Gefüge verteilt sind. Diesen Teil der Wärmebehandlung nennt man deshalb *Lösungsglühen*. Hätten Sie die Möglichkeit, sich die Legierung gegen Ende des Lösungsglühens im Mikroskop anzusehen, so würden Sie nur α-Mischkristalle sehen, optisch fast gleich wie reines Aluminium.

✔ Im **zweiten Schritt** (eingekreiste 2) schrecken Sie die Legierung ab, und zwar so schnell, dass die Diffusion nicht mehr nachkommt. Was Sie dann bei Raumtemperatur erhalten, ist genau der gleiche Zustand wie am Ende des Lösungsglühens; Sie sehen es am symbolischen Blick durchs Mikroskop im großen Kreis oben. Obwohl das Aluminium bei Raumtemperatur im Grunde nur 0,2 % Kupfer lösen kann, sind jetzt die ganzen 4 % gelöst, zwangsgelöst, zwangsweise enthalten, wie eingefroren. Man spricht von einem *übersättigten Zustand*. Eigentlich möchte sich das zu viel gelöste Kupfer wieder ausscheiden, nur können kann es nicht, die Temperatur ist zu niedrig, die Diffusion sehr träge. Führen Sie in diesem zwangsgelösten, übersättigten Zustand eine Härteprüfung durch, so messen Sie zwar schon deutlich höhere Härte als beim reinen Aluminium, aber immer noch wenig, mit »Relativ weich!« bezeichnet.

✔ Im **dritten Schritt** (eingekreiste 3) erwärmen Sie Ihre Legierung wieder auf 200 °C und halten die Temperatur eine Zeit lang, so etwa einen Tag. Eingezeichnet habe ich nur eine gute Stunde Wartezeit, eher symbolisch. Natürlich ist die Diffusion hier noch nicht sehr schnell, aber doch ein wenig flotter als bei Raumtemperatur. Das Aluminium kann den größten Teil der 4 % Kupfer in Form sehr kleiner Kriställchen, der Al_2Cu-Ausscheidungen, loswerden; sie sind im Blick durchs Mikroskop als kleine schwarze Punkte eingezeichnet. Und genau diese kleinen Ausscheidungen behindern die Versetzungsbewegung erheblich und erhöhen dadurch die Härte und Festigkeit. Deswegen ist auch »Hart!« eingetragen. In der Fachsprache heißt dieser Teil der Wärmebehandlung *Auslagern*, in diesem Fall *Warm auslagern*.

✔ Der **vierte Schritt** (eingekreiste 4) ist im Grunde kein besonderer Schritt mehr, hier kühlen Sie die Legierung einfach wieder auf Raumtemperatur ab. Wie Sie das tun, ob langsam oder schnell, ist fast egal, der Einfachheit halber nimmt man Luftabkühlung. Passieren tut dabei nur noch wenig im Gefüge, deswegen habe ich einen zweiten Hinweispfeil zum Blick durchs Mikroskop hochgezogen.

Fertig. Die Legierung ist hart und fest geworden, richtig gut brauchbar für den Leichtbau. Und weil der Fachausdruck *Ausscheidungshärtung* so lang und kompliziert ist, verkürzt man das oft zu *Aushärtung*. Doch Vorsicht:

 Mit den Vorgängen bei der Härtung der Stähle durch Martensitbildung hat die Ausscheidungshärtung (oder Aushärtung) nichts zu tun. Und auch nichts mit dem Vergüten, so ähnlich der Temperaturverlauf auch aussehen mag.

Für eine Aushärtungsbehandlung sind also immer drei wesentliche Verfahrensschritte nötig:

✔ erstens das **Lösungsglühen** (alle Kupferatome sollen im Aluminium als Mischkristall gelöst werden)

✔ zweitens das **Abschrecken** (ein übersättigter, »eingefrorener« Mischkristall bildet sich)

✔ drittens das **Auslagern** (kleine Kristallite, die Ausscheidungen entstehen)

Alle drei Schritte brauchen Sie, alle drei Schritte müssen Sie einwandfrei durchführen, sonst funktioniert die Ausscheidungshärtung nicht.

Was wäre denn der Fall, wenn Sie beispielsweise anstatt abzuschrecken die Legierung schön gemütlich von Lösungsglühtemperatur abkühlen ließen? Dann hätte die Natur prima Zeit, in aller Ruhe wenige, große Ausscheidungskristalle aus Al_2Cu wachsen zu lassen. Die sind zwar schön im Mikroskop anzusehen, aber zur Festigkeitssteigerung taugen sie nicht. Mit dem Trick des Abschreckens und Auslagerns bekommen Sie die erwünschten vielen kleinen Ausscheidungskriställchen hin und damit auch die hohe Festigkeit.

Was Kandiszucker, Kondensstreifen und Hagel gemeinsam haben

Ganz einfach, alle haben mit Ausscheidungsvorgängen zu tun:

✔ Beim Kandiszucker scheiden sich große Zuckerkristalle aus einer übersättigten Zuckerlösung aus.

✔ Kondensstreifen bilden sich aus den heißen Abgasen der Flugtriebwerke, die viel Wasser in gasförmigem Zustand enthalten. Bei der Abkühlung in großer Höhe sinkt die Löslichkeit von Wasser in Luft und das zu viel enthaltene Wasser kondensiert (scheidet sich) in Form kleiner Tröpfchen aus.

✔ Auch Hagel entsteht ähnlich, wenn warme Luft mit viel gelöstem Wasser abkühlt; das überschüssige Wasser kondensiert erst als Tropfen, erstarrt zu Eis – und dann kommen noch weitere, komplizierte Vorgänge dazu, die zu großen Hagelkörnern führen.

Die gemeinsame Grundlage ist zunehmende Löslichkeit einer Substanz in einer anderen mit steigender Temperatur (oder abnehmende Löslichkeit mit fallender Temperatur) – genau wie bei der Ausscheidungshärtung. Nur dass man bei der Ausscheidungshärtung die Ausscheidungen sehr klein und sehr zahlreich haben möchte, also eher Kondensstreifen als Hagel oder gar Kandiszucker.

Einige wichtige Anmerkungen und Fragen zur Ausscheidungshärtung

✔ Die Ausscheidungshärtung funktioniert nicht nur beim Legierungssystem Aluminium-Kupfer, sondern auch bei anderen. Kupfer-Beryllium zählt dazu, sogar manche Stähle eignen sich. Es können auch mehr als zwei Komponenten beteiligt sein, wie beim System Aluminium-Kupfer-Magnesium, da löst man Kupfer und Magnesium gleichzeitig im Aluminium, dann klappt das noch besser. So als würden Sie nicht nur Zucker im Kaffee lösen, sondern gleichzeitig noch Kochsalz ... Egal wie, eine Voraussetzung muss immer gegeben sein: die **zunehmende Löslichkeit einer oder mehrerer Komponenten mit zunehmender Temperatur**, und zwar im festen Zustand. Oder die abnehmende Löslichkeit mit abnehmender Temperatur, besagt genau dasselbe.

✔ Die Auslagerung kann in geeigneten Legierungssystemen auch **bei Raumtemperatur** erfolgen, man spricht dann von **Kaltauslagerung**. Sie dauert ziemlich lange, so etwa ein halbes Jahr und länger. Die Warmauslagerung findet grundsätzlich oberhalb von Raumtemperatur statt und ist praktisch immer die bessere Methode, da bekommt man die höchsten Festigkeiten zustande.

✔ Bei eher niedrigen Auslagerungstemperaturen (so etwa 100 °C bei Aluminiumlegierungen) bilden sich die Ausscheidungen langsamer, sie sind kleiner und zahlreicher. Bei höheren Temperaturen (so etwa 300 °C) sind sie größer und in geringerer Zahl vorhanden. Warum eigentlich? Bei höheren Temperaturen ist die Diffusion schneller, die Atome diffundieren über größere Strecken und bilden wenige, große Ausscheidungen, die sind energetisch günstiger.

✔ Was passiert, wenn die **Auslagerungstemperatur zu niedrig** gewählt wird? Dann sind die Ausscheidungen gar zu klein, sie können von den Versetzungen regelrecht geschnitten werden, so wie Sie eine Tomate mit dem Küchenmesser schneiden. Und dann wirken die Ausscheidungen nicht mehr optimal als Hindernis, die Festigkeit ist nicht sonderlich hoch. Und wenn die **Auslagerungstemperatur zu hoch** gewählt wird, werden die Ausscheidungen weniger zahlreich und ziemlich groß. Auch so wirken sie nicht mehr optimal als Hindernis, denn dann werden sie von den Versetzungen umgangen, die laufen einfach um die Ausscheidungen herum, so wie Sie um einen Baum im Wald herumlaufen. So ähnlich jedenfalls.

✔ Die **optimale Festigkeitssteigerung** erhält man bei relativ kleinen, sehr zahlreichen Ausscheidungen, die von den Versetzungen nicht geschnitten werden können. Die Ausscheidungen haben dabei eine Größe von etwa 0,1 μm und sind im Lichtmikroskop überwiegend nicht mehr sichtbar. Sie können nicht nur rundliche Form haben, wie von mir dargestellt, sondern auch Plättchen, Stäbchen oder sonstige lustige Gebilde sein.

✔ Was passiert, wenn Sie eine optimal ausgehärtete Legierung beim anschließenden Einsatz **erwärmen**? Dann regen Sie die Diffusion an, die Atome wuseln und wandern von den kleinen Ausscheidungen zu den großen hin, bis alle kleinen Ausscheidungen verschwunden sind und nur noch wenige große übrig bleiben. Und die hohe Festigkeit ist dahin. Das heißt dann knallhart, dass Sie eine ausscheidungsgehärtete Legierung nicht zu sehr er-wärmen dürfen, maximal bis zur Auslagerungstemperatur, und auch hier nur kurzfristig. Außer, Sie wollen sie absichtlich weich und schwach bekommen.

✔ Und wenn Sie ausgehärtetes Aluminium **schweißen**? Dann wird's ziemlich heiß neben der Schweißnaht, weil die Wärme in den Grundwerkstoff neben der Naht fließt. Und wenn es da heiß wird, dann vergröbern sich die Ausscheidungen wieder, die Festigkeit sinkt. Die Eigenschaften in dieser Zone, man nennt sie sinnigerweise *Wärmeeinflusszone*, sind schlechter als im unbeeinflussten Grundwerkstoff. Besonders ausgeprägt ist dieser Effekt bei eher langsamen Schmelzschweißverfahren, wie dem WIG-(Wolfram-Inert-gas-)Schweißen von Hand, weil sich da die Wärme in aller Ruhe ausbreiten kann. Bei schnellen Verfahren, wie dem Laserstrahlschweißen, ist die Wärmeeinflusszone nur schmal und wenig verändert. Die optimale Vorgehensweise? Erst schweißen, dann aus-scheidungshärten.

✔ Die **Zähigkeit** der ausscheidungsgehärteten Aluminiumlegierungen ist nicht so sonder-lich hoch, im Vergleich zu anderen Verfahren der Festigkeitssteigerung aber ganz be-achtlich. Allgemeiner Grundsatz: je höher die Festigkeit, desto geringer die Zähigkeit.

Ziemlich umfangreich war das zum Thema Ausscheidungshärtung, durchaus mit Absicht, denn praktisch alle hochfesten Aluminiumlegierungen sind ausscheidungsgehärtet. Doch Vorsicht, die Ausscheidungshärtung hat auch Nachteile, insbesondere bei der Korrosions-beständigkeit der kupferhaltigen Sorten. Da können Lochkorrosion, Spannungsrisskorrosion und interkristalline Korrosion auftreten, ähnlich wie bei den rostbeständigen Stählen. Bei besonders harten korrosiven Bedingungen nimmt man deswegen eher Aluminiumsorten, die verformungsverfestigt oder mischkristallverfestigt sind.

Die Aluminiumlegierungen in der Praxis

So ähnlich wie man die Eisenwerkstoffe in Stähle und Gusseisen gliedert, so unterteilt man die Aluminiumlegierungen in die Knet- und Gusslegierungen. Die Knetlegierungen heißen so, weil sie geknetet werden. Ja, geknetet, das ist hier ein Fachausdruck und bedeutet »durch Umformen verarbeitet«, also durch Walzen, Schmieden, Strangpressen. Und die Gusslegie-rungen werden durch Gießen verarbeitet und dann nicht mehr umgeformt.

Weil die Ausscheidungshärtung beim Aluminium doch eine ziemlich wichtige Methode zur Festigkeitssteigerung ist, untergliedert man die Aluminiumlegierungen des Weiteren in aushärtbare (zum Ausscheidungshärten geeignete) und nicht aushärtbare (siehe Abbildung 17.5).

Abbildung 17.5: Gliederung der Aluminiumlegierungen

Auf alle Aluminiumlegierungen möchte ich nicht eingehen, das würde Sie langweilen und wäre auch zu umfangreich, deshalb einfach ein paar charakteristische Beispiele.

Knetlegierungen

Drei gängige, **nicht** aushärtbare Knetlegierungen habe ich mit ihren neuen europäischen Namen in Tabelle 17.1 aufgeführt. Jede Legierung ist in zwei Zuständen eingetragen, im weichgeglühten Zustand (Kennzeichen »O« am Ende des Namens) und im verformungsverfestigten (Kennzeichen »H14«, auch als halbhart bezeichnet).

Legierung	Zustand	$R_{p0,2}$ mind. N/mm^2	R_m mind. N/mm^2	A_5 mind. %
EN AW-3103 [Al Mn1] O	weichgeglüht	35	90	25
EN AW-3103 [Al Mn1] H14	verformungsverfestigt	120	140	5
EN AW-5052 [Al Mg2,5] O	weichgeglüht	65	165	18
EN AW-5052 [Al Mg2,5] H14	verformungsverfestigt	180	230	4
EN AW-5086 [Al Mg4] O	weichgeglüht	100	240	16
EN AW-5086 [Al Mg4] H14	verformungsverfestigt	240	300	3

Tabelle 17.1: Eigenschaften von nicht aushärtbaren Aluminiumlegierungen, vereinfacht, nach DIN EN 485 (Bänder, Bleche, Platten)

Bei einem näheren Blick auf die Tabelle sehen Sie, dass die Legierungsgehalte von oben (1 % Mangan) nach unten hin (4 % Magnesium) zunehmen. Die Legierungselemente bilden Mischkristalle, und die daraus resultierende *Mischkristallverfestigung* können Sie gut anhand der verbesserten Festigkeit (Dehngrenze $R_{p0,2}$ und Zugfestigkeit R_m) im Zugversuch erkennen. Aber nichts gibt es umsonst auf dieser Welt, und der Preis, den Sie zahlen, ist die verminderte Zähigkeit (Bruchdehnung A_5).

Ebenso gut sehen Sie den Einfluss der *Verformungsverfestigung*, auch *Kaltverfestigung* genannt. Im weichgeglühten Zustand ist der Werkstoff noch »normal«, frisch, plastisch unverformt, er hat niedrigere Festigkeit und noch die volle Zähigkeit. Im verformungsverfestigten Zustand ist er bei Raumtemperatur gewalzt worden, viele Versetzungen sind entstanden, die behindern sich gegenseitig, die Festigkeit geht hoch und die verbleibende Zähigkeit sinkt.

Und was meinen Sie ganz allgemein zu den Werten in Tabelle 17.1? Im Vergleich zu Stählen sind die schon recht bescheiden, aber die niedrige Dichte und die gute Korrosionsbeständigkeit machen vieles wett.

Deutlich höhere Festigkeiten und in Anbetracht der Festigkeit auch passable Zähigkeiten bieten die **aushärtbaren** Legierungen (siehe Tabelle 17.2). Die Zusatzbezeichnung »T6« weist auf vollständige, optimale Warmaushärtung hin.

Haben Sie jetzt – ganz ehrlich – in der Tabelle nach den Werkstoffen mit den höchsten Festigkeiten geschielt? Falls ja, dann geht es Ihnen wie vielen Leuten, und auch wie mir. Das Fatale an den Werkstoffen mit hoher Festigkeit (hier dem 2014er und dem 7075er) ist aber der Kupfergehalt. Kupfer macht zwar super Ausscheidungen und erhöht die Festigkeit, gleichzeitig vermindert es leider die Korrosionsbeständigkeit. Das liegt an den Al_2Cu-Ausscheidungen, die selbst zwar recht edel sind, aber im Kontakt mit dem unedleren α-Mischkristall zu speziellen Korrosionsarten führen. Und wenn es um den Einsatz auf Straßen unter Streusalzeinfluss im Winter geht, dann kommt von den aushärtbaren nur noch die 6082er-Legierung (oder Ähnliche) infrage, mit Einschränkungen noch die 7020er und ähnlich zusammengesetzte.

Legierung	Zustand	$R_{p0,2}$ mind. N/mm^2	R_m mind. N/mm^2	A_5 mind. %
EN AW-6082 [Al Si1MgMn] T6	lösungsgeglüht, abgeschreckt und warm ausgelagert	240	295	8
EN AW-2014 [Al Cu4SiMg] T6		400	460	6
EN AW-7020 [Al Zn4,5Mg1] T6		280	350	9
EN AW-7075 [Al Zn5,5MgCu] T6		470	540	6

Tabelle 17.2: Eigenschaften von aushärtbaren Aluminiumlegierungen, vereinfacht, angelehnt an DIN EN 485 (Bänder, Bleche, Platten)

Die 6082er-Legierung ist ein Beispiel aus der Reihe der mit Silizium und Magnesium legierten Aluminiumsorten. Von der Festigkeit her nicht sonderlich hoch, aber mit Vorsichtsmaßnahmen schweißgeeignet und von der Korrosion her gut. Diese Sorten sind die »Arbeitspferde« unter den aushärtbaren Aluminiumlegierungen, viel im Automobilbau und Bauwesen verwendet.

Eines ist mir noch wichtig:

Die aufgelisteten Daten der Knetlegierungen gelten nur für ganz bestimmte Halbzeugformen (Bleche), für ganz bestimmte Dicken und sonstige Einflüsse. Je nach Herstellungsmethode der Legierung und Dicke des Halbzeugs können die Eigenschaften ziemlich variieren, also Vorsicht.

Beispiele aus der Praxis gibt es schier endlos. »Klassiker« unter den umgeformten Aluminiumprodukten sind die stranggepressten Profile. Da wird der Werkstoff wie Pudding in einer Kuchenverzierungsspritze durch ein Werkzeug gedrückt; die wildesten Profilformen sind machbar. Aus solchen stranggepressten Profilen stellt man die unterschiedlichsten Produkte her, darunter Bilderrahmen, Duschkabinen oder Leisten aller Art. Gehen Sie doch einmal mit »speziellem Blick« durch Ihre Wohnung, ich würde fast wetten, Sie finden da was Stranggepresstes.

In Abbildung 17.6 sehen Sie links ein Stück eines Fensterrahmens. Der Rahmen besteht aus stranggepressten Profilen, die in der Mitte mit einem ausgeschäumten Kunststoffsteg verbunden sind – für gute Wärmedämmung.

Und ebensolche Klassiker sind die umgeformten Dosen aus Reinaluminium. Rechts in Abbildung 17.6 ist eine in Längsrichtung vorsichtig aufgetrennte Sprühdose zu sehen, ein Körperpflegemittel war da mal drin. Aus einem Stück ist die hergestellt, und zwar aus einer dicken Scheibe.

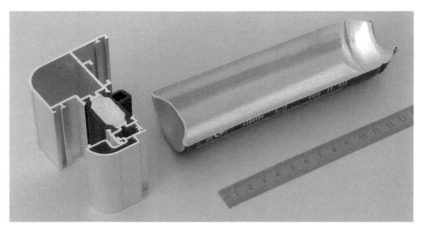

Abbildung 17.6: Beispiele für umgeformte Aluminiumprodukte

Gusslegierungen

Auch bei den Aluminium-Gusslegierungen kommt es ganz wesentlich auf die chemische Zusammensetzung, die Art der Verarbeitung und die Wärmebehandlung an. Nur um Ihnen einen kleinen Eindruck zu vermitteln, habe ich drei Beispiele in Tabelle 17.3 zusammengefasst. Die Zusatzbezeichnung »K« bedeutet Kokillenguss, also Gießen in eine Dauerform, »F« heißt unbehandelter Gusszustand, »T6« wieder warm ausgehärtet.

Legierung	$R_{p0,2}$ mind. N/mm^2	R_m mind. N/mm^2	A_5 mind. %
EN AC-44100 [Al Si12(b)] K F	80	170	5
EN AC-42100 [Al Si7Mg0,3] K T6	210	290	4
EN AC-21100 [Al Cu4Ti] K T6	220	330	7

Tabelle 17.3: Eigenschaften von Aluminium-Gusslegierungen in getrennt gegossenen Probestäben, vereinfacht, nach DIN EN 1706

Die erste der genannten Legierungen enthält 12 % Silizium, sie ist eine typische eutektische Legierung mit guten Gießeigenschaften, viel verwendet, der Standard sozusagen. Die zweite und dritte Legierung sind schon etwas Besonderes, sie sind warm ausgehärtet, auf besonders gute mechanische Eigenschaften hin entwickelt und erfordern erhöhten Aufwand. Arg viel mehr geht nicht im Normalfall.

Wichtig auch hier: Die Eigenschaften aller Gusslegierungen können im Gussstück erheblich variieren, oftmals werden auch nur Bruchdehnungen von etwa 2 % erreicht. Und Sie ahnen es sicher: Die kupferhaltigen Legierungen sind nicht so sonderlich korrosionsbeständig.

Als Anwendung wieder Klassiker, das sind die Motorblöcke, Kurbelgehäuse, Zylinderköpfe, Getriebegehäuse, Deckel aller Art. Ein Beispiel zeigt Abbildung 17.7, da handelt es sich um einen ganz filigran und kompliziert gestalteten Zylinderkopfdeckel, der in hochwertigem Druckguss ausgeführt wurde.

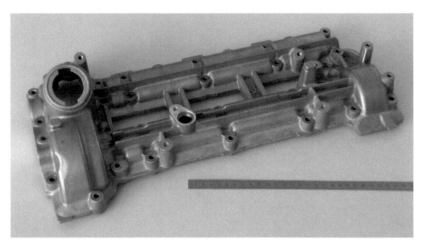

Abbildung 17.7: Zylinderkopfdeckel eines V6-Dieselmotors, Aluminium-Gusslegierung

Obwohl die Aluminium-Gusslegierungen von den Eigenschaften im Zugversuch her nicht so attraktiv erscheinen, machen sie viel über die gute Gestaltungsmöglichkeit wett. Kein Wunder, dass sie so weit verbreitet sind.

So, das muss reichen zu den Aluminiumwerkstoffen, sehen Sie's mir nach. Natürlich gäb's da noch viel zu erzählen, beispielsweise über die sprühkompaktierten Werkstoffe oder spezielle Gießtechniken wie das Thixocasting oder spezielle Fügetechniken wie das Rührreibschweißen und noch andere Schmankerl. Punkt. Ran ans Kupfer.

Der bunte Werkstoff: Kupfer und Kupferlegierungen

Kupfer und Kupferlegierungen zählen zu den ältesten metallischen Werkstoffen der Menschheitsgeschichte. Das liegt daran, dass sich Kupfer vergleichsweise leicht aus seinen Erzen gewinnen lässt und auch die Verarbeitung nicht gar zu aufwendig ist. Es zählt zu den Halbedelmetallen, reagiert also nicht allzu intensiv mit anderen Elementen. Und »bunt« ist es im Vergleich zu vielen anderen außerdem, nicht nur von der Farbe her, auch von den Eigenschaften. Unsere Welt wäre ärmer ohne das Kupfer.

Herstellung mit langer Tradition

Kupfer kommt gediegen, in metallischer Form, nur wenig vor. Überwiegend gewinnt man es aus Erzen, dazu zählen Kupferkies $CuFeS_2$, Kupferglanz Cu_2S und andere. Die Erze sind meist Verbindungen des Kupfers mit Eisen, Schwefel und Sauerstoff. Weil die Erze chemisch recht unterschiedlich sind, nimmt man je nach Erztyp verschiedene Verfahren und gewinnt daraus Rohkupfer, das zwar schon metallisch, aber noch erheblich verunreinigt ist.

Den größten Teil der Verunreinigungen entfernt man bei der *Feuerraffination* im flüssigen Rohkupfer durch Oxidieren mit dem Sauerstoff der Luft. Das klappt deswegen gut, weil die meisten Verunreinigungselemente intensiver mit Sauerstoff reagieren als das Kupfer. Die Verunreinigungen »verbrennen« dabei zu gasförmigen, flüssigen und festen Verbindungen, die sich ganz gut abführen lassen.

Die Verunreinigungen, den »Teufel«, ist man dann überwiegend los. Aber dafür hat man den »Beelzebub« gebraucht, das ist der Sauerstoff, und der ist jetzt drin. Im flüssigen Kupfer hat sich recht viel Sauerstoff gelöst, und wenn das sauerstoffhaltige Kupfer erstarrt, bildet sich viel Kupferoxid Cu_2O, das macht das Kupfer spröde. Deswegen muss man den Sauerstoffgehalt über weitere geeignete Verfahren wieder reduzieren, da gibt es eine ganz Reihe davon.

Statt oder zusätzlich zur Feuerraffination lässt sich Kupfer durch *Elektrolyse* reinigen und abscheiden. Interessant dabei: Wertvolle Verunreinigungselemente, wie Silber und Gold, kann man abtrennen und dadurch gewinnen.

Einige charaktervolle Eigenschaften

An dieser Stelle wieder ein paar typische Eigenschaften von Kupfer und, wo angegeben, von Kupferlegierungen.

Physikalische Eigenschaften

✔ Die **Dichte** ist mit 8,9 g/cm^3 relativ hoch, es ist ein Schwermetall.

✔ Die **Schmelztemperatur** liegt mit 1085 °C schon vergleichsweise hoch, so etwa in der Mitte zwischen Aluminium und Eisen.

✔ Es hat einen höheren **Wärmeausdehnungskoeffizienten** als Eisen.

✔ Die **thermische und elektrische Leitfähigkeit** sind bei Reinkupfer sehr hoch und werden nur noch vom Silber etwas übertroffen. Daraus resultiert ein Großteil der Anwendungen, wie Wärmeaustauscher und Elektroleitungen.

Mechanische Eigenschaften

✔ Den **Elastizitätsmodul** stufe ich als mittelhoch ein, er beträgt 127000 N/mm^2, das ist deutlich weniger als Eisen mit 210000 N/mm^2.

✔ Reinkupfer hat niedrige **Festigkeit** und gute **Zähigkeit**, Kupferlegierungen mittelhohe Festigkeiten und meist geringere Zähigkeiten. Manche Legierungen, wie Messing, bieten eine ganz gute Kombination von Festigkeit und Zähigkeit. Bei reinem Kupfer und einigen Legierungen tritt wegen des kubisch-flächenzentrierten Kristallgitters keine Versprödung zu tiefen Temperaturen hin auf.

Chemische/elektrochemische Eigenschaften

✔ Kupfer und einige Kupferlegierungen weisen recht gute **Korrosionsbeständigkeit** auf, und auch darauf beruhen viele Anwendungen. Da und dort muss man aber ganz ähnliche Korrosionserscheinungen beachten wie bei den rostbeständigen Stählen und einigen Aluminiumlegierungen.

Reinkupfersorten, charmant und variantenreich

Reines Kupfer hat schon Charme, keine Frage. Damit meine ich nicht nur die Farbe, den Glanz oder die Patina nach langer Zeit, sondern in erster Linie die »schnöden« technischen Eigenschaften **Korrosionsbeständigkeit sowie Wärme- und Stromleitfähigkeit**, drei Trümpfe, auf denen ein Großteil der Anwendungen beruht.

Wenn Sie nun diesem Charme erliegen, ganz unvorbereitet bei Ihrem freundlichen Kupferhändler auftauchen und nach Reinkupfer fragen, dann wird er Sie erst einmal verwirren. Er wird Ihnen nämlich erklären, dass er nicht nur eine Sorte von reinem Kupfer anzubieten hat, sondern gleich mehrere. Und er wird Sie fragen, welche davon Sie nun wollten. Damit Sie für solche Situationen gewappnet sind – und natürlich noch für andere –, lesen Sie diesen Abschnitt.

Absolut reines Kupfer, in dem auch nicht ein Atom einer anderen Sorte vorkommt, gibt es nicht. Immer hat es Fremdatome im Kupfer drin, egal wie sorgfältig Sie es herstellen, und das gilt nicht nur für Kupfer, sondern für alle Metalle und alle Stoffe auf unserer Welt. Das geht schon tief ins Philosophische … Nun ist es bei vielen Substanzen des täglichen Lebens gar nicht so super wichtig, sie besonders rein zu bekommen. Beim Kupfer aber muss man da schon vorsichtiger sein, insbesondere, wenn es um

✔ gute elektrische sowie thermische **Leitfähigkeit** geht und

✔ die Verarbeitung durch **Hartlöten, Schweißen und Glühen**.

Wenn es um gute elektrische Leitfähigkeit geht

Gute elektrische Leitfähigkeit ist bei vielen Anwendungen schon immer wichtig gewesen, mit dem heutigen verstärkten Wunsch nach hohen Wirkungsgraden und wenig Verlusten noch viel mehr. Wovon hängt sie ab?

 Für gute elektrische Leitfähigkeit müssen sich die Elektronen möglichst frei und ungestört im Werkstoff bewegen können. Die Wärmebewegung der Atome und alle Arten von Kristallbaufehlern stören dabei, ganz besonders die Fremdatome. Fremdatome sind Substitutions- oder Einlagerungsatome im Kristallgitter und wirken als enorme Störstellen, an denen die Elektronen »anstoßen«. Und weil die freien Elektronen auch für Wärmetransport sorgen, gilt das Gleiche auch für die Wärmeleitfähigkeit. Näheres dazu gab's ja schon ausführlich in Kapitel 2.

Wie sich nun verschiedene Gehalte ganz typischer Fremdelemente auf die elektrische Leitfähigkeit bei Raumtemperatur auswirken, das zeigt Ihnen Abbildung 17.8. Solche gängigen

Fremdelemente sind Silber (Ag), Nickel (Ni), Mangan (Mn), Silizium (Si), Eisen (Fe), Phosphor (P) und noch viele andere; sie schleichen sich über die Erze, den Schrott oder die Herstellungsmethode ein.

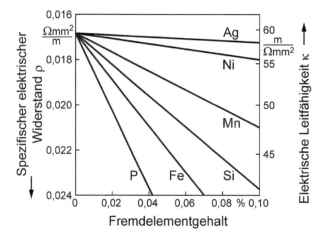

Abbildung 17.8: Elektrische Leitfähigkeit von Kupfer in Abhängigkeit vom Fremdelementgehalt

Ganz links in Abbildung 17.8, das wäre beim Fremdelementgehalt 0, sind die Eigenschaften von reinem Kupfer abzulesen, nach rechts steigt der Gehalt an. Nach oben sind

✔ links der **spezifische elektrische Widerstand** ρ und

✔ rechts die **elektrische Leitfähigkeit** κ aufgetragen.

Warum beide, reicht nicht eine? Eine Eigenschaft reicht absolut aus, aber beide werden in der Praxis viel verwendet. Sie sind sehr eng miteinander verknüpft, die eine ist der Kehrwert der anderen. Prüfen Sie's nach: Für ρ = 0,020 Ωmm^2/m ergibt sich κ = 1/ρ = 50 m/Ωmm^2. Deshalb muss natürlich ρ von oben nach unten zunehmen, wenn κ von unten nach oben zunimmt, Sie sehen es an den Pfeilen und Zahlenwerten.

Und was sagt dieses Diagramm ganz konkret aus?

✔ **Alle** aufgeführten Fremdelemente vermindern die elektrische Leitfähigkeit, selbst das Silber, das ja in reiner Form den Strom noch etwas besser leitet als Kupfer. Das liegt daran, dass grundsätzlich alle Elemente als Störstellen für die fließenden freien Elektronen wirken.

✔ Die verschiedenen Elemente vermindern die elektrische Leitfähigkeit **sehr unterschiedlich**. Silber und Nickel wirken nur schwach, Eisen und Phosphor sehr stark, woher kommt das? Natürlich spielt auch die eigene elektrische Leitfähigkeit eine Rolle, wie beim Silber. Einen weiteren wichtigen Einfluss haben aber die Größe und der Charakter der Atome. Manche »fügen« sich gut ins Kristallgitter des Kupfers ein, andere eher weniger. Merken Sie sich einfach mal den Phosphor als besonderen »Störenfried«.

Die Wärmeleitung übrigens wird durch die Fremdelemente in ganz ähnlicher Weise vermindert.

Wenn es um die Verarbeitung durch Hartlöten, Schweißen und Glühen geht

Sicher werden Sie sich fragen, weshalb ich hier gerade das Hartlöten, Schweißen und Glühen nenne. Bei allen geht's zu hohen Temperaturen, und da lauert eine Gefahr fürs Kupfer, die *Wasserstoffkrankheit*.

 Unter der Wasserstoffkrankheit versteht man das Aufblähen, Lockern, Verspröden und Reißen von

✔ **sauerstoffhaltigem** Kupfer,

✔ wenn man es in **wasserstoffhaltiger** Umgebung

✔ bei **über 500 °C** glüht.

Was hat es da genauer auf sich? Kupfer kann noch kleine Mengen an Sauerstoff enthalten, das kommt von der Herstellung. Mit »kleinen Mengen« meint man da nur einige Tausendstel- bis wenige Hundertstelprozent. Die kommen im Kupfer in Form von Cu_2O-Kriställchen vor, die sind klitzeklein und schaden in dieser geringen Menge weder der elektrischen noch der thermischen Leitfähigkeit und meist auch nicht den mechanischen Eigenschaften.

Heikel wird es erst, wenn man solches Kupfer höheren Temperaturen und wasserstoffhaltiger Umgebung aussetzt. Der Wasserstoff (H) kann als kleines und leichtes Element relativ leicht in das Kupfer hineindiffundieren, und wenn die Wasserstoffatome auf die Cu_2O-Kriställchen treffen, dann reagieren sie zu Kupfer Cu und Wasser H_2O:

$$Cu_2O + 2\,H \rightarrow 2\,Cu + H_2O$$

Dass da Kupfer entsteht, ist ja prima, kommt wie gerufen, aber **das Wasser macht Ärger**. Bei der herrschenden hohen Temperatur steht es unter hohem Druck, dehnt sich aus und führt zum beschriebenen Aufblähen, Lockern, Reißen.

Nun könnte man sagen, ja, wer ist denn schon so blöd und glüht Kupfer in Wasserstoff? Das kann Ihnen aber schneller passieren, als Ihnen lieb ist. Beim Hartlöten mit einer Brennflamme beispielsweise, da hat es immer irgendwo Wasserstoff, oder beim Schweißen sowie Glühen, da werden oft reduzierende (Sauerstoff entfernende) Gase verwendet.

Was tun? Wenn's an hohe Temperaturen geht, hilft nur eins: sauerstofffreie, oder sagen wir besser, extrem sauerstoffarme Kupfersorten verwenden. Die gibt es, und die bewähren sich prima. Oder Sie meiden hohe Temperaturen von über 500 °C konsequent, Weichlöten geht dann ja immer noch.

Und jetzt die konkreten Reinkupfersorten

Natürlich könnte man argumentieren, einfach runter mit allen Verunreinigungsgehalten, bis sie nicht mehr stören; das taufen wir dann Reinkupfer und verwenden es überall. So etwas wäre zwar möglich, ist aber einerseits generell teuer und hat andererseits sogar gewisse Nachteile. Aus dieser Situation heraus ist nun eine ganze Reihe von Kupfersorten entwickelt worden, drei besonders gängige habe ich in Tabelle 17.4 zusammengefasst.

Kurzname	alt	E-Cu 58	OF-Cu	SF-Cu
	neu	Cu-ETP[1], Cu-FRHC[2]	Cu-OF[3]	Cu-DHP[4]
Herstellung		Cu-ETP elektrolytisch, Cu-FRHC feuerraffiniert	vakuumerschmolzen oder vergleichbar	mit P desoxidiert, enthält 0,015–0,040 % P
Sauerstoffgehalt		≤0,040 %	sauerstoff»frei«	sauerstoff»frei«
Elektrische Leitfähigkeit in m/Ωmm^2		≥58	≥58	41–52
Wärmeleitfähigkeit in W/mK		400	400	290–360
Anfällig gegen Wasserstoffkrankheit		ja	nein	nein
Anwendung		Elektrotechnik	Elektrotechnik	Apparate, Bauwesen
Verarbeitung		nur Weichlöten	Hartlöten und Schweißen	Hartlöten und Schweißen

[1] ETP: Electrolytic tough pitch

[2] FRHC: Fire refined high conductivity

[3] OF: Oxygen free

[4] DHP: Deoxidised high phosphorus

Tabelle 17.4: Eigenschaften und Anwendung verschiedener Reinkupfersorten

Oben in der Tabelle finden Sie die »alten« Kurznamen in Deutschland, die teils immer noch verwendet werden, und die »neuen« europäischen.

✔ **Cu-ETP und Cu-FRHC** sind Kupfersorten für die Elektrotechnik, alle üblichen Kupferkabel sind daraus hergestellt. Gute elektrische Leitfähigkeit steht im Vordergrund, gute Wärmeleitfähigkeit gibt's automatisch dazu. Bei der Verarbeitung und im Betrieb sollte man aber hohe Temperaturen meiden, denn der Sauerstoffgehalt ist zwar gering, reicht aber aus für die Wasserstoffkrankheit.

✔ Das **Cu-OF** wird besonders sorgfältig hergestellt und ist so gut wie sauerstofffrei. Es hat die volle elektrische und thermische Leitfähigkeit, alle Verarbeitungsverfahren sind möglich, wobei aber die hohe Wärmeleitfähigkeit beim Schweißen und Löten durchaus stört, die Wärme fließt zu schnell weg. Cu-OF ist diejenige Kupfersorte, die dem physikalisch reinen Kupfer am nächsten steht.

✔ Ganz interessant ist das **Cu-DHP**; hier wurde der Sauerstoff kostengünstig durch Zugabe von Phosphor entfernt, und zwar bewusst so, dass noch etwas vom verwendeten Phosphor übrig geblieben ist. Viel erscheint das mit 0,015 bis 0,040 % nicht, aber Sie wissen ja, wie stark sich schon so geringe Mengen auf die elektrische Leitfähigkeit auswirken, sehen Sie bitte noch einmal in Abbildung 17.8 nach. Natürlich leitet Cu-DHP den Strom immer noch hervorragend, da könnten sich andere Metalle ein Beispiel daran nehmen. Für besonders gute elektrische Leiter ist diese Kupfersorte freilich nicht gedacht. Wo's aber auf das Hartlöten und Schweißen ankommt, ist es prima, die verringerte Wärmeleitfähigkeit hilft hier. Und den mechanischen sowie Korrosionseigenschaften schadet so ein bisschen Phosphor nicht. Kupferne Regenrinnen, Dachverkleidungen, Wasserrohre: allesamt aus Cu-DHP.

So charmant die Reinkupfersorten auch sind, Nachteile haben sie trotzdem, vor allem bei der Festigkeit. Und hier lässt sich noch was drehen, natürlich mit den Legierungen, sogar bei der Korrosion ist noch was drin.

Kupferlegierungen in der Praxis

Beim **niedriglegierten Kupfer** hat man überwiegend im Sinn, die Festigkeit bei Raumtemperatur und in der Wärme zu erhöhen und die elektrische sowie thermische Leitfähigkeit so gut wie möglich zu erhalten. Einige Legierungselemente sind Silber, Chrom, Zirkonium, auch Beryllium, die Gehalte nur einige Zehntel- bis zu etwa 2 Prozent. Viele dieser Legierungen sind ausscheidungsgehärtet, das kennen Sie ja vom Aluminium.

Messinge sind Kupfer-Zink-Legierungen. Bis zu etwa 37 % Zinkgehalt sind sie einphasig mit kubisch-flächenzentrierter Kristallstruktur aufgebaut und gut umformbar; man nennt sie α-Messing. Zwischen 37 und 44 % Zink sind die zweiphasigen Messingsorten angesiedelt, sie enthalten sowohl kubisch-flächenzentrierte α-Mischkristalle als auch kubisch-raumzentrierte β-Mischkristalle nebeneinander und sind gut zerspanbar. Manche Messingsorten enthalten noch viel mehr Phasen, teils auch Blei.

Bei den **Bronzen** denkt man zuallererst an die Kupfer-Zinn-Legierungen, die Zinnbronzen. Es gibt aber auch Aluminiumbronzen, das sind Kupfer-Aluminium-Legierungen, auch Manganbronzen und noch andere. Gute Festigkeit, Korrosionsbeständigkeit und leichte Verarbeitung sind wesentliche Vorzüge.

Die **Kupfer-Nickel-Legierungen** werden für elektrische Widerstände verwendet, für Thermoelemente, korrosionsfeste Bauteile – und Münzen. Die silbrig glänzenden Teile der Euromünzen bestehen aus 25 % Nickel und 75 % Kupfer, das silbrige Nickel dominiert ganz bei der Farbe.

Dann hat's noch viele andere, gegossen, umgeformt, gesintert … stöbern Sie bei Interesse mal im Internet. Aber außer Kupfer hat unsere Welt noch mehr zu bieten.

Weitere Nichteisenmetalle und -legierungen, da ist noch Musik drin

Wenn Sie ein Faible dafür haben, oder sagen wir vorsichtiger, nicht auf Kriegsfuß damit stehen, dann schauen Sie einmal in Ruhe ins periodische System der Elemente, das kennen Sie sicher aus dem Chemieunterricht. Alle bekannten Elemente unserer Welt sind darin verzeichnet, darunter ganz schön viele Metalle mit den unterschiedlichsten Eigenschaften. Leider kommen die meisten nur in geringen Mengen auf der Erdkruste vor, man muss sparsam damit umgehen. Die Kombinationsmöglichkeiten untereinander, die Legierungsmöglichkeiten, sind unendlich viele und selbst in groben Stufen noch lange nicht untersucht.

Ohne jeden Anspruch auf Vollständigkeit eine kleine Auswahl technisch bedeutender Nichteisenmetalle:

✔ **Magnesiumwerkstoffe** sind vor allem wegen ihrer sehr niedrigen Dichte von etwa 1,8 g/cm^3 im Leichtbau interessant, einige Legierungen eignen sich gut für filigranen Druckguss.

✔ **Titan und Titanlegierungen** liegen mit ihrer Dichte von 4,5 g/cm^3 nicht ganz so günstig, punkten aber mit hoher Festigkeit, auch Warmfestigkeit (Leichtbau), und der guten Korrosionsbeständigkeit.

✔ **Nickelwerkstoffe** begeistern durch Korrosionsbeständigkeit und Warmfestigkeit; die sogenannten Nickel-Superlegierungen legen bei den hochwarmfesten Werkstoffen die Messlatte sehr hoch.

✔ **Zink und Zinklegierungen** setzt man als korrosionsschützende Überzüge, für witterungsbeständiges Blech im Baubereich und für Druckgussteile ein.

✔ **Zinn und Zinnlegierungen** finden als Lagerwerkstoffe, Lote und Beschichtungen Anwendung.

✔ **Blei und Bleilegierungen** sind chemisch recht beständig, lassen sich leicht gießen und im Baubereich, für Akkumulatoren, Lager sowie Lote verwenden.

✔ **Wolfram und Molybdän** sind die höchstschmelzenden Metalle, man fertigt Glühfäden, Schweißelektroden und verschiedene Sonderbauteile daraus.

✔ Und dann gibt's noch die **Edelmetalle**, die **Alkali- und Erdalkalimetalle**, die **Seltenerdmetalle**; alle haben interessante technische Anwendungen.

Alles hat ein Ende, auch dieses Kapitel, und damit auch die metallischen Werkstoffe insgesamt. Falls Sie nun meinen, da fehlten doch noch einige, dann gebe ich Ihnen absolut recht, so ist es. Ich habe mich bemüht, Ihnen die Grundsätze der metallischen Werkstoffe etwas näherzubringen, bin dann auf Stähle recht ausführlich eingegangen, auf das Aluminium schon sparsamer und auf das Kupfer nur noch kurz. Viele Prinzipien, die Sie hier kennengelernt haben, können Sie auch auf andere Werkstoffe anwenden, und so hoffe ich, Sie sind etwas gerüstet. Allerhand Übungsaufgaben mitsamt Lösungen finden Sie wieder im Übungsbuch.

Wie es weitergeht? Logisch, mit den Nichtmetallen.

Kapitel 18
Anorganische nichtmetallische Werkstoffe und was sich dahinter verbirgt

U m anorganische nichtmetallische Werkstoffe soll es hier gehen. Anorganisch heißt einfach: keine Kunststoffe. Und nichtmetallisch: keine Metalle. Verflixt noch mal, in der Überschrift steht also nicht, um was es hier geht, sondern vielmehr, um was es hier **nicht** geht. Das ist so, als ob ich morgens einen Einkaufzettel mitbekäme, auf dem vermerkt wäre, ich solle was einkaufen, aber kein Gemüse und keinen Fisch, das hätten wir genug. Was könnte das denn Feines sein, das Wasser läuft mir im Mund zusammen, vielleicht ein Ferrari oder ein neues Motorrad?

Also richtig gut ist die Überschrift nicht, aber weder mir noch vielen anderen Leuten fällt etwas Besseres ein. Die Wissenschaft sagt, das seien Werkstoffe, bei denen die Ionenbindung und/ oder die Elektronenpaarbindung vorherrscht und die nicht organisch sind. Hm, so richtig dürfte Ihnen das vermutlich auch nicht weiterhelfen. Wissen Sie was: In diesem Kapitel geht es um die Gläser, die Keramiken, die Hartstoffe, die Halbleiter und andere besondere Werkstoffe.

Die Gläser werde ich nur kurz streifen, die Keramiken und Hartstoffe aber ausführlicher behandeln. Die Halbleiter, deren Bedeutung gar nicht hoch genug eingeschätzt werden kann, möchte ich aber anderen überlassen, die fallen eher in die Elektrotechnik.

Glas, klar doch

Wenn ich Sie ganz unvermittelt frage, was Sie unter Glas verstehen, und um eine ganz spontane Antwort bitte, dann werden Sie mir vermutlich antworten, dass das etwas Durchsichtiges sei, wie Fensterglas, Brillenglas, Kunststoffglas. Und so würde auch ich antworten, wenn es um die Alltagssprache geht. In der Werkstoffwissenschaft definiert man den Begriff meist anders:

 Gläser sind Werkstoffe mit **amorpher oder weitgehend amorpher Struktur**, und zwar unabhängig davon, ob man nun durch so einen Werkstoff hindurchsehen kann oder nicht. Amorph heißt, dass die Atome nicht schön regelmäßig angeordnet sind (wie in den Kristallen), sondern unregelmäßig, wild durcheinander.

Und wie erzielt man so eine regellose Atomanordnung? Meistens dadurch, dass man die Werkstoffe erst aufschmilzt und dann so schnell abkühlt, dass die unregelmäßige Anordnung in der Schmelze bis auf Raumtemperatur herunter erhalten bleibt und sich keine Kristalle bilden. Gläser sind also so etwas wie eine feste Schmelze.

Ein bisschen Grundlegendes

Die Wissenschaft untergliedert die Gläser in drei Hauptgruppen:

✔ Die *anorganischen Gläser* bilden die wichtigste Gruppe, das sind die klassischen Gläser, wie Fensterglas. Die dürfen aus der Schmelze durchaus gemütlich abkühlen, die Kristallisationsneigung ist gering.

✔ Die *metallischen Gläser* sind eine Besonderheit unter den Metallen, übrigens genauso glänzend und undurchsichtig wie die »normalen« kristallinen Metalle. Um sie herzustellen, muss man eine geeignete Metallschmelze ziemlich schnell abkühlen, mit bis zu 10^6 K/s, weil die Kristallisationsneigung groß ist. Einige Eigenschaften sind recht interessant: die hohe Härte, verbesserte Korrosionsbeständigkeit oder auch die weichmagnetischen Eigenschaften bei manchen Sorten. Anwendungen betreffen bisher eher Nischenbereiche, aber wer weiß ...

✔ Bei den *amorphen Kunststoffen*, auch Kunststoffgläser genannt, sind die Moleküle regellos verteilt. Acrylglas ist ein Beispiel.

Was nun ein Glas ausmacht und wie es entsteht, zeigt Abbildung 18.1. In Abhängigkeit von der Temperatur ist eine **Eigenschaft** aufgetragen. Bei dieser Eigenschaft kann es sich um beinahe alle Eigenschaften handeln, wobei die Diagramme dann zwar prinzipiell ähnlich, aber natürlich schon recht verschieden aussehen. Hier habe ich ganz konkret die Wärmeausdehnung genommen. Was kann man diesem Diagramm entnehmen?

Von 1 nach 2

Wenn Sie ein Stück eines kristallinen Werkstoffs nehmen und es erwärmen, dehnt es sich aus; das sehen Sie an der grauen dick gestrichelten Linie vom eingekreisten Punkt 1 bis zum Punkt 2. Natürlich dehnt es sich nicht auf die dreifache Länge aus, wie man das aus Abbildung 18.1 vermuten könnte. Ich habe den Effekt einfach »vergrößert« dargestellt, oder genauer: den Nullpunkt unterdrückt. Und eine lineare Wärmeausdehnung darf man bei so großen Temperaturänderungen auch nicht annehmen, nur bei kleinen Temperaturänderungen gilt das näherungsweise. Die Wärmeausdehnung ist also vereinfacht dargestellt. Sie kommt von den vermehrt schwingenden Atomen, das kennen Sie ja schon aus Kapitel 2.

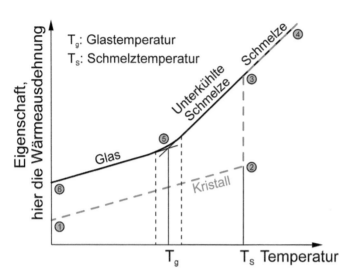

Abbildung 18.1: Eigenschafts-Temperatur-Kurve von Kristallen und Gläsern

Von 2 nach 3

Beim Schmelzpunkt (Temperatur T_S) dehnt sich der Werkstoff ganz plötzlich vom Punkt 2 bis zum Punkt 3 aus. Woran könnte das liegen? Im Kristallgitter sind die Atome meistens schön dicht gepackt, wie die Sardinen in der Dose oder ein liebevoll gepackter Koffer. In der Schmelze aber geht's wild durcheinander, es herrscht keine Ordnung, so als hätten Sie Ihren Koffer durch Hineinwerfen aller Reiseutensilien aus zwei Metern Entfernung gepackt. Klar, dass es in der Schmelze mehr Lücken hat, das Volumen ist größer. Im Normalfall jedenfalls, Sie kennen ja die Ausdehnung des Wassers beim Gefrieren. Das ist ein besonderer Fall, weil das Kristallgitter des Eises »lockerer« gepackt ist als das flüssige Wasser. Und noch etwas: Statt des »scharfen« Übergangs von den Kristallen zur Schmelze gibt es oftmals einen, der sich über einen bestimmten Temperaturbereich hinzieht, das ist meist bei Legierungen der Fall.

Von 3 nach 4 und gemütlich wieder zurück

Die weitere Wärmeausdehnung im flüssigen Zustand ist meist größer als im festen, das sehen Sie an der größeren Steigung der gestrichelten Kurve von Punkt 3 nach 4. Wenn Sie Ihren Werkstoff nun wieder abkühlen, und zwar so gemütlich, dass in Ruhe Kristalle beim Erstarren wachsen können, dann läuft er wieder die grau gestrichelte Kurve nach unten, von Punkt 4 nach 3 nach 2 nach 1.

Von 4 über 5 nach 6

Falls Sie Ihren Werkstoff aber aus der Schmelze so schnell abkühlen, dass er keine Kristalle mehr bilden kann, dann bewegt er sich auf der schwarzen durchgezogenen Kurve vom Punkt 4 zum Punkt 6 herunter. Keine Kristallbildung heißt, dass die amorphe Anordnung der Atome in der Schmelze auch bei Raumtemperatur vorliegt. So um den Punkt 5, bei der sogenannten Glastemperatur, auch Transformationsbereich genannt, ändert sich die Steigung.

Bis dorthin hat man eine unterkühlte, zähfließende Schmelze, darunter eher einen Festkörper, das Glas. Die Änderung der Steigung im Punkt 5 hängt damit zusammen, dass bei tieferen Temperaturen vermehrt Bindungen zum Tragen kommen.

Fest oder nicht fest, das ist die Frage

Ein Glas hat also amorphe Struktur, die Atome liegen wirr durcheinander, ganz ähnlich wie in der Schmelze. Ist es nun eine Schmelze? Eine eingefrorene Schmelze? Oder doch ein Festkörper? Und wer von Ihnen einmal das Vergnügen hatte, oder es beruflich tut, selbst ein klassisches Glasstück am Brenner zu erwärmen und zu bearbeiten, der grübelt noch mehr. Je höher die Temperatur, desto weicher und leichtfließender das Glas. Irgendwie geht es ganz allmählich von »eher fest« nach »eher flüssig« über und umgekehrt, erst unterhalb der Glastemperatur scheint es »fast fest« zu sein.

Um Sie noch mehr zu verwirren: Sie haben vielleicht schon davon gehört, dass Glas »fließt«. So drückt man das alltagssprachlich aus, man meint damit das zäh-viskose honigartige Fließen, das in ähnlicher Weise auch bei den Metallen bei hohen Temperaturen auftritt, dort nennt man es Kriechen (siehe Kapitel 3). Eine Fensterglasscheibe fließt also im Laufe vieler Jahre unter dem eigenen Gewicht nach unten und ist dann unten dicker als oben. Keine Angst, der Effekt ist nur sehr gering, aber vorhanden. Scharfe Glaskanten runden sich sogar bei Raumtemperatur infolge der Oberflächenspannung von ganz allein ab, fast wie ein Wassertropfen. Deshalb sind auch frische Glasbruchstücke unheimlich scharf, während uralte Scherben nicht mehr gut schneiden. Und wenn Biologen an ihren eingebetteten Präparaten Dünnschnitte mit gebrochenen Gläsern abhobeln, müssen sie ganz frisch gebrochene Gläser verwenden.

Fest oder nicht fest?

So viel zum Grundlegenden. An dieser Stelle kämen dann eigentlich die konkreten Glasarten dran, die aber den gegebenen Rahmen sprengen. Stattdessen nur ein paar Worte zu den anorganischen Gläsern, das sind die klassischen oder »normalen«, Fensterglas und Co.

Ein paar Eigenschaften

Die normalen anorganischen Gläser bestehen meist aus einer Mischung verschiedener Oxide, insbesondere SiO_2 (Quarz), CaO (Kalk), Al_2O_3 (Aluminiumoxid, Tonerde), Na_2O (Natriumoxid), B_2O_3 (Boroxid), auch PbO (Bleioxid) und anderen. Je nach der chemischen Zusammensetzung können die Eigenschaften recht unterschiedlich sein: Beim reinen Quarzglas besticht die niedrige Wärmeausdehnung, beim Borosilikatglas die hohe Temperatur- und Chemikalienbeständigkeit, beim Bleiglas der hohe Brechungsindex, bei Glasfasern die hohe Zugfestigkeit. Vielen Gläsern gemeinsam ist aber:

✔ Sie sind **spröde**, jedenfalls bei Raumtemperatur.

✔ Die **Zugfestigkeit ist eher gering** (Ausnahmen sind die dünnen Glasfasern), die **Druckfestigkeit viel höher**.

✔ Sie haben **gute Lichttransparenz**.

✔ Die elektrische Leitfähigkeit ist sehr gering, es sind **Isolatoren**.

Eine Besonderheit stellen die *Glaskeramiken* dar. Bei ihnen liegen sehr kleine feinverteilte keramische Kristalle in einer amorphen Matrix (dem Grundgefüge) vor, also Keramikkristalle im Glas, daher der Name. Geeignet hergestellte Glaskeramiken können sehr geringe Wärmeausdehnung aufweisen. Prima Kochfelder kann man daraus herstellen, die halten Temperaturwechsel bestens aus. Oder Spiegelteleskope, die sich auch bei Temperaturschwankungen nicht verziehen.

Glaskeramiken sind also schon »halbe« Keramiken. Und die »ganzen«?

Keramiken, traditionell bis hochmodern

Keramiken sind vermutlich die ersten, bewusst (künstlich) durch den Menschen hergestellten Werkstoffe überhaupt, Funde weisen zurück bis in die Steinzeit. Und irgendwie haben sie sich »gut gehalten«, sie werden auch heute intensiv verwendet, nicht nur in der Form der Hochleistungskeramiken haben sie allerhand zu bieten.

Obwohl wir alle glauben, recht genau zu wissen, was eine Keramik ist, gestaltet sich eine Definition schwierig. Stellen Sie sich vor, da würde ein Ufo in Ihrem Garten landen, kleine intelligente Wesen mit Antenne am Kopf stiegen aus und fragten Sie ebenso höflich wie neugierig, was denn Keramiken seien. Sie hätten auf ihrem fernen Planeten mitbekommen, dass die von den Menschen auf der Erde gezielt hergestellt würden, und wüssten nun gerne, um was es sich da handelt.

Hm, irgendwie würden Sie wohl argumentieren, das sei was Hartes, Sprödes, und jetzt wird es schon schwierig, vielleicht etwas Gebranntes ... und nicht aus Metall. Sie merken, so richtig treffend »packen« kann man die Keramiken nicht. Es sind ebenfalls anorganische nichtmetallische Werkstoffe und sie unterscheiden sich von den Gläsern durch den kristallinen Aufbau. Also nicht Kunststoff, nicht Metall, nicht Glas ...

Nun nehmen wir einfach an, wir wüssten, was Keramiken sind, und stellen sie erst mal her.

Herstellung – mehr als Töpfern

Nichts gegen das Töpfern, ganz im Gegenteil, hiermit möchte ich nur andeuten, dass es nicht nur den klassischen Weg über den feuchten Ton gibt. Die Keramiken werden nahezu ausschließlich **aus Pulver hergestellt** und das geht so:

✔ Zunächst **stellt man das Pulver an sich her**. Da kann es sich um ein Pulver natürlichen Ursprungs handeln, wie Ton oder die Tonerde, aber auch um ein synthetisch hergestelltes, wie Siliziumkarbid. Das Pulver wird gereinigt, gemahlen, gesiebt und manchmal auch gemischt. Das Pulver kann dabei angefeuchtet sein, pastös, halb flüssig, oder auch völlig trocken. Die Größe der Pulverkörner kann von Zehntelmillimetern bis herab zu wenigen Nanometern reichen.

✔ Aus dem Pulver **formt man dann ein Rohteil**, den sogenannten *Grünkörper*. Natürlich ist der nicht von der Farbe her grün, sondern noch grün im Sinne von unfertig: porös, delikat, gerade nicht mehr von allein auseinanderfallend, eine Art besserer Sandkuchen am Strand. Der Grünkörper soll der endgültigen Form schon sehr nahe sein, wobei man aber wegen der späteren Schrumpfung ein bestimmtes Aufmaß vorsehen, ihn größer machen muss. Man kann ihn durch Trockenpressen herstellen, durch Gießen, Spritzpressen oder auch Strangpressen, durch plastisches Formen einer Masse wie beim Töpfern, am Schluss auch vorsichtig spanabhebend (oder eher spanabkrümelnd) bearbeiten.

✔ Falls der Grünkörper aus feuchtem Pulver hergestellt wurde, muss man ihn vorsichtig **trocknen** lassen.

✔ Dann kommt das *Sintern*, im Alltag gerne auch *Brennen* genannt. Bei **hohen Temperaturen** sintern, »backen« die Pulverkörner zusammen, das Porenvolumen vermindert sich, eine belastungsfähige Keramik entsteht.

✔ Falls nötig, schließt eine **Nachbehandlung** die Herstellung ab. Das kann Glasieren sein, Schleifen, Läppen, Polieren, Ultraschallbearbeitung. Die mechanische Bearbeitung macht man nur so weit wie unbedingt nötig, da die Keramik dann ja schon extrem hart ist und sich meist nur noch Diamant zum Bearbeiten eignet.

Beim Sintern handelt es sich also um die Herstellung fester Körper nur aus Pulver. Dabei tritt oftmals keinerlei flüssige Phase auf, alles spielt sich im festen Zustand ab. Wie geht das überhaupt, was passiert dabei, und, ganz entscheidend, warum tut das die Natur?

Stellen Sie sich nun vor, Sie hätten wunderschönes, ganz feines Keramikpulver hergestellt, sagen wir aus Aluminiumoxid Al_2O_3, das ist die Tonerde, ein weißes Pulver. Das füllen Sie trocken in eine geeignete, feste Form, setzen einen Stempel auf und pressen es mit sehr hohem Druck zusammen. Ganz vorsichtig entnehmen Sie anschließend den Grünkörper und glühen ihn – ohne jede Krafteinwirkung – so bei guten 1600 °C in einem geeigneten Glühofen. Was dabei mit den Pulverkörnern passiert, ist in Abbildung 18.2 dargestellt.

✔ **Links oben** sind vier Pulverkörner vergrößert im gepressten Zustand zu sehen. Klar, dass da nicht nur vier Körner im Grünkörper drin sind, eher einige Billionen. Aber erstens möchte ich nicht so viele zeichnen, und zweitens sollen Sie das Grundprinzip sehen, da reichen vier. Die Kornform ist vereinfacht dargestellt, sie kann recht unterschiedlich sein, kantig, verästelt, länglich, hier ist sie eher rundlich. Meistens besteht jedes Korn aus einem Kristall, angedeutet durch die Schraffur und neun schwarze Kreise, die stehen symbolisch für Atome. Durch das Pressen berühren sich die Körner an einigen Punkten, atomare Bindungskräfte können sich auswirken und sorgen dafür, dass der Grünkörper nicht gleich wieder auseinanderfällt, wenn die Presskraft nicht mehr wirkt.

✔ **Rechts oben** sehen Sie dieselben vier Körner nach einiger Zeit bei hoher Temperatur, also nach einiger Zeit des Sinterns, so etwa nach einer oder wenigen Stunden. Dabei wirkt keine Kraft auf die Grünkörper, man spricht vom drucklosen Sintern. Die Grünkörper liegen lose auf Blechen in einem Sinterofen, wie die Plätzchen auf dem Kuchenblech im Backofen. Was hat sich ereignet? Die Kontaktflächen zwischen den Körnern sind größer geworden, Korngrenzen bilden sich aus, genau wie die Korngrenzen in den Metallen. Obwohl in diesem Stadium noch allerhand Poren drin sind, bricht man den Sintervorgang manchmal hier ab. Ein Grund kann sein, dass die dann schon vorhandene (noch nicht sehr hohe) Festigkeit für den Anwendungszweck ausreicht. Ein anderer Grund, dass man die Poren gezielt nutzen möchte, für Filter, als Schmierstoffvorrat oder zum Füllen mit anderen Stoffen.

✔ **Links unten** ist der Zustand der vier Körner nach langer Zeit zu sehen. Alle Poren sind zugewachsen, Korngrenzen haben sich zwischen den Körnern gebildet, das ist der optimale Zustand, wenn es um hohe Festigkeit geht.

✔ **Rechts unten** sind schließlich nicht nur vier, sondern viele Körner abgebildet. So sieht dann ein Schnitt durch eine Hochleistungskeramik aus. Eigentlich genau wie bei einem Metall, mit Körnern, Korngrenzen und noch allen möglichen weiteren Gitterfehlern wie Versetzungen.

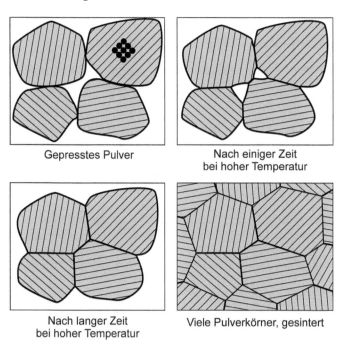

Gepresstes Pulver

Nach einiger Zeit
bei hoher Temperatur

Nach langer Zeit
bei hoher Temperatur

Viele Pulverkörner, gesintert

Abbildung 18.2: Mikroskopische Vorgänge beim Sintern, vereinfacht

So weit, so gut, aber einige Fragen stellen sich hier schon:

Wie sintern denn die Pulverkörner zusammen, wie machen die das?

Klar ist, dass die Pulverkörner ihre Form ändern, und das können sie nur dadurch, dass Atome von einer Stelle zu einer anderen hin wandern, das ist die Diffusion. Und die funktioniert im Inneren der Körner über den *Leerstellenmechanismus*, aber auch entlang der *Korngrenzen* und entlang der *Oberfläche* kann sie stattfinden. Näheres dazu gab's ja schon in Kapitel 3.

Und wie hoch sollte die Temperatur demnach beim Sintern sein?

In jedem Fall hoch, denn sonst kann ja die Diffusion nicht ausreichend schnell ablaufen. Mindestens die halbe absolute Schmelztemperatur ist nötig, wie für viele andere thermisch aktivierten Vorgänge auch. Typischerweise liegt sie bei etwa 70 bis 85 % der absoluten Schmelztemperatur.

Nehmen Sie Aluminiumoxid als **Beispiel**, es hat einen Schmelzpunkt von 2040 °C:

✔ Das sind (2040 + 273) Kelvin = 2313 K auf der absoluten Temperaturskala.

✔ Davon jetzt einfach mal 80 %, das sind etwa 1850 K.

✔ In Grad Celsius zurückgerechnet ergeben sich (1850 − 273) °C = 1577 °C, rund 1600 °C.

Eine brauchbare Sintertemperatur für Aluminiumoxid wäre also so um die 1600 °C.

Warum eigentlich sintern die Pulverkörner zusammen?

Dass die Pulverkörner da ganz freiwillig zusammensintern, schön und gut – und vor allem praktisch. Warum aber tun sie es? Könnten die nicht auch wieder auseinanderfallen zu einem Häufchen Pulver?

Falls Sie die vorderen Kapitel aufmerksam gelesen haben, dann ahnen Sie es sicher. Wann immer die Natur etwas von allein macht, muss es ein Übergang von einem Zustand höherer Energie in einen Zustand niedrigerer Energie sein. So fällt der berühmte Dachziegel eben immer nur herunter, wenn Sie ihn loslassen, und findet nie von allein den Weg aufs Dach. Und deshalb muss vor dem Sintern ein Zustand höherer Energie vorliegen als nach dem Sintern.

Woher könnte diese höhere Energie vor dem Sintern kommen? Das ist die *Oberflächenenergie der Pulverkörner*, und deren Verminderung ist die **treibende Kraft beim Sintern.**

Aber zunächst einmal: Was ist eigentlich die Oberflächenenergie, wieso haben Oberflächen eine Energie?

 Unter der *Oberflächenenergie* versteht man diejenige Energie, die nötig ist, eine Oberfläche neu zu schaffen. In einem spröden Körper können Sie neue Oberflächen schaffen, indem Sie ihn brechen. Die Energie, die Sie zum Brechen benötigen, steckt dann in den Bruchflächen drin, ist dann dort »gespeichert«, das ist die Oberflächenenergie.

Bei einer Seifenblase ist das ähnlich, auch die hat eine Oberflächenenergie, man spricht hier auch gerne von Oberflächenspannung. Um eine Seifenblase herzustellen, müssen Sie sie aufpusten, dazu brauchen Sie Energie. Zugegebenermaßen nicht viel, aber nötig ist sie. Und dass da Energie in der Oberfläche steckt, sehen Sie, wenn eine Seifenblase zerplatzt, da können ganz schön die Tropfen durch die Gegend fliegen.

 Alle flüssigen und festen Stoffe haben also eine Oberflächenenergie, und natürlich auch die Keramiken. Im Falle der Al_2O_3-Keramik beträgt sie so ungefähr 1 Joule pro m^2, man gibt ihr häufig das Formelzeichen γ_{OF}. Ganz korrekt nennt man sie *spezifische Oberflächenenergie*, weil es sich um eine Energie bezogen auf die Fläche handelt.

Wenn nun zwei Keramikpulverkörner zusammensintern, dann bildet sich normalerweise eine Korngrenze zwischen ihnen. Und auch die Korngrenzen haben eine Energie gegenüber dem korngrenzenfreien Zustand. Die Korngrenzenenergie für Al_2O_3 beträgt ganz grob etwa 0,4 Joule pro m^2, sie bekommt das Formelzeichen γ_{KG}, und ganz korrekt heißt sie *spezifische Korngrenzenenergie*.

Weil man sich meist nicht so viel darunter vorstellen kann, ein **Rechenbeispiel**:

Wie groß ist der Energiegewinn beim Sintern von 1 »Liter« (also 1000 cm^3) Al_2O_3 aus Pulver mit einer Korngröße von 1 μm? Damit das ein bisschen leichter zu rechnen ist, nehmen Sie an, dass jedes Pulverkorn die Form eines perfekten Würfels habe und der Liter Al_2O_3 durch schön regelmäßiges Aneinandersetzen der Einzelwürfel gebildet werde, wie dies Abbildung 18.3 zeigt. Der Fehler, den man durch die Annahme der vereinfachten Form macht, ist übrigens gar nicht mal so groß.

So, und nicht schlecht wäre es, wenn Sie an dieser Stelle nicht gleich weiterlesen, sondern erst mal nachdenken, brüten, tüfteln würden. Haben Sie eine Idee?

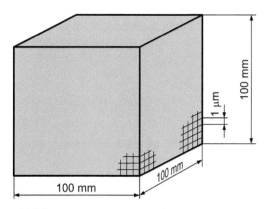

Abbildung 18.3: Ein »Liter« Al_2O_3, zusammengesetzt aus Einzelwürfeln der Kantenlänge 1 μm

1. Zuerst berechnen Sie die **Gesamtzahl der kleinen Einzelwürfel**, der vereinfachten Pulverkörner, das ist schon ganz interessant. Hierzu überlegen Sie sich, wie viele Einzelwürfel in eine Kantenlänge des großen Würfels passen. Das sind doch 100000 Stück, oder 10^5. In eine Fläche passen dann 10^5 mal 10^5, und ins ganze Volumen 10^5 mal 10^5 mal 10^5, das sind 10^{15}. Ganz schön viele.

2. Als Nächstes berechnen Sie die **gesamte Oberfläche aller Einzelwürfel**. Die ergibt sich aus der Anzahl der Würfel mal der Oberfläche eines Einzelwürfels. Ein Einzelwürfel hat sechs Würfelflächen zu je 1 $μm^2$ Oberfläche. Die gesamte Oberfläche aller Einzelwürfel beträgt demnach $10^{15} \cdot 6$ $μm^2$, und wenn Sie das in m^2 umrechnen, erhalten Sie 6000 m^2. Ganz schön groß.

3. Die **gesamte Oberflächenenergie aller Einzelwürfel** erhalten Sie aus der gesamten Oberfläche mal der spezifischen Oberflächenenergie, das wären 6000 m^2 mal 1 J/m^2, das können wir zur Not im Kopf rechnen: **6000 J**. Klingt nach ziemlich viel.

So, 6000 J Oberflächenenergie stecken also in den 10^{15} Einzelwürfeln, oder in allen Pulverkörnern für den Liter Al_2O_3-Keramik. Beim Sintern strebt die Natur den energetisch niedrigsten Zustand an und würde am liebsten die ganzen 6000 J wieder loswerden. Ganz klappt das dummerweise nicht, da sich zwischen den Würfeln ja Korngrenzen bilden, und die haben auch noch eine gewisse Energie, die bleibt am Ende des Sinterns noch übrig. Wie groß ist die denn?

1. Die **Korngrenzenenergie nach dem Sintern** ergibt sich aus der Korngrenzfläche mal der spezifischen Korngrenzenenergie. Die Korngrenzfläche ist einfach die Fläche aller Korngrenzen, die beim Sintern gebildet werden. Sie erhalten sie mit der Überlegung, dass **eine Korngrenze immer aus zwei Oberflächen entstehen muss**, deswegen ist die Korngrenzfläche halb so groß wie die Oberfläche der Würfel. Genau halb so groß? Nein, die äußere Oberfläche des großen Würfels müssten Sie noch abziehen, aber die ist sehr klein im Vergleich, die lassen wir unter den Tisch fallen. Also 3000 m^2 Korngrenzfläche, die Hälfte der 6000 m^2 Oberfläche, ziemlich genau jedenfalls. Die Korngrenzenenergie nach dem Sintern beträgt hiermit 3000 m^2 mal 0,4 J/m^2, das sind **1200 J**.

2. Jetzt sind Sie fast fertig. Den **Energiegewinn beim Sintern** erhalten Sie so: 6000 J Oberflächenenergie vorher abzüglich der 1200 J Korngrenzenenergie, die hinterher noch übrig bleibt, das ergibt **4800 J**. Klingt wieder nach viel, technisch nutzen können Sie das leider nicht, dafür ist es zu wenig. Aber: Genau dieser Energiegewinn ist die treibende Kraft für das Sintern, das lockt wie der Gewinn bei einem geschäftlichen Vorgang.

Das, was ich hier beschrieben habe, sind die ganz normalen, charakteristischen Vorgänge beim Sintern. Da und dort variiert man das Sintern:

✔ Das *drucklose Sintern* ist das Übliche, hierbei wird während des Sinterns keinerlei Druck auf die Werkstücke ausgeübt.

✔ Beim *Flüssigphasensintern* entstehen während des Sinterprozesses in kleinem Umfang auch flüssige Phasen, die unterstützen den Sinterprozess nachhaltig und helfen, die Porosität zu vermindern.

✔ Beim *Reaktionssintern* laufen während des Sinterns chemische Reaktionen ab, bei denen die gewünschte Keramik überhaupt erst entsteht.

✔ Das *Heißpressen und heißisostatische Pressen* sind Varianten, bei denen während des Sinterns Druck auf die Werkstücke ausgeübt wird. Die Qualität der Keramik ist hier besonders gut und die Kosten besonders hoch.

Wenn wir schon bei den Kosten sind: Nicht die beste, tollste und bestechendste Keramik gewinnt das Rennen, sondern diejenige, die die Anforderungen zum geringsten Preis erfüllt. Wie immer.

Der Charakter der Keramiken

Welche Eigenschaften würden Sie persönlich den Keramiken so ganz pauschal zuordnen? Einige Punkte kennen wir alle, andere sind nicht so bekannt:

✔ Niedrige Zähigkeit sicherlich, Keramiken sind nur sehr gering plastisch verformbar

✔ Hohe Härte und meist hohe Verschleißbeständigkeit

✔ Gute Korrosionseigenschaften

✔ Hohe Temperaturbeständigkeit und Warmfestigkeit

✔ Die Druckfestigkeit ist sehr viel größer als die Zugfestigkeit

✔ Die Festigkeit streut mehr als bei metallischen Werkstoffen

✔ Es kann unter bestimmten Umständen die sogenannte statische Ermüdung auftreten, da wachsen Risse unter ruhender Zugbeanspruchung

Eine besonders wichtige Geschichte, manche nennen sie den »Geburtsfehler der Keramik«, ist der **Mangel an plastischer Verformbarkeit**. »Normale« Keramiken können sich bei Raumtemperatur unter Zug praktisch gar nicht plastisch verformen, unter Druck nur ganz minimal, das liegt an der Art der Bindungen. Es gibt aber ganz spezielle Keramiken, dazu zählen einige Zirkonoxidsorten, bei denen man unter Zugbeanspruchung eine Phasenumwandlung in eine andere Kristallart hinbekommt. Diese andere Kristallart hat mehr Volumen als die ursprüngliche Kristallart und mildert die Spannungen an Rissspitzen ab. Umwandlungsverstärkte Keramiken nennt man die, weil dadurch die Festigkeit steigt.

Eine zweite ebenso wichtige Geschichte betrifft die **Festigkeit der Keramiken**. Weil sich die Keramiken kaum plastisch verformen lassen, wirken sich schon kleine Risse an der Oberfläche, kleine Poren oder Einschlüsse im Inneren und sogar große Körner festigkeitsmindernd aus.

 Ein allgemeiner Grundsatz lautet deshalb: Die besten mechanischen Eigenschaften erhält man mit sehr feinkörnigen, ganz fehlerarmen Keramiken.

Genug der Grundlagen. Welche Keramiken gibt es denn auf dem Markt?

Die konkreten Keramiken

Die keramischen Werkstoffe werden meist in drei große Gruppen gegliedert:

✔ *Silikatkeramiken* (Tonkeramiken)

✔ *Oxidkeramiken*

✔ *Nichtoxidkeramiken*

Silikatkeramiken, die traditionellen

Die Silikatkeramiken enthalten als wesentlichen Bestandteil SiO_2, das Siliziumdioxid, und zwar meist in gebundener Form mit anderen Stoffen. Man nennt sie auch tonkeramische Werkstoffe, weil oftmals Tone, das sind bestimmte verwitterte Gesteine, als Ausgangsrohstoffe dienen.

430 TEIL IV Was es außer den Eisenwerkstoffen noch Hochinteressantes gibt

Zu den Silikatkeramiken zählen Porzellan, Steingut und Steinzeug. Sie werden auch traditionelle Keramik genannt, weil man sie doch schon lange kennt. Diese Werkstoffe haben im täglichen Leben, im Bauwesen und der Technik sehr große Bedeutung erlangt, gar keine Frage. Mein Augenmerk gilt nun nicht so sehr ihnen, sondern eher den Oxid- und Nichtoxidkeramiken, die man wegen ihrer hohen Leistungsfähigkeit auch Hochleistungskeramiken nennt.

Oxidkeramiken

Die Oxidkeramiken bestehen aus Oxiden, so drückt es ja der Name aus. Bestimmte Oxide zählt man nicht dazu, beispielsweise das SiO_2, das bildet seine eigene Gruppe, die Silikatkeramik. Die zwei wichtigsten Vertreter der Oxidkeramiken sind das Aluminiumoxid Al_2O_3 und das Zirkonoxid ZrO_2, als Beimischungen noch Magnesiumoxid MgO und Yttriumoxid Y_2O_3. Auch Aluminium- und Bariumtitanat könnte man dazuzählen, manchmal aber fasst man die in eine eigene Gruppe zusammen, die Titanate.

 Die mit Abstand wichtigste, am häufigsten angewandte Oxidkeramik ist das *Aluminiumoxid*. Es ist eine chemische Verbindung zwischen Aluminium und Sauerstoff und hat Eigenschaften, die weder dem Aluminium noch dem Sauerstoff in irgendeiner Weise ähneln. Im feinkristallinen Zustand ist sie meist weiß, im grobkristallinen milchig durchscheinend und im einkristallinen glasklar, dann nennt man sie auch Korund oder Saphir. Aluminiumoxid gibt es mit verschiedenen Reinheitsgraden, Korngrößen und Porengrößen. Die besten mechanischen Eigenschaften ergeben sich mit hoher Reinheit, sehr kleiner Korngröße, die unter 1 µm betragen kann, und kleinstmöglichen Fehlern.

Um Ihnen einen Eindruck von dieser Keramik zu geben, habe ich in Tabelle 18.1 einige ausgewählte Eigenschaften von qualitativ hochwertigem Al_2O_3 im Vergleich zum Baustahl S235 aufgelistet. Bei Lichte betrachtet ist das natürlich ein unfairer Vergleich, denn da tritt eine Hochleistungskeramik gegen einen einfachen Baustahl an. Und was es da für Hochleistungsstähle gäbe! Dennoch möchte ich das so stehen lassen, diesen Baustahl kennt man doch halbwegs aus dem Alltag, er dient sozusagen als Maßstab.

Noch eine Anmerkung: Die aufgelisteten Eigenschaften gelten so ungefähr, gerundet, typisch, bitte nicht auf die Goldwaage legen, denn Sie wissen ja, sie hängen von allerhand Einflüssen ab.

Eigenschaft	Einheit	Al_2O_3	Baustahl S235
Dichte	g/cm^3	3,9	7,85
Elastizitätsmodul	N/mm^2	390000	210000
Streckgrenze	N/mm^2	–	250
Zugfestigkeit	N/mm^2	400	400
Druckfließgrenze	N/mm^2	–	250
Druckfestigkeit	N/mm^2	3000	–
Biegefestigkeit	N/mm^2	400	250 (Fließen)
Bruchdehnung A_5 im Zugversuch	%	etwa 0	30

Eigenschaft	Einheit	Al_2O_3	Baustahl S235
Kerbschlagarbeit (ISO-V-Probe)	J	etwa 0	etwa 100
Vickershärte HV 0,5	–	1 700	140
Wärmeleitfähigkeit	W/(mK)	30	60
Wärmeausdehnungskoeffizient	1/K	$8 \cdot 10^{-6}$	$12 \cdot 10^{-6}$
Maximale Einsatztemperatur an Luft	°C	1700	400
Schmelztemperatur	°C	2040	1500

Tabelle 18.1: Eigenschaften von Al_2O_3 im Vergleich zu S235

Schauen Sie sich die Tabelle ruhig etwas näher an. Was erscheint Ihnen besonders bemerkenswert an Al_2O_3?

✔ Die **Dichte** liegt mit knapp 4 g/cm^3 bei etwa der Hälfte des Stahls, das kann für den Leichtbau interessant sein, auch bei hohen mechanischen Beschleunigungen.

✔ Der **Elastizitätsmodul** ist fast doppelt so hoch wie beim Stahl, das ist schon extrem. Der Grund dafür ist die sehr feste, harte Bindung zwischen Aluminium und Sauerstoff. Aluminiumoxid ist also in elastischer Hinsicht ein starrer Werkstoff, das ist meist gut für viele Anwendungen, kann aber auch Ärger bereiten.

✔ Bei den **Festigkeitskennwerten** wird's etwas aufwendiger hinsichtlich der Interpretation, da bräuchten Sie ein wenig Festigkeitslehre dazu. Ganz grob: Zugfestigkeit selbe Liga, Druckfestigkeit überragend beim Al_2O_3. Und daraus resultiert auch ein wichtiger Grundsatz des »keramikgerechten Konstruierens«: Zugspannungen eher meiden, Druckspannungen bevorzugen. So gut es eben geht, denn das ist leichter gesagt als getan.

✔ Zu **Bruchdehnung** und **Kerbschlagarbeit** brauche ich nicht viel zu sagen, da macht die Keramik keinen Stich, das ist die Domäne der metallischen Werkstoffe. Mehr zu diesen Eigenschaften gab's ja schon in Kapitel 6 und 8.

✔ Aber bei der **Härte** trumpft die Keramik auf, gegenüber ihrer Vickershärte von etwa 1700 sieht der Baustahl mehr als schwach aus, selbst ein voll gehärteter Stahl schafft nur so um die 800, maximal 1000. Und daraus resultieren auch viele Anwendungen.

✔ Die **Wärmeleitfähigkeit** ist gar nicht so schlecht, die **Wärmeausdehnung** geringer als beim Stahl.

✔ So, und jetzt noch ein bekanntes Schmankerl, das ist die maximale **Einsatztemperatur**. Aluminiumoxid ist sozusagen ein »natürlicher« Hochtemperaturwerkstoff.

Typische Anwendungen haben eine ganz schöne Bandbreite: verschleißfeste Fadenführungselemente in Textilmaschinen, Dichtungen unterschiedlichster Art, Schneidwerkzeuge, die Elektrotechnik und »Ersatzteile« für den menschlichen Körper. Aluminiumoxid ist sehr gut körperverträglich, der menschliche Körper empfindet es als etwas Körpereigenes. Links in Abbildung 18.4 ein Beispiel für die »Ersatzteile«, Hüftgelenksimplantate, ein Segen für die betroffenen Patienten.

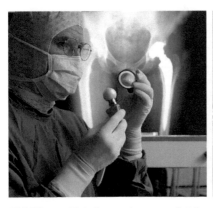

Abbildung 18.4: Anwendung von Oxidkeramiken als Implantate im menschlichen Körper (links) und von weiteren verschiedenen Keramiken als Schneidstoff; Fotos: CeramTec GmbH

Die zweitwichtigste Oxidkeramik ist das *Zirkoniumoxid* ZrO_2, kurz Zirkonoxid. In vielen Aspekten ist sie eine ganz typische Keramik: hart, verschleißfest, temperaturbeständig. In zweierlei Hinsicht aber fällt sie aus dem Rahmen: Zirkonoxid

✔ zeigt **polymorphe Umwandlungen** und

✔ hat eine besonders **niedrige Wärmeleitfähigkeit**, nur ein Zehntel des Wertes vom Aluminiumoxid.

Die Geschichte mit der geringen Wärmeleitfähigkeit hat allein schon allerhand Folgen, teils freut man sich darüber, teils ärgert man sich. Die Polymorphie aber macht sich in ebenso fataler wie faszinierender Weise bemerkbar. Die Polymorphie ist ja die Erscheinung, dass sich die Kristallstruktur in Abhängigkeit von der Temperatur (und/oder dem Druck) ändert. Bei Metallen ist das wichtigste Beispiel das Eisen, und in den Kapiteln 1, 5 und 14 sind die weitreichenden Auswirkungen beschrieben.

Fatal bei der Polymorphie des Zirkonoxids ist die damit verbundene Volumenänderung. Die führt dazu, dass reines Zirkonoxid beim Abkühlen von Sintertemperatur zerkrümelt, es kann sich nicht plastisch verformen. Das ist der Grund, weshalb es keine Teile aus reinem Zirkonoxid gibt. Erst wenn man es »legiert«, mit anderen Oxidkeramiken wie MgO oder Y_2O_3 zu einer Mischkeramik verarbeitet, kann man dieses Problem überwinden. Und nicht nur überwinden, sondern sogar zu einer besonders belastungsfähigen Keramik kommen, dem umwandlungsverstärkten Zirkonoxid, das ist das Faszinierende.

Das wiederum können Sie als kleine Partikel in Aluminiumoxid einlagern und erhalten das zirkonoxidverstärkte Aluminiumoxid mit Biegefestigkeiten von etwa 1400 N/mm^2. Wenn das nichts ist …

Nichtoxidkeramiken

Sind die Keramiken an sich schon »nicht Kunststoff, nicht Metall, nicht Glas«, so steigert es sich hier noch zum »nicht Oxid«. Alle Keramiken, die nicht aus Oxiden bestehen, werden so benannt, manchmal spricht man auch von den *nichtoxidischen Hartstoffen*. Typische Vertreter sind *Karbide* (Verbindungen mit Kohlenstoff) und *Nitride* (Verbindungen mit Stickstoff). Ob da auch noch der Diamant mit dazugehört, darüber kann man sich trefflich streiten; ich packe ihn einfach mal mit rein.

Die Herstellung der Nichtoxidkeramiken oder nichtoxidischen Hartstoffe ist sehr unterschiedlich. Als Naturstoffe kommen sie eher wenig vor, bei Weitem überwiegt die synthetische Herstellung. Die jeweiligen Herstellungsgänge zu schildern würde hier zu weit führen. Recht interessant ist es aber allemal, sich die gängigsten Werkstoffe mit ein paar wichtigen Eigenschaften anzusehen (siehe Tabelle 18.2).

Auch hier sollten Sie Ihr Augenmerk nicht so sehr auf die genauen Zahlenwerte richten. Zum einen kann man sie teilweise nur sehr schwer bestimmen, zum anderen hängen sie von allerhand Einflüssen ab. Und wieder habe ich den bekannten Baustahl S235 als »Maßstab« genommen. Was fällt Ihnen denn so auf?

Hartstoff	Chemische Formel	Dichte	Härte	Schmelz-punkt	E-Modul	Spezifischer elektrischer Widerstand
		g/cm^3	HV 1	°C	N/mm^2	$\Omega\,cm$
Diamant	C	3,5	10 000	3 700	1 000 000	10^{14}
Kubisches Bornitrid	BN	3,5	4 000	3 000[1]	600 000	10^{12}
Borkarbid	B_4C	2,5	3 500	2 500	440 000	10
Siliziumkarbid	SiC	3,2	3 000	3 000[2]	450 000	1 000
Siliziumnitrid	Si_3N_4	3,3	1 800	1 900[1]	300 000	10^{12}
Tantalkarbid	TaC	14,5	1 800	3 800	300 000	$20 \cdot 10^{-6}$
Titankarbid	TiC	4,9	3 000	3 100	450 000	$60 \cdot 10^{-6}$
Wolframkarbid	WC	15,7	2 100	2 800	700 000	$20 \cdot 10^{-6}$
Baustahl S235	–	7,8	140	1 500	210 000	$13 \cdot 10^{-6}$

[1] Sublimationstemperatur (Übergang fest nach gasförmig) [2] Zersetzungstemperatur

Tabelle 18.2: Eigenschaften einiger Nichtoxidkeramiken/Hartstoffe im Vergleich zum Baustahl S235, angelehnt an Friedrich/Berg/Broszeit/Berger

✔ Die **Dichte** ist teils recht niedrig, teils ganz schön hoch. Das hängt natürlich auch mit dem Kristallaufbau zusammen, aber in erster Linie mit der Masse der beteiligten Atome. Tantal (Ta) und Wolfram (W) sind besonders schwere Atomsorten, alle anderen viel leichter.

✔ Hohe **Härte**, hoher **Schmelzpunkt** und hoher **Elastizitätsmodul** sind ganz offensichtlich. Das kommt von der Art der Bindungen zwischen den Atomen und auch von deren Stärke. Besonders starke Bindungen gibt es hier, die bedeuten starre »Koppelung« eines Atoms an das andere. Und das wiederum heißt, dass man die Atome nicht so leicht elastisch voneinander entfernen kann, dass hohe Temperaturen nötig sind zum Aufbrechen und »über ein paar Ecken« hohe Festigkeit und Härte.

✔ Und gar nicht so uninteressant ist der **spezifische elektrische Widerstand**, das ist ja der Kehrwert der elektrischen Leitfähigkeit. Dort, wo er extrem hoch ist, handelt es sich um Isolatoren; dort, wo er niedrig ist, um typische metallische Leiter. Ja, und wenn er so zwischendrin liegt, der Stoff den Strom also »halb« leitet, dann sind es Halbleiter, so ähnlich wie das Silizium. Eine ganz schöne Bandbreite.

Die nichtoxidkeramischen Werkstoffe/Hartstoffe liegen, bedingt durch die Herstellung, meist im körnigen Zustand vor. Wenn man sie zu feinem oder grobem Pulver mahlt, kann man sie direkt zum »Abtragen mit losem Korn« verwenden, zum Beispiel zum Polieren, Läppen oder Strahlspanen.

Die nichtoxidischen Hartstoffe kann man aber auch zu festen, dichten, belastungsfähigen Bauteilen sintern, genau wie die Oxidkeramiken. Und ähnlich wie bei den Oxidkeramiken muss man wieder die geringe plastische Verformbarkeit beachten. Bauteile aus SiC, Si_3N_4 und anderen Keramiken bewähren sich als Dichtscheiben, verschleißbeständige Maschinenelemente, Lager oder als Werkzeuge bei der spanabhebenden Bearbeitung (siehe rechte Seite in Abbildung 18.4).

Des Weiteren haben die Nichtoxidkeramiken als Beschichtungen auf anderen Werkstoffen interessante Anwendungen, da punkten TiC und TaC, die führen zu grauen bis goldfarbenen Beschichtungen auf allerhand Werkzeugen.

Man kann aber auch zunächst Hartstoffkörner herstellen, und die Körner dann mit geeigneten Bindemitteln verbinden, verkleben, versintern. Als Bindemittel eignen sich Kunststoffe, Mineralien (also wiederum Keramiken) und sogar Metalle. Die typischen Schleifscheiben für die unterschiedlichsten Anwendungen sind so aufgebaut.

 Eine Besonderheit unter den metallisch gebundenen Hartstoffen sind die sogenannten *Hartmetalle*. Hartmetalle sind nicht, wie man vom Namen her vermuten könnte, harte »reinrassige« Metalle, sondern auf ganz raffinierte Weise hergestellte Verbundwerkstoffe aus Hartstoffen und einem Metall, wobei der Hartstoffanteil deutlich überwiegt. Die Idee bei den Hartmetallen ist es, die **hohe Härte eines Hartstoffes** mit der **hohen Zähigkeit eines Metalls** zu verbinden, zu kombinieren, und zwar zu einem guten Kompromiss.

Und weil das Metall die Hartstoffkörner miteinander verbindet, nennt man es häufig »Bindemetall«.

So sieht ein typischer Fertigungsgang für Hartmetalle aus:

✔ Zuerst stellt man ganz feines Pulver aus Wolframkarbid WC her, das ist der am häufigsten angewandte Hartstoff dafür, zusätzlich noch Pulver aus Kobalt, das ist das am häufigsten verwendete Bindemetall.

✔ Beide Pulver werden intensiv gemischt und dann unter sehr hohem Druck bei Raumtemperatur zu einem Grünkörper gepresst.

✔ Den Grünkörper sintert man dann drucklos in Vakuum bei etwa 1400 °C. Dabei löst sich etwas Kohlenstoff aus dem Wolframkarbid im Kobalt, es kommt zu teilweisen Aufschmelzungen des Kobalts, das Kobalt benetzt die WC-Körner und praktisch alle Poren werden geschlossen.

✔ Nach dem Abkühlen auf Raumtemperatur verwendet man das erzeugte Teil, wie es ist, oder bearbeitet es noch auf verschiedene Art, beispielsweise durch Schleifen.

Haben Sie sich gefragt, weshalb man hier so »exotische« Stoffe wie Wolframkarbid und Kobalt verwendet? Der Grund ist einfach: Mit denen klappt das Zusammensintern am besten, hier liegt die beste Benetzbarkeit vor, und auch die Eigenschaften sind prima. Als Hartstoffe setzt man aber auch TiC und TaC ein, als Bindemetalle funktionieren auch Eisen und Nickel.

»Normale« Hartmetalle enthalten so etwa 4 bis 15 % Kobalt, der Rest ist überwiegend WC mit Anteilen an TiC und TaC. Das fertige Gefüge nach dem Sintern besteht dann vereinfacht betrachtet aus Hartstoffkörnern, die von zähem Kobalt umgeben sind (siehe Abbildung 18.5). Und weil das so ähnlich aussieht, als seien da Karbidkörner in Kobalt einzementiert, nennt man die Hartmetalle in der englischen Fachsprache »cemented carbides«, zementierte Karbide.

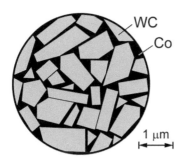

WC
Co

1 μm

Abbildung 18.5: Gefüge eines Hartmetalls, schematisch

Da der Anteil an Hartstoffen meist hoch ist, stehen die Eigenschaften der Hartmetalle dem Hartstoff natürlich näher als dem Bindemetall. Das Schöne dabei ist, dass die Eigenschaften in einem bestimmten Bereich durch den Anteil des Bindemetalls gewählt werden können: Je höher der Bindemetallanteil, desto höher die Zähigkeit und desto geringer die Härte – und umgekehrt. Hartmetalle lassen sich also auf den Anwendungszweck hin »maßschneidern«. Kein Wunder, dass man sie viel verwendet, unter anderem für Sägezähne in Kreissägeblättern, für Steinbohrereinsätze, Schneidplatten und Umformwerkzeuge.

So, genug zu den Keramiken, obwohl ich da schon ein wenig trauere, denn die haben mehr verdient. Beispielsweise bieten die sogenannten *Funktionskeramiken* eine enorme Fülle an Anwendungen: Sensoren kann man daraus herstellen, Aktoren, elektronische Bauelemente und noch vieles andere. Falls Sie noch etwas üben und rechnen wollen zu den Keramiken, werden Sie im Übungsbuch fündig.

Und was gibt es außer den Keramiken sonst noch?

Weitere anorganische nichtmetallische Werkstoffe

Ganz schön viele kennt man da heute, teilweise lassen sie sich auch gar nicht so recht in eine »Schublade« einsortieren. Die Halbleiter zählen dazu, ebenso die Kohlewerkstoffe.

Der Kohlenstoff ist eine absolut faszinierende Atomsorte mit ganz besonderen Eigenschaften. In Form von Holzkohle, Braun- oder Steinkohle sowie Ruß ist das auf den ersten Blick gar nicht so ersichtlich. Aber der Grafit kann schon ganz interessant sein, der Diamant sowieso. Und neuerdings kommen immer wieder spannende Formen hinzu, wie die *Fullerene*, das sind extrem feste kugelähnliche Kohlenstoffmoleküle, oder die *Kohlenstoff-Nanoröhrchen* aus röhrenförmigen Kohlenstoffmolekülen, ebenfalls außerordentlich fest. Die Grundlage dafür ist die Eigenschaft des Kohlenstoffs, starke Bindungen mit sich selbst in flächigen und räumlichen Strukturen einzugehen. Ich würde wetten, dass uns da noch so allerhand Überraschungen »drohen«.

Die Eigenschaft des Kohlenstoffs aber, lange, fadenförmige Kettenmoleküle zu bilden, nutzt man schon längst. Näheres dazu lesen Sie im nächsten Kapitel.

Kapitel 19
Nicht mehr wegzudenken: Die Kunststoffe

I rgendwie trifft die Kunststoffe oft das Los, weiter hinten in einem Werkstoffkundebuch aufgeführt zu werden. Nicht so wichtig, halt zur Ergänzung? Oder das Wichtigste zum Schluss? Andersartig als alle anderen? Schwieriger, komplizierter als alle anderen?

Für mich eindeutig: wichtig, andersartig, kompliziert.

Weder im täglichen Leben, noch in technischen Bereichen aller Art, auch nicht in der Kunst, und wo Sie auch hinsehen: Die Kunststoffe sind kaum noch wegzudenken. Von wegen »nur Plastik«, taugt nicht viel. Freilich kratzen so manche lieblos oder extrem kostengünstig hergestellte Kunststoffteile am Ansehen. Fair betrachtet findet man aber viele Produkte aus Kunststoffen, die sich über Jahrzehnte bewährt haben, und ohne die unser Leben ärmer wäre. Ganz zu schweigen von den hochwertigen Kunststoffen, die können ziemlich temperaturbeständig sein, oder sie sind faserverstärkt und hochfest, regelrechte »Perlen« und echte Hochleistungswerkstoffe.

Um die Kunststoffe halbwegs ihrer Bedeutung und Komplexität gemäß zu beschreiben, ist ein eigenes Buch absolut angemessen. Aber irgendwo muss auch ich mich nach der Decke strecken, und die hört so allmählich auf. Deshalb der »kleine Kompromiss«: In diesem Kapitel möchte ich Ihnen die Andersartigkeit der Kunststoffe ein wenig näherbringen. Kunststoffe sind gegenüber den Werkstoffen, die ich bislang in diesem Buch beschrieben habe, völlig anders aufgebaut, und daraus resultieren andere Eigenschaften und Anwendungen.

Um was es sich bei den Kunststoffen überhaupt handelt

Zunächst einmal der Name, da gibt es allerhand Varianten:

✔ *Kunststoffe* nennt man sie häufig, weil sie meist »künstlich« hergestellt werden, und zwar durch chemische Reaktionen.

✔ Manche nennen sie aber *Plaste* oder *Plastik*, weil einige Sorten plastisch formbar sind.

✔ *Polymere* heißen sie auch, weil sie aus vielen (daher »poly«) kleinen Einzelmolekülen, den Monomeren aufgebaut sind.

✔ Manchmal firmieren sie unter den *organischen Werkstoffen*, weil in der belebten Natur (daher »organisch«) ähnliche Moleküle vorkommen.

✔ Und manchmal heißen sie *makromolekulare Werkstoffe*, weil sie aus Makromolekülen bestehen, das sind große Moleküle.

Hier in diesem Buch nehme ich einfach den Begriff Kunststoffe, der wird viel verwendet. Und so werden sie häufig definiert:

 Kunststoffe sind **technische Werkstoffe**, die aus **Makromolekülen** mit organischen Gruppen (Bausteinen) bestehen und **durch chemische Reaktionen** gewonnen werden.

Das Charakteristische bei den Kunststoffen sind die großen, langen Moleküle, die *Makromoleküle*, aus denen sie aufgebaut sind. Und die sehen recht unterschiedlich aus:

✔ Innerhalb eines Makromoleküls können die Atome ganz verschiedener Natur und ganz unterschiedlich arrangiert sein. Typische Elemente, aus denen sich die Kunststoffe aufbauen, sind Kohlenstoff (C), Wasserstoff (H), Sauerstoff (O), Stickstoff (N), Chlor (Cl), Fluor (F), Silizium (Si), Schwefel (S) und noch einige andere.

✔ Die Größe der Makromoleküle kann unterschiedlich sein, man gibt sie häufig mit dem sogenannten *Polymerisationsgrad* an. Darunter versteht man die Anzahl der Einzelbausteine, aus denen die Makromoleküle aufgebaut sind; das kann von ungefähr 100 bis über 10000 reichen. Bei den Einzelbausteinen handelt es sich um kleine Moleküle, die man *Monomere* nennt.

✔ Manche Makromoleküle sind aus nur einer Art von Monomer aufgebaut, die heißen *Homopolymere*, solche mit verschiedenen Monomerarten *Heteropolymere* oder *Copolymere*.

✔ Die Makromoleküle können sehr verschiedene Gestalt aufweisen: wie ein langer Faden, verzweigt wie ein Ast am Baum oder zu einer räumlichen Struktur vernetzt.

✔ Und schließlich können die Makromoleküle zueinander auch noch unterschiedlich angeordnet sein, völlig wirr oder auch schön geordnet wie in einem Kristall.

So, und jetzt wundert es Sie sicher nicht, dass es nicht nur **den** Kunststoff gibt, auch nicht 20, sondern unendlich viele. Wie bekommt man solche Werkstoffe zustande?

Viele Wege zum Ziel: Die Herstellung der Kunststoffe

Nicht ganz so häufig nimmt man *makromolekulare Naturstoffe* und wandelt die gezielt so ab, dass sie für die Anwendung gut passen. Ein Beispiel dafür wäre Naturkautschuk, den man zu Gummi verarbeitet.

 Meistens werden die Kunststoffe *vollsynthetisch* hergestellt, indem man kleine Moleküle, das sind die *Monomere*, mit chemischen Reaktionen zu Makromolekülen verknüpft, das sind dann die *Polymere*. Dieser Vorgang heißt ganz allgemein *Polymerisation*.

Bei der vollsynthetischen Herstellung unterscheidet man zwei Hauptreaktionsarten, die Additions- und die Kondensationspolymerisation. Die werden dann weiter untergliedert (siehe Abbildung 19.1).

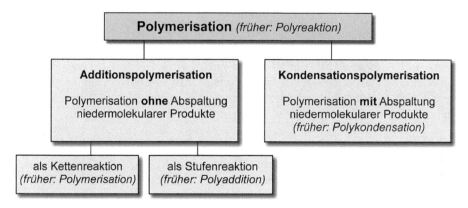

Abbildung 19.1: Polymerisationsarten

Dabei gibt es eine immer noch viel verwendete traditionelle deutsche Bezeichnungsweise, die habe ich mit »früher« gekennzeichnet. Und »früher«, schon als Student, hat die mich gehörig geärgert, denn sie erschien mir nicht sehr logisch. Als dann »später« die neue internationale Bezeichnungsweise (durch IUPAC, International Union of Pure and Applied Chemistry) aufkam, habe ich die mit Freude zur Kenntnis genommen. Zugegeben, teilweise ist sie etwas holpriger auszusprechen, aber logischer ist sie allemal. Und deshalb möchte ich sie in diesem Buch auch konsequent verwenden.

Los geht's mit der ersten Hauptpolymerisationsart, der linken Seite von Abbildung 19.1.

Die Additionspolymerisation

Bei der Additionspolymerisation reagieren viele kleine Monomermoleküle **ohne Abspaltung niedermolekularer Produkte** zu einem Polymer. So ein »niedermolekulares Produkt« kann beispielsweise ein Wassermolekül sein. Klingt kompliziert, ist aber vom Grundsatz her einfach. Bei der Reaktion der Monomermoleküle miteinander gibt es einfach keine Abspaltungsprodukte, keinen »Abfall«. Und das wiederum heißt, dass das Polymer die gleiche chemische Zusammensetzung hat wie die Monomere. Deshalb steckt auch »Addition« im Namen, da wird ein Molekül an das andere drangehängt, addiert.

Die Additionspolymerisation ist in zwei Untervarianten möglich, als *Kettenreaktion* und als *Stufenreaktion*, wie in Abbildung 19.1 dargestellt. Das Beste ist, ich erkläre Ihnen jede Variante an einem Beispiel.

Ein Beispiel für eine Additionspolymerisation als Kettenreaktion

Das einfachste Beispiel ist die **Herstellung von Polyethylen**, internationale Kurzbezeichnung PE. Dieser meist milchig trüb bis transparent aussehende Kunststoff wird viel verwendet, für Folien, für Spritzgussteile. Und wenn Sie möchten, dann stöbern Sie etwas in Ihrem Haushalt und suchen nach Kunststoffprodukten mit der Aufschrift »PE«, die oft noch durch einen vorangestellten Zusatz ergänzt wird.

Als Ausgangsstoff, als Monomer, dient das *Ethylen*, ganz korrekt auch *Ethen* genannt. Bei Raumtemperatur und normalem Umgebungsdruck (unter den sogenannten Normalbedingungen) ist es ein farbloses, süßlich riechendes, brennbares Gas. Es hat die chemische Formel C_2H_4, das ist die sogenannte Summenformel. Schaut man sich das Ethylenmolekül genauer an und stellt jede Bindung zwischen den Atomen als schwarzen Strich dar, sieht es etwa wie links in Abbildung 19.2 gezeigt aus. Die grauen Pfeile und Striche bitte vorerst ignorieren.

Abbildung 19.2: Herstellung von Polyethylen

Die Bindungen zwischen den Atomen sind ja schon etwas ausführlicher in Kapitel 1 unter die Lupe genommen worden. Sie können unterschiedlicher Natur sein und bestehen aus anziehenden sowie abstoßenden Kräften. Wir dürfen sie uns hier einfach als elastische »Ärmchen« vorstellen, an denen sich die Atome halten – und bei genügendem Zug auch wieder loslassen.

Kohlenstoffatome haben vier solcher Bindungsarme, oder in der chemischen Fachsprache ausgedrückt: Kohlenstoff ist vierwertig. Das hängt mit dem Aufbau des Kohlenstoffatoms zusammen, insbesondere mit den Elektronen der äußeren »Schalen«. Wasserstoff ist einwertig, hat also nur einen einzigen Bindungsarm.

Und wenn Sie sich dann überlegen, wie so ein C_2H_4-Molekül aussehen könnte, bleibt eigentlich nur noch die Struktur von Abbildung 19.2 übrig. Die zwei Kohlenstoffatome »halten« sich mit je zwei Bindungsarmen, das ist eine sogenannte Doppelbindung, die restlichen je zwei Bindungsarme gehen zu den Wasserstoffatomen.

Ethylen ist unter Normalbedingungen gasförmig, und das bedeutet, dass die Ethylenmoleküle wild im Raum durcheinanderfliegen und natürlich auch zusammenstoßen. Was passiert, wenn zwei solcher Moleküle zufällig aufeinandertreffen? Normalerweise nichts, sie prallen wieder voneinander ab, wie zwei Tennisbälle, die sich im Flug treffen. Und deswegen bleibt das Ethylen normalerweise auch so, wie es ist, ein Gas.

Wie bekommt man die Ethylenmoleküle, die Monomere, nun dazu, miteinander zu reagieren?

✔ Möchte man Polyethylen herstellen, muss man zunächst eine Bindung der Doppelbindung lösen, aufbrechen und seitlich nach außen »biegen«, wie dies mit den grauen Pfeilen und den grauen halben Bindungsarmen in Abbildung 19.2 gezeichnet ist. So etwas erreicht man grundsätzlich auf mehrere Arten, beispielsweise durch reaktionsfreudige Moleküle mit freien Bindungsenden, den sogenannten Radikalen, und noch durch andere Tricks. Das Ganze ist die Initiation, das heißt Start, es ist die *Startreaktion*.

✔ Sobald diese Startreaktion einmal erfolgt ist, geht eine regelrechte *Kettenreaktion* los, denn das Ethylen mit seinen zwei »halben« grauen Bindungsarmen ist extrem reaktionsfreudig. Wenn es auf ein anderes normales Ethylenmolekül trifft, wird eine Bindung aus dessen Doppelbindung sofort aufgebrochen, die zwei halben Bindungsarme verbinden sich und ein größeres Molekül entsteht, rechts in Abbildung 19.2 zu sehen. Das kann im Prinzip beliebig oft wiederholt werden, ein langes, großes Molekül entsteht, das Polyethylen.

✔ Theoretisch könnte das ewig so weitergehen, ein unendlich großes Molekül könnte entstehen, sogar Verzweigungen sind möglich. Entweder auf natürliche Weise oder ganz bewusst kommt die Kettenreaktion durch eine *Abbruchreaktion* zum Stillstand, die Makromoleküle sind dann fertig. Als Abbruchreaktion eignen sich verschiedene Arten von Reaktionen, auf die ich hier nicht eingehen möchte. Die Polyethylenmakromoleküle sind übrigens nicht flach, wie man dies aus Abbildung 19.2 vermuten könnte, sondern räumlich zickzackförmig strukturiert.

Ein Beispiel für eine Additionspolymerisation als Stufenreaktion

Die zweite Art, Moleküle zu addieren, ohne dass da irgendein kleines Molekül dabei abgespalten wird, ist die *Stufenreaktion*. Darunter versteht man das Reagieren von Monomeren oder auch schon etwas längeren Molekülen »in Stufen« miteinander, völlig unabhängig vom vorangegangenen Reaktionsschritt. Warum das die Chemiker nun »Stufenreaktion« nennen, im Gegensatz zur »Kettenreaktion«, mag Sie ein wenig verwundern. Es erschließt sich aber logisch, wenn man sich tiefer mit den genauen Reaktionsschritten und Details befasst, was hier aber zu weit führen würde. In jedem Fall benötigt man zwei oder mehr **verschiedenartige** Monomere.

Wie versprochen auch hier ein Beispiel, die **Herstellung von Polyurethan.** Polyurethane (PUR) werden in vielfältiger Form eingesetzt, beispielsweise in Form gut wärmedämmender Hartschäume. Als Ausgangsstoffe, als Monomere, benötig man ein *Diol* und ein *Diisocyanat.* Darf ich vorstellen:

✔ Ein *Diol* ist ein sogenannter zweiwertiger Alkohol, »Di« steht für »zwei« und die Endung »-ol« für Alkohol. Dabei handelt es sich um Moleküle, die ein Rumpfmolekül (oder Restmolekül) haben, an das zwei OH-Gruppen gebunden sind. Und weil »Rumpf« mit R beginnt, ebenso »Rest«, und außerdem kein chemisches Element mit dem Symbol R bezeichnet wird, eignet sich der Buchstabe R bestens für solche Rumpfmoleküle. Die können übrigens recht verschiedener Natur sein, meistens sind sie nicht allzu groß. Eine abgekürzte Schreibweise für ein Diol wäre HO−R−OH, genauer sehen Sie's links oben in Abbildung 19.3.

✔ *Diisocyanate* sind Moleküle, die zwei (daher »di«) Isocyanatgruppen an ein Rumpfmolekül gebunden haben. Eine Isocyanatgruppe ist die Gruppe −N=C=O, sie besteht aus einem Stickstoff-, einem Kohlenstoff- und einem Sauerstoffatom. Stickstoff ist dreiwertig, hat also drei Bindungsarme, Kohlenstoff ist vierwertig, das kennen Sie schon, und Sauerstoff zweiwertig, hat also zwei Bindungsarme. Ach, wissen Sie was, einfach so ein Molekül, wie rechts oben in Abbildung 19.3 in Grau dargestellt. Dass dieses Rumpfmolekül nicht R, sondern R' heißt, soll nur andeuten, dass es sich nicht notwendigerweise um dasselbe Rumpfmolekül wie R handeln muss.

Und so funktioniert's: Sie schütten ein geeignetes Diol und ein geeignetes Diisocyanat zusammen, beides sind meist Flüssigkeiten bei Raumtemperatur oder leicht darüber. Dann findet unter Mithilfe eines Katalysators eine Reaktion statt, eine Additionspolymerisation als Stufenreaktion (siehe Abbildung 19.3). Damit Sie die Atome der beteiligten Moleküle unterscheiden können, habe ich die Atome des Diols schwarz gezeichnet, die des Diisocyanats grau. Nur zur Unterscheidung, wohlgemerkt, denn ein Sauerstoffatom im Diol beispielsweise ist genau das gleiche Atom wie im Diisocyanat.

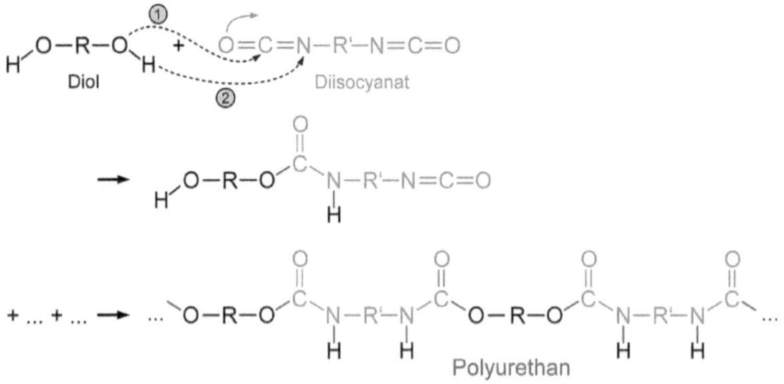

Abbildung 19.3: Herstellung eines Polyurethans

Und so geht die Reaktion:

✔ Das rechte Sauerstoffatom des Diols »bandelt« mit dem linken Kohlenstoffatom des Diisocyanats an, das sehen Sie am gestrichelten Pfeil mit der eingekreisten 1. Irgendwie mögen die sich, Chemiker können das mit elektrischen Ladungen und Bindungen genau erklären. Und weil sich dann die Bindungsverhältnisse am linken Kohlenstoffatom des Diisocyanats ändern, klappt das linke Sauerstoffatom des Diisocyanats nach oben, angedeutet mit dem grauen Pfeil.

✔ Jetzt ist aber das rechte Wasserstoffatom des Diols so nötig wie das fünfte Rad am Wagen und – schwupp – wandert freudig zum linken Stickstoffatom des Diisocyanats hin (siehe gestrichelter Pfeil mit der eingekreisten 2). Fertig ist das neue Molekül.

So, das war die erste Stufe. Stellen Sie sich nun vor, dass weitere Diol- und Diisocyanatmoleküle mit dem schon vorhandenen reagieren, dann entsteht ein langes Makromolekül, das Polyurethan, unten in Abbildung 19.3 zu sehen. Da müssen nicht unbedingt immer die kleinen Monomere miteinander reagieren, es können auch größere Molekülstränge sein. Typisch für eine Stufenreaktion.

Die Kondensationspolymerisation

Ein Blick zurück auf Abbildung 19.1 zeigt, dass die Kondensationspolymerisation grundsätzlich eine Art der Polymerisation ist, bei der ein **niedermolekulares Produkt, beispielsweise Wasser, abgespalten wird**, eine Art Abfall. Und weil dieses Wasser dann im Laufe der Reaktion anfällt, oftmals auskondensiert und dadurch »sichtbar« wird, kommt der Name.

Wieder ein Beispiel, die **Herstellung von Polyestern**. Polyester gibt es in einigen Varianten, wie PET (Polyethylenterephthalat, die Aussprache muss man üben), PC (Polycarbonat) und andere. Man verwendet sie für Folien, Flaschen, Fasern, als Harze und allerhand mehr. Ausgangsstoffe sind

✔ ein *Diol*, das kennen Sie schon, nämlich ein zweiwertiger Alkohol, und

✔ eine *Dicarbonsäure*, das ist ein Molekül mit zwei (daher »di«) sogenannten Carboxylgruppen. Dessen Molekülaufbau sehen Sie in Grau oben in Abbildung 19.4. Im Zentrum befindet sich ein Rumpfmolekül, hier mit R' bezeichnet. Links und rechts am Rumpfmolekül sitzen die Carboxylgruppen, in Kurzschreibweise –COOH genannt.

Bringt man nun ein Diol (oben links in Abbildung 19.4, schwarz) und eine geeignete Dicarbonsäure (oben rechts, grau) zusammen, passiert Folgendes: Das rechte Wasserstoffatom des Diols und die linke OH-Gruppe (hier als H–O– dargestellt) der Dicarbonsäure »liebäugeln« miteinander und bilden ein eigenes Molekül, H–O–H.

H–O–H? Nie gehört? Schreiben Sie's als H_2O, das ist Wasser, das niedermolekulare Produkt, das abgespalten wird. Und was machen die verbleibenden Moleküle? Das rechte Sauerstoffatom des Diols streckt sein Bindungsärmchen zum linken Kohlenstoffatom der Dicarbonsäure. Auch die mögen sich, binden sich aneinander, fertig ist das neue Molekül, das ist die erste Stufe.

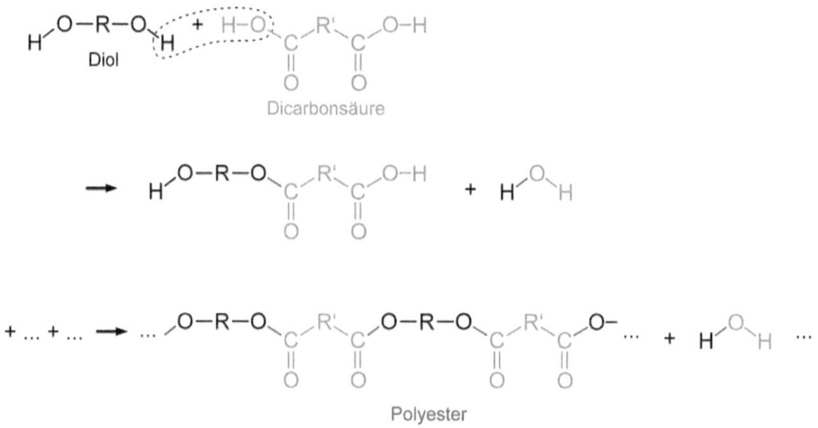

Abbildung 19.4: Herstellung von Polyestern

Analog geht es weiter: Links und rechts knüpfen weitere Dicarbonsäure- und Diolmoleküle an, ein langes Polyestermakromolekül entsteht, fertig ist der Kunststoff.

Genug zur Herstellung der Kunststoffe. Für die »Chemiker« unter Ihnen zu arg vereinfacht, das meiste weggelassen, für alle »Nichtchemiker« vermutlich schon ziemlich anstrengend. Warum das Ganze? Ich wollte Ihnen zeigen, wie solche Makromoleküle zustande kommen und wie sie so ungefähr aussehen. Die Schreib- und Darstellungsweise, die ich hier gewählt habe, ist übrigens ein Kompromiss zwischen der ganz einfachen, linearen Schreibweise und der genauen räumlichen Darstellung. In Wirklichkeit ist so ein Molekül nicht gerade, wie mit dem Lineal gezeichnet, sondern oftmals »zackig«, räumlich strukturiert. Beispielsweise sehen die Makromoleküle des Polypropylens etwa so wie in Abbildung 19.5 gezeigt aus. Und auch nur »etwa so«, auch das ist vereinfacht.

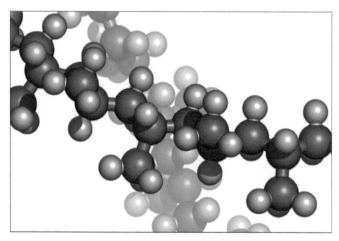

Abbildung 19.5: Polypropylen-Makromolekül, die großen Kugeln sind Kohlenstoffatome, die kleinen Kugeln Wasserstoffatome (aus Wikimedia Commons)

Und wenn Sie sich jetzt noch vorstellen, dass es innerhalb der Makromoleküle elastische »Gelenke« gibt, an denen die Moleküle in bestimmtem Maße gebogen und verdrillt werden können, und dass es manchmal auch noch Verzweigungen wie beim Ast am Baum gibt, dann ist das schon eine erste Grundlage zum Verständnis der Eigenschaften der Polymere.

Die Eigenschaften der Kunststoffe ganz pauschal

Welche typischen Eigenschaften würden Sie so ganz pauschal den Kunststoffen zuordnen? Wenn Sie möchten, denken Sie erst etwas nach, bevor Sie weiterlesen.

✔ Die **geringe Dichte** ist ganz auffällig, sie liegt meist so etwa zwischen 0,9 und 1,4 g/cm^3. Das liegt zum einen an den leichten Elementen an sich, aus denen sich die Kunststoffe aufbauen, aber auch am »lockeren«, nicht so dicht gepackten Aufbau. Manche Kunststoffe sind also sogar leichter als Wasser, gehen nicht unter. Natürlich meine ich hier die Dichte im massiven Zustand. Keine Frage, dass die geschäumten Kunststoffe noch viel, viel leichter sind.

✔ Das **mechanische Verhalten** ist sehr vielfältig. Meist haben die Kunststoffe im unverstärkten Zustand keine so hohe Festigkeit und auch keinen hohen Elastizitätsmodul. Das liegt in erster Linie an ihrem Aufbau mit den langen Molekülketten. Verstreckt oder faserverstärkt aber können sie hervorragend sein, insbesondere ist dann das Verhältnis von Festigkeit zu Dichte super, das sind echte Leichtbauwerkstoffe. Und was auch noch unter »Mechanik« läuft: Das Vermögen, mechanische Schwingungen zu dämpfen, ist teils hervorragend.

✔ Die **Temperaturbeständigkeit** ist im Vergleich zu vielen anderen Werkstoffen eher gering. Manche Kunststoffe machen mechanisch schon bei 80 °C schlapp und werden weich, andere schaffen immerhin Dauergebrauchstemperaturen von über 200 °C und haben da noch halbwegs brauchbare Eigenschaften. Alle Kunststoffe zersetzen sich aber bei bestimmten Temperaturen, die Makromoleküle ändern sich, zerlegen sich in kleinere Stränge, werden unbrauchbar. Auch das liegt an den Makromolekülen und deren Bindungen.

✔ Kunststoffe sind weit überwiegend **elektrische Isolatoren**, und »schuld daran« sind wieder einmal die Makromoleküle. Natürlich kann man Kunststoffe mit metallischem Pulver oder Ruß füllen, dann werden sie elektrisch leitfähig. Es gibt aber einige wenige Kunststoffe, die den Strom »echt« leiten. Die Schwierigkeit dabei: Zum einen muss der Strom entlang der Molekülketten fließen können, und zum anderen muss er von einem Makromolekül zum anderen gelangen. Polyacetylen, Polypyrrol und noch ein paar andere schaffen das, es sind Beispiele für elektrisch selbstleitende Kunststoffe.

✔ Auch die **Wärmeleitfähigkeit** ist gering und viel niedriger als bei den reinen Metallen. Und den Schuldigen haben wir natürlich auch gleich, wieder die Molekülstruktur und -anordnung. Die Schwingungen der Atome durch die Wärmebewegung werden eben entlang der Molekülketten und vor allem von einer Molekülkette zur nächsten nur träge weitergeleitet. Gute Wärmedämmung, insbesondere in geschäumtem Zustand ist die Folge.

✔ Die **Beständigkeit gegenüber einigen Medien** wie Wasser oder manchen Chemikalien ist recht ordentlich. Entsprechend gut ist die allgemeine Korrosionsbeständigkeit, wobei aber bestimmte Chemikalien oder auch Umwelteinflüsse, wie Ultraviolettstrahlung aus dem Sonnenlicht, erhebliche Probleme bereiten können.

✔ Charakteristisch für viele Kunststoffe ist auch die **Quellbarkeit**. Darunter versteht man die Erscheinung, dass kleine Fremdmoleküle, wie Lösemittel, aber auch Wasser in den Kunststoff eindringen können, indem sie sich zwischen die Makromoleküle »quetschen« und dadurch die Bindungskräfte zwischen den Molekülen herabsetzen. Wesentlich weicher werden dadurch die Kunststoffe, was oftmals unerwünscht ist. Auch unserer menschlichen Haut passiert das, wenn sie zu lange dem Wasser ausgesetzt wurde, sie quillt auf, wird weich, sogar milchig trüb. Bei den Kunststoffen kann man das aber auch gezielt nutzen, indem man die kleinen Fremdmoleküle bewusst zugibt, das sind die berühmt-berüchtigten **Weichmacher** in manchen Kunststoffen.

✔ Natürlich gibt es noch viele weitere Eigenschaften, die typisch für die Kunststoffe sind, wie die meist geringe **Haftneigung** gegenüber anderen Substanzen, die oft geringe **Reibung** bei Gleitbeanspruchung oder die überwiegend leichte **Verarbeitung**.

Und womit hängt das alles zusammen? Klar, mit dem Aufbau der Kunststoffe, also mit der Art der Makromoleküle und deren Anordnung. Oder ganz einfach: damit, wie es innen aussieht.

Wie es innen aussieht:
Der Aufbau der Kunststoffe

Je nachdem, wie sich die Makromoleküle anordnen und ob sie miteinander vernetzt sind, haben die Kunststoffe grundsätzlich verschiedene Eigenschaften. Bezüglich Aufbau und Eigenschaften lassen sich die Kunststoffe in drei große Gruppen gliedern, in die *Thermoplaste*, die *Elastomere* und die *Duroplaste* (siehe Abbildung 19.6).

✔ Die *Thermoplaste* heißen so, weil sie bei erhöhten Temperaturen (daher »thermo«) plastisch formbar sind (daher »plaste«). Dies ist möglich, weil die Makromoleküle untereinander nicht »fest« verbunden sind. Die Makromoleküle sind nur wenig oder gar nicht verzweigt, stellen also überwiegend fadenartige Gebilde dar, das sind die schwarzen Linien in Abbildung 19.6. Sie können sich völlig wirr anordnen, wie bei einem Topf voller frisch gekochter Spaghetti, dann spricht man vom *amorphen Thermoplast*, weil keine geordnete Struktur vorliegt. Polystyrol ist ein Beispiel. Oder sie ordnen sich überwiegend regelmäßig an, wie in einem Kristall, dann heißen sie *teilkristallin*. Teilkristallin deshalb, weil zwischen den Kristallen immer eine gewisse Menge an regellos angeordneten Molekülen übrig bleibt. Polyethylen ist ein Vertreter dieses Typs.

✔ Die *Elastomere* bestehen aus weitmaschig vernetzten Kettenmolekülen. Weitmaschig vernetzt besagt, dass in größeren Abständen ab und zu ein Vernetzungspunkt existiert. Die Vernetzungspunkte sind in Abbildung 19.6 als übertrieben große schwarze Kreise eingezeichnet, um sie hervorzuheben. An den Vernetzungspunkten liegen »ordentliche, feste« Bindungen vor, ganz ähnlich wie im Kettenmolekül selbst. Und der Name ist gut gewählt, es handelt sich um sehr elastische (daher »Elasto«) Polymere. Die klassischen Gummisorten zählen dazu.

✔ Die *Duroplaste*, auch Duromere genannt, sind engmaschig vernetzt, es liegen viele Vernetzungspunkte dicht beieinander vor. Dadurch entsteht ein dichtes, engmaschiges Netzwerk von Makromolekülen. »Dur« steht für hart, es sind daher die harten Kunststoffe. Kunstharze zählen dazu.

Amorphe Thermoplaste

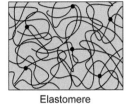
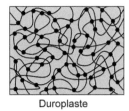
Elastomere   Duroplaste

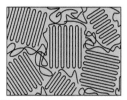
Teilkristalline Thermoplaste

Abbildung 19.6: Molekülanordnung und -vernetzung bei den drei Kunststoffgruppen

Die Namen sagen also schon allerhand aus, es gibt offensichtlich die »Thermo-«, »Elasto-« und »Duro-Kunststoffe«, die plastisch formbaren, die elastischen und die harten. Mit einer großen Bandbreite an mechanischen Eigenschaften also. Und genau darauf möchte ich jetzt näher eingehen.

Die mechanischen Eigenschaften der Kunststoffe

Wovon hängen eigentlich die mechanischen Eigenschaften der Kunststoffe ab? Wenn Sie sich noch einmal den grundsätzlichen Aufbau der Kunststoffe mit den Makromolekülen vor Augen halten, dann muss das doch so sein, dass sowohl die **Bindungen innerhalb eines Moleküls** eine Rolle spielen müssen als auch die **Bindungen von einem Molekül zum benachbarten**.

Die Bindungen innerhalb eines Moleküls sind ganz offensichtlich, die sind entweder schon im Monomer vorhanden gewesen oder im Zuge der Polymerisation entstanden. Das sind »richtige«, »ordentliche«, starke chemische Bindungen. Die Fachleute nennen sie *Hauptvalenzbindungen*, abgekürzt HVB.

Wenn es nun **nur** die HVB in einem Kunststoff gäbe, dann müsste ja ein Thermoplast, bei dem die Kettenmoleküle nicht über HVB miteinander verbunden sind, von allein wieder auseinanderfallen. Das tun die Thermoplaste aber nicht, jedenfalls nicht bei niedrigen Temperaturen, und zwar deswegen, weil es auch zwischen den Kettenmolekülen Bindungen gibt.

 Zwischen den Kettenmolekülen wirken die *Nebenvalenzbindungen*, abgekürzt NVB, auch intermolekulare Bindungen genannt. Die können verschiedener Natur sein, vielleicht haben Sie schon von Wasserstoffbrückenbindungen, Dipolkräften oder Van-der-Waals-Bindungen gehört. Damit lasse ich's aber gut sein, wichtig ist hier: Die NVB sind viel schwächer als die HVB.

Innerhalb eines Moleküls wirken also die Hauptvalenzbindungen, die sind **stark** und werden durch Wärmeschwingungen **nur schwer** überwunden. Von einem Molekül zum nächsten wirken die Nebenvalenzbindungen, die sind **schwach** und werden durch die Wärmeschwingungen der Moleküle **leicht** überwunden. Und gerade diese schwachen NVB machen sich ganz entscheidend bemerkbar, wenn es um das mechanische Verhalten der Kunststoffe geht.

Angenommen, an dieser Stelle packt Sie wieder einmal die wissenschaftliche Neugier und Sie beschließen, dem mechanischen Verhalten der Kunststoffe auf den Grund zu gehen. Was würden Sie da als ersten Schritt in Erwägung ziehen? Sicherlich sinnvoll wäre es, Zugversuche durchzuführen. Und weil die Eigenschaften der Kunststoffe teils ziemlich temperaturabhängig sind, fassen Sie verschiedene Zugversuche bei unterschiedlichen Temperaturen ins Auge. Als Proben nehmen Sie Flachproben, so wie ich sie Ihnen schon im Zugversuch in Kapitel 6 vorgestellt habe, die sind bei den Kunststoffen die Favoriten.

Und das wäre das Ergebnis.

Wie sich die Thermoplaste verhalten

Die Thermoplaste bestehen ja aus einzelnen Kettenmolekülen, wie in Abbildung 19.6 dargestellt. Und je nach Anordnung der Moleküle unterscheidet man die amorphen und die teilkristallinen Thermoplaste.

Die amorphen Thermoplaste

Wenn Sie nun einen typischen amorphen Thermoplast im Zugversuch untersuchen und die Zugfestigkeit sowie die Bruchdehnung in Abhängigkeit von der Temperatur auftragen, dann erhalten Sie ein Diagramm wie in Abbildung 19.7.

Konkrete Zahlenwerte und Einheiten habe ich nicht eingetragen, weil das je nach Kunststoff ganz unterschiedlich sein kann. Nach oben hin ist das Diagramm noch durch eine Tabelle ergänzt, die Zustand, mechanische Eigenschaften und Anwendung in Abhängigkeit von der Temperatur enthält. Die Bruchdehnung ist übrigens im Unterschied zum Zugversuch an Metallen nicht die bleibende Dehnung, sondern die **Gesamtdehnung bei Bruch**, die auch den elastischen Anteil enthält.

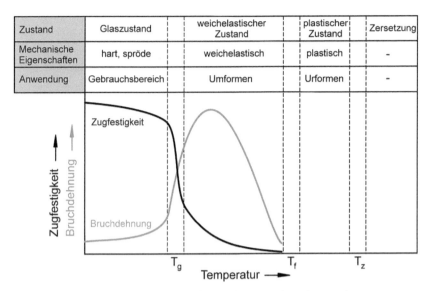

Zustand	Glaszustand	weichelastischer Zustand	plastischer Zustand	Zersetzung
Mechanische Eigenschaften	hart, spröde	weichelastisch	plastisch	-
Anwendung	Gebrauchsbereich	Umformen	Urformen	-

Abbildung 19.7: Das mechanische Verhalten der amorphen Thermoplaste

Und das ist charakteristisch für die amorphen Thermoplaste:

✔ Bei (relativ gesehen) tiefen Temperaturen, nämlich unterhalb der Glastemperatur T_g, herrscht der *Glaszustand*. Die Wärmebewegung der Moleküle ist hier so gering, dass sie die NVB nicht überwinden kann. Die NVB sind daher voll wirksam, die Kettenmoleküle sind dort, wo sie sich »berühren«, über die NVB miteinander verbunden, verklebt sozusagen. Sie dürfen sich das so wie Spaghetti vorstellen, die nach dem Kochen übrig geblieben und erkaltet sind. Dort, wo sie sich berühren, sind sie etwas verklebt, haften aneinander und bilden ein ziemlich starres Netzwerk. Der Kunststoff ist hier vergleichsweise fest und hart, aber auch überwiegend spröde.

Die *Glastemperatur* T_g grenzt den Glaszustand vom weichelastischen Zustand ab. Sie liegt bei etwa 80 bis 150 °C, je nach Kunststoffsorte. Die Glastemperatur ist keine ganz scharf definierte Temperatur, sondern eher ein weicher Übergang, ein kleiner Temperaturbereich, angedeutet durch die gestrichelten Linien.

✔ Bei mittleren Temperaturen, oberhalb der Glastemperatur T_g, aber noch unterhalb der Fließtemperatur T_f, kann die Wärmeenergie die NVB teilweise überwinden. Es werden NVB da und dort gelöst, wieder geknüpft, wieder gelöst. Diesen Zustand nennt man *weichelastisch*, die Zugfestigkeit ist gering, die Bruchdehnung hoch, wie bei einem gut gekauten Kaugummi.

Die *Fließtemperatur* T_f grenzt den weichelastischen Zustand vom plastischen Zustand ab. Sie liegt bei etwa 160 bis 250 °C, je nach Kunststoffsorte. Auch hier handelt es sich um einen weichen Übergang.

✔ Bei hohen Temperaturen, genauer oberhalb der Fließtemperatur, kann die Wärmeenergie die NVB ganz überwinden, die Kettenmoleküle können sich weitgehend frei bewegen, aneinander abgleiten, es herrscht der *plastische Zustand*. Die amorphen Thermoplaste sind hier plastisch, sehr weich, honigartig, und fließen leicht. Die Moleküle verhalten sich wie heiße, frisch gekochte und bebutterte Spaghetti. Einen Zugversuch kann man hier nicht mehr sinnvoll durchführen, deswegen hören die Kurven schon vorher auf.

✔ Bei sehr hohen Temperaturen, ganz konkret oberhalb der *Zersetzungstemperatur* T_z, kann die Wärmeenergie auch die HVB überwinden, die Molekülketten werden zerlegt, der Kunststoff zersetzt sich.

Richtig gebrauchen kann man die amorphen Thermoplaste nur im Glaszustand, denn nur hier haben sie eine akzeptable Festigkeit. Im weichelastischen Zustand kann man sie dafür prima umformen, beispielsweise Becher aus dicken Folien herstellen. Und im plastischen Zustand prima urformen (erstmals in Form bringen), wie spritzgießen oder extrudieren. Kurz: klasse verarbeiten, ein Traum.

Natürlich sind die amorphen Thermoplaste im Glaszustand recht spröde. Weichmacher (das sind die schon erwähnten kleinen Fremdmoleküle) können solche Kunststoffe aber gezielt weicher sowie zäher machen.

Die teilkristallinen Thermoplaste

Bei den teilkristallinen Thermoplasten sind die Moleküle in Teilbereichen kristallin, also schön regelmäßig angeordnet mit amorphen Bereichen dazwischen. Wie kann man sich nun solche kristallinen Bereiche vorstellen? Wie Abbildung 19.6 zeigt, legen sich dort die Molekülketten mäanderförmig aneinander. Vielleicht haben Sie schon einmal eine neue, fabrikverpackte Fahrradkette gekauft. Wenn Sie die Packung öffnen, sehen Sie, dass der Hersteller die Kette schön mäanderförmig in der kleinen Pappschachtel untergebracht hat. Jedes Stückchen Kettenstrang sitzt »satt« in den Vertiefungen des Nachbarstrangs. Auf diese Art können Sie auch eine lange Perlenkette anordnen, und ganz ähnlich sieht es bei den Makromolekülen im kristallinen Bereich aus, und zwar dreidimensional, räumlich.

Bei den Makromolekülen der Kunststoffe wird das umso besser klappen, je regelmäßiger und »ineinander passender« die Kettenmoleküle sind. Es wird also Kunststoffe geben, die das besonders gut hinbekommen, und solche, die eher Schwierigkeiten damit haben. Und dann müssen Sie der Natur auch noch etwas Zeit zum Bau der Kristalle lassen, die kann auch nicht hexen.

Jetzt aber zu den mechanischen Eigenschaften, zu sehen in Abbildung 19.8.

✔ Bei (relativ gesehen) tiefen Temperaturen, das heißt unterhalb der Glastemperatur T_g, herrscht auch hier der *Glaszustand*. Die Wärmeenergie ist zu gering, um die NVB zu überwinden. Die NVB sind daher voll wirksam, und zwar sowohl in den kristallinen Bereichen als auch in den amorphen. Teilkristalline Thermoplaste sind hier vergleichsweise fest, hart und spröde, ähnlich wie die amorphen Thermoplaste.

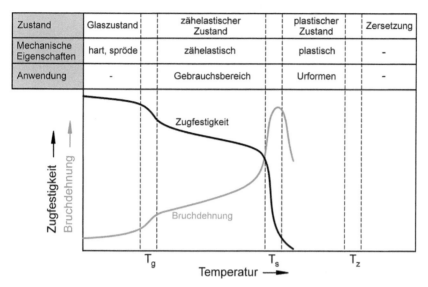

Zustand	Glaszustand		zähelastischer Zustand		plastischer Zustand	Zersetzung
Mechanische Eigenschaften	hart, spröde		zähelastisch		plastisch	-
Anwendung	-		Gebrauchsbereich		Urformen	-

Abbildung 19.8: Das mechanische Verhalten der teilkristallinen Thermoplaste

Die *Glastemperatur* T_g grenzt den Glaszustand vom zähelastischen Zustand ab. Sie liegt bei etwa −100 bis +100 °C, je nach Kunststoffsorte.

✔ Bei mittleren Temperaturen, genauer oberhalb der Glastemperatur T_g und unterhalb der Schmelztemperatur T_s der Kristalle, kann die Wärmeenergie die NVB in den amorphen Bereichen teilweise überwinden, in den kristallinen aber noch nicht. Die amorphen Bereiche werden weich, die (festeren) Kristalle bleiben aber erhalten. Im Werkstoff liegt demzufolge ein Verbund aus weichen und festen Bereichen vor. Die Zugfestigkeit ist hier zwar etwas niedriger als im Glaszustand, aber die Bruchdehnung ist wesentlich verbessert, ein Verhalten, das man *zähelastisch* nennt.

Bei der *Schmelztemperatur* T_s schmelzen die kristallinen Bereiche auf, ähnlich wie bei den Metallen. Sie grenzt den zähelastischen Zustand vom plastischen Zustand ab und liegt bei etwa 150 bis 350 °C, je nach Kunststoffsorte.

✔ Bei hohen Temperaturen, nämlich oberhalb der Schmelztemperatur T_s der Kristallite, kann die Wärmeenergie die NVB ganz überwinden. Die Kristallite sind aufgeschmolzen, die teilkristallinen Thermoplaste sind hier im *plastischen Zustand*, sehr weich, honigartig, und fließen leicht. Der Zugversuch hat hier keinen Sinn mehr.

✔ Bei sehr hohen Temperaturen, oberhalb der *Zersetzungstemperatur* T_z, kann die Wärmeenergie auch die HVB überwinden, die Molekülketten werden zerlegt, der Kunststoff zersetzt sich.

Im Glaszustand werden die teilkristallinen Thermoplaste wegen der Sprödigkeit eher wenig verwendet. Gute Eigenschaftskombinationen bietet der zähelastische Zustand, und üblicherweise »konstruiert« man die Kunststoffe so, dass dieser Zustand bei Anwendungstemperatur vorliegt. Die Verarbeitung durch Urformen geht prima im plastischen Zustand.

Wie sich die Elastomere verhalten

Bei den Elastomeren liegen viele lange, wirr angeordnete Molekülketten vor. Im Gegensatz zu den amorphen Thermoplasten gibt es aber ab und zu sogenannte Vernetzungspunkte zwischen den Molekülketten. An den Vernetzungspunkten sind ganz »normale« Bindungen, also HVB vorhanden. Im Grunde genommen besteht ein Stück Elastomer, meinetwegen ein Autoreifen, aus einem einzigen riesengroßen Molekül.

Da die Vernetzung weitmaschig ist, berühren sich die Molekülketten auch zwischen den Vernetzungspunkten und bilden dort NVB aus. Und das bedeutet, dass ein Elastomer sowohl durch HVB als auch durch NVB beeinflusst wird. Die mechanischen Eigenschaften zeigt Abbildung 19.9.

✔ Bei (relativ gesehen) tiefen Temperaturen, das heißt unterhalb der Glastemperatur, herrscht auch bei den Elastomeren der *Glaszustand*. Die Wärmeenergie ist hier zu gering, um die NVB zu überwinden. Die NVB sind daher voll wirksam, die Kettenmoleküle sind an vielen Punkten miteinander verbunden. Das Elastomer ist hier zwar vergleichsweise hart und fest, aber auch spröde. In diesem Zustand wird es kaum verwendet.

Zustand	Glaszustand	weichelastischer Zustand	Zersetzung
Mechanische Eigenschaften	hart, spröde	weichelastisch	-
Anwendung	-	Gebrauchsbereich	-

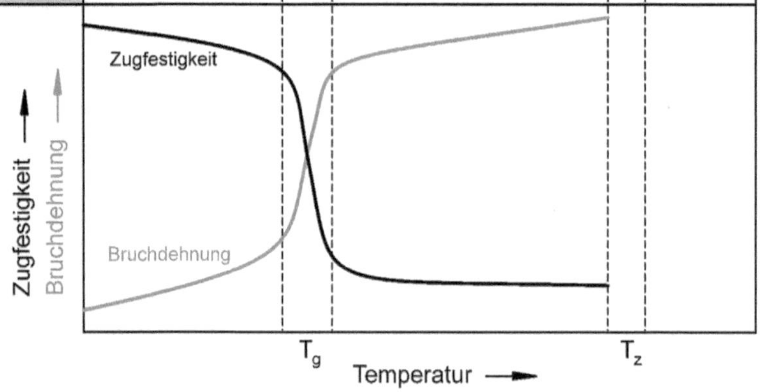

Abbildung 19.9: Das mechanische Verhalten der Elastomere

Die *Glastemperatur* T_g grenzt den Glaszustand vom weichelastischen Zustand ab. Sie liegt bei etwa −110 bis −30 °C, je nach Elastomersorte.

✔ Bei mittleren Temperaturen, genauer oberhalb der Glastemperatur, kann die Wärmeenergie die NVB teilweise oder ganz überwinden, die HVB bleiben bestehen. Elastomere sind hier im *weichelastischen Zustand*, der auch gummielastisch genannt wird. Die hohe Bruchdehnung ist praktisch nur durch die sehr große Elastizität bedingt.

✔ Bei hohen Temperaturen, oberhalb der *Zersetzungstemperatur* T_z, kann die Wärmeenergie auch die HVB überwinden, die Molekülketten werden zerlegt, das Elastomer zersetzt sich.

Im Glaszustand setzt man Elastomere wegen der geringen Bruchdehnung praktisch nicht ein. Ihr richtiger Charakter, nämlich die hohe elastische Verformbarkeit, die mehrere Hundert Prozent erreichen kann, kommt erst oberhalb der Glastemperatur im weichelastischen Zustand zum Tragen. Elastomere werden deswegen gezielt so hergestellt, dass die Glastemperatur weit unter Raumtemperatur liegt. Die meisten typischen Gummisorten des Alltags, beispielsweise Auto- und Fahrradreifen, sind Elastomere.

Wie sich die Duroplaste verhalten

Bei den Duroplasten sind die Molekülketten engmaschig vernetzt, und deshalb besteht ein duroplastisches Teil aus einem einzigen Molekül. Wenn Sie also die weiße Abdeckung eines Lichtschalters (sehr wahrscheinlich aus einem Duroplast gefertigt) in Ihrem Zimmer anfassen, dann berühren Sie hier ein einziges Molekül.

Weil nun die Vernetzungspunkte so dicht liegen, haben die Molekülketten zwischen den Vernetzungspunkten nur wenig Gelegenheit, NVB auszubilden. Die Eigenschaften der Duroplaste werden demnach fast nur durch die HVB bestimmt. Und dementsprechend sind die Eigenschaften (siehe Abbildung 19.10).

Ich kann mich kurzfassen: Praktisch im gesamten irgendwie nutzbaren Temperaturbereich bis hin zur Zersetzungstemperatur liegt der *Glaszustand* mit relativ hoher Zugfestigkeit und geringer Bruchdehnung vor. Duroplaste sind fest, hart und spröde, daher haben sie auch ihren Namen. Schuld daran ist die engmaschige Vernetzung, da liegt ein starres Netzwerk von Molekülen vor.

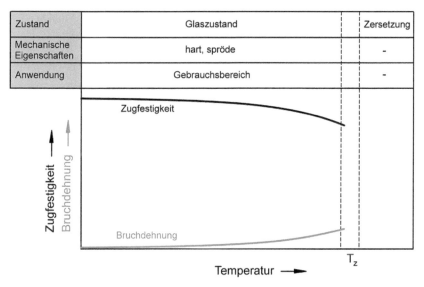

Abbildung 19.10: Das mechanische Verhalten der Duroplaste

Frage und Antwort

Welche Kunststoffe sind schmelzbar?

»Echt« schmelzbar sind eigentlich nur die teilkristallinen Thermoplaste, bei denen die Kristalle aufschmelzen können. Wenn Sie aber den plastischen Zustand bei höherer Temperatur auch noch als Schmelze sehen, und das ist nicht ganz falsch, dann zählen auch noch die amorphen Thermoplaste dazu. Bei den Elastomeren und Duroplasten sieht's schlecht aus, denn die bestehen ja aus einem einzigen Molekül und das kann sich nur zersetzen, aber nicht aufschmelzen, sonst wäre es ja zerstört.

Welche Kunststoffe sind plastisch formbar?

Plastisch formbar sind nur die Thermoplaste, und zwar ganz einfach in ihrem plastischen Zustand.

Welche Kunststoffe sind umformbar?

Umformbar, das heißt von einer Form in die andere bringbar, also bleibend verformbar, sind nur die amorphen Thermoplaste im weichelastischen Zustand. Alle anderen Kunststoffarten eignen sich nicht dazu.

Welche Kunststoffe sind schweißgeeignet?

Zum Schweißen der Kunststoffe muss man sie bis in den plastischen Zustand bringen können. Dann gelingt es den Kettenmolekülen, sich miteinander zu verfilzen, NVB auszubilden und später eine belastbare Verbindung einzugehen. Schweißgeeignet sind deswegen nur diejenigen Kunststoffe, die in den plastischen Zustand gebracht werden können, und das sind die Thermoplaste.

Welche Kunststoffe sind quellbar?

Quellen bedeutet, dass sich kleine Fremdmoleküle zwischen die großen Makromoleküle quetschen, einen Teil der dort vorhandenen NVB lösen und den Kunststoff dadurch weicher machen. Das klappt bei den Thermoplasten und Elastomeren relativ leicht, bei den Duroplasten aber kaum, die sind, wenn überhaupt, nur schwach quellbar.

Welche Kunststoffe sind löslich?

Das Lösen eines Kunststoffs heißt, ihn in einer Flüssigkeit aufzulösen wie Zucker im Kaffee. Bei Kunststoffteilen, die aus einem einzigen Molekül bestehen, wie den Elastomeren und Duroplasten, gelingt das grundsätzlich nicht. Aber die Thermoplaste bestehen ja aus einzelnen Molekülsträngen, geeignete Lösemittel können zwischen die Molekülstränge diffundieren, dadurch die NVB »aufhebeln« und die einzelnen Kettenmoleküle aus dem Verband herauslösen, bis sie frei im Lösemittel schwimmen. Nur die Thermoplaste sind also grundsätzlich löslich.

In Form gebracht: Die Verarbeitung

Die Verarbeitung der Kunststoffe muss sich nach deren Eigenschaften und Verhalten richten, nach ihrem Charakter also.

Die **Thermoplaste** bieten die meisten Varianten:

✔ Urformen, erstmaliges Formgeben aus dem plastischen Zustand ist die meistgebrauchte Methode. Da sind die Thermoplaste sehr weich, sie fließen honigartig, weil die Molekülketten aneinander abgleiten. Extrudieren (Strangpressen) und Spritzgießen sind wichtige Verfahren.

✔ Umformen im weichelastischen Zustand geht recht gut.

✔ Spanabhebende Bearbeitung ist zwar möglich, wird aber wegen der leichten Verarbeitung aus dem plastischen Zustand eher wenig angewandt.

✔ Schweißen funktioniert über eine ganze Reihe von Tricks, Ultraschallschweißen ist einer davon. Gezielt eingebrachter Ultraschall erwärmt den Werkstoff, bringt ihn in den plastischen Zustand und verfilzt die Makromoleküle ineinander.

Die **Elastomere** sind da schon ein wenig eigen:

✔ Urformen funktioniert gut, muss aber im noch unfertigen Zustand erfolgen, wenn noch keine Vernetzungspunkte da sind, die Molekülketten noch »lose« sind. Noch im Werkzeug erfolgt die weitmaschige Vernetzung, auch Vulkanisation genannt, meist unter Druck und erhöhter Temperatur.

✔ Im Fertigzustand ist nur noch Schneiden oder Kleben möglich.

Die **Duroplaste** sind da nicht allzu weit weg:

✔ Auch bei den Duroplasten geht Urformen prima, muss aber wie bei den Elastomeren im noch unfertigen Zustand stattfinden, wenn die Kettenmoleküle noch nicht vernetzt sind. Wiederum im Werkzeug lässt man die Vernetzungsreaktion stattfinden, oft unter Druck und bei erhöhter Temperatur.

✔ Im Fertigzustand ist nur noch spanabhebende Bearbeitung oder Kleben möglich.

Und jetzt kämen natürlich die konkreten, viel gebrauchten Kunststoffsorten. Natürlich. Aber Sie wissen ja, es ist der kleine Kompromiss bei den Kunststoffen. Und deswegen schließe ich hier dieses Kapitel und beschließe dieses Buch. Fachspezifisch jedenfalls.

Wenn Sie aber noch ein paar Tipps wollen, dann blättern Sie weiter.

Teil V
Der Top-Ten-Teil

Besuchen Sie uns auf www.facebook.de/fuerdummies!

Wenn Sie bis hierher durchgehalten haben, gilt Ihnen mein Respekt. Sie haben es geschafft, jedenfalls was den fachlichen Teil anlangt.

Zum Schluss kommt eine schöne Tradition in der ... *für-Dummies*-Reihe, der Top-Ten-Teil. Da dieses Buch doch überwiegend für Studierende gedacht ist, habe ich mir überlegt, Ihnen zehn ehrliche Ratschläge fürs Studium ans Herz zu legen. Ob Sie die befolgen, überlasse ich Ihnen. Eines aber ist sicher: Da sind nicht irgendwelche Weisheiten schnell zusammengestellt, sondern das ist die eigene (teils harte) Erfahrung über Jahrzehnte.

Und falls Sie kein Studierender sind, vielleicht auch schon ein paar graue Haare haben wie ich, dann fühlen Sie sich einfach in Ihre Jugend zurückversetzt.

Kapitel 20
Zehn Tipps für ein erfolgreiches Studium

Kennen Sie den »inneren Schweinehund«? Hat der Ihnen auch schon mal etwas zugeflüstert? Wie angenehm es doch morgens im Bett sei? Dass man die Arbeit vielleicht auch am nächsten Tag erledigen könne? Oder drei Tage vor der Klausur?

Rechnen Sie mit diesem verführerischen Biest. Und das können Sie tun:

Das Studium ernst nehmen

Eines Morgens, im ersten Semester meines Studiums, treffe ich zwei ehemalige Schulkameraden und ihre Freunde ganz unerwartet vor dem Mathehörsaal. Großes Hallo, und wie's denn ginge, und ob ich auch ein Bierchen mit ihnen in der Kneipe trinken wolle. Der innere Schweinehund lockt schon gewaltig, aber nach kurzem Zögern entscheide ich mich doch für die Mathevorlesung. Nein, großartig komme ich mir dabei nicht vor, eher ist es Bewunderung, wie die das denn hinbekommen, und ich armer Tropf ... Jahre später habe ich erfahren, dass fast alle von denen ihr Studium nach etwa drei Semestern abbrechen mussten. So gut wie in jeder Klausur durchgefallen.

Nun hat mir mein Studium in den ersten Semestern auch nicht so sonderlich gefallen. Woran's lag, kann ich nicht so genau sagen, viele Einzelpunkte waren das. Müsste ich das Studium heute aber nochmals machen, dann wäre es ein Traum für mich. Ich hätte eine andere Einstellung dazu, würde Gutes noch mehr würdigen und nicht so Gutes entweder akzeptieren oder ändern. Mich noch mehr anstrengen und das Leben trotzdem genießen. Und wie! Altersweisheit? Meinetwegen. Übrigens hat mir mein Studium mit jedem Semester besser gefallen, und das letzte Jahr mit Diplomarbeit war eines der schönsten meines (bislang sehr erfüllten) Lebens.

Ausgeruht und pünktlich antreten

Hand aufs Herz: Jeder hat doch schon einmal in einem Vortrag gesessen und hatte Mühe, wach zu bleiben. Und ebenso Hand aufs Herz: Erinnern tut man sich hinterher an so gut wie nichts, bestenfalls war das Gewissen beruhigt. Das mag da und dort schon mal an den Dozenten liegen, aber auch ganz wesentlich an einem selbst.

Total müde nach einer kurzen (oder langen, wie man's sieht) Nacht in der Vorlesung aufzutauchen, das bringt nichts. Nichts, nichts, dreimal nichts, glauben Sie mir. Also gut ausschlafen, sofern irgendwie machbar. Und pünktlich auftauchen, bei allen Veranstaltungen.

Aktiv in Vorlesungen, Übungen und im Labor mitarbeiten

Wir Dozenten neigen zum Reden. Klar doch, das ist unser Beruf. Manchmal aber reden wir und reden und reden und »vergessen« schlicht unser Publikum, das dann einschläft. Viel besser ist es, das Publikum ab und zu einzubeziehen, zu fragen, Dialoge zu führen. Und da können Sie mithelfen. Fragen Sie ruhig einmal selbst etwas in der Lehrveranstaltung (soweit das möglich ist), arbeiten Sie aktiv in Gruppen mit, gestalten Sie Ihr Studium selbst, Sie glauben gar nicht, was da so alles möglich ist. Je aktiver Sie in Übungen und Laboren mitarbeiten, desto mehr Spaß macht das Studium und desto besser sind Sie vorbereitet.

Sofort nachhaken

Etwas nicht verstanden in einer Vorlesung? Falls (den Umständen entsprechend) möglich, direkt nachhaken, das wirkt am besten. Und der Dozent bekommt so nebenbei sofort eine Rückmeldung, wenn es zu schwierig war. Und in jedem Fall nach der Vorlesung mit anderen darüber reden, das Problem gleich anpacken.

In der Fertigungstechnik, wenn etwas produziert wird, sagen wir ein Auto, gibt es einen ehernen Grundsatz. Der besagt, dass es nur ganz wenig kostet, einen Fehler im Moment des Herstellvorgangs oder kurz danach zu beheben. Später aber, wenn das ganze Produkt fertig ist, wird es richtig teuer. Der kleine Span im Getriebegehäuse, der nach der Bearbeitung bei der Reinigung nicht ausgewaschen wurde, kann später sagenhafte Folgen haben. Fragen Sie mal einen Experten, was es kostet, ein nicht funktionierendes Automatikgetriebe im Neuwagen wieder in Ordnung zu bringen.

Und so ist es bei den Vorlesungen. Etwas momentan nicht verstanden kann dazu führen, dass Sie das nachfolgende Thema nicht verstehen, dann das nächste nicht, und am Schluss reicht es nicht mehr für das Bestehen der Klausur. Wie gering wäre im Vergleich dazu doch der Aufwand gewesen, gleich von Anfang an …

Vor- und nacharbeiten

Etwas Überwindung, Mühe und Selbstdisziplin kostet es schon, die nächsten Vorlesungs-, Übungs- oder Laborthemen vorzuarbeiten. Aber lohnen tut sich das allemal. Und nach den Veranstaltungen nochmals über die Mitschriebe oder Unterlagen zu sehen ist ebenso sinnvoll. Übertreiben Sie das Nacharbeiten aber nicht, vielleicht setzen Sie sich dabei in einer kleinen Gruppe zusammen, das kann richtig Spaß machen.

Üben, üben, üben

Dazu ist kein Kommentar nötig.

Ein Buch lesen

Es dürfen auch zwei sein. Die aus der *... für-Dummies*-Reihe sind immer eine gute Wahl. Und nun ein Geheimnis, wie üblich nicht weitersagen: Auch andere Bücher sind durchaus lesenswert.

Bücher? Waren die nicht gestern? Nach wie vor aber halten sich Bücher hartnäckig. Woran liegt's?

Der Charme, abends, tagsüber oder sogar frühmorgens im Buch zu schmökern, »physikalisch« umzublättern, sei es im Bett, in der Bahn, im Freibad oder in der Badewanne, ist so schnell nicht zu schlagen. Sie meinen, ich sei einer von der »alten Sorte«, an dem die Zeit vorbeiging? Ich bin absoluter Rechner- und Internetfreak, kurz vor süchtig, und genieße das auch noch. Aber auf Bücher verzichten? Nein, für mich stellt sich nicht die Frage »entweder oder«, sondern es ist ganz klar »sowohl als auch«.

Suchen Sie sich also Bücher, die Ihrem Wissensstand und Ihrem Geschmack entsprechen, meinetwegen auch in elektronischer Form. Und denken Sie auch an englischsprachige Bücher, in Großbritannien und den USA gibt es einige Leute, denen das gute Erklären viel bedeutet. Dass wir heutzutage natürlich zusätzlich noch alle modernen Medien nutzen, ist sowieso klar.

Miteinander reden

Mit Freude stelle ich fest, dass heute mehr denn je miteinander kommuniziert wird. Nicht nur akustisch in Hörweite oder mit Tinte auf Papier, sondern auch in neuen Formen. Nutzen Sie alle diese Möglichkeiten, sagen Sie Ihren Freunden und Bekannten ruhig, wenn Sie etwas bedrückt oder Sie etwas in der Werkstoffkundevorlesung (zur Not darf's auch eine andere sein) nicht verstanden haben. Allein schon die Antwort, dass man das auch nicht so recht kapiert hätte, beruhigt. Aber dann das Unverstandene natürlich nicht schlummern lassen, sondern reden, diskutieren, nachbohren.

In meinem eigenen Studium gab es etliche mündliche Prüfungen. Zur Vorbereitung ließen wir uns was einfallen. Die typischen Prüfungsfragen waren ja nicht ganz unbekannt, bei der Fachschaft wurden sie gesammelt. Die haben wir genommen, so getan, als seien wir die Prüfer, und alle denkbaren Prüfungsfragen auf Karteikarten aufgeschrieben. Nach einer gewissen eigenen Vorbereitungszeit haben wir uns dann in Zweiergruppen getroffen. Ich erinnere mich noch gut an lange Waldspaziergänge, der eine hat eine Frage aus dem Vorrat gezogen und der andere musste in vernünftigen Sätzen antworten, immer im Wechsel. Vorher und danach Tee oder Kaffee, auch mal ein Bier. Ziemlich erfolgreich war's. Und schön.

Niemals aufschieben

Ewig, ewig weit weg erscheint einem doch der Prüfungstermin zu Semesterbeginn, fast ein halbes Jahr noch oder ein ganzes, je nach Studium. Die Zeit vergeht wie im Flug und plötzlich bemerkt man: Klausur steht an, doch zu arg gebummelt, Unklares nicht geklärt, so gut wie ahnungslos. Und dann die Hektik, die Nervosität, Arbeit von früh bis spät. Auch ich habe das mitgemacht, vor allem in den ersten Semestern. Und als das dann vor einer großen Matheklausur beinahe bis zur Panik ging, habe ich meinen Arbeitsstil radikal umgestellt.

Von da an: In jeder Vorlesung aufgepasst, jede Übung von vorn nach hinten und von hinten nach vorn gerechnet, und zwar zum frühestmöglichen Zeitpunkt, in den Vorlesungen mitgearbeitet, in den Übungen mitgemacht, selbst Übungen für andere Studierende abgehalten, anderen geholfen, jeden Tag früh zur Hochschule, dann den ganzen Tag dort verbracht, erst am späten Nachmittag wieder nach Hause. Na ja, beinahe jedenfalls. Horrorvision? Keine Spur. Endlich hat das Studium Spaß gemacht, was haben wir gelacht und auch das Leben genossen. Und die Prüfung? War jetzt plötzlich ein Klacks.

Das Leben ist nicht nur Studium

Also nur reinhauen im Studium, nur büffeln, das ist auch nicht das Richtige. So zwischendrin muss auch eine sinnvolle Ruhepause sein, da kann Sport unheimlich helfen, auch Kunst in jeder Form und was Sie eben sonst noch als Ausgleich genießen. Oder Sie lassen einfach mal die Seele baumeln. Wie sagte doch Paracelsus, der Arzt und Philosoph im zu Ende gehenden Mittelalter: Auf die Menge kommt es an.

Glossar

Hier sind die wichtigsten Begriffe aus diesem Buch aufgelistet und kurz erklärt, übliche Formelzeichen und Abkürzungen in Klammern. Rechts nebendran finden Sie die englischen Fachbegriffe.

A

Abschreckmittel: Mittel, mit dem ein Werkstück abgekühlt werden kann; meist flüssig, kann aber auch gasförmig oder sogar fest sein — quenchant

absolute Temperatur (T): Temperatur auf der absoluten Temperaturskala, der Kelvinskala; Einheit Kelvin — absolute temperature (or thermodynamic temperature)

Absorptionskoeffizient (μ): Maß für die Fähi65gkeit eines Werkstoffs, Röntgenstrahlung (oder andere Strahlung) zu absorbieren — attenuation coefficient

Additionspolymerisation: Polymerisationsart, bei der kein niedermolekulares Produkt abgespalten wird — addition polymerisation

Aktivierungsenergie (Q): Energie, die bei einem thermisch aktivierten Prozess erst einmal aufgebracht werden muss, damit der Vorgang überhaupt ablaufen kann — activation energy

Alterung: im Laufe der Zeit stattfindender Zähigkeitsverlust bei Werkstoffen — ageing

Aluminiumoxid (Al_2O_3): chemische Verbindung des Aluminiums mit Sauerstoff, wichtige Oxidkeramik — aluminium oxide

amorph: regellos, ohne geordnete Struktur — amorphous

Anlassbeständigkeit: Fähigkeit eines gehärteten Stahls, seine Härte nach einem Anlassvorgang (Wiedererwärmen) beizubehalten — tempering resistance

Anlassen: Wiedererwärmen nach dem (martensitischen) Härten — tempering

Anlassfarbe: bläuliche bis gelbliche Farbe eines Werkstücks nach Anlassbehandlung, entstanden durch dünne Oxidschichten auf der Oberfläche — tempering colour

Anode: Pluspol einer Stromquelle (bei uns, vereinfacht, in der Wissenschaft anders definiert) — anode

Atomprozent: Einheit für die chemische Zusammensetzung eines Werkstoffs, bezogen auf die Zahl der Atome — atomic percent

Ätzen: Vorgang, bei dem die ursprünglich glatte, saubere Oberfläche einer Probe räumlich strukturiert oder anderweitig geändert wird, um das Gefüge eines Werkstoffs sichtbar zu machen — etching

Aufhärtbarkeit: größte, beim Härten erreichbare Härte — hardening capacity

Aufkohlen: den Kohlenstoffgehalt eines Werkstücks an der Oberfläche erhöhen; meist erreicht durch Glühen in einer kohlenstoffabgebenden Umgebung — carburizing

Auslagern: Wiedererwärmen als letzte Stufe der Ausscheidungshärtung, hier bilden sich die Ausscheidungskristalle; auch Altern genannt — ageing (or precipitation heat treatment)

Ausscheidung: Kristall (oder andere Substanz), gewachsen aus einer übersättigten Lösung — precipitate

Ausscheidungshärtung, auch Ausscheidungsverfestigung: Methode der Festigkeitssteigerung, die übersättigte Mischkristalle nutzt, um kleine Ausscheidungen zu bilden, die als Hindernisse für die Versetzungsbewegung dienen — precipitation hardening (or precipitation strengthening)

Austenit: Eisen oder Eisenmischkristalle mit kubisch-flächenzentrierter Struktur — austenite

Austenitbildner: chemisches Element, das den Temperaturbereich des Austenits erweitert, wenn es dem Eisen zulegiert wird; Nickel ist der wichtigste Austenitbildner — austenite former

austenitischer Stahl: Stahl mit austenitischer, kubisch-flächenzentrierter Struktur bei Raumtemperatur; wird durch Zulegieren austenitbildender Elemente wie Nickel erreicht — austenitic steel

austenitisch-ferritischer Stahl, auch Duplexstahl: Stahl, der sowohl Austenit (kubisch-flächenzentrierte Kristalle) als auch Ferrit (kubisch-raumzentrierte Kristalle) bei Raumtemperatur aufweist — austenitic-ferritic steel

Austenitisieren: in den austenitischen Zustand bringen, in das kubisch-flächenzentrierte Gitter umwandeln — austenitising

B

Bainit, auch Zwischenstufe: Gefüge, das sich bei »mittelschneller« Abkühlung aus dem Austenitgebiet bildet, besteht aus Ferrit mit feinverteilten Karbiden, hat meist mittlere Festigkeit und mittlere Zähigkeit — bainite

Baustahl: Stahl, der überwiegend für tragende Strukturen verwendet wird, oder für alles Mögliche und Unmögliche — structural steel

Beruhigen, auch Desoxidation: Behandlung des flüssigen Stahls, um Sauerstoff und Stickstoff aus der Schmelze zu entfernen — killing (or deoxidising)

beschleunigtes Kriechen, auch tertiäres Kriechen: dritter Bereich einer Kriechkurve, bei dem die Kriechgeschwindigkeit wieder zunimmt — accelerated creep (or tertiary creep)

Bindung: stabiles Gleichgewicht aus anziehenden und abstoßenden Kräften zwischen Atomen, »Zusammenhalt« zwischen benachbarten Atomen — interatomic bond

Brinellhärte (HBW): Härtewert, gemessen mit der Härteprüfung nach Brinell; Hartmetallkugel als Prüfkörper; Härtewert ergibt sich aus Prüfkraft in kp dividiert durch die räumliche bleibende Eindruckoberfläche in mm^2 — Brinell hardness

Bronze: Kupferlegierungen mit Zinn, Aluminium, Mangan oder anderen Elementen — bronze

Bruchdehnung (A, A_5, A_{10}): plastische Dehnung einer Zugprobe beim Bruch, Messlänge $L_0 = 5 \cdot d_0$, $L_0 = 10 \cdot d_0$ oder anders definiert — percentage elongation after fracture

Brucheinschnürung (Z): prozentuale Verminderung der Querschnittsfläche einer Zugprobe an der Bruchstelle gegenüber der ursprünglichen Querschnittsfläche — percentage reduction of area

C

Chromäquivalent: im Chromäquivalent sind alle Ferritbildner zusammengefasst und auf eine gleichbedeutende (äquivalente) Menge Chrom umgerechnet; angewandt beim Schaefflerdiagramm, eine Art »effektiver« Chromgehalt — chromium equivalent

Computertomografie: Technik, bei der man Röntgenbilder von einer Probe aus vielen verschiedenen Richtungen aufnimmt und anschließend im Computer zu einer dreidimensionalen Struktur zurückrechnet; betrachtet werden Schnittbilder, daher »Tomo«, was »Schnitt« bedeutet; müsste korrekterweise eigentlich »Röntgencomputertomografie« heißen — computed tomography

Copolymer: Polymer (Kunststoff), das aus mehr als einer Monomerart (Grundbaustein) aufgebaut ist — copolymer

D

Dauerfestigkeit (σ_D): Beanspruchungshöhe, die eine Probe unendlich lange oder beliebig oft wiederholt aushält, sehr wichtiger Werkstoffkennwert bei Schwingbeanspruchung — fatigue limit (or fatigue strength)

Dehngrenze ($R_{p0,2}$): Spannung, die eine bestimmte plastische Dehnung in der Probe hervorruft, hier 0,2 % — proof stress

Dehnung (ε): Längenänderung einer Zugprobe, dividiert durch die ursprüngliche Länge, $\varepsilon = \Delta L/L_0$ — strain

Delta-Ferrit: Ferrit, der bei hohen Temperaturen oberhalb des Austenits existiert — delta ferrite

Desoxidation: Entfernen von Sauerstoff, *siehe auch* Beruhigen — deoxidation

Dicarbonsäure: organisches Molekül (Säure) mit zwei (daher »di«) Carboxylgruppen (–COOH) — dicarboxylic acid

Diffusion: Wandern von Atomen oder anderen Teilchen aufgrund der Wärmebewegung — diffusion

Diffusionsglühen: Glühbehandlung bei so hohen Temperaturen, dass Diffusion ausreichend schnell abläuft, um örtlich unterschiedliche Zusammensetzungen auszugleichen; bei Stählen eher selten — homogenizing

Diisocyanat: organisches Molekül, mit zwei (daher »di«) Isocyanat-Gruppen (–N=C=O) — diisocyanate

Diol: organisches Molekül mit zwei (daher »di«) OH-Gruppen, ein sogenannter zweiwertiger Alkohol — diol

direktes Härten: Härten durch kontinuierliches Abkühlen aus dem Austenitgebiet, ohne Unterbrechung oder Änderung der Abkühlbedingungen; auch unmittelbares Härten von der Aufkohlungsbehandlung beim Einsatzhärten — direct hardening

Druckfestigkeit: Festigkeit (Bruch) eines Werkstoffs bei Druckbeanspruchung — compressive strength

Duktilität: Fähigkeit eines Werkstoffs, sich bleibend zu verformen — ductility

Durchhärten: so härten, dass auch das Innere eines Bauteils (der Kern) die Härte des Rands erreicht — through-hardening

Durchschallungsverfahren: Methode der Ultraschallprüfung, bei der ein Sender an der einen Seite der Probe sitzt und ein Empfänger an der anderen Seite; die Probe wird dabei durchschallt — through-transmission mode

Duroplast: Polymer (Kunststoff) aus engmaschig vernetzten Makromolekülen, relativ hart — thermoset

E

Edelstahl: Alltagsausdruck für rostbeständigen Stahl — stainless steel

Eigenspannung: mechanische Spannung in einer Probe, ohne dass eine äußere Kraft angreift oder Temperaturunterschiede herrschen — residual stress

Einhärtbarkeit: Maß für die Tiefe, bis in die man ein Stahlbauteil hinein härten kann, von der Oberfläche aus gemessen; als »gehärtet« bezeichnet man eine Stelle dann, wenn sie eine bestimmte Mindesthärte, zum Beispiel 50 HRC aufweist — hardenability

Einkristall: Körper, der aus einem einzigen Kristall besteht — single crystal

Einlagerungsatom: *siehe* Zwischengitteratom — interstitial atom

Einlagerungsmischkristall: Mischkristall mit Einlagerungsatomen/Zwischengitteratomen — interstitial solid solution

Einsatzhärten: Härten der Randschicht eines Stahlbauteils durch Aufkohlen und Abschrecken — carburising hardening

Einschnürung: örtliche Querschnittsverminderung einer Zugprobe im Zugversuch, beginnt ab dem Höchstlastpunkt — necking

Eisenbegleiter: chemisches Element, das zusammen mit dem Eisen vorkommt — iron accompanying element

elastische Verformung: Verformung, die nach Wegnahme der Last vollständig wieder zurückgeht — elastic deformation

Elastizitätsmodul (E): Verhältnis von Spannung zu Dehnung im elastischen Bereich des Zugversuchs — modulus of elasticity

Elastomer: Polymer (Kunststoff) aus weitmaschig vernetzten Makromolekülen, Gummisorten — elastomer

elektrische Leitfähigkeit (κ): Fähigkeit eines Werkstoffs, den elektrischen Strom zu leiten — electrical conductivity

Elektrostahlverfahren: Methode, aus Roheisen oder Schrott Stahl zu erzeugen, große Lichtbogen schmelzen das feste Roheisen ein, Sauerstoff oxidiert die Verunreinigungen — electric arc furnace process

Elementarzelle: kleinster Baustein, aus dem durch Aneinanderreihen ein vollständiges Kristallgitter aufgebaut werden kann — unit cell

Entwickler (bei der zerstörungsfreien Prüfung): feinkörniges Kreidepulver, das beim Farbeindringverfahren im letzten Schritt auf die Probe aufgesprüht wird — developer

Erholung: geringer Härteabbau durch Glühen nach vorangegangener plastischer Kaltverformung; Versetzungen lagern sich um, Eigenspannungen werden teilweise abgebaut, das mikroskopische Gefüge und die mechanischen Eigenschaften ändern sich aber kaum — recovery

Eutektikale: horizontale Linie im eutektischen Zustandsdiagramm, ist ein Teil der Soliduslinie — eutectic line

Eutektikum: Legierungssystem mit vollständiger Löslichkeit im flüssigen und teilweiser Löslichkeit im festen Zustand sowie einem eutektischen Punkt, bei dem die Schmelze direkt in zwei oder mehr feste Phasen erstarrt — eutectic alloy system

eutektoides Legierungssystem: ähnlich wie ein Eutektikum, wobei aber ausschließlich feste Phasen beteiligt sind — eutectoid alloy system

F

Farbeindringmittel: Flüssigkeit mit niedriger Oberflächenspannung, meist ein intensiv gefärbtes Öl; dringt im Zuge der Farbeindringprüfung in Fehlstellen ein — penetrant

Farbeindringprüfung: zerstörungsfreie Prüfmethode, bei der ein Farbeindringmittel in Fehlstellen eindringt und anschließend sichtbar gemacht wird — dye penetrant inspection

Feinkornbaustahl: Baustahl mit besonders feinen, kleinen Körnern — fine-grained structural steel

Feinkornverfestigung: Festigkeitssteigerung durch Verkleinerung der Korngröße — strengthening by grain size reduction

Ferrit: kubisch-raumzentriertes Eisen — ferrite

Ferritbildner: chemisches Element, das den Temperaturbereich des Ferrits erweitert, wenn es dem Eisen zulegiert wird; Chrom ist der wichtigste Ferritbildner — ferrite former

ferritischer Stahl: Stahl mit ferritischer, kubisch-raumzentrierter Struktur bei Raumtemperatur; im engeren Sinne nur die rostfreien Stähle, die durch Zulegieren von mindestens 12 % Chrom erreicht werden — ferritic steel

Ferromagnetismus: die im Alltag spürbare, starke Form des Magnetismus, so wie sie Eisen aufweist, daher »Ferro«, vom lateinischen »ferrum«, das Eisen — ferromagnetism

Feuerraffination: Reinigung (Raffination) eines Stoffes durch »Feuer«, genauer durch hohe Temperaturen, bei der dieser Stoff meist flüssig ist — fire refinement

Flachprobe: flache, blechförmige Probe für den Zugversuch — flat test piece

Flammhärten: Härten oberflächennaher Bereiche eines Stahlbauteils durch eine leistungsfähige Brennflamme — flame hardening

Fließtemperatur (T_f): Temperatur, oberhalb der die Wärmeenergie die Nebenvalenzbindungen (schwache Bindungen) zwischen den Kettenmolekülen eines Kunststoffs ganz überwinden kann, die Kettenmoleküle können sich dann weitgehend frei bewegen, aneinander abgleiten, es herrscht der plastische, »fließende« Zustand — flow temperature

Flüssigphasensintern: Sinterprozess, bei dem auch flüssige Phasen beteiligt sind; der Sintervorgang wird hierdurch unterstützt — liquid phase sintering

Fressen: unbeabsichtigte Kaltverschweißung — seizure

Fulleren: kugel- oder röhrenförmige Moleküle aus Kohlenstoffatomen, beispielsweise C_{60}, das aus 60 Kohlenstoffatomen besteht und dem Aufbau eines Fußballs ähnelt; benannt nach dem Architekten Richard Buckminster Fuller — fullerene

G

Gammastrahlung: elektromagnetische Strahlung, ähnlich wie sichtbares Licht, nur sehr viel energiereicher und mit kürzerer Wellenlänge, entsteht unter anderem beim Zerfall radioaktiver Elemente — gamma radiation

gebrochenes Härten: Härten, bei dem erst schnell bis kurz oberhalb der Martensit-Starttemperatur abgekühlt wird und dann langsamer — interrupted quenching

Gefüge: Art, Größe, Form und Anordnung der Phasen in einem Material, wird meist mit einem Mikroskop beobachtet — microstructure

Gewichtsprozent: praxisübliche Einheit für die chemische Zusammensetzung eines Werkstoffs, bezogen auf die Masse, korrekte Bezeichnung Masseprozent — weight percent

Gitter: regelmäßige Anordnung von Teilen, speziell Atomen; tritt bei Kristallen auf — lattice

Gitterfehler: Fehler in einem Gitter, insbesondere in Kristallen; eingeteilt in punkt-, linien- und flächenförmige Fehler — lattice defect

Glas: Werkstoff, bei dem die Atome regellos angeordnet sind — glass

Glastemperatur (T_g): Temperatur, oberhalb der die Wärmeenergie die Nebenvalenzbindungen (schwache Bindungen) zwischen den Kettenmolekülen eines Kunststoffs teilweise überwinden kann — glass transition temperature

Gleichgewicht: Zustand eines »Systems«, der sich auch nach unendlich langer Zeit nicht mehr ändert; der energetische Zustand ist hier minimal — equilibrium

Gleichmaßdehnung (A_g): größtmögliche Dehnung, um den ein Werkstoff im Zugversuch plastisch verformt werden kann, ohne dass er sich lokal einschnürt, wichtig in der Umformtechnik, vor allem wenn es um das Ziehen, Biegen und Strecken geht; die Gleichmaßdehnung wird im Höchstlastpunkt des Zugversuchs erreicht — percentage plastic elongation at maximum force

Glühbehandlung: Wärmebehandlung mit langsamen Temperaturänderungen und längeren Haltezeiten — annealing

Glühkathode: Bauteil, aus dem aufgrund seiner hohen Temperatur Elektronen aus der Oberfläche heraustreten können — thermionic cathode (or hot cathode)

Grafit: reiner Kohlenstoff mit hexagonaler Gitterstruktur — **graphite**

Grauguss: Gusseisen mit Grafitkristallen; die Bruchfläche erscheint grau — **grey cast iron**

Grünkörper: geformter Körper aus Keramikpulver, der noch nicht gesintert wurde — **green body**

Gusseisen: Eisen-Kohlenstoff-Legierung mit mehr als 2 % Kohlenstoff — **cast iron**

Gusslegierung: Legierung, die durch Gießen verarbeitet wird — **cast alloy**

H

Härten: Werkstoffbehandlungsart, die die Härte steigert — **hardening**

Härteprüfung: Werkstoffprüfung, mit der die Härte eines Materials gemessen wird, üblich sind die Verfahren nach Brinell, Vickers und Rockwell — **hardness test**

Hartguss: Gusseisensorte, die hart und relativ spröde ist, wegen des hellen Bruchaussehens auch weißes Gusseisen genannt — **white cast iron**

Hartlöten: Verbindungsmethode, bei der ein Lotwerkstoff mit einer Liquidustemperatur von über 450 °C verwendet wird — **brazing (or hard-soldering)**

Hartmetall: Werkstoffverbund aus Hartstoff (Wolframkarbid, Titankarbid, Tantalkarid) und Bindemetall (meist Kobalt) — **cemented carbide**

Hartstoff: sehr hartes Material, meist handelt es sich um Karbide oder Nitride — **hard material**

Hauptvalenzbindung (HVB): Bindung innerhalb eines Makromoleküls, »richtige«, »ordentliche«, starke chemische Bindung — **chemical bond (or primary bond)**

Hebelgesetz (bei Legierungen): Gesetz (Gleichung), das die Mengenverhältnisse von Phasen in mehrphasigen Legierungen angibt — **lever rule**

heißisostatisches Pressen: Sintern unter allseitigem (isostatischem) Druck, um die Porosität zu reduzieren und die Qualität zu erhöhen — **hot isostatic pressing**

Heißpressen: Sintern unter einachsigem Druck, um die Porosität zu reduzieren und die Qualität zu erhöhen — **hot pressing**

Heißrissbildung: Entstehung von Rissen bei hohen Temperaturen, meist in der Nähe der Solidustemperatur — **hot tearing**

hexagonal dichteste Packung (hdP): Kristallstruktur mit hexagonaler (sechseckiger) Elementarzelle und dichtestmöglicher Packung der Atome — **hexagonal close-packed (hcp) structure**

hitzebeständiger Stahl: Stahl mit guter Oxidationsbeständigkeit, auch zunderbeständiger Stahl genannt — **heat resistant steel**

Hochglühen: Glühen von Stählen bei besonders hohen Temperaturen im Austenitgebiet, sodass von ganz allein große, grobe Austenitkristalle wachsen — **coarse grain annealing**

hochlegierter Stahl: Stahl mit mindestens einem Legierungselement, das mit über 5 Masseprozent enthalten ist — **high alloy steel**

Homopolymer: Polymer (Kunststoff), das aus nur einer Sorte von Monomeren (Grundbausteinen) aufgebaut ist — **homopolymer**

hookesches Gesetz: Gesetz, das das elastische Verhalten von Werkstoffen beschreibt; es besagt, dass Spannung und Dehnung im elastischen Bereich proportional zueinander sind — **Hooke's law**

I

Impuls-Echo-Verfahren: Methode der Ultraschallprüfung, bei der ein einziger Prüfkopf verwendet wird, der sowohl Ultraschallwellen aussenden als auch empfangen kann; die von Fehlern zurückreflektierten Ultraschallwellen werden registriert — **reflection (or pulse-echo) mode**

Induktionshärten: Härten von Stählen, wobei als Erwärmungsmethode induktiv (mit einer Induktionsspule) erzeugte Wirbelströme im Werkstück genutzt werden; vor allem zum Härten oberflächennaher Bereiche geeignet — induction hardening

Interkristalline Korrosion (IK): Korrosion, die nur »inter«, das heißt zwischen den Kristallen angreift; es werden nur die (unedleren) korngrenzennahen Bereiche korrodiert; kann bei rostbeständigen Stählen und vielen anderen Werkstoffgruppen auftreten — intercrystalline corrosion

intermetallische Verbindung: chemische Verbindung zwischen zwei oder mehr Metallen, Al_2Cu ist ein Beispiel — intermetallic compound

Ion: elektrisch geladenes Atom (oder Molekül), kann gegenüber dem neutralen Atom (oder Molekül) entweder ein oder mehrere Elektronen zusätzlich – oder zu wenig – enthalten — ion

isotherme Temperaturführung: Wärmebehandlung, bei der ein Teil der Behandlung bei konstanter Temperatur abläuft, insbesondere im Zuge einer Abkühlung aus dem Austenitgebiet bei Stählen — isothermal heat treatment

K

Kaltarbeitsstahl: Werkzeugstahl, der nur eine geringe Anlassbeständigkeit aufweist, also nur wenig (bis etwa 200 °C) erwärmt werden darf, ohne dass er seine hohe Härte verliert — cold work steel

Kaltaushärtung: Auslagerung (dritter Teil der Wärmebehandlung) im Zuge der Ausscheidungshärtung, die bei Raumtemperatur stattfindet; hierbei bilden sich feine Ausscheidungskristalle — natural ageing

Kaltumformen: Umformen (gezieltes plastisches Verformen, wie Walzen, Biegen, Strangpressen) bei Raumtemperatur — cold forming

Kaltzähigkeit: Zähigkeit (Fähigkeit zur plastischen Verformung) bei tiefen Temperaturen, insbesondere unterhalb von Raumtemperatur — toughness at low temperatures (or sub-zero toughness)

Kapillarverfahren: Verfahren der zerstörungsfreien Prüfung, das den Kapillareffekt (Saugen von Flüssigkeiten in enge Spalten) ausnutzt, um Oberflächenfehler zu finden — capillary method

Karbid: chemische Verbindung eines chemischen Elements mit Kohlenstoff — carbide

Kerbschlagarbeit (KV, KU): beim Kerbschlagbiegeversuch von der Probe aufgenommene Energie — Charpy impact energy

Kerbschlagbiegeprüfung: Werkstoffprüfung, bei der eine gekerbte Biegeprobe schlagartig durch Widerlager gezogen wird; die von der Probe aufgenommene Arbeit (Energie) wird gemessen und ist ein Maß für die Zähigkeit eines Werkstoffs — Charpy impact test (or notched bar impact test)

Knetlegierung: Legierung, die durch Umformen (gezieltes plastisches Verformen) verarbeitet wurde — wrought alloy

Komponente (bei Legierungen): chemisches Element als Bestandteil einer Legierung — component

Kondensationspolymerisation: Polymerisationsart, bei der ein niedermolekulares Produkt abgespalten wird, »auskondensiert« — condensation polymerisation

kontinuierliche Abkühlung: Abkühlung im Zuge einer Wärmebehandlung, bei der das Werkstück kontinuierlich, also ohne jede Haltezeit abkühlt — continuous cooling

Konzentration: relativer Anteil eines bestimmten Elements in einer Legierung, meist als Masse- oder Atomprozent ausgedrückt; Gehalt eines Elements in einer Legierung — concentration

Koppelmittel (bei der Ultraschallprüfung): Mittel, das die Übertragung von Ultraschallwellen zwischen Prüfkopf und Werkstück erleichtert; meist handelt es sich um Flüssigkeiten oder Gele — couplant

Korn: einzelner Kristall innerhalb eines vielkristallinen Werkstoffs	grain
Kornflächenätzung: Methode, Körner in einer polierten Werkstoffprobe (Schliff ist ein Fachausdruck dafür) sichtbar zu machen; die präparierten Kornflächen werden sichtbar, meist nimmt man geeignete flüssige Chemikalien dazu	grain surface etching
Korngrenze: Grenzfläche zwischen zwei benachbarten Körnern in einem vielkristallinen Material	grain boundary
Korngrenzenätzung: Methode, Körner in einer polierten Werkstoffprobe (Schliff ist ein Fachausdruck dafür) sichtbar zu machen; die Korngrenzen werden sichtbar, meist nimmt man geeignete flüssige Chemikalien dazu, die die Korngrenzen angreifen	grain boundary etching
Korngrenzendiffusion: Diffusion (Wanderung von Atomen aufgrund der Wärmebewegung) entlang der Korngrenzen in einem vielkristallinen Material	grain boundary diffusion
Korngrenzenenergie: Energie einer Korngrenze gegenüber dem korngrenzenfreien Zustand	grain boundary energy
Korngrenzengleiten: Gleiten, Abrutschen zweier benachbarter Werkstoffkörner an der Korngrenze, tritt meist bei hohen Temperaturen auf	grain boundary sliding
Korngröße: durchschnittliche Größe der Körner (Kristalle) in einem vielkristallinen Werkstoff	grain size
Kornverfeinerung: Methode, die Korngröße eines Werkstoffs zu verkleinern	grain refinement
Kriechen: zeitabhängige Verformung eines Werkstoffs unter konstanter Last	creep
Kriechkurve: Diagramm, das die Kriechverformung in Abhängigkeit von der Zeit darstellt	creep curve
Kristall: regelmäßige Anordnung von Atomen in einem Material	crystal
Kristallbaufehler: Fehler im Aufbau eines Kristalls, untergliedert in punkt-, linien- und flächenförmige Fehler	crystal defect
kubisch-flächenzentriert (kfz): Kristallstruktur mit würfelförmiger Elementarzelle und Atomen an den Würfelecken sowie Zentren der Würfelflächen	face-centred cubic (fcc)
kubisch-raumzentriert (krz): Kristallstruktur mit würfelförmiger Elementarzelle und Atomen an den Würfelecken sowie im Würfelzentrum	body-centred cubic (bcc)
Kugelgrafit: Grafitkristalle mit kugelähnlicher Form	spheroidal graphite (or nodular graphite)
L	
Lamellengrafit: Grafitkristalle mit lamellarer, blattartiger Form	lamellar graphite
Lastspiel: vollständiger Lastzyklus bei der Schwingbeanspruchung	load cycle
Leerstelle: punktförmiger Kristallbaufehler, an dem ein Atom fehlt, wo eigentlich eines da sein sollte, entsteht durch die Wärmeenergie der Atome	vacancy
Leerstellenmechanismus: Mechanismus, nach dem ein Atom im Kristallgitter diffundieren kann, Leerstellen werden dazu genutzt	vacancy mechanism
Legierung: metallischer Werkstoff, der aus zwei oder mehr chemischen Elementen zusammengesetzt ist	alloy
Linienfehler: linienförmiger Gitterfehler, Versetzungen zählen dazu	line defect
Linsendiagramm: Zustandsdiagramm mit vollständiger Löslichkeit im flüssigen und festen Zustand, sieht wie eine optische Linse aus	isomorphous phase diagram
Liquiduslinie: Linie im (klassischen) Zustandsdiagramm, oberhalb der nur noch flüssige Phasen und unterhalb der auch feste Phasen auftreten	liquidus line

Lochkorrosion: lochartiger Korrosionsangriff, bei dem fast die gesamte Oberfläche eines Bauteils intakt bleibt und nur an ganz wenigen, kleinen Stellen Korrosion auftritt — pitting corrosion

Longitudinalwelle: Wellenart, bei der die Atome oder Teilchen in Wellenausbreitungsrichtung schwingen — longitudinal wave

Löslichkeit im festen Zustand: Fähigkeit, eine feste Lösung (Mischkristalle) zu bilden — solid solubility

Löslichkeitslinie: Linie in einem Zustandsdiagramm, die die maximale Löslichkeit eines Legierungselements zeigt — solvus line

Löslichkeitslücke: Bereich in einem Zustandsdiagramm, in dem sich die beteiligten Elemente nicht vollständig lösen können — solubility gap

Lösungsglühen: erster Wärmebehandlungsschritt im Zuge der Ausscheidungshärtung; dient dazu, die Legierungselemente zu lösen und einen Mischkristall zu bilden — solution heat treatment (or solutionising)

Lot: Werkstoff, mit dem man andere Metalle löten kann — solder

M

Magnetpulverprüfung: Art der Werkstoffprüfung, bei der ein ferromagnetischer (»magnetisierbarer«) Werkstoff parallel zu seiner Oberfläche magnetisiert wird; an Fehlern nahe der Oberfläche treten die magnetischen Feldlinien aus der Oberfläche heraus und werden durch aufgeschlämmtes magnetisierbares (ferromagnetisches) Pulver sichtbar gemacht — magnetic particle testing

Martensit: Phase, die durch eine diffusionslose Umwandlung bei schneller Abkühlung entsteht; tritt unter anderem beim Härten der Stähle auf — martensite

martensitischer Stahl: Stahl, der aufgrund eines ausreichenden Kohlenstoffgehalts (über etwa 0,1 %) und hohen Legierungselementgehalts, insbesondere an Chrom, schon bei langsamer Abkühlung aus dem Austenitgebiet Martensit bildet und bei dem Martensit das »normale«, typische Gefüge darstellt — martensitic steel

Martensit-Starttemperatur (M_S): Temperatur, bei der sich erstmals Martensit während der Abkühlung bildet — martensite start temperature

Materialografie: Wissenschaft von der Abbildung und Beschreibung der Materialien — materialography

Messing: kupferreiche Kupfer-Zink-Legierung — brass

Messlänge: Längenmaß auf einer Probe im Ursprungszustand — gauge length

Metallografie: Wissenschaft von der Abbildung und Beschreibung der metallischen Werkstoffe — metallography

metastabil: Zustand, der stabil ist bei kleinen Störungen von außen, aber instabil bei größeren Störungen — metastable

Mischkristall: chemisch homogener Kristall, der aus mehr als einem Element aufgebaut ist, Einlagerungs- und Substitutionsmischkristalle sind möglich — solid solution

Mischkristallverfestigung: Festigkeitssteigerung durch die Bildung von Mischkristallen; die Versetzungsbewegung wird durch Substitutions- oder Einlagerungsatome behindert — solid solution strengthening

Mittelspannung (σ_m): arithmetischer Mittelwert zwischen Ober- und Unterspannung bei der Schwingbeanspruchung — mean stress

N

Nebenvalenzbindung (NVB): vergleichsweise schwache Bindung zwischen den Kettenmolekülen der Polymere — intermolecular bond (or secondary bond)

Nennspannung (σ): Spannung im Zugversuch mit Bezug auf die ursprüngliche Querschnittsfläche — nominal stress

nichtaushärtbare Legierung: Legierung, die sich nicht zum Ausscheidungshärten eignet — **non-heat-treatable alloy**

Nichtoxidkeramik: Keramiksorte, die nicht aus Oxiden oder Oxidverbindungen aufgebaut ist — **non-oxide ceramic**

nichtrostender Stahl: Stahl, der überwiegend rostbeständig ist, wird erreicht durch Zulegieren von mindestens 12 % Chrom und noch anderen Elementen — **stainless steel**

Nickeläquivalent: im Nickeläquivalent sind alle Austenitbildner zusammengefasst und auf eine gleichbedeutende (äquivalente) Menge Nickel umgerechnet; angewandt beim Schaefflerdiagramm, eine Art »effektiver« Nickelgehalt — **nickel equivalent**

niedriglegierter Stahl: legierter Stahl, bei dem kein Legierungselement mehr als 5 Masseprozent Anteil hat — **low alloy steel**

Nitrieren, Nitrierhärten: Behandlungsart, bei der der Stickstoffgehalt der Oberfläche eines Bauteils durch Diffusion aus der Umgebung erhöht wird, führt meist zu einer Erhöhung der Härte an der Oberfläche — **nitridation**

Normalglühen: Wärmebehandlung, bei der ein Stahl bis in den unteren Bereich des Austenitgebiets erwärmt, dort gehalten und dann langsam abgekühlt wird; der feinkörnige, »normale« Zustand des Stahls wird dadurch erzielt — **normalizing**

Normalspannung (σ): Spannung in einem Körper, wobei eine Kraft senkrecht zu einer gegebenen Ebene wirkt — **normal stress**

O

obere Streckgrenze (R_{eH}): Spannung, bei der die plastische Verformung im Zugversuch schlagartig einsetzt — **upper yield strength**

Oberflächendiffusion: Diffusion entlang der Oberfläche eines Körpers — **surface diffusion**

Oberflächenenergie: Energie einer Oberfläche gegenüber dem oberflächenfreien, massiven Zustand; entspricht der Energie zum Aufbrechen der Bindungen zum Schaffen einer Oberfläche — **surface energy**

Oberspannung (σ_o): am weitesten im Zugbereich liegende (höchste) Spannung bei einer Schwingbeanspruchung — **maximum stress**

ohmsches Gesetz: Gesetz, das den Zusammenhang zwischen Spannung und Strom in einem elektrischen Widerstand beschreibt — **Ohm's law**

Oxidkeramik: Keramik, die aus Oxiden oder Oxidverbindungen besteht — **oxide ceramic**

P

Passivschicht: dünne, dichte Schicht auf der Oberfläche von Werkstücken, wächst von allein auf, meist oxidischer Natur; kann den eigentlichen Grundwerkstoff schützen — **passive layer (or protective scale)**

Peritektikum: Legierungssystem mit vollständiger Löslichkeit im flüssigen Zustand, begrenzter Löslichkeit im festen Zustand und einem peritektischen Punkt; im peritektischen Punkt reagiert eine Schmelze mit einer Kristallart 1 zu einer Kristallart 2 — **peritectic alloy system**

Perlit: zweiphasiges, lamellares Gemenge aus den zwei Phasen Ferrit und Zementit, bildet sich bei langsamer Abkühlung von Austenit mit 0,8 % C — **pearlite**

Phase: homogener, chemisch und physikalisch gleichartiger Bereich in einer Substanz — **phase**

Phasenumwandlung: Umwandlung einer Phase in eine andere bei Temperaturänderung oder Änderung anderer »Variablen« — **phase transformation**

piezoelektrischer Effekt: Erscheinung, dass sich die Oberflächen eines (elektrisch isolierenden) Körpers beim Zusammendrücken aufladen; beruht auf der Verschiebung von Ladungen im Inneren — **piezoelectric effect**

Plast, Plastik: anderer Ausdruck für Kunststoff — plastic

plastische Dehnung: bleibende Dehnung (prozentuale Verlängerung) bei mechanischer Beanspruchung — plastic strain

plastische Verformung: bleibende Verformung bei mechanischer Beanspruchung — plastic deformation

Polymer: Werkstoff aus polymeren Molekülen, das sind Makromoleküle, die aus vielen Einzelbausteinen aufgebaut sind; Kunststoff — polymer

Polymerisation: chemische Reaktion, bei der kleine Moleküle, das sind die Monomere, zu großen Makromolekülen verknüpft werden — polymerisation

Polymerisationsgrad: Maß für die Größe eines Makromoleküls in einem Kunststoff; ausgedrückt durch die Anzahl der Einzelbausteine (der Monomere), aus denen das Makromolekül aufgebaut ist — degree of polymerisation

polymorphe Umwandlung, Polymorphie: Umwandlung eines Materials von einer Kristallstruktur in eine andere durch Temperaturänderung (oder Änderung des Drucks oder der chemischen Zusammensetzung) — polymorphic transformation

Primärelektron: »zuerst« vorhandenes Elektron, beispielsweise in einem Elektronenmikroskop — primary electron

Punktfehler: nulldimensionale, punktförmige Gitterfehler; Leerstellen, Zwischengitteratome und Substitutionsatome zählen dazu — point defect

Q

Quarzglas: Glas aus reinem Silizumdioxid (Quarz) — quartz glass

Quellbarkeit: Neigung eines Kunststoffs, durch Eindiffundieren von kleinen Molekülen aufzuquellen — swelling capacity (or swellability)

R

Radionuklid: radioaktives chemisches Element — radionuclide

Randschichthärten: Härten der oberflächennahen Schicht in einem Bauteil — surface hardening (or case-hardening)

Rasterelektronenmikroskop (REM): Mikroskop, das die Oberfläche einer Probe mit einem fokussierten Elektronenstrahl abrastert; die herausgeschlagenen Elektronen (Sekundärelektronen) werden dem Ort auf der Probe zugeordnet, wodurch ein Bild von der Probe entsteht — scanning electron microscope (SEM)

Reaktionssintern: Sintervorgang, bei dem während des Sinterns eine chemische Reaktion stattfindet — reaction sintering

Rekristallisation: Wachsen neuer, unverformter Kristalle (Körner) nach vorangegangener plastischer Verformung; hohe Temperatur nötig — recrystallisation

Rekristallisationsglühen: Glühen, damit im Werkstück Rekristallisation ablaufen kann — recrystallisation annealing

Rockwellhärte (HRC): Härtewert; ein konischer, an der Spitze abgerundeter Diamant dient als Prüfkörper, die bleibende Eindringtiefe wird gemessen und in den Härtewert umgerechnet — Rockwell hardness

Röntgenstrahlung: elektromagnetische Strahlung, ähnlich wie sichtbares Licht, nur viel energiereicher und mit kleinerer Wellenlänge, entsteht unter anderem in der Röntgenröhre — X-radiation

rostfreier Stahl: hochlegierter Stahl, der unter üblichen Korrosionsbedingungen weitgehend rostbeständig ist — stainless steel

Rundprobe: zylindrische Probe für den Zugversuch — round bar tensile specimen

S

Sauerstoffaufblasverfahren: Verfahren, mit dem aus flüssigem Roheisen durch Auf- und Einblasen von Sauerstoff Verunreinigungen entfernt werden und Stahl entsteht — oxygen process

Schaefflerdiagramm: Diagramm, das die Gefüge von Schweißgut in Abhängigkeit von der chemischen Zusammensetzung zeigt; vor allem für hochlegierte Stähle geeignet — Schaeffler diagram

Schärfentiefe: Strecke in Blickrichtung, innerhalb der ein Objekt mit einer Kamera oder einem Mikroskop scharf abgebildet wird — depth of focus

Schliff: geschliffene, polierte und meist geätzte Probe — microsection (or metallographic specimen)

Schnellarbeitsstahl: Werkzeugstahl mit hoher Anlassbeständigkeit und Warmhärte, gut als Werkzeug zum (vergleichsweise) schnellen spanabhebenden Bearbeiten geeignet — high speed steel

Schraubenversetzung: linienförmiger Gitterfehler, den man sich durch Scheren einer »halben« Gitterebene in einen Kristall um einen Atomdurchmesser entstanden denken kann — screw dislocation

Schubspannung (τ): Spannung in einem Körper, wobei eine Kraft parallel zu einer gegebenen Ebene wirkt — shear stress

Schweißeignung: Eignung eines Werkstoffs zum problemarmen Schweißen, insbesondere zum Schmelzschweißen — weldability

Schweißgut: Bereich einer Schweißnaht, der beim Schweißen aufgeschmolzen wurde — weld metal

Schwindmaß: prozentualer Größenunterschied zwischen Form und Gussstück beim Gießen — material shrinkage

Schwingbeanspruchung: zeitlich nicht ruhende, öfter wiederholte mechanische Beanspruchung, kann zu Brüchen führen — fatigue loading

Schwingbruch: Bruch in einem Werkstück, hervorgerufen durch Schwingbeanspruchung — fatigue fracture

Schwingfestigkeit: maximale Schwingbeanspruchung, die ein Werkstück unendlich oft (oder eine bestimmte Zahl von Belastungszyklen) aushält — fatigue limit / fatigue strength

Schwingriss: Riss in einem Werkstück, hervorgerufen durch Schwingbeanspruchung — fatigue crack

Sekundärelektron: Elektron, das aus einem anderen Atom herausgeschlagen wurde — secondary electron

Sekundärhärtemaximum: Maximum im Diagramm, das die Anlassbeständigkeit gehärteter Stähle zeigt; beruht auf feinen Ausscheidungen von sogenannten Sonderkarbiden, das sind Verbindungen von bestimmten Legierungselementen mit Kohlenstoff — secondary hardness maximum

Sigmaversprödung: Versprödung, hervorgerufen durch die sogenannte Sigmaphase, das ist die intermetallische Verbindung FeCr; kann bei rostbeständigen Stählen beim Glühen auftreten — sigma phase embrittlement

Silikatkeramik: Keramiken mit SiO_2 als wesentlichem Bestandteil, auch tonkeramische Werkstoffe genannt; Porzellan, Steingut und Steinzeug zählen dazu — silicate ceramics

Sintern: Wärmebehandlungsprozess, bei dem Pulverkörner im Laufe der Zeit durch Diffusion zusammen»backen« — sintering

Soliduslinie: Linie im (klassischen) Zustandsdiagramm, unterhalb der nur noch feste Phasen und oberhalb der auch flüssige Phasen auftreten — solidus line

spanabhebende Bearbeitung: Werkstückbearbeitungsart, bei der kleine Spänen durch Schneiden abgetragen werden; Drehen, Fräsen, Schleifen zählen dazu — machining

Spannung (σ, τ): Kraft, dividiert durch die Fläche, auf die die Kraft wirkt — stress

Spannungsarmglühen: Glühen, um Eigenspannungen in Werkstücken zu reduzieren — stress relief annealing

Spannungsausschlag (σ_a): Differenz zwischen Oberspannung (höchste, am weitesten im Zugbereich liegend) und Unterspannung (niedrigste, am weitesten im Druckbereich liegend) bei Schwingbeanspruchung — stress amplitude (or range of stress)

Spannungsrelaxation: zeitabhängige Abnahme einer aufgebrachten Spannung in einer Probe bei konstant gehaltener Gesamtverformung — stress relaxation

Spannungsrisskorrosion (SpRK): Korrosionsart, bei der sich Risse in Werkstoffen unter Zugbeanspruchung und gleichzeitiger Korrosionsbeanspruchung bilden — stress corrosion cracking

spezifische Korngrenzenenergie (γ_{KG}): Energie einer Korngrenze (gegenüber dem korngrenzenfreien Zustand), bezogen auf die Korngrenzfläche — specific grain boundary energy

spezifische Oberflächenenergie (γ_{OF}): Energie einer Oberfläche, bezogen auf die Größe der Oberfläche — specific surface energy

Stahl: Eisen-Kohlenstoff-Legierung mit bis zu 2 % Kohlenstoffgehalt — steel

Stahlguss: in Formen gegossener Stahl, der nicht mehr umgeformt wird — cast steel

Stapelfehler: ebener (zweidimensionaler) Gitterfehler, stellt einen Fehler in der Stapelfolge atomarer Ebenen dar — stacking fault

stationäres Kriechen: zweiter Bereich einer Kriechkurve, in dem die Kriechgeschwindigkeit konstant bleibt, auch sekundäres Kriechen genannt — steady-state creep (or secondary creep)

statische Festigkeit: Festigkeit eines Werkstoffs, gemessen mit konstanter oder langsam ansteigender Beanspruchung — static strength

Strahlhärten: Härten oberflächennaher Bereiche eines Bauteils durch geeignete Strahlung, wie Elektronen- oder Laserstrahlung — beam hardening

Streckgrenze (R_{eH}, R_{eL}): Spannung, bei der die plastische Verformung im Zugversuch beginnt — yield strength

Stufenversetzung: linienförmiger Gitterfehler, den man sich durch Einfügen einer »halben« Gitterebene in einen Kristall entstanden denken kann – oder durch Herausnehmen einer Halbebene — edge dislocation

Substitutionsatom: Fremdatom, das ein reguläres Atom in einem Kristall ersetzt — substitutional atom

Substitutionsmischkristall: Mischkristall mit Substitutionsatomen — substitutional solid solution

Superlegierung: Legierung mit besonders guten mechanischen und chemischen Eigenschaften bei hohen Temperaturen — superalloy

T

Tauchhärten: Härten der Randschicht von Werkstücken durch kurzzeitiges Eintauchen in hocherhitzte Metall- oder Salzbäder mit nachfolgendem Abschrecken — immersion hardening

Temperaturwechselbeständigkeit: Fähigkeit eines Materials, öfter wiederholte Temperaturwechsel ohne Rissbildung zu ertragen — thermal fatigue resistance

Temperguss: Gusseisensorte, die chemisch wie Hartguss zusammengesetzt ist, beim Gießen erst als Hartguss erstarrt und durch eine Glühbehandlung (Tempern) zäh wird — malleable cast iron (or annealed cast iron)

tetragonales Gitter: Kristallstruktur, bei der die Elementarzelle quaderförmig mit quadratischer Grundfläche ist — tetragonal lattice

theoretische Zugfestigkeit: Zugfestigkeit eines perfekten Einkristalls — theoretical tensile strength

thermisch aktivierter Vorgang: Vorgang in einem Werkstoff, der nur bei (relativ zum Schmelzpunkt) hohen Temperaturen stattfindet — thermally activated process

thermomechanische Behandlung: Kombination von Wärmebehandlung und plastischer Verformung (meist Walzen) — thermomechanical treatment

Thermoplast: Polymer (Kunststoff) aus »losen« Makromolekülen, die nur über die schwachen Nebenvalenzbindungen aneinander gebunden sind; die Moleküle können regellos (amorph) oder kristallin angeordnet sein — thermoplastic

Tonerde: *siehe* Aluminiumoxid — alumina

Transversalwelle: Wellenart, bei der die Atome oder Teilchen quer zur Wellenausbreitungsrichtung schwingen — transverse wave

U

Übergangskriechen: erster Bereich einer Kriechkurve, auch primäres Kriechen genannt — transient creep (or primary creep)

Ultraschallprüfkopf: Prüfkopf, mit dem man Ultraschallwellen aussenden und empfangen kann; enthält meist einen piezoelektrischen Körper, der die Ultraschallwellen erzeugt und registriert — ultrasonic probe

Ultraschallprüfung: Werkstoffprüfungsart, bei der man Ultraschallwellen an einer Seite in ein Werkstück aussendet und entweder registriert, was von den Wellen an der anderen Seite noch ankommt, oder was von Fehlern reflektiert wird — ultrasonic testing

Umformen: Fertigungsmethode, bei der die Form eines Werkstücks durch plastisches Verformen geändert wird; Biegen, Walzen und Strangpressen sind Beispiele — forming

Umwandlungsverstärkung: Mechanismus, mit dem Festigkeit und Zähigkeit durch eine Phasenumwandlung erhöht werden; wichtiger Mechanismus zur Erhöhung der Festigkeit von Zirkonoxidkeramik — transformation toughening

unlegierter Stahl: Stahl, der nur Kohlenstoff und einige Verunreinigungen enthält, aber keine absichtlich zugegebenen Legierungselemente — plain carbon steel

untere Streckgrenze (R_{eL}): tiefstes Spannungsniveau im Zugversuch nach Überschreiten der oberen Streckgrenze — lower yield strength

Unterspannung (σ_u): am weitesten im Druckbereich liegende (niedrigste) Spannung bei einer Schwingbeanspruchung — minimum stress

V

Verbundwerkstoff: Werkstoff, der aus zwei oder mehr Materialien besteht, die miteinander verbunden sind, beispielsweise faserverstärkte Kunststoffe — composite material

Verfestigung: Steigerung der Festigkeit — strengthening

Verformungsverfestigung: Härte- und Festigkeitssteigerung durch plastisches Verformen, auch Kaltverfestigung genannt — strain hardening

Vergüten: Härten von Stählen mit anschließendem Wiedererwärmen, führt zu besonders guter Kombination von Festigkeit und Zähigkeit — quenching and tempering

Vergütungsstahl: Stahl, der sich zum Vergüten eignet; muss ein härtbarer Stahl sein — quenched and tempered steel

Vermiculargrafit: würmchenförmiger Grafit, tritt in speziellen Gusseisensorten auf — compacted graphite

Versetzung: linienförmiger Gitterfehler, Untervarianten sind Stufen- und Schraubenversetzung — dislocation

Verzundern: Fachausdruck für Oxidieren eines Werkstoffs an der Oberfläche — oxidising (or scaling)

Vickershärte (HV): Härtewert, der mit einer vierseitigen Diamantpyramide als Prüfkörper gemessen wird; der Härtewert ergibt sich aus Prüfkraft in kp dividiert durch die räumliche bleibende Eindruckoberfläche in mm^2 — Vickers hardness

Vielkristall: Werkstück, das aus mehr als einem Kristall (Korn) besteht — polycrystal

Volumendiffusion: Diffusion (Wanderung von Atomen aufgrund der Wärmebewegung) im Volumen, im Inneren eines Kristalls — volume diffusion

W

wahre Spannung (σ_w): Spannung im Zugversuch, bezogen auf die wahre (im jeweiligen Moment) vorhandene Querschnittsfläche — true normal stress

Warmarbeitsstahl: Werkzeugstahl, der eine hohe Anlassbeständigkeit aufweist und über 200 °C, teilweise bis etwa 550 °C, erwärmt werden darf, ohne dass er seine hohe Härte verliert — hot work steel

Warmaushärtung: Auslagerung (dritter Teil der Wärmebehandlung) im Zuge der Ausscheidungshärtung, die oberhalb von Raumtemperatur stattfindet; hierbei bilden sich feine Ausscheidungskristalle — artificial ageing

Warmbadhärten: Härten mit Abschrecken in ein »warmes« Bad aus geschmolzenen Salzen oder Metallen — step hardening

Wärmeausdehnungskoeffizient (α): Maß für die (Längen-)Ausdehnung eines Werkstoffs bei Temperaturänderung — linear thermal expansion coefficient

Wärmebehandlung: Erwärmen, Halten und Abkühlen eines Werkstücks, um die Eigenschaften gezielt zu beeinflussen — heat treatment

Wärmeeinflusszone (WEZ): Bereich neben einer Schweißnaht, der durch die Temperatur des Schweißens beeinflusst worden ist — heat affected zone (HAZ)

Wärmeleitfähigkeit (λ): Fähigkeit eines Materials, die Wärme zu leiten — heat conductivity (or thermal conductivity)

Wärmestrom (Φ): strömende Wärmemenge pro Zeiteinheit — heat flow

warmfester Stahl: Stahl, der »in der Wärme«, also bei angehobenen Temperaturen, gute Festigkeit ausweist — creep resistant steel

Warmfestigkeit: Festigkeit eines Werkstoffs »in der Wärme«, also bei angehobenen Temperaturen — high temperature strength

Warmhärte: Härte eines Werkstoffs bei angehobenen Temperaturen — elevated temperature hardness

Warmumformen: Umformen bei angehobenen Temperaturen — hot forming

Wasserstoffkrankheit: Aufblähen, Lockern, Versprödung und Reißen von sauerstoffhaltigem Kupfer, das in wasserstoffhaltiger Umgebung bei Temperaturen oberhalb von 500 °C geglüht wird — hydrogen disease

Weichglühen (auch Glühen auf kugelige Karbide): Glühbehandlung bei Stählen, um lamellaren Zementit in körnigen (kugeligen) umzuwandeln; die Härte sinkt dadurch — soft annealing (or spheroidising)

Weichlöten: Verbindungsmethode, bei der ein Lotwerkstoff mit einer Liquidustemperatur von unter 450 °C verwendet wird — soldering

Weichmacher: kleine Moleküle, die sich zwischen die Makromoleküle in Kunststoffen »quetschen« und die Bindungskräfte zwischen den Molekülen herabsetzen, der Kunststoff wird dadurch weicher — plasticiser (or softener)

Wellenwiderstand: bei Schallwellen; Produkt aus Dichte und Schallgeschwindigkeit — wave impedance

Werkstoffkunde: worum es hier geht — materials science

Werkzeugstahl: Stahl, der sich gut für Werkzeuge eignet — **tool steel**

Whisker: sehr dünner, haarnadelförmiger, defektarmer Kristall — **whisker**

Wirbelstromprüfung: Art der Werkstoffprüfung, bei der im zu untersuchenden Werkstück durch elektromagnetische Induktion ein Wirbelstrom erzeugt wird — **eddy current testing**

Wöhlerkurve: Kurve, die bei Schwingbeanspruchung angibt, wie viele Lastwechsel eine Probe in Abhängigkeit vom Spannungsausschlag aushält — **S/N curve**

Z

Zähigkeit: Fähigkeit zur plastischen Verformung; auch Produkt aus Festigkeit und Duktilität; auch Fähigkeit, Energie mechanisch zu absorbieren — **toughness**

Zeitdehngrenze ($R_{p1/10^5/\vartheta}$): Spannung, die eine bestimmte plastische Dehnung nach bestimmter Zeit und einer bestimmten Temperatur hervorruft — **creep strain limit**

Zeitstandfestigkeit ($R_{m/10^5/\vartheta}$): Spannung, die Bruch nach bestimmter Zeit und einer bestimmten Temperatur hervorruft — **creep strength**

Zementit: Eisenkarbid (Fe_3C), harte und relativ spröde Phase, silbrig glänzend — **cementite**

zerstörungsfreie Prüfung: Prüfung und Untersuchung eines Werkstücks, ohne dass die Funktion, die Sicherheit und das Aussehen des Werkstücks beeinträchtigt werden — **non-destructive testing**

Zirkoniumoxid (auch Zirkonoxid) (ZrO_2): chemische Verbindung des Zirkoniums mit Sauerstoff, wichtige Oxidkeramik — **zirconia (or zirconium dioxide)**

Zonenmischkristall: Mischkristall, der im Inneren eine andere chemische Zusammensetzung hat als am Rand — **segregated crystal**

ZTU-Diagramm: Diagramm, das zeigt, nach welcher Zeit (Z) bei welcher Temperatur (T) welche Umwandlung (U) stattfindet, und zwar beim Abkühlen eines Stahls aus dem Austenitgebiet — **TTT diagram**

Zugfestigkeit (R_m): größte Nennspannung im Zugversuch; größte Kraft im Zugversuch, dividiert durch die ursprüngliche Querschnittsfläche — **tensile strength (or ultimate tensile strength)**

Zugprobe: Probe, die beim Zugversuch geprüft wird — **tensile test specimen**

Zugversuch: Werkstoffprüfungsart, bei der eine Probe langsam bis zum Bruch gedehnt wird — **tensile test**

Zustandsdiagramm: Diagramm, das den Zustand (genauer: die Phasen) eines Stoffes in Abhängigkeit von der chemischen Zusammensetzung und Temperatur (eventuell auch vom Druck) zeigt — **phase diagram**

Zwillings(korn)grenze: flächenförmiger (zweidimensionaler) Gitterfehler; Korngrenze, bei der das eine Korn das Spiegelbild des Nachbarkorns ist — **twin boundary**

Zwillingsbildung: Mechanismus, bei dem Zwillingskristalle mit einer Zwillingskorngrenze entstehen — **twinning**

Zwischengitteratom: Atom, das nicht auf einem regulären Gitterplatz in einem Kristall sitzt, sondern in einer Lücke des Kristallgitters — **interstitial atom**

Zwischengittermechanismus: Art, wie ein Zwischengitteratom im Kristallgitter diffundiert — **interstitial mechanism**

Zwischenstufe: *siehe* Bainit — **bainite**

Stichwortverzeichnis